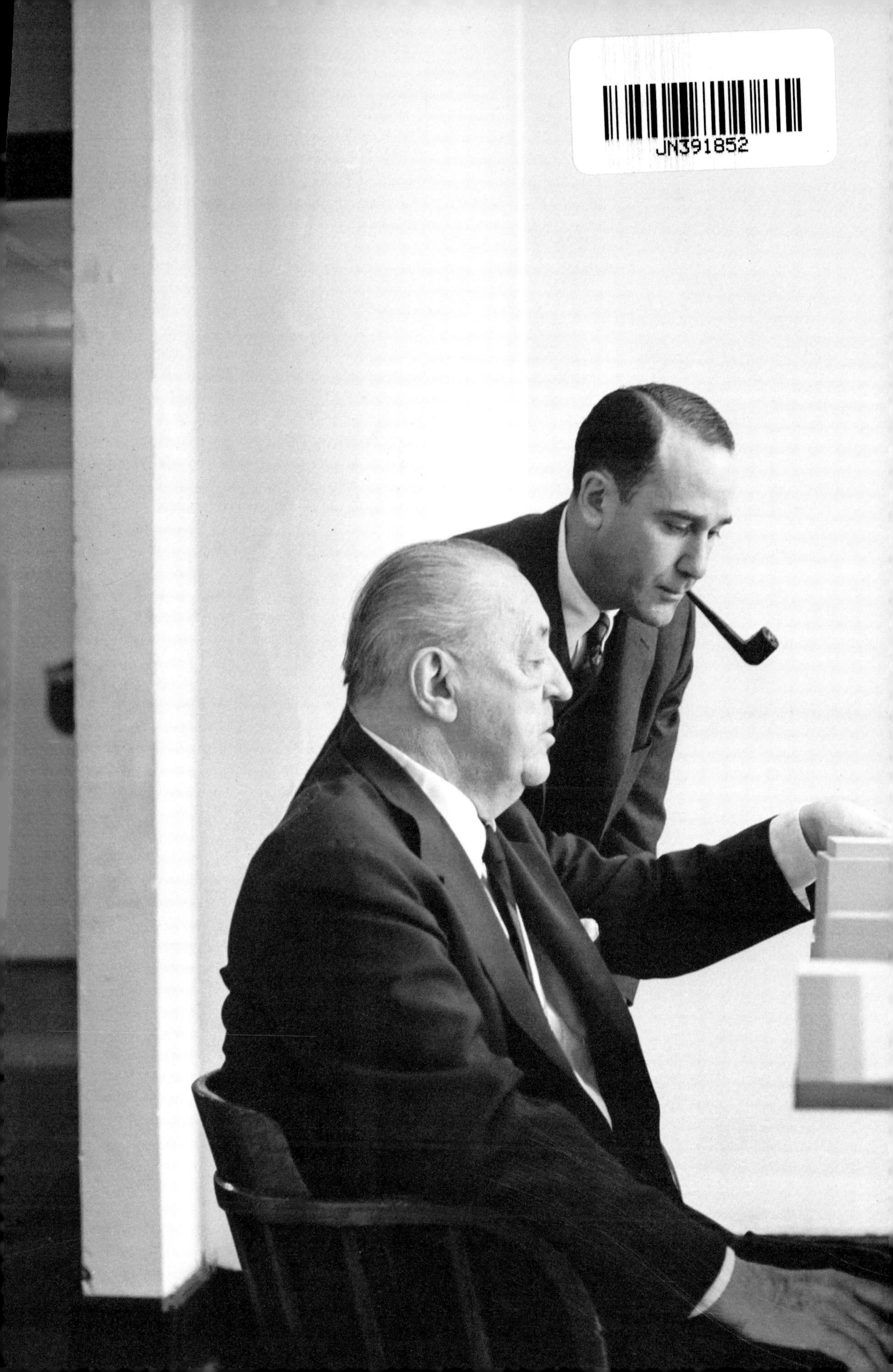

개정 증보판

미스 반 더 로에
건축과 생애

Mies
van
der
Rohe

공동 저자
프란츠 슐츠 Franz Schulze
에드워드 빈트호르스트 Edward Windhorst

번역
천장환

원본 발행인:
The University of Chicago Press
1427 East 60th Street, Chicago, ILLINOIS 60637
U.S.A

한글판 발행일: 2022.03.01
공동 저자: 프란츠 슐츠Franz Schulze
　　　　　에드워드 빈트호르스트Edward Windhorst
번역: 천장환(경희대학교)
한글 편집: 이재원(이담디자인)

발행인: 유정오
발행사: 엠지에이치북스社(MGHBooks Company)
출판등록: 1997년 3월 25일 25100-2009-103
주소: 서울시 송파구 충민로 52, Garden5, Works B동 511 (우)05839
전화: (02)2047-0360   팩스: (02)2047-0363
이메일: mghbooks511@gmail.com
http://www.mghbook.com

한글판 저작권 ⓒ2021 엠지에이치북스社

Licensed by The University of Chicago Press, CHICAGO, ILLINOIS, U.S.A
ⓒ 2012 by The Unoversity of Chicago. All rights reserved

이 책의 한국어판 저작권은 The University of Chicago Press와의 독점 계약으로 엠지에이치북스사가 소유합니다. 저작권법에 의하여 한국내에서 보호를 받는 저작물이므로 무단 전재 및 복제를 금합니다.

ISBN 979-11-86655-85-6
정가: 39,800원
Printed in Korea

차 례

수록 도판 목록　vi

작가 서문　xi

역자 서문　xiii

프롤로그　01

1. 독일제국에서의 어린시절: 1886-1905　03
2. 수련기간, 결혼, 그리고 제1차 세계대전: 1886-1905　15
3. 전후의 유럽: 1918-26　56
4. 바이마르의 전성기: 1926-1930　93
5. 정치적 위기와 바우하우스의 종말: 1930-36　140
6. 미국으로부터의 호출: 1936-38　176
7. 건축가 및 교육자: 1938-49　189
8. 새로운 건축 언어: 1946-53　217
9. 1940년대　232
10. 판스 워스의 전설: 1946-2003　247
11. 미국 시절의 전성기: 주거 작업 1950-59　273
12. 미국시절의 전성기: 1950-59년 상업 및 공공기관　304
13. 전세계로 향한 작업: 1960년대　340
14. 적은 것은 적은 것인가? 1959-69　364
15. 황혼기: 1962-69　382

감사 인사　401

부록 A: 후계자들　403

부록 B: 출판과 전시에서의 미스의 경력　419

주석　429

추후의 참고문헌　477

색인　479

수록 도판 목록

1.1 건축가 Odo of Metz의 설계로 건축된 아헨의 팔라틴Palatine 예배당 내부 4
1.2 미스 반 더 로에의 생가, 아헨 6
1.3 아헨 시청 건물, 아헨, 1903 7
1.4 미스의 부모, 1921년에 촬영 8
1.5 미스家의 가족무덤 비석, 아헨 12

2.1 리엘 하우스, Potsdam-Neubabelsberg (1907) 19
2.2 리엘 하우스, 정원에서의 조망, Potsdam-Neubabelsberg 20
2.3 리엘 하우스의 홀 21
2.4 리엘 하우스, 정장 차림을 한 26세 나이의 미스, 1912 22
2.5 미스가 초기 시절 작업한 스케치 작품 23
2.6 피터 베렌스Peter Behrens, 1913 25
2.7 칼 프리드리히 쉰켈, 뉴-가드 하우스(1816) 27
2.8 뉴 파빌리온, 쉰켈의 건축 작품, 샤를로텐부르크Charlottenburg 궁전(1825) 28
2.9 피터 베렌스의 건축 작품, AEG 터빈 공장, Berlin(1909) 29
2.10 피터 베렌스, AEG 터빈 공장, 상세도 30
2.11 비스마르크 모뉴먼트의 현상설계 제출안 (1910) 32
2.12 비스마르크 모뉴먼트의 현상설계 제출안 (1910) 32
2.13 휴고 펄스 하우스, Berlin-Zehlendorf (1912–13) 35
2.14 휴고 펄스 하우스, 내부 공간 36
2.15 피터 베렌스가 설계한 성 페테스부르그(러시아) 주재 독일제국 대사관 건물(1911–13) 37
2.16 미스의 크롤러-뮬러 하우스 프로젝트 모형 사진(1912) 40
2.17 미스의 크롤러-뮬러 하우스 목-업 mock-up 42
2.18 1912년의 루드위히 미스 44
2.19 1903년의 에이다 브룬, 1903 44
2.20 베를린-젤렌도르프에 있는 베르너 하우스 (1912–13) 47
2.21 베르너 하우스의 다이닝 룸, 1913 48
2.22 베를린 근교 웨더에 있는 건축가의 집, 조감도(1914) 50
2.23 포츠담-뉴바벨스버그에 있는 우르비히 하우스(1917) 52

3.1 에이다 미스, 개인 소장, 1920 58
3.2 미스의 자녀들, 개인 소장, 1920 59
3.3 베를린의 암 칼스바드 24에 위치한 미스의 아틀리에 입면과 평면도 60
3.4 프리드리히 스트라쎄 오피스 빌딩 프로젝트의 투시도(1921) 66
3.5 유리 마천루 프로젝트 모형(1921) 68
3.6 콘크리트 컨트리 하우스 모형(1924) 70
3.7 콘크리트 컨트리 하우스 모형 70
3.8 브릭 컨트리 하우스의 조감도(위)와 평면도 (1924) 72
3.9 콘크리트 오피스 빌딩 프로젝트(1923), 조감도 76
3.10 포츠담-뉴바벨스버그에 있는 모슬러 하우스 (1926) 81
3.11 구벤에 위치한 에리히 울프 하우스 Germany/Gubin, Poland(1927) 84
3.12 에리히 울프 하우스, 정원 85
3.13 베를린-린텐베르크에 있는 9월 혁명 기념비 (1926) 88
3.14 에이다 미스와 그녀의 자녀들, 1924 90

4.1 바이젠호프지들룽 항공사진(1927) 94

4.2 아랍 빌리지, 바이젠호프지들룽 전시를 조롱할 의도로 나치의 사주 아래 조작된 사진 96
4.3 바이젠호프 아파트 건물(1927) 99
4.4 슈트가르트에서 대화를 나누고 있는 르 코르뷔지에와 미스, 1926 100
4.5 미스와 릴리 라이히, 1933 103
4.6 MR 의자(1927) 105
4.7 판-유리 홀의 거실 공간(1927) 106
4.8 조세프 에스터 하우스, 크레펠트(1930) 110
4.9 조세프 에스터 하우스, 크레펠트(1930) 110
4.10 조셉 에스터 하우스를 위한 미스의 목탄 드로잉 작업, 1928 111
4.11 베를린-미테의 알렉산더플라츠 도심 재개발 제안(1929) 115
4.12 바르셀로나 국제 엑스포 독일관(1929) 116
4.13 바르셀로나 국제 엑스포 독일관(1929), 남서측 외부 전경 120
4.14 바르셀로나 국제 엑스포 독일관(1929), 사무실에서 파빌리온 "내부"를 바라보는 북측 전경 120
4.15 바르셀로나 국제 엑스포 독일관(1929), 게오르그 콜베의 조각, 여명 무렵의 북측 전경 121
4.16 바르셀로나 국제 엑스포 독일관, 내부 전경 122
4.17 "바르셀로나" 의자(1928–29) 123
4.18 체코슬로바키아 브르노에 있는 투겐타트 하우스, 주요 거실공간을 바라보는 전경(1930) 128
4.19 투겐타트 하우스, 도로에서 서쪽에 있는 입구를 바라보는 전경 128
4.20 투겐타트 하우스, 남서쪽을 바라보는 주요 거실 공간 129
4.21 투겐타트 하우스, 다이닝 공간 구역 130
4.22 투겐타트 하우스, 정원쪽 외부 계단에서 주요 거실공간을 바라보는 남동쪽 전경 131
4.23 투겐타트 하우스, 다이닝 테이블 평면도 133
4.24 투겐타트 의자 134
4.25 브르노 의자 135
4.26 X-테이블 136
4.27 뉴 가드 전쟁기념관 프로젝트, 베를린-미테(1930), 미스의 현상설계 참가작품 138

5.1 베를린 빌딩 엑스포에 설치된 실제 크기의 모델하우스(1931) 144
5.2 데사우의 바우하우스에서 학생들과 함께하며 시가를 손에 들고 있는 미스, 1930 149
5.3 트링크할레, 데사우(1932) 150
5.4 트링크할레가 있던 자리를 표시한 벽돌들 151
5.5 게리케 하우스 프로젝트(1934), 투시도 158
5.6 렘케 하우스, 베를린-호헨쇤하우젠(1933) 161
5.7 렘케 하우스, 베를린-호헨쇤하우젠(1933), 뒷쪽 입면 161
5.8 릴리 라이히,1933 165
5.9 라이히 뱅크 프로젝트, 베를린-미테(1933), 여러 평면도 168
5.10 라이히 뱅크 프로젝트, 입면도 169
5.11 독일 파빌리온 프로젝트, 국제 엑스포, 브뤼셀(1934), 메인 입면 170
5.12 독일 파빌리온 프로젝트, 국제 엑스포, 브뤼셀, 새로 작업한 예상 평면도 171
5.13 허브 하우스 프로젝트, 마그데부르그(1935), 최종 디자인 스케치 172

6.1 1937년 위스콘신의 스프링그린에 있는 탈리아신 이스트에서 미스와 프랭크 로이드 라이트 183
6.2 리소 하우스 프로젝트의 두 번째 계획안 모형(1938) 185

7.1 시카고의 아머 공과대학(나중에 IIT가 됨)을 위한 미스의 가장 초기 캠퍼스 계획안 (1939/40) 198
7.2 IIT를 위한 미스의 두 번째 캠퍼스 계획안 몽타주(1941) 200
7.3 왼쪽에서 오른쪽으로. 건축가 에리히 멘델존, IIT교수인 발터 페테란스, 루드위히 힐버자이머, 그리고 미스, 1940 209
7.4 루드위히 힐버자이머, 1960 210
7.5 1950년대 후반 크라운홀에서 IIT 학생들과 함께 있는 알프레드 콜드웰 215

8.1 콘서트홀 프로젝트 콜라주(1942) 218

8.2 미네랄과 금속 연구동, IIT, 시카고(1942) 220
8.3 도서관 및 행정동 프로젝트, IIT, 시카고 (1944) 223
8.4 도서관 및 행정동 프로젝트, IIT, 코너 디테일, 평면 224
8.5 해군빌딩의 유명한 코너 부분, IIT, 시카고 (1946) 226
8.6 해군빌딩의 유명한 코너 부분, IIT, 시카고 227
8.7 위스닉 홀, IIT (1946) 228
8.8 캔터 드라이브-인 레스토랑 프로젝트, 인디아나폴리스(1946), 모형 229
8.9 캔터 드라이브-인 레스토랑 프로젝트, 인디아나폴리스, 배치도 230

9.1 미스와 로라 막스, 시카고, 1941 233
9.2 시카고 200 이스트 피어슨가의 미스 아파트 평면도 234
9.3 시카고 200 이스트 피어슨가 자신의 아파트 벽에 기대선 미스, 1956 236–37
9.4 MoMA의 미스 반 더 로에 전시 평면 (1947) 240
9.5 조지아 반 더 로에(본명: 도로테아 미스), 1945 243
9.6 미스의 둘째 딸, 마리안느, 1935 244
9.7 월트럿 미스 반 더 로에와 그녀의 아버지, 1955 245

10.1 1950년에 미스의 사무실에서 마이론 골드스미스랑 협의 중인 에디트 판스워스, 1950 253
10.2 판스워스 하우스, 플라노, 일리노이주(1951), 입면 전경 258
10.3 판스워스 하우스, 플라노, 일리노이주(1951); 기둥과 바닥이 만나는 부분의 스틸구조 단면 투시도 261
10.4 판스워스 하우스, 플라노, 일리노이주(1951); 테라스를 지지하는 광폭-플랜지 기둥을 위에서 내려다본 모습 262
10.5 제롬 넬슨, 반 더 로에 vs. 판스워스 재판에서 특별 재판관을 맡았다 264

11.1 230 이스트 오하이오 스트리트의 로프트 빌딩에 있던 미스 사무실, 1956 274

11.2 미스와 진 R. 서머스, 1956 275
11.3 미스와 허버트 그린왈드, 1956 277
11.4 프로몬토리 아파트, 시카고(1949), 동쪽 입면도 279
11.5 프로몬토리 아파트, 시카고(1949); 북쪽의 열주를 바라본 전경 281
11.6 프로몬토리 아파트, 시카고(1949); 다른 계획안 282
11.7 알곤퀸 아파트 빌딩 프로젝트 모형, 시카고(1948) 284
11.8 레이크 쇼어 드라이브 아파트, 860-880 노스 레이크쇼어 드라이브, 시카고(1951) 287
11.9 860-880 노스 레이크쇼어 드라이브의 저층부 전경, 2011년 촬영 288
11.10 에스플래나드 아파트, 시카고(1957) 295
11.11 라파옛 파크, 디트로이트(1956), 부지 구조 및 모형 298
11.12 라파옛 파크의 타운 하우스와 고층 건물, 디트로이트 299

12.1 3410 사우스 스테이트 빌딩, IIT, 곧 철거될 메카 아파트 건물도 보인다, 1951 305
12.2 S.R. 크라운 홀, IIT, 시카고(1956) 307
12.3 S.R. 크라운 홀, 외벽 코너부분 평면 상세도 308
12.4 내셔널 극장 프로젝트 모형, 만하임, 서독(1953), 모형 314
12.5 시카고 컨벤션 홀 프로젝트(1953) 316
12.6 시카고 컨벤션홀의 지붕 모형을 연구 중인 미스, 1953 317
12.7 시카고 아트클럽의 계단(1951) 319
12.8 시카고 아트클럽 프로젝트(1951). 실현되지 못한 건물의 평면, 입면, 장축 단면 계획안, 개인 소장, 1950 320
12.9 로버트 F. 카 메모리얼 채플, IIT, 시카고(1952) 322
12.10 2개 동으로 계획된 로버트 F. 카 메모리얼 채플을 위한 3개의 다른 계획안 323
12.11 커먼스 빌딩, IIT, 시카고(1953) 324
12.12 1950년대 중반의 필립 존슨, 미스 그리고 필리스 램버트 331
12.13 시그램 빌딩, 뉴욕(1958) 333

12.14 시그램 빌딩, 뉴욕(1958). 지상층 평면도 335
12.15 시그램 빌딩, 뉴욕, 부분 평면도 337

13.1 BC.4세기에 지어진 에피다우로스Epidaurus의 극장에서 지팡이를 짚고 앉아있는 미스, 1959 341
13.2 1959년 그리스의 나플리오Nafplion에서 미스와 로라 막스 341
13.3 네델란드 겔펜Guelpen에 있는 슬로스 호텔에서 그의 형 이왈드 미스와 함께, 1961 342
13.4 연방센터, 시카고(1964–75) 344
13.5 브루노 콘테라토(앞쪽), 조셉 후지카와 그리고 미스, 1956 345
13.6 론 바카르디 프로젝트 모형, 산티아고, 쿠바(1958–60, 이 프로젝트는 취소되어 실현되지 못했다), 건물 모형 350
13.7 론 바카르디 프로젝트, 산티아고, 쿠바, 상세도 350
13.8 론 바카르디 프로젝트, 산티아고, 쿠바, 부지 계획안(1958) 351
13.9 게오르그 셰퍼 뮤지엄 프로젝트 모형, 슈바인푸르트, 독일 353
13.10 베를린의 신 국립 미술관으로 진화한 두 프로젝트(론 바카르디, 게오르게 셰퍼 뮤지엄)의 입면 비교 354
13.11 신 국립 미술관, 베를린(1968), 부분 입면도 355
13.12 신 국립 미술관, 베를린(1968), 메인-홀 입구 356
13.13 맨션 하우스 스퀘어 프로젝트 모형, 런던(1967) 362

14.1 미연방 가계 저축대부조합의 직원용 주차관리소 건물 계획안, 드 모인, 아이오와 (1963). 지어지지 못함 368
14.2 바카르디 사옥, 멕시코 시티(1961) 369
14.3 원 찰스 센터, 볼티모어(1962) 371
14.4 복지 서비스 행정동, 시카고 대학교(1965), 외벽 상세 단면 374
14.5 공학 연구동, IIT, 시카고(1944), 입면 부분 상세 사진 379
14.6 로버트 F. 카 메모리얼 채플의 벽에서 캔틸레버 된 좌석의 평면과 단면, IIT, 시카고 380
15.1 그의 아파트에서의 미스,1956 383
15.2 건축가 더크 로한, 2005 384
15.3 직원인 데이빗 하이드와 자신의 아트 컬렉션에 관해 담소 중인 미스, 1956 388
15.4 1960년대 중반에 크라운 홀을 방문한 미스를 중심으로 학생들과 동료 교수들이 모여 있다 392

A.1 아리조나 키트산 정상에 건축된 맥머스-피어스 솔라 망원경 건물(1962) 404
A.2 존 핸콕 센터, 시카고(1968) 406
A.3 인랜드 스틸 빌딩, 시카고(1957) 408
A.4 리차드 J. 데일리 센터, 시카고(1966) 410
A.5 맥코믹 플레이스, 시카고(1971) 413
A.6 레이크 포인트 타워, 시카고(1969) 416

작가 서문

프란츠 슐츠Franz Schulze의 집필로 1985년에 출간된 'Mies van der Rohe: A Critical Biography'가 세상에 나온지 어느덧 25년이 지났다(개정 증보판의 서문을 쓴 2010년 기준). 슐츠Schulze와 건축가인 에드워드 빈트호르스트Edward Windhorst의 공동 집필로 완성된 개정 증보판을 통해 그동안 미스에 관한 새롭게 발굴된 소중한 내용들이 빛을 보게 되었다. 이 책은 미스에 관한 여타 연구들과는 다른 방식으로 서술되었다. 가장 중요한 점은 그의 설계를 통해 지어지거나 지어지지 않은 건축 작품들에 대한 우리들만의 분석적이고 비평적인 관점이다. 이 책은 미스가 디자인한 건물들과 프로젝트들을 주로 건축가의 관점에서, 때때로 좀 더 범위를 넓혀 예술사적 맥락 안에서 심도있는 연구를 통해 서술하고 있다. 우리는 거장 미스가 보여준 건축 예술의 뛰어남을 전적으로 신뢰하지만 때때로 부정적인 평가를 하기도 했다.

우리는 이 책을 집필하면서 미스의 경력에 대해 많은 새로운 사실들을 밝혀냈고 세간에 잘못 알려진 내용들을 바로 잡았다. 우리의 노력과 동료들의 도움 그리고 행운 덕분에 우리는 현재까지 알려진 가장 초기 시절 첫 번째 주택 디자인을 위한 도면들을 확인할 수 있었다. 그리고 미스의 가장 뛰어난 작품 가운데 하나로 손꼽히는 판스워스 하우스Farnsworth House에 얽힌 이야기를 제대로 밝혀낸 것이 가장 큰 수확이다. 미스와 그의 건축주 에디트 판스워스Edith Farnsworth가 첨예하게 맞붙었던 재판기록을 최초로 발굴해서 정리, 분석했다. 1950년대 초 일리노이의 한 소도시의 법정에서 벌어진 법적 다툼이 생생하게 기록된 이 문서는 미스의 디자인 의도, 집에 대한 역사 및 건축가와 건축주 사이에 얽힌 내용들을 자세히 밝혀준다. 특히 600페이지에 이르는 미스의 증언에는 그의 생각에 대해 여타의 추종을 불허하는 수준의 내용들이 담겨있다.

새로운 개정 증보판에는 1985년의 초판본에서 가볍게 다루어졌거나 전혀 언급되지 못했던 주제들이 담겨있다; 미스와 부동산 개발업자 허버트 그린왈드Herbert Greenwald 사이에 있었던 세부적인 내용들; 미스의 미국 사무실에서의 작업 및 그곳의 주요 인물들이 맡았던 역할, 그중에서도 부르노 콘테라토Bruno Conterato, 에드워드 더켓Edward Duckett, 조셉 후지카와Joseph Fujikawa, 마이론 골드스미스Myron Goldsmith, 더크 로한Dirk Lohan, 그리고 진 서머스Gene Summers; 독일과 시카고에서의 동료 교수들의 활동, 루드위히 힐버자이머Ludwig Hilberseimer, 발터 페테란스Walter Peterhans, 그리고 알프레드 콜드웰Alfred Caldwell; 건축 교육에 대한 미스의 헌신과 교육자로서 그의 영향력; 회화 및 조각 예술에 대한 그의 깊은 조예 및 예술품 수집에 쏟은 특별한 열정에 관해 다루고 있다. 그리고 최근에 알게 된 그의 가족 및 로맨틱한 관계에 대한 내용 역시 빠트리지 않았다. 미스의 미국에서의 동반자인 로라 막스Lora Marx와의 진솔한 인터뷰는 슐츠가 직접 진행했으며 이를 통해 얻은 중요한 추가 자료들이 이 책에 담겨있다. 이번 개정 증보판에는 미스와 릴리 라이히Lilly Reich와의 관계, 철학에 대해 널리 알려진 그의 관심, 그리고 그의 유럽 시절에 형성된 지적 배경에 대한 것 등등 그의 개인사에 대한 좀 더 많은 이야기가 포함되어 있다. 마지막 챕터에서는 미국에서 그가 가르쳤던 학생들, 동료들, 친구들을 비롯하여 그와 대척점에 있었던 인물들이 말하는 미스의 인간성과 성격의 이모저모를 다루고, 첫 번째 부록에서는 미스가 배출한 제자들과 그를 추종한 건축가들이 설계한 주요 건축을 살펴본다. 두 번째 부록은 학술 연구 및 전시를 통해 구체화된 미스에 대한 주요 평판들을 되짚어보며 평가하고 있다. 그리고 마지막으로 미스를 주제로 쓰여진 가장 중요한 출판물들의 리스트가 간략한 후기들과 함께 열거되어 있다.

우리는 미스를 주제로 집필된 여타 주요 출판물들을 참고하며 이 책을 집필하였다. 루드위히 글레이져Ludwig Glaeser의 Ludwig Mies van der Rohe: Furniture 그리고 Furniture Drawings from the Design Collection and the Mies van der Rohe Archive, the Museum of Modern Art(1977); 울프 테겟호프Wolf Tegethoff의 Mies van der Rohe: The Villas and Country Houses(1985); 건축 도판 카탈로그와 미스의 드로잉 수록집으로 20권으로 출판된 The Mies van der Rohe Archive[판권 소유는 MoMA에 있으며, 그중 4권은 아더 드렉슬러Arthur Drexler가 편집(1986)하였고, 나머지 16권은 이 책의 저자 중 한 사람인 슐츠Schulze와 조지 덴포스George E. Danforth가 편집하였다(1990, 1992)]; 그리고 프릿츠 뉴마이어Fritz Neumeyer의 The Artless Word: Mies van der Rohe on the Building Art(1991)가 있다. 우리는 또한 테렌스 라일리Terence Riley와 배리 버그돌Barry Bergdoll이 계획한 미스 인 베를린(2001) 전시와 필리스 램버트Phyllis Lambert가 계획한 미스 인 아메리카(2001) 전시에 수반되었던 엄청난 분량의 자료들에도 많은 신세를 졌다.

우리들의 저술은 미시언Miesian 연구에 있어 특별한 위치를 차지한다고 자부한다. 위에서 언급한 연구 저술들은 각각 미스에 대한 부분적이고 특정한 단면들에 집중하고 있지만, 이 개정 증보판은 한 인물 그리고 그의 건축을 깊이 있게 다룸과 동시에 미스를 한 권의 책 안에 담기 위해 최대한 개략적으로 다루려고 노력했다.

역자 서문

" 건축은 시대의 역사를 쓰고 그 시대의 이름을 남긴다." - 미스 반 더 로에

본인은 '현대건축을 바꾼 두 거장'(2013)이란 책을 준비하면서 이 책을 처음 접하게 되었다. 너무나도 방대한 내용의 이 책을 읽으며 페이지마다 밑줄을 긋고 메모를 해가며 힘들게 읽었던 기억이 있다. 이 책을 읽을 때 막연히 누군가 번역해서 한국에 소개하면 미스에 대해, 건축에 대해 대중들이 좀 더 잘 알게 될 것 같다고 생각했었다. 그러다 2016년 초 우연히 MGH 출판사와 인연이 닿아 본인이 직접 이 책을 번역하게 되었다. 이 책의 번역을 요청받았을 때 한편으론 반갑기도 했지만 다른 한편으로 두렵기도 했다. 집요하리만치 엄격함과 정확성을 추구하는 저자의 글을 번역한다는 것이 결코 쉽지는 않으리라는 생각 때문이었다. 500페이지에 가까운 방대한 책을 원문과 사전을 번갈아 보면서 한 장씩 번역해 나갔지만 부족한 재능과 실력 때문에 작업이 더디게만 진행되었다. 너무나도 끝이 안 보이는 작업이었기에 중간에 여러 번 포기하려고 했었지만 결국 4년이 넘는 시간 끝에 완성할 수 있었다. 이러한 어려움을 기꺼이 감수할 수 있었던 것은 다른 책과 견줄 수 없는 이 책의 독보적인 가치 때문일 것이다.

이 책은 한마디로 미스의 삶과 건축을 총망라한 책이다. 이 책의 저자인 프란츠 슐츠 Franz Schulze(1927-2019)는 유명한 예술비평가이자 교육자, 건축역사가로서 이 책을 통해 미스의 삶과 건축을 파고들며 때로는 가혹하게, 때로는 따뜻한 시선으로 그의 내면까지 들여다본다. 저자는 미스에 관련된 거의 모든 자료를 연구하고 철저한 고증을 통해 하나하나 퍼즐 맞추듯이 맞춰나가며 미스의 모습을 촘촘히 완성해 나간다. 이 책을 읽다 보면 미스가 평생에 걸쳐 추구했던 "객관성 Sachlichkeit"이란 단어가 자연스레 떠오르는데 이 같은 저자의 편집증적인 노력 덕분에 미스의 온전한 모습이 이 책에 담길 수 있었다. 이 책을 읽으며 미스의 초기작인 리엘 하우스부터 바이젠호프 지들룽, 바르셀로나 파빌리온, 투겐타트 하우스, 판스워스 하우스, 시그램 빌딩을 거쳐 베를린 신 국립미술관에 이르기까지 미스가 디자인한 작품의 다양한 모습과 시대와 얽힌 이야기들을 만날 수 있다. 수십 년에 걸친 방대한 미스의 건축을 시대 상황을 꿰뚫어가며 명확하게 요약하고 설명하는 저자의 노력에 저절로 경외감이 든다.

1938년 52살에 미국으로 이주한 미스는 영어를 거의 할 줄 몰랐기에 그가 내뱉는 몇 마디 말로써만 소개되었고 소비되었다. 그의 작품을 다루는 책은 많았지만, 그의 삶을 다루는 책은 거의 없었다. 1969년 미스의 사망 후 모더니즘의 황량함의 폐해를 초래한 주범이란 왜곡된 누명을 쓰고 오랫동안 잊혀지기까지 하였다. 1980년대 후반에 이르러 미스 건축의 가치가 재평가되어 수많은 연구가 쏟아지기에 이르렀고 이 책도 그러한 연구 중 하나이다. 우리에게 철과 유리로 대표되는 깔끔한 모더니즘의 선구자로서의 이미지만을 갖고 있었던 미스가 사실은 시대에 따라 수많은 스타일의 변화를 거쳐왔고 철저한 자기성찰을 통해 우리가 아는 미스에 다다를 수 있었다는 점은 우리에게 시사하는 바가 크다. 그는 시대가 덧씌운 굴레를 자신의 믿음과 의지로 돌파하며 시대를 앞서나갔던 사람이었다.

저자는 이 책을 1985년에 처음으로 출판하였고, 2012년도에 변화된 상황과 새롭게 발굴된 자료들에 따라 책 내용을 에드워드 빈트호르스트 Edward Windhorst와 함께 추가, 수정함으로써(내용이 3배나 더 길어졌다) 이 책의 학술적 가치를 오늘날에도 여전히 유효하도록 했다. 특히 이 책에서 처음으로 소개되는 에디트 판스워스와의 소송은 마치 법정 안에서 재판과정을 직접 지켜보는 듯 흥미진진하고, 미스와 함께했던 수많은 건축가들이 육성을 통해 들려주는 20세기의 중요 건축물에 대한 생생한 이야기가 인상적이다. 역자인 본인도 독자들의 이해를 돕기 위해 나름대로 노력했다. 한국어 어법에 맞지 않는 직역 투의 문장과 애매한 문장을 가급적 최소화 하고 지나치게 긴 문단은 적절히 나누었다. 좀 더 넓은 대중을 위해 전문적인 건축용어를 최소화하고 가급적 쉬운 우리말로 바꿔 쓰려고 노력했다. 나름대로 최선을 다했지만, 필자의 정성과 실력 부족으로 여전히 어색한 문장이 눈에 띈다면 널리 양해를 부탁드린다.

이 책을 천천히 읽어가며 음미한다면, 독자들은 건축에 대한 지식뿐만이 아니라 20세기 초 문화 전반에 대한 지식이 양적, 질적으로 풍성해질 수 있을 것이다. 건축은 인스타그램의 멋진 사진 한 장을 위해 존재한다고 여겨지는 점점 더 가볍고 천박해져만 가는 시대에 누군가는 건축의 본질과 의미를 진지하게 고민하는 이 책이 필요하리라 확신한다. 이 책은 건축을 단순히 부동산이 아닌, 문화라고 믿는 사람이라면 누구나 반드시 읽어볼 만한 책이고 특히 건축의 기초 지식이 부족하거나 건축에 대한 확신이 부족한 건축 전공 학생들은 한 번은 꼭 읽어보기를 강력히 추천한다.

출판계의 불황 속에서도 좋은 책을 꾸준히 펴내시는 MGH 유정오 대표님과 이 책을 펴내기 위해 수고하신 모든 분들에게 진심으로 감사를 드린다.

2022년 2월 1일
천장환 씀

프롤로그

이 책은 현대 건축에서 가장 뛰어난 한 건축가의 2막으로 된 생애를 다루고 있다. 루드위히 미스 반 더 로에Ludwig Mies van der Rohe - 석공 장인의 셋째 아들로 태어나 원래 이름은 마리아 루드위히 마이클 미스Maria Ludwig Michael Mies - 는 그의 나이 불과 40대 초반이었던 1920년대 후반에 이미 독일 아방가르드를 대표하는 건축가로 올라섰다. 재능, 의지, 그리고 엄청난 노력이 하나가 되어 20세기 건축의 걸작들을 만들어 내는 원동력이 되었다: 바르셀로나 파빌리온Barcelona Pavilion으로 잘 알려진 바르셀로나 만국 박람회의 독일관the German Pavilion of the Barcelona International Exposition(1929)과 체코슬로바키아의 브루노에 있는 투겐타트 주택the Tugendhat House in Brno, Czechoslovakia(1930)이 그것이다.

이 두 건물 이후로도 미스의 유럽에서의 경력은 10년 이상 지속되었지만 그 둘을 뛰어넘는 작품은 없었다. 그 기간 동안에 도래한 세계 경제의 위기와 그와 맞물린 독일에서의 국가사회주의의 대두는 당시 활발했던 유럽의 모더니즘을 근본부터 허물어뜨렸다. 1930년대 중반에 이르러 미스의 미래는 점차 암울해지고 더이상 독일 외부에서의 초청을 관망하고 있을 수만은 없게 되었다. 1938년, 그는 마침내 시카고에서의 교수직을 수락했다. 갑작스럽고 예상치 못한 게슈타포의 압력 때문에 미스의 출국은 급박하게 이루어져야 했다.

이러한 상황은 이민자 미스에겐 행운일수도 불운일수도 있었다. 자신의 목적지와 생계에 대한 보장은 그가 쌓아놓은 국제적 명성 덕분이었다. 하지만 그의 나이는 52세였고 구사할 수 있는 언어는 독일어가 전부였다. 그는 가족과 가까운 동료들과 오래도록 이별하는 길을 떠나야 했다; 이러한 여정은 또한 지난 20년 동안 버텨오면서 힘겹게 얻은 건축가로서의 성취 역시 포기하는 것이었다. 그것은 유럽에서의 삶을 마감하는 어려운 결정이었고, 그의 경력에 있어서도 마지막 장을 여는 불확실한 시작이기도 했다.

미국에 뿌리를 내리자마자 미스가 미국 건축계의 새로운 세력으로 떠오른 일은 놀라운 일이었다. 일리노이 공과대학Illinois Institute of Technology에서 교육자이자 캠퍼스 설계를 맡은 건축가로서 그는 디자인에 있어 진정한 자유를 누리며 마침내 대규모 건물들을 지을수 있게 되었다. 독일로 되돌아가는 것은 상상할 수 없었다; 그는 미국을 좋아했고, 미국 역시 그를 반겼다.

그의 두 번째 건축 경력 동안, 미스는 새로운 건축 언어를 개발했다고 확신했다. 그 언어는 말하자면 현실세계와 가치, "시대"의 가능성을 반영하는, 가르치고 전수될 수 있는 일련의 원리와 방법들의 묶음 같은 것이었다. 이 건축 언어를 통해 1950년대와 1960년대 사이에 그는 세상 사람들의 이목을 집중시킨 레이크 쇼어 드라이브 아파트Lake Shore Drive Apartments와 판스워스 하우스Farnsworth House를 시작으로 뛰어난 건축물들을 연이어 만들어냈다. 작품들은 IIT의 크라운 홀S. R. Crown Hall, 시그램 빌딩the Seagram Building, 그리고 시카고 연방 센터Chicago's Federal Center로 이어지고, 가슴에 사무치는 고향으로의 귀환과 함께했던 베를린 신 국립 갤러리New National Gallery로 마무리 된다.

미스는 자신의 건축의 객관성과 특히 그가 "분명한 구조a clear structure"라고 이름 붙인 건축의 핵심적 역할을 역설했지만, 그의 사후 40년이 지난 지금에 이르러, 미스 건축은 그 자신만의 것이었고 모방이 불가능하며, 그의 가장 뛰어난 건축 작품들은 스스로 침잠했던 고독한 사색의 산물이었다는 사실이 이제는 명백해졌다. 미스와 함께 꽃을 피웠던 유리와 강철의 시기는 그다지 오래가지 않았다; 새로운 기술과 새롭게 요구되는 기능으로 인해 그의 강철과 유리로 된 건물은 그의 말년 무렵 즈음에 이미 그 쓰임새가 줄어들고 있었다. 그러나 그가 디자인한 건물들, 프로젝트들, 건축적인 영향력, 그의 가르침과 개인적으로 일궈낸 유산은 여전히 살아있다. 그것들을 명료하게 드러내고 세상에 널리 알리는 일이 이번 개정 증보판의 목표이다.

독일제국에서의 어린시절: 1886-1905

| 1 |

우리는 전체 천장의 1/4 크기 정도 되는 커다란 도면을 그린 후 모형제작자들에게 보내곤 했다. 나는 이 일을 2년 동안 매일매일 했다. 심지어 지금도 눈을 감고 카르트슈 장식을 그릴 수 있다.
미스, 일하면서 배웠던 것을 회상하며

베를린으로 가라; 그곳이 세상의 중심이다.
건축가 듀로우, 루드위히 미스에게 충고하며

미스의 어린 시절은 훗날 그의 명성을 생각하면 그다지 특별한 것이 없었다. 미스가 태어나고 자란 아헨은 독일의 작은 지방 도시였고 어른이 되기 전까지 그는 아헨을 떠나본 적이 거의 없었다. 그의 선조들은 여러 세대에 걸쳐 석공을 가업으로 삼으며 커다란 야심 없이 그럭저럭 먹고 살았다. 그는 정규교육을 거의 받지 못했다. 타고난 재능에 비해 가정환경은 그를 충분히 뒷받침해주지 못했다. 그는 19세가 될 때까지 아헨에서 부모님과 함께 살면서 자신에게 이미 정해진 길을 따라가고 있었다.

아헨은 당시에 독일의 다른 주요 도시들보다 낙후됐었지만, 유서 깊은 역사를 가지고 있었다. 8세기 후반에 샤를마뉴Charlemagne의 독일제국은 유럽 피레네산맥에서 작센지방까지 북해에서 로마까지 이르는 넓은 영역을 아우르는 북유럽 최초의 통합왕조로서 아헨을 제국의 중심으로 삼았다. 카를루스 왕조Carolingian의 학자들은 서구에서 최초로 고전 정신의 부활을 이루었다. 샤를마뉴는 로마문화를 열렬히 신봉하여 자신을 로마의 황제들과 동급으로 생각하며 - 그리고 교황과의 긴밀한 동맹을 통해 - 중세시대와 르네상스의 도래를 알렸다.

아헨에는 오랜 기간 버려진 샤를마뉴의 궁전이 있었고 그 정원에는 9세기에 지어진 화려한 돔으로 된 채플이 아직도 남아 있다(사진 1.1). 라벤나Ravenna의 산 비탈San Vitale에 있는 비잔틴 교회를 본따서 메츠Mets의 오도Odo가 디자인한 이 건물은 당시에 북유럽에서 가장 정교하게 지어진 건물이었고, 600년 동안 독일 황제의 대관식 장소로 사용되었다. 미스는 어렸을 때부터 이 예배당에 갈 때면 경외심을 갖고 강한 기둥들이 떠받치고 있는 팔각형 돔 아래 서 있곤 했다. "누구나 거기에 서면 그곳에서 일어났던 모든 일들을 떠올릴 수 있었다. 전체 공간이 하나의 통합체였고 모든 부분에서 대관식의 소리와 광경, 심지어 냄새까지 생생하게 살아있었다."[1] 나중에 그는 어머니와 함께 아침 미사

사진 1.1 (왼쪽면) 아헨이 있는 팔라틴 Palatine 채플의 내부. 792년에 시작되어 805년 레오 3세에 의해 봉헌되었다. 샤를마뉴를 위해 메츠의 오도가 디자인 했고, 10각형 돔으로 된 채플은 현재 남아있는 카를루스 Carolingian 건축양식의 가장 중요한 사례이다. 미스의 가족은 그가 어렸을때 이곳에서 기도했다. 사진제공: M. 자이터 M. Jeiter.

동안 침묵 속에 앉아 기둥과 아치를 이루는 거대한 석재에 압도되어 얼어붙었던 기억을 떠올렸다.

채플이 한 부분을 이루고 있는 대성당은 창문이 있는 벽으로 둘러싸인 스파이더 볼트 아래에 놓인 15세기 고딕 합창단석으로 이루어져 있었다. 그 성당은 아헨의 가장 오래된 지역에 폭이 좁은 미로 같은 거리와 대부분 벽돌로 된, 아헨과 인접한 홀랜드와 벨기에의 중세시대 스타일의 집들 사이에 있었다. 미스는 이 이름모를 건물들을 애정을 갖고 묘사했다. "대부분은 심플했지만, 매우 명확했다... [그 건물들은] 어느 시대에도 속하지 않았고... [그 건물들은] 수천년 동안 그곳에 서 있었고 여전히 인상적이었다... 모든 위대한 스타일들은 지나갔지만... 그들은 남아 있었다... 그들이야말로 진정한 건물이다."[2] 이것은 우리가 아는 성숙한 미스의 감성이다: 건물의 디자인과 건설에 있어 명백함과 단순함에 대한 확신, 특히 시간이 지날수록 명백한 개성과 "스타일"의 부정을 통한 균형.

그러나 미스의 어린시절 아헨에서는, 특히 그가 채플과 그 주변보다 훨씬 익숙한 지역에선 "스타일"과 떠들썩한 변화가 넘쳐났다. 미스는 1886년 3월 27일에 스타인카울스트라쎄Steinkaulstrasse 29번지에서 태어났다(사진 1.2). 그의 가족은 미스의 어린시절 여러 번 이사했지만 그가 15세가 될 때까지 그 주변을 맴돌았다. 1870년의 통일과 프랑스에 대한 승리로 독일은 새로운 군사대국으로 빠르게 떠오르고 있었다. 국가적 자부심과 확신이 80년대와 90년대에 걸쳐 재빠른 독일공업화의 속도에 힘입은 야심과 함께 커져갔다. 아헨도 재빠르게 변했다. 1825년도엔 35,428명의 인구였는데, 미스가 태어난 1886년도엔 100,000명이 넘었고 1905년에 그가 아헨을 떠났을 땐 145,000명이었다. 로마시대 이후로 아헨은 유황온천으로 유명해서 많은 관광객들이 왔지만(아헨은 고대 독일어로 "물"을 의미했다.) 이 시기엔 재빠른 산업의 성장이 이루어졌다. 전통적으로 직물업이 중심이었으나, 독일 통일 이후에 탄광업으로 확장되었다. 1890년대까지 가장 큰 철강기업이었던 아헨의 로스 에드Roth Erde는 5천 명의 직원이 있었다. 기술학교가 1870년대에 설립되었고, 독일 북서부 지역에서 전통에 기반을 둔 가장 훌륭한 건축학교로 명성을 얻었다. (미스의 가족이 그를 거기에 보낼 수만 있었다면 그도 그 학교를 다녔을 것이다.) 주출입구에 윌헬름 1세와 샤를마뉴의 동상이 세워진 신 로마네스크 양식의 중앙우체국이 1893년도에 세워졌다. 12년 뒤에 유겐트스틸Jugendstil - 아르누보의 독일버전 - 스타일로 지어진 새로운 세기의 유행을 알리는 기차역이 문을 열었다. 1892년에 전차가 개통되었고, 1896년엔 영화가 상영되었다. 샤를마뉴의 궁전을 기초로 세워진 14세기 타운홀은 1883년 화재에 많은 부분이 소실되었고 3년 뒤에 다시 디자인되어 1903년에 다시 세워졌다. 거대한 스케일로 된 두개의 타워는 오랫동안 사랑받았다.

사진 1.2
아헨의 스타인카울스트라쎄 29 Steinkaulstrasse 29. 미스 반 더 로에의 생가. 사진제공: 팀 브라운 Tim Brown

· · ·

그나마 우리에게 알려진 미스 가족의 배경에 대한 정보는 아헨의 기록보관소에 있는 기록에서 얻어진 것이다. 남아 있는 기록에 따르면 - 19세기 후반 - 그의 친가와 외가는 홀랜드, 벨기에, 독일이 만나는 드레일랜데렉Dreilandereck 근처에 살았던 독일 카톨릭 계였다. 그의 아버지, 마이클 미스Michael Mies는 1851년 아헨 지역에서 태어난 첫 번째 후손이었고, 1814년 에펠Eifel의 블랜켄하임Blankenheim에서 태어난 마이클의 아버지 제이콥Jakob은 1855년 아헨의 주소록에 대리석 조각가로 등록되어 있었다. 미스의 어머니인 아멜리에 로에Amalie Rohe는 아헨의 그림 같은 교외인 몬스카우Monschau에서 1843년에 태어났다. 그녀는 마이클 미스보다 7살이 연상이었고 1876년 그들이 결혼할 때 그녀는 34살이었다.

1870년대에, 제이콥 미스Jakob Mies는 아달버트스트라쎄Adalbertstrasse 116에 있는 "마블 비즈니스 앤드 아틀리에"를 그의 아들인 칼Carl과 함께 운영했다. 마이클은 나중에 합류해서 1875년 주소록엔 대리석공으로 이름이 올라있다. 그의 이름은 1880년까지 다시 보이지 않는데 1877년 10월 13일, 그는 아말리에와의 사이에서 이왈드 필립

Ewald Philipp이라는 사내아이를 낳았다. 첫째 남자아이는 상속자이자 혈통을 이어나갈 장손으로 19세기 독일에서 상당히 중요했다. 마이클과 아말리에는 스타인칼스트라쎄 29번지에 살고 있었고 거기서 그들의 네 자녀들이 태어났다. 둘째인 칼 마이클은 1879년 5월 18일에 태어나서 1881년 11월 9일 두 살 때 알려지지 않은 병으로 죽었다. 안나 마리아 엘리자베스는 1881년 9월 16일에 태어났다; 마리아 요한나 소피는 1883년 12월 30일에; 그리고 1920년대 이후에 그의 아버지와 어머니의 성을 '반 더'로 연결한 루드위히 미스 반 더 로에Ludwig Mies van der Rohe라 불리게 되는 가장 어린 마리아 루드위히 마이클Maria Rudwig Michael이 태어났다.

아달버트스타인웨그(아달버트스트라쎄Adalbertstrasse에서 이어진)Adalbertsteinweg에서 그다지 멀지 않은 아헨의 동쪽 경계 밖 오래된 두 번째 벽(지금은 도로로 바뀌었다)에 있는 스타인칼스트라세Steinkaulstrasse에서1883년에 이미 숙련공으로 등록된 마이클과 조각가로 알려진 칼은 1888년 아버지의 죽음 이후 가업을 물려받았다. 이곳은 1880년대와 1890년대 사이에 아헨에서 가장 빠르게 성장하던 곳이었다. 임대료는 여전히 낮았고 이곳은 도시에 있는 공동묘지에서 가까웠다. 이 점은 묘비에 특화된 사업엔 중요한 요인이었다. 마이클은 스튜디오를 운영하였고 칼은 판매를 담당하였다. 파리 출장이 자주 있었고 가끔 북아프리카의 채석장까지 갔다. 1893년까지 아헨의 서쪽에 2개의

사진 1.3
아헨 시청사, 1903. 14세기에 고딕양식으로 지어진 후 여러번에 걸쳐 각기 다른 양식으로 증축이 이루어졌다. 바로크 양식으로 된 두개의 타워와 지붕의 상당부분이 1883년 화재로 전소되었다. 1886년 신-고딕 양식으로 담스타드 Darmstadt의 건축가인 프리드리히 퓌저 Friedrich Puetzer에 의해 복구가 이루어졌다. 사진제공: 아헨 기록보관소

사진 1.4
1921년 미스의 부모님 사진 아멜리에, 니 로에(1843-1928)와 마이클 미스(1851-1927). 개인소장

새로운 공동묘지가 문을 열었고 1895년에 마이클은 지점을 낼 정도로 사업이 잘되었다. 1901년까지 그와 가장 큰 형인 24살의 이왈드는 가족과 스튜디오를 네덜란드로 향하는 길인 발서스트라세Vaalserstrasse 부근으로 이사를 하게 된다. 루드위히는 그 당시에 15세였고 그의 가족은 중산층이었다 - 더 정확하게는 장인/중산층 -. 산업화 이전의 언어로 말하자면 ; 마이클 미스의 아이들은 아이디어와 상품보다는 물건들과 작품들에 둘러싸여 있었다. 칼은 세일즈맨이었지만 아버지인 마이클은 망치를 들고 있을 때 더 행복한 장인이었다.

• • •

미스가 건축가가 되고자 생각했던 어린시절의 중요한 계기는 1968년도에 그의 손자인 더크 로한 Dirk Lohan과의 대화에서 엿볼 수 있다.

CHAPTER ONE

로한: 할아버지가 아주 어렸을 때, 가족의 아틀리에서 일을 도와야 했나요?

미스: 나는 그 일이 재밌어서 했단다. 그리고 항상 방학 때만 했지. 특히 영혼의 날 All Souls Day에 많은 사람들이 무덤을 위한 새로운 비석을 원했을 때 우리 가족 모두 도와야 했단다. 내가 돌 위에 글자를 쓰면 형이 망치로 그 글자를 새긴 후 여동생들이 마지막 터치를 더 했다. 황금잎, 그리고 모두 다. 우리가 무언가를 더 첨가한 것은 없었고 아마도 그게 조금 더 나았을 거다.[3]

미스는 그의 아버지를 사업가이기를 거부한, 변화하는 시대의 가치와 충돌했던 장인으로 묘사했다.

"자본주의의 경제학으로 보면 그는 아무것도 이해하지 못했습니다. '이것을 만들기 위해서', 그는 손님들에게 이야기하곤 했습니다. '난 3주가 필요합니다. 그리고 이건 이런저런 비용이 들지요. 내가 그 일을 마쳤을 땐 어느 정도의 돈이' 그것은 장사꾼이 아닌 장인이 말하는 방식이었습니다. 융통성이란 전혀 없었습니다. 미래의 이익을 위해 눈앞의 이익을 포기했었다면 어려운 시기를 잘 넘겼을 수도 있었을 것입니다."

미스가 베를린으로 이사한 후에 집에 방문했을 때 그는 이왈드가 아버지와 논쟁하는 것을 들었다.

"형은 말하곤 했습니다. '보세요, 우리는 그런 수고 없이도 이런저런 장식들을 만들 수 있어요. 특히 그것은 건물의 위쪽에 있어서 누구도 가까이 다가가서 쳐다볼 수 없다고요.' 아버지는 그런 것은 원하지 않았습니다. "넌 장인이 아니다"라고 말하곤 했습니다. '너도 알지 않니? 콜로냐의 성당 스파이어의 꼭대기끝 마감. 네가 거기를 기어 올라갈 수 없고 자세히 보이지도 않지만, 그것은 마치 그럴 수 있는 것처럼 만들어져 있단다. 그것은 신을 위해 만들어진 것이야.'"[4]

마이클의 전통에 대한 존중에도 불구하고, 그는 과거에서만 살 수는 없었다. 길드 시스템이 무너지면서 작업 훈련이 학교로 옮겨지고, 대략적인 감으로 하던 작업에 이론이 더해졌다. 10살의 루드위히는 초등학교에서 가톨릭 학교로 전학 가서 1896년도부터 1899년도까지 다녔다. 가톨릭 학교는 라인랜드 전체에 꽤 명성이 자자하던 학교였기에 그는 나름 전도유망한 학생이었던 것으로 보인다. 그러나 말년의 인터뷰에서 자신이 지적이라기보다는 실용적인 면이 더 강했다는 점을 암시하며 "그다지 뛰어나지 않았다"라고 고백했다. 13살에 그는 학교를 더 못 다녔을 수도 있었지만, 그의 아버지는 형 이왈드처럼 미스를 2년 동안 상업학교에 보냈다. 아버지는 자식들을 학교에 보낼 수 있을 때까지 보내려고 했다. 미스는 회상했다.

"상업학교는 공예 학교랑은 달랐습니다. 2년짜리 과정을 수료하고 나면 사무실이나 작업장에 직장을 얻을 수 있었습니다. 제도를 상당히 강조했는데 그것은 누구나 알아야 하는 것이기 때문이었습니다. 커리큘럼은 이론적으로 고안된 프로그램이 전혀 아니었고, 무역하는 사람들이 실제로 사용하는 것들을 기반으로 경험에 바탕을 두고 만들어졌습니다."

그는 거기에 더했다. "아헨은 좀 더 나은 수준"의 4년짜리 기술학교들이 있었는데 기계제작이나 건설 관련 학교들이었다. 그는 또한 이론적인 커리큘럼을 제공했던 고등교육기관에 관해 이야기했다. 그러나 그에게는 실용적인 훈련에 더 맞았다.

"그들의 작업방식에는 결점이 없었습니다. 나는 고등교육기관에서 온 사람들보다 차라리 그들을 상대하는 것이 나았습니다. 그들은 능숙하게 그릴 줄 알았습니다. - 예를 들면 루프 프레임도 디테일이 완벽했습니다. 당신이 일할 때 알아야 할 것을 능숙하게 하도록 배웠습니다."[6]

미스가 이렇게 말했을 때는 82세였고 오랫동안 그가 받았던 훈련을 정당화해왔다. 그가 아헨의 고등교육기관에 등록한 적이 없다는 사실을 보면 실제 건물에 기초한 건축교육을 중요시했던 것을 어느 정도 설명한다. 그는 정식 교육을 거의 받지 못했지만, 상업학교 이후에 공사현장과 샵에서의 경험을 통해 배웠고 진심으로 그 가치를 인정했다. 15살에 지역의 건설현장에서 견습생으로 1년간 일을 했고, 그리고 나서 약 4년간 제도공으로 아헨의 이곳저곳 아틀리에에서 일했다. 그는 그가 젊었을 때 집이 지어지는 방식을 기억했다.

누군가가 기초를 파고 모르타르 기초를 놓은 후에 석회 조각을 섞고 그것이 아래로 흐르도록 했습니다. 그리고 벽돌을 쌓았습니다. 그것이 우리가 집 짓는 방식이었습니다. 우리는 적어도 벽돌로 지어진 집의 기초에는 콘크리트를 쓰지 않았습니다. 처음에는 아무것도 없이 벽돌만 그냥 놓고서 모르타르로 덮었습니다. 우리는 우리 스스로 모르타르를 만들어서 어깨에 짊어지고 날라야 했습니다. 벽돌과 돌도 거기에 실었고 한 손으로 손잡이를 단단히 잡고 다른 손으로 사다리를 올라야 했습니다. 가장 많이 나를 수 있는 사람이 최고였습니다. 일단 벽 위에 올라서면 정말 기분이 좋았습니다. 야생 동물처럼 미친 듯이 일하다 15분 뒤에 지쳐 나가떨어지는 것이 아니라 천천히 일하는 방식을 배웠습니다. 하지만 조용히, 몇 시간이고. 당신이 정말 경험이 많아지면 코너를 만드는 방법을 배웠습니다. 이것은 상당히 복잡했습니다. 대체로 우리는 벽돌을 크로스 본드 방식으로 놓았습니다. 그리고 가끔 우리는 실수를 하고는 했습니다. 작업반장이 때때로 우리한테 다시 만들게 시키곤 했습니다. 우리가 벽 하나를 완성하자 그가 말했습니다.

"오케이, 그것은 잘못됐다. 전부 다시 해"

마침내, 우리가 끝냈을 때 목수가 나타났고 우리는 인부들의 커피를 위한 물을 떠 오는 중요한 임무로 맡았습니다. 우리는 작은 주전자에 2페니를 주고 끓인 물을 살 수 있었습니다. 파우더 커피를 주전자에 넣고 물을 그 위에 붓고 인부들한테 갖다 주었습니다. 우리는 또한 5페니에 소시지나 치즈도 살 수 있었습니다. 치즈가 주식이었고, 빵은 집에서 가져왔습니다. 슈나페는 나중에 왔습니다. 일주일 치 임금을 받는 주말에만 많은 슈나페를 살 수 있었습니다. 하나에 5페니였습니다.

미스는 이 당시에 16살이 안 되었기 때문에 하루 치의 일당을 다 받지 못했다. 가족의 도움으로 간신히 이어가던 학교를 그만 다녀야 할 때가 되었다. 루드위히는 그가 일하고 있던 아파트 공사현장 작업반장에게 그가 일당을 제대로 받을 수 있는지 물어봤다.

물론 그는 안된다고 했습니다. 그는 1년간 아무것도 안 주고 나한테 일을 시켰는데, 왜 이제 와서 나에게 돈을 주겠나? 마침 나에겐 친구가 있었습니다. 학교에서 알던 그는 제도공을 구하던 사람을 알고 있었습니다. 나는 학교에서 배웠기에 그릴 수 있었습니다. 그리고 지난날 내가 작업했던 묘비들을 생각해 보면 글씨를 새기는 일도 잘 했습니다. 그래서 나는 막스 피셔 Max Fischer라는 사람이 운영하는 스터코 공장의 제도공에 지원했습니다. 비록 그들이 나를 아틀리에가 아니라 사무실에 집어넣었지만 어쨌거나 일자리를 얻었습니다. 나는 사무실에서 책들을 정리하고 우표를 붙이고 공사현장의 인부들에게 지급될 돈을 가지고 자전거에 올라야 했습니다. 이것이 내가 6개월 정도 한 일입니다. 그리고 선임 제도공이 입대를 하게 되자 제도실로 승진했습니다. 나는 제도엔 자신이 있었지만, 이번엔 진짜로 배웠습니다. 한쪽 벽에 바닥에서 천장까지 닿는 커다란 제도 보드 앞에 서서 손뿐만이 아니라 전체 팔을 흔들면서 그려야 했습니다. 우리는 방의 1/4 정도 되는 크기의 도면을 그려서 모형 제작실에 보냈습니다. 나는 2년 동안 매일 이것을 했습니다. 지금도 나는 소용돌이 장식을 눈을 감고 그릴 수 있을 정도입니다.

로한: 당신은 모든 스타일의 드로잉을 그렸나요?
미스: 모든 역사적인 스타일들이지. 게다가 모던한 것도. 모든 생각할 수 있는 장식들은 다 그렸지.
로한: 당신 스스로 디자인도 했나요?
미스: 내가 할 수 있을 때는…… 하지만 결코 쉽진 않았단다.

미스는 스터코 워크샵을 갑자기 떠나게 되었다. 그의 보스가 미스의 실수에 화가 나서 갑자기 예상치 못한 위협을 가했다. 미스는 꼼짝할 수 없었다. "다시는 그러지 마라" 그는 경고했다. 미스는 짐을 싼 후에 떠났다. "당신이나 잘하세요" 그는 로한에게 이야기

사진 1.5
이왈드가 직접 디자인하고 제작한 아헨의 서쪽 묘지에 있는 미스 가족무덤 비석(1929), 미스의 석공 형제는 뛰어난 장인이었다. 이왈드 작업의 명료함, 정직함, 경제성은 "미이시안"의 특징이다.

했다. "경찰이 나를 찾으러 왔다. 마치 내가 견습생이고 그의 소유인 것처럼 말이다. 하지만 난 초보 수련자였다. 그것은 큰 차이다!" 미스는 자부심을 느끼고 있었다. "나의 형은 그 상황을 잘 알고 있었다. 그리고 경찰이 들이닥쳤을 때 그는 당당히 말했다. '돌아가세요'. 그리고 그들은 돌아갔고 그 후엔 아무 일도 일어나지 않았다. 나는 더는 그 사람을 볼 일이 없었다."

미스는 큰형을 대단히 좋아했고 누나들이나 부모보다 더 가깝게 지냈다. 이왈드는 미스에게 수호자이자 정신적인 카운셀러였다. 그들은 관심사와 재능이 비슷했고 그래픽 디자인에 뛰어났다. 1929년에 이왈드가 디자인하고 만든 아헨에 있는 가족기념비[7]는 절제된 스타일의 마감으로 된 모더니스트 산 세리프 sans serif 그래픽의 훌륭한 사례이다.(사진 1.5)

이왈드는 아헨에서 평생을 혼자 살았다. 루드위히는 야망이 있었고, 가족이 일하던 석재 작업장으로 다시 돌아가지 않았다. 1901년에서 1905년 사이에 기록에 따르면 그는 두 명의 건축가를 위해서 일을 했다. 첫 번째는 "고블러 건축가"라고만 알려졌고 두 번째는 "알버트 슈나이더 Albert Schneider, 건축가"이다. 정확히 일했던 날짜는 알려져 있지 않다. 같은 4년의 기간에 그는 집에 살면서 풀타임으로 일을 했고 "저녁 그리고 일요일에 직업학교"에 다녔다.

"우연히 연락이 닿을 수 있었다." 그는 로한에게 말했다.

티에즈 컴퍼니 Tietz Company의 자회사이자 아헨의 중심가에 커다란 백화점을 설계하고 있던 건축가의 사무실(아마도 슈나이더)로부터 미스는 연락을 받았다. 그는 장식으로 뒤덮인 입면을 생각하고 있었지만 어떻게 그려야 할지 몰랐다; 그는 나에게 할 수 있는지 물어봤고 나는 할 수 있다고 대답했다. 그는 얼마나 걸릴지 알고 싶어 했다. 나는 "오늘 저녁까지 원하시나요? 아니면 조금 더 시간을 줄 수 있나요?" 그는 내 말을 믿을 수 없다는 듯이 쳐다봤다. "내일까지 완성해다오" 그는 말했고 나는 그렇게 했다.

그러는 동안, 티에즈는 백화점 프로젝트를 베를린의 더 큰 사무실인 보슬러 Bossler와 놀 Knoll에 넘기기로 결정했고 미스의 보스였던 슈나이더를 어소시에이츠로 낮추었다. 건축가, 엔지니어 그리고 사무직 인원들이 아헨의 사무실로 몰려들었고 미스는 대도시에서 몰려온 사람들과 동질감을 느꼈다. 그의 노력은 그들의 눈높이에 맞았다.

로한: 사무실의 누군가가 할아버지한테 베를린으로 가라고 부추겼지요?
미스: 그 사람은 쾨니스버그 Konigsberg에서 온 듀로우 Dulow였고, 쇼펜하우어를 존경했지. 어느 날 나를 저녁 식사에 초대했고 그날은 쇼펜하우어의 생일이었단다. 나는 그런 것을 그다지 잘 몰랐었지.

그의 딸 조지아 Georgia와의 인터뷰에서는 같은 이야기가 조금 더 부풀려졌다. 그는 말했다: "슈나이더의 제도판으로 할당된 날에, 제도판 청소를 하다가 막시밀리안 하덴 Maximilian Harden이 쓴 [미래]라는 잡지와 라플라스의 이론에 관한 에세이를 우연히 발견했다. 나는 그것들을 읽었지만 이해하기 어려웠다. 하지만 머릿속에서 그 책이 떠나지 않았다. 그래서 그 후에 매주 그 책을 붙잡고 가능한 한 자세히 읽었다. 그때부터 정신적인 것과 철학, 그리고 문화에 관심을 기울이기 시작했지."[8]

로한에게 미스는 계속 말했다.

저녁을 먹으면서 듀로우는 나에게 말했다. "들어봐, 왜 너는 이런 시골에서 얼쩡대니? 베를린으로 가렴; 그곳에선 많은 일이 일어난단다." 나는 말했다. "말하기는 쉽지요. 나는 베를린의 포츠담광장에 서서 어디로 갈지도 모르면서 무작정 기차표를 살 수는 없어요."

그러자 그는 책상 서랍에서 건축 잡지인 디 바벨트 Die Bauwelt를 꺼냈다. 거기엔 두 개의 구인광고가 있었는데 둘 다 제도공을 구하는 것이었다. 하나는 릭스도프 Rixdorf의 새로운 타운홀 설계를 위한 것이고 또 하나는 평범한 베를린의 커다란 사무실인 라인하르트& 수센구스 Reinhardt and Sussenguth였다. 졸업장도 추천서도 필요 없이 드로잉만 보내면 된다고 광고에 쓰여 있었다. 그래서 나는 도면 한 다발을 챙겨서 보냈고 두 군데서 다 연락이 왔다. 릭스도프는 한 달에 200마르크를 벌 수 있었고 다른 일은 240마르크였다. 그러나 듀로우는 내게 "릭스도프로 가라; 거기엔 나랑 친한 친구가 책임자로 있어. 그의 이름은 마텐스 Martens고 발틱에서 온 좋은 사람이다. 열심히 하는 건축가고……. 무엇보다, 예술가이지."

베를린으로 떠나는 기차의 출발과 함께 미스는 자연스레 가족들과 떨어졌다. 1927년 아버지 마이클과 1928년 다섯 달 뒤 아멜리에의 죽음 이후에 그의 형이 가업을 물려받았다. 그 자신은 건축가로 광고를 했지만 수년 동안 아헨의 주소록에 이왈드는 석공으로 등록되었다.[9]

• • •

남자 중심의 윌헬마인 Wilhelmine 사회 분위기처럼 미스 집안의 여자들은 잘 드러나지 않았다. 미스가 어머니에 관해 이야기할 때, 그녀와 대성당에 함께 갔던 것을 떠올릴 때, 그는 애정과 존경을 갖고 있었지만 희미했다. 그의 여자 형제들, 엘리스 Elise와 마리아 Maria는 그의 과거를 녹취한 기록에 거의 등장하지 않는다. 그들은 1911년에 집에서 불과 몇 집 건너의 발서스트라쎄 Vaalserstrasse에 채소 가게를 열었다. 그 가게는 1950년대까지 남아있었다. 엘리스는 50이 넘어서야 10대 아들을 둔 요한 조세프 블리스 Johann Josef Blees랑 결혼했고, 마리아는 평생 독신으로 살았다.

나중에 미스는 19살의 나이에 집을 떠나서 그의 어린 시절에 대한 기억이 거의 없다고 했다. 그의 아버지는 "엄격한 독재자"였고 그의 어머니는 "충실한 복종자"였다. 그는 부모랑 친밀한 관계가 거의 없었지만 아버지가 꾸짖었던 것을 기억했다. "이런 바보 같은 책이나 읽지 말고 일을 해라"[10]

미스의 어린 시절에 대한 단편적인 기록에서는 그 어느 것도 촉망된 미래를 보여주지 않는다. 그의 확신에 대한 유일한 바탕은 10대의 나이에 그가 만난 전문가들에게 인상을 남길 만한 제도공으로서의 능력이다. 19살에 장거리 기차여행에 익숙하지 않았고 베를린은 난생처음이었다. 30마일이 지나자 갑작스러운 멀미가 찾아왔고 첫 번째 역인 콜로네 Cologne에 도착할 즈음 찾아들었다. "8시 15분 정도" 미스는 로한과의 인터뷰에서 회상했다. "8시 16분에 기차는 다시 떠나기 시작했고 나는 창문을 열고 머리를 내밀고 토하기 시작했다." 스트레스는 베를린이 가까워질 때 까지 계속됐다. 그가 릭스도프로 가는 택시를 타자마자 복통이 다시 찾아왔고 택시에서 내려 길가에 앉아 속이 괜찮아지기를 기다렸다. 그는 전차에 간신히 올라 첫 도착지인 동사무소 건물에 닿을 때까지 오랫동안 참아야 했다.

수련기간, 결혼, 그리고 제1차 세계대전: 1886-1905

2

그렇지만 난 집을 지을 수 있습니다. 단지 혼자 해본 적이 없을 뿐이에요.
미스, 첫번째 건축주에게

조그마한 창문이 뚫린 거대한 돌담은 그 자체로 대단하다. 우리는 정말 평범한 수단을 갖고도 건축을 만들 수 있다. 정말 대단한 건축을 말이다!
미스, 플로렌스에 있는 팔라조 피티Palazzo Pitti를 기억하며

나의 뜨거운 젊은 심장으로 당신을 사랑하고 싶습니다.
미스, 에이다 브렌에게 구애하며

그는 자유가 필요했고, 일반적인 관습으로부터 벗어나야 했습니다.
메리 위그만, 미스에 대해

베를린의 위성도시긴 했지만, 릭스도프는 새로운 타운홀이 필요할 만큼 빠르게 성장하는 도시였다. 라인홀드 키엘Reinhold Kiehl이란 건축가가 "픽쳐레스크picturesque" 스타일[1]로 디자인한 타운홀 공사가 한창이었고 미스는 타운홀 내 회의실의 디테일을 그렸다. 적어도 제도에 있어서는 그 전의 경험이 큰 도움이 되었다. 하지만 그는 목재로 된 디테일을 그려야 했다. "나는 그때까지 돌과 벽돌, 모르타르를 다루는 방법만 알았지 목재를 제대로 다루는 법을 배운 적이 없었다."[2] 그러한 와중에 그는 갑작스레 군대에 징집당하게 되었다.

"어느 날 입대한 지 얼마 되지 않아서..." 그는 회상했다.

우리는 훈련장에 집합하라는 명령을 받았습니다. 비가 무지막지하게 내리고 있었고 철모에서 물이 쏟아져 내렸습니다. "차렷" 명령이 떨어졌을 때 우리 소대 첫 번째 줄에 있던 신병이 아무 생각없이 손을 들어서 얼굴에서 물을 닦아냈습니다. 이것을 본 상사가 불같이 달려왔습니다. 그에게 이것은 명령 불복종이었고 용서받을 수 없는 행동이었습니다. 중대장도 자신이 말하는 도중에 일어난 일이기에 화가 잔뜩 났습니다. 그래서 우리 모두는 벌칙으로 폭우가 쏟아지는 와중에 저녁 8시까지 몇 시간이고 체조를

*해야 했습니다. 그것은 군대에서만 볼 수 있는 완전히 바보 같은 짓이었습니다. 그리고 나는 다음날 침대에서 일어날 수 없었고 6명의 다른 훈련병들도 마찬가지였습니다. 우리 모두는 병원으로 이송되었고, 나는 폐렴 판정을 받았습니다. 군대에는 아직 건강한 청년이 많았고 나같은 사람은 필요 없었습니다. 나는 "복무불가" 판정을 받고 소집 해제되었고 그 이후로 다시는 릭스도프로 돌아가지 않았습니다.*³

1905년 말 또는 1906년 초에 미스는 목공제작에 점점 더 관심을 기울였다. 그는 처음엔 직원으로서, 나중엔 학생으로서, 당시 독일 예술계에 가장 뛰어난 인물이자 그의 인생에서 첫 번째 역사적인 인물이었던 브르노 파울Bruno Paul을 만나게 되었다. 1894년에 드레스덴에서 공부를 마친 파울은 당시 독일에서 가장 진보적인 예술의 중심이었던 뮌헨으로 갔다. 뮌헨은 19세기 후반 유럽 문화에 만연한 제국주의-물질주의에 반발한 예술가들이 모여드는 중심지였다. 파울에게 1890년대는 유겐트스틸Jugendstil의 시대였다. 뱀같이 구불구불한 선들과 평평하고 추상적인 패턴들이 그림과 조각분만이 아니라 실용예술분야에서 새로운 대안으로 등장했다. 파울은 또한 뛰어난 삽화가였다. 1894년부터 1907년까지 그가 뮌헨의 풍자저널인 심플리시무스Simplicissimus에 그린 삽화들은 사회적 자유주의와 대담한 표현을 통해 반 체제적인 입장을 전형적으로 보여준다.

20세기에 들어서 첫 10년 동안 파울은 건축과 응용예술로 방향을 틀었고 특히 가구로 눈을 돌렸다. 1904년도 세인트 루이스 세계 박람회에서 독일관이 세계적인 칭송을 얻었을 때, 비평가들은 그를 가장 높이 평가했다. 그는 또한 1906년도에 드레스덴에서 열린 제3회 독일 산업 응용예술 전시회에서 날카로운 기하학을 위주로 한 인테리어 작업들로 두각을 나타내기도 했다.

1907년에 파울은 예술의 중심지로 떠오르던 베를린으로 이주하였다. 거기서 그는 상당한 영향력을 행사할 수 있는 자리인 베를린 실용예술 박물관의 교육부분 총괄로 임명됐다. 여기에는 아이러니가 있었는데, 급작스러운 문화적 변혁기에 급진파와 전통파의 충돌이 종종 일어났다. 독일 황제는 예술을 사랑했지만 미학적으로나 정치적으로 상당히 보수적이었다. 그가 만약에 파울이 그린 풍자 가득한 삽화를 봤다면 그를 결코 그 자리에 임명하지는 않았을 것이다. 파울도 이를 잘 알았기에, 가명으로 풍자 삽화를 그렸다. 파울은 또한 독일공작연맹Deutscher Werkbund의 창립멤버 12명 중 하나였다. 1907년에 생긴 공작연맹은 독일의 예술, 공예, 건축에 있어 가장 진보적인 단체였다. 영국의 아트 앤 크래프트 운동Art and Craft movement을 창설한 윌리엄 모리스는 기계화가 야기한 비인간화에 개탄했는데 이 운동의 영향을 받은 독일공작연맹은 모든 예술품의 질적 향상을 위해 노력했다. 아트 앤 크래프트 운동이 중세의 장인을 모델로 삼았다면 독일공작연맹은 수공예품뿐 아니라 공장 생산품의 질적 향상 또한 원했고 궁극적으로 모든 공예품의 수준이 독일 사회의 문화적 열망에 부응하기를 원했다. 독일 디자인이 영국의 영향을 받았다는 또 다른 증거는 베를린 건축가였던 헤르만 무테우시스Herman Muthesius가 쓴 '잉글리쉬 하우스Das englische Haus(1904-5)'라는 기념비적인 책이었다. 그 책에서 그는 영국의 가정집이 독일 가정집보다 편안하고, 아늑하고 경제적이며, 독일의 역사가들이 뽐내며 자랑스러워하던 1880년대의 독일 주거 디자인보다 낫다고 했다.

새로운 세기의 독일 뱅가드들은 객관성Sachlichkeit 아래 스타일적으로 절제됨을 받아들였다. - 물질과 사실의 결합, 객관성, 엄정함. 1905년까지 새로운 형태언어가 아이콘으로 자리잡았다. 각진 형태들이 유겐스틸의 오르가닉한 형태를 대신하였고 단순화된 신고전주의가 새로운 세기의 독일 선두 주자로 자리매김했다. 브루노 파울의 작업도 19세기 초반의 절제된 명확성을 향해 이동했다.

. . .

미스는 파울 밑에서 일하면서 그가 가르치던 베를린 학교에도 등록했다. 그는 곧 가구 디자인에 열정적으로 빠져들었고 인쇄물 제작도 했다.[4] 1906년 어느 날 미스는 스튜디오에서 목공 작업을 하는 동안 정숙한 귀부인이 들어오는 것을 보았다. 그녀는 스튜디오의 관리자에게 다가가 집 앞 잔디밭에 놓을 새를 위한 욕조 디자인에 대한 조언을 구했다. 그의 설명을 듣고 만족한 그녀는 몇 주 후 좀 더 커다란 요구를 들고 찾아왔다. 그녀와 그녀의 남편인 프리드리히 빌헬름 대학교Friedrich Wilhelm University의 철학과 교수인 알로이스 리엘Alois Riehl은 베를린의 교외 지역인 뉴바벨스버그Neubabelsberg[5]에 집을 짓고 싶어했고, 기존의 알려진 건축가보다는 재능 있는 젊은 디자이너에게 일을 맡기고 싶어했다. 관리자는 갓 스무 살이 넘은 미스를 추천했다.

미스는 로한과의 인터뷰에서 그 이야기를 이어갔다.

프라우 리엘은 그가 혼자 디자인 해본 경험이 있는지 물었고 "나는 '해본 적이 없습니다.'라고 대답했다. 그러자 그녀는 '그러면 곤란한데요... 우리는 실험용 쥐가 되고 싶진 않아요.'라고 말했지. 나는 계속해서 집을 지을 수 있다고 주장했다. 나는 다만 혼자서 해본 적이 없을 뿐이었다. 모두가 경험 있는 사람만을 찾는다면 나는 늙어서까지 보여줄 게 하나도 없을 거에요. 그러자 그녀는 웃으면서 남편과 함께 만나길 원했다."[6] 프라우 리엘은 그녀와 그녀의 남편이 그날 저녁에 주최하는 파티에 미스를 초대했다.

아직도 기억나는구나. 사람들이 나한테 정장 재킷을 입어야 한다고 말해줬지만 나는 저녁식사 때 어떤 재킷을 입어야 할지 전혀 몰랐다. 사람들은 나에게 "아무 데서나 하나 사 입던지 아니면 빌려 입던가." 나는 사무실을 샅샅이 돌아다니며 돈을 빌려 자켓을 하나 구입했다. 물론 나는 어떤 걸 입어야 할지 전혀 몰랐다. 나는 노란색이었거나 똑같이 이상한 싸구려 자켓을 집어 들었다. 저녁이 되자 나는 베를린에 있는 리엘의 아파트에 갔다. 아주 멋지게 차려 입은 한무리의 사람들이 엘리베이터에 탔다. 꼬리 달린 옷을 입은 남자의 옷은 온통 메달로 덮여 있었다. 나는 그들을 따라가면 된다고 생각했다. 문이 열리자마자 나는 거의 어지럼증을 느꼈다. 나는 사람들이 스케이트 선수같이 마루바닥을 미끄러지며 돌아다니는 것에 놀라 혹시라도 목이 부러질지도 모른다는 두려움에 떨었다. 얼마 뒤에 리엘 부부가 돌아다니면서 한 사람 한 사람 자연스럽게 인사를 했다.

저녁식사 후 리엘 교수는 나를 서재로 불러 이것저것을 꼬치꼬치 묻고 "다른 손님들을 더 이상 오래 기다리게 할 수는 없네. 살롱으로 돌아갑시다."라고 한 후 그의 아내에게: "이 사람에게 우리집을 맡깁시다."라고 말했다. 이것은 그녀에게 충격으로 다가왔다. 그녀는 남편의 말을 믿을 수 없었다. 그래서 그녀는 다음날 나를 다시 만나자고 했다. 나는 그녀에게 브르노 파울 사무실에서 일을 하고 있다고 말했고 브르노 파울에게 나에 대해 직접 물어보라고 했다. 브르노 파울은 나중에 그녀가 한 말을 나에게 말해줬다. "당신은 미스가 재능이 있다고 생각하겠지만, 제가 보기엔 그는 너무 젊고 경험도 부족합니다."

브르노 파울은 내가 그의 사무실에서 그 일을 계속할 수 있도록 배려했지만 나는 거절했다. 그는 무슨 자신감으로 그러냐고 물어봤다. 그는 전혀 이해할 수 없었다. 하지만 이것은 나 혼자 해내야 할 일이었다. 그리고 그 집이 완공되고 난 후 그가 다른 사람에게 한 말을 건너 들었다. "그 집은 내가 직접 디자인하지 않았다는 점만 빼면 완벽합니다." 그는 마음이 넓고 훌륭한 인격을 가진 사람이었다.

리엘 하우스의 디자인은 완전히 새롭다고 할 수는 없지만, 고작 몇 년의 제도 경험이 전부였던 초짜에겐 놀라운 성취였다. 평면, 입면, 배치와 조경 등은 뛰어난 완성도를 보여준다.

스피츠위그가쎄3Spitzweggasse3에 있는 이 집은 벽돌 위에 스터코로 칠한 직사각형 볼륨 위에 가파른 박공지붕이 루프타일로 덮인 포츠담 - 뉴바벨스버그에선 일반적인 평범한 집이었다.

처마 및 살짝 튀어나온 벽 기둥은 당시에 파울이 디자인하고 있던 베를린에 있는 웨스트엔드 하우스Westend House를 떠올리게 한다. 중요한 입면이 두 군데 있다: 한쪽은 남서쪽에 있는 입구인데 살짝 벽으로 가려진 잔디밭을 내려다본다. 다른 쪽은 북서쪽인데 4개의 기둥이 박공지붕을 떠받치는 로지아는 경사지랑 숲을 바라본다. 로지아에서는 약 100 미터 북동쪽에 있는 그리브니츠Gregbnitz 호수가 내려다보인다. 로지아 하부에

사진 2.1
알로이스와 소피 리엘 하우스, 포츠담-뉴바벨스버그(1907). 리엘 하우스는 미스가 21살때 스스로 디자인한 그의 첫번째 건물이다. 건축주는 존경받는 베를린의 철학교수와 그의 아내였다. 리엘부부는 처음부터 미스에게 호감을 느꼈고 그에게 여러모로 많은 도움을 주었다. 미스에겐 처음으로 상류사회와 성공을 맛보게 된 기회였다.

서 뻗어 나온 커다란 옹벽은 대지를 가로지른다. 부출입구가 있는 지하실은 이 옹벽 뒤에 숨겨져 있으며 경사진 잔디밭을 따라 나 있는 산책로에서 접근할 수 있다.

건물의 배치는 매력적으로 대비되는 풍경을 보여준다: 거리에서는 깔끔한 잔디밭을, 다른 쪽에선 넓은 경사면과 멀리 떨어진 전망을 볼 수 있다. 평면은 깔끔했고 인테리어 디자인은 절제되었다. 1층에 있는 커다란 방은 무테시우스가 칭송한 영국의 가정집과 비슷하다. 영국의 영향이 간접적인 것에 반해 다이닝 공간은 파울이 1906년에 디자인했던 드레스덴 전시를 그대로 가져왔다. 미스가 벽장식으로 사용한 나무로 된 격자무늬는 파울의 작업보다 좀 더 정형적이고 추상적(비용이 적게 드는)인 효과를 만들어냈다. 다른 부분에서는 미스는 새로운 디자인 어휘를 사용했다: 반들반들한 캐비넷 위에 있는 신 비더마이어 양식의 나무로 된 십자무늬는 파울의 영향을 보여주고 현관 문 위의 장식은 당시 독일에서 인기를 끌던 책인 파울 메베스의 1800 Paul Mebes's Um 1800에 있던 삽화의 영향을 보여준다.[7] 메베스는 당시 가정집의 과도한 장식에 반대하면서 19세기 초의 심플한 디자인으로 돌아갈 것을 주장했다.

리엘 하우스를 디자인하면서 알로이스 리엘과 돈독한 관계를 맺게 된 것이 미스에겐 가장 커다란 소득이었다. 집이 완성되었을 때 63세였던 알로이스 리엘은 왕성한 저작활

사진 2.2
리엘 하우스, 포츠담-뉴바벨스버그 (1907). 도로의 반대쪽 아래 정원에서 보는 전경. 이 집은 두개의 완전히 다른 입면이 쌍을 이루고 있다. 한쪽은 성벽에 둘러쌓인 정원을 내려다 보는 쪽이고, 로지아를 포함한 반대쪽(사진)은 그리브니츠 호수로 향한 널찍한 경사로를 내려다 본다. 초기작업부터 미스는 건물과 조경을 통합하려고 노력했다.

동을 통해 독일 철학계와 베를린 문화계에서 중요한 인물로 자리매김하고 있었다. 그와 그의 아내 소피는 그들의 새로운 집을 클로스테리Klösterli (작은 회랑)라고 부르며 친구들을 초대했다. 리엘 부부는 젊은 미스를 그들의 모임에 자주 초대했다. 이처럼 미스에게 보인 리엘 부부의 특별한 호의는 미스가 가진 매력이 큰 역할을 했을 것이다. 심지어 리엘 부부는 1908년 미스를 이탈리아로 6주간 여행을 보내줬다. 거기에서 그는 아헨에서 구경조차 못했던 수많은 건물들을 직접 볼 수 있었다. 미스는 작업실 선배였던 조셉 포프 Joseph Poppe와 함께 여행을 했다:

우리는 뮌헨에 가서 전시를 봤습니다... 리엘 여사는 우리에게 큰 도움이 될 거라면서 그 전시를 꼭 보라고 이야기했습니다. 그것은 매우 흥미로운 여행이었습니다. 포프는 너무 자주 박물관에 가서 그림을 보았습니다. 하지만 나는 도시를 돌아다니는 게 더 좋았습니다. 우리는 그다음에 브레너Brenner를 넘어 보젠 Bozen[Bolzano, 이탈리아어]으로 갔고 그곳에서 비센차로 가는 길에는 팔라디오가 디자인한 빌라가 정말 많이 있었습니다. 정형적인 로툰다뿐만이 아니라 좀 더 자유로운 형식의 멋진 빌라들이 많이 있었습니다.

[알프레드] 메셀 [Alfred] Messel 이 디자인한 완세Wannsee의 아름다운 별장은 팔라

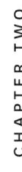

사진 2.3
리엘 하우스의 홀 또는 커다란 방(1907). 패널로 마감된 벽과 난로의 정사각형 타일은 당시 영국 주거건축에 대한 미스의 관심과 지식을 반영한다.

디오의 비센차 근처의 빌라를 떠올리게 했습니다.[8] 메셀과 팔라디오는 건물의 마감을 우아하게 처리했지만 메셀이 좀 더 잘했습니다. 그것은 확실히 더 감각적이었습니다. 어떤 사람들은 그런 감각을 가지고 있습니다.[9]

나중의 인터뷰에서 미스는 또한 플로렌스에 있는 팔라조 피티Palazzo Pitti에 대한 존경심을 나타냈다. "조그마한 창문이 뚫린 거대한 돌담은 그 자체로 대단하다. 우리는 정말 평범한 수단을 갖고도 건축을 만들 수 있다. 정말 대단한 건축을 말이다!"[10]

여행에서 돌아온 후, 미스는 클로스테리를 자주 방문하였고 그곳에서 베를린의 저명인사들을 많이 만났다. 리엘 부부의 손님 리스트에는 독일 사회의 저명인사들이 다수 포함되어 있었는데 예를 들어 기업가인 발터 라테나우Walther Rathenau, 철학자 베너 예거Werner Jaeger, 정치가 한스 델브뤼크Hans Delbrück, 미술 사학자 하인리히 울프린Heinrich Wölfflin, 고고학자 프리드리히 새러Friedrich Sarre, 철학자 에드워드 스프랭거Eduard Spranger, 아프리카 탐험가 레오 프로베니우스Leo Frobenius, 심리학자 커트 르윈Kurt Lewin, 외국인 관광객이었던 시카고 의사인 찰스 섬머 베이컨Charles Summner

사진 2.4
리엘 하우스에서 정장을 차려입은 26살의 미스, 약 1912년. 개인 소장

Bacon. 이러한 유명인사들의 이름은 1909-24년 사이에 쓰여 졌던 방명록이 2000년에 발견되면서 세상에 알려졌다.[11]

최근에 리엘 하우스는 새로운 관심을 끌었다. 2001년 '미스 인 베를린Mies in Berlin' 전시회의 카달로그에 실린 에세이에서 베리 버그돌Barry Bergdoll은 미스의 디자인이 단순히 건물뿐만이 아니라 주위의 정원까지도 폭넓게 고려했다고 주장했다.[12] 이것은 미스와 20세기 초반 새로운 운동 중 하나였던 주택개혁운동Wohnreform과의 관계를 보여주는 것으로서, 이 운동은 "대도시 교외의 풍요로운 자연은 독일 문화의 건강한 삶과 도덕적인 부활을 가져올 것이라는 믿음으로 일상에서의 형태적이고 이데올로기적인 개혁을 추구했다." 버그돌은 미스는 집과 주변의 정원을 통합하려고 노력했다고 주장했다. 이것에 더하여, 무테우시스는 개정판 전원주택과 정원Landhaus und Garten에서 리엘 하우스의 내부 및 외부 공간 디자인을 인용하며 "건축적인 정원"의 개념을 옹호하였다.[13]

중요한 발견 덕분에 미스의 디자인에 대한 이해를 한층 더 높였다. 1989년 베를린 장벽이 무너진 이후에 베를린 출신의 부부가 그 집을 구입한 후 대대적인 수리를 하다가 연필로 그린 투시도 다수를 발견하였다.[14] 투시도들은 그 전 집주인의 소지품이 담겨 있던 가방에서 발견되었다. 투시도에 서명은 없었지만 자유롭고 확신에 찬 선들은 미스가 그

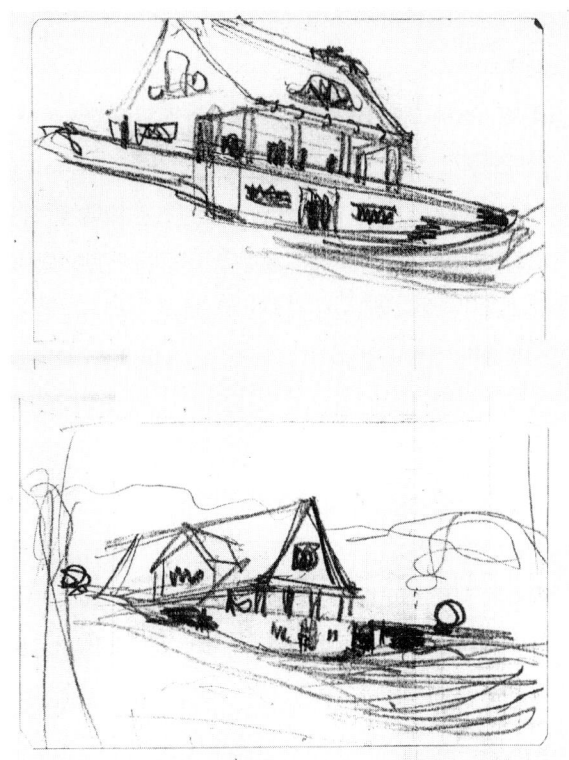

사진 2.5
냉전기간동안, 리엘 하우스는 동독정부의 관리아래 있었다. 주로 사무실로 사용되었고 상당히 많이 변형되어 베를린 장벽이 무너질 당시엔 거의 폐허에 가까웠다. 1989년에 그 집을 구입한 가족이 미스가 그린 최초의 스케치들을 발견했다. 이 3장의 스케치들은 각기 다른 계획안을 보여준다. 사진제공: 더크 로한, 미스 반 더 로에의 유품. 마깃 클레버 Margit Kleber의 허가로 사용됨.

린 것임이 확실했다. 이 책에서 처음으로 소개된 것은 미스가 그린 것으로 알려진 가장 이른 도면이다. 완공된 침실은 그려진 이미지와 동일하다. 더 흥미진진하지만(확정되진 않았지만) 계속된 제안 단계를 보여주는 몇 가지 외부 스터디가 있다. 가장 빠른 것은 로지아 입면만 보이는 것도 있었다. 이 디자인이 실현되었다면 홀Halle과 같이 커다란 공간은 없었을 것이다. 로지아는 정원 쪽 입면이 결정된 후에 추가되었다는 일부 학자들의 주장과 프리츠 뉴마이어Fritz Neumeyer의 주장처럼, "옆문으로 들어오는 것"은 이 도면들과 맞지 않는다.[15]

• • •

우리는 미스의 건축적인 삶에 대한 많은 부분을 로한과의 인터뷰를 통해 들을 수 있다: "[리엘] 작업을 끝낼 즈음에, 브르노 파울의 수석 매니저였던 폴 티어시Paul Thiersch가 사무실에 들렸다. 그는 베렌스와 함께 일을 했었고, 베렌스는 그에게 재능 있는 젊은 이를 소개해 달라고 부탁했다. 티어시는 나에게 말했다, '지금은 베렌스의 시대다. 그가 최고고 그를 만나 봐야 해.'(사진 2.6). 베렌스는 당시 독일에서 가장 유명한 건축가 중 한 명이었기 때문에, 미스도 이미 그를 알았을 것이다. 베렌스와 파울은 1890년대에 뮌헨에서 만났다. 그들은 회화와 그래픽 교육을 받았고, 장식 예술을 통해 건축의 영역으로 들어왔다.[16]

세기의 전환기에, 유겐트스틸에서 영감을 얻은 베렌스의 유리, 도자기 및 가구 디자인은 그에게 전국적인 명성을 안겨주었고, 당시 독일 응용예술의 중심지를 꿈꾸던 다름슈타트Darmstadt의 예술가 단체의 정회원이 되었다. 도시를 내려다보는 언덕인 마틸덴호헤Mathildenhöhe에서 1899년에 베렌스의 전시회가 열렸고, 1901년에 그는 유겐트스틸의 스타일을 따라 자신의 집을 지었다. 하지만 몇 년 지나지 않아 그의 작업은 1904년부터 기하학적 형태로 급속히 옮겨갔다. 이때부터 그는 무테우시스의 추천으로 뒤셀도르프의 공예 학교Art and Crafts of Düsseldorf의 디렉터를 맡았다.

베렌스는 파울과 마찬가지로 독일공작연맹의 창립 멤버이기도 하다. 1907년 그는 베를린의 전기 재벌 AEG(Allgemeine Elektricitäts-Gesellschaft)로부터 독일과 독일 산업 모두에 엄청난 영향을 끼친 제안을 받았다. 처음에는 그는 "예술 고문"의 자격으로 시작했고, 1908년 말부터 모든 AEG의 제품 디자인, 광고, 심지어 문구류뿐만 아니라 공장, 전시장 및 관리동을 포함한 모든 건물디자인을 맡았다.

베렌스는 모든 AEG 생산품의 디자인을 그들의 경제력과 문화적 파워를 강조하는 하나의 이미지로 통합할 것을 제안했다. 이것은 우리가 지금 기업 정체성 및 산업 디자인이라고 부르는 것의 시작이었다. AEG는 독일 산업화 시기에 최고의 기업 중 하나였다.[17] 1883년에 에밀 라테나우Emil Rathenau에 의해 설립되어 20세기 들어서 독일 기계 산업의 모델이자 독일기술의 모범이 되었다. 1900년까지 라테나우와 아들 발터Walther(리엘 방명록에도 있었다.)를 포함한 동료들은 시각예술이 회사의 정체성과 공생 관계를 이루면서 문화적인 요소를 더할 수 있다고 믿었다. AEG의 예술에 대한 헌신과 함께 베렌스와 라테나우의 비전이 하나로 합쳐졌다. 1908년 베를린에서 열린 독일 선박 건축 전시회 파빌리온은 베렌스가 처음으로 회사를 위해 디자인한 건물로서 새로운 문화를 일으킨 강력한 기업의 이미지를 상징했다. 베렌스는 예술가는 산업시대를 받아들이고 그것을 문화로 변모시킴과 동시에 독일 민족주의를 위해 봉사해야 한다는 신념을 가지고 있었다.

CHAPTER TWO

24 / 25

사진 2.6
1913년의 피터 베렌스. 유명한 격언인 "적은 것이 더 많은 것이다". 미스는 "피터 베렌스로부터 그 말을 처음 들었다."고 했다.

이러한 인식은 베렌스가 연구했던 비엔나의 예술사학자 알로이스 리엘Alois Riegl에 의해 형성되었다. 예술은 그 사회의 사회적 그리고 종교적 관념과 기술적 상황의 반영 - 그것의 시대정신Zeitgeist이다.[18] 베렌스는 시대정신은 건축에 가장 잘 나타난다고 믿었다. 건축가는 시대정신을 잘 이해해야 하며 그것을 잘 표현하기 위해 노력해야 한다. 그러나 역설적으로 건축에 있어 건축가의 의지가 가장 중요한 요소였다.[19]

리엘 하우스의 성공에도 불구하고 미스는 독립하기에는 너무 일렀다. 그는 1908년 10월에 베렌스의 밑에 들어갔고 그의 인생에서 가장 중요한 인연이 되었다. 그 후 4년 동안 많은 세계적인 작업에 참여하게 된다. 베렌스에겐 이 기간 동안 일이 많이 들어왔지만 뉴 바벨스버그의 한 저택에 있는 스튜디오에 적은 수의 스태프만으로 작업을 계속했다. 대부분은 AEG를 위한 작업이었다. 첫 번째 완성한 건물은 앞에서 이야기했던 선박 전시회의 파빌리온이었다. 그것은 베렌스가 설정한 AEG 빌딩들을 위한 스타일이 형상화되었다: 전통적으로 아카데믹한 형태, 고전적이지만 엄격하게 기능적인 디테일들. 낮은 박공지붕으로 된 팔각형의 파빌리온은 플로렌스의 세례당과 아헨에 있는 샤를마뉴의 채플을 떠올리게 한다. 심지어 깔끔하고 추상적인 입면은 베렌스가 최근에 채택한 기하학을 잘 보여준다.

베렌스는 프로이센의 19세기 최고의 건축가인 칼 프리드리히 쉰켈Karl Friedrich Schinkel에게 많은 영감을 얻었다. 쉰켈은 나폴레옹 전쟁 이후에 독일역사에서 대단히 풍요로웠던 시기에 베를린에서 대부분의 삶을 보내면서 독특하면서도 탁월한 많은 건물들을 실현시켰다. 그의 작품 중 일부는 신고딕 양식이었지만 가장 인정받았던 작품들은 신고전주의 풍이었다. 1823-33년에 지어진 알테스 뮤지엄은 특히 인상적이다. 비록 고전적인 모델에 바탕을 두었지만, 18개의 이오닉 기둥으로 이루어진 전례 없는 현관 공간이 유명하다. 뮤지엄 안에서 밖을 내다보면 시선이 러스트가르텐Lustgarten, 로얄캐슬Royal Castle 및 쉰켈 자신이 디자인한 신 고딕 베르더 교회neo-Gothic Werder Church까지 뻗어나간다. 역시 그에 견줄만하게 뛰어난 1818-26년에 근처에 지어진 공연극장Schauspielhaus은 일렬로 나 있는 현대적 스타일의 창문이 있는 서로 맞물린 큐빅 형태의 매스와 이오니아 스타일의 현관지붕을 특징으로 한다. 프랑스 성당과 독일 성당의 사이에 있는 잔다르멘마르크트 광장Gendarmenmarkt에 놓인 건물의 대칭적인 배치는 베를린에서 가장 훌륭한 가로를 완성시킨다.

베렌스는 쉰켈이 디자인한 건물을 자주 방문했다(사진s. 2.7 and 2.8). 그는 그의 작품을 진정으로 뛰어난 작품이라고 생각했고 가장 최신의 스타일적인 발전을 보여준다고 생각했다. 베렌스는 직원들을 데리고 쉰켈 작품을 자주 방문했다. 미스도 이를 통해 처음으로 그가 존경하는 건축가와 작품을 만나게 되었다. 쉰켈에 대한 그의 헌신은 1911년 이후 그가 베렌스 밑에서 한 여러 프로젝트에서 보이는 고전적 어휘에서 볼 수 있다.

2년 전인 1909년 여름, 미스는 독일 가든 시티 소사이어티German Garden City Society가 주관하는 잉글랜드 답사에 참여했는데, 햄스테드Hampstead, 레치워스Letchworth, 본빌Bourneville 및 포트 선라이트Port Sunlight를 방문했다. 그는 또 다른 런던 여행을 했다고 했는데 화가인 하인리히 보글러Heinrich Vogeler와 포크왕 뮤지엄Folkwang Museum의 설립자이자 독일 최고의 예술 후원자 중 한 명인 칼 어니스트 오스트하우스Karl Ernst Osthaus와 함께 독일 가든 시티 전시German Garden City Exhibition를 방문했다.[20] 그들의 연결은 오스트하우스의 절친한 친구였던 베렌스를 통해서 이루어졌을 것이다. 미스는 1913년에 다시 독일 가든 시티 소사이어티와 함께, 런던, 버밍엄, 리버풀, 레치워스를 다시 한번 방문했다고 했지만 그것에 대한 증거는 없었다. 그 당시 독일

사진 2.7
칼 프리드리히 쉰켈의 노이에바흐 하우스, 베를린(1816). 베를린 중심부의 운터 덴 린덴을 따라 독일 신고전주의의 뛰어난 사례인 이 건물은 피터 베렌스로부터 사랑받았고 미스의 연구대상이었다. 1930년에 미스는 제 1차 세계대전에서 전사한 사람들을 위한 메모리얼을 위한 현상설계에 참가했고 그 대상지가 이 건물의 지하였다. - 그가 당선되지는 않았다.

에서 정원에 대한 관심이 상당히 높았던 것은 사실이고, 영국은 답사장소로 인기가 많았다.[21]

베렌스의 스튜디오에서 1년 먼저 들어온 발터 그로피우스Walter Gropius보다 미스의 직책이 낮았다. 그로피우스와 미스는 거의 같은 나이였지만 정반대의 배경을 가지고 있었다. 1883년 베를린 출신의 상류층 가정에서 태어난 그로피우스는 출신의 이점을 한껏 누리면서 자랐다. 아비튜어Abitur 프로그램을 마친 후, 그는 뮌헨의 기술학교Technische Hochschule에서, 베를린으로 돌아오기 전에 한 학기를 보냈다. 그는 함부르크의 기병연대에 지원하기 전에 짧은 기간동안 건축 수습과정을 위해 베를린에 머물렀다. 1905년 그로피우스는 베를린 - 샤를 로텐부르크의 기술학교Technische Hochschule에 재학하면서 건축을 다시 공부했다. 2년 후 스페인을 여행하면서 오스트하우스Osthaus를 만났고 오스트하우스는 그를 베렌스에게 추천했다.

둘 다 젊고 야심만만했던 젊은이였던 미스와 그로피우스가 서로에게 경계심을 품는 것은 자연스러웠다. 평생을 걸쳐 때로는 서로 적대적이 되기도 하였다. 그러나 2년 동안 그들은 베렌스 밑에서 같이 일을 했고, 그로피우스의 경력이 더 많았고 또한 더 뛰어난 디자이너였다. 그는 1910년 베렌스 문하를 떠나 또 다른 유망한 베렌스 문하생이었던 아돌프 메이어와 베를린에 사무실을 공동으로 열었다. 그로피우스는 베렌스와 자신의 재능에 별 차이가 없다고 생각하며 모더니스트로의 길로 나아갔다. 1911년에 그 둘은 파구스 공장을 디자인했는데 슬래브 바닥을 강철 프레임과 투명한 유리로 된 벽이 받치고 있는 순수한 입방체였다. 그 건물은 그로피우스가 공업재료를 적극적으로 건축에 받아들였다는 확실한 증거로서 초기 모더니즘의 매우 중요한 작품 중 하나이다.

사진 2.8
쉰켈이 디자인한 샤를로텐부르크 궁전에 있는 뉴 파빌리온(1825). 정사각형 평면에 앞뒤가 동일한 입면은 나폴리에 있는 빌라 리알레 델 키아타모네 Villa Reale del Chiatamone에 기반을 두고 있다. 디테일의 우아함과 단순함은 그 당시를 생각하면 놀랍다.

그로피우스와 비교하여, 세기말의 미스는 보다 보수적이었고 독일의 주류에 더 가까웠다. 그로피우스의 파구스 공장 1년 전인 1910년 비평가 안톤 야우만Anton Jaumann은 미스의 리엘 하우스에 관한 리뷰를 썼다. 야우만에게 이 건물은 젊은 세대, 그가 부르길 "새로운 성장"을 보여주는 정수였다. 그는 "이 건물은 새로움에 대한 충동이나 앞으로만 나아가려 하지 않았고 그와는 반대로: 그들의 작업은 지난 10년[1890년대]의 작품과는 대조적으로, 유보적이며 심지어 덜 비판적이다. 이 젊은이들은 무엇을 원하는가? 그들은 합의와 균형을 찾는다. 그들은 급진주의의 습격을 피하며 확실하게 균형을 이룬다. 그들은 오래된 것과 새로운 것 사이의 균형을 선호한다."[22]

베렌스 밑에서 한 일 중 미스의 역할은 부분적으로만 알 수 있다. 1960년대에 베렌스가 디자인한 AEG건물 중 가장 유명한 터빈홀Turbinenhalle 방문[23]에서 미스는 더크 로한에게 그가 그 유명한 기다란 입면을 디자인했으며, 그 치수도 기억할 수 있었다고 말했다(사진s. 2.9 and 2.10)[24]. 그러나 그는 그가 그 건물을 혼자 디자인했다고 주장하지는 않았다. 베렌스 전문가인 스탠포드 앤더슨Stanford Anderson은 1961년 인터뷰에서 미스가 1910-13년 소형 모터 공장Small Motors Factory과 1911-12년의 대형 기계조립 홀Large Machine Assembly Hall은 이야기했지만 터빈홀은 언급하지 않았다고 했다[25]. 소문에 의하면 미스가 하겐Hagen에 있는 펠드만 앤 슈뢰더 하우스Feldmann & Schroeder House

사진 2.9
베를린-모아빗에 있는 AEG 터빈 공장(1909). 남쪽 입면. 미스는 베렌스의 사무실에서 스태프로 디자인에 참여했다. 사진제공: AEG 텔레푼켄

의 인테리어와 가구디자인을 했다고 한다.

1910년에 명성을 얻기 직전의 찰스 잔느레Charles Jeanneret(나중에 Le Corbusier)도 베렌스의 문하에서 몇 달을 보냈고, 그 당시 미스는 베렌스를 떠나 아헨으로 돌아갔다. (미스는 르 코르뷔지에Le Corbusier를 회상했다. "나는 그와 아주 잠깐 마주쳤는데, 내가 들어갈 때 그는 나가고 있었고, 그래서 나는 그 사람이랑 제대로 인사를 한 적이 없었다.")[26]

미스의 떠남에 대한 이유는 적어도 부분적으로 살로몬 반 데벤터Salomon van Deventer가 1911년에 작성한 문서에서 그가 미스와 대화한 내용에 설명되어 있다. 8월 29일, 베렌스가 헤이그 근처 네덜란드의 사업가 AG 크뢸러Kröller의 주택 프로젝트를 설계하고 있었을 때 - 미스는 프로젝트 건축가였다 - 그의 비서였던 반 데벤터는 크뢸러의 아내에게 편지를 써서 미스와 베렌스 휘하의 이름을 알 수 없는 직원 사이의 불화를 언급했다. 그들 사이의 불화가 너무나 심해져서 미스는 "1년 뒤에 사무실을 떠나야 했습니다. 베렌스를 떠난 1년 동안 미스는 베렌스의 위대함을 깨닫게 되고 그는 베렌스가 건축가로

사진 2.10
베를린-모아빗에 있는 AEG 터빈 공장의 기둥상세(1908). 1960년대에 더크 로한과 방문한 자리에서 미스는 이 유명한 동쪽 입면 디자인에 참여했었던 것을 확인해 주었다.

서 무언가를 배울 수 있는 유일한 사람임을 깨달았습니다. 결국 그는 다시 베렌스에게 돌아왔습니다."[27]

· · · ·

미스는 베렌스를 떠나 있는 동안에 처음으로 큰 규모의 디자인을 혼자서 하는 기회를 가졌다. 1910년 오토 폰 비스마르크Otto von Bismarck 기념비 현상설계에서, 쉰켈로부터 영감을 얻었고, 피터 베렌스의 건축어휘로 완성된 계획안을 만들었다. 상세한 도면과 콜라주로 제출된 계획안을 통해 그는 그의 뛰어난 재능을 처음으로 세상에 선보였다.

1909년, 베를린시는 2년의 준비 끝에 독일 통합과 제국의 완성에 크게 기여한 비스마르크 기념비에 대한 현상공모 개최를 발표했다. 1898년 사망 이후 비스마르크는 애국심의 상징으로 유명했지만, 이 기념비는 특별했다. 철의 재상의 탄생 100주년이 다가오고 있었고 그날은 독일통일을 기념하기 위한 날짜가 되었다. 당시에는 민족적 열망과 국가주의의 경계가 애매했고 이것이 설계설명서에 반영되기도 했다. "비스마르크 기념비는 종종 위협받지만 굳건히 지켜지고 있는 독일의 국경 지역에 있어야 합니다.[28] (이것은 라인랜드Rhineland를 의미했다.)" 그것은 독일인을 향한 메시지였지만, 프랑스인들을 향한 것이기도 했다.

기념비는 400피트 절벽 위에서 라인강 서쪽 제방을 내려다보는 엘리슨 언덕Elisenhöhe의 정상에 위치할 것이었다.

설계설명서에는 기념비는 강을 향하고, 반대 방향으로는 축제를 위한 광장을 통합해야 했다. 독일어권 건축가, 예술가 또는 조각가는 누구라도 현상설계에 참가할 수 있었다. 참가자들은 기존 대지를 촬영한 사진 5장을 받았다. 원래 1910년 7월 1일이었던 마감은 11월 30일까지 연장되었다. 많은 관심 속에 379개의 안이 접수되었고 참가자는 철저히 익명에 붙여졌다.

미스는 "조각가"로 등록한 이왈드와 "L and E Mies"란 팀명으로 함께 참가했다. 쉰켈을 연상시키는 형태와 배치는 엄숙하고 장엄했다(사진s. 2.11 and 2.12). 강 가장자리에 있는 테라스는 엄청난 높이의 거대한 포디움을 떠받친다. 포디움은 양쪽으로 길고 강변과 수직을 이루면서 축제를 위한 광장을 둘러싸는 열주들로 이루어진 5개의 서로 연결된 건물을 떠받친다. 각 열주의 강 끝 쪽에 2개의 거대한 첨탑이 있고 첨탑으로 둘러싸인 반원형 원통형 벽(고전 용어로 엑세드라(exedra))은 또한 열주형태로 돌출되어 있다. 엑세드라 안쪽에는 디자인에서 유일하게 구상적인 요소인, 강 반대쪽 방향을 향해(프랑스를 향해) 축제의 광장을 바라보는 비스마르크의 거대한 좌상이 놓일 것이다. 전통적으로 클

사진 2.11
빙겐의 라인강을 내려다 보는 대지의 비스마르크 모뉴먼트 현상설계 제출안(1910). 미스의 뛰어난 제도실력은 그가 제출했던 두 개의 커다란 칼라도면에서 보여진다. 사진은 입면도이다.

사진 2.12
"L 과 E Mies"가 제출한 비스마르크 기념비 현상설계안(1910)의 칼라 투시도. 엑세드라 안쪽의 비스마르크 조각상(그림자에 가려짐)은 조각상을 디자인해본 경험이 전혀 없었던 이왈드 미스가 디자인할 예정이었다. 베렌스가 디자인한 성 페테스부르그의 독일제국대사관(그림 2.15)과 이 안을 비교해 보라. 사진제공: MOMA 미스 반 더 로에 아카이브

래식한 성전의 중심인 이 석상은 미스의 도면에선 기둥 사이로 희미하게 보이도록 묘사되었다.

미스는 베렌스에서의 경험을 바탕으로 건물의 형태와 배치를 디자인하고 열주의 디테일을 연구했다. 열주와 첨탑, 석재 디테일, 처마장식 등은 베렌스의 성 페테스부르그 St. Petersburg에 있는 독일대사관에서 발견할 수 있다. 미스는 나중에 러시아의 대사관 프로젝트 공사현장에서 일을 하게 됐지만, 1909년에 베렌스의 사무실에서는 이미 계획안이 진행중이었을 것이다.

 미스는 고전적인 매스 및 구성에 있어 베렌스의 선례를 따랐지만 최소한의 고전적인 장식으로 이루어져 있으며 처마라인이 하나 또는 두 개의 선으로 이루어지고 기둥과 벽 기둥은 순수한 마름돌 쌓기로 된 각진 형태로서 전형적인 클래식 디테일링의 자연을 닮은 요소는 없었다. 미스는 이러한 단순화된 요소들을 통해 미래지향적인 기하학적 고전주의를 만들었다.

 그럼에도 불구하고 그는 여전히 기념비성을 나타내기 위해 고전적인 성전에 의존했다. (그는 그의 작품을 [독일의 감사] "Deutschlands Dank"라고 이름 붙였다.) 나중에 미스는 베렌스 밑에서 "나는 위대한 형태를 배웠다."고 했다.[29]

 미스는 그의 목표에 적합한 선례를 선택할 수 있을 만큼 역사를 잘 알고 있었다. 연단에 있는 사원의 입면은 그리스만큼 오래된 스타일이었다. 미스는 쉰켈이 그리스에 익숙했다는 것을 잘 알고 있었다. 미스의 작품은 본질적으로 신격화된 통치자를 기리는 전형적이고 고전적인 사원이었다.

 그것은 마치 쉰켈의 1838년에 출판된, 크림반도를 내려다보는 대지에 프러시안 왕가를 위한 커다란 파빌리온 프로젝트와 맞닿아 있는 낭만적인 풍경을 자랑한다.

 고전주의의 전통적인 언어와 피터 베렌스에 대한 미스의 헌신은 발터 그로피우스가 제출한 단순화된 형태와는 대조적이었다. 결국 지어지지는 않았지만 올덴부르크Oldenburg의 부콜즈버그Bookholzberg에 있는 1907-8년에 베렌스가 디자인했던 비스마르크 기념비에 둘 다 빚을 졌다.[30]

 미스 계획안은 평범했지만 그의 프레젠테이션은 심사위원들에게 깊은 인상을 남겼다. 컬러풀한 입면 드로잉과 인상적인 그림자와 사실적인 돌의 매력과 질감이 표현된 거의 8피트 폭의 투시도가 그 컨셉의 스케일과 엄숙함을 포착했다. 프레젠테이션만 놓고 본다면 마스터의 탄생을 알리는 작업이었다. 1911년 1월 예비검토에서 심사위원들은 미스 형제의 프로젝트를 포함한 26개 작품을 선정했다. "특별 언급"을 통해 "매우 심플하지만 인상적인 작품"이라고 칭찬했지만 나중에 "과도한 건축 비용"을 이유로 탈락시켰다.[31]

 공모전은 그즈음 독일 예술계에 극심하던 현대와 전통 간의 충돌을 상징하는 장으로 바뀌었다. 심사위원은 두 명의 독일공작연맹창립자, 무테시우스와 테오도르 피셔Theodor Fischer, 보수적인 조각가인 오거스트 가울August Gaul, 미학자 막스 데소Max Dessoir, AEG의 월터 라테나우였다. 심사위원은 당선작을 눈에 띄게 절제된 기둥과 나무들 그리고 니벨룽겐의 신화에 나오는 용을 죽인 지그프리드 동상으로 된 작품을 제출한 건축가 저먼 베스텔마이어German Bestelmeyer와 (테오도르 피셔의 학생 출신) 조각가 헤르만 한Hermann Hahn에게 수여했지만 심사위원단 일부가 당선작엔 위엄이 부족하다며 반대했다. 조직위원회는 극심한 반목 뒤에 결국 심사위원의 결정을 번복하고 건축가 윌헬름 크레이스Wilhelm Kreis와 조각가 브르노 슈미트Bruno Schmitz가 디자인한 거대한 돔과 두 개의 독수리상으로 된 안을 선택했다. - "파우스트Faust" 안을 지지한 심사위원 중 한 명은 무테시우스만큼 모더니즘의 신봉자였다 - 이는 전쟁 전 독일의 문화적 혼란을 상징하는 또 다른 증거이다. 비스마르크 기념비 프로젝트는 제1차 세계대전의 대격변으로 사라졌다.

· · ·

미스가 휴고 펠스Hugo Perls를 만난 때는 1910년의 여름 베를린에 잠시 머무르던 동안이었다. 부유한 변호사이자 현대 예술을 사랑했던 펠스는 리엘처럼 베를린에 있는 그의 집을 지식인들이 모이는 장소로 만들었다. 그는 나중에 자서전에서 "예술가들은 끊임없이 다른 예술가들을 데리고 왔다. 그리고 어느 날 저녁 미스 반 더 로에가 나타났다."라고 메모에 썼다.[32] 미스는 아마도 다른 예술가에 의해서 초대받았지만, 그들 둘은 브런가의 소개를 통해 만나게 된 것이라고 알려졌다. 브런가는 문화적 커넥션을 가진 중상류층의 베를린 출신 가문이었다. 미스는 알로이스와 소피 리엘을 통해 브런가를 알게 되었는데, 나중에 그의 딸인 에이다와 결혼하게 된다. 소개의 경로와는 상관없이 미스는 펠스같이 영향력 있고 취향을 가진 인사들을 찾아 나서기 시작했다. 펠스가 첫번째 미스와 만난 밤을 회상하면서 미스의 점점 커져만 가던 개인적, 건축적 매력을 증명하듯이:

[미스]는 말을 적게 했다. 그러나 무엇이든 그가 말하면 깊은 인상을 남겼다. 건축에 있어 새로운 기원이 시작된 것처럼 보였다. 훌륭한 디자이너들이 모든 필요 없는 장식과 벽지들, 갈라진 틈들과 튀어나온 디테일들 그리고 다른 로맨티시즘의 장식들을 없애기 위해 엄청난 고민을 하는 듯이 보였다. 새로운 고전주의가 다시 살아났다. 사람들은 건물의 "품위"에 대해 이야기하기 시작했다...
미스 반 더 로에는 전통적인 형태와 아무런 관련이 없지만 그것이 그로 하여금 역사와 전통에 대한 존중을 멀리하게 한 것은 아니었다. 우리는 쉰켈에 대한 공통의 관심사를 바탕으로 만났다. 나는 쉰켈은 하나의 특이한 현상이라 생각한다. 그를 빼고 그 어느 누구도 어제는 "고딕" 스타일로 디자인을 하고 그 다음날은 "그리스" 스타일로 디자인하면서 그 자신만의 개성을 간직할 수 있는 사람은 없었다. 어쨌거나 미스는 크룸 란케Krumme Lanke 가까이에 있는 그룬왈드Grunewald에 우리집을 지었다. 나의 보수적인 취향이 사소한 논쟁을 불러일으키지만 않았다면 그 집은 분명히 훨씬 더 좋아졌을 것이다. 미스는 새로운 건축[Neus Bauen]의 창시자였기 때문에... 그는 그 자신의

사진 2.13
휴고 펠스 하우스, 베를린-젤렌도르프 (1912-13). 미스가 칼 프리드리히 쉰켈 스타일로 완성한 첫번째 작업.

시간을 훨씬 앞서간 사람이었다.[33]

헤르만스트라쎄Hermannstrasse 14-16에 위치한 1912년에 완성된 이 집은 처음 계획안과는 상당히 달랐다. "F. Goebbels"(아마도 페르디난드 괴벨스, 베렌스 사무실의 동료이자 오늘날로 말하자면 미스 대신에 관청 업무를 대리한 건축사)가 서명한 초창기 도면에는 높은 박공지붕과 정원 쪽 입면의 페디먼트, 안으로 쑥 들어간 로지아가 보인다. 로지아는 지어졌지만 지붕은 낮아졌고 페디먼트는 없어졌다. 집은 벽돌 위에 스터코를 바른 2층 집이다. 현관으로 이어지는 주출입구를 제외하곤 네 개의 입면은 모두 대칭형이다. 로지아를 통해 현관에서 서쪽에 부분적으로 선큰(sunken) 정원으로 접근할 수 있는 다이닝룸으로 연결된다. 집과 2개의 정원(다른 하나는 로지아의 바로 남쪽에 있음)은 비슷한 크기의 규모이다.

미스가 쉰켈의 디자인을 참고한 것은 명백하다. 로지아는 레벨만 달라진 쉰켈의 슬로스 샬로텐버그Schloss Charlottenburg에 있는 파빌리온을 참고한 듯하다. 십자형 축은

사진 2.14
펠스 하우스, 베를린-젤렌도르프 (1912-13). 막스 페슈타인 Max Pechstein의 벽화는 미스와 상관없이 건축주가 직접 의뢰하였다. 그것은 신고전주의 스타일의 건축과 어울리지 않았다. 사진제공: 우테 프랭크 Ute Frank

쉰켈이 가장 좋아하던 배치였다. 각자 다이닝룸에 인접해 평면에서 U를 형성하는 스터디룸과 도서관 - 음악실의 배치와 벽난로의 삽입은 고고학자 테오도르 위겐트Theodor Wiegand를 위해 베렌스가 1912년 베를린-달렘 Berlin-Dahlem에 지은 주택의 인테리어를 따라했다.

평평한 외관과 추상화된 처마는 그 기원을 쉰켈과 베렌스로 둘 다 추적이 가능하다. 정원 또한 그렇다. 펠스는 커다란 내부 공간을 위해 매우 특이한 그림을 주문했다. 이 그림은 초기 표현주의자 중 한 명이자 드레스덴 운동 디 브루케Die Brücke의 오리지널 멤버였던 막스 페슈타인Max Pechstein이 그렸다. 이 그룹은 펠스 하우스가 완공되기 1년 전인 1911년에 베를린으로 옮겨왔다. 펠스는 페슈타인에게 아카디아를 배경으로 38명의 누드가 있는 그림으로 다이닝룸 벽을 장식해 달라고 요청했다(사진 2.14). 그들은 페슈타인의 베를린 시기 특징인 신경질적이고 각진 형태가 황토색, 녹색 및 파란색을 주조색으로 표현되었다. 나중에 펠스는 이 그림들을 친구에게 생일 선물로 주었다. 그림들은 베를린 국립미술관Berlin Nationalgalerie으로 옮겨졌지만 펠스가 이야기한 대로 "그들은 곧 사라졌다. 그리고 나는 그들에게 무슨 일이 일어났는지 모른다."[34] 1920년대의 잡지의 사진에서 확인할 수 있는 그림들은 인상적이었지만 미스의 차분한 고전주의와는 어울리지 않았다.

. . .

사진 2.15
피터 베렌스가 디자인한 러시아의 성 페테스부르그에 있는 독일제국대사관 (1911-13). 기존 건물을 대대적으로 수선하여 베렌스는 붉은색 화강암 블럭으로 된 도릭 기둥들이 도열한 모뉴멘탈한 정면을 만들었다. 통일된 독일제국을 찬양하는 입구 윗쪽에 위치한 과도한 스케일의 카스토와 폴룩스 Cator and Pollux 조각상은 독일의 에버하트 엔케 Eberhard Enke의 작품이다. 미스는 공사기간동안 베렌스의 현장 대리인 역할을 했다.

    미스는 자신이 중요한 역할을 했던 두 개의 프로젝트 때문에 결국 베렌스의 사무실을 떠나야만 했다. 각기 다른 다른 개성과 예술적인 관점의 차이가 점점 커져 갔기에 그 헤어짐은 예견되긴 했지만 서로 간에 안 좋은 감정을 가진 채 헤어지게 되었다. 그 둘 중 첫 번째는 호화로운 신 고전주의 스타일로 디자인된 성 페테스부르그에 있는 독일 대사관이다[35](사진 2.15). 미스는 인테리어 마감을 현장감독하고 1911년에서 1912년 사이에 프로젝트 매니저로서 건설 현장에서 일했다. 그곳에서 미스는 베렌스를 불쾌하게 만든 두 가지 사건을 일으켰는데, 하나는 그가 그 지역의 업자로부터 베렌스보다 훨씬 싼 가격에 입찰을 끌어낸 것이고, 베렌스와 인테리어에 대해 나눈 협의 내용을 관청의 공무원들이 알기도 전에 신문에 기사가 나도록 허락한 것이었다. 미스의 크롤러-뮬러 Kroller-Muller 주택과의 관계는 더욱 깊어서 베렌스와의 갈등은 치유할 수 없을 만큼 심화되었다. 1911

년 2월, 베렌스가 베를린에서 대사관 디자인에 몰두하고 있던 와중에 네덜란드의 크롤러 부부가 헤이그 근교의 부자 동네인 와세나르Wassenaar의 널찍한 대지에 빌라를 짓기를 원한다는 연락을 받았다. 첫 번째 미팅이 있은 지 한 달 후 쉐빙엔Scheveningen에 있는 크롤러의 집에서 계약을 체결했다.

안톤 G. 크롤러Anton G. Kröller와 그의 아내 헬렌 E.L.J. 뮬러Helene E.L.J. Muller의 이름은 오텔로Otterlo에 있는 크롤러-뮬러 박물관과 조각정원에 있는 엄청난 예술품 수집으로 잘알려져 있다. 현재 알려진 건물의 본관은 1938년까지 지어지지 못했고, 별장과 박물관 둘 다 결국 베렌스가 디자인하지 못했다.

크롤러는 네덜란드의 부르주아 계급 출신으로 1888년에 독일의 부유한 집안과 결혼하고 1년 후 장인어른의 회사를 물려받아 뒤셀도르프에서 로테르담으로, 그리고 나중에 헤이그로 본사를 옮겼다. 유능한 기업가였던 크롤러는 회사를 해운, 광업 및 중공업에 투자하여 국제적인 기업으로 만들었다.

예술과 문화에 관심이 많았던 크롤러 부인은 중년의 나이에 이르러 예술에 대한 열렬한 관심을 갖게 되었다. 1907년 미술 평론가인 헨드릭 페트루스 브레머Hendricus Petrus Bremmer를 만나서 예술에 대한 공부를 시작했고 점차 열정적이 되었다. 브레머는 그녀의 카운슬러, 멘토 및 지적인 안내자가 되었다. 1909년, 그의 영향을 받아 그녀는 당시에는 논란이 많았던 빈센트 반 고흐의 작품을 사기 시작했다. 브레머는 예술가 후원과 방대한 컬렉션을 포함한 모든 예술적 취향에 대해 그녀에게 조언했다.

1910년에 크롤러 부인은 딸과 함께한 플로렌스 여행에서 예술의 훌륭함과 메디치가의 역할에 큰 충격을 받았다. 그들 역시 후원자이자 콜렉터였고, 그녀의 남편과 그녀와 같은 장사꾼들이었다. 네덜란드로 돌아온 그녀는 대지를 구입해 엘렌우드Ellenwoude라 이름을 짓고 집을 짓기로 결심했다. 그 장소는 예술에 둘러싸여 여가를 즐길 수 있는 시골이었다. 컬렉션이 현대 회화에 비중을 두었기 때문에 별장은 현대적이어야 했다. "나는 어떠한 장식도 원하지 않아요."라고 그녀는 브레머에게 썼다. "나는 집을 모래 언덕 가장자리에 짓고 싶어요. 그래서 숲을 배경으로 앞에 널찍하게 펼쳐지는 목초지를 보고 싶어요."라고 나중에 서신에서 덧붙였다. "그 집은 정면에서 봤을 때 충분히 길어야 해요."[36]

크롤러-뮬러 프로젝트를 위해 베렌스는 미스를 조수로 삼고 처음 몇 달 동안 디자인을 발전시켰다. 크롤러-뮬러 부인의 요청에 따라 빌라는 길고 낮게 깔리면서 2층짜리 한 쌍의 날개동들이 가운데 블록과 도릭 기둥이 있는 직사각형의 로지아로 연결된다.[37] 연결 블록은 날개보다 약간 높았고 지붕은 평평했다. 얇은 처마가 유일한 장식이었다. 전체적으로 박스 형태에 추상-고전주의 스타일이었다. 프리츠 회버Fritz Hoeber가 쓴 베렌스의 모노그래프(1913)에 있는 사진들로 판단해 볼 때, 주출입구는 왼쪽 날개 측면에 배치되어 손님들을 위한 여러 개의 리셉션 방들로 연결되었다. 가운데 부분은 가족을 위한 주거부분이었다. 그림들은 천창이 있는 특별 전시실에 전시되었다. 가족이 머물 날개 부분에는 크롤러-뮐러 여사를 위한 주거부분과 외부에서 온실로 가려진 정원이 있다.

왜 크롤러-뮬러 여사가 베렌스의 디자인에 만족하지 못했는지는 확실하지 않다. 그녀는 베렌스가 설계를 맡은 지 몇 주 뒤부터 그의 디자인을 안 좋게 생각했다. 1911년 3월 18일, 그녀는 살로몬 반 데벤터Salomon van Deventer에게 편지를 썼다. "[베렌스는] 길다란 투시도를 사랑합니다. 그래서 그는 집을 더 크게 만들어야 한다고 생각해요. 그러나 나는 자연을 배경으로 집 전체를 보고 싶습니다."[38] 크롤러 씨는 아내의 불신을 해소하기 위해 실제 크기의 모형을 만들도록 했다. 엘렌우드의 대지 위에 1912년 1월, 목재로 된 프레임에 돛을 만드는 천에 물감으로 칠해진 실제 크기의 모형을 레일 위로 움직일 수 있도록 만들어졌다. 사진으로 판단해 보건대, 파사드는 어느 정도 뻗어나가기는 했지만, 크롤러 부인의 말처럼 "과도하게 긴" 투시도 효과를 내지는 않는 것 같다. 그녀가 바랐던 것처럼 숲을 배경으로 풀밭이 집 앞에서 퍼져 나간 것처럼 보인다. 그녀는 베렌스가 그녀가 염두에 두었던 "삶의 개념"을 충분히 이해하지 못했다고 생각했고 베렌스의 디자인은 결국 거부되었다.

반면에 젊은 미스는 1911년 중반 이후에 크롤러 여사와 자주 연락을 취했고 충분히 깊은 인상을 남겼다. 그녀의 베렌스에 대한 믿음은 점점 옅어만 갔고 그 집의 디자인을 미스에게 맡기는 것이 더 나을 것이라고 생각했다. 결국 베렌스도 그의 조수를 의심하기 시작했다. 크롤러-뮐러 여사뿐만이 아닌 프로젝트에 참여한 다른 사람들에게 남긴 미스의 인상은 밴 데벤테의 편지에서 볼 수 있다. "[미스]는 나와 여러모로 비슷한 사람이지만, 나보다 더 깊고 위대하고 재능이 뛰어난 사람입니다. 나는 그의 말에서 문제에 대한 정확한 이해와 당신에 대한 큰 존경심을 느꼈습니다. 비록 우리는 몇 시간만을 함께 보냈지만, 서로를 몇 년 동안 알고지낸 것처럼 느꼈습니다."[39] 반 데벤터는 심지어 미스가 느끼던 사무실에서 점점 커져만 가던 긴장감에 관해 이야기하기도 했다. 프로젝트 진행과정에서 미스는 1910년 사무실을 떠나기 전에도 그를 괴롭혔던 옛날 동료와 다시 반목을 했다. (반 데벤터는 그가 누구인지 말하지는 밝히지 않지만 그가 미스와 함께 1911년 당시 베렌스의 스튜디오를 이끌던 인물이라고 했다. 이것만으로 그가 나중에 건축가로 훌륭한 커리어를 쌓게 되는 진 크레이머Jean Krämer라는 것을 알 수 있다.)[40]

크롤러 주택 프로젝트를 진행하는 과정에서 미스는 베렌스와 대화를 나누며 네덜란드 건축가 베를라헤에 대한 존경심을 드러냈다. 베렌스는 베를라헤의 작품은 시대에 뒤떨어진 구식이라고 무시했다. "아마도," 미스는 담담하게 덧붙였다. "당신이 자신에게 진실해진다고 생각해 보세요." 베렌스는 매우 화가 나서 미스를 쳐다봤다. 미스가 나중

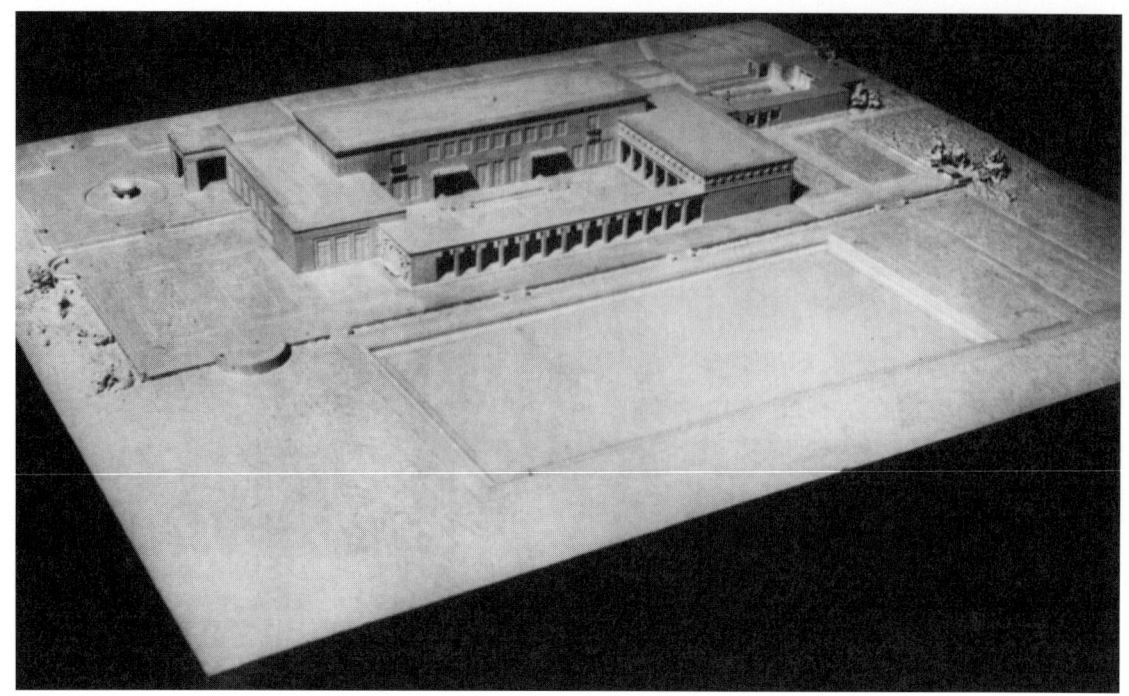

사진 2.16
미스의 크롤러-뮬러 하우스 프로젝트 모형 사진(1912). 베렌스의 같은 프로젝트 디자인으로부터 영향을 받았지만, 미스의 작업은 근본적으로 그 자신의 것이었다. 26살의 미스와 그가 존경하던 네델란드 건축가인 헨드릭 베를라헤 사이에 경쟁이 붙었고, 베를라헤의 승리로 끝났다. 사진제공: MoMA 미스 반 더 로에 아카이브

에 말하길 마치 "그는 내 얼굴을 치고 싶어 안달이 났었지." 둘 사이의 불화는 피할 수 없었다.[41]

1912년 미스가 공식적으로 베렌스를 떠남과 동시에 크롤러-뮬러 여사는 그에게 빌라의 디자인을 맡겼다. 브레머는 그 결정을 회의적으로 봤다. 미스가 프로젝트를 혼자 감당할 수 있을지 의문이었고 또한 베를라헤에게 맡길 수도 있을지 모른다고 생각했다. 결국 크롤러-뮬러 여사가 응원하는 무명의 미스와 브레머가 응원하는 유럽건축의 거인이자 미스가 존경해 마지 않는 베를라헤와 맞붙게 되었다.

봄이 되자, 크롤러-뮬러 여사는 헤이그에 있는 회사의 스튜디오에 미스의 작업실을 만들어 주었다. 크롤러 가문 취향의 예술작품이 가득 찬 커다란 방이었다. 미스가 회상했다: "약 50점의 고흐 작품이 거기에 걸려 있었다. 그림을 피할 방법이 없었기에 나는 반 고흐 전문가가 되었다."[42]

미스는 1912년 여름 동안 혼자서 작업을 진행했다. 크롤러 부부는 그를 태우고 네델란드 시골까지 대지를 방문했다. 크롤러-뮬러 부인의 관심은 점점 더 깊어가서 그녀는 매일 스튜디오로 미스를 방문했다. 베를라헤는 암스텔담에서 가끔 전화로 소식을 알렸다. 9월이 되자 미스의 디자인이 완성되었다(사진 2.16). 그의 디자인은 베렌스의 안과 상당히 비슷해서 나중에 사람들이 둘을 혼동하고는 했다. 그들은 공통적으로 다음이 비슷

했다: 낮고 길게 깔리는 프로필과 양쪽 날개 위로 솟아오른 기다란 가운데 블록; 축을 따라 조직된 쉰켈을 연상시키는 대칭과 비대칭이 혼합된 가운데 정원의 주위로 배치된 평평한 지붕의 매스; 잘 정돈된 연못과 정원; 축방향에서 접근하는 도로.

비슷한 디테일 중에는 정방형 단면의 도릭 기둥, 평평한 벽에 뚫려진 창문, 지붕에 바짝 붙인 얇은 처마 등이 있다. 그러나 미스는 가운데 블록을 지배적인 요소로 만들었다. 정원에 있는 퍼골라가 두 개의 날개 끝을 연결하면서 정원을 둘러쌓았다. 수영장은 건물 뒤쪽에 좀 떨어져서 놓여있다. 정면에는 주출입구가 한쪽 날개 구석에 있으며, 그 반대편의 날개는 낮게 깔리며 두 번째 정원을 품는다. 현재 전해지는 그 당시의 도면은 없다. 미스가 데사우의 바우하우스Dessau Bauhaus에서 가르치고 있을 때인 20년 후에 기억을 더듬어 새로운 도면을 다시 그렸다.[43] 이 도면에 따르면, 주출입구가 있는 북쪽 날개에는 입구, 홀 또는 리셉션, 다이닝룸 및 서쪽으로 갤러리가 있다. 가운데 2층짜리 블록에는 위층에 가족 휴게실이 있고 아래에 복도가 있어 도자기 전시 공간으로 사용된다. 이 통로는 또다른 홀을 지나 창문이 없는 전시 공간과 프린트를 위한 방이 있는 갤러리로 이어진다. 좀 더 멀리 남쪽의 정원엔 퍼골라 및 온실이 있다.

미스의 디자인은 서로 맞물린 직육면체로서 1차 세계대전 이후에 그에게 영향을 끼쳤던 구성주의 방식과 유사하다. 그는 나중에 크롤러 별장이 고전적인 디테일이 없었더라면 1920년대 모던건축의 추상적인 입방체 형태를 더 닮았을 것이라 생각했다. 그 빌라는 베렌스의 디자인보다 가운데로 모여있지만 메인 블록에서부터 첫번째 날개로, 그 다음에 정원에서는 퍼골라로, 앞쪽에서는 온실로 주변의 풍경과 자연스럽게 만났다. 모형 사진은 크롤러-뮬러 여사가 베렌스의 디자인에서 불평했던 것보다 더 넓게 퍼지는 수평적이고 위풍 당당한 저택을 보여준다.

미스의 디자인에 대해 저명한 독일 평론가 줄리우스 마이어-그레페Julius Meier-Graefe는 "그 어느 것도 단편적이지 않고 모든 부분들이 논리적으로 잘 연결되어 있다; 전체적으로 평평한 대지와 잘 어울린다."라고 평했다.

파리에서 보낸 마이어-그레페의 편지가 1912년 11월 13일자로 미스에게 전달되었다: "당신에게 축하를 전하고 싶습니다. 나는 이 작품에서 예술작품 전시와 주거를 하나로 통합해야 하는 디자인의 본질적인 문제에 대한 절묘한 해결책을 보았습니다. 갤러리의 완전함을 보존해야 할 필요 때문에 서로 동떨어지게 보일 수도 있었지만 당신의 디자인은 절묘하게 이것을 피했습니다. 그 대신 갤러리는 잘 어울리는 비대칭 배치 때문에 전체 건축의 필수적인 부분으로 보입니다."[44]

저명한 권위자의 지지가 큰 도움이 될 것이라고 생각한 미스는 마이어-그레페로부터 비평을 받기 위해 파리로 갔지만 그의 편지는 너무 늦게 쓰여진 것으로 보인다.[45] 크롤러 부부의 결정은 미스와 베를라헤의 도면과 모델이 회사에 전시된 9월의 어느 날 저녁

사진 2.17
미스의 크롤러-뮬러 하우스 목업(1912). 건물이 들어설 대지에 목재 프레임과 범포를 사용하여 실제 크기의 모형을 만들었고, 레일 위에 설치하여 움직일 수 있도록 하였다. 사진제공: MOMA 미스 반 더 로에 아카이브

에 내려졌다.

브레머가 최종적인 판단을 했다. 반 데벤터가 참석했고 나중에 알렸다: "브레머는 스케치와 모형을 오랫동안 신중하고 자세히 살펴봤습니다. 마침내 그는 베를라헤의 작품을 향해 '이것은 예술이다.'라고 말했고, 미스의 작품에 '그렇지 않다.'라고 말했습니다." 그는 곧바로 그의 판결을 뒷받침하는 이유를 쏟아내었다.[46]

헬렌 크롤러-뮬러는 상처받았다. 브레머는 자신의 권위와 의견에 확신에 차서 결코 흔들리지 않았다. 크롤러는 이전처럼 미스의 계획안을 캔버스 및 나무로 그리고 실제 크기로 만들었다(사진 2.17). 브레머를 신뢰했던 크롤러는 그가 지적했던 미스의 디자인의 약점이 - 이 부분은 기록이 남아 있지 않다 - 실제 모형에서 더욱 분명히 보였다. 크롤러-뮬러 부인이 굴복했다. 1913년 1월 그녀는 남편에게 편지를 썼다. "브레머의 판단이 옳았습니다."[47]

이 뮤지엄-저택의 역사는 크롤러 부부의 변덕과 함께 끊임없는 어려움을 겪었다. 베를라헤 디자인도 결국 지어지지 않았다. 그는 크롤러 가문의 전속 건축가로서 회사 및 가족에게 필요한 여러 가지 디자인을 했다. 6년 동안 그는 크롤러 가문만을 위해 독점적으로 헌신했으나 엘렌우드의 디자인은 결국 지어지지 않았다. 1919년에 베를라헤는 그들 가족과의 관계를 정리했다. 1년 뒤에, 크롤러-뮬러 여사는 또 다른 건축가를 찾았다. 벨기에의 앙리 반 드 벨데Henry van de Velde가 디자인한 헤이그에 있는 루링 하우스 Leuring House를 보고 그녀는 다시 현대적인 빌라를 짓기로 마음먹었다: 앙리 반 드 벨데는 박물관을 디자인했지만 1922년 국제경기의 불안으로 건설을 시작하자마자 버려졌다. 1938년 반 드 벨데가 다시 한 번 더 디자인한 후 결국 오텔러Otterlo에 지어진 그 건물은 "임시"였지만, 오늘날까지 박물관으로 사용되고 있다.

미스는 간절히 그 프로젝트를 원했었다. 크롤러-뮬러 여사가 결정을 내린 후인 1913년 초 미스가 그녀에게 쓴 편지에서 그가 얼마나 노력을 했었는지와 그럼에도 불구하고

그가 얼마나 고맙게 여겼는지를 잘 알 수 있다.

"나는 당신에게 할 말이 없습니다."라고 그는 썼다.

당신의 결정을 예상했고 그것을 받아들였지만, 그 결정은 여전히 충격입니다. 나의 모든 것을 바쳐서 그 일에 몰두했던 것 같습니다. 당신의 결정을 이해합니다. 당신과 당신의 가족 모두를 향한 존경과 감사의 마음은, 나의 디자인이 거절당했다는 사실에도 전혀 변하지 않았습니다. 진실로, 당신이 일을 처리하는 방식과 나에게 보여준 관심에 진심으로 존경과 감사의 마음을 드립니다.[48]

미스는 물론 실망했지만 완전히 잃어버리기만 한 것은 아니다. 그는 네덜란드에서 자신이 직접 작업한 작품을 선보일 기회를 얻었다. 비록 베렌스의 영향이 많이 보이기는 했지만, 그것은 프로그램에 담긴 우아함을 잘 전달했다. 게다가 다른 사람의 영향도 눈에 띈다. 프랭크 로이드 라이트의 작품 전시가 1910년과 1911년 베를린에서 있었고, 미스는 전시를 방문했다. 전시된 작품 중 하나는 일리노이주 레이크 포레스트Lake Forest에 있는 실현되지 않은 1907년 맥코믹 하우스McCormick House가 있었다. 그것은 미스의 크롤러-뮬러 프로젝트와 계획 및 규모 면에서 매우 유사했다. 라이트의 베를린 전시에 관해 미스가 나중에 썼다: "우리가 그의 작품에 대한 연구를 하면 할수록, [라이트의] 비교할 수 없는 재능과 그의 개념의 대담함과 생각과 행동의 독창성에 대한 존경심이 점점 더 커져만 갔다. 그의 작업에서 보이는 역동성은 우리 세대 전체를 자극했다. 그의 영향은 실제로 눈에 보이지 않을 때에도 강하게 느낄 수 있었다."[49]

· · ·

1912년 말에 미스는 베를린으로 돌아갔다. 그는 스티글리츠Steglitz의 교외에 아틀리에를 열고 신흥-부르주아들을 위한 집을 짓는 데 모든 노력을 바쳤다. 그는 알로이스 부부로부터 언제나 환영받았다. 그는 그 집에서 열린 한 리셉션에서 에이다 브런Ada Bruhn을 만났다.[50] 브런과 리엘은 가까웠고 에이다가 리엘을 통해 그녀의 집을 설계한 젊은 건축가를 만나게 될 것은 시간 문제였다. 결국 그 둘은 1911년에 만나게 된다. 두 젊은이가 자연스럽게 서로에게 매력을 느꼈을 가능성은 충분했다. 사진으로 볼 때, 미스는 중간 이상의 키에 단단하고 핸섬하게 생겼다(사진 2.18). 높은 이마와 뚜렷한 이목구비 중에서도 날카로운 눈은 존재감을 드리우며 주위를 압도하였다. 1885년 1월 25일 뤼벡Lübeck 출신의, 본명은 아델 아우구스트 브런Adele Auguste Bruhn인 에이다는 미스보다 한 살 더 많는데, 그녀가 26세에서 27세 사이에 그 둘은 만났다(사진 2.19). 그녀는 조

사진 2.18
자신의 사무실을 열었을 당시인 1912년의 루드위히 미스. 개인 소장

사진 2.19
1903년의 에이다 브런. 개인 소장

각상을 닮았고 곧고 긴 갈색 머리와 깊은 눈으로 모든 면에서 아름다웠다. 그녀는 또한 유복한 가정환경에서 자랐다. 그녀의 아버지, 프리드리히 빌헬름 구스타프 브런Friedrich Wilhelm Gustav Bruhn, 나머지 가족들과 마찬가지로 북 독일(그 또한 뤼벡 출신이었다, 1853) 출신으로, 그녀가 태어났을 당시 세금 감사관이었다. 후에 그는 소형 모터 제조업체 사장이 되었으며, 나중에 런던에도 공장을 열었다. 그는 빌헬름 시대의 베를린 택시에 사용된 미터기와 초창기 독일군 비행기에 사용된 고도계를 발명했다. 그는 가족들에게 엄격했다. 에이다와 미스의 딸들은 자신의 아이들을 권위적으로 대하면서도 오락가락하는 죄책감에 시달려 엄청난 선물공세를 퍼부었던 할아버지를 기억했다. 우리는 이러한 아버지의 행동이 얼마나 에이다에게 깊은 영향을 끼쳤는지 추측만 할 수 있을 뿐이다; 그녀의 평생에 걸친 병약한 신체와 우울증으로 인한 고통은 기록으로 남아 있다.

미스는 리엘의 집에서 에이다를 만났지만, 그는 20세기 초 새로운 정원도시로 잘 알려진 헬라우Hellerau의 드레스덴 교외로 에이다를 데리고 가서 많은 시간을 함께 보냈다. 그 도시는 1909년과 1914년 사이에 독일 가든 시티 운동의 선도적인 인물인 하인리히 테세누Heinrich Tessenow가 계획하였다. 자연으로 돌아가자는 이 운동의 모토는 미스가 클로스터리 정원을 디자인하는 데 영향을 미쳤다. 또한 스위스 교육자이자 작곡가인 에밀 자크-달크리슈Émile Jaques-Dalcroze가 1910년에 리듬학교를 헬라우에 열었다. 유리스믹스는 체조에 기초한 춤의 한 형태로서 "자연스럽고" 정신적으로 자유로운 사회를 추구하는 정원도시와 사상을 공유했다. 테세누는 1910년에서 1912년 사이에 자크-달크리스슈 연구소Jaques-Dalcroze Institute 건물을 당시의 추상 고전주의 방식으로 디자

인하였다. 에이다 브런은 학교가 시작될 무렵 학생으로 등록했다. 에이다는 헬라우의 작은 집에서 다른 세 명의 젊은 여성과 함께 살았다.

그중 한 명은 마리 위그먼Marie Wiegmann(나중에 Mary Wigman으로 개명)으로 그녀는 바이마르 시대에 가장 유명한 현대무용수가 되었다. 에이다보다 더 부유했던 스위스 에마 호프만Swiss Erna Hoffmann이 있었고 나중에 정신과 의사인 한스 프린존Hans Prinzhorn의 아내가 되었다. 그가 쓴Bildnerei der Geisteskranken(정신병학의 기술)은 예술과 정신병리학의 주요 초기 연구였다. 세 번째 여성은 미스와 에이다의 평생 친구로 남았던 에스토니아 출신의 엘사 너퍼Elsa Knupfer였다.

베를린에서 드레스덴까지 기차를 타고 오가면서 미스는 에이다와 자주 만났고, 그는 곧 위그만, 프린존, 너퍼뿐만 아니라 호프만의 친구인 화가 에밀 놀데Emil Nolde가 자신의 딸을 방문할 때 종종 함께했다.[51] 위그만에 따르면 그들은 금방 친해졌다. 그들의 삶의 방식은 1920년대의 독일의 자유주의자들 사이에서 유행이었던 자유롭고 개방적이며 현대적인 라이프 스타일이었다. 1912년 당시엔 이러한 환경은 중산층의 삶의 방식보다 앞선 것으로 생각되어졌을 것이고, 그 때문에 예술적, 지적으로 야심찬 젊은이들에게 더욱 매력적으로 보였을 것이었다. 미스는 그의 부족한 교육수준과 낮은 사회적 지위를 메꿀 만큼 재능이 있었고 예술적으로 뛰어났다. 미스는 감정적으로 풍부했고 에이다는 이러한 미스에 끌렸음이 분명했다. 재능 있고 고등 교육을 받은 그녀는 비엔나의 유명한 지휘자인 브루노 발터Bruno Walter 밑에서 음악을 공부했고 그녀가 클로스터리에서 미스를 처음 만났을 때도 피아노를 치고 있었다.

미스를 만나기 전에, 에이다는 그녀보다 20살이나 많았던 대단히 유명한 미술사학자인 하인리히 울프린Heinrich Wolfflin과 약혼을 했었지만 그녀는 그에게 지루함을 느꼈고 마침내 그를 떠날 용기를 얻었다. 미스는 그녀의 삶에 들어와 대담하고 집요하게 그녀의 사랑을 갈구했고 그들은 곧 약혼을 했다.

"당신, 내 사랑하는 연인!" 그가 1911년 9월에 그녀에게 보낸 편지에서 썼다.

나는 오늘 특별히 당신과 사랑에 빠졌습니다. 지금 당장 당신과 함께할 수 없어서 유감입니다. 사랑하는 당신과 함께 둘만의 보금자리에서 사랑을 나누고 싶습니다. 그렇게만 된다면 우리는 더욱 더 진실한 친구이자 동지가 될 것이며, 더 사랑스러운 남편과 아내가 될 것입니다. 우리의 삶은 아름다움과 사랑으로 가득 채워질 것입니다. 그리고 우리의 아들과 함께 행복한 삶을 살 것입니다.

*내 마음의 깊은 곳에서 당신에게 키스를 보냅니다.
너의 루드위히*[52]

이 편지를 통해 에이다에 대한 미스의 감정이 깊어감을 알 수 있다. 에이다는 그에게 충실하고, 우아함을 가져다줄 뿐만 아니라 자신의 커리어를 발전시킬 수 있는 부와 사회적 지위를 가지고 있었다. 브런 가족은 처음에는 결혼을 반대했지만, 미스를 결국 받아들였다. 그는 미래가 유망한 사람처럼 보였다. 그의 성인 미스는 독일어로 "형편없는", "비참한", "어울리지 않는" 등의 뜻이다: "날씨가 엉망이야", "나는 우울하다" 미스매쳐Miesmacher는 불평하는 사람이란 뜻이다. 교양 있는 브런 가족에게 "루드위히 미스"는 별다른 감흥을 불러일으키지 못했다; "에이다 미스"보다는 "에이다 울프린Ada Wölfflin"이 더 좋게 들렸다.

둘은 1913년 4월 10일 베를린-빌머스도프Berlin-Wilmersdorf에서 결혼식을 올리고 이탈리아의 라고 마지오Lago Maggiore로 신혼여행을 떠났다. 중상류층이 많은 달렘 Dahlem, 젤렌도프, 포츠담 및 뉴바벨스버그에서 멀지 않은 도시 서쪽의 리히터필드 Lichterfelde 중서부 교외 지역에 보금자리를 마련했다.

. . .

당시 미스는 갓 독립해서 젤렌도르프의 엔지니어인 어니스트 베르너Ernst Werner의 집 작업에 몰두하고 있었다(사진 2.20). 베르너는 펠스 하우스 근처의 땅을 상속받았다. 그의 딸 레나테Renate는 베르너 하우스Werner House는 그의 아버지가 펠스 하우스를 매우 좋아했기 때문에 미스가 건축가가 되었다고 생각했다. 그러나 그 둘의 디자인은 전혀 달랐다. 베르너 하우스는 미스의 초기작품 중 가장 수준이 떨어지는 작업이었다. 베르너 가문도 베를린 문화계에 주요 인사였고 펠스와 리엘 부부처럼 예술가와 음악가에게 그들의 집을 개방했다. 베르너 부인의 아버지는 드레스덴의 미술 교사였고, 그녀의 오빠는 미술 사학자, 그리고 그녀는 열렬한 예술의 후원자였다. 그녀는 유명한 젊은 표현주의자인 어우구스트 마케August Macke의 초상화를 포함하여 유명한 현대 화가들이 그린 초상화의 피사체가 되었다.

베르너 가족은 미스에게 깊은 인상을 받았다. 레너트 베르너의 말에 따르면 - "당당하고, 힘 있고, 역동적인 사람" - 그리고 그들의 집에 만족해 했다.[53] 그 집의 겉모습은 프러시안 18세기의 선례를 따른다: 4면이 타일로 된 2단 박공지붕은 스터코 벽보다 두배 정도 더 높았다. 1층 높이에서 시작되어 탑처럼 튀어나온 끝부분에 가파른 경사로 2층의 페디멘트의 지붕창을 지나 다락방에 이르러 완만한 경사를 이룬다. 뒤쪽 입면의 서비스

사진 2.20
베를린-젤렌도르프에 있는 베르너 하우스 (1912-13). 정원을 내려다 보는 후면. 이전의 리엘하우스 정면과 비교된다.(사진 2-1).
사진제공: 쿤스트 아카데미, 베를린

영역 끝과 수직으로 된 3개의 프렌치 문을 통해 정원 안쪽을 바라보는 퍼골라 지붕이 있다. 입면은 전통적이었지만 퍼골라와 정원은 베렌스와 쉰켈의 영향을 직간접적으로 느낄 수 있다. 평면은 길을 향해 튀어나온 서비스 날개와 오른쪽에 난 입구가 있는 베렌스의 위갠드 하우스Wiegand House와 거의 똑같았다. 1층의 주요 축은 베렌스의 모범을 따라 현관을 통해 거실과 정원으로 연결된다. 이 프로젝트를 위한 미스의 등록건축가는 펠스 하우스 디자인에 참여했던 페디난드 괴벨스였다. 베르너 하우스의 건축보다 더 흥미로운 것은 미스가 이 집을 위해 디자인한 가구였다(사진 2.21). 다이닝룸에는 팔걸이와 보조 의자가 딸린 둥그런 받침대의 테이블, 소파 및 도자기 장이 있었다. 쉰켈과 베렌스에 공통적인 신고전주의적인 방식이 적용되었다.

미스와 브룬은 결혼 직후에, 포츠담 서쪽의 휴양지인 베르더Werder에 집을 구입했다. 미스는 부근에 별장을 지었지만 제1차 세계대전 중에 이 별장을 포기해야 했다.[54] 그 전까지 미스는 베르더 호숫가 선술집에 혼자 앉아서 마시고 즐겼는데, 마리아 위그만에 따르면 그 술은 마치 결혼이라는 그릇의 균열에서 흘러나온 과즙처럼 보였다고 한다.

그를 아는 모든 사람들에 따르면 미스는 책임감 있는 남편도 아니었고, 에이다가 세 딸을 낳은 후에도 자상한 아버지도 아니었다. "결혼한 남자로서", 위그만은 기억한다. "그는 특이했다... 나는 그들 둘의 결혼 초기 꽤 끔찍한 시기를 줄곧 함께했다. 때때로 한 밤중에, 집 창문 밖으로 뛰어내리고, 그에게서 도망치고, 떠나겠다고 위협한 에이다를 기억한다."[55] 나중에 알고 보니, 그는 주말이면 베르더로 가서 다양한 사람들과 만나 외도를 즐겼다. "놀랍게도," 위그만이 회상하기를,

그것은 그에게 전혀 문제될 것이 없었습니다. 나는 그에게 "루드위히, 너 어떻게 그럴

사진 2.21
1913년에 미스가 디자인한 베르너 하우스의 다이닝 공간. 사진제공 레너트 베르너

수 있니?" 같은 말을 감히 할 수 없었습니다. 그는 자유가 필요했고, 일반적인 관습으로부터 벗어나야 했습니다. 그것이 그의 길이었습니다. 에이다는 결혼한 후에 "나는 그에게 피난처가 되고 싶습니다. 그가 돌아와서 평화를 찾을 수 있는 곳 말입니다"라고 말했습니다. 이것이 여성의 본성일까요? 어떠한 원망도 없이 그렇게 헌신하는 것이? 나는 모르겠습니다. 하지만 결국 그러한 소망은 통하지 않았습니다.[56]

에이다는 미스의 방탕한 생활로 인해 고통을 받았지만 참아야 했다. 나중에 그를 떠났지만, 그는 여전히 그녀의 가슴속에 남아 있었다. 그녀의 딸들은 에이다가 애정과 자부심을 가지고 그들의 아버지가 혼자 있을 필요성을 존중받아야 한다고 가르쳤던 것을 기억했다.

미스는 예술가였고, 부르주아의 삶의 일상으로부터의 해방이 필요했다. 1914년 3월 2일, 딸의 탄생으로 에이다는 베르더에서 더 많은 시간을 보냈다.[57] 도로테아Dorothea라는 이름의 이 아이는 위그먼이 말한 스트레스와는 달리 미스에 대한 절절함으로 가득찬 에이다의 일기장에 따르면 듬뿍 사랑을 받았다.[58]

미스는 1914년 중 상당기간을 베르더에 있는 자신의 가족을 위한 집에 바쳤.

이 집과 관련된 직접적인 증거는 1927년 2월 비평가 폴 웨스타임Paul Westheim이 다스 쿤스트블랫Das Kunstblatt에 실었던 지금은 분실된 두 장의 도면뿐이다. 하나는 정원을 둘러싸는 두 개의 날개를 가진 긴 건물을 보여준다. 지붕은 평평하고 벽은 넓은 간격으로 깔끔하게 뚫린 창 위에 줄 지어 있는 처마장식이 보인다. 두 번째 스케치는 두 개의 박스가 서로 엇갈리며 놓여 진 집을 보여준다. 크롤러 빌라와 마찬가지로 매스를 다루는 방식이 다음 10년 동안 미스의 구성주의 스타일 작업을 미리 보여준다. 쉰켈을 연상시키는 비대칭은 멀리 뻗어가는 정원에서 다시 나타난다. 날렵한 계단이 아래쪽의 넓은 산책로로 이끈다. 장미 정원이 메인 블록을 가로지르는 축의 왼쪽에 위치해 있다. 두 도면 모두 비대칭이지만 집 측면에 잘 조성된, 아마도 베르더의 유명한 벚꽃나무들을 보여준다.

쉰켈의 영향을 느낄 수 있는 건축과 자연의 조화는 이 경우 특징적인 20세기 형태를 취했다.

· · ·

베르더 프로젝트는 20세기 초반 20년간 전통적이었던 미스의 디자인보다 훨씬 앞서 있었다. 이에 대한 추가적인 증거는 2002년 베를린의 건축 사학자 마르쿠스 야거Markus Jager가 그 존재가 오랫동안 의심스러웠던 미스가 디자인한 집에 대한 발견으로 밝혀졌다.[59] 시카고에서 미스가 갖고있던 기록에는 1913년 "히어스트라쎄 하우스Heerstrasse

사진 2.22
베를린 근교 웨더에 있는 건축가의 집, 조감도, 1914. 좌측 중앙에 있는 글자는 장미 정원을 나타낸다. 웨더는 체리나무로 유명했고, 미스는 숲을 - 아마도 체리나무숲 - 집의 양쪽에 배치하였다.

House"라고만 기록되어 있다. 야거가 베를린 토지기록보관소의 자료를 통해 이 건물의 존재를 확인할 때까지 이 건물에 대해 알려진 것은 없었다. 미스는 히어스트라쎄 하우스를 1914년에 설계했고 그 집은 1959년에 철거되었다. 건축주는 독일-동 아프리카 소사이어티의 디렉터인 요한 반홀츠Johann Warnholtz였다. 사진 및 남겨진 평면은 부유한 가족을 위한 커다란 저택을 보여준다. 눈썹 창문이 난 다락방이 있는 2층짜리 집은 앞뒤로 대칭이었다. 정면 기둥과 입구의 평평한 아치, 1층 바닥의 모서리와 2층 창문에 보이는 거대한 석조 장식물을 제외하곤 스터코로 되어 있었다. 건물 높이의 절반 이상을 차지한 만사드 지붕 앞쪽에 커다란 페디먼트가 있다. 주출입구는 현관을 통해 살롱으로 이어지고 응접실과 음악실로 나뉘는데 왼쪽으로 도서관, 게스트룸 및 열린 베란다로 향하고 오른쪽으로는 다이닝룸 및 닫힌 베란다로 연결되었다. 2층엔 침실이 있고 뒤쪽의 테라스를 통해 정원이 내려다보인다.

히어스트라쎄는 여전히 베를린 서쪽의 주요 도로이고, 샤를로텐버그 쇼셰Charlottenburg Chaussee(오늘날 6월 17일의 거리라 불린다)에서 이어진다. 1905년 빌헬름 2세 Kaiser Wilhelm II는 널따란 잔디밭이 있는 큰 빌라들만 그 도로에 접하도록 했고 그곳에 지어진 최초의 주거지인 반홀츠 하우스Warnholtz House는 그 규칙을 잘 따랐다. 황제의 보수적인 취향에 순응하여 새로운 스타일적인 변화는 없었고 베렌스와 쉰켈의 영향보다는 움 1800 Um 1800에서 폴 메베스가 주장한 19세기 초반의 프로이센 모델을 따랐다. 확실히 그 집은 베를린의 존경받는 건축가인 알프레드 메셀Alfred Messel이 1908년에 설계한 고급 저택인 오펜하임 하우스Oppenheim House를 거의 그대로 따랐다.

반홀츠 하우스의 만사드 지붕과 눈썹 창문 - 미스의 초기 주택에 자주 사용했던 언어 - 은 메베스의 사례와 같았으며, 아케이드 베란다와 벽돌 장식은 오펜하임 하우스와 거의 같았다. 반홀츠 하우스는 그때까지 미스가 디자인한 가장 큰 규모의 작업이었고 페디난드 괴벨스의 서명이 있던 이전 주택 도면들과 달리 미스가 "루드위히 미스"라고 직접 서명했다.

1914년 또는 1915년 초에 미스는 리엘 부부를 통해 프란츠 우르비히Franz Urbig이라는 베를린 은행가와 친분을 맺었다. 1915년 여름까지, 미스는 반홀츠 하우스와 우르비히 하우스 작업을 동시에 진행했다. 그러나 최종 형태는 미스가 처음에 제안한 디자인과는 달랐다. 초기 제안은 "베르더에 있는 자신의 집과 매우 비슷한 네오클래식 스타일의 빌라"였지만 받아들여지지 않았다.⁶⁰ 우르비히 부부가 클로스터리에서 가까운 도보 거리에 있는 그리브니츠Griebnitz 호수에 집을 짓기로 결정했을 때, 우르비히 부인은 미스가 작업한 쉰켈 스타일의 디자인을 원했다. 그러나 그녀의 남편은 평지붕을 질색했고 결국 전혀 다른 디자인이 채택되었다. 미스는 1920년대에 베를린에 자신의 사무실을 열기 전에 하인리히 테세누와 피터 베렌스 사무실에서 일했던 베르너 폰 월토센Werner von Walthausen을 등록건축가로 고용했다.

우르비히 하우스는 풍부한 외관과 호화로운 실내 장식을 갖추고 있다(사진 2.23). 테라스에 인접한 다이닝 공간과 아케이드 로지아를 포함하는 1층짜리 날개와 전체 2층으로 된 직사각형 블록이다. 정면은 7개의 베이로 된 대칭이며 팬 라이트 아래 아치형 입구가 있고 그 위에 발코니가 있다. 마감재는 스터코이다. 이러한 부분은 반홀츠 하우스를 연상시키지만, 그 차이와 출처는 주목할 만하다. 우르비히 하우스의 정면은 얕은 베이가 특징이며 바닥에서 지붕의 처마까지 거대한 기둥벽들이 번갈아 가며 서 있다. 창문은 석회석으로 둘러싸여 있으며, 1층의 프렌치 윈도우 위에 조각으로 장식된 판넬이 있다. 창문을 감싸는 창틀의 홈은 쉰켈과 베렌스의 전형적인 사례이다.

입구 홀에서 복도를 가로질러 리셉션룸으로 이어지는 내부 통로는 세로로 홈이 새겨진 두 개의 도릭 기둥이 있으며, 쉰켈의 베를린의 슬로스 테겔Schloss Tegel 디자인과 흡사하다. 복도는 왼쪽에서 계단을 통해 다이닝룸으로, 오른쪽으로는 스터디룸과 창문이 있는 응접실로 이어진다. 응접실 및 다이닝룸은 테라스에 있는 겹문을 통해 연결된다.

집 뒤쪽에서 넓은 계단은 정원으로 이어지며 두 개의 계단을 더 오르면 그리브니츠 호수가 한눈에 내려다 보인다. 미스가 리엘 하우스(미스가 그를 만났을 수도 있다.) 작업을 할 때 미스에게 영감을 주었던 정원 개혁 운동의 중요한 인물인 칼 포스터Karl Foerster가 우르비히 하우스의 정원설계에도 중요한 역할을 했다.

사진 2.23
포츠담-뉴바벨스베르그에 있는 우르비히 하우스(1917), 1차 세계대전이 끝나기 전에 미스가 완성한 가장 큰 주거 프로젝트. 리엘 하우스처럼 이 집도 2차 세계대전 후에 동독 정부가 강제로 빼앗았다. 윈스턴 처칠 수상이 1945년 포츠담 회담 기간동안 이 집에 머물렀다.

수년간 우르비히 하우스는 건축주를 충분히 만족시켰고, 1945년 포츠담 회담 당시 윈스턴 처칠Winston Churchill의 임시숙소로 사용되기도 했다. 냉전 기간에는 동독 정부의 사무실로 쓰였고 베를린 장벽이 정원 뒤에 바로 맞닿아 세워졌다. 동독의 붕괴 후, 그 집은 다시 개인에게 팔렸다.

• • •

1915년 독일 군대에 두 번째 징집된 후 미스는 베를린의 연대 본부에서 사무원으로 복무했으며 우르비히 하우스가 완성될 때까지 공사를 챙길 수 있었다. 그는 또한 임신한 아내와 딸과 함께 베를린 티에르가르텐 구역의 암 칼스바드 24 Am Karlsbad 24번지로 이사했다. 그는 1938년 미국으로 이민을 갈 때까지 이 임대 주택에서 살았다. 그것은 전형적인 베를린 중심가 타운하우스의 3층에 있는 우아한 아파트로, 1857년부터 1858년 사이에 지어졌다.[61] 미스는 아파트 바닥을 격자무늬 중국산 매트로 덮고 베르너 하우스에서 했던 것과 비슷한 전통적인 형태의 가구를 디자인했다.[62]

에이다의 일기에는 이 기간이 결혼생활 중 가장 행복했었다고 기록되어 있다. 먹크Muck라는 별명을 가진 19개월된 도로테아는 아버지를 무척 좋아했지만 "여름에 베를린으로 이사한 후에 아버지의 모습을 거의 보지 못했다." 10월 25일 에이다는 미스가 "군대로 떠나야 했고 가족의 행복한 분위기가 한동안 사라질 것이었다. 먹크는 아빠를 찾기 위해 아파트를 구석구석 돌아다녔고, 계속해서 실망했다."고 썼다.[63]

1915년 11월 12일에 에이다는 두 번째 딸을 낳았다. 미스는 프랑크푸르트 근처의 하나우Hanau에 있었고, 군용철도의 디테일을 담당하고 있었다. 대학 교육을 받지 못했기 때문에 그는 전쟁 기간 동안 부사관 계급으로 복무해야 했다. 12월에 에이다는 다음과 같이 썼다. "두 번째 딸에 대한 소식을 듣고 그로부터 첫 번째 안부편지가 왔다. '나는 당신에게 감사하고 마리안Marianne 덕분에 즐겁습니다!'(그가 이름을 지었습니다.)"[64]

에이다에 따르면, 미스는 1916년 봄 베를린으로 돌아왔다. 그녀가 이스터 기간 동안 아이들과 베르더로 갔다가 베를린으로 돌아왔을 때, 미스는 맹장염때문에 아무것도 할 수 없었다. 그는 수술을 받고 2개월 동안 입원했다. 회복은 더뎠다. 그는 여름에 군으로 복귀했지만 9월에 또 다른 병때문에 중단되었다. 에이다는 자녀들과 가정교사를 데리고 아이센아크Eisenach로 가서 14일간의 재활 휴가를 미스와 함께했다. 이곳에서 세 번째 자녀가 잉태되었을 것이다. "10월이었습니다." 그녀는 다음과 같이 썼다. "우리는 모두 칼스바드에서 함께했습니다. 파피Pappi는 대단히 만족했습니다."

"아마도 1915년 초보다 더 일찍, 미스는 그전 해 11월에 쾰른에서 베를린으로 이사한 조각가 윌헬름 렘브룩Wilhelm Lehmbruck과 긴밀한 우호 관계를 발전시켰다. 렘브룩의 아들 만프레드에 따르면, 두 사람과 그들의 가족은 베를린과 베르더를 서로 방문하면서 1915년과 1916년 사이에 자주 만났다. 이들의 우정은 미스 평생 동안의 것 중 가장 깊었다. 5살 많았던 렘브룩은 라인랜더Rhinelander 출신으로 미스와 마찬가지로 노동계급 출신(광업) 이었다. 그들은 미스가 1912년에 줄리어스 마이어 그레이프로부터 크롤러-뮬러 프로젝트 디자인에 대한 지지를 구하기 위해 파리에 갔을 때 만났다. 그 후, 렘브룩은 이탈리아에 몇 차례 체류하였고 파리에서 4년을 살면서 뉴욕에서 열린 유명한 1913년 아모리 쇼Armory Show에 참가하여 작품을 판매하면서 국제적인 명성을 얻었다. 렘브룩은 실용적인 부분만을 이야기하던 건축계 사람들보다 미스랑 비슷한 예술적인 안목을 가졌다. "언제나 미스가 우리 집으로 올때면," 만프레드 렘브룩은 다음과 같이 회상했다. "그는 지체 없이 주문을 했다. "렘브룩, 배터리를 열어요! [바를 의미했다.]"[65] 물론 두 사람은 서로의 작업을 잘 알고 있었고 밤 늦게까지 끊임없는 이야기를 나누었다. 철학적인 문제와 물론 전쟁에 대해서도 이야기했다. 렘브룩은 베를린에 있는 병원의 잡역부로 일함으로써 징집에 저항했고, 그 후 1916년 후반에 취리히로 도망갔다. 그는 스위스에서 전쟁 기간의 대부분을 보냈지만 반복되는 우울증을 겪었다.

1918년 1월 그는 낙담하여 다음과 같이 썼다. "이 살인 뒤에 누가 있습니까? / 이 피 묻은 바다에서 누가 살아남을까요?... / 당신은 너무도 많이 죽음을 준비했습니다. / 나를 위한 죽음은 어디에 있을까요?"[66] 1919 년 봄, 렘브룩은 38세의 나이로 자살하였다.

미스는 제1차 세계대전에서 전투를 경험하지 못했지만 1917년에 베를린의 연대를 떠나서 루마니아 전선으로 갈 것을 명령받았다. "그 여행은 기차로 14일이 걸렸다." 에이다는 그녀의 일기에 썼다. "난방이 거의 안되는 4등칸엔 덮을 이불도 없이 12명이 타고 있었다."[67] 그곳에서 그는 교량 엔지니어와 도로 건설업자와 함께 배치되었다. 그의 후임 동료 건축가인 보도 라쉬Bodo Rasch에 따르면, 그는 상사와 싸우고 난 후 "외곽 지역의 철도를 지키는 임무"를 부여받았다고 했다. 그 당시 라쉬의 말에 따르면 "그는 그에게 음식을 주던 집시여성과 연애를 했고 그는 그 음식을 독일에 있는 딸들에게 보냈다."고 한다.[68]

1917년 6월 15일, 미스가 없을 때 셋째 딸이 태어났다. 바그너와 19세기 독일의 낭만주의가 함축된 이름인 월트루트Waltraut는 그녀 부모의 모던한 취향을 고려할 때 도로테아Dorothea처럼 별나게 들린다. 그러나 에이다는 그녀의 신혼 생활의 대부분을 딸들과 함께 보수적인 그녀의 부모님의 집에서 보냈다. 그녀는 전쟁이 끝나가던 몇 개월 동안, 전통으로부터 위안을 발견했을 것이다. 1917년 중반에 미스가 드디어 군대를 떠나게 됐을 때, 그녀는 대단히 기뻐했다.

7월 21일: 월트루트가 생후 5주가 되었을 때, 그녀를 사랑하는 아버지는 빗속을 뚫고 진짜 군인처럼 쾌활하게 돌아왔습니다. 그는 우리의 작은집에서 12일을 함께 했습니다. 27일에는 월트루트의 침례식이 있었습니다. 시골 교회로 가는 행렬은 밝은 햇빛 아래 사랑스러운 오래된 돌로 된 문을 통해 이어졌습니다. 다른 두 딸들도 참석해서 사랑스럽고 자랑스럽게 행동했습니다. 카페에서 한두 시간 동안 시간을 보냈고, 한참을 걸었습니다. 세례를 받은 아이에게 자부심이 넘쳤습니다. 호수에서의 만찬과 달빛 크루즈.[69]

에이다는 1918년 초에 맹장수술을 했고 계속된 장 관련 질환때문에 고생을 했으며 마리안도 봄에 유행한 독감 때문에 걸린 폐렴으로 오랜 기간 고통받았다. 전쟁이 끝난 1918년 11월 22일에 미스는 루마니아에서 돌아왔고 1919년 1월 그는 베를린에서 가족과 다시 한번 함께했다. 독일의 패배에 대한 그의 반응에 관한 정보는 에이다의 일기장엔 없었다. 그녀는 자신의 육체적 고통에 더 정신이 팔렸다. 그녀는 1919년 봄에 다음과 같이 썼다. "엄마가 심한 병을 앓고 수술을 받았습니다. 나는 5월 중순까지 그녀를 돌봐야 했습니다. 그러나 마침내 우리 모두는 칼스바드로 이사했습니다. 말할 수 없이 아름답고 행복한 시간이었습니다; 꽃이 만발한 밤나무는 빛으로 우리의 방을 채우고, 아이들은 방구석에서 행복하게 그들만의 즐거운 놀이에 빠져있습니다."[70]

우리는 정확한 시기를 알지 못하고 에이다 역시 아무 것도 언급하지 않았지만, 미국에서의 동반자였던 로라 막스Lora Marx에 따르면 미스는 "제1차 세계대전 직후에 건축에서 어떤 원리를 따라야 하는지에 대한 고민으로 심리적 위기를 겪으며 신경 쇠약에 걸렸습니다."

로라는 계속했다: "그는 베를린 근처의 농장을 샀습니다... 문제가 생길 때마다 그는 베를린의 번잡함에서 빠져나와야 했습니다. 그곳의 고요함 속에서 생각했을지도 모릅니다. 그는 건축은 그 시대의 것이 되어야 한다는 생각을 갖게 됨으로써 위기를 벗어났다고 했습니다."[71]

전후의 유럽:
1918-26

3

우리의 문화가 더 높은 경지로 나아가려면, 우리는 더 좋든 나쁘든 간에, 우리의 건축을 바꾸어야 합니다... 우리는 유리 건축을 도입함으로써 그렇게 할 수 있습니다. 이것은 태양과 달, 별의 빛을 단지 몇 개의 창문을 통해서가 아니라 유리로 만들어진 모든 벽을 통해 받아들일 것입니다.
폴 시바르트, 유리건축(1914)

우리는 형태의 문제를 거부하고 오직 건물의 문제만을 다룹니다. 형태는 우리 작업의 목적이 아니라 오직 결과물일 뿐입니다. 형태는 그 자체로서 존재하지 않습니다.
미스, 저널 G에서

당신은 나에게 가장 소중한 사람이요. 그러나 당신의 인생을 포기하고 나한테 맞추지 마세요. 더 이상 나를 필요로 하지 않을 만큼 충분히 강해지세요. 그런 다음에야 우리는
함께 자유를 누릴 것이에요; 그러면 우리는 어떠한 것에도 구속되지 않고 서로에게 속할 것이에요.

미스, 그의 결혼생활을 끝내며

    1차대전 이후 평균적인 독일인의 운명과 비교해 볼 때, 미스의 삶은 훨씬 나았다. 4년간의 참혹한 전쟁 동안 발생한 희생은 - 사망자 약 2백만에 부상자가 4백만 명이 넘었고 - 충분히 비참했지만, 연합군에게 항복한 후 전쟁이 끝났다는 데서 위안을 찾을 수 있었다. 그러나 역경은 다른 형태로 계속되었다. 1918년 11월 9일, 새로운 공화국이 선포되었으나 격렬한 정치적 갈등에 의해 즉시 불능이 되었다. 새로운 정부를 이끌어 갈 사회주의자들은 종종 폭력적으로 분쟁을 일으키고 파벌로 나뉘었다. 바이에른에 공화국을 선언한 독립 사회주의자 커트 아이즈너Kurt Eisner는 1919년 2월 베를린에서 스파르타쿠스의 리더 로자 룩셈부르크Rosa Luxemburg와 칼 리브넥트Karl Liebknecht가 살해당한 지 1개월 만에 암살당했다. 황제는 권력을 박탈당했지만, 그에게 호의적인 장군들은 여전히 공화국에 적대적이었다. 1920년 3월, 우파는 정치인이었던 볼프강 카프Wolfgang Kapp를 앞세워 발터 폰 뤼트위츠Walther von Lüttwitz 장군과 함께 정부 전복시도를 하였고, 그들의 군대는 반혁명적 독재정부를 세우기 위해 베를린을 점령했다. 그러나 카프의 전복시도는 노동조합의 격렬한 저항 때문에 많은 피를 흘린 후 결국 실패했다. 독일은 베르

사이유 조약에 의해 부과된 정치적, 경제적, 심리적 부담 때문에 비틀거리고 있었다. 여기에는 모든 식민지의 반환, 알자스-로렌 지방의 프랑스 반환, 라인강 서쪽 제방에 대한 점령, 그리고 나중에 극도의 인플레이션을 일으킨 배상금이 포함되었다. 그리고 많은 희생이 뒤따랐다. 1922년 피터 베렌스의 동료이자 알로이스와 소피 리엘의 친구인 발터 라트나우Walther Rathenau 외무 장관이 민족주의자 장교에 의해 살해당했다. 수많은 정부 전복시도가 이어졌다; 그 중 하나는 1923년 34세의 아돌프 히틀러가 이끌었다. 1924년에 이르러서야 다우스 플랜Dawes Plan 덕분에 독일 경제는 간신히 안정을 찾을 수 있었다.

미스는 베를린과 루마니아의 군대에 있을 때는 전선에서 수백 마일 떨어진 곳에 있었다. 그는 여전히 에이다의 재산에 기댈수 있는 베를린으로 돌아왔고, 그녀의 돈은 아버지로부터 나왔다. 브런의 런던 공장은 전쟁 배상을 위해 영국에 빼앗겼지만, 인플레이션에도 불구하고 여전히 풍족했다. 그들의 세 딸은 사립학교에 계속 다니고 있었다. 비록 침체된 경제상황 때문에 일이 거의 없었지만, 미스는 앞에서 이야기한 "정신적 위기"를 극복한 후 자신의 작업을 계속 이어갔다. 앞에서 언급한 그녀의 일기장에 따르면, 에이다는 그를 사랑하고 믿었으며, 어떠한 부정도 저지르지 않았다. 어쨌든 우리는 1920년 2월 25일, 이 엄청난 편지를 받기 직전의 상황이 궁금할 뿐이다.

에이다,
당신은 나에게 가장 소중한 사람이요. 그러나 당신의 인생을 포기하고 나한테 맞추지 마세요. 더이상 나를 필요로 하지 않을 만큼 충분히 강해지세요. 그런 다음에야 우리는 함께 자유를 누릴 것이에요; 그러면 우리는 강제적이지 않고, 배려할 필요도 없이, 어떠한 것에도 구속되지 않고 서로에게 속할 것이에요. 나는 이 자유를 이기심 때문이 아니라 그렇게 사는 것이 더 가치가 있다고 생각하기 때문에 사랑합니다.
가장 깊은 사랑으로 당신을 생각합니다.
루츠[1]

에이다가 답장했다:

나는 천성적으로 당신에게는 불가능한 모든 것을 함께하는 삶을 원합니다. 분명히 이것은 내 어린 시절부터 비롯되었지만 아마도 당신은 방해받지 않고 장래만을 고민하는 데 익숙하겠지요. 당신과 함께할 수 없다면 나의 사랑을 줄 수 없습니다. 당신의 발밑에 납처럼 매달리지는 않을 것입니다. 그러나 암울한 시기에 너무 힘들었던 우리의 사랑이 그대로 있도록 해 주세요. 당신은 당신의 자유로운 길을 가고 나는 언제든

사진 3.1
미스와 에이다가 서로 헤어질 무렵인 1920년경의 에이다 미스.
개인 소장

지 당신이 돌아올 수 있는 안식처가 될 것입니다.
그럴 수 있도록 사랑으로 도와주세요!
에이다²

이 편지는 그들의 결혼생활이 깨진 이유에 대해 추측할 만한 충분한 내용을 담고 있다. 표면적으로 미스는 이기적이지는 않았지만 혼자 있고 싶어했고, 에이다는 어떠한 경우에도 사랑과 보살핌을 주었다. 에이다는 그녀의 어린시절의 부담과 미스의 "방해받지 않는" 삶을 대비시켰다. 결혼 직후부터 결혼 생활에 어려움을 겪었다는 메리 위그먼Mary Wigman의 증언은 "힘든 시기를 겪으며" 부부의 다툼에 대한 에이다의 인정을 통해 알 수 있다. 그녀의 삶의 대부분은 미스보다 더 심한 신체적, 심리적 문제로 인해 어려움을 겪었다. 그녀를 떠나기로 한 그의 결정은 자유에 대한 필요성뿐만이 아니라 나이가 들어갈수록 점점 더 뚜렷해진 친밀한 관계를 꺼리는 미스의 경향 때문이었다. 부부는 각자의 길을 택했으나 결코 이혼하지 않았다.³

• • •

우리는 전쟁이 끝난 후 미스의 가정 밖에서의 삶에 대해 더 잘 알고 있다. 그는 암 칼스바드 24에 남았고 에이다는 아이들과 가정부와 함께 본스테드Bornstedt 교외의 서베를린 아파트로 이사했다. 그곳에서 그녀는 딸들에게 진보적인 교육을 시켰다(사진 3.2).

사진 3.2
1920년경 함께 놀이하고 있는 마리안느, 도로테아, 그리고 월트럿

1922년 미국인 무용가 이사도라 던컨Isadora Duncan이 포츠담에 있는 뉴 팔라이스Neues Palais에 댄스 아카데미를 열었다. 에이다에게 던컨의 자유롭고 표현적인 춤은 그녀가 헬라우에서 배운 모더니티의 본질을 느끼게 해 주었다. 그녀의 초조함이 엄습하기 전까지 그녀의 딸들을 2년 동안 학교에 다니도록 했다. 그녀는 그 후에 딸들과 함께 여러 곳으로 옮겨다녔고, 딸들이 거의 다 자란 1930년대에 들어서야 그 방황은 끝이 났다.

미스는 종종 본스테드로 가족을 방문했지만, 나중에 그들이 이사가면서 가족들을 거의 만나지 못했다. 그는 220평방미터의 널찍한 베를린 아파트를 자신의 숙소이자 사무실로 꾸몄다. 거리를 향한 방들을 스튜디오 공간으로 만들었고, 침실은 사무실로 바꾸었다. 발코니에서 때때로 모형을 만들고 사진을 찍었다. 미스의 직원들도 이곳에서 함께 근무했다. 아파트의 뒤편은 욕조가 있고(스튜디오 공간에서 접근 가능한), 2개의 작은 침실과 주방이 있는 개인 공간이었다(사진 3.3).

• • •

미스는 이제 독일 건축계를 들끓게 하던 새로운 움직임에 집중할 수 있게 되었다. 1910년대 말, 유럽 예술계에서 지배적인 경향은 표현주의였다. 그것은 예술가 내면의 비전을 예술적 표현의 원천이라고 규정한 운동이었다. 표현주의는 1914년 이전에 전위 예술가들 사이에서 크게 유행했고 전후에도 계속해서 이어졌다. 독일 건축가 중 상당수는 디자이너의 의지를 "표현하는" 형태들, 픽쳐레스크와 판타지에 기반한 형태들에 이끌렸다. 가장 잘 알려진 표현주의 건축 중에는 1919년 한스 뾀치히Hans Poelzig가 디자인한 종유석을 모방한 천장이 있는 베를린의 대극장Grosses Schauspielhaus과 1923년에 프

Elevation

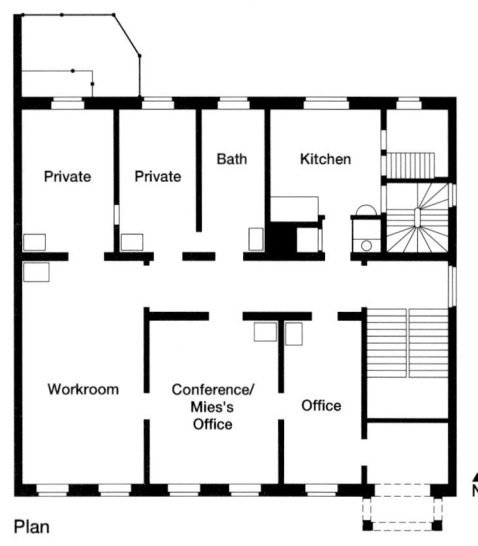

Plan

사진 3.3
베를린의 암 칼스바드 24에 위치한 220 제곱미터 크기의 미스의 아틀리에의 입면과 평면. 미스는 이 곳에서 에이다와 아이들과 1915년 부터 1920년까지 함께 살았고, 1938년까지 혼자 살았다. 1920년 이후 그의 사무실이 3개의 커다란 방과 발코니 바깥 공간을 차지했다. 1858년도에 지어진 이 건물은 실현되지 않은 알버트 슈페어가 디자인한 중앙광장을 짓기위해 나치에 의해 1939/40년 철거되었다.

리츠 호거Fritz Hoeger가 디자인한 톱니바퀴 모양의 외관이 두드러지는 함부르크에 있는 칠레하우스Chilehaus가 있다. 그러한 효과는 표현주의가 낭만주의와 신비주의에 깊이 영향을 받았다는 증거였지만 그것은 또한 황제의 보수주의에 반대하는 진보적인 정치 운동과 관련이 있었다.

로맨틱하고 신비로움이 뒤섞인 모티브는 특정한 인물을 가리킨다. 작가인 폴 시바르트Paul Scheerbart의 단편 소설과 중편 소설에서 크리스털과 유리를 새로운 건축의 재료로 찬양했다. "우리의 문화가 더 높은 경지로 나아가려면" 시바르트는 유리건축Glasarchitektur에서 다음과 같이 썼다. "우리는 더 좋든 나쁘든 간에, 우리의 건축을 바꾸어야 합니다… 우리는 유리 건축을 도입함으로써 그렇게 할 수 있습니다. 이것은 태양과 달, 별의 빛을 단지 몇 개의 창문을 통해서가 아니라 유리로 만들어진 모든 벽을 통해 받아들일 것입니다."[4]

시바르트로부터 가장 많이 영향을 받은 건축가는 브르노 타우트Bruno Taut로서 그는 알파인 건축Alpine Architektur을 위한 가상의 계획안을 1919년 아이네 유토피아Eine Utopie에 발표했다. 그는 컬러 유리로 뒤덮인 거대한 산의 풍경을 만들었다. 빙하는 값비싼 돌과 유리로 장식되어 태양 광선을 반사하고, 알파인 호수는 크리스털로 만들어진 오브제들이 떠다니며 아름답게 빛났다. 반짝반짝 빛나는 투명함과 추상화된 기하학적 형태의 유리로 만들어진 산들은 인간의 세상을 표현한다. 특히 독일어권 국가에서 크리스털은 표현주의 건축의 필수적인 메타포가 되었다. 그것은 도상과 형식의 이상적인 통일성을 제공했다: 단결성, 투명성, 반사성의 삼위일체는 보편적인 의미와 더불어 많은 것을 하나로 통합함을 의미했다.

표현주의 세계관의 힘은 전후 세대의 유토피아에 대한 열정으로 나타났다. 심지어 바이마르의 오래된 직업학교Kunstgewerbeschule, School of Arts and Crafts는 스타리히스 바우하우스Staatliches Bauhaus로 이름을 바꾸고 1919년도에 기능주의자인 발터 그로피우스를 교장으로 영입하여 다시 학교를 열었다. 그 분위기는 열정적이었다. 그로피우스가 쓴 유명한 선언문의 마지막 문장은 다음과 같다. "우리는 함께 미래의 새로운 건물을 만들고 생각하고 건축할 것입니다. 건축과 조각과 회화를 하나로 통합하고 언젠가 다가오는 새로운 믿음을 상징하는 크리스털처럼 수백만 명의 장인의 손을 통해 천국을 향해 오를 것입니다."[5]

표현주의가 지배적인 입장이 되자 그에 대한 적들이 나타났다. 1914년부터 표현주의의 신비주의적 성향에 반대했던 평론가이자 예술역사가인 아돌프 베네Adolf Behne는 러시아의 구성주의자들의 합리주의와 네덜란드의 데 스틸을 옹호하기 시작했다. 전쟁을 서구 문명의 실패로 해석한 다다이스트들은 대부분 표현주의적인 관점을 완전히 부정했다. 조지 그로츠George Grosz는 "더러운 스튜디오에서 살면서 더 높은 이상을 꿈꾸기만 하는"[6] 예술가들이라고 경멸했다. 긍정적인 무언가를 제시하지 못했던 다다는 1920년대에 접어들면서 점차 주변부로 밀려났다. 그 에너지의 대부분은 세계를 거부하기보다는 세계에 영향을 끼치기를 추구하는 또다른 노력으로 옮겨갔다. 이러한 움직임들은 세계가 표현주의자들의 자기만족이나 다다의 부정에 의해 변화되지는 못할 것이라는 신념을 공유했다.

어떤 의미에서 다시 1905년이랑 마찬가지 상황이 되었다. 20세기 초 유겐트스틸이 객관성Sachlichkeit에 밀려났던 것처럼, 표현주의의 낭만과 다다의 뻔뻔스러움은 신 객관성neue Sachlichkeit라고 불리는 사상에 도전받게 되었다. 이 "신 객관성"은 그로츠와 오토 딕스Otto Dix의 신랄한 사회비판에서부터 1920년대 중반에 대중을 위한 공동주거를 만들기 시작한 사회적 건축에 이르기까지 다양하고 폭넓은 예술분야에 영감을 주었다. "리얼리즘"은 새로운 객관성의 두 가지 경향의 출발점이었다. 그로츠와 딕스는 표현주의 화가의 제스처를 버리고 무미건조한 직선으로만 그림을 그렸고 새로운 건축가들은 장식품과 역사적인 참조를 던져버렸다. 신 객관성은 독일에서 승리할 운명이었다. 그것은 모든 예술분야에서 차갑고 질서정연한 노력을 통한 생산을 이끌었다. 1923년 이고르 스트라빈스키Igor Stravinsky는 개인적인 표현보다는 음악 형식을 강조하는 신고전주의 풍 스타일로 작곡을 했다. 반면에 파블로 피카소는 오히려 구상 이미지를 고전적인 스타일로 그렸다. 격렬한 반-로맨틱 운동은 네덜란드의 데스틸 양식과 소비에트의 구성주의를 낳았으며 - 파리에서 르 코르뷔지에는 에스프리 누보 L'Esprit Nouveau에서 디자인에 있어 질서의 회복(rappel a l'ordre)을 주장했다.

· · ·

석공의 아들이자 한때 브루노 파울과 피터 베렌스의 직원이었고 쉰켈과 베를라헤의 추종자인 루드위히 미스는 이제 그가 속한 세상에 어울리는 사회적 관계를 구축하기 시작했다. 1921년 말 그는 1년 전 베를린에 온 데스틸의 전도사인 테오 반 도스부르그Theo van Doesburg를 알게 되었다. 러시아 태생의 구성주의자인 엘 리시츠키El Lissitzky도 베를린에 있었고 반 도스부르그와 교우했다. 유럽에서 가장 대담하고 새로운 예술운동의 대표적인 인물들이 거의 동시에 독일의 수도로 몰려왔다.

반 도스부르그를 통해 미스는 다양한 재능을 가진 한스 리히터Hans Richter를 만났다. 리히터는 다양한 재능의 예술가로서 전후 독일 예술의 모험적인 분위기 그 자체를 상징했다.[7] 리히터는 1919년 고향인 베를린으로 돌아오기 전까지 취리히의 다다그룹에 속해 있었다. 거기서 그는 스웨덴 예술가 바이킹 에겔링Viking Eggeling과 나중에 추상필름으로 빠르게 진화한 추상적인 "스크롤 사진"을 공동 작업하였다. 두 사람은 화가, 건축가 및 영화 제작자를 포함한 예술가들의 모임인 '11월 그룹 November Grruppe'에 가입했다. 그들은 새로운 방식의 예술을 통해 혁명조직을 발전시키길 원했다.[8] 리히터의 아틀리에는 지적이고 자유로운 독특한 분위기로 베를린에 있는 국제적인 예술가, 시인 및 비평가들이 가장 선호하는 만남의 장소가 되었다.

"이 그룹들은" 리히터에 따르면 "알프Arp, 자라Tzara, 힐버자이머, 반 도스부르그에서 시작해 곧이어 미스 반 더 로에, 리씨스키, 가보Gabo, 페브스너Pevszner, 키이슬러Kiesler, 만 레이Man Ray, 소파Soupault, 벤자민Benjamin, 하우스만Hausmann 등을 포함했다."[9] 반 도스부르그와 엘 리시스키는 추상화의 원칙, 회화와 조각에서의 자연주의의 제거 및 건축에서의 역사적인 참조를 부정하는 데 특히 힘썼다. 그들의 작업에서 두 사람은 이미 기하학적인 추상화를 정교하고 합리적인 극단의 수준으로 끌어올렸다. 미스도 예외는 아니었다. 1921년과 1922년에 이루어진 반 도스부르그의 특강 "스타일로의 의지The Will to Style"를 통해 미스는 많은 것을 배우고 받아들였다.[10] "우리가 마법, 영혼, 사랑이라 불렀던 것들이 이제는 효과적으로 성취될 것입니다." 그리고 반 도스부르그와 구성주의자들과의 관련은 알렉산더 로드첸코Alexander Rodchenko의 경구에 잘 나타나 있다: "의식, 실험... 기능, 건축, 기술, 수학 - 우리 시대의 예술의 형제들"[11] 실제로 "시대"는 거의 모든 모더니스트 예술가들이 집착했고, 반 도스부르그는 그 누구보다 더 집착했다.

· · ·

이러한 생각들이 활발하게 전개되던 시점에 미스는 본격적으로 모더니스트 방식으로 작업하기 시작했다. 40년 후에 되돌아보면서, 미스는 "1919년에 당신은 모든 것과 완전히 결별한 것 같다."라는 주장에 대해 다음과 같이 말했다:

나는 그 변화가 오래전에 시작되었다고 생각합니다. 그 결별은 내가 크뢸러 뮤지엄 작업을 위해 네덜란드에 있을 때부터 시작되었습니다. 나는 거기에서 베를라헤를 열심히 공부했습니다. 나는 그의 책을 읽으며 그의 테마인 건축은 건설, 명확한 건설이어야 한다는 것을 배웠습니다. 그의 건축은 벽돌로 되어 있었고, 중세시대 건물처럼 보였을지 모르지만 항상 분명했습니다.[12]

미스의 미국시절 대부분 동안 그의 보좌역할을 했던 진 서머스Gene Summers는 다르게 설명했는데, "미스는 군대에서 생각할 시간이 많았고 예술계에서 수많은 일들이 일어나고 있던 베를린으로 막 돌아왔습니다. 나는 이것들이 그가 한 정확한 말인지 확실하지 않지만, 그 의미는 다음과 같습니다: ' 나는 이 흐름과 함께해야 한다는 것을 알았다. 나는 이 변화를 만들어야만 했다."[13]

이것은 미스가 1919년 노동자 평의회Arbeitsrat für Kunst가 후원했던 혁신적인 유럽의 예술과 건축을 소개하는 '무명의 건축가'란 전시에 출품을 거절당했던 것에 대한 반발이었을 가능성이 크다. 미스의 크뢸러-뮬러 프로젝트는 주최자였던 발터 그로피우스에 의해 거절되었다. 그는 다음과 같이 이야기했다. "우리는 이 작품을 전시할 수 없습니다. 우리는 완전히 다른 것을 찾고 있습니다."[14] 같은 해인 1919년에 미스가 바실리 칸딘스키 Wassily Kandinsky의 겨울 2 Winter II를 구입한 것이 변화된 태도의 또 다른 반영인지 여부는 확실하지 않지만, 그 그림은 1911년 제작되었을 때 유럽 모더니즘 회화의 최전선에 있었다. 미스는 베를린의 아방가르드들에게 가장 인기 많았던 갤러리인 스텀에 있는 허와스 왈든 갤러리Herwarth Walden's Galerie der Sturm에서 그 그림을 구입했다. 리엘 하우스를 디자인할 당시의 미스는 그림에 별 관심이 없었지만, 그의 베를린 아파트에 걸려있는 칸딘스키는 모더니즘에 대한 새로운 헌신을 암시하는 것일 수도 있었다.

그 헌신에 대한 최초의 확실한 건축적 증거는 2년 후, 그의 경력의 초기 성과 중 하나인 고층건물 현상설계 제출안이다. 1912년, 베를린 모겐포스트Beliner Morgenpost는 고층건물이 도시 중심 지역에 보다 많은 비즈니스 및 사회 활동을 집중시킬 수 있다는 공개 선언문을 발표했었는데 전후의 경제불황에도 불구하고 이 아이디어는 1920년대 초에 되살아났다. 독일인들은 미국과 미국의 고층 건물들로부터 깊은 인상을 받았다. - "무한한 가능성의 땅" 일반적으로 불렸듯 - 그리고 마천루가 가장 뚜렷한 상징이었다. 독일 외무장관 발터 라테나우는 "중세시대 이후 건축적으로 뉴욕보다 뛰어난 곳은 없다."라고 했다.[15]

1921년 말 베를린 투름하우스-아크티엔게젤샤프트Trumhaus-Aktiengesellschaft(말 그대로 "Tower corporation")는 프리드리히스트라쎄Friedrichstrasse에 있는 같은 이름의 베를린의 역 바로 옆에 위치한 땅에 지을 사옥을 위한 독일 최초의 고층 건물 현상설계를 후원하였다.

마감기간은 겨우 6주밖에 주어지지 않았지만 설계설명서의 요구사항은 매우 대담했다. 그중 가장 두드러진 것은 이미 밀도 높은 주변환경을 80미터 높이의 건물이 파괴하지 않으면서 향상시켜야 한다는 것이었다. 건물의 프로그램은 오피스, 스튜디오, 상점, 카페, 영화관 및 주차장이었다. 베를린의 주요 건축가들 모두가 관심을 보였고, 145개의 안이 접수되었다.

대부분의 제안은 하나 또는 여러 개의 타워가 낮은 포디움 위에서 뒤로 물러난 형태였다. 지배적인 스타일은 표현주의였다: 날카로운 각, 뾰족한 모양 및 거대한 블록들로 이루어진 안이 많았다. 그러나 객관성 또한 확실히 보였다. 아돌프 베네Adolph Behne는 "우리의 건축가들은 고전 기둥이 초고층 건물에는 아무런 도움이 되지 않는다는 것을 정확하게 알고 있었습니다."라고 만족했다. 자신의 반표현주의적 견해와 일관되게 베네는 "어떠한 것과도 관련된 특별한 감정을 불러일으키지 않기 때문에" 암호명 와베Wabe 또는 "허니콤Honeycomb"이라 불린 미스의 안을 칭찬했다.[16] 막스 버그Max Berg는 "최고의 단순함을 위한... 가장 큰 개념... 고층 빌딩의 근본적인 문제를 해결하기 위한 다양한 노력들"이라고 칭찬했다.[17]

역사에 프리드리히스트라쎄 오피스 빌딩Friedrichstrasse Office Building으로 남겨진 "허니콤"은 현상설계가 끝난 후 다시 작업되었으며 아마도 출판하기 위해 상당 부분을 다시 작업했다는 증거가 있다. 공모전은 홍보 이상의 의미가 없었음이 드러났다; 후원자는 비밀리에 공모전과 상관없이 자신들이 만든 다른 안을 제안했다. 그 프로젝트 또한 재정문제 때문에 결국 실패했고 그 후로 아무것도 지어지지 않았다.[18]

미스의 안은 공식적인 작품평을 받지 못했다. 심사위원 모두 보수적인 베를린의 건축가들로서 그것을 무시할 만하다고 느꼈다. 미스는 3개의 비스듬한 각 기둥형 타워로서 20층 높이가 유리에 완전히 뒤덮인 여러 개의 삼각형으로 된 안을 제출했다. 건물 볼륨은 삼각형 땅의 거의 대부분을 차지했고 복도와 계단을 통해서 엘리베이터가 원형으로 배열된 홀로 연결되었다. 삼각형 단위의 평면 안쪽으로 반원형 V자 홈이 있다. 이 V자 홈의 양쪽에 있는 외벽은 약간 안쪽으로 기울어져 반사를 더욱 활기차게 한다. 구조는 철골처럼 보이나 렌더링 및 콜라주에서는 바닥과 기둥이 매우 얇으며, 필요한 전단벽은 전혀 보이지 않는다. 베르그는 다음과 같이 설명했다. "이 평면은 복잡한 기능의 건물 이미지와 전혀 맞지 않는다. 그것이 창고를 위한 것이라면, 거대한 깊이의 방과 커다란 유리창을 통해 오는 엄청난 양의 빛에 대한 약간의 변명이 될 수 있을 것이다."[19] 엄밀히 말하자면, 베르그가 맞지만, 그는 미스가 제출한 것은 건물이 아니라 선언문이라는 사실을 고려하지 않았다. 그의 프리드리히스트라쎄 오피스 빌딩은 베르그가 "고층 빌딩의 근본적인 문제를 해결"[20]하려던 시도와 정확히 같았다. 그의 첫 번째 주목할 만한 모더니스트 프로젝트에서 미스 반 더 로에의 본질이 나타났다. 그는 고층 빌딩의 프로토타입을 위한 현대적인 해결책을 모색하며, 그가 "건축적인 문제"라고 생각하는 것들에 대한 "해답"을 제시했다.

　이 설계안은 비록 기이하게 보이지만 디자인 자체는 주목할 만하다. - 미스의 뛰어난 그림 솜씨의 결과물로서뿐만 아니라 유리로 뒤덮인 고층 건물에 대한 첫 번째 제안으로 더욱 그러했다(사진 3.4). 전체 입면이 유리로 되어 있다는 사실보다 문제가 되는 것은 건설기술의 한계를 훨씬 벗어난 데 있었다. 역사주의와 동시대(미국)의 초고층 건물과 전혀 다른 타워 디자인은 다양한 각도의 생기 있는 배치를 통해 서로를 반사한다. 그래픽 프레젠테이션의 훌륭함을 통해 21세기 유럽표준에 비춰봐도 큰 75만 평방피트 크기의 건물이 비물질화 되었다. 평면에서 개념은 잘 안 보이고 심지어 혼란스럽다. 너무 많은 각도와 구석이 있으며, 그중 어떤 것도 나중에 미스가 그의 예술의 중심원리로 삼을 만한 명확하고 질서 있는 구조라고는 없었다.

　미스는 브루노 타우트가 출판한 잡지 프륄리히트 Frühlicht의 여름호에 "허니콤"에 대해 논평했다:

고층 빌딩들은 건설 당시에는 대담한 구조를 보여주고 상승하는 구조에 의한 압도적인 인상을 줍니다. 반면에, 외관이 돌로 덮이고 나면, 이러한 인상은 지워지고 구축적 캐릭터는 예술적 개념과 함께 사라집니다. 이러한 요소들이 무의미하고 사소한 형태적 혼란에 의해 가려집니다. 그런 건물들에 대해 말할 수 있는 가장 좋은 점은 커다란 사이즈뿐입니다; 그럼에도 불구하고 그들은 우리의 기술적 가능성의 선언 이상이어야 합니다. 무엇보다 우리는 전통적인 형태로 새로운 문제를 해결하지 않도록 노력해야

사진 3.4 (왼쪽면) 프리드리히 스트라쎄 오피스 빌딩 프로젝트의 투시도(1921). 현대에 가장 유명한 건축 드로잉중 하나다. MoMA의 건축부분 큐레이터였던 아더 드렉슬러는 그 드로잉을 "피카소의 1907년 그림인 아비뇽의 처녀들과 견줄만 하다"고 평가했다. 사진제공: MoMA 미스 반 더 로에 아카이브

합니다. 새로운 문제의 본질로부터 새로운 형태를 이끌어 내는 것이 훨씬 낫습니다. 이 건물의 구조적 원리는 유리를 사용하여 외부를 마감할 때 명확히 보입니다. 유리의 사용은 새로운 방식으로 이루어져야 합니다.[21]

이 글은 명백하게 미이시안Miesian이며 - 부분적으로는 맞지만 때로는 그 자체와 모순되기도 한다. 그의 반표현주의자이자 반장식주의자로서의 입장은 "무의미하고 사소한 형태의 혼란"이란 경멸에서 분명히 보인다. 합리적인 방법을 모색하면서 그는 건물의 형태를 "문제의... 본성"에서 파생된 것이어야 한다고 했고, 이는 그가 남은 인생 동안 추구할 방향이 되었다. 그리고 그는 "구조적 특징"을 강조하고 "새로운 방식으로 이루어져야 합니다."라며 유리 사용을 합리화했음에도 불구하고, 그는 유리라는 재료 자체에 매혹되어 그의 유명한 투시도에서 건물의 구조 대신에 희미하게 어른거리는 커다란 유리벽을 돋보이게 그렸다.

프리드리히스트라세 프로젝트 직후에, 미스는 나중에 훨씬 더 큰 영향을 끼친 유리 마천루Glass Skyscraper로 알려진 두 번째 초고층 빌딩 제안을 디자인했다. 건축주, 프로그램, 대지도 없이 미스는 재빨리 출판 및 홍보를 위해 도면과 모델을 만든 듯 보인다. 30층짜리 유리로 된 고층 건물은 프리드리히스트라세 보다 규모는 절반이었고 높이는 더 높았지만 미스는 저널 G의 표지 사이즈에 맞추어 21층짜리 버전을 싣도록 했다. 유리 마천루의 평면은 자유로운 아메바 같은 모양이고, 불가능하게 보이는 얇은 슬래브와 기둥으로 지지되었다. 구조 시스템은 아마도 콘크리트였을 테지만 불확실했고, 납작한 슬라브는 아직 발명되지 않았으며 지진이나 풍하중을 지지하는 데 필요한 구조가 없었다. 약 2미터 폭의 유리패널로 전체가 덮인 외관은 모형과 목탄으로 그린 그림에서 놀랍도록 투명하며 매력적으로 보인다. 모형을 찍은 사진은 프로젝트의 대표 이미지가 되었다. - 크리스털과 같이 깨끗한 유리가 극적으로 얇은 구조를 감싸며 솟아오르는 물결치는 형태. 입면과 구조 모두 당시로서는 실현 불가능했다.

1951년 말에 디테일을 묻는 기자에게 보낸 편지에서, 미스는 그 프로젝트가 전적으로 개념적이었다고 옹호했다. 그는 "완전히 추상적인 제안으로서 각 공간의 기능을 해결하거나 기계적 또는 구조적 문제를 해결하지는 못하지만, 마감재로서 유리의 효용성과 그 결과를 실험하기 위함이었다."라고 덧붙였다.[22] 미스는 이렇게 말하면서 진짜로 그랬었다고 생각했지만 모형, 도면 및 사진을 보면 유리 마천루가 단순한 실험이라기보다는 진짜 건물을 위한 제안이었다는 인상을 준다. 그 프로젝트를 유명하게 만든 것은 유리에 대한 연구가 아니라 자유로운 평면과 전례가 없는 구조에 있었다.

사진 3.5 (왼쪽면) 유리 마천루 프로젝트 모형(1922). 미스는 우아하고 독특한 형태를 만들었지만 외피와 구조는 그 당시 기술로는 불가능했다.

프리드리히 스트라쎄 오피스 빌딩과 유리 마천루는 고층 건물 건축역사에서 랜드마크로 남았다. 이것은 단순히 모던한 미스 반 더 로에의 초기 작품이기 때문만은 아니었다. 고층 건물을 상상하기 위해 이러한 노력을 하면서 그 당시까지의 어떠한 건축의 평면, 매싱, 또는 역사적 디테일에 대한 참조 없이 자신만의 새롭고 자유로운 형태를 만들었다. 다른 건축가들도 특히 고층 빌딩 디자인의 이러한 목표를 옹호했지만 아무도 그러한 제안조차 하지 않았다. 미스가 상상했던 형태는 새로운 기술 덕분에 (거의) 가능해졌다: 유리로만 이루어진 건물 외피. 그러나 미스의 디자인은 무려 50년도 더 전에 이루어진 것이었다. 1970년대까지 프레임이 없이 유리로만 된 외장재를 만들 수 없었고, 전체 건물을 다 덮는 것도 쉽지 않았다. 1920년대의 미스와 훨씬 나중에 미국시절의 미스가 건축적인 형태를 만드는 데 반대의 입장이었다는 점은 아이러니이다. 프리드리히스트라쎄 오피스빌딩과 유리 마천루는 유리로 만들어진 훨씬 뛰어난 건축으로서 미스를 독일의 모던 건축의 리더로 밀어 올렸다.

. . .

1923년 초부터 12개월 동안 미스는 콘크리트 컨트리 하우스Concrete Country House와 브릭 컨트리 하우스Brick Country House로 알려진 빌라를 디자인했다. 건축사학자 울프 테겟호프Wolf Tegethoff는 전반적인 분석을 통해, 두 프로젝트 모두 커다란 규모에도 불구하고 미스 자신을 위한 프로젝트일 가능성이 높다고 주장했다.[23] 둘 다 미스가 이미 디자인해서 지은 건물이 있던 뉴바벨스버그의 같은 땅 위에 디자인되었는데 미스는 이 땅을 사려고 생각 중이었고 다른 건물을 짓고 싶어하던 건축주를 한참 설득하던 중이었다. 콘크리트 컨트리 하우스의 남아 있는 평면은 없다. 모형은 손실되었고 입면도 알 수 없지만 점토 또는 석고로 된 모형 사진 두 장을 통해 외관을 알 수 있다(사진s.3.6 and 3.7). 동일한 위치에서 바라본 다양한 색상의 투시도 여러장이 남아 있다. 브릭 컨트리 하우스의 기록은 비슷한 시기에 찍혀진 사진 두 장을 제외하곤 거의 없었다: 한 장은 누가 그렸는지 알 수 없는 투시도와 다른 한 장은 부분적으로 포커스가 안 맞지만 지금은 상징이 된 평면이었다. 2층으로 되어 있다고 알려져 있지만 2층 평면은 존재하지 않는다.

단편적인 기록에도 불구하고, 이 두 집은 20세기의 가장 유명한 집이 되었다. 둘 다 모더니스트의 초기의 "열린 평면", 그리고 나중에 바르셀로나 박람회의 독일관 및 투겐타트 하우스Tugendhat House를 통해 유명해진 구조와 디테일 전략을 구현했다.

프랭크 로이드 라이트가 디자인한 주택의 내부 공간을 참조했다는 것은 알려져 있지만 미스의 계획안이 훨씬 급진적이었다. 어쨌거나 두 프로젝트 모두 열린 평면보다 훨씬 많은 것이 있었고, 특히 둘 중에서 개념적으로 더 풍부했던 콘크리트 컨트리 하우스가 더

사진 3.6
콘크리트 컨트리 하우스 모형(1924). 바람개비 평면이 보인다.

사진 3.7
콘크리트 컨트리 하우스 모형(1924). 땅의 레벨이 여러번 바뀌는 것은 미스의 주거건축의 공통된 주제였다.

그러했다. 콘크리트 컨트리 하우스에 대한 미스의 글은 이 시기의 그가 쓴 다른 글들과 마찬가지로 건조했다:

> 내가 보았을 때 철근 콘크리트의 가장 큰 이점은 엄청난 양의 재료를 절약할 수 있다는 점입니다. 주택에서 이것을 실현하려면 구조물의 몇 지점에만 하중을 집중시켜야 합니다. 철근 콘크리트의 단점은 단열효과가 떨어지고 방음에 취약하다는 점입니다. 그러므로 외기 온도를 막기 위해 단열재가 필요합니다. 소리가 전달되는 성가신 문제

를 다루는 가장 간단한 방법은 소음을 발생시키는 모든 것을 제거하는 것입니다. 나는 고무로 덮인 바닥재, 슬라이딩 창문과 문, 그리고 널찍한 지상층을 위한 다른 비슷한 조치들을 더 고민하고 있습니다.[24]

이 말에 미스는 표현의 중요성에 대해 아무 말도 하지 않았으며, 콘크리트에 대한 언급은 대부분 별 관련성이 없었다. 특히 "엄청난 양의 재료"를 절약하는 것에 대한 언급은 실제적으로 그러한 절약보다 새로운 시스템을 만들고, 보강하고, 완성시키는 비용이 더 들었을 것이기 때문이다. 구조적으로, 콘크리트 컨트리 하우스는 자유롭게 배치된 서로 맞물린 콘크리트 볼륨으로 이루어져 있다. 각 볼륨은 외벽에서 독립된 4개의 기둥으로 떠받친다. 전체가 콘크리트로 된 지붕은 철골빔 또는 트러스로 보강되어야 했다. 따라서, 미스는 콘크리트 건설을 위한 새로운 방식을 고안했던 것이었다. 건물 외피에 기다란 띠창, 커다란 문 또는 심지어 보이드 등이 가능했다. 국제주의 양식의 클리셰가 된 띠창이 미스의 작업에서 처음으로 등장했다. 대담하게 캔틸레버된 커다란 캐노피가 눈에 띄고, 삼차원 형태의 다양한 가능성이 명확하게 보였다. 이 같은 시스템은 전망과 채광을 최적화하여 자연과 새로운 관계를 맺는 주거 건축을 가능하게 했다. 그리고 비록 구조 시스템은 당시에는 불가능했지만 단지 기술적 환상만은 아니었다.

이와는 대조적으로, 1924년의 브릭 컨트리 하우스의 구조는 훨씬 더 알기 어렵다. 여기서 미스는 새로운 공간 개념을 통해 주거 공간(이미 말했다시피, 그 자신이 건축주가 되어)을 다시 정의했다.

인테리어 공간과 내부와 외부의 경계는 암시되지만, 벽이나 유리 등의 전통적인 방식으로 막혀 있지 않다. 내부 프로그램은 따로 없었다. 평면에는 "생활 공간"과 "서비스 공간"이라는 두 글자만 쓰여 있다. 방이 없었고 따라서 문도 없었다. 아마도 벽돌로 된 벽은 모두 같은 두께로 되어 있을 것이다. 벽난로는 무엇으로 되어 있을지 알 수 없었다. 공사 범위조차 불명확하여 바람개비 같은 벽들은 도면의 가장자리를 넘어선다. 브릭 컨트리 하우스의 개념적 순수성은 - 또는 그 모호성 - 부분적으로는 가상적인 본성 때문이다. 사실, 지금까지 논의한 1921-24년 사이의 프로젝트들과 함께 또 다른 프로젝트인 콘크리트 오피스 빌딩 역시 그 비현실성으로 인해 일관성과 영향력을 달성했다. 가상의 프로젝트들을 통한 아방가르드로서 미스의 명성은 현대 건축 운동에서 전례가 없었다.

・・・

이 시기에 미스는 새로운 이름을 갖게 되었다. 1921년 가을부터 그는 자신을 루드위히 미스 반 더 로에Ludwig Mies van der Rohe라고 부르기 시작했다. 1921년 9월 13일

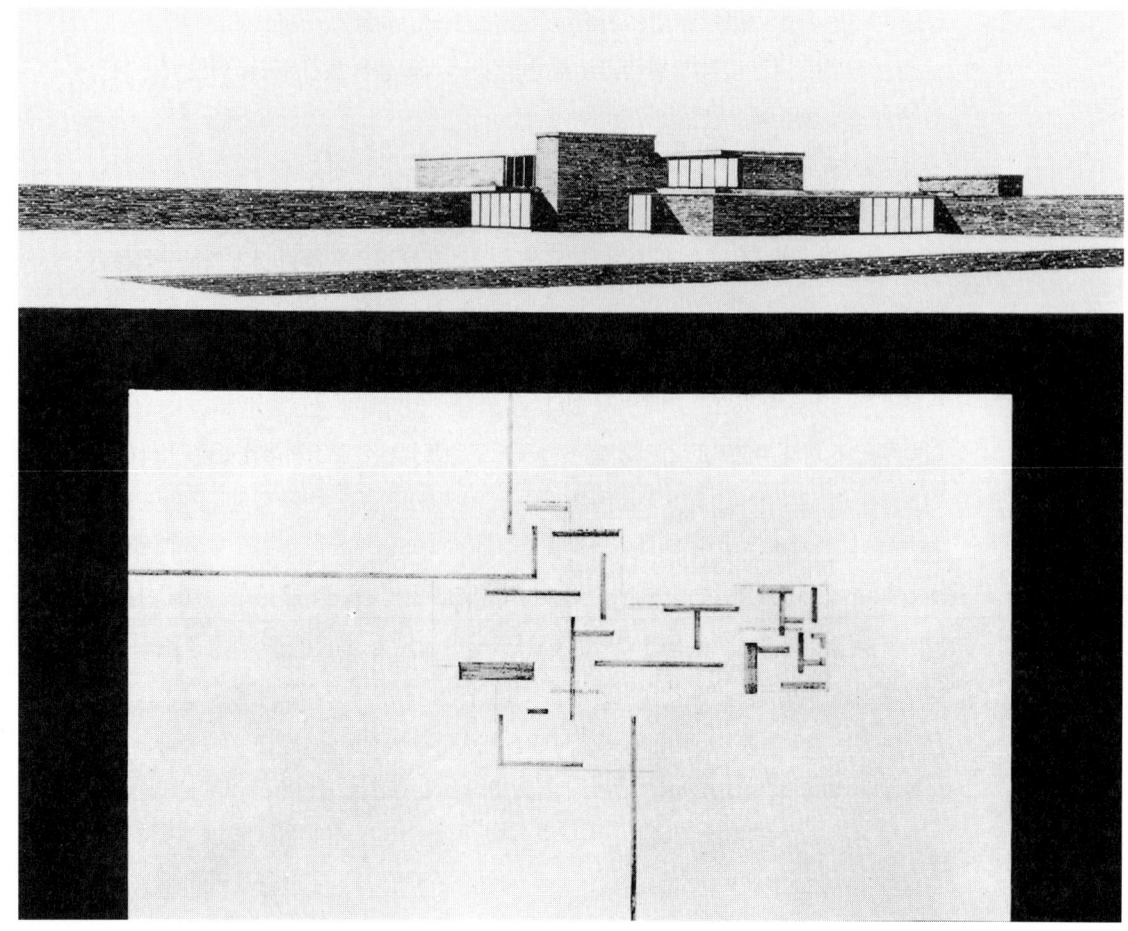

사진 3.8
브릭 컨트리 하우스의 투시도(위)와 평면도 (1994). 평면도는 네덜란드의 데 스틸 운동의 이미지들과 닮았다. 종종 테오 반 도스버그의 그림인 러시안 댄스 리듬과 비교되곤 했다. 그러나 반 도스버그의 이미지는 자연적인 형태에서 유래한 반면에 미스의 것은 건축적 추상화의 결과이다.

아이슈타트 하우스Eichstaedt House 건축허가 신청서를 제출하면서 그는 "MRohe"라는 이름을 썼고 그와 거의 동시에 편지에 "Miës van der Rohe"라 썼다. (찰스 잔느레Charles Jeanneret는 그 전 해에 르 코르뷔지에가 되었다.) 이후 무수히 많은 잘못된 철자 후에, 미스는 막스 베르그가 쓴 "허니콤"(1922년 5월 25일)의 바우벨트지 리뷰에서 "미스 반 더 로에"가 되었다.[25]

미스는 그의 성과 어머니의 처녀 때 성을 반 더로와 결합시켰다. 아헨에서 온 그는 오랫동안 네덜란드 문화를 동경했으며, 네덜란드의 질서정연한 삶과 수수함은 바이마르 시대의 독일인들에게 잘 맞았다. 그는 감히 진짜 독일 귀족 이름을 나타내는 폰von으로 바꿀 생각은 못했지만 반 더는 괜찮다고 생각했다; 독일어로는 희미하게 우아한 느낌이 들었지만, 네덜란드에서는 흔했다.[26] 미스란 이름에 함축된 불쾌함을 덜기 위해 그는 움라우트를 덧붙였다. (독일인에게는 흔치 않았다): "미예스myess"라고 발음했다. 그는 1930년대에도 이 이름을 계속 사용했다. 항상 그런 것은 아니었지만 편지에 이 이름을 사용했다. 대부분의 사람들은 미스 씨, 미스 반 더 로에 씨Herr Mies, Herr Mies van der Rohe, 또는 개인적으로 가까운 사람은 간단히 미스라고 불렀다. 루드비히Ludwig와 루츠Lutz나 루이Louis를 포함한 그 변종들은 가족과 어린 시절이나 전쟁 전의 친구들만 썼다. 조지아 반 더 로에Georgia van der Rohe는 로에Rohe가 프랑코폰 벨기에로부터 유래되어 원래 Roé, 나중에 Roy, 그리고 결국 Rohe가 되었다고 주장했다.[27]

・・・

미스가 모더니즘으로의 전환과 함께 자신을 완전히 재정의하는 동안에 진보적인 예술가, 디자이너 및 이론가들도 그들의 작업에서 새로운 방향을 추구했다. 모든 분야의 글들은 이러한 급변하는 가치와 목표를 반영했다. 1921년 후반 베를린에 도착한 러시아 소설가 일리야 엘렌버그Ilya Ehrenburg는 엘 리시츠키와 함께 정기 간행물인 베슈Veshch를 발간했다. 그 목표는 "러시아의 창의적인 예술가들에게 최신 서방 미술을 알리고 러시아 예술과 문학을 서방에 알리는 것"이었다. 리시츠키는 "구축 예술"이란 "우리의 삶을 장식하는 것이 아니라 조직하는 것"이라고 말했다. 헝가리 저널 MA에서 발행된 라즐로 모호이너지László Moholy-Nagy도 비슷한 말을 했다. "구성주의는 진정한 본질입니다. 그것은 액자와 받침대에 구속되지 않습니다. 그것은 산업과 건축, 사물과 관계로 확장됩니다. 구성주의는 비전을 가진 사회주의입니다."[28]

파리에서는 진지한 목적의 건축을 향한 새로운 방향과 추상적 직선성이 에스프리 누보L' Esprit nouveau뿐만 아니라 르 코르뷔지에의 '새로운 건축을 향하여Vers une Architecture'에서 분명히 보였다. 1923년에 출판된 이 책은 전후 새로운 예술에 대한 가장 중요한 요약으로 빠르게 자리매김했다. 유럽 전반에 걸쳐 구성주의자 / 객관성으로 예술의 방향이 바뀌자, 반 도스부르그는 바이마르의 바우하우스와의 전투를 자처했다. 그로피우스에 의해 초대받지 못했고, 학교에서도 환영받지 못했지만 그는 1921년과 1922년 사이에 여러 차례의 캠퍼스 외부에서 강의를 진행하면서, 1919년 개교한 이래로 학교를 지배해 온 공예-표현주의자들을 통렬히 비난했다. 반 도스부르그는 또한 당시 학교의 주요 교수진이었던 요하네스 이튼Johannes Itten의 가르침과 영향에 저항했다. 1923년 말 이튼이 떠난 후 모호이너지가 뒤를 이었고, 모호이너지는 나머지 10년 동안 학교를 지배했던 구성주의를 강력히 옹호했다. 그로피우스는 모호이너지가 학교에 오기도 전에 표현주의를 포기했음을 선언했고, 아돌프 마이어와 함께 1922년 트리뷴 타워 현상설계에 제출한 안에서 구성주의 스타일을 보여주었다.

브루노 타우트의 마법을 향한 꿈은 마그데부르크Magdeburg시의 총괄건축가가 되면서 실용성과 객관성을 추구하며 사라지기 시작했다. 몇 년 지나지 않아 그는 건축과 기계 및 산업 생산과의 관계에 관해 긍정적으로 이야기하기 시작했다. 독일에서 1920년대 초 중반에 벌어진 신속한 전환은 미스의 개인적인 인맥뿐 아니라 그의 작업 및 전망의 변화로 알 수 있다. 수년간 논쟁과 정치, 자아와 이상, 개인과 집단이 다투고 충돌하고 음모를 꾸미는 시절이 계속되었다. 이데올로기는 그 시절의 질서였다; 미스가 따르기로 한 세계에 다른 길은 없었다. 차후 10년 동안, 그는 자신의 생각을 계속해서 출판을 통해 이야기했다.

· · · ·

리히터에 따르면, 잡지 G는 1920년 반 도스부르그가 처음 베를린을 방문했을 때, 리히터와 에거링Eggeling에게 예술에 대한 견해를 엮은 저널을 만들라고 재촉하면서 시작되었다.[29] 1922년 초, 리히터는 "우리는 결국 두 번 정도 출판할 자료가 있었습니다. 그러나 그 순간에 돈은 이미 사라졌고 에거링과 나도 헤어졌습니다; 그리고 1922년 말이 되어서야 최소한의 돈으로 시작할 수 있었습니다."

"'G'라는 제목은 1922년에 리씨스키가 게스탈퉁Gestaltung[형성, 형태 또는 창작 조직]의 약어로 고안한 것입니다. 도스부르그와의 공동 창간을 기념하기 위해 G자 뒤에 정사각형을 덧붙였습니다."[30]

첫 번째 호는 1923년 7월 리히터, 리씨스키와 바우하우스 출신의 젊은 베너 그래프Werner Graeff가 편집을 맡았다.[31] 그것은 예술에서의 로맨스와 주관성에 대한 타협 없는 적개심을 선포했다. 표지에 있는 성명서는 확고히 물질주의적이었으며 개인적인 미학을 전면적으로 부정하는 구체적인 선언문이었다.

"형태 창조의 근본은 경제입니다. 힘과 물질의 순수한 관계. 그것은 기본적인 수단을 필요로 합니다. 방법, 요소적 질서, 규칙성..."

"우리는 단순히 풍족함을 위해 우리의 존재에 덧붙여지는 아름다움을 필요로 하지 않습니다. 우리는 존재에 대한 내적 질서가 필요합니다."[32] 수단이 아닌 목적을 정의한 이 말은 리히터와 그래페가 한 것으로 알려져 있다. 미스도 논쟁적인 성명서를 같은 호에 기고했다:

"우리는 모든 미학적 사고, 모든 교리 및 모든 형식주의를 거부합니다..."

"우리 시대의 가능한 수단을 사용하여 작업의 본질로부터 형태를 만드는 것이 우리의 임무입니다."[33]

그는 1923년 9월에 출판된 G의 두 번째 호에서 더욱 대담해졌:

"우리는 형태적 문제는 더이상 없고 오직 건물의 문제만 있다는 것을 알고 있습니다.

> 형태는 목표가 아니라 작업의 결과입니다. 그 자체로는 어떠한 형태도 존재하지 않습니다. 형태를 목표로 삼는 것은 형태주의이며, 우리는 그것을 거부합니다...
> 우리의 임무는 디자이너의 미학적 사고로부터 건물 디자인을 해방시키는 것이고, 다시 한번 그 자체, 즉 건물이어야 한다는 것입니다."[34]

앞에 쓴 글은 궁극적인 의미에서 "근본적"이다; "형태의 문제"에 앞서 "건축의 문제"를 제기할 때, 스타일로부터 완전히 자유로워질 수 있었다.

・・・

1922년 말과 1923년 초에 G의 첫 번째 발행을 준비하는 동안, 미스는 중요한 가상의 프로젝트인 콘크리트 오피스 빌딩을 디자인하고 있었다.[35] 그것은 1921-24년의 유명한 다섯 프로젝트로 알려진 것 중 마지막 것이자 가장 객관적이고 G의 사설과 가장 가까운 톤의 디자인이었다(사진 3.9). 우리는 1923년대 베를린 예술 전시회에 전시된 9피트 폭의 목탄 투시도와 G의 첫 번째 호에 미스가 쓴 선언문을 통해 이 작품을 엿볼 수 있다.[36]

> 오피스 빌딩은 일을 하기 위한 곳... 조직의... 명확성... 경제적인.
> 밝고 넓은 작업 공간. 명확한 배치, 나뉘지 않고, 회사의 조직에 따라서만 세분화된다.
> 최소 수단으로 최대 효과 달성.
> 재료는 콘크리트, 철, 유리입니다.
> 철근 콘크리트 건물은 본질적으로 골조 건물입니다. 구워서 만들어진 물품이나 치장된 타워가 아닙니다. 거더로 지지되는 건설; 지지하지 않는 벽: 외피와 골조로 이루어진 건물들.[37]

미스는 계획, 치수 및 기타 세부 사항을 이야기하면서 완전히 기능적인 사무실 건물에 대해 이야기했다. 콘크리트 오피스 건물은 상징적으로 진보적이었지만 동시에 건축으로서 디스토피아적이다.

골조와 외장으로 된 건물 중 유럽에서는 유래가 없는 규모였다. 묘사된 바와 같이, 건물은 의도적으로 불확실한 길이로 보인다. 그러나 주 출입구를 입면의 중심 근처라 추측하면, 바닥은 약 100,000평방미터로서 오늘날의 기준으로도 거대한 사무실이다. 철근 콘크리트 슬래브, 보, 그리고 나팔같이 퍼진 기둥 구조는 분명하고 강력하지만, 미스는 이상하게도 같은 콘크리트로 되어 있지만 구조 역할을 하지 않는 파라핏 뒤로 이들을 숨겼다. 미스는 G에서 파라핏에 파일 캐비닛을 붙일 수 있고(외부에는 스크린으로 작동하여)

사진 3.9
콘크리트 오피스 빌딩 프로젝트(1923). 종이에 목탄으로 그린 그림은 9피트 길이의 거친 플라스터 표면 위에 그려졌다. 1923년대 베를린 예술 전시회에서 처음으로 선보였다.

내부 공간을 확보할 수 있다고 주장했다. 그러나 그렇게 규정된 배치는 전형적인 사무실의 요구 사항에 비해 너무 경직되었고, 차라리 미스가 초고층 제안에 사용했던 전부 유리로 된 외장재가 더 합리적이고 구조를 잘 보여줄 수 있었을 것이다. 우리는 단 하나의 그림을 가지고 판단할 수밖에 없는데, 전체적으로 너무 거대하고 별다른 설명도 없고 혼란스럽게도 규모도 알 수 없다. 오늘날 우리는 그것을 도시적 관점으로 비맥락적이라고 비난할 것이고, 어떤 사람들은 모던 건축의 범죄라 비난할 것이다. 그리고 그 개념은 그 규모와 불가분의 관계에 있다: 미스는 그 건물의 거대함을 현대 비즈니스 조직의 규모와 동일시했고, 그의 수사학은 그 정체성을 찬양했다. 하지만 여전히 섬세한 부분이 있었다: 미스는 시각적 또는 구조적 이유 또는 둘 다에 상관없이 바깥쪽 슬래브 캔틸레버를 각 층마다 아주 약간씩 증가시켰다. 이러한 변화는 알아차리기에는 너무 작았다. 최상층과 부분 지하층은 매스의 부담감을 덜어주고 활기차 보이지만 그것은 아마도 시각적인 이유가 아니라 베를린의 6층 높이 제한에 대한 기능적 해결책이 분명하다. 우리는 외부 벽의 마감, 또는 콘크리트 파라핏의 디테일을 알 수 없지만 미스는 이것을 다루지 않았거나 중요하다고 생각조차 하지 못했을 것이다. 그럼에도 불구하고, 이런 타입과 규모의 건물은 이러한 디테일에 성공과 실패가 달려 있다.

G는 3호가 더 출판되었고, 미스는 1924년에 세 번째 이슈를 개인 돈으로 출판했는데 산 세리프(sans-serif) 폰트 전부를 포함했기 때문에 상당한 비용이 들었을 것이다. 그래페의 말에 따르면 "일반적인 인쇄 타입은 손으로 쓴 필체를 모방할 뿐이지만, 산 세리프

폰트는 그 자체만으로는 구축되어 있음을 분명히 보여주었기 때문에 "필수적"이었다."[38]

G그룹 안에서 반 도스부르그는 미스의 가장 가까운 동지로 떠올랐다. 그로피우스와의 관계는 결코 편하지 않았기에 그가 1922/23년에 표현주의자에서 구성주의자로 바뀌었을 때, 미스는 반 도스부르그의 편을 들었다. 미스는 반 도스버그에게 이른바 리폼이라고 불리는 것은 디자인에 있어 "정통적으로 구축적인" 접근이 아니라 예술적 형태주의, 즉 "구성주의 형태의 변덕스러움"에 지나지 않는다고 썼다.[39] 그러나 미스가 도스부르그에게 그로피우스를 비난하던 바로 그 순간에도 그는 그로피우스와 따뜻한 서신을 계속 주고받고 있었다. 그로피우스는 1919년의 전시에서 크롤러-뮬러 프로젝트를 거절했지만, 바우하우스에서 기획한 새로운 최고의 유럽 건축 리뷰를 위한 전시에 참여할 것을 미스에게 요청했다. 미스는 바로 승낙했고, 몇 개의 작품들을 보냈다.

미스와 그 기간의 다른 두 중요한 인물들과의 관계도 비슷하게 애매했다. 1921년에 그는 건축가 휴고 헤링과 베를린의 아뜰리에를 함께 썼다. 거기에서 두 사람은 건축에 관해 토론하는 데 많은 시간을 보냈다. 대부분은 우호적이었지만, 그 둘의 차이는 결코 작지 않았다. 건축가보다 이론가인 헤링은 특별한 유형의 "유기적" 건축을 신봉했다. 그에 따르면 이 건축은 건축가의 선입견이나 미학적 원리와 상관없이 오직 목적을 달성하기 위한 디자인 방식을 추구했다. 미스의 관점은 그와 큰 차이가 없었을지 모르지만, 헤링의 디자인은 미스의 디자인과 완전히 달랐다. 1923-26년에 헤링이 슐레스비히-홀스타인 Schleswig-Holstein에 있는 농장을 위해 설계한 건물인 굿 가르카우Gut Garkau는 특이한 형태, 일반적인 기하학으로부터의 자유롭고 새로운 구조로 유명했다. 미스와 헤링의 관계는 동지애와 논쟁을 반복했다. 둘 다 1923년과 1924년 사이에 암 칼스바드24에서 만난 지너링Zehnerring(Circle of Ten)이라는 진보적인 건축가 그룹의 구성원이었다. 1926년에 이 그룹은 베를린을 넘어서 세를 확장하고 그 이름을 링Ring으로 바꿨다. 링은 1920년대 후반 새로운 건축의 가장 중요한 원동력이 되었다. 헤링은 또한 1927년 슈투트가르트의 바이센호프 전시를 위한 미스의 초기 마스터플랜에 도움을 주기도 했다. 그러나 바이센호프에서 두 사람 사이의 의견 불일치로 인해 미스는 1927년 링을 탈퇴했다. 1938년 미스가 미국으로 이주하고 헤링이 독일에 남으면서 둘 사이의 관계는 완전히 끝났다.

미스와 반 도스부르그와의 관계도 두 갈래의 방향에서 이루어졌다. 1923년 데 스틸 3월호- 반 도스부르그도 설립자 중 한 명이었던 G의 전성기 동안 출판된 -에서 반 도스부르그는 그림을 "현대 건축이 나아가야 할 방향을 가리키는 가장 진보된 형태의 예술"이라고 언급했다.[40] 이것은 G의 반미학적 이데올로기에 대한 비난을 의미했다. 미스는 구축적인 논리보다 미학을 중시하는 반 도스부르그를 거부했다. 1923년 5월 G에 실린 "우리는 모든 미적 추측, 모든 교리, 모든 형태주의를 거부한다."는 그의 성명서는 반 도스부르그에 대한 반박으로 의도된 듯 보인다.

그러나 두 달 후, 반 도스부르그는 레온스 로젠버그Leonce Rosenberg의 에포르트 모던L'effort Moderne 갤러리에서 열린 전시에 미스를 초청했고 미스는 기꺼이 수락했다. 그것은 데 스틸을 위한 전시였고, 출품자들 중 미스만이 데 스틸의 회원이 아니었다. 반 도스부르그는 그가 데 스틸의 디자인 원리와 거의 상관이 없는 유리 마천루를 제출하도록 권장했다. 미스는 또한 콘크리트 오피스 빌딩의 모델도 전시하여 건물이 당면한 문제가 다르면 그 결과도 달라야 한다는 그의 믿음을 강조하기를 원했다. 결국, 선적 문제로 인해 모델들을 보낼 수 없었고, 미스는 두 프로젝트의 투시도와 사진들로만 전시를 해야 했다.

오래지 않아, 미스는 G의 원동력이었던 구성주의적 유물론을 조금씩 포기하기 시작했다. 시기는 옳았다. 바이마르 공화국은 1924년에서 1925년 사이에 정치적 경제적 희망으로 들떠 있었다. 앞서 언급한 1924년의 다우스 플랜이 효과를 보았다. 독일의 인플레이션 부담을 덜어주기 위해 마련된 이 계획은 또한 독일이 배상금을 체납한 이래로 루Ruhr 지방을 점령하고 있던 연합군이 떠나도록 했다. 살인적인 인플레이션은 끝났고, 오랜만에 번영과 안정을 향한 날갯짓을 시작했다.

건축은 거의 즉각적으로 영향을 받았고, 특히 국가, 지방 및 시정부의 새로운 보조금으로 현대 건축이 커다란 규모로 건설될 수 있게 되었다. 진보적인 사회 민주당 정부의 후원과 함께 갑작스러운 주택 부족 현상은 새로운 건축이 실제로 지어질 수 있는 상황을 만들었다.

그러나 모더니즘이 발전함에 따라 전통적인 독일 건축의 변화에 반대하는 보수적인 개인이나 단체의 저항도 만만치 않았다. 미스도 이 논쟁에 기꺼이 뛰어들었다. 이전에 진보적인 조직과 거리를 두었던 그였지만 이제 그들과 함께했다. 1923년 파리에서 열렸던 에포르트 모던과 바이마르의 바우하우스 전시에 이어 그는 예나Jena, 게라Gera, 만하임Mannheim, 뒤셀도르프Dusseldorf, 비스바덴Wiesbaden, 심지어 폴란드, 이탈리아, 소련에서의 전시에도 참여했다. 그는 최근의 프로젝트(유리 마천루, 콘크리트 오피스 빌딩, 콘크리트 컨트리 하우스, 때때로 브릭 컨트리 하우스)들만 전시했다. 그는 또한 다양한 아방가르드 저널에 열심히 작품을 게재했다. 그는 지너링이 막 출범할 시기인 1923년에 보수당(BDA)에 가입했다.

링은 루드비히 호프만이 베를린시의 총괄건축가에서 사임한 지 2년 후인 1926년에 새로운 이름으로 바뀌었다. 진보주의자 입장에서 봤을 때, 중요한 순간에 호프만이 은퇴를 한 것이었다. 그 자리는 베를린 도시 계획과 개별 건물의 승인 모두에서 핵심적인 역할을 했었다. 전통을 중시하는 베테랑 건축가인 호프만은 1920년대 기준으로 볼 때 보수적이었으며, 젊은 건축가들은 그를 적으로 간주했다. 그의 사임과 새로운 경제 여건이 시의 건축 정책을 새롭게 할 수 있는 기회가 될 수 있음을 알게 된 링은 커미셔너의 개혁에 대한 요구를 즉각적으로 발표했다: 건축가의 자유 확대, 디자인 심사에서의 정치성 배제, 보다 신속한 승인 및 자격을 갖춘 심사위원 구성.

길고 시끄러운 충돌이 이어졌다. 보수당의 보수주의자들은 링을 떼어 내려고 했고, 반대의 경우도 마찬가지였다. 급진주의의 가장 큰 지지자 중 한 명인 미스는 결국 1926년 1월 보수당을 떠났다. 수주일 만에 링은 진보적인 건축가들로 이루어진 전국적인 조직을 결성하기 시작했고 링의 창립 멤버이자 확고한 진보주의자였던 마틴 와그너Martin Wagner가 베를린의 총괄건축가로 임명된 11월 무렵에 그 목표를 달성했다.

모더니스트 움직임은 경제가 안정화된 이후 몇 달 동안 독일 전역에서 다른 방식으로 진행되었기 때문에 앞으로 더욱 나아갔다. 주정부가 보조하는 엄청난 규모의 주택 프로젝트들이 쏟아지기 시작했고 그 과정에서 상당한 양이 진보주의자들에게 돌아갔다. 이 프로젝트의 대부분은 새로운 건축의 특징이었던 기능주의 - 기하학적 방식으로 설계되었다. 개별 건축가들 - 어니스트 메이Ernst May, 브루노 타우트, 발터 크로피우스, 에리히 멘델존 및 미스 - 이 적의 적대감을 자극할수록 대중의 관심을 끌었다. 세계에서 가장 진보되고 논쟁의 여지가 많은 건축은 독일이었고 전쟁 전에 버려진 전통의 잿더미를 밟고 일어난 실험과 급진적인 이론의 분위기 속에서 고무되었다.

1925년 미스는 독일공작연맹에 가입했다. 그는 이 조직이 "새로운 피의 수혈"을 받아들일 준비가 되었다고 생각했다.[41] 역사적으로, 공작연맹은 시각 디자인에서의 품질 향상을 옹호하고 있었기 때문에 특정한 운동이나 스타일을 지지하지 않았다. 그러나 지금은 그 어느 때보다 활발한 건축의 선도 하에 예술적 부흥을 기원하며 회원들은 미스와 정치적으로 동맹을 맺은 객관성의 건축가들에게 힘을 실어주었다.

미스 자신은 이러한 발전의 원동력을 급진적 조각가인 폴 루돌프 헤닝헨Paul Rudolf Henning덕분이라고 생각했다. 그는 공작연맹의 일원으로서 근본주의적 건설elementare Gestaltung을 통해 품질 향상이 가능하다고 주장했다:

"형태적 퀄리티 대신, 우리에게 가장 중요한 임무는 독창성, 그 자체로 확실함과 건설의 순수함을 이상으로 삼는 디자인입니다."[42]

그 당시, 이 단어들은 미스의 것이었을 것이다. 헤닝헨과 미스는 1924년 중반에 공작연맹에서 근본주의적 건설에 관한 특강을 했다. 그 후 미스의 영향력은 젊은 회원들 사이에서 점점 더 확대되었다. 1926년 그는 부회장으로 임명되었고, 비록 공작연맹의 명예회원이자 조직의 상징인 피터 브룩만Peter Bruckmann이 회장이었지만, 40세의 미스는 독일에서 가장 확고한 기술 집단에서 가장 강력한 인물이 되었다.

· · ·

나중에, 미스가 미국에서 명성을 얻고 있을 때, 그는 입으로 하는 말이 아닌 작품으로 말하는 무뚝뚝하고 심오하고 과묵한 미스로 알려졌다. "만들어라. 말하지 말고"("Build, don't talk")는 그를 존경하는 학생들이 그가 한 유일한 말로 기억했다. 그 당시의 과장된 그의 이미지는 1920년대 중반 독일에서의 적극적인 모습과는 완전히 달랐다. 그러나 그의 모던 이데올로기가 작품으로 실현되는 데는 오랜 시간이 걸렸다. 그때까지 그가 설계한 건물은 거의 모든 것이 전통적인 스타일이었기 때문에, 1925년 당시에는 모던 건축에 관해 그가 실현한 것보다는 말을 더 많이 해야 했다.

우리는 1차 세계대전 후 미스의 첫 번째 작업에 대해 잘 모른다. 1919년에 사망한 휴고 펠스의 어머니, 로라Laura의 무덤 디자인보다 더 대단한 것은 아닐 것이다. 1927년의 잡지 기사에 실린 1919년에 지어진 하우스 K "Haus K"로만 불리는 평평한 지붕으로 된 쉰켈 스타일의 빌라가 또한 미스의 디자인으로 되어 있다. 이것은 1922년 4월에 완전히 다른 설계로 완성된 프란치스카 켐프너 부인Frau Franziska Kempner을 위한 집의 전 단계였던 유일한 증거였다. 이 계획안은 1921년 여름 베를린시 당국의 승인을 받기 위해 제출되었으며, 그해 미스는 본격적으로 새롭게 작업을 시작했다. 11월까지, 그는 1922년 6월에 완공된 사업가 쿠노 펠드만Cuno Feldmann을 위한 집을 설계했다. 스타일적으로 서로 비슷한 켐프너 하우스와 펠드만 하우스는 소박한 조지안 스타일의 벽돌 외관을 가졌다: 각각 길고 평평한 입면의 2층짜리 매스에 날개동이 양옆으로 배치되고 가파른 박공 지붕으로 덮여 있다. 베를린-샤를로텐부르크Berlin-Charlottenburg에 있는 켐프너 하우스는 1952년에 철거되었다. 베를린-그룬왈드Berlin-Grunewald에 있는 펠드만 하우스는 2차 대전에서 피해를 입은 후 철거되었다. 베를린-니콜라스Berlin-Nikolassee에 여전히 남아 있는 1923년의 에히스타트 하우스Eichstaedt House는 복잡한 지붕에 스터코 외관의 사각형 별장으로 크게 변형되었다.

1924년 미스는 포츠담에 있는 네오 - 독일 르네상스 양식의 프라우 버트 사립학교 Frau Butte's Private School 기존 건물에 덧붙여진 1층짜리 체육관을 설계했다. 후에 추가된 부분이 너무도 많이 바뀌어서 최근에 포츠담 덴마람트Potsdam Denkmalamt에서 발견된 한 쌍의 도면만이 유일하게 신뢰할 만한 기록이었다. 하나는 평면과 단면이고, 다른 하나는 입면이다. 미스의 마지막 전통적 디자인이었던 뉴바벨스버그에 있는 1926 모슬러 하우스Mosler House는 우르비히 하우스의 레이아웃과 유사하다는 점에서 켐프너와 펠드만을 연상시킨다. 모슬러 하우스는 가파른 뾰족한 지붕과 지붕창이 있는 기다란 직사각형의 벽돌 건물로, 양쪽으로 낮은 별관이 붙어 있다.(사진 3.10)

사진 3.10
포츠담-뉴바벨스버그에 있는 모슬러 하우스(1926). 1907년에 리엘 하우스에서 시작하여 1926년 모슬러 하우스까지 19년간 미스는 전통적인 스타일의 집들을 설계했다. 그러나 1927년 울프 하우스에서 1933년 렘케 하우스까지 고작 6년의 기간동안에 그는 모던 건축가로서 명성을 얻게 된다. 사진: T. 폴 영

미스는 보수적인 작업으로 관심을 끌기 위해 아무것도 하지 않았다. 그것들은 매력적이고 존중받을 만한 작업이었지만 앞으로 할 작업에 대한 힌트를 거의 제공하지 못했다. 미스의 깔끔하고 규칙적으로 정렬된 창문은 쉰켈로부터 유래했는데 켐프너, 펠드만 및 모슬러 하우스에서 명백하게 드러난다. 가장 흥미로운 점은 우리가 거의 볼 수 없는 미스의 면이었다: 1920년대 초반 그는 갈팡질팡했다. 1924년 고객을 모집하면서 그는 켐프너, 우르비히 및 모슬러 하우스를 그의 능력을 입증하는 사례로 활용했다. 그러나 같은 해 그는 전위적 저널에 다음과 같이 썼다: "우리 건축에 과거의 형태를 사용하는 것은 절망적입니다. 심지어 가장 뛰어난 예술적 재능으로도 이 시도에 실패할 것입니다. 그들의 작품이 그들의 시대와 조화를 이루지 못하여 실패하는 재능 있는 수많은 건축가를 볼 수 있습니다. 그들의 위대한 능력에도 불구하고, 그들은 결국 딜레탕트일 뿐입니다."[43]

1920년대 초에 일부 고객을 위해 전통적인 방식으로 디자인을 계속 하면서도 그는 다른 사람들을 위해서는 모던 스타일로 디자인을 했다. 지어지지 않은 투시도에서 1921년의 피터만 하우스Petermann House는 장식이 없는 벽에 커다란 창문을 특징으로 하는 반면, 1923년의 레싱 하우스Lessing House 에서는 내부와 연결된 개방된 정원을 볼 수 있다. 두 프로젝트 다 알려지지 않은 이유로 실현되지 못했다.

이 책의 첫 번째 판본에는 간략하게만 언급되었던 라이더 하우스Ryder House에 대해 그 이후로 많은 것을 추가로 알 수 있었다.[44] 비스바덴에 살던 영국인 에이다 라이더Ada

Ryder는 1923년에 지역 건축가 게하르트 세브레인Gerhard Severain에게 도시의 역사적인 구역 안에 있던 땅에 집을 설계해 달라고 요청했다. 시공에 대한 경험이 거의 없었던 세브레인은 아헨시절부터 친구였던 미스에게 도움을 요청했다. 미스는 집의 디자인을 다 끝낸 뒤에도 공사에 필요한 도면을 천천히 보냈다. 세브라인은 일정이 지연되자 화가 났고 미스에게 둘의 우정을 위협할 만큼 가혹한 편지를 보냈다. 미스는 친절하게 답장을 썼다. 둘 사이의 친구 관계는 결국 회복되었으나 그 사이에 세브레인과 라이더 사이에 지불 분쟁이 발생했다. 시공은 1924년에 중단되었고 그 이후로 미완성인 채 남아 있다가 1928년 어거스트 조부스August Zobus가 구입하여 1928년 완성했다. 이러한 시간적 불일치로 인해 1926년 울프하우스(라이더 하우스보다 2년 전에 완성된)에서 처음 실현된 모더니즘 스타일의 완전한 평지붕 디자인보다 이것이 먼저 디자인된 것인지 모호하게 됐다.

이 시기 동안, 미스의 프로젝트 중 많은 것들이 그냥 사라졌다. 그는 때로는 자신의 이익에 반하는 속도로 일하기도 했다. 그 잘못은 비록 건축주에게 있었지만, 1900년에 유명한 화가이자 예나 예술협회Jena Kunstverein의 회장이었던 월터 덱셀Walter Dexel의 프로젝트가 그 예이다.[45] 1925년 1월 7일, 미스가 예나에 있는 집의 설계를 맡은 지 불과 4일 만에, 덱셀은 그에게 개념을 제시하라고 요구했다. 미스는 곧 불안한 편지들로 뒤죽박죽되었다. "인내심이 평균보다 없는 사람들은 멀리 있는 건축가가(미스는 베를린에 있었다.) 약속을 지키지도 않고 질문에 대답하지도 않는다고 생각하는 것이 가장 불쾌합니다..."[46] 덱셀은 화가 났고, 봄에 설계 의뢰를 철회했다. 그러나 덱셀이 철회하기 전에 미스는 한 번의 연기를 요청한 후에 몇 장의 괜찮은 스케치를 했다. 완만하게 경사진 대지에 그는 한쪽 구석에 1층짜리 스튜디오-사무실 윙이 있는 2층짜리 직사각형 건물을 제안했다. 베란다는 집의 정원으로 통하는 문 옆에 있었다. 가운데 굴뚝 주변으로 다양한 매스들이 있고 매력적인 풍경을 특징으로 했다.

1925년 3월, 미스는 알 수 없는 이유로 지어지지 못한 또 다른 주택 디자인을 시작했다. 건축주는 베를린 은행가 어니스트 엘리아Ernst Eliat였다. 대지는 포츠담 교외의 네디츠Nedlitz에 있었다. 엘리아 하우스도 덱셀처럼 경사진 땅 위에 있었다. 미스는 여러 층의 선큰 정원을 내려다보는 한 개 층으로 된 주거 영역을 제안했고, 서비스의 경우 파랜더Fahländer 호수를 바라보는 2개 층으로 된 아래층 레벨에 제안했다. 평면은 콘크리트 컨트리 하우스를 연상시키는 바람개비의 변형이었다. 가운데 코어에서 3개의 날개가 주변으로 뻗어 나가고 각 날개에는 각자의 전망이 있다.

1907년 리엘 하우스에서 시작되어 1926년 울프 하우스까지, 건축과 조경의 통합은 계속된 주제였다. 미스의 전통주의는 1926년 모슬러 하우스로 끝났고 이후의 모든 것은 현대적이다. 그러나 그는 경제가 좋아지면서 독일 건축을 지배하기 시작한 사회 기능주의자social functionalists의 길은 따르지 않았다. 단 한 번 저가의 공동주택을 디자인했다. 베를린의 아프리카니셰스트라쎄Afrikanischestrasse에 있는 아파트 단지는 시 당국의 의뢰를 받아 1926/27에 건설되었다. 가운데 3층과 양쪽은 2층으로 된 3개의 U자형 건물로 구성되었고 엇갈린 2개 층 높이의 블록으로 구성된 전형적인 기능을 위한 건축이었지만, 신중하게 배치되고 적절한 비율의 창문을 보면 그의 디자인임을 알아챌 수 있다.

· · ·

1925년 초에 의뢰받은 직물 상인이자 미술 수집가인 에리히 울프Erich Wolf의 구벤Guben에 있는 저택은 미스가 디자인한 최초의 현대적인 건물이었으나 20년도 채 살아남지 못했다. 제2차 세계대전 말에 폭격을 당해 불에 탔고 남겨진 벽돌은 다른 건물에 사용되었다. 2차 대전 후 구벤(현재 구빈Gubin)은 오늘날 폴란드의 일부가 되었다. 이 요인들로 인해 1990년대에 새롭게 학술적 관심을 끌기 전까지 그 집의 역사는 불명확했다.

사진 기록(미스가 찍은 사진은 외부만 있다)과 남아 있는 도면을 통해 볼 때 미스가 브릭 및 콘크리트 컨트리 하우스의 콘셉트를 진보적인 취향과 충분한 부를 가진 고객을 위해 적용할 수 있었던 기회였음이 분명했다. 건축주가 1930년에 근처에 땅을 사서 19세기와 20세기의 회화와 조각을 모은 컬렉션을 위한 미술관 디자인을 미스에게 맡긴 것으로 보아 그 집에 만족했음이 분명했다. 이 미술관 또한 알 수 없는 이유 때문에, 지어지지 않았다.

울프하우스는 니스Neisse강으로 내려가는 길고 좁은 경사지에 탁 트인 전망을 가졌다. 미스는 맨 위쪽에 그 집을 위치시켰다. 길거리에서의 출입구는 뒤쪽에 있었다. 3개 층의 벽돌로 된 건물들이 서로 엮어진 덩어리 뒤로 전망은 숨겨졌지만, 널찍한 테라스로 열린 첫 번째 스위트의 거실 및 엔터테인먼트 공간에서 전망을 볼 수 있었다. 거실, 음악룸, 식당 및 스터디룸은 서로 연결되어 있지만 벽으로 구분되었다. 공간들이 서로 함께 흐르기는 하지만, 그럼에도 불구하고 브릭 컨트리 하우스의 역동성과는 거리가 멀다. 남쪽을 향한 식당 공간은 지붕에서 연속된 커다란 콘크리트 캐노피로 그림자 졌고, 콘크리트 컨트리 하우스와 같이 거대한 캔틸레버된 빔이 지지했다. 테라스에는 바람개비 패턴의 포장재로 덮인 직사각형 형태에 심플한 계단 및 벽돌로 주변을 둘러싼 선큰 정원이 있다(사진 3.12).

입면은 비대칭적으로 배치된 창문과 문이 뚫린 플레미시 쌓기Flemish-bond의 벽돌 벽으로 되어 있다. 창문은 3개가 한쌍으로 되어 있었다. 문은 경우에 따라 하나나 둘로

사진 3.11
구벤에 위치한 에리히 울프 하우스(2차 세계대전 후에 도시가 둘로 나뉘어져 폴란드의 구빈으로 편입된다.) (1927). 미스가 디자인하고 지어진 첫번째 모던 하우스로서 니스 강을 바라보는 여러개의 계단식 테라스 대지의 맨 위쪽에 지어졌다. 2차 세계대전 중에 심한 손상을 입은 후 쓸만한 건축 자재들은 근처의 집을 짓는데 사용되었다.

되어 있지만 거실에는 3개 크기 만한 널찍한 문이 있다. 2층에 있는 침실은 벽돌로 포장된 테라스로 연결되어 전망을 적극 활용한다. 길가에 있는 두 번째 층은 배에나 있을 법한 난간이 캔틸레버된 발코니를 감쌌다. 전후의 거의 모든 미스의 유럽 주택과 마찬가지로 울프 하우스도 크고 값이 비쌌다. 울프 하우스는 바르셀로나 파빌리온보다 겨우 3년 앞섰고, 미스가 유사한 어휘로 파빌리온에서 달성한 것을 감안할 때 비판의 여지가 있었다. 매스는 묵직했다; 벽돌이 여기저기 너무 많이 사용되었다; 평면은 그다지 개방적이지 않았고 오히려 정적이었다. 입면은 좀 더 질서 있었다면 좋았을 것이다.

가구의 대부분은 미스가 1924년에 만난 베를린 출신의 릴리 라이히Lilly Reich와 함께 디자인했으며, 1947년에 그녀가 사망할 때까지 계속될 개인적 및 직업적 관계를 이 프로젝트를 통해 맺었다. 목재와 실내 장식품 중 울프 가구는 보수적이고 엄격한 방식을 따랐다. 실제로, 거기에는 미스가 나중에 완전히 포기한 전통적 디테일의 잔재가 남아 있었다. 가장 눈에 띄는 것은 처마 장식과 테라스 굴뚝의 장식된 오목한 모서리였다.(그것들 조차도 상당히 장식적이었던 초기 콘셉트에서 많이 단순화시킨 것들이었다.)

울프 테겟호프Wolf Tegethoff가 지적한 것처럼, 아래의 니스강에서 올려다본 집은 정원을 떠받치는 옹벽이 2층과 3층을 가려서 특히 실패작이었다. 테겟호프는 "이러한 효과들은... 분명히 계획 중에 고려되지 않았다."고 지적했지만, 이 시점에서 40세의 젊은 미스는 여전히 자신의 길을 찾고 있을 가능성이 컸다.[47]

그는 1930년대에도 벽돌로 된 집을 계속 디자인했지만 그의 다음 주요 디자인인 랑게와 에스터 하우스는 벽돌이 아니며 개방성과 투명성을 추구하는 방향으로 향하고 있었다. "구조적 정직성"은 아직 목표가 아니었다. 바르셀로나에서의 화려한 재료들과 급진적인 개방성, 또는 훨씬 나중에 판스워스 하우스와 함께 비교해 볼 때, 울프 하우스의 불행한 운명에도 불구하고, 미래의 가능성을 보여주는 집으로 여겨진다.

. . .

미스가 디자인한 1926년의 다른 프로젝트도 예외는 아니었다. 사실, 그가 이런 작업을 한 적이 없었기 때문이라기보다는, 프로젝트들이 자본주의와 마르크스-공산주의, 기존 예술과 새로운 예술 등 서로 섞일 것 같지 않은 것들의 혼합에서 시작됐기 때문에 그의 경력 중에서도 특이하다. 미스는 1926년까지 역사주의를 포기했을 수도 있지만 그는 부자 고객에 대한 관심을 계속 유지했다. 그는 자신의 초기 디자인 중 하나인 휴고 펠스 하우스Hugo Perls House를 문화 사학자, 미술 수집가 및 정치활동가이자 유명한 책인 도덕의 역사Sittengeschichte를 쓴 에드워드 푸쿠스Edwoard Fuchs가 구입한 것을 알게

사진 3.12
구벤에 위치한 울프 하우스(나중에 폴란드의 구빈으로 편입된다.)(1927). 선큰 정원이 있는 테라스는 집의 형태와 재료가 연속된다.

되었다. 푸쿠스가 에리히 울프처럼 예술 작품을 모으고 있다는 것을 알고, 미스는 푸쿠스를 만나서 울프 하우스와 비슷한 전시 공간을 가진 새로운 집을 지을 것을 설득하려고 했다.

푸쿠스는 새로 집을 짓기보다는 증축을 생각하고 있었고 그는 이미 건축가로 미스를 생각하고 있었다. 어느 날, 푸쿠스는 미스를 저녁식사에 초대했다. 미스가 언제부터 '새로운 러시아를 위한 친구들(Gesellschaft der Freunde des neuen Russlands)'[48]이란 모임에 가입했는지 불분명하지만, 그의 회원카드는 1926년 1월에 발급되었다. 그가 가입한 이유는 아마도 부유한 부르주아인 동시에 독일 공산당의 고위 간부였던 푸쿠스와 관련이 있을 것이다. 미스는 1920년대 중반 베를린의 많은 전위그룹과 더불어 자연스레 회원에 가입했을 것이다. 그가 그 단체를 위해 활동했다는 기록은 없다.

미스는 푸쿠스-펠스 하우스의 증축을 디자인했지만 2년을 가까이 기다려야 했다. 미스가 나중에 회상하기를 저녁식사에서 "그 집에 관해 논의한 후", 푸쿠스는 "칼 리브넥트 Karl Liebknecht와 로자 룩셈부르크Rosa Luxemburg 기념비의 모형 사진을 보여주고 싶다."고 했다. 푸쿠스는 스파르타쿠스 연합이 1919년에 일으킨 폭동의 순교자들을 위한 디자인을 찾고 있었다. 당의 사무장인 빌헬름 피엑Wilhelm Pieck이 기념비를 제안했으며, 1925년 7월 그는 오귀스트 로댕Auguste Rodin의 조각을 중심에 둔 기념비 모형을 제작했다. 이 계획은 실행되지 않았다. 미스가 말하길 푸쿠스와의 첫 번째 저녁식사에서 그는 "도릭 기둥과 살해당했던 룩셈부르크 및 리브넥트의 커다란 메달들"로 된 정교한 신고전주의 작품의 도면을 미스에게 보여주었다. "나는 그것을 보았을 때 웃음을 터뜨리며 이것은 은행가에게나 어울릴 기념비가 될 것"이라고 말했다. 푸쿠스는 기분이 상한 듯 보였다. 그럼에도 불구하고 그는 다음날 아침 미스에게 전화를 걸어 미스의 생각을 물어봤다. "나는 전혀 생각해 본 적이 없다고 말했다." 미스는 푸쿠스에게 말했다. "...그러나 많은 사람들의 대부분이 벽 앞에서 총을 맞았으므로 나라면 벽돌로 벽을 만들 것입니다... 며칠 후 나는 그에게 스케치를 보여주었다... 그는 여전히 그것에 대해 회의적이었고, 특히 내가 사용하고 싶은 벽돌을 그에게 보여주었을 때 더 회의적이었다. 사실 그는 기념비를 지을 친구로부터 허락을 얻는 것에 어려움을 겪었다."[50]

미스가 푸쿠스에게 보여주었고 결국 베를린-리히텐버그Berlin-Lichtenburg의 프리드리히필드 중앙 묘지Friedrichsfelde Central Cemetery에 만들어진 것은 벽돌로 된 높이 6미터, 길이 12미터, 폭 4미터의 거대한 조각이었다(사진 3.13).

그것은 여러 개의 길고 각이 진 직사각형들이 층층이 겹쳐진 형태로 되어 있었고, 각각의 벽은 서로 붙어서 구성주의 조각의 비대칭적인 방식으로 한쪽은 튀어나오고 다른 쪽은 들어가면서 하나의 거대한 로만 벽돌처럼 보인다.

자줏빛의 거칠고 불에 탄 단단한 벽돌은 일꾼들이 철거된 건물들을 샅샅이 뒤져 찾아낸 것이다. 그 사실 자체로 사형이 집행됐던 벽과 비슷한 거친 느낌을 자아냈다. 그러나 실제로 만드는 과정은 정반대였다: 각각의 입방체는 균형이 잘 잡혀 있었고 울프 하우스에서와 마찬가지로 벽돌을 정성스럽게 놓았다. 각각의 입방체 맨 아래에는 유닛을 강조하는 단일 헤더 코스가 있었고, 벽돌을 오르기 편하게 하기 위해 기단에는 벽돌로 계단을 만들었다. 전반적으로 예상치 못한 사려 깊은 엄숙함이 있었다. 미스 디자인의 특징과는 달리 그것은 감성을 자극하는 예술품이었다. 제1차 세계대전 이전에 리브넥트가 휴고 펠스에게 한 말은 아이러니가 아닐 수 없다: "당신의 건축가는 매우 유능한 사람으로 보입니다. 사회 민주당이 아닌 독립 사회당이 권력을 잡으면 우리는 그를 잘 활용할 수 있을 것"이라고 말했다.[51]

미스의 금욕주의적인 매스와 비교하여, 망치와 낫이 함께 있는 상징적인 별은 필요 이상으로 직설적이었다. 미스가 그것을 진심으로 원했는지 또는 당의 요구에 따른 것인지는 알려져 있지 않다. 별의 왼쪽에 있는 패널 중 하나에 새겨진 비문(I Am, I Was, I Will Be)은 사진에서는 보이지만 알 수 없는 이유로 1931년에 사라졌다. 미스는 직경이 2m인 별을 만들기 위해 상당히 많은 고심을 했고, 너무 커서 조그만 공장에 맡길 수 없었다. 처음에 철공소에서는 미스의 별 디자인이 좌익 급진주의의 상징이라며 제작을 거부했고 그러자 미스는 다섯 개의 동일한 다이아몬드 모양의 판을 주문했다. 그는 다섯 개의 판을 현장에서 조립하여 별을 만들어 벽돌 위에 붙였고 1926년 6월 13일 어니스트 탈만 Ernst Thälmann과 윌헬름 피엑Wilhelm Pieck이 이끄는 공산주의자들이 성대하게 개막식을 열 수 있었다. 하지만 개막식에서도 문제가 있었다. 영원한 불꽃에 점화를 위한 예행연습을 하지 않았고, 행사 중 기름에 불을 붙였을 때, 그을음과 재의 거대한 구름이 폭발하여 기념비는 검게 그을렸다. 개막식 후에, 미스와 동료들은 근처의 식당으로 저녁을 먹으러 갔지만 그들의 모습을 본 식당 주인이 입장을 거부했다. 이 기념비는 1933년 나치 당국에 의해 철거되기까지 7년 동안 남아 있었다.[52]

· · ·

미스는 예술가의 자유분방한 삶을 5년 동안 즐겼다. 가족들과는 휴가 때나 딸들이 베를린을 방문할 때만 만났다. 우아하게 기다리는 것이 에이다가 사랑하지만 소유할 수 없었던 남편에게 줄 수 있는 가장 큰 선물이었다. 에이다는 그 상황을 결국 받아들였다. 그녀가 예전부터 교류했던 사람들 중 칼 포스터Karl Foester는 이름난 조경 이론가로서 본스테드Bornstedt에 크고 다양한 정원을 갖고 있었고 미스와 함께 우르비히 하우스를 작업했다.

사진 3.13 (왼쪽면) 베를린-린텐베르크에 있는 9월 혁명 기념비 (1926). 1918-19년 사이에 일어난 스파르타쿠스 반란동안에 살해된 두명의 멤버들을 위한 기념물을 설치할 계획을 공산주의자들로부터 듣고 미스는 벽에 새겨진 글자(ICH BIN, ICH WAR, ICH WERDE SEIN[I Am, I was, I Will Be])와 깃대, 그리고 망치와 낫이 있는 철제로 된 별을 제외하곤 완전히 추상적인 형태의 "처형자의 벽"을 제안했다. (벽에 새겨진 글자는 사진에서 보이지 않는다). 이 기념비는 1933년 나치에 의해 파괴되었다. 사진 제공: MoMA 미스 반 데 로에 아카이브

1922-23년 학기가 끝날 때쯤 에이다와 그녀의 딸들은 스위스의 불어를 사용하는 왈리스Wallis 지역으로 이사했다(사진 3.14). 몬타나의 리조트 타운에서 그들은 헬라우 시절부터 에이다와 미스 둘 다 친분이 있었던 엘사 너퍼Elsa Knuffer를 만났다. 그녀는 척추 질환으로 고통받고 있었다. 에이다는 여름 동안 그녀 옆을 지켰고 그녀는 큰딸 먹크에게 불어를 가르쳤다. 1924년에 에이다는 아이들과 스위스의 주조Zouz로 옮겼고 그들은 거기서 최근에 이혼한 헬라우 시절의 또 다른 친구인 에나 호프만 프린존Erna Hoffmann Prinzhorn을 만났다.

미스의 딸들은 독일어 학교에 등록했다. 그들의 엄마와 함께 주조에 머물렀고 1925년도 봄에 스위스를 떠나 새롭게 이탈리아의 영토로 편입됐지만 여전히 전쟁 전 오스트리아의 유산을 간직하고 있던 티롤Tyrol로 갔다. 그곳에서 볼자노Bfolzano시가 내려다보이는 소포라볼자노Soprabolzano산의 중턱에 위치한 값비싼 타운 하우스를 빌렸다.

물질적으로는 풍족했지만 에이다의 건강이 문제였다. 그녀는 산을 좋아했지만 점점 더 커지는 고소 공포증 탓에 점차 산행을 줄여야 했다. 언제 그리고 왜 그녀가 정신과 의사를 찾기 시작했는지 불확실하다. 그녀의 딸들에 따르면 그녀에게 별다른 증상이 있었다기보다는 1920년대 당시에는 유행이었기 때문이었다. 그러나 프랑크푸르트의 정신과 의사였던 한스 프린존Hans Prinzhorn이 미스에게 쓴 1925년 6월 15일자 편지를 보면 그보다 좀 더 심각하고 지속되는 문제들이 있었음을 암시했다. "나는 슈투트가르트 심장 전문의인 칼 파렌캄프Karl Fahrenkamp로부터 그녀가 [에밀리] 쿠에([Emile] Coue)의 치료로 점차 회복하고 있다는 이야기를 들었습니다. 수년 동안 그녀에게 일어났던 일들을 생각하면 그것은 아주 잘된 일입니다."[53]

에이다는 1930년대 초 그녀가 살던 프랑크푸르트의 프로이드 전문가인 하인리히 멩Heinrich Meng으로부터 추가적인 치료를 받았다. 이것으로 볼 때 파렌캄프가 말한 다른 유명 의사인 낭시Nancy의 에밀 쿠에를 통해 그녀가 회복되었다는 주장은 의심스러웠다.

에이다의 오랜 친구이자 멩의 부인이었던 마틸데 퀼러Mathilde Kohler는 그녀의 정신적 고통은 오랫동안 지속되었고 그녀의 아버지까지 그 기원이 올라갈 수 있다고 생각했다.[54]

개인적, 예술적 자유에 대한 미스의 필요성을 이야기한 메리 위그먼에 따르면, 그가 떨어져 사는 것에 만족해했던 에이다에 대해 특별한 동정이나 배려심을 갖지는 않았을 것 같다. 그의 미국 시절 동반자인 로라 막스는 그는 심리 치료에 적대적이라고 했다. 미스의 오랜 친구였던 프린존과는 예술과 관계된 것을 제외하고는 거의 이야기하지 않았다.

미스는 프린존의 유명한 주제인 정신병 환자의 예술에 관한 글을 G에 싣고 싶어했다. 그와는 반대로 1925년에 엄청난 규모의 "살아 있는 지식의 백과사전"을 제작할 계획이었

사진 3.14
스위스의 몬타나에서 에이다 미스와 그녀의 자녀들, 월트럿(앉은 자세), 마리안느와 도로테아(오른쪽) 1924.

던 프린존은 미스가 건축 주제를 맡아서 글을 쓸 것이라고 확신했다.

프린존은 친구의 능력을 잘못 판단했다. 미스는 신중한 사람이었고, 그 정도 양의 글을 쓸 때는 훨씬 더 느렸다. 그러나 1920년대 중반에 미스는 다른 어떤 시기보다 많은 글을 썼기 때문에 프린존의 오해는 어느 정도 이해할 수 있다. 발터 그로피우스도 미스에게 1925년에 시작된 바우하우스에서 출판된 모노그래프인 바우하우스북Bauhausbücher 시리즈에 대한 에세이를 요청했다. 미스는 둘 다를 위해 아무것도 하지 않았다.[55]

미스와 그로피우스와의 관계는 10년이 지나자 점차 친근하게 변했다. 친구와의 개인적인 편지에서 미스는 때때로 그가 1923/24년 반 도스부르그에게 불평을 털어놓았던 바우하우스에서의 "포말리즘"에 대한 자신의 의혹을 되풀이했다. 그러나 미스와 그로피우스 사이의 서신은 점차 신뢰를 얻었으며 심지어 열렬하기까지 했다.

1925년 후반, 미스가 마그데부르그Magdeburg 시로부터 총괄 건축가를 맡아줄 것을 요청받았을 때(브루노 타우트가 최근에 사임한 직위), 그는 그로피우스로부터 아래와 같

은 편지를 받았다:

> 물론 나는 그들에게 당신한테 요청하라고 권고했습니다. 며칠 전 할레halle에서 그 직위에 관해 들었고, 베렌스 밑에서 한 일들에 관해 질문을 받았습니다. 마그데부르그의 누군가가 당신을 반대하는 것을 짐작할 수 있었습니다. 당신이 베렌스를 불명예스럽게 떠났다거나 하는 것을 암시했습니다. 나는 베렌스를 잘 알고 있었기 때문에 더 들어볼 필요도 없이 즉시 그 질문에 반박했습니다. 그럼에도 불구하고, 나는 당신이 눈을 크게 뜨고 두더지 같은 놈들을 잘 살펴볼 것을 제안합니다."[56]

미스의 답장에는 익명의(그리고 여전히 알려지지 않은) 적에 대한 언급이 포함되어 있었다: "그는 최근에 우리가 베렌스와 얼마나 긴밀하게 협력하고 있는지 전혀 알지 못합니다. 어쨌든 당신의 추천에 대해 감사드립니다."[57]

미스와 그로피우스, 베렌스와의 동지애는 분명히 그들 사이의 논쟁이나 불일치보다 더 많았다. 그들에 대한 그의 행동은 여전히 그와 1925년에 따뜻하게 서신을 주고받았던 반 도스부르그와 그의 작업을 과도한 가소성plasticity이라 생각하여 싫어했던 멘델존에 대한 애매모호한 태도를 더욱 잘 설명할 수 있을 것이다. 멘델존은 미스의 작업이 너무 딱딱하고 각이 졌다고 싫어했지만, 미스는 그가 1920년대 중반에 조직한 노벰버그룹의 몇 차례 전시회에 그로피우스와 베렌스와 함께 멘델존을 포함시켰다.

독일 건축계에서 미스의 힘은 점차 커졌고 그는 그것을 알고 있었다. 마그데부르그 당국은 독립적인 사람보다는 시의 말을 잘 듣는 사람을 찾고 있다는 말을 듣고 그를 그 자리에 추천했던 기업가 G.W. 파렌홀츠G.W.Fahrenholtz에게 자신은 마그데부르그가 찾는 사람이 아니라고 말했다:

> 만약 내 작업에서 내가 원하는 목표를 추구하는 것이 불가능할 경우, 나는 거기에 갈 의사가 없습니다; 마그데부르그는 틀에 박힌 사람을 원하는 것인지 또는 정신적인 가치를 중시하는 사람에게 그 역할을 맡길지를 결정해야 합니다... 여기에서 내가 총괄건축가라 불리길 원하기 때문에 그 직책에 관심 있다는 소문이 퍼졌습니다. 내가 타이틀에 연연하지 않는다는 것이 내가 마그데부르그 산업디자인학교의 학장직을 거절한 것과 드레스덴과 브레슬라우Breslau의 교수직을 거절한 것을 보면 잘 알 수 있을 것입니다. 이에 대해 더이상 시간을 낭비할 필요가 없습니다.

미스는 자신을 달래기 위한 마그데부르그의 어떤 조치도 거절했다. 그는 결국 1925

년 말까지 베를린에 머물렀으며, 대도시에서의 다양한 교류를 통해 점점 더 커지는 명성을 누리고 있었다. 그리고 그에게는 마그데부르크보다 훨씬 더 중요한 일이 다가오고 있었다.[58]

바이마르의 전성기: 1926-1930

4

이 모든 것이 슈투트가르트보다는 예루살렘 교외와 더 잘 어울린다.
파울 보나츠, 바이센호프지들룽을 폄하하며, 1927

나는 물어보았습니다, "무엇을 위해서요?" 그들은[정부] 말했습니다, "우리도 모릅니다 - 그냥 파빌리온을 만드세요, 너무 많은 유리는 말구요!"
미스, 바르셀로나 국제 박람회의 독일 파빌라온에 관해

왜 어떤 것은 최고가 되면 안 되나요? 사람들이 이것이 너무 귀족적이고 민주적이지 않다고 말하는 것을 인정할 수 없습니다. 내가 말한 대로 나에게 이것은 가치의 문제입니다. 그리고 나는 내가 할 수 있는 한 최고만을 만듭니다.
미스의 파빌리온에 대한 의견

우리는 그를 처음 만난 순간부터, 그의 개성에 대단히 감명받았기에 그가 우리집을 지을 건축가라는 것을 확신했습니다.
그레테 투겐타트

독일 공작연맹의 후원 아래 1927년에 슈투트가르트에서 '바이센호프지들룽'이라 알려진 주거 전시회가 열렸다(사진 4.1). 미스가 "예술 감독"을 맡아 세계적인 건축가들을 불러모아 슈트가르트를 내려다보는 언덕 위에 지은 건물들은 건축에서의 모더니즘이 거둔 첫 번째 승리라 할 만하다. 미스는 전체 마스터플랜 및 공동주택 디자인, 릴리 라이히와 함께 디자인한 '글래스 룸'을 통해 그의 세대가 줄기차게 주장하던 디자인 원리를 실제 건물로 구현하였다. 바이센호프는 또한 미스에게 실제의 프로젝트를 통해 새로운 건축에 대한 이해를 깊게 하는 기회가 되었다. 그 과정에서 1907년에 브르노 파울과 함께 시작했던 가구 디자인에 대한 관심을 다시금 되살려 모던 가구 디자인의 선구적인 인물이 되었다.

1927년에 이르자 독일 정부와 주택 협동조합이 후원했던 여러 주거 프로젝트들은 이미 독일의 전위적인 건축가들에 의해 디자인되고 있었다: 첼레Celle의 오토 해슬러Otto Haesler, 프랑크푸르트의 어니스트 메이, 데사우의 발터 그로피우스, 마틴 와그너Martin

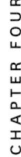

사진 4.1
1927년 바이센호프지들룽 항공사진 북서쪽 전경. 베렌스의 아뜰리에 출신인 미스, 르 코르뷔지에, 그리고 그로피우스뿐만 아니라 베렌스 자신도 슈트트가르트에서 열린 주거전시에 참여한 건축가 멤버였다.

Wagner, 브루노 타우트, 베를린의 휴고 헤링 등이었다. 기계 기술이 이끄는 새로운 건축이 현대 사회에서 예술을 부활시킬 것이라고 확신했던 독일공작연맹의 회원들은 점점 더 진보적인 지도자를 원했다.

헤링과 아돌프 래딩Adolf Rading이 1926년 집행부로 선출되었고, 루드위히 힐버자이머Ludwig Hilberseimer가 1927년에 선출되었다. 협회지인 디 폼Die Form은 모더니스트의 작업을 집중적으로 다루었고, 1927년에 이르러 새로운 건축을 위한 대표적인 매체가 되었다. 1923년의 인플레이션에 직후에 공작연맹의 뷔르템베르크Vürttemberg 지부의 주최로 1924년에 슈투트가르트에서 장식 없는 형태Form without Ornament라는 제목의 전시가 열렸다. 1925년 3월 공작연맹은 또 다른 전시를 열겠다고 발표했는데, 이는 쾰른에서 1914년에 열렸던 역사적인 전시 이후로 가장 중요한 행사가 될 것이라고 했다.

쾰른에서의 전시는 건물(그로피우스의 공장 모형, 브루노 타우트의 글래스 파빌리온, 반 더 벨데의 공작연맹 극장)뿐만이 아니라 표준화된 공업제품을 선호했던 무테시우스와 각 개인의 작품을 옹호하는 반 더 벨데의 유명한 논쟁으로 유명했다.

슈투트가르트는 전위적이라고 널리 알려진 뷔르템베르크 지부와 감독이었던 구스타브 스토츠Gustav Stotz 덕분에 또다시 전시장소로 선정되었다. 테마는 유럽 전역에서 초청된 디자이너가 디자인한 인테리어와 가구를 포함한 현대식 주거 공간이었다. 공작연맹의 피터 브룩만Peter Bruckmann 회장은 "현대시대에 걸맞은 진보적인 예술 정신 하에 작업하고, 현대적 주거 건설에 적정한 기술에 익숙한 건축가들만 초청할 것입니다."[1]라고 선언했다.

독일공작연맹이 미스를 전시 총감독으로 선택한 것은 당연한 일이었다. 불과 1년 전, 미스는 G에 다음과 같이 썼다.

"건축의 산업화가 건축가와 시공자에게 중요한 문제라고 생각합니다. 우리의 기술자들은 공장에서 제조되고 가공될 수 있는 재료를 발명할 것입니다. 모든 부품은 공장에서 생산되며 현장에서의 작업은 조립 공정으로 이루어지며 극소수의 작업자만이 필요합니다. 이것은 건설 비용을 크게 줄일 것이며 새로운 건축이 탄생할 것입니다."[2]

바이센호프에서는 다양한 주택 유형에 대한 새로운 건설 방법을 요구한 점에 있어서 다른 실험 주택 프로젝트와는 달랐다. 경제성 또한 프로그램의 중심이었다.

미스는 G에서 이야기했던 것 이상을 바이센호프 전시를 통해 얻고자 했다. 이것은 1925년 9월 말에 미스가 만든 초기 건축가 리스트를 보면 알 수 있다:

페터 베렌스, 파울 보나츠Paul Bonatz, 리차드 도커Richard Döcker, 테오 반 도스부르그, 조셉 프랭크Josef Frank, 발터 그로피우스, 휴고 헤링, 리차드 허Richard Herre, 루드위히 힐버자이머, 휴고 쿠레버Hugo Keuerleber, 페르디난드 크레머Ferdinand Kramer, 르 코르뷔지에, 아돌프 로스, 에리히 멘델존, 미스, J.J.P. 오우드, 한스 푈찌히Hans Poelzig, 아돌프 슈넥Adolf Schneck, 마트 스탐Mart Stam, 브루노 타우트, 하인리히 테세나우Heinrich Tessenow.[3] 미스는 슈투트가르트 출신의 허, 쿠레버, 보나츠를 탈락시키고 로스와 프랭크, 헨리 반 데 벨데, 헨드릭 베를라헤, 오토 바트닝Otto Bartning, 아서 콘Arthur Korn, 바실리 룩하트Wassily Luckhardt, 아르레드 겔혼Alfred Gellhorn 그리고 한스 샤로운을 집어넣었다.[4] 그는 베를린 시절부터 알던 사람들을 선호했고 슈투트가르트 출신의 사람들은 싫어했다. 수공예적 전통에 기반한 반 데 벨데와 베를라헤를 선택한 것을 보면 미스가 기계미학만을 장려해야 한다는 생각은 별로 없었다는 것을 반영한다.

미스의 대지에 대한 제안은 독특했지만 경제성 또는 기능주의와는 별 상관이 없었다. 그는 유닛들이 햇빛과 통풍을 위해 서로 떨어져 도로를 마주보며 일렬로 배치되었던 1920년대 전형적인 독일 주택 배치 시스템을 완전히 무시했다. 그 대신, 그는 구부러진 테라스들이 서로 연결되어 길게 늘어진 입방체의 주택과 아파트를 제안했다. 자동차가 없는 산책로는 커다랗고 낮은 건물 몇 개로 둘러싸여 있고 중심 광장으로 연결되었다. 리브넥트-룩셈부르크 기념탑과 마찬가지로 이 계획은 구성주의 조각처럼 비대칭적이고 서로 연결된 매스를 연상시키는, 도시 계획으로서 전례가 없는 계획이었다.

미스는 참여 건축가에게 디자인의 자유를 보장했지만 평지붕과 흰색 외장을 지켜줄

사진 4.2
아랍 빌리지. 바이센호프지들룽 전시를 비웃을 목적으로 나치의 후원하에 조작된 사진
사진제공: MoMA 미스 반 더 로에 아카이브

것을 요구했다. 미스는 건축가 개인의 자유를 위해 마스터플랜의 일관성을 포기하지는 않을 것이었다: "나는 그것이 예술적으로 바람직하다고 믿기 때문만이 아니라 우리가 개별 작업자들에게 너무 의존하지 말아야 하기 때문에 서로 연결된 레이아웃을 위해 대단히 노력했다. 나는 좌파 미학의 모든 건축가를 초청한다는 대담한 생각을 품고 있었고, 그렇게만 된다면 전시가 유래없는 성공을 거둘 것이라 확신했다."[5]

이것은 그가 G에서 보였던 차가운 결정론이 아니었다. 미스는 예술가처럼 보일 뿐 아니라 역사에 대한 찬사와 경고를 동시에 보내는 사람처럼 들렸다. 그는 건축의 일반성과 통일성에 충실하면서 각자의 개성을 표출하는 데는 반대했지만 이러한 원칙을 멋대로 해석하고 적용했다. 그는 객관성을 져버렸다는 비난과 함께 좌파와 우파로부터 동시에 공격을 받았다. 가장 가혹한 비평가는 그 지방의 유명한 교수이자 건축가였던 이른바 슈투트가르트 건축학파의 파울 보나츠와 파울 슈미트-헤너 Paul Schmitt-henner였다. 보수적이었고 전통의 계승자였던 보나츠와 슈미트-헤너는 슈투트가르트와 뮌헨의 신문에 미스가 다른 사람들을 비난했던 그 부분을 가지고 미스를 다시 비판하였다.

슈미트-헤너는 미스의 계획을 "형태주의적"이고 "낭만적"이라고 불렀고 보나츠는 그것을 주관적이고 "딜레탕트하다..."고 비난하면서, 여러 겹의 수평한 테라스로 배열된 납작한 입방체는 좁고 불편한 경사를 만든다; 이 모든 것이 슈투트가르트보다는 예루살렘 교외와 더 잘 어울린다."[6](사진 4.2)

보나츠의 글은 독일 보수주의자들 사이에서 퍼지고 있던 새로운 건축에 대한 반감에 그 뿌리를 두고 있다. 미스가 건축 형태의 정수라고 했던 단순한 형태는 그의 반대자들은 기술적으로 문제가 많았을 뿐만 아니라 "문화적으로 독일적인" 박공지붕을 파괴했다고 비난했다.[7] 새로운 건축은 반(反)모더니트들에게는 또 하나의 굴복으로 이해되었으며, 이번에는 열등한 민족 전통이 그 대상이었다.

미스는 여기저기서 공격을 받았고, 그는 모든 비판을 확신에 찬 무뚝뚝함으로 대답했다. 슈투트가르트의 진보적인 그룹에 속한 미스의 동료 모더니스트이자 대변인이었던 리차드 도커Richard Döcker는 미스가 보낸 모델의 사진을 보기 전까지는 보나츠를 비난하려고 했다고 썼다. "나는 전혀 다른 것을 기대했기에 깜짝 놀랐다." 미스의 계획이 합리적인지 질문했던 도커는 다음과 같이 덧붙였다. "예를 들어, 당신처럼 1층, 2층 및 3층 블록을 혼합하려는 시도는 유기적이지 않으며, 평면에서 기껏해야 부분적으로만 가능하기에 전혀 객관적이지 않습니다."[8]

미스의 대답도 만만치 않게 신랄했다:

나는 당신의 도움을 기꺼이 거절합니다... 모형은 전체적인 생각을 표현하기 위한 것이었지 집 크기 등을 자세히 보여주기 위한 것은 아니었습니다... 나는 어쨌든[1926] 5월 중순까지도 최종 공간에 대한 내용을 받지 못했습니다. [그리고] 내가 빛과 공기가 통하지 않는 방을 디자인하리라고 진짜로 믿는 것은 아니겠지요?... 당신은 평면을 옛날 방식으로 이해하는 듯 보입니다. 마치 건물과 땅을 분리해서 보듯이. 나는 바이센호프에 새로운 방식을 제안하는 것이 필요하다고 생각합니다. 나는 새로운 주거는 네 개의 벽 너머로 그 영향을 미쳐야 한다고 생각합니다.[9]

미스의 계획은 1923년과 1924년의 콘크리트 & 브릭 컨트리 하우스에서 주변 환경과의 조화에 대한 그의 지속적인 관심과 일관된다. 그러나 이러한 목표를 실현하고자 하는 그의 희망은 전시가 끝난 후 그 집들을 개인에게 판매하기로 한 시 당국의 결정에 따라 좌절되었고, 단지 내부에도 자동차 도로를 만들어야 했다. 부동산 수익에 따라 모든 것이 결정됐고, "개별 택지"가 기본이 되었다.

전시는 원래 스케줄보다 1년이나 늦어져서 1927년 7월 23일 일반에게 공개되었다. (프로젝트는 1926년 초에 일시적으로 중단되었다.) 전시가 그때까지 준비된 것도 놀라운 일이었다. 정치인들, 실무진과 동료들은 말할 것도 없이 그의 적들과 미스의 끊임없는 전투는 그의 질질 끄는 성향과 더불어 준비 기간을 한없이 늘렸다. 바이센호프 홍보부서에서 일했던 미아 시거는 그를 "진짜 느린 사람"이라 불렀고, 전시회 카탈로그에 들어갈 한 문장짜리 인사말을 쓰는 데 며칠이나 걸렸다고 했다.[10] 그는 1926년 10월 5일까지 르 코르뷔지에게 참가 초청장조차 보내지 않았고, 그 다음해 2월에 막스 타우트-부르노 타우트의 형- 그들 둘 다 바이센호프의 디자이너였다 -는 도커에게 다음과 같이 썼다. "나의 형과 나는 슈트가르트의 진행 상황이 너무 느린 데 대해 충격을 받았습니다. 우리들은 너무도 진도가 느린 데 대해서 이해할 수 없습니다. 슈투트가르트 시 당국에 압력을 가해서 결정을 빨리 내리도록 할 방법이 없을까요?"[11]

건설은 1927년 3월에 시작되었고, 너무 빠르게 진행되어 곳곳에서 기술적인 문제가 뒤따랐다. 건축가 리스트는 수차례 바뀐 끝에 5개국을 대표하는 16인으로 최종 결정되었다; 독일에서 온 미스, 베렌스, 도커, 그로피우스, 힐버자이머, 파젤 지그, 래딩, 쇼룬, 슈넥, 더트; 네덜란드 출신의 오우드와 스탐; 오스트리아의 프랭크; 프랑스 출신의 르 코르뷔지에; 벨기에 출신의 빅토르 부르주아. 여름과 초가을(3주간의 연장 기간) 동안의 전시를 본 많은 사람들은 프로젝트를 둘러싼 논쟁에 크게 자극을 받았다. 그러나 전시회가 끼친 역사적인 영향은 의심의 여지가 없다. 60개의 주거로 구성된 21개의 건물이 반짝이는 하얀색 덩어리와 평평한 지붕, 그리고 난간 발코니와 함께 하나로 통합되어 보였다. 다양한 논쟁과 건축 이론은 - 결국 모던 건축의 이름이 된 - "국제 양식"에게 자리를 양보해야 했다. 바이센호프는 진보적인 정치와 함께 건축의 새로운 예술 공동체 실현이었다. 미스의 원래 개념은 우아하게 구부러진 길을 마주하는 집들과 꼭대기에 위치한 그가 디자인한 3층짜리 아파트에 이르기까지 완만하게 상승하는 건물군의 모습에서 찾아볼 수 있었다. 남쪽 끝에는 르 코르뷔지에(그의 사촌 피에르 잔느레Pierre Jeanneret와 함께 디자인한)가 디자인한 주택 2채와 북쪽에는 피터 베렌스의 12개 유닛으로 된 아파트 건물이 있다. 그로피우스가 디자인한 두 집은 르 코르뷔지에가 디자인한 집에서 몇 미터 떨어져 있었다. 베렌스 사무실 출신들이 이곳에 다시 모였다. 미스가 자신의 작업에 대해 특별한 자부심을 가졌던 것은 딸들을 개회식에 초대한 것을 보면 알 수 있다.[12]

미스에게는 만족할 만한 이유가 있었다. 암 바이센호프 14-20Am Weissenhof 14-20에 있는 그가 디자인한 24개 유닛으로 된 아파트 건물은 규모 면에서 가장 컸고, 유럽에서 철골 프레임을 사용한 최초의 공동 주택이자, 그가 구조용 철골을 처음으로 실제 건축에 사용한 작업이었다(사진 4.3). 이 구조는 커다랗고 기다란 띠창을 가능케 했으며, 적어도 이론적으로는 유연한 실내 계획(유닛 사이는 조적벽으로 나누어짐)이 가능했다. 그러나 미스는 구조 시스템의 표현 가능성을 충분히 활용하지는 못했다. 흰색의 평평한 덩어리는 당시의 일반적인 방식으로 건축된 주택과 구별할 수 없었다. 입면은 개개인 주거 단위와 상관없이 구성되었다. - 세 개로 된 창을 때로는 두 개의 아파트가 공유했다 - 그러나 전체적으로 미스 자신의 기준을 충족할 만큼 충분히 균형을 이루었다.

이러한 업적에도 불구하고 그의 아파트는 울프 하우스 또는 르 코르뷔지에의 작품보다는 실험적이지 않았다. 르 코르뷔지에가 디자인한 단독 주택의 거실 겸 식사 공간은 가운데의 난로 주위를 자유롭게 순환하는 오픈 플랜이었다. 그것은 또한 수직으로도 2개

사진 4.3
바이센호프 아파트
(1927). 바이센호프에
들어선 건물중 가장
큰 이 건물을 위해 킬
레스버그 언덕이 평탄
화되었다. 외부에서는
보이지 않지만, 이 건
물은 미스의 첫번째
철골구조 건물이었다.
양쪽으로 우아하게 캔
틸레버된 옥상 캐노피
가 눈에 띈다

층 높이로 열려 있었다. 전체 바이센호프의 내부 공간 중에서 가장 매력적이라는 평을 얻었다. 미스는 1926년 슈투트가르트에서 두 번째로 만난 르 코르뷔지에라는 인물과 그의 작품에 깊은 인상을 받았다. 그들 사이의 대화에 대한 남겨진 기록은 없다. - 각반을 찬 미스와 코르뷔지에가 함께 걷는 모습을 담은 유명한 사진이 있다(사진 4.4). 미스의 기능주의에 대한 의구심은 르 코르뷔지에와의 만남으로 더 커졌다고 추측할 수 있다. 르 코르뷔지에는 1923년 '새로운 건축을 향하여'가 출간된 해에 기능주의는 기술자의 영역이며 건축가는 그것을 예술의 수준으로 끌어올려야 한다고 주장했다. 전시회의 카탈로그에 대한 미스의 서문은 르 코르뷔지에의 생각을 거의 그대로 말한 내용이었다: "현재 주거의 문제는 기술적, 경제적 문제일 뿐만 아니라 건축적인 문제이다. 이것은 복합적인 문제들이기 때문에 단순한 계산이나 조직화가 아니라 창조적인 힘으로 풀어야 한다. 이러한 믿음에 바탕으로 하여 흔해 빠진 '이성화'나 '규격화'에도 불구하고 나는 슈트가르트의 분위기를 한쪽 면에 치우치지 않도록 하는 것이 절대적으로 필요하다고 생각한다."[13]

미스는 1927년 디 폼이라는 저널에 발표한 성명서에서 더욱 명확하게 자신의 생각을

사진 4.4
슈트트가르트에서 대화를 나누고 있는 르 코르뷔지에와 미스, 1926

밝혔다: "우리는 결과가 아니라 형태를 만드는 과정의 출발점을 더 중요하게 생각합니다. 이것은 특히 형태가 생명으로부터 파생되었는지 또는 자체적으로 유래했는지를 드러냅니다. 이것이 형태 발생 과정이 저에게 중요한 이유입니다. 삶은 중요한 것입니다. 그것의 충만한 면에서, 그것의 영적이고 구체적인 상호 연결에서."[14]

이 글은 1920년대 후반에 가톨릭 청년 운동 퀵본Quickborn의 여러 멤버들과의 교류를 잘 드러낸다. 퀵본의 만남의 장소는 프랑코니아Lower Franconia의 로젠펠스Rothenfels 성이었다.[15] 이 단체의 주요 사상가는 1923년 이래 베를린 프리드리히 빌헬름 대학의 종교철학과 가톨릭 세계관Catholic World Views의 학장이었던 신학자 로마노 과디니

Romano Guardini였다. '신성한 사인들'이란 책에서, 그는 세속적인 산업 사회에서 정신의 필요함과 "스스로 가장 잘 이해되는 것, 가장 심오한 일상의 행동"에 대한 깨어남을 주장했다.[16] 미스가 가지고 있던 '코모 호수에서 보낸 편지'라는 과디니 책의 복사본에는 다음 내용에 표시가 되어 있다. "우리가 주인이 되기 위해선 당당히 새로움으로 나아가야 합니다. 우리는 자유로운 힘의 주인이 되어야 하고 그것을 인류의 새로운 질서로 세워야 합니다."[17]

이러한 말들은 건축에서의 정신의 중요성을 더욱더 강하게 믿었던 또 다른 쿽본의 멤버의 말과 상당히 유사하다. 건축가 루돌프 슈와츠Rudolf Schwarz는 1927년 로텐펠스성Castle Rothenfels 강연에서 덧붙였다.

> 정신이라고 불리는 것이 있습니다... 야만적인 무력뿐 아니라 "영혼"도 있습니다. 또한 "정신"이 있습니다... 아주 궁극적인 무언가가... 이것이 자연과 조화를 이루고, 죽어 있는 자연을 일깨웁니다... 이것은 우리에게 자유로워질 것을 요구합니다: 우리가 매 순간 일어설 것을. 이것은 지금 이 순간에도 깨어남을 요구합니다: 나는 주인이다. 이것은 우리가 절대 자유를 위해 노력할 것을 요구합니다.[18]

약 30년 후에도 미스는 여전히 진심으로 슈워츠에 대한 존경심을 갖고 있었다. 1958년에 그는 슈워츠가 1938년에 쓴 되살아난 교회The Church Incarnate의 영어 번역 서문을 썼다.

발췌:

이 책은 독일의 가장 어두운 시기에 쓰였지만, 최초로 교회 건축에 관한 질문에 답을 하고, 건축 자체의 전반적인 문제를 조명합니다... 나는 반복해서 읽었고, 그 명료함의 힘을 깨달았습니다. 나는 이 책을 교회 건축과 관련된 사람들뿐만 아니라 건축에 진심으로 관심이 있는 사람들이 읽어야 한다고 생각합니다. 이 책은 건축에 대한 위대한 책일 뿐만이 아니라 진정으로 위대한, 우리의 사고를 바꾸는 힘을 가진 책 중 하나입니다.[19]

과디니와 슈워츠와의 만남 전후의 미스의 사고는 전통에 가까웠다. 1920년대 초기에 표현된 시대정신을 옹호한 그의 주장은("건축 예술은 항상 공간적으로 파악된 시대 정신일 뿐이다")[20], 의지가 철학적 관점의 중심이었던 19세기와 20세기의 독일 사상의 특징이었다. 그리고 그가 나중에 시대정신(가이스트)에 부여한 지위는 다른 이들과 마찬가지로 일반적이었다. 리치 로버트슨Ritchie Robertson은 울프 레페니즈Wolf Lepenies가 쓴 '독일 역사에서 문화의 유혹'을 비평하면서 "'가이스트'('시대정신')라는 광대하고 막연한 영역에서는 종교, 사상과 시의 경계가 흐려진다."고 지적했다.[21] 따라서 우리는 1920년대 말까지 미스의 "정신"에 대한 계속된 언급을 주목한다. 결론적으로 바이센호프지들룽의 마지막 모습: 기능성이 슈투트가르트의 새로운 건축의 목표 중 하나였지만 1-2년 만에 대부분의 주택에서 발생한 급격한 쇠락을 막기는 어려웠다. 바이센호프의 승자는 결코 객관성과 기능주의가 아니라 모더니즘이라는 이미지의 승리였다.[22]

· · ·

바이센호프에서 미스가 얻은 또 하나의 수확은 다양한 재능을 지닌 릴리 라이히 Lilly Reich와의 관계가 깊어지게 된 것이었다. 릴리 라이히는 인테리어뿐만이 아니라 특히 가구 디자이너로서 주목받고 있던 여성 디자이너였다.[23] 라이히는 1885년 6월 16일 베를린의 부유한 가정에서 태어났다. 그녀는 18세 또는 19세에 여학교를 졸업했으며 - 예상하건대 높은 성적으로 - 유겐트스틸의 기계 재봉 기술인 Kurbel 자수를 익혔다. 20세기 초반 10년간의 그녀의 개인적 이력은 잘 알려져 있지 않았다. 1910년 장식예술 상급 무역학교Advanced Trade School of Decorative Art에 등록하기 전에 베를린의 백화점에서 전시 디자이너로 일했다. 그녀의 선생은 반 더 벨데의 학생이었던 엘스 오플러-레그밴드 Else Oppler-Legband였고 1911년에 그의 밑에서 공부하면서 베를린 청소년 센터의 36개 방에 들어갈 가구를 디자인했고, 1년 후 집과 직장에서의 여성Die Frau in Haus und Beruf 전시에서 노동자 아파트와 2개의 상점에 들어갈 가구를 디자인했다. 이 작품으로 인해 그녀는 1912년 독일공작연맹의 회원이 되었다.

라이히는 쾰른에서 열린 1914년 공작연맹 전시인 여성의 집 "Haus der Frau"("House of Woman")의 디자이너이자 조직위원 중 한 명이 되었다. 제1차 세계대전 중 베를린에 양장점을 열었는데, 여기에서 가구와 의류 디자인에 집중했다. 공작연맹에 대한 헌신과 직업적 성취는 그녀를 1920년 이사회에 선출되도록 했고, 그녀는 이사회에 선출된 첫 번째 여성이었다. 그 후 그녀는 2개의 중요한 전시를 맡았다: 첫 번째는 베를린의 장식미술관Staatliches Kunstgewerbemuseum에서 열린 독일 패션산업협회를 위한 오늘날의 수공예품Kunsthandwerk in der Mode(패션 크래프트) 전시였고, 두 번째는 최고의 독일 디자인을 선보일 목적으로 1922년에 베를린에서 가져간 1,600개가 넘는 컬렉션을 뉴어크(뉴저지) 박물관에 전시하는 데 커다란 역할을 했다. 1923년 그녀는 프랑크푸르트 암 마인에 살고 있었고 1921년 국제 프랑크푸르트 박람회장에서 오픈한 공작연맹 전시에서도 열심히 활동했다. 1926년 Von der Faser zum Gewebe(파이버에서 텍스타일까지) 전

사진 4.5
베를린의 반지 Wannsee 에서 보트를 타고 여가를 즐기는 미스와 릴리 라이히, 1933. 사진제공: MoMA 미스 반 더 로에 아카이브.

시회의 조직과 디자인에 그녀가 핵심적인 역할을 했다.

1924년(남아 있는 둘 사이의 편지가 가장 이른 해)에 미스를 만난 라이히는 서로의 커리어에서 각자 특별한 위치를 차지했다. 그녀는 미스가 건축적으로 아주 가깝고 심지어 의지하기까지 했던 유일한 여자였다.[24] (사진 4.5) 그들이 서로 사랑하는 사이였다고 두 사람을 아는 이들은 다들 추측했다. 그 둘을 아는 한 여성의 기억에 따르면: "그녀는 미스가 전혀 할 줄 몰랐던 정리와 회계에 있어서 매우 뛰어난 능력을 가지고 있었다. - 그것이 미스의 매력 중 하나이기도 했다 - 그녀가 아니었다면 그는 어쩔 줄 몰랐을 것이다.[25] 라이히는 1925년부터 미스가 미국으로 이주한 1938년까지 그와 아주 가까운 관계였다. 그녀는 미스도 참여했던 1937년 파리 세계박람회 독일관의 텍스타일 전시의 총책임자였다. 그리고 1939년 시카고를 방문하여 몇 주 동안 그와 함께 작업을 했다. 라이히는 그 이후에도 베를린에서 미스의 일을 돌봤다. 그녀는 2차 대전을 거쳐 1947년 세상을 떠날 때까지 미스의 베를린 사무실 일과 기록들을 관리했다.

미아 시거는 바이센호프를 준비하면서 슈투트가르트의 작은 아파트에서 미스와 라이히가 동거했던 것을 기억했다. 결혼이 끝난 이후에 평생에 걸쳐서 그의 딸들을 제외하곤 미스가 한 지붕 아래서 같이 산 여자는 라이히가 유일했다. 바이센호프 이후에 미스가 베를린으로 돌아가자 라이히도 베를린에 거처를 구했다. 라이히는 아름답지는 않았지만 패션 디자이너로서 본인을 잘 꾸몄다. 미스의 딸들이 베를린의 미스를 방문했을 때, 라이히는 그들의 옷차림을 보자마자 백화점에 데려가서, 자신의 취향에 맞춰 값비싼 옷을 사주었다. 그러나 딸들은 전혀 감사해하지 않았다. 세 명 모두 라이히를 싫어했으며 당시의 우울한 사회적 분위기를 감안하더라도 그녀가 차갑고 엄격하다고 생각했다. 라이히는 상관하지 않았다.[26] 그녀는 프로페셔널했고, 지적이며, 훈련받았으며, 미스만큼 감각이 뛰어났다. 그녀는 그의 권위를 인정했다. - 이 점에서 그녀는 전통적인 유럽 여성이었다 - 디테일과 행정에 많은 시간과 에너지를 썼다. 그녀의 프로페셔널한 철저함이 그에 대한 사랑의 갈구로 나타나자 그와 오히려 멀어지게 되었다.

이미 언급했듯이, 미스는 혼자만의 삶을 가장 중요하게 생각했다. 미국으로 이주했을 때 그는 자연스럽게 그녀와 멀어지게 되었다. 그녀는 그 때문에 힘들어했고, 중요한 의미에서 그는 자신의 자유를 위한 대가를 치러야만 했다; 그는 자신을 보완해 줄 동반자를 다시는 찾지 못했다.

그들의 관계가 행복했던 기간 동안, 라이히는 미스가 새로운 인테리어 디자인 스타일을 개발하는 데 중요한 역할을 했다. 특히 산업을 위한 전시에서 최신 재료 및 기술을 함께 연구했다. 그녀의 바이센호프에서의 주요 임무는 최신 가구 및 가전 제품 전시를 조직하고 설치하는 것이었다. 미스는 그녀와 함께 바이센호프에서 현대 건축 디자인이 현대 가구 디자인보다 더 앞서 있다는 것을 증명해야 했다.

프랑크 로이드 라이트와 찰스 레니 매킨토시Charles Rennie Mackintosh는 20세기 초 10년간의 개척자였고 게리 리트벨트Gerrit Rietveld는 20년대에 그리고 1925년 후반에 이르러 바우하우스의 디자이너들에 의해서 주목할 만한 발전을 이루었다. 그해 마르셀 브로이어Marcel Breuer는 자전거의 핸들바에서 영감을 얻어 최초의 스틸파이프로 된 의자를 디자인했으며, 바우하우스 동료인 칸딘스키의 이름을 따서 바실리라고 이름 지었다. 바실리는 가구 역사에 있어서 랜드마크라 할 수 있는데 그 이유는 전통적인 다리 네 개짜리 라운지 의자를 획기적으로 추상화했을 뿐만 아니라, 바우하우스가 주장하는 큐빅 기하학의 기념비적인 작품이었기 때문이다. 가장 중요한 점은 기계 기술과 표준화의 미학을 대표하는 번쩍거리는 크롬으로 도금된 강철관을 사용한 것이었다.

바실리 이후에 좌석이 하나의 튜브 프레임으로 연결된 형태 위에 떠 있는 캔틸레버 의자가 나왔다. 1926년 슈투트가르트에 초청된 네덜란드 건축가 마트 스탐은 파이프로 된 최초의 현대식 캔틸레버 의자를 제작했고, 바이센호프지들룽에 개선된 버전을 전시했다. 미스도 슈투트가르트에서 유사한 디자인을 선보였으며, 팔걸이가 있거나 없는 의자가 아파트 실내의 여러 곳에 놓였다. 그는 자신의 작품이 스탐의 것보다 늦게 만들어진 것을 인정했다. 아마도 스탐이 1926년 11월 회의에서 그것을 논의했을 때 알게 되었을 것이다. 미스가 튜브형 강철에 대한 경험이 거의 없었음을 감안하면 매우 빠르게 설계가 이루어져야 했을 것이다. 그것의 형태는 스탐의 것보다 분명히 뛰어났다. 미스는 이 의자

사진 4.6
MR 의자(1927) 구부러진 스틸 튜브와 가죽으로된 의자와 등받침. 미스는 마트 스탐이 1926년에 디자인한 의자와 개념적으로 유사함을 인정했지만 미스 디자인의 흐르는듯한 곡선과 단순한 우아함은 이 의자를 최초의 캔틸레버 디자인의 반열에 올려놓는다. 사진: 허브 헨리, 헨드리히-블레싱

로 1927년 8월 특허를 받았다.

오늘날 MR 의자(디자이너의 머리 글자 뒤에 나온)로 알려진 이 작품은 미스의 특징을 가장 잘 보여준다.(사진 4.6) 금속 프레임과 가죽으로 된 시트와 등받이는 미니멀하고 곡선의 흐름이 자연스럽게 일자로 흐른다. 의자는 기능보다는 시각적인 아름다움으로 더 많이 기억되었다. 처음에는 앉아 있는 사람이 일어나려고 할 때 사람을 앞으로 튕기는 경향이 - 비록 나중에 수정되었지만 - 있다는 악명을 떨쳤다. (다리에 걸려서 옆으로 넘어지는 것은 여전히 문제가 되었다.) 미스와 라이히는 바이센호프를 위해 많은 아름다운 가구를 디자인했다. 가장 주목할 만한 것은 MR 의자처럼 단순한 형태이지만 기술보다는 재료의 특성에 영감을 받은 고급스러운 여러 개의 얇은 나무판으로 된 파슨스 타입 테이블이었다.[27] 1927년에서 1931년 사이에 미스와 라이히는 튜브로 된 의자, 튜브로 된 다리와 유리판이 있는 테이블 및 평철을 기반으로 한 다른 디자인을 포함하여 12가지가 넘는 MR 콘셉트의 변형을 쏟아 내었다. 이 모든 가구는 특허를 받았지만 대부분 곧 "사장"당

사진 4.7
플레이트-글래스 홀의 거실공간(1927). 미스는 스폰서였던 쾰른에 있던 독일 플레이트-글래스 생산협회에 홀에 대한 아이디어를 제안했다. 미스와 라이히는 3개의 서로 연결된 유리로 된 "방들"을 고안했다. 사진제공: MoMA 미스 반 데 로에 아카이브

했다. 미스의 디자인이 라이선스 하에 여러 독일 및 유럽 회사에서 제조되었으며, MR 같은 몇몇 가구들은 2차 세계대전 전에 수만 개씩 생산되었다. 미스는 1930년대의 10년 동안 그리고 심지어 미국으로 이민 간 이후에도 특히 소송에 많은 시간을 보냈다.[28]

슈투트가르트에서 미스와 라이히는 플레이트-글래스 홀Plate-Glass Hall(글래스 룸 또는 미러 홀이라고도 함)(사진 4.7)을 함께 디자인했다. 이 프로젝트는 1920년대 말에 이어질 미스의 유럽 시절 작품 세계가 성숙한 단계에 접어들었음을 바이센호프의 아파트 단지보다 더 잘 보여준다. 라이히가 자신의 가구 및 가전제품을 전시한 산업 및 공예품 전시는 미스가 그녀와 함께 디자인한 두 개의 공간에 있었다: 홀 5에는 독일 리놀륨 작품들이 전시되었고[29] 플레이트-글래스 홀이라 불리는 홀 4에는 거실, 식당, 작업실 등 듬성듬성 놓인 가구들로 구분되는 세 영역이 있었다. 이 3개의 공간은 유리로 된 벽으로 둘러싸인 하나의 큰 공간 안에서 서로 연결되었다. 이 다이나믹한 공간은 미스가 처음으로 브릭 컨트리 하우스에서 제안한 이후 그때까지 실현된, 공간적으로 가장 드라마틱한 계획이었다. 유리판 중 하나는 실제로 외부를 면하는 사실상의 외벽이었다. 천장은 햇빛이자 유일한 광원이 투과할 수 있는 팽팽하게 당겨진 패브릭으로 되어 있었다. 바닥은 흰색, 회색 및 빨간색의 리놀륨으로 덮여 있었으며 각각의 "실"과 일치했다. 유리도 투명하고 유백색에서 색상 및 질감(회색, 올리브 녹색, 에칭) 및 투명도가 다양했다.

방문객은 홀 5에서 긴 축을 따라 오른쪽으로 돌아서 현관으로 들어선다. 그곳에서 방문객은 오른쪽으로 시선을 돌려 미스의 친구였던 고 빌헬름 렘브룩Wilhelm Lehmbruck의 앙상블 조각인 터닝Turning(1913-14)을 막힌 공간의 유리벽 너머 볼 수 있다. 왼쪽으로 돌면 현관 벽 끝의 커브를 통해 거실 공간으로 이어지고 이어서 작업 및 식사 공간으로 들어선다. 출구는 입구 맞은편의 다른 현관을 통해서 이루어졌다. 이 디자인은 주거 공간에 대한 추상화이자 주목할 만한 작품이었다.

미스의 디자인은 쾰른의 독일 유리제조협회의 프로모션을 위한 것이었기에 그 공간은 전혀 실용적이지 않았다. 1927년 여름, 미스와 라이히는 9월에 Funkturmhalle에서 디 담 담Die Dame Dame 전시의 일부인 벨벳과 실크 카페Café Samt und Seide(Velvet and Silk Café) 설치 작업을 위해 베를린으로 돌아왔다. 곡선과 직선의 스틸튜브 프레임 구조로 된 몇 개의 공간으로 구성되어 있다. 검은색, 빨간색, 주황색 벨벳과 금색, 은색, 검은색 및 레몬색 실크의 풍부한 색감은 라이히의 선택이었고 흰색을 선호하는 경향이 있는 일반적인 모더니스트 작품보다 풍부했다. 커튼 사이의 공간에 놓인 미스의 의자와 테이블에서 방문객들은 휴식을 취하며 커피를 마실 수 있었다. 이 계획은 미스가 투겐타트 하우스에서 다시 사용하게 된다.

. . .

바이센호프 이후, 미스의 명성은 계획가이자 이론가로서, 그리고 무엇보다 그의 세대에서 가장 뛰어난 건축가로 점차 높아져 갔다. 그는 훌륭한 정치가이기도 했다. 그의 별 볼 일 없었던 시작과 타협하지 않는 본성을 고려할 때 바이센호프에서 개성 강한 동료 건축가들을 상대로 그의 디자인 의도를 관철시키는 데 성공했다는 점은 주목할 만하다. 그러나 바이마르 시기에 가장 전위적인 정신이 번성했음에도 불구하고 그에 대한 저항 역시 위협적이었다. 우리는 이미 "예루살렘 교외"라고 비난한 보나츠의 공격에서 그 중 일부를 보았다.

독일 우익 민족주의 세력은 구스타브 슈테레만Gustav Stresemann의 실용적인 포스트인플레이션 정책의 성공에 막혀 결코 정권과 원만한 관계를 유지하지 못했다. 베르사이유 조약에 대한 복수의 갈망은 국가에 고난이 닥치면 다시금 나타날 독일의 바이러스였다. 1925년 아돌프 히틀러는 나의 투쟁을 발간하고 2년 전 뮌헨에서의 정부 전복 시도에 실패했던 나치당을 재건했다. 나치당의 부활은 바이마르 번영 초기에 건축계 내부에서의 반작용과 발을 맞추어 일어났다. 1차 세계대전 이전에 진보적인 건축가였던 파울 슐츠-나움버그Paul Schultze-Naumburg는 1920년대 후반 앞장서서 새로운 건축에 반대하였다. 처음에는 실용적이지 못하다고 주장하다가 나중에는 점차 "반독일 문화"라고 불렀고, 볼셰비즘과 연결시켰다. 슐츠-나움버그는 중앙 건설관리Zentralblatt der Bauverwaltung라는 저널에서 바우하우스를 공격한 콘라드 논Konrad Nonn과 링에 대해 날카로운 비난을 발표한 드레스덴 대학의 에밀 호그Emil Högg를 포함한 협력자와 함께했다.

바이센호프의 긍정적인 언론의 반응에 반대자들은 충격을 받았다. 그들에 따르면 이러한 식민지는 미적 가치가 전혀 없는 홍보를 위한 구경거리일 뿐이었다. 그것은 불편하다고 비난받았고, 조직위원회는 독일 전통에 무관심한 엘리트주의자로 매도당했다. 실제로 나중에 권력을 잡은 나치당은 예술계의 모더니즘에 반대하는 행동으로, 1938년 바이센호프지들룽 전체를 철거하고 독일 육군사령부를 위한 단지를 만들 계획을 세웠으나, 지휘 본부를 1941년 스트라쓰부르그Strassburg로 옮긴 덕분에 철거를 막을 수 있었다. 1920년대 모더니즘 운동의 놀라운 점 중 하나는 나중에 어떻게 변질되었건 간에 독일의 나치와 보수주의자들에 의해 탄압받고, 전 세계적으로부터 의심의 눈초리를 받기도 했지만 2차 세계대전 이후에 서구 세계의 건축을 계속해서 이끌어 나갔다는 점이다.

. . .

미스는 결코 유토피아를 추구하지 않았고, 그는 미적인 면을 대단히 중요시하여 재료의 효과를 극대화하는 데 온 신경을 썼다. 라이히의 영향은 다시 한번 중요했다. 그녀가 여성의 패션Die Mode der Dame 전시에 제출한 직물 작품을 떠올리면, 은유적으로 그것이 그를 다음의 중요한 기회로 이끌었던 비단길이었다는 것을 알 수 있다.

새로운 의뢰는 이례적이게도 앙상블로 디자인된 두 개의 집이었다. 요세프 에스터Josef Esters와 헤르만 랑게Hermann Lange는 라인필드시의 크레펠트에 있는 커다란 실크 제작 공장의 관리자들이었고, 그들은 릴리 라이히를 통해 미스를 찾아왔을 것이다. 아니면 아마도 현대 예술, 그리고 베를린의 전위 예술 작품들을 수집하던 랑게와 미스 사이에 만남이 있었을 수도 있고 또는 크레펠트 박물관을 통해, 또는 미스가 1925년에 전시를 했던 뒤스부르크에 있는 박물관을 통해서였을 수도 있다.[30] 어쨌든 1927년 말에 랑게는 구시가지 외곽에 새롭게 개발된 윌헬름스호프 골목Wilhelmshofallee의 남쪽 인접한 대지에 자신과 사업 파트너를 위한 주택 설계를 미스에게 맡겼다. 이 주택은 약 1년간 설계되었으며 1928년 말에 착공하여 1930년 초에 완공되었다.

에스터 앤 랑게 하우스Esters and Lange Houses는 1924년의 실험적인 브릭 컨트리 하우스와 직전에 실현된 울프 하우스Wolf House의 발전이었다. 울프 하우스(사진 4.8과 사진 4.9)처럼, 벽돌로 된 덩어리가 거리 쪽을 향했고, 그곳에는 눈에 띄지 않는 입구, 계단 및 서비스 영역이 있었다. 두 집은 정반대의 방향으로 면해 있고, 정원을 바라보는 식사 공간, 생활 공간, 학습 공간이 서로 연결되어 있었다. 양쪽 레벨의 정원을 향해 큰 창문이 있었다. 발코니와 테라스는 남쪽을 향한다. 울프 하우스와 같이 널찍한 정원은 바구니 패턴의 벽돌 바닥과 벽돌로 된 옹벽과 계단이 단을 지어 이어졌다. 두 집의 두 번째 층은 침실이 남쪽을 향한 복도를 중심으로 구성되어 있지만 그것 말고는 평범했다. 미스는 건축주의 페인팅 및 조각 컬렉션 디스플레이에 특별한 관심을 기울였다.

나중에 회고록에서 미스는 "나는 [이 집들]에 유리를 더 많이 쓰고 싶었지만 건축주가 그것을 좋아하지 않았다. 나는 그들과 큰 어려움을 겪었다."[31](사진 4.10) 도면과 서류 - 그리고 초기 개념, 특히 미스의 파스텔 스케치 - 기록으로 볼 때 그의 디자인이 좌절된 것은 분명해 보인다. 지어진 것과 비교하여 두 주택에 대한 초기 계획은 매스의 다양성을 보여준다. 1층의 날개동과 3층을 연결하고(세 번째 층은 디자인되었지만 에스터의 경우에는 건설되지 않았다.) 미스의 말처럼 정원을 향해 천장부터 바닥까지 전부 유리창으로 되어 있었다. 이러한 초기 투시도를 볼 때 벽돌보다는 주로 유리로 된 큐브의 집합체로 읽혀진다. 완공된 정원 쪽 창은 여전히 커다랗고 두 집 다 비싸고 기술적으로도 대담한 Senkfenster(전기 장치로 낮춰지는 커다란 창)이 특징으로, 나중에 투겐타트 하우스에서 사용되어 유명해진다. 에스터와 랑게는 울프 하우스의 하중을 지지하던 벽돌과는 달리, 큰 창문과 외장 벽돌을 사용했기 때문에, 복잡하게 숨겨진 철골 구조를 도입해야 했다. 벽돌은 외장재이지 구조는 아니었기 때문에 문과 창문을 자유롭게 배치할 수 있다는 이점이 있었다. 나중에 미스는 그의 작품 목록에서 이 두 집을 제외했다. 추측하건대, 미니멀한 스타일의 벽돌 덩어리가 너무 과했다고 생각했던 것 같다.

영국식 본드 쌓기의 벽은 잘 시공되었고 질감도 풍부하지만 너무 삭막했다. 미스가 설계한 아름답고 섬세한 창문 또한 너무 많았고, 특히 거리에서 볼 때 너무도 자유롭게 배치되었다. 미스는 건축주였던 에스터와 랑게와의 "커다란 어려움"에도 불구하고, 그들의 의뢰로 1931-35년에 공장을 설계했으며, 1937년에는 공장과 연관된 커다란 오피스 단지를 계획하기도 했다. 1930년대 중반에 그는 헤르만 랑게의 아들 울리히 Ulrich를 위한 집도 설계하여, 이를 통해 그의 "커다란 어려움"은 그럴 만한 가치가 있었다는 것을 알 수 있다. 그리고 비록 이 주택들이 미스의 대표작은 아닐지라도, 미스는 많은 노력을 기울였다. 수십장의 도면과 내부 디테일은 하나의 예일 뿐이다. 인테리어, 옷장 문, 창틀 및 기계 장치, 책장, 라디에이터 커버, 실내 석재 마감, 가구, 심지어 진입로 게이트와 다이아몬드 격자까지 모든 것이 디자인되었다. 이 집의 인테리어에는 처음으로 미스와 릴리 라이히의 원숙한 인테리어 디테일이 사용되었다. 목공 작업은 전형적인 "미스 풍"의 리빌Reveal (나눔선)이 있었고 명확한 프로파일 및 그림자 선과 풍부한 재료의 세심한 비례

사진 4.8 (왼쪽면 위) 요세프 에스터 하우스, 크레펠트(1930), 거리쪽 입면. 랑게 하우스와 에스터 하우스는 동시에 디자인 되었고 위헴즈호프 골목 Wihelmshofallee 남쪽에 서로 붙어있었다. 사진제공: MoMA 미스 반 더 로에 아카이브

사진 4.9 (왼쪽면 아래) 요세프 에스터 하우스, 크레펠트(1930) 정원에서 보는 뷰. 바닥의 벽돌포장과 벽의 벽돌 - "건축"-이 조경으로 연장되는 것이 눈에 띈다. 사진제공: MoMA 미스 반 더 로에 아카이브

사진 4.10 미스가 요세프 에스터 하우스의 목탄 드로잉을 그리고 있다. 1928. 개인소장

가 나타난다. 문과 창문 및 프레임도 가구만큼 세심하게 디자인되었다. 결국, 두 집 다 미스가 전체 가구를 디자인하지는 않았다.

그리고 미스가 에스터와 랑게를 위해 디자인한 가구들은 다시 생산되지 않았고, 심지어 2003년에 놀 코퍼레이션 Knoll Corporation이 크레펠트 퍼니처 "Krefeld Furniture" 제품군을 소개하기 전까지 제대로 인정받지도 못했다. "크레펠트 퍼니처"는 미스와 라이히의 디자인을 바탕으로 설계된 의자, 오토만, 사이드 테이블이 있었지만 테이블을 제외하고는 다시 생산되지 않았다.

・・・

1928년 미스는 2년 전에 완성된 리브넥트-룩셈부르크 기념비 책임자였던 에드워드 푸쿠스로부터 새로운 의뢰를 받았다. 푸쿠스는 휴고 펠스Hugo Perls로부터 구입한 주택의 증축을 원했다. 미스는 1920년대 새로운 요소와 신고전주의 스타일의 건물을 하나로 통합해야 했다. 그는 갤러리 뒤쪽에 계단과 맞닿은 테라스가 있는 비대칭인 갤러리 날개동을 디자인했다. 5개의 프렌치 스타일의 문은 정원을 향하고 왼쪽으로 걸어가면 1911년에 지어진 쉰켈 스타일의 로지아로 걸어 들어갈 수 있다. 미스는 외장 컬러를 원래의 황갈색과 맞추었다.[32]

1928년과 1929년 사이의 4개의 다른 미스 디자인은 현상 설계를 위한 것이었다: 베

를린의 S. 아담 백화점; 슈투트가르트의 은행 및 오피스 건물 프로젝트; 베를린의 두 번째 프리드리히스트라쎄 건물과 알렉산더플라츠Alexanderplatz의 재건축. 이 작품들 중 어느 것도 당선되지 않았고, 지어지지 않았다. 비슷한 시기에 디자인된 바르셀로나 파빌리온과 투겐타트 하우스의 탁월함 때문에 거의 관심을 끌지 못했다. 그럼에도 불구하고, 각자는 특히 미국 시기의 디자인을 암시한다는 점을 비추어 볼 때 충분히 언급할 만하다.

1923년부터 미스는 내부 공간을 역동적으로 만들고 내부와 외부 사이의 전통적인 장벽을 무너뜨리는 소규모 프로젝트를 디자인했다. 유리와 벽은 1층과 2층 주택에서 외부 공간으로 뻗어 나가기 위한 주요 수단이었다. 대형, 고층 건물에서는 이러한 유형의 방식이 통하지 않았다. 1921년 프리드리히스트라쎄 오피스 빌딩 프로젝트에서 미스는 내부와 외부를 구별하는 유리로 된 외관을 제안했지만, 고층 빌딩의 프로그램은 구조 프레임을 기반으로 하는 일반적인 계획을 필요로 했다. 유리 마천루 프로젝트에서 프레임은 일반적이지 않은 평면으로 인해 명확성과 합리성이 부족했으며, 따라서 미스는 그 후에 고층 건물에 대한 제안에 더 객관적인 질서를 부여했다.

1863년에 베를린에 문을 열었던 아담 백화점은 그 이미지를 쇄신하기 위해, 라이프니츠스트라쎄Leipzigerstrasse와 프리드리히스트라쎄에 있는 기존 건물을 대체할 새로운 건물을 짓기 위해 유명 건축가들을 초청했다. 미스의 경쟁자는 한스 푈찌히, 하인리히 스타우머Heinrich Straumer 및 피터 베렌스였으며, 모두 새로운 건물이 수직성을 강조해야 한다는 건축주의 요청을 존중했다. 하지만 미스의 생각은 달랐다. "당신은 일반적으로 수직성을 강조한 건물을 원한다는 것을 요구 사항에 명시했습니다. 내 의견으로는 건물은 취향과는 아무런 상관이 없으며, 목적에 따른 모든 요구 사항의 논리적 결과여야 한다는 것을 솔직히 말씀드려도 될까요? 이것이 확립된 후에만 건물의 본질에 대해 말할 수 있을 것입니다." 그런 다음 소위 유니버셜 스페이스라고 불리는 기능적으로 융통성 있는 공간에 대한 그의 초기 아이디어를 덧붙였다: "하나의 공간으로 이루어진 여러 개의 층이 필요합니다. 게다가 많은 빛이 필요합니다. 그리고 더욱 많은 공공성이 필요합니다."[33]

미스는 테라스를 위해 꼭대기 층이 셋백된 8개 층의 둥근 모서리로 된 사각 블록을 제안했다. 철골 구조로 되어 외부가 완전히 유리로 덮였고 내부가 하나로 통할 수 있었다. 안쪽으로 셋백된 1층은 투명한 유리로 만들어졌고 나머지 층은 간판을 붙일 수 있도록 불투명한 유리로 마감되었다. 이 회사의 공동 소유주인 게오르그 아담Georg Adam은 미스의 제안을 좋아했다. "널찍한 유리창을 통해 들어오는 빛과 공기는 기업가들이 건축가들에게 요구하는 것입니다." 아담이 말했다. 그럼에도 불구하고 공모전은 중단되었고 어떠한 결정도 나지 않았다. 오래된 건물은 그대로 유지되었고 결국 철거되었다.[34] 이것은 유리벽으로 된 미스의 최초의 현실적인 제안이었다. 아담 프로젝트에 대해 비평가인 커트 그라벤캄프Curt Gravenkamp는 "벽도 창문도 아닌 또 다른 것, 아주 새로운 것"이라고 말했다. "그것은 이미 천 년이 넘은 재료인 유리에 대한 최고의 가능성을 실현합니다...현대 건축물은 풍경 속에 건물을 만들고 거리와 실내 공간을 연결합니다."[35]

"은행과 오피스 건물Bank and Office Building" 현상 설계는 은행, 상점 및 기타 시설이 있는 다용도 건물을 요구했다. 슈투트가르트 중심부에 있는 대지는 미스와 바이센호프에서 적대적 관계였던 파울 보나츠의 디자인으로 1927년에 완공된 철도역 근처에 있었다. 프리드리히 유진 숄러Friedrich Eugen Scholer와 함께 보나츠는 그 은행 일을 따냈다. 장려상을 받은 미스의 작품은 아담 디자인과 같은 개념을 사용했다. 열린 평면을 바탕으로 "유니버설" 공간을 만들고 유리와 철골로 된 외관을 제안했다. 지상층의 전시를 위한 창문에 투명한 유리가 사용되었고, 위층은 광고판을 붙이기 위해 불투명한 유리로 마감되었다. 미스는 은행을 일반 사무실과 분리하기 위해 라우텐슐라거스트라쎄Lautenschlagerstrasse를 향한 8층짜리 건물을 제안했다. 상점은 1층에 있고 사무실은 위쪽에, 그리고 뒤쪽에 3층으로 된 은행이 있었다. 두 건물 사이에는 4개의 타워에 계단과 화장실이 있는 중정이 있다.

1920년대 후반에 완성되지 않은 나머지 2건의 공모전 프로젝트는 미스의 관심을 알렉산더 광장에, 특히 1921년에 고층 건물 디자인을 했던 장소로 되돌렸다. 이번에는 그는 베를린 교통국이 주최한 1929년 공모전에 참가했다. 내용은 거의 1921년의 프로그램과 동일했는데, 베를린 시내에 다양한 상업 및 레크리에이션 서비스를 제공할 수 있는 다목적 기능을 갖춘 고층 빌딩이었다. 미스의 프로젝트는 다른 제안들과 쉽게 구별될 수 있었다. 공동 당선자인 에리히 멘델존, 파울 메베스Paul Mebes와 파울 에머리히Paul Emmerich 팀은 3면으로 된 널찍한 기단 위에 4개의 면으로 된 높은 타워를 제안했다. 미스는 거리 쪽으로 볼록하게 튀어나온 3개의 곡선형 슬라브를 제안했다. 가운데 코어가 있는 3면체로서, 셋백 없이 쭉 올라가는 평평한 슬래브로 되어 있고 루프탑 가든이 있다. 파사드는 투명하고 불투명한(벽돌) 밴드가 교대로 배치되었다. 9층짜리 타워에는 지하철 통로와 사무실, 상점 및 호텔이 있었다. 결국 아무것도 지어지지 않았다.

알렉산더플라츠 재개발을 위한 공모전은 1928년 베를린 시의회에서 승인되었다. 그것은 베를린 도시 계획 부서의 책임자인 마틴 와그너의 제안으로 도로 교통 개선을 위해 시작되었다. 6개의 건축가 팀이 초청되었다: 피터 베렌스, 한스와 바실리 룩하르트와 알폰소 앵커Hans and Wassily Luckhardt with Alfons Anker, 파울 메베스와 파울 에머리히, 미스, 하인리히 뮬러-에커렌즈Heinrich Müller-Erkelenz, 그리고 요한 에밀 슈트Johann

Emil Schaudt. 당선작은 룩하트와 앵커에 돌아갔는데, 미스를 제외한 모든 건축가들이 와그너의 기본 계획안을 바탕으로 공모안을 제출했다. 와그너의 모델은 기존 도로에 따라 대칭으로 된 건물이었다. 꼴등을 한 미스는 규정에 아무런 관심을 기울이지 않았다. 그는 비대칭으로 배열된 일곱 개의 건물을 그룹 지어 배치하고, 그 중 하나는 우뚝 선 17층 타워였다(사진 4.11). 이 앙상블은 알렉산더플라츠의 원형으로 된 중심을 따라 배치되었지만 마치 도로가 우연한 것처럼 보였다. 개개의 건물은 슈투트가르트 은행 건물 같이 엄격한 입방체였다.

미스는 이 시기에 그의 가장 친한 친구 중 한 명이었던 루드위히 힐버자이머의 도시 계획 개념에 영향을 받았다. 이 두 사람은 1920년대 초반에 한스 리히터를 통해 만났으며, 매거진 G를 같이 발행했으나 힐버자이머는 더 강력히 기능주의자 입장을 오랫동안 견지했다. 발터 그로피우스가 1928년에 바우하우스의 학장직을 사임하고 한네스 마이어 Hannes Meyer(스위스 기능주의자 그룹인 ABC와 관련됐던 좌파 건축가)가 학장직을 맡으면서 힐버자이머가 데사우 교수진에 합류했다. 그의 1927년 도시 계획에 관한 책인 대도시의 건축Großstadt-architektur에서 타협하지 않는 객관성Sachlichkeit의 도시 모습을 선보였다. 르 코르뷔지에가 생각했던 보도와 차도, 골목길, 도로가 뒤얽힌 "엉망진창"의 거리 모습을 정화하여 푸른 잔디로 둘러싸인 넓은 공간에 타워로 구성된 이상적인 도시의 모습이 힐버자이머에 의해 끝을 알 수 없는 차갑고 공허한 투시도로 번역되었다.

힐버자이머는 미스의 알렉산더플라츠 프로젝트의 가장 훌륭한 옹호자였다. 그는 광장을 닫아버리고 "고전주의를 연상시키는 효과"를 내는 디자인을 원하는 현상 설계 주최 측을 비난하면서 "미스 반 데 로에의 프로젝트는 제출된 안 중에서 유일하게도 이 단단한 시스템을 깨부수고 광장을 독립적인 형태로 조직하려고 시도했던 안이었습니다. 교통광장은 원형을 유지하지만, 미스는 독립적인 건물들을 오직 건축적인 원칙에 따라 그룹화하여 광장을 설계했습니다. 거리를 향해 열어 줌으로써, 그는 다른 안에서는 부족한 새로운 광대함을 성취합니다."[36]

. . . .

유럽 시절 미스의 최고의 순간은 1929년 5월 26일 스페인의 왕과 왕비인 알폰소 13세와 유지나 빅토리아가 막 완성된 바르셀로나 파빌리온의 개관식에 참석했을 때이다[37](사진 4.12).

사진 4.11
베를린-미테의 알렉산더플라츠 도심재개발 제안(1929). 초기부터 미스의 강력한 지지자였던 루드위히 힐버자이머의 옹호에도 불구하고, 후세의 비평가들로부터 많은 비판을 받았다.

파빌리온의 건축가이자 박람회에서 독일 전시를 책임진 사람으로서, 미스는 높은 모자와 꼬리 달린 양복에 각반을 찬 눈에 띄는 모습으로 왕과 왕비에게 축하 샴페인 건배를 제의했다. 짧은 순간이었지만, 43세의 미스에게 엄청난 승리의 순간이었다. 이 박람회 역시 수많은 국제 박람회 중 하나처럼 잊혔지만, 바이마르 독일을 대표했던 미스의 파빌리온은 몇 안 되는 20세기의 상징적인 건축작품 중 하나로서 사람들의 기억 속에 여전히 생생하게 남아 있다. 박람회가 끝나자 바로 철거되었지만 1981년과 1986년 사이에 재건축된 이 작품은 미스의 가장 훌륭한 작품이라고 할 수 있다.

그는 단 한 번의 창조적인 작업을 통해 독창적이고 획기적인, 시간을 초월한 건축이자 진정한 건축의 추상화에 대한 그 누구도 따라할 수 없는 선언을 성취했다. 그 중요성은 즉시 명백해졌다. 과거의 가장 위대한 건축물과 비교 가능한 몇 안 되는 현대 건축 중 하나라는 점은 의심할 여지가 없었다.

미스는 1920년대까지 실현된 모던 스타일의 작업이 거의 없었지만, 그는 바이마르 정부가 독일 박람회에서 전시 디자인과 설치를 위한 감독 자리를 제안할 만큼 높은 평판을 얻었다. 장식과 역사로부터 얽매이지 않는 건축과 최고의 예술로서 건축에 대한 미스의

사진 4.12
바르셀로나 국제 엑스포 독일관(1929). 미스(중앙 오른쪽의 높은 모자를 쓴 사람)가 개막식 직후에 스페인 국왕 알폰소 13세를 수행하였다. 1929년 5월 26일.

굳건한 신념 또한 그를 자연스러운 선택으로 만들었다.

전쟁 이후 10년 동안 독일은 평화롭고 번영하였고 문화적으로도 국제적인 발전을 이루었다. 바르셀로나에서의 독일 디자인은 이러한 새로움을 반영하는 것이었다. 바르셀로나에서 독일 전시관의 개막을 알리는 연설에서 미스를 건축가로 지명했던 조지 본 시니져 Georg von Schnitzler 위원장은 다음과 같이 말했다.

"우리는 우리가 할 수 있는 것을, 우리가 무엇을, 어떻게 느끼는지를 보여주기를 원했습니다. 우리는 명쾌함, 단순성, 정직성만을 원했습니다."[38] 미스는 그에게 명쾌함과 정직성을 선사했지만, 거기에 이르는 길은 결코 순탄하지 않았다. 미스는 1928년 7월 초에 1년이 채 남지 않은 시점에 바르셀로나 박람회 일을 맡게 되었다. 처음에 국가관은 업무

목록에 포함되지 않았다. 1959년 인터뷰에서 미스는 전후 사정을 설명했다:

> 지금 생각해보면 건물이 어떻게 완성 되었는지 놀라울 따름입니다. 독일은 바르셀로나에서 전시를 하기로 결정했습니다. 어느 날 나는 독일 정부로부터 전화를 받았습니다. 프랑스와 영국이 파빌리온을 만들 것이며 독일도 파빌리온을 만들어야 한다고 했습니다. 나는 말했습니다, "파빌리온이 무엇입니까? 나는 파빌리온에 대해 전혀 아는 것이 없습니다." 전화기 반대편에서 이야기했습니다: "우리는 파빌리온이 필요합니다. 그것을 디자인하세요. 다만 너무 많은 유리는 말고요." 내 자신이 건축주 역할을 해야 했기 때문에 그것이 내가 이제껏 했던 일 중 가장 어려운 일이었습니다. 나는 내가 원하는 대로 할 수 있었지만 파빌리온이 무엇인지 전혀 알지 못했습니다.[39]

이 문구는 많이 인용되었는데, 종종 재미있는 오자로 된 것도 있었다.
"디자인을 하세요. 너무 많은 수업은 말고요. Design it, and not too much class."[40]
미스는 신속한 속도와 결단력으로 일을 추진했다. 정부의 일을 할 때면 항상 생기는 일상적인 재정적 문제와 복잡한 행정에도 불구하고 그는 신속하게 해결책을 마련하고 승인을 받았다. 10월까지 그의 베를린 아틀리에는 6명의 직원들이 있었는데, 그들 중 일부는 공사가 시작되자 바르셀로나로 옮겨왔다. 정부 과제의 일상적인 특징인 불가능한 일정뿐만 아니라 불안정한 자금 조달 때문에 이미 늦어진 공사가 1929년 초반에 16일 동안 중단되었다. 조지 본 시니져는 프로젝트의 영웅이었다. 그는 미스에게 재량권을 주었을 뿐만 아니라 오랜 기간 동안 개인적으로 프로젝트 자금을 조달했다. 대부분의 전시 디자인과 마찬가지로, 많은 디테일이 오프닝까지 완성되지 못했다. 예를 들어, 돌을 충분히 주문하지 못했기 때문에 외관의 일부분을 돌처럼 보이도록 칠했고 파빌리온의 사무 공간 및 기타 가구들은 1929년 가을에 이르기까지 미완성인 채 남아 있었다.

미스의 개념에 대한 자료들은 사라졌지만 벽과 지붕을 테스트할 모형을 만들기 위해 세르지오 루겐버그Sergius Ruegenberg에게 도움을 요청하기 전까지 혼자서 집중적으로 일했던 것 같다. 미스는 모형 위에 다양한 재료와 특수 용지 및 질감을 사용해 보고 결정했다. 이 테스트를 바탕으로, 미스와 루겐버그는 중간 단계 평면과 투시도를 만들었고 계속해서 수정과 보완이 이루어졌다. 여러 가지의 그리드가 테스트되었지만 건물이 단일 격자로 구성되지는 않았다. 오히려 그것은 벽, 기둥, 벤치, 수영장 및 전반적인 대지 등 여러 시스템을 중심으로 계획되었다. 이 방법은 브릭 컨트리 하우스 프로젝트에서 최초로 연구했던 주제와 관련이 있었다. 그러나 건물이 실현되기 위해서는 2차원이 아닌 3차원으로 되어야 했다. 실제로 1928년 7월 독일공작연맹의 메모를 보면 정부의 공식적인 요구사항은 Repräsentationsraum, 영어로 표현하자면 공적인 또는 파티를 위한 목적의 공간, 즉 독일을 축하할 공간이었다.

파빌리온의 경우, 한시적이기 때문에 여러 가지 조건으로부터 자유로웠다. 미스가 디자인을 빨리 할 수 있었던 것은 의심할 여지없이 릴리 라이히의 도움 덕분이었다. 전시홀 책임을 맡은 그녀 덕분에 미스는 디테일 설계, 조직 및 외주 작업에 대한 부담을 덜었다.

미스는 언제나 건물의 부지 선정과 상황에 대해 깊은 관심을 기울였으며, 이번에도 예외는 아니었다. 몬주익이라고 알려진 북쪽의 언덕을 가로질러 펼쳐진 바르셀로나 박람회장은 카탈로니아 건축가인 죠셉 푸이기 카다팔쉬Josep Puigy Cadafalch가 디자인한 고전적인 보자르 양식의 계획에 따라 배치되었다. 1915년에 부지 작업이 시작되었고 그후 15년 동안 많은 건물이 지어졌지만 경제적, 정치적 문제들로 바르셀로나 국제 박람회는 1929년까지 연기되었다.

돔으로 된 국립 궁전에서 정점을 이루는 박람회의 주된 축은 거대한 전시장으로 나뉘고 넓은 광장 중간 부근에서 교차점을 이룬다. 미스는 이 두 번째 중앙홀의 서쪽 끝을 파빌리온의 대지로 선정했다. 평면에서 앞쪽이 긴 직사각형이고, 파빌리온은 플라자에 수직으로 놓여 있다. 나무와 분수대를 마주하고 나란히 서 있는 고전 스타일 기둥과 평행을 이뤄 맨 끝에 바르셀로나를 대표하는 다른 파빌리온을 마주보고 있다. 독일관 뒤로는 관목이 둘러싸는 경사로가 스페인 마을로 이끈다. 바로 남쪽으로는 알폰소 13세의 궁전의 거대한 벽이 빅토리아 유지나로 이름 붙여진 벽과 한 쌍을 이뤄 서 있었다.

독일관은 초기에 이 두 개의 거대한 건물 사이의 공간에 프랑스관의 축 반대쪽에 계획되었다. 그러나 미스는 여러 면에서 유리한 최종 사이트로 변경하기 위해 스페인 당국을 설득했다. 비평가 발터 겐즈머Walther Genzmer는 "파빌리온의 주요 방향은 궁전 벽에 수직이 되어야 하며, 높은 궁전의 벽과는 달리 파빌리온은 상당히 낮다. 벽의 육중하고 단단함과는 대조적으로 개방적이고 바람이 잘 통해야 한다."[41] 미스는 독보적인 부지에 긴 방향에서의 접근 방식을 택했다.

파빌리온은 단층의 비대칭인 구조로 되어 있고 부분적으로 강철 프레임 위에 석재로 마감한 벽으로 되어 있다.(사진 4.13) 나머지 부분은 스틸 프레임으로 된 유리벽이다. 상부 구조물은 포디움 위에 설치되며 부분적으로 넓은 처마가 있는 평평한 흰색 지붕(강철 구조)으로 덮여 있다. 이러한 요소들이 만들어 낸 공간은 순수하고 역동적이며 움직임을 유도한다(사진 4.14-16).

미스가 유리문을 박람회 기간 중 매일 낮 동안 떼어 내서 보관했다가 야간에 다시 설치했던 것은 "내부"와 "외부"가 하나로 합쳐진 또 하나의 증거였다. 파빌리온의 기단은

사진 4.13 (p.120 위) 바르셀로나 국제 엑스포 독일관(1929). 남서측 외부전경. 행사가 끝난직후 독일관은 철거되었기 때문에 미스가 의뢰한 사진들을 통해서만이 그 건물의 역사를 알 수 있다. 미스는 Alemania(프랑스어로 독일)란 글자를 건물 외벽에 붙이기 전에 이 사진을 찍도록 하였다.

사진 4.14 (p.120 아래) 바르셀로나 국제 엑스포 독일관(1929). 사무실에서 파빌리온 "내부"를 바라보는 북측 전경. 오른쪽에 더 커다란 반사풀이 있다.

전통적인 사원의 제단을 떠올리게 하지만, 이 기단 위에 서 있는 매끄러운 돌과 유리판은 서로 자유롭게 미끄러져 지붕 라인 아래에서 뻗어 나와 전혀 고전적이지 않다. 포디움을 오르는 계단은 건물의 긴 "정면"에 평행하게 입구를 만든다. 계단 끝에는 석회석 테라스와 커다란 반사풀이 있다.

내부로 들어가기 위해서는 U턴을 해야 한다. 전체적으로 비대칭으로 된 벽과 일정한 간격의 십자형 단면에 크롬으로 도금된 8개의 기둥이 있으며, 마치 경비병 같이 입구에 서 있다. 구조 해결 방식은 애매모호한데, 기둥과 많은 벽 덕분에 의도적으로 그렇게 할 수 있었다. 내부 깊숙한 곳에 높이 10피트, 너비 18피트의 거대한 벽이 있고, 어두운 금색에서부터 순백색까지 아름다운 패턴이 수놓인 오닉스 도리라 불리는 호화스러운 대리석으로 된 8개의 북매치 대리석이 빛나고 있다. 이곳은 가장 중요한 공간이다.

오닉스 벽의 왼쪽에는 우윳빛 유리가 내부에서 빛난다. 우윳빛 유리벽과 나란히 기다란 유리로 된 탁자가 있고 오닉스 앞쪽에 또 하나의 작은 탁자가 있다. 오른쪽에는 흰색 가죽 쿠션이 달린 철제 라운지 의자가 나란히 놓여 있다. 미스는 1929년 가을 엄청난 비용을 들여 오닉스를 직접 구입했기 때문에 이 오닉스 벽을 "중심으로" 파빌리온을 디자인했다. 함부르크 채석장에서 캐낸 이 거대한 블록은 트랜스아틀란틱 항공의 연회장에 쓰일 예정이었으나 미스가 중간에서 가로챘다.

미스는 독일 국기의 검정, 빨강, 금색을 사용하도록 정부로부터 요청받았다. 그는 검은색 카펫, 화려한 주홍색 커튼, 오닉스의 금색처럼 추상적인 색깔을 사용하기로 했다. 그는 독수리 이미지(국가 상징)를 넣으라는 요청을 완곡히 거절했지만, 그의 친구 게하르트 세브란Gerhard Severain이 디자인한 검은색으로 된 알레마니아라고 쓴 간판을 정면 외벽에 달았다. 미스는 건물에 간판을 설치하는 데 일부러 시간을 끌어서 거의 모든 출판된 이미지에는 간판이 없었다. 미스가 퍼뜨린 간판 없는 사진 덕분에 나중에 전시관이 재건되었을 때 알레마니아라는 간판은 다시 볼 수 없었.

건물의 재료는 전반적으로 호화롭다.[42] 자유롭게 흐르는 공간에 다양한 색과 풍부한 표면, 또 다른 범주의 경험이 추가된다: 5가지 종류의 대리석과 크롬 도금된 프레임 위의 여러 종류 유리, 2개의 반사풀이 만드는 반사의 향연들… 녹색 유리를 통해 보이는 청동 조각은 두 번째 반사풀의 가장자리에 있는 플랫폼을 왼쪽으로 돌아 접근할 수 있다. 미스와 동시대의 조각가인 게오르그 콜베Georg Kolbe가 만든 조각상은 물의 맨 끝에서 상승하는 듯 보인다. 수영장을 둘러싼 타이니안Tinian 대리석 벽은 지붕 아래에서 건물의 북쪽 끝을 한정하며 남쪽에 있는 석회벽과 균형을 이룬다. 타이니안 벽은 파빌리온의 서쪽을 따라 가운데 공간으로 또는 회색 유리와 포디움 서쪽의 작은 정원과 맞닿은 테라스로 연결된다. 또 다른 출구는 정원과 스페인 빌리지로 향하는 계단으로 연결된다.

120/121

사진 4.15
바르셀로나 국제 엑스포 독일관(1929). 게오르그 콜베의 조각, 새벽 Dawn을 바라보는 북측전경. 이 사진과 미스가 1935년 지어지지 않은 프로젝트를 위한 스케치와 비교해 볼것(사진 5-13).

    브릭 컨트리 하우스에서 처음 생각했던 내부 및 외부 공간의 상호 작용에 대한 모든 것이 바르셀로나에서 실현되었다. 라이트와 반 도스부르그에게 그가 진 빚은 명백하다. 그러나 귀족적인 감성으로 디테일 된 풍부한 물성은 미스의 것이다. 또 다른 영향 역시 분명하다: 릴리 라이히로부터 대담한 색채와 풍성한 패브릭, 그리고 르 코르뷔지에로부터 특히 바이센호프 단독 주택에서 보여준 계단 끝에서 180도 회전하여 진입하는 입구. 미스가 감독했지만 라이히가 디자인한 전시실은 높은 예술성을 보여주는 또 하나의 사례였다.[43] 바르셀로나에서의 미스의 원숙함은 그의 "건축 예술Baukunst"의 모든 영역에서 두드러진다. 독일관에서 그는 건축가, 실내 디자이너, 조경 및 가구 디자이너로서 탁월함을 보여줬다. 그는 두 개의 유리판 아래 강철 다리가 있는 테이블들을 디자인했고 또한 20세기의 의자가 된 바르셀로나 의자(그리고 오토만)를 디자인했다[44](사진 4.17).

사진 4.16
바르셀로나 국제 엑스포 독일관(1929). 오닉스 벽과 두개의 "바르셀로나" 의자 그리고 여러개의 오토만을 바라보는 전경

　　박람회가 끝나고 건물은 해체되었지만, 의자는 살아남았다. 적어도 6개가 박람회를 위해 만들어졌고, 8개 이상의 오토만이 함께 제작되었으며, 이들은 미스와 라이히가 직접 사용했거나 다른 프로젝트에 사용되었다. 테겟호프가 작성한 서류에 따르면, 의자와 오토만은 미스와 라이히에 의해 1930년대 초반 주로 작은 프로젝트에 사용되었지만, 투겐타트 하우스에서 유명해졌고, 심지어 필립 존슨의 후원(및 복제)을 통해 미국에 일찌감치 소개되기도 하였다. 미국의 생산 환경에 맞추어 스테인리스 스틸로 된 의자[45]가 1940년대부터 대규모로 생산되었다. 오늘날 그들은 놀Knoll 코퍼레이션과 무수한 업체들에 의해 대량 생산되고 있다. 미스는 1964년 편지에서 디자인 의도를 설명했다.

사진 4.17
"바르셀로나" 의자, 1928-29 사이에 디자인 됨. 그 의자는 75센티미터의 높이와 넓이 그리고 깊이를 가진 거의 입방체 모양이다. 사진제공: MoMA 미스 반 더 로에 아카이브

스페인의 왕과 왕비가 참석한 박람회의 개회식이 이 파빌리온에서 열렸습니다. 이러한 맥락에서 바르셀로나 의자는 단순한 의자가 될 수는 없었습니다. - 기념비적이면서도 건물의 특별한 흐름을 막지 않는 오브제가 되어야 했습니다.[46]

의자의 프레임은 크롬으로 도금된 두 개의 휘어진 강철 막대(나중에 거울처럼 처리된 스테인리스 스틸로 만들어짐)로 구성되어 있다. 하나는 긴 원호 모양이고 다른 하나는 짧은 S자 모양이다. 두 개는 용접된 부분에서 교차하여 등받이 및 다리가 된다. 두 개의 "다리"는 세 개의 가로지르는 부재로 연결된다. 두 개의 가죽 쿠션 중 하나는 프레임에 고정된 넓은 가죽 스트랩이 떠받치는 좌석용이고, 다른 하나는 등을 위한(역시 비슷한 방식으로 고정된) 쿠션이 되어 의자가 완성된다.[47] 형태는 완전히 다르지만, 쉰켈을 포함한 19세기 초 신고전주의자들이 부활시킨 로마 큐룰러 의자Roman curule chairs를 닮았으며, 아마도 미스는 잘 몰랐을 근대 이전의 "접이식 의자"와도 관련이 있다. 미스는 바르셀로나 의자에 많은 프로토타입을 테스트했다. - 너무 많아서 실제로 그는 스태프들에게 실패작

을 집에 가져가라고 했다.

구조적으로(그리고 현실적으로) 바르셀로나 의자는 강철로서만 가능했다. 두꺼운 1/8인치 스틸 프레임은 측면에서 보았을 때 날씬하게 보였으며, 십자가가 교차하는 곳의 용접은 자연스러워 보인다. 그러나 우아하게 둥글려진 용접부는 높은 수공예 기술의 산물이다. 의자는 가벼워 보이는데 - 마치 지지를 받지 않는 캔틸레버 된 의자처럼 보이지만 - 그것을 움직여 본 사람은 그 의자가 엄청 무겁다는 것을 알 수 있다. 시간이 지날수록 좌석과 등받이를 받치는 값비싼 끈이 늘어나고 결국 끊어졌다. 의자의 너비는 75센티미터이며, 미스의 상당한 덩치에도 적합했다. 그러나 대부분의 사용자에게는 너무 낮았고 일부 사용자는 앉았다 일어나기에 어려움을 겪었다. 테겟호프는 의자가 "앉는데 거의 사용되지 않는다는 사실 때문에 다른 의자와 구별된다."고 과장했다.[48] 이러한 조건에도 불구하고 바르셀로나 의자는 반론의 여지가 없는 우아함, 호화스러움 및 고급스러움의 표상이 되었다. 어떤 "디자이너" 의자도 이 의자처럼 고급 인테리어에 많이 사용된 것은 없었다.

미스는 투겐타트 의자, 플랫바 브르노Brno 의자, 데사우 또는 투겐타트 "X-테이블"에서 크롬으로 도금한 플랫바 프레임 실험을 계속했다. 바르셀로나 의자의 경우처럼, 대량생산은 미국 시기의 스태프들 덕분에 1940년대 후반에나 가능해졌다. 그 당시 의자와 테이블을 광택이 나는 스테인리스 스틸로 제조하기 위해 디테일이 수정되어 제작되었다. 그 전에는 몇 개의 의자만이 시카고의 금속 장인 제랄드 그리피스Gerald Griffith에게 주문 제작 방식으로 제작할 수 있었다.[49]

바르셀로나 박람회의 마지막 날은 개막날에 비하면 너무나 우울했다: 1929년 10월 세계 금융 위기가 갑자기 터졌다. 독일관은 박람회가 열리기 전까지 수차례의 경제적 난관을 겪었으나, 개막 후 세계적인 만장일치의 찬사에 고무되었다. 그러나 박람회가 1930년 1월에 끝날 즈음에, 분위기는 반전되어 독일 정부는 찬사에 귀를 닫은 채 전시관에 들어간 엄청난 비용을 회수하기 위해 노력했다. 결국 6개월의 기간 만에 독일관은 해체되었다. 스틸 자재는 조각조각 나누어져 판매되었고, 오닉스 및 기타 대리석은 물론 크롬 기둥은 재활용을 위해 독일로 가져갔다. 그 후, 반세기 동안, 파빌리온은 사진을 통해서만 알려졌고, 그중 가장 잘 알려진 것은 미스가 찍은 사진이었다. 그는 사진의 출판을 면밀히 관리했으며 많은 사진이 리터치 되었다. 어떤 광경은 영원히 사라졌다. 건물은 마지막 순간까지 변경되었기 때문에 전체적으로 한 번도 제대로 도면화된 적이 없었다.

2차 세계대전 직후부터 계속된 수많은 잘못된 시도 이후, 스페인 정부는 1986년 미스 탄생 100주년에 맞춰 제대로 된 복원에 성공했다. 작품의 복원은 건축가 이그나시 드 솔라-모랄레스Ignasi de Solà-Morales, 크리스티안 시리로Cristian Cirici 및 페르난도 라모스Fernando Ramos가 이끌었다. 이들은 새로운 건물은 영구적이어야 한다는 요구에 직면했다. 1929-30년에 자주 지적되었던 처진 지붕을 비롯하여 적절한 대리석 가공 및 특히 오닉스를 확보하고 제조하는 것과 더불어 원래의 실수들을 수정하는 데 주의깊은 고려가 있었다. 모든 작업은 건축가들이 그린 상세한 도면을 바탕으로 만들어졌다.[50]

・・・

바이마르 공화국이 저물어 가던 기간은 미스의 유럽 시절 커리어의 정점이었다.

바르셀로나 박람회가 끝났지만 커다란 주택 작업 덕분에 그의 사무실은 여전히 바쁘게 돌아갔다. 1928년, 미스가 푸쿠스 주택 작업을 마쳤을 때, 푸쿠스는 부유한 체코 출신 신혼부부인 프릿츠와 그레테 투겐타트Fritz and Grete Tugendhat를 미스에게 소개했다. 그레테는 체코슬로바키아의 브르노(독일어로 브룬, 오늘날 체코 공화국의 일부)에서 태어나고 자랐다. 그녀의 가족은 체코슬로바키아의 상류층 독일계 유태인이었고 커다란 방직 공장을 소유하고 있었다.

그레테는 1920년대의 대부분을 베를린에서 보냈고 그곳에서 첫 번째 남편인 한스 바이스Hans Weiss와 결혼했다. 이 기간 동안 콜렉터이자 예술사가이면서 예술계에 영향력이 컸던 푸쿠스를 알게 되었다. 그레테는 이혼한 후 체코슬로바키아로 돌아와 프리츠 투겐타트를 만났다. 그 또한 유태인이자 방직 산업에 종사하고 있었다. 그녀의 아버지는 결혼 선물로 그녀에게 브르노의 커다란 땅에 새로운 집을 지어주겠다고 약속했다. 건축가는 부부가 직접 고르도록 했다. 푸쿠스 하우스는 전통적이었지만 그레테에게 깊은 인상을 남겼다. 그녀는 그 집이 미스 반 더 로에가 디자인했다는 것을 들었다. "나는 항상 깔끔하고 심플한 형태의 널찍한 모던하우스를 원했어요." 그녀는 회상했다. "그리고 남편도 자질구레한 장식과 레이스가 달린 어린 시절의 인테리어를 혐오했죠."[51]

투겐타트 부부는 미스와의 첫 번째 만남 후 상당히 깊은 인상을 받았다: "우리가 그를 만난 처음 순간부터," 그레테가 이야기했다. "그가 우리의 집을 디자인할 건축가라는 것을 확신했습니다. 그의 개인적인 매력에 대단히 끌렸습니다... 그가 건축에 관해 말하는 것을 듣고 있으면 진정한 예술가를 만나고 있다는 생각이 들었습니다."[52] 미스의 제안에 따라 투겐타트 부부는 구벤Guben으로 가서 자신의 대지와 비슷한 슬로프의 정상에 위치한 울프 하우스를 봤다. 그들은 상당히 감명받았다. 그들 부부는 또한 미스가 예전 스타일로 디자인한 집들도 둘러봤고 바이센호프지들룽도 출판물을 통해서 접했다. 미스를 선택했을 때 바르셀로나 파빌리온- 아직 지어지지 않았기에 -에 대해서는 알지 못했다.

1928년 9월, 미스는 브르노로 가서 도시의 멋진 전경과 스필베르그 성Spielberg Castle을 내려다보는 언덕 위에 위치한 투겐타트의 널찍한 땅을 둘러봤다. 그는 베를린으로 돌아오자마자 바로 작업을 시작했다. 바르셀로나 파빌리온과 투겐타트 하우스는 거의 동시에 디자인이 진행되었기에 그 개념과 디테일에 있어서 상당히 많은 부분을 공유했다.

"연말이 가까워 왔을 때," 투겐타트 부인이 계속했다,

미스는 우리에게 디자인이 거의 완성되었다고 했습니다. 새해 전날 이른 오후 시간에 우리는 그의 스튜디오로 들어섰습니다. 우리는 친구들과 연말 파티를 하기로 예정되어 있었지만 그 대신에 미스와의 미팅이 새벽 1시까지 이어졌습니다. 처음에 우리는 둥글고 직사각형의 벽이 서 있는 거대한 방의 평면을 봤습니다. 그 후 우리는 약 5미터 간격으로 서 있는 작은 십자가를 봤고 그게 무엇인지 물어봤습니다. 미스는 자연스럽게 대답했습니다. "그것들은 전체 건물을 떠받치는 쇠로 된 기둥입니다."[53]

바르셀로나의 구조 프레임이 브르노에서 다시 사용되었고, 이곳에서도 질서정연한 스틸 구조의 그리드와 풍부한 재료로 된 우아한 벽들이 자유롭게 흐르는 내부 공간을 만들었다. 투겐타트 부부는 원래 작고 검소한 집을 마음속에 품고 있었다.[54] 그들의 요구 사항은 운전기사 가족과 가정 교사, 요리사 그리고 두 명의 다른 하인을 위한 숙소를 포함했다. 적어도 "검소한 집"보다는 더 커다란 요구 사항들에 따라 8,000제곱피트의 건축 면적에 3개 층으로 된 연면적 10,000제곱피트의 내부 공간과 3,000제곱피트의 테라스 공간을 포함한 집이 되었다.(사진 4.18)

3,500제곱피트의 위층은 주로 침실이 있고 뒤쪽으로 도로와 면해 입구를 덮는다. 거리를 면한 부분은 주거 영역과 서비스 영역 및 차고로 나뉜다.(사진 4.19) 서비스 영역에는 위층에 운전기사의 숙소가 있고 그 바로 밑에 부엌과 하인의 영역이 위치해 있다. 두 개의 영역 사이의 공간은 스필베르그 성을 바라보는 뷰가 보이는 얇은 슬래브로 덮여 있다. 거리를 면한 침실 영역은 하나는 두 개의 아이들 방과 가정 교사의 방(게스트룸으로 두 배 확장할 수 있다), 다른 하나는 부모를 위한 방들로 된 두 개의 블록으로 나누어져 있다. 두 개의 침실 블록 사이 복도를 통해 오픈 테라스로 연결된다.

가정 교사의 침실을 제외한 모든 침실은 넓게 열린 남서쪽 뷰를 가진 테라스와 연결된다. 두 배로 커진 테라스는 아이들을 잘 지켜볼 수 있는 놀이 영역이 된다. 이러한 사적 영역의 계획도 확실히 바르셀로나에 빚을 지고 있다. 미스는 처음에는 이 레벨 역시 독립적으로 서 있는 기둥들이 구조를 "표현하길" 원했다. - 그들은 리빙 공간의 주요 요소이고, 우리가 보다시피 - 그러나 투겐타트씨는 아이들이 "부딪칠 수도 있다고" 생각했고 미

스는 기둥들을 벽 안으로 숨기는 데 동의했다. 이것은 그가 동의한 얼마 안 되는 타협 중 하나이다. (프릿츠 투겐타트가 미스의 바닥에서 천장까지 닿는 커다란 문이 휘지 않을까 이야기했을 때 - 실제로 그것들은 휘지 않았다 - 미스는 물러서지 않았다: "그렇다면 난 이 집을 짓지 않을 것입니다.")[55]

위층 입구의 둥그런 유리벽은 메인 거실 영역으로 내려가는 스파이럴 계단을 감싸고 있다. 거실 영역은 3,000제곱피트에 이르는 커다란 하나의 공간으로서 남쪽과 서쪽이 유리벽으로 막히고 "휘어진 벽과 직사각형의 벽"[56]이 있었다. 계단을 통해 접근하는 이 공간은 또한 서쪽 테라스를 통해 외부로 열린다. 아래쪽 정원으로부터의 진입은 계단을 통해 이루어진다. 바르셀로나와 똑같은 방식으로 메인 레벨의 남측면과 평행하게 놓인 계단 끝의 테라스에서 U턴을 통해 실내로 들어선다.

메인 거실 공간에는 구조를 위한 스틸 기둥 그리드가 있다. 각각은 십자형 평면이지만 단면이나 접합 방식이 바르셀로나 파빌리온의 십자형 기둥과 똑같지는 않다.(사진 4.20) 이 기둥들은 지하층에서부터 이어져서 거실 공간을 지나 위층을 떠받치고 있다. 구조 그리드의 정확한 치수는 4.9x5.5m이지만 특별한 이유는 없었다. 공간의 중심에 기둥들과 상관없이 오닉스 도리로 된 벽이 있었다. 미스가 묘사하길 "노란 허니와 하얀 줄무늬로 된 젊은 소녀의 머리카락 색깔". 정원과 더 가까이 나무로 된 반원보다 약간 더 둥그런 벽은 검은색과 밝은 갈색의 마카사르 에보니 재질로 되어 있었다. 이 나무는 미스가 파리에서 직접 골랐다고 한다. 이 두 개의 "벽들"은 메인 공간에서 다양한 기능을 한다. 바르셀로나와 같은 디테일로 마감된 오닉스 벽은 가상의 난로와 같은 역할을 한다. 그 벽은 또한 거실 공간과 바로 뒤에 미스와 라이히가 디자인한 책상과 가구가 놓인 프릿츠 투겐타트를 위한 '스터디룸'을 분리한다. 에보니 월은 좀 더 직접적으로 공간을 한정한다. 이 경우 도면에 다이닝의 숨은 공간niche이라 표시된 부분은 라운드 테이블을 중심으로 주변으로부터 시선이 가려지고 정원을 향한 뷰는 열려 있다.(사진 4.21) 공간의 서쪽 끝에는 건물만큼 긴 파사드로부터 셋백된 내부 유리벽이 윈터 가든을 만든다. 바르셀로나에서와 같이 투겐타트 하우스에도 윌헬름 렘브룩의 우아한 조각상이 오닉스 월 한쪽 끝에 서 있다:

커다란 공간은 가구의 위치에 따라 구별 가능하고 기능에 따라 두 개로 나누어질 수 있다. 오닉스 벽 반대쪽으로 스터디룸의 북쪽에는 서재가 커다란 틈새 공간을 차지하고 있다. 그리고 기다란 캐비닛으로 나누어진 코너를 돌면, 그랜드 피아노가 "뮤직룸"을 한정한다. 이 요소들은 오직 커다란 하나의 내부 공간이라는 근본적인 인식을 나타낸다. 오닉스와 마카사르 벽들과 세심하게 놓인 가구들을 통해 이곳이 주거임을 알 수 있고, 그 공간은 바르셀로나 지붕 아래에서처럼 안과 밖으로 다이내믹하게 흐르지는 않는다. 비록 외부와의 연결이 훨씬 강력한 테마이지만 내부 공간의 경험은 한정적이고 외부로 향

사진 4.18
체코슬로바키아의 브르노에 있는 투겐타트 하우스(1930). 도로 아래 레벨에서 주요 거실공간을 바라보는 전경. 그 집의 충분한 예산 덕분에 미스는 그의 유럽시절 작업 중에서 가장 많은 창의적인 결과물을 만들어 냈다.

사진 4.19
체코슬로바키아의 브르노에 있는 투겐타트 하우스(1930). 도로에서 서쪽에 있는 가운데 입구를 바라보는 전경. 미스의 많은 유럽시절 주택의 대지처럼, 투겐타트 대지도 가파른 경사지에 있었고 집으로 들어가는 입구는 "뒷쪽"에 놓여있다.

사진 4.20.
사진 4-18. 체코슬로바키아의 브르노에 있는 투겐타트 하우스(1930), 내부. 오닉스 벽과 바로 옆의 십자형 기둥들이 있는 남서쪽을 바라보는 주요 거실공간. 오른쪽에 3개의 투겐타트 의자가 있다. 오닉스 벽의 왼쪽은 가구로 구분된 프리츠 투겐타트의 "스터디" 공간이다. 바닥의 하얀색 리놀륨은 하얀색 플라스터 천장을 보완하기 위함이었다

하지는 않는다. 실제 사람이 거주하는 집이기 때문에 안과 밖이 나누어질 수밖에 없었다.

서쪽과 남쪽의 유리창은 외피로서 기능하지만, 몇몇 부분은 꼭 그렇지는 않았다. 남쪽의 유리창은, 55피트 길이에 윈터 가든을 면하고 있다. 80피트가 넘는 서쪽벽은 말 그대로 정원을 향해 열린다.(사진 4.22) 각각의 바닥에서 천장까지 닫는 이 유리창은 거대하다. - 브론즈로 된 프레임의 15피트짜리 거대한 유리창이다[58] - 서쪽 벽의 하나 건너 하나씩은 그 유명한 센크펜스터 메커니즘Senkfenster mechanism을 통해 전기 장치로 아

래로 완전히 내려질 수 있다. 이 시스템은 2년 전에 크레펠드 하우스에 최초로 설치되었다.[59] 거대한 거실 공간은 기능적으로 테라스 역할을 하고, 외부로부터 몇 피트밖에 떨어지지 않은 다이닝 영역 또한 바로 열릴 수 있다. 투겐타트 부부는 그 집이 완벽하게 작동했다고 했다; 난방과 에어컨디셔닝 시스템을 통해 1년 내내 쾌적했고, 심지어 겨울에도 거대한 창문을 열어 종종 오후의 햇빛을 받았다.

투겐타트 하우스의 1층을 매력적으로 만드는 것은 랩소디 같은 공간의 흐름이다. 그러나 그 효과는 완벽하게 조직된 건축적인 요소들 덕분이다. 미스의 엄격한 비례를 포함한, 조용한 크롬 기둥의 질서, 호화로우면서 동시에 미니멀한 재료의 사용, 다양한 가구들, 집요한 디테일로 이루어진 환경. 60,000라이히마르크가 들어간 오닉스 벽은 웬만한 중산층 집값과 맞먹었다. 미스는 주요 공간의 바닥에 하얀색 리놀륨을 골랐고 - 당시에는

사진 4.21
체코슬로바키아의 브르노에 있는 투겐타트 하우스(1930). 다이닝 공간을 위한 반원형의 마사카르 에보니 벽이 있는 북측전경. 다이닝 테이블은 가장 작은 모양일 때는 튜브형 또는 플랫바로 된 5개의 브르노 의자를 놓을 수 있다. 그와는 대조적으로 4-23은 같은 테이블이 펼쳐진 형태의 모습을 보여주는 평면도 이다.

사치스러운 재료였다 - 하얀색으로 천장을 칠했다. 트래버틴은 위층의 출입구 홀과 윈터 가든 그리고 부분적으로 남쪽 테라스 및 계단의 일부분에만 쓰였다. 오닉스 월 앞에 손으로 짠 울 카펫이 깔려 있고, 그 뒤 스터디룸에는 갈색 울 카펫이 깔려 있다. 커튼 - 검은색 야생 실크 및 윈터 가든 벽의 검은색 벨벳 그리고 서쪽 벽의 베이지 야생 실크 -을 치면 전체 공간이 외부와 단절될 수 있다. 트랙 달린 커튼을 사용하여 공간을 작게 나눌 수도 있었다.

투겐타트 하우스만을 위해 새로 디자인된 가구와 조명 기구들은 투겐타트 부부의 아낌없는 지원 덕분에 가능했다.[60] 미스와 라이히는 미스의 프로젝트 중 가장 많은 가구와 붙박이장을 만들었다. 그리고 하인들의 영역을 제외한 모든 방들은 조명과 문손잡이까지도 맞춤 제작되었다.[61] 미스와 라이히는 심지어 서재의 철제 사다리도 주문 제작하였다.[62] 어떤 붙박이장들은 매우 복잡했는데, 특히 다이닝 테이블에서 두드러진다. 그것은 반지름 7미터의 둥그런 에보니 벽 중심에 놓인 테이블은 크롬으로 도금된 십자형의 받침대로 고정되었다.

다이닝 테이블의 평상시 형태는 직경 1.4미터에 8개의 의자가 놓여있지만, 접혀진 날

사진 4.22
체코슬로바키아의 브르노에 있는 투겐타트 하우스(1930). 정원쪽 외부 계단에서 거실공간을 바라보는 남동쪽 전경. 이쪽 면에 있는 두개의 커다란 창문이 그 유명한 Senkfenster이다. 이 창문은 기계장치에 의해 낮춰질 수 있다. 사진제공: MoMA 미스 반 더 로에 아카이브

사진 4.23 (오른쪽면) 체코슬로바키아의 브르노에 있는 투겐타트 하우스(1930). 2중으로 펼쳐질 수 있는 테이블탑을 보여주는 다이닝 테이블 평면. 가장 큰 형태는 18명을 수용할 수 있다. 접혀진 "날개들"과 지지대, 여분의 의자들이 사용하지 않을 때는 창고에 보관되어 있었다. 가운데 지지대는 그 집의 기둥과 같이 크롬으로 마감된 십자형태이다. 휘어진 벽의 9시 방향에 캔틸레버된 서빙용 선반이 보인다.

개와 추가로 다리를 세울 수 있는 테이블 밑의 망원경 같은 메커니즘으로, 지름 2.2미터와 3.3미터의 두 단계로 확장 가능하여 최대 18명까지 수용할 수 있다.(사진 4.23) 20인치 두께의 서빙 선반은 에보니 벽 안에 숨겨진 스틸 브라켓으로 캔틸레버 되어 지지되었다.[63]

두 개의 의자가 여기서 다시 사용되었다: 팔걸이가 있는 것과 없는 MR과 새로운 바르셀로나 의자와 오토만. 전통적인 두툼한 의자만큼이나 - 팔걸이가 있는 것도 포함하여 - 편안한 모던한 가정집 라운지 의자를 만들기 위해 미스는 평철을 사용하여 탄력 있는 캔틸레버 다리가 있는 투겐타트 의자를 디자인했다.(사진 4.24) 스틸 프레임 사이의 가죽 스트랩에 지지되는 쿠션은 바르셀로나 의자와 같았다. 팔걸이가 있는 MR 사이드 체어를 다이닝 의자로 변형시키기 위해 미스는 팔걸이에서 바닥까지 좀 더 평평한 곡선을 만드는 브르노 의자를 디자인했고, 덕분에 의자를 테이블에 좀 더 가까이 놓을 수 있었다(사진 4.25); 튜브와 평철로 된 두 가지 버전의 의자가 개발되었다. 투겐타트를 위해 디자인된 또 다른 가구는, 나중에 여기저기에 쓰였지만 X-커피테이블이 있었다. 네 개의 L-모양의 크롬바가 십자로 만나 장사각형의 20밀리미터 두께의 유리를 받치고 있었다. 테이블 탑은 한 면이 1미터의 정사각형인 플라토닉한 완벽함 그 자체였다.[64] (사진 4.26)

투겐타트 하우스의 가구 디자인은 실내에만 그치지 않았다. 아이들 방 밖의 테라스에는 주문 제작된 벤치와 격자 구조물이 있는데, 다이닝 구석에 있는 에보니 월 같이 반원형 평면이었다. 비슷한 기다란 벤치와 또 다른 커다란 격자 구조물, 그리고 특별히 주문 제작된 화분이 놓여 있었다. 두 개의 콘크리트로 된 다이닝 테이블도 디자인되었지만 실제로 만들어지지는 않았다. 그것들이 테라스를 살짝 터치하는 것처럼 보이게 만들기 위해 지지대는 루프탑 포장 레벨의 아래로 숨겨졌다. 난간과 펜스, 출입문 그리고 조명들이 미스와 그의 스태프들에 의해 세심하게 디자인되었다.

비록 인테리어와 가구들은 그에 걸맞게 유명해졌고 현대에 지어진 집들 중 토탈 아트 워크Gesamtkunstwerk와 다름없다는 평가를 받았지만, 프리츠 투겐타트가 처음부터 모두 다 받아들였던 것은 아니었다. 미스는 1959년 인터뷰에서 회상했다: "나중에 투겐타트 씨가 나에게 말했습니다: "나는 모든 것을 받아들이겠지만 가구는 절대 안됩니다." 나는 '그것은 정말 안됐군요.'라고 말했습니다. 나는 베를린에서 브르노로 가구를 보내기로 결정하고 담당자에게 이야기했습니다; '당신이 가구를 가지고 있다가 점심식사 바로 전에 그에게 전화를 해서 가구를 가지고 왔다고 연락하세요. 그는 화를 내겠지만 그 정도는 예상해야 합니다.' 가구들을 보기도 전에 그[투겐타트]는 말했습니다. '가지고 나가세요.', 하지만 점심을 먹고 나자 그는 가구를 좋아했습니다. 나는 건축주를 건축가가 아닌 아이처럼 다루어야 한다고 생각합니다."[65]

CHAPTER FOUR

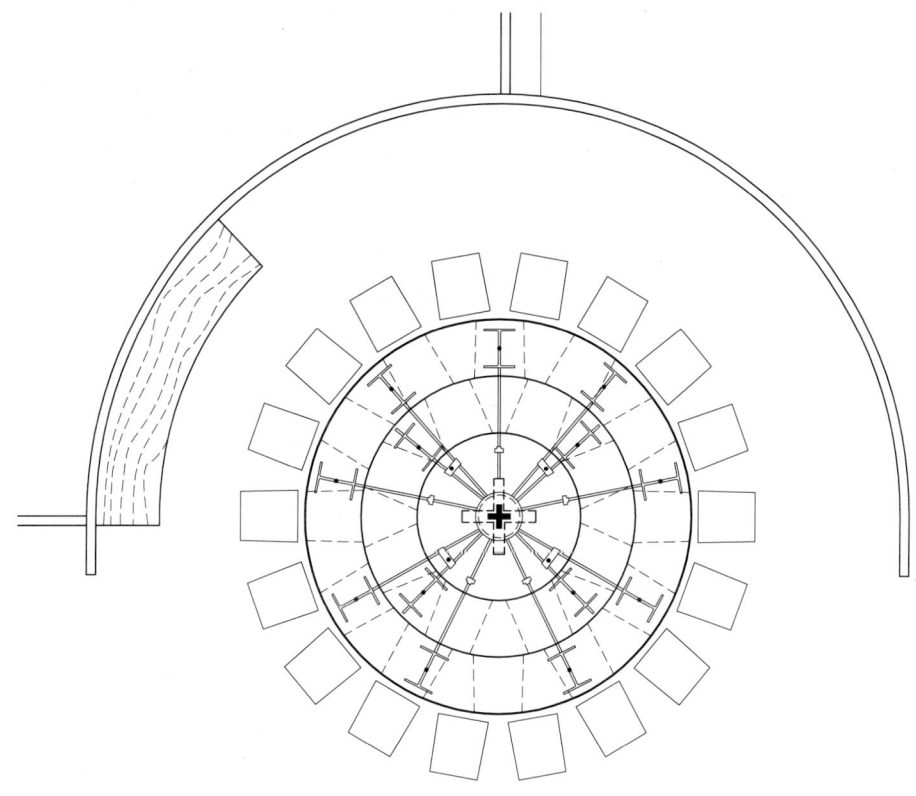

미스는 그 후 독일에서 8년 더 있었지만 투겐타트 하우스는 그의 유럽 시기 마지막으로 중요한 주택 작업이 되었다. 정치적으로 자유주의적인 투겐타트 부부는 나치가 체코슬로바키아를 점령하기 1년 전인 1938년에 브르노를 벗어나 스위스로 도망갔지만, 프리츠와 그레테의 부모님들과 그들 가족들 중 상당수는 홀로코스트에서 죽음을 당했다. 프리츠는 브르노에 남아 몇 개월 더 머물렀고 그 와중에 몇 개의 가구는 건질 수 있었다. 전쟁이 시작되자 그 집은 차례로 망가져 갔다. 유태인 소유의 집이었기 때문에 1942년에 나치가 빼앗았고 거의 다 파괴했다. 남아 있는 가구들은 체코슬로바키아에 있는 다른 유태인의 재산처럼 징발되거나 경매에 부쳐졌다. 1944년에 동부 전선에서 독일군이 패퇴하자, 붉은 군대가 그 집을 점령했다. 러시아인들은 정원의 계단으로 말을 타고 오르내렸고 오닉스 벽 앞에서 불을 피우고 소를 구워 먹었다. 마카사르 벽은 사라졌고, 렘브룩 토르소도 언제 사라졌는지 알 수 없었다. 그 집은 여전히 그 자리에 서 있지만, 한동안 1933년의 극단주의 이후에 일어났던 모던 운동에 의해 가장 고통받은 희생양이 되었다. 여러 차례에 걸친 복원을 통해 - 마지막에는 좋은 퀄리티로 - 2012년에 본 모습을 찾을 수 있었다.

사진 4.24
투겐타트 의자, 팔걸이가 있는 버전(1930). 비록 그 의자는 2차세계대전 이후에 놀 Knoll사에 의해 대량으로 생산되었지만, -훨씬 더 편안함에도 불구하고 - 바르셀로나 의자 만큼의 인기는 얻지 못하였고 1976년 이후 생산이 중단되었다.

바르셀로나 파빌리온과 달리, 투겐타트 하우스는 독일에 잘 알려지지 않았고, 미스와 함께 그 집을 방문했던 필립 존슨에 의해 1932년의 모마에서의 전시를 통해 국제적인 명성을 얻었다. 그러나 처음부터, 그 집에 대한 논쟁이 끊이지 않았다. 쥬스터스 비어Justus Bier는 디 폼의 '사람이 투겐타트 하우스에서 살 수 있을까?'라는 기고문에서 부정적인 평가를 내렸다.66 그것은 집이 아닌 보여지기 위한 전시품일 뿐이고, 그것의 '소중한' 공간들과 뽐내는 가구들은 친밀함과 개성을 억누른다고 주장했다. 디 폼은 그에 대한 투겐타트 부부의 반박도 실었다. 그레테는 에디터에게 보낸 편지에서 "[그녀는]...그 공간이 너무나도 소중하다고 느껴본 적은 없었고, 누군가가 억누르는 방식이 아닌 보다 자유롭게 하는 방식으로 금욕적이지만 풍부하다고 느꼈습니다."67 프리츠 투겐타트는 여기에 더해서 이야기했다:

주요 공간에 아무 그림이나 함부로 걸 수 없다는 것은 사실입니다. 같은 이유로 오리지널 가구들의 스타일리시한 통합성을 파괴할 가구 하나 마음대로 들여놓을 수 없었습니다. - 그러나 우리의 "개인적 삶이 억눌렸나요?" 그러한 이유때문에? 비할 수 없

는 대리석의 패턴과 나무의 자연적 무늬가 예술의 자리를 빼앗기보다는 오히려 예술의 일부가 됩니다.⁶⁸

건축주와 비평가들은 미스가 바이센호프지들룽 이전부터 강조해 오던 건축의 정신적인 면을 최우선 순위에 놓았다는 것에 있어서 미스와 함께했다. 비어는 미스가 "일상적인 삶과 자고 먹는 집이 아니라 그의 능력을 최대한으로 발휘할 수 있는"⁶⁹ 프로젝트를 맡지 못한 것에 대해 개탄했다. 아마도 가장 믿을 만한 판단을 내릴 수 있는 사람일 그레테 투겐타트는 미스가 "단순히 일상이 필요로 하는 것을 넘어서 삶의 정신적 감각을 고양시키는 작업을 했다."고 주장했다.⁷⁰

사진 4.25
브르노 의자, 플랫바 버젼(1930). 브르노 의자는 다이닝이나 데스크 의자로 쓰기 위해 MR 디자인의 "납작한 앞면이 있는" 변형이다. 플랫바 버젼은 너무 무거워서 움직이기가 거의 불가능했다.
사진제공: MoMA 미스 반 더 로에 아카이브.

사진 4.26
X-테이블, 체코슬로바키아의 브루노에 있는 투겐타트 하우스 (1930). 유리로 된 윗부분은 한쪽 면의 길이가 1미터이다. 다리의 수평부분은 바르셀로나 의자의 크로스 부분과 비슷하게 조인트 부분에서 용접된다.(더 먼저 디자인됨).
사진제공: MoMA 미스 반 더 로에 아카이브

• • •

1929년 1월, 투겐타트 하우스 작업이 한창 진행 중일 때 미스가 에이다랑 헬라우에서 법정 다툼을 벌이고 있을 당시 알게 된 저명한 화가인 에밀 놀데가 베를린 - 젤렌도르프에 그와 그의 부인을 위한 집을 지어 달라고 요청했다. 놀데는 빡빡한 스케줄을 들이밀면서 바로 조르기 시작했다:

만약... 당신이 [4월13일]까지 우리가 1929년 9월 15일까지 입주할 수 있다고 약속하지 않는다면 - 나는 당신이 약속한 8월 말 데드라인보다 2주 더 연기했습니다 - 나는 당신이 반복해서 나에게 약속했지만, 결국 약속을 지키지 않는 사람이라고 생각할 수밖에 없습니다. 그러면 나는 불행히도 당신과 함께할 수 없을 것입니다. 나는 당신을 예술가로서 높게 평가하기 때문에 이 결정은 나를 실망시킬 것입니다.[71]

미스는 그의 디자인을 정해진 기간 안에 완성했다 - 4월 13일 -. 그러나 알려지지 않은 이유 때문에 그 집은 지어지지 않았다. 도면을 보면 1층짜리 철골 구조와 벽돌 벽 그리고 부분적으로 지하가 있는 집이다. 거기에는 유리로 된 벽과 십자형 기둥의 그리드가 있고 거실, 작업실, 그리고 지원 영역으로 된 여러 가지 버전의 평면이 있다. 거실은 투겐타트 하우스와 비슷하게 윈터 가든을 내다볼 수 있다. 출입구에서 현관을 지나 하인의 영역, 거실 그리고 아티스트의 아틀리에로 바뀔 수 있는 100제곱미터의 갤러리로 갈 수 있다. 아틀리에는 창문이 없지만 천창에서 빛이 떨어졌다.

. . .

1930년에 미스는 가장 중요한 작업을 했지만 - 바르셀로나 파빌리온과 투겐타트 - 그에 못지않게 여러 가지 좌절과 경제적 어려움을 겪었다. 프로젝트의 취소는 여러 가지 좌절의 첫 번째였고, 실행에 옮긴 프로젝트조차도 결국에는 적자로 끝났다. 커다란 실망 중 하나는 1930년에 열린 칼 프리드리히 쉰켈이 디자인한 베를린의 노이에바흐 Neue Wache 리모델링 현상 설계였다(사진 4.27). 정부는 그 건물을 1차 세계대전에서 전사한 독일인들을 위한 메모리얼로 만들기로 결정했다. 지하층은 기념 전시물을 위한 공간으로 사용될 것이었다. 미스는 장대한, 타이니안 대리석 벽으로 둘러싸고 트라버틴 바닥이 가운데에서 살짝 꺼진 입방체의 공간을 제안했다.

나지막한 검은색 판의 가장자리에는 독일 독수리 마크와 죽은 자에게 DEN TOTEN라는 글자가 새겨졌다. 미스 디자인이 가진 힘은 모뉴멘탈하고 절제된 표현에 있었다. 그러나 심사위원들은 1등 상을 하인리히 테세나우에게 주었다.[72]

또 다른 미스의 실패는 크레펠드에 있는 골프클럽 초청 공모전이었다. 공모전 참가자들에게 초청장은 1930년 8월에 전달됐다. 미스는 2개의 안을 제출했다. 첫 번째는 인공적으로 조성된 둔덕 안에 만들어진 탈의실과 코치 및 관리자 아파트를 포함한 클럽 하우스였다. 둔덕 꼭대기에는 얇은 기둥들이 둘러싼 원형의 오픈 파빌리온이 있다. - 미스의 작품 스타일과는 전혀 달랐다. 옆에 세워진 각진 유리벽은 파빌리온을 바람으로부터 보호하고 지붕 있는 열린 베란다를 요구했던 컴피티션의 요구 조건을 만족시키기 위함이었다. 널찍한 계단이 둔덕 끝에 있는 테라스로 이끈다.

또 다른 대안을 제시하기로 한 미스의 결정은 아마도 그의 스타일과는 너무나도 다른 (그리고 설명되지 않은) 것에 영향을 받은 것 같다. 이유가 무엇이건 간에, 그의 두 번째 제안은 특이했다. 평평한 땅 위에 지어진 3개의 날개로 된 단일 건물로서 테라스 주위로 원심력을 받은 듯이 조직된 내부 공간이었다. 하나의 날개는 친교방과 커다란 리셉션 홀

사진 4.27
노이에비흐 전쟁기념관 프로젝트, 베를린-미테(1930). 9월 혁명을 위한 기념비처럼(3-13), 미스의 현상설계 참가작은 비록 화환이나 조형물 같은 전통적인 방식은 아니지만 감정을 불러일으키도록 의도되었다. 바닥이 살짝 들어간 부분에 놓인 검정색 돌 위에 DEN TOTEN(죽은 자를 위해)라는 글자가 새겨져있다. 베를린에 있는 쉰켈의 노이에바흐 하우스(2.7) 지하공간의 중심에 돌로 덮인 거대한 방이 있다. 뒷쪽의 출입구를 통해 몇 그루의 나무들이 보였을 것이다. 미스의 제안은 받아들여지지 않았다.

이 있고 두 번째는 탈의실 및 사무실, 아파트, 세 번째는 주차를 위한 기다란 외부 공간이었다. 세계적인 금융 위기가 시작되자 클럽의 사장은 프로그램을 줄이기로 결정했고, 미스는 두 번째 현상 설계에 참가하기로 동의했다. 미스에 따르면 빡빡한 스케줄 탓에 제출 기한을 연장 받았다. 기록이 남아 있지 않기 때문에 그가 새로운 디자인을 제출했는지는 알려져 있지 않았다. 경제위기 때문에 컴피티션이 없어진 것일 수도 있다.

정치적 위기와
바우하우스의 종말: 1930-36

[5]

나는 세상을 개혁하는 사람이 아닙니다; 그전에도 아니었고 앞으로도 그렇게 되고 싶지 않습니다.
나는 건물에만 관심있는 건축가입니다.
미스, 자신의 정치적 성향을 말하며

바우하우스는 우리의 적들로부터 도움을 받고 있습니다. 우리는 정신적인 영역에서 서로 적으로서
대치하고 있는 것과 같습니다.
알프레드 로젠버그, 나치 관리

전체주의 국가는 대중들에 전적으로 의존합니다. 우리는 파도를 타고 힘차게 춤을 추어야 하며, 파도가 우리를 지지하지 않는다면 밤새 사라질 것입니다. 우리 뒤에 있는 대중은 매우 다른 생각에 의해 움직이기 때문에 나는 미스를 위해 아무 것도 할 수 없습니다. 미스를 추천한다면, 그것은 전혀 호의적으로 보이지 않을 것입니다.
요제프 괴벨스, 나치 선전장관, 릴리 본 슈니츨러에게 말하며, 1933

    미스가 1931년 디자인한 뉴욕의 아파트는 그 자체만 보면 그럭저럭 괜찮았다. 클라이언트는 24세의 미국인으로, 클리블랜드 출신의 필립 코틀류 존슨Philip Cortelyou Johnson으로 하버드에서 교육을 받았고, 독일어를 할 줄 알았고, 똑똑하고 자기주장이 강했으며 뉴욕 현대 미술관Museum of Modern Art의 유능한 젊은 디렉터인 알프레드 바Alfred H. Barr Jr.와 활발한 교류를 하고 있었다. 존슨은 1930년 여름 유럽을 돌아다니며 미국에 거의 알려지지 않은 새로운 건축을 연구하며 대부분의 시간을 보냈다.[1] 그곳에서 그는 헨리-러셀 히치콕Henry-Russell Hitchcock이 좋아했던 르 코르뷔지에나 오우드J. J. P. Oud 보다 더 훌륭한 건축가라고 생각했던 미스의 작업을 처음으로 직접 봤다. 1929년 히치콕은 모던 아키텍쳐Modern Architecture를 출판했으며[2] 2년 후인 1932년 존슨, 히치콕, 바는 MoMA의 전설적인 인터내셔널 모던 건축 전시International Modern Architecture Exhibition를 개최했다. 존슨의 아파트가 미국에서 미스의 첫 작품이었지만 MoMA 전시회를 통해 그의 작업이 최초로 널리 알려졌다.
    424East 42th St.에 있는 550평방피트 크기의 아파트는 현관과 벽난로가 있는 거실, 침실, 식당과 주방으로 구성되어 있다. 사진과 그림으로 판단할 때, 작업은 보통의 인테

리어 디자인이었지만, 미스와 라이히의 가구 및 붙박이장(릴리 라이히의 손길은 남아 있는 도면을 통해 알 수 있다)[3]을 주문 제작했다. 거실의 벽난로 주변으로 바르셀로나 의자 2개, 투겐타트 의자 1개, 바르셀로나 오토만, 파슨스 테이블 주변의 낮은 소파(때로는 낮잠 침대라고도 함)를 비대칭 형식으로 배치하였다. 그랜드 피아노는 미스의 MR 스타일 피아노 벤치와 반대편 벽에 있었다. 놀 인터내셔널Knoll International에서 지금도 생산되고 있는 소파[4]는 원래 존슨 아파트를 위해 디자인되었다.[5] 확실히 아름답지만, 기묘한 구조적 혼합이며 나무 프레임이 크롬 도금(나중에 스테인리스)된 파이프로 지지된다. 최근 학계에선 낮잠 침대의 디자인을 릴리 라이히가 한 것이라 추정한다. 그녀가 혼자 디자인한 가구에서 종종 튜브 대나무 조합으로 작업한 것이 보인다.[6] 거실의 이중창(및 라디에이터)은 커튼으로 벽처럼 차단되었다. 주문제작 가구로는 두 세트의 책꽂이, 가죽으로 장식된 책상과 침실용 옷장, 거실에는 그림을 보관하기 위한 길고 좁은 나무 캐비닛이 있다. 튜브형 강철은 침실에 설치된 책장을 받치기 위해서 뿐만 아니라 책상 다리에도 사용되었다. (동일한 모티프가 투겐타트 하우스에 사용되었다.) 모든 가구와 목공예품은 독일에서 제조되었다. 존슨이 원했던 것처럼, 이 아파트는 미국에서 가장 최신 인테리어 중 하나였다. 그는 1932년 MoMA 전시에 자신의 거실 사진을 자랑스럽게 걸었다.

새로운 세계에 미스를 소개한 사람은 존슨이었다. 그 후 40년 동안, 두 사람은 냉탕과 온탕을 왔다갔다하는, 지적인 협력과 개인적 적개심으로 가득 찬 관계를 유지할 것이었다. 그 둘의 관계의 본질은 사라질 운명에 처한 대가를 향한 장래가 촉망되는 청년이 느낀 진정한 감탄이었다. 존슨은 무한한 자원의 땅인 미국의 부와 권위를 상징했다. 미스는 계층 간 이동이 거의 없는 나라의 밑바닥에서 오직 재능만으로 높은 위치로 올라섰다. 존슨은 미스의 관심을 끌었다. 미스는 항상 권력에 이끌렸고 특히 권력이 그에게 향하는 경우 더욱더 그러했다. 동시에, 미스의 자존심은 그와의 거리를 유지하도록 했다. 둘의 관계는 부침을 거듭하며 1년 사이에 급격히 가까워졌다.

"우리는 슐리히터Schlichter의 그림을 보러 종종 가곤 했습니다." 존슨이 기억했다. "나는 그의 비용을 지불해야 했습니다. 그것은 정말로 비쌌으며 내가 알기로 미스는 그것을 낼 돈이 없었습니다. 1930년에 그는 내 아파트 작업만이 있었습니다.[7] 그는 이것이 마치 6개의 고층 건물인 것처럼 작업을 했습니다. 그 아파트에 투입한 노력은 정말로 엄청났습니다." 존슨의 "수입이 없음"에 대한 언급은 미스가 재정적 어려움에 처해 있다는 이후의 주장을 설명할 수 있다. 실제로는 미스는 바우하우스에서 11,200 라이히마르크의 연봉을 받았는데 당시 상당한 액수였지만 미스는 존슨의 생각을 굳이 바꾸려 하지 않았다.[8]

[미스]는 시골길을 운전하는 것을 좋아했습니다. 그것이 내가 그를 만날 수 있는 유

일한 방법이었습니다… 그가 가장 좋아하는 건물은 할렌키르헨Hallenkirchen(홀 교회)이었으며, 슈테틴Stettin 북쪽 뤼베크Lübeck 방향으로… [Backsteingotik(벽돌로 된 고딕 건물)]의 큰 교회들은 할렌Hallen에서 그가 가장 편하게 느꼈던 곳이었습니다. 나는 그를 쉰켈에 대해 이야기하게 하려고 애썼습니다. 그러나 그는 내 질문에 단지 예스라고 답했고, 페르시우스 하우스Persius House랑 비슷한 초기 작품[펠스-푸쿠스 하우스]을 디자인했음에도 불구하고 그에 대해 이야기하지 않으려고 했습니다. 내가 처음 그것[건물]을 발견했을 때 나는 기쁨으로 들떴었습니다. "오, 당신은 페르시우스를 아는군요." 하지만 그는 그 건물을 몰랐습니다. 적어도 이름으로는.[9]

존슨의 불만과는 상관없이 미스에 대한 존경심은 점점 더 커졌다. 그들은 거의 완성되어가던 투겐타트 하우스를 함께 방문했는데 존슨은 미스도 그것을 처음 봤다고 했다.[10] 깊은 인상을 받은 존슨은 나중에 미스가 MoMA의 전시회에서 중요한 자리를 차지하도록 했으며, 심지어 그에게 전시를 직접 디자인하도록 했다. 미스에 대한 존경심은 바도 마찬가지여서 1930년 베를린을 방문한 그가 중요한 후원자 중 한 사람인 존 D. 록펠러 주니어John D. Rockefeller Jr. 여사의 도움을 받게 하기 위해 많은 노력을 기울였다. 1931년 초 존슨은 베를린에서 그녀에게 편지를 썼다. "9월의 전시 디자인을 해야 할 시간이 다가오고 있을 때 최고의 건축가가 이미 준비되어 있다는 것은 매우 고무적입니다. 귀하의 협조와 관심은 특히 지금 같은 준비 기간에 큰 의미가 있습니다."[11]

존슨의 관심과 전시에 대한 미스의 태도는 진심과 무관심 사이를 왔다갔다 한듯 보인다. 존슨은 7월, 미스에게 자주 보기 힘들다고 불평하면서 다음과 같이 썼다. "미스는 만나기가 매우 어려워 아무것도 할 수 없습니다. 전화를 계속하면 그를 화나게만 할 뿐입니다."[12] 그러나 며칠 후 존슨은 그가 "우리를 위한 새 집을 설계하기를 매우 열망한다."는 것을 발견했다.[13]

정말로 미스가 그처럼 변덕스럽게 행동했었을까? 그랬을 것이라 추측할 수 있다. 그는 자신에게 열정적으로 다가오는 청년에게는 특히 거만하게 행동하는데 능숙한 사람이었다. 우리는 암울했던 1931년 미스의 마음속에서 일어났던 일에 대해 존슨의 편지들 이상의 증거가 거의 없다. 존슨이 말했듯이,[14] 바우하우스는 어떤 면에서 "산산조각이 났는가?" 왜 미스는 MoMA 전시에 출품할 주택 디자인을 "10월 15일까지 베를린에서 모델을 보내겠다고 확실히 약속하고서 보내지 않았을까?"[15]

"더 검박한 전시" 존슨은 1931년 말의 메모의 여백에 휘갈겼다. "미스는 오지 않을 것이다. 전시는 없다."[16] 재정지원의 감소만큼 전시를 잘하고 싶은 욕심도 줄어들었다. 그럼에도 불구하고 존슨이 미스가 MoMA 전시를 위해 미국에 올 수 있을 것이라 기대를 품은 이유는 그가 미스와 열심히 준비했던 다른 전시가 8월 말로 끝나기 때문이었다.

・・・

베를린 건축 박람회가 독일에서의 미스의 마지막이라는 것은 조금 드라마틱한 과장이지만 그가 1931년 라이스칸즐러플라츠Reichskanzlerplatz에서 열린 베를린 박람회장에 실제 스케일로 만든 아이 없는 부부를 위한 집은 그가 1920년대 후반 "스타일"로 디자인한 마지막 작품이었다.

스케일은 작지만 오픈 플랜과 내외부 공간의 연동이 특징인 작고 사랑스러운 디테일의 건물이었다. 미국에서 활발히 활동했던 시기에도 이처럼 확실하게 타협하지 않은 적은 없었다. 나아가 1930년대 후반의 그의 주거 프로젝트의 방향을 보여주었지만 소박한 렘케 하우스를 제외하고는 그것들 중 어느 것도 실현되지 못했다.

박람회는 새로운 건축의 대변인으로서 맡은 마지막 주요 임무였다. 1926년부터 기획된 이 전시는 도시 계획 및 건축의 최신 발전을 보여주기 위해 원래는 베를린 생활상을 영구적으로 보여주고자 전체 공동체를 통째로 만들 계획이었다. 1930년 초반 국제 경제 위기 때문에 커다란 변경이 필요했고, 1931년 5월 9일 개막 당시에 전시는 하나의 커다란 홀 안에 실제 크기의 모델하우스 및 무역 박람회로 축소되었다. 개장 1년 전 미스는 박람회에서 가장 중요한 우리시대의 우리의 주거The Our Dwelling in Our Time라는 전시의 "예술 감독"으로 선정되었다. 그는 바이센호프에서처럼 건축가를 선발하고 그들의 역할을 조정했다. 룩하트 형제Luckhardt brothers, 휴고 헤링, 마르셀 브로이어Marcel Breuer 및 릴리 라이히의 주택이 발터 그로피우스, 루드위히 힐버자이머, 오토 해슬러Otto Haesler의 아파트와 함께 소개되었다. 개별 방은 요세프 알베르Josef Albers와 바실리 칸딘스키가 전시를 맡았다. 홀을 둘러싼 갤러리에는 라이히가 직접 선정한 건축 자재들을 전시했다.

아이가 없는 커플을 위한 미스의 단층짜리 집은 바르셀로나 파빌리온의 화려한 석재 대신 좀 더 싼 재료와 실제 거주 가능한 공간으로 만든 것이었다(사진 5.1). 예를 들면 기둥은 둥근 스틸파이프로 만들어졌다. 명목상 두 사람을 위한 집이었지만 그 규모는 컸다. 총 8,000제곱피트의 대지면적에 5,000평방피트의 지붕 아래 3,400평방피트의 실내 공간으로 되어 있었다. 구조는 5x6미터 격자 위에 배치된 3x5세트의 기둥으로 구성되어 있으며, 서로 떨어진 벽으로 둘러싸여 있고 그 중 일부는 주변으로 확장된다. 내부 기능은 벽이나 가구로 구분되었고 일반적인 문 없이 패브릭을 매달아 각 공간을 나누었다. 욕조와 서비스 영역만 벽으로 둘러싸였으며, 나머지 부분에 쓰인 프레임 없는 유리와는 대조적으로 전통적인 창문이 있었다. 거실-식사 공간은 3면이 유리로 둘러싸여 있으며, 그 중 하나는 전기장치로 바닥까지 내려져서 미스의 익숙한 제스처 중 하나인 내외부가 하나로 통합될 수 있었다. 침실은 광대한 외부 정원과 게오르그 콜베의 조각상이 있는 풀로

사진 5.1
베를린 빌딩 엑스포에 설치된 실제 크기의 모델하우스(1931). 미스의 내부와 외부의 통합에 대한 오래된 관심은 정원 "방들"과 바로 옆의 마당과의 연결을 통해 알 수 있다. 미스의 집은 릴리 라이히가 디자인한 바로 옆의 조금 더 작은 집과(사진에선 보이지 않는다) 길다란 벽으로 연결된다.

열려 있다. 하얀 벽 하나가 빠져나와 릴리 라이히가 디자인한 작은 집과의 사이에 정원 영역을 만들어, 벽들이 끝없이 뻗어나가던 미스의 브릭 컨트리 하우스 프로젝트를 떠올리게 한다.

히치콕은 1931년 말에, 1932년 초에는 존슨이 이 박람회를 방문했다. 둘 다 리뷰를 썼다. 두 사람은 미스가 디자인한 미혼남성을 위한 아파트 인테리어와 이 집이 전시에서 가장 성공적인 출품작이라는 사실에 동의했다. 그 둘은 MoMA의 모던 건축-인터내셔널 전시Modern Architecture-International Exhibition의 2월 오픈을 위해 돌아왔다. 존슨은 설치 책임자였고 50명 이상의 건축가가 포함되었다. 존슨, 히치콕, 바의 감독하에 발행된 카탈로그는 유럽출신의 그로피우스, 르 코르뷔지에, 미스, 오우드의 에세이와 레이먼드 후드, 하우 & 레스카제, 오스트리아 태생의 리차드 노이트라, 프랭크 로이드 라이트에 대한 것이었다. 미스는 바르셀로나 파빌리온, 투겐타트 하우스, 허만 랑게 하우스Hermann Lange House 및 존슨의 아파트로 참가하였다.[17]

이 전시회는 뉴욕의 비평가들로부터 찬반이 뒤섞인 리뷰를 받았는데, 새로운 건축이 하나의 운동으로 최초로 선보인 전시였다. 그럼에도 불구하고, 논란은 관심을 의미했다.

1939년에 MoMA의 첫 번째 건물을 디자인한 에드워드 듀렐 스톤Edward Durell Stone은 나중에 이 전시가 "유명한 아모리 쇼Armoury Show가 그림에 끼친 것과 같은 영향을 건축에 끼친 전시였습니다… 그 어떤 이벤트도 이 전시만큼 20세기의 건축에 깊이 영향을 끼치지 못했습니다."[18] 존슨과 히치콕은 "스타일"의 세 가지 특징을 이야기한 책 인터내셔널 스타일The International Style로 성공을 이어갔다. "첫째, 건축에 대한 새로운 개념은 매스가 아닌 볼륨으로 존재한다. 둘째, 대칭보다는 규칙성이 디자인의 주요수단이 된다. 이 두 가지 원리는 세 번째 임의로 적용된 장식의 금지와 함께 국제 스타일의 작업을 특징 지운다."[19] 1966년 재판에서는 히치콕은 그 용어와 정의를 다시 생각해 보니 전시에 포함된 모든 작품에 딱히 들어맞지는 않았으며 많은 유능한 건축가들을 경시하거나 생략했음을 인정했다.

· · ·

미스는 1930년 9월 바우하우스의 학장이 되었다. 그가 몇 번이나 제안을 받았었는지, 왜 받아들였는가에 대한 여러가지 설들이 있다. 베를린의 바우하우스 아카이브의 학자들은 그로피우스가 1928년에 한네스 마이어Hannes Meyer를 임명하기 전에 그에게 먼저 요청했었고, 미스가 거절했다고 했다.[20] 이 기간을 면밀히 조사한 일레인 호흐만Elaine Hochman은 이것이 단순히 루머라고 생각했다. 그녀는 그로피우스의 부인인 이스Ise로부터 받은 편지를 인용했다. 그로피우스가 마이어를 바우하우스에 데려온 이유는 그가 떠나고 싶을 때 언제라도 그에게 학장을 맡길 생각을 했기 때문이었다. "한네스 마이어가 좌편향이었던 것이 밝혀졌을 때… 바우하우스가 소재한 데사우Dessau의 프리츠 헤세Fritz Hesse 시장은 마이어를 거절하고 그로피우스에게 학교로 다시 돌아가 학장을 맡아달라고 요청했고 그로피우스는 거절했습니다… 그는 시장에게 미스가 받아들일 것인지 물어보자고 제안했습니다."[21]

미스의 "승락"에 대한 이유는 여전히 불분명하다. 그가 재정적 어려움에 처했었다는 것은 호흐만과 필립 존슨이 이미 이야기했던 것이다.[22] 1930년 여름에 만난 후 지속적으로 그와 연락했던 존슨의 말은 믿을만했지만 미스가 바르셀로나 파빌리온과 투겐타트 하우스 작업으로 얻은 상당한 액수의 수입을 고려하지 않았다. 바르셀로나의 경우 예를 들어, 미스는 125,000 라이히마르크를 받았으며, 파빌리온 디자인 이외에도 일을 하고 있었지만 그의 비용은 책정된 예산의 3분의 1을 넘었다. 조지아 반 더 로에Georgia van der Rohe는 아버지의 명성에 관한 두 작업의 효과에 대해 "한방으로, 세계적인 명성을 얻었습니다."[23] 그리고 그의 라이프 스타일을 다음과 같이 말했다. "아버지는 사치스럽게 살았습니다. 혼자 살았던 넓은 베를린 아파트는 바르셀로나를 위해 디자인한 가구를 갖추고 있었습니다... 바닥은 전체가 우아한 백색 리놀륨이 깔려 있었고 샨퉁Shantung 실크로 된 커다랗고 진한 파란색 커튼은 창문 앞에서 극장 커튼처럼 벽에서 벽으로 옮길 수 있었습니다."[24] 이렇게 상기하며 "그는 집사가 꼭 필요했습니다."[25] 조지아는 미스가 바우하우스로부터의 월급이 굳이 필요 없었다는 증거를 덧붙였다. 그녀에겐 건축 쪽의 정보는 부족했고, 미스의 상황에 대한 그녀의 기억과 다르지 않지만, 투겐타트 하우스가 완성된 후에 갑자기 그의 경력이 내리막길로 들어선 것은 사실이다. 그 상황은 존슨의 기억을 통해 설명할 수 있다.

공식적으로 국립 바우하우스Das staatliche Bauhaus라 불리는 바우하우스의 역사는 영국 아트 앤 크래프트 운동과 독일공작연맹까지 올라갈 수 있다. 이 운동의 핵심적인 관심사항은 서유럽에서의 산업주의 발전과 이에 대한 문화적 대응이었다. 19세기 독일의 건축가인 고프리드 셈퍼Gottfried Semper는 기술적 변화를 되돌릴 수 없다고 주장하면서 전통적인 공예방식을 유지하는 대신에 예술적으로 실현 가능한 방식으로 기계를 활용하는 새로운 유형의 장인 교육을 주창했다. 역사가 오래된 학교조차도 미술 교육 개혁을 주창했다. 1915년 초에 제1차 세계대전이 한창일 때 바이마르시 당국은 전쟁이 끝나면 최대한 빨리 그랜드 듀칼 색손Grand Ducal Saxon 공예 학교를 다시 열기를 원했다. 1860년부터 시작된 그랜드 듀칼 색손 미술 학교도 교육 개혁을 받아들였고 다시 열린 공예 학교와 합병이 제안되었다. 학교 당국자들은 새로운 학교는 건축가가 이끌어야 한다고 생각했다. 1919년 공작연맹에서 중요한 역할을 했으며 새로운 바이마르 학교 계획의 당사자였던 발터 그로피우스와 계약이 체결되었다. 이제껏 분리되어 왔던 것을 하나로 통합하여 교육하자는 그로피우스의 요구가 바우하우스의 핵심 원칙이 되었다. 학생들은 전통 미술에서 벗어나 천연 재료, 색 및 추상적인 형태를 실험하는 기초과정을 이수해야 했다. 그림 예술분야는 분석 연구를 해야 했다. 학생들은 직조, 인쇄, 금속 가공 및 캐비닛 제작과 같은 공예품 중 자신이 선택한 워크샵에 등록했다. 그들은 처음에는 길드 시스템을 떠올리는 "견습생"을, 나중에는 저니맨 "journeymen"이라는 용어를 사용했다. 그로피우스는 교수라는 아카데믹 타이틀 대신에 공예분야에서 전통적으로 쓰이던 단어인 마스터 - 해당 과정을 마친 학생에게 부여 -로 대체했다. 견습생들을 공예품의 마스터들, 소위 워크샵 마스터들, 그리고 "형태의 마스터"인 순수 예술가들이 가르쳤다.

건축은 1927년까지 커리큘럼에 없었다. 그로피우스는 처음부터 "완전한 건물"을 궁극적인 교육 목표로 삼았지만 학생들이 이론을 마스터하고 공예와 디자인 분야에서 기술을 습득한 후에야 건축 문제를 해결해야 한다고 생각했다. 바우하우스가 데사우에 자신이 새로 디자인한 건물로 이사했을 때, 그로피우스는 그 목표가 달성되었다고 생각하고,

1년 후 건축 학부를 설립했다. 그는 마트 스탐을 학장으로 임명하고 싶어했지만, 그는 가르치는 일을 선호했다. 그 다음에 바젤 출신의 건축가 한네스 마이어에게 제안했고 그는 받아들였다. 그로피우스는 정치적 성향이 학과의 방향에 영향을 미치지 않도록 요구했다. 그러나 일단 교수가 되자, 마이어는 행동주의적 마르크스주의자임을 드러냈다. 그로피우스가 나중에 말했듯이, 마이어는 "안장에 올라탈 때까지 자신의 의도를 숨겨왔다."[26]

마이어는 건축학부에 자신의 모든 에너지를 집중시켰다. 마르크스주의 원칙에 따라 그는 개인적 실험보다는 집단적 해결을 권장하면서 실용적 실천을 강조했다. 그는 베를린 근처 버나우Bernau에 있는 노동조합 학교 설립을 도왔다. 실용적이고 저렴한 "사람들을 위한 가구"가 제작되었고 바우하우스에서 벽지 디자인이 개발되었다. 그가 임명한 주요 교수진 중 루드위히 힐버자이머는 공동주택 및 도시계획 프로젝트를 감독했다. 사진을 가르쳤던 발터 페테란스와 함께 이 둘은 나중에 시카고에서 미스의 삶에 중요한 역할을 하게 된다.

이러한 발전은 마이어의 업적 가운데 하나지만, 그의 재임 기간은 분열과 다툼으로 기억된다. 교수진의 대부분은 그의 정치적 성향뿐만 아니라 급진적인 기능주의적 미학을 바우하우스에 이식하려는 그에 의해 점점 소외되었다. 오스카 슬레머Oskar Schlemmer는 1929년에 그만뒀고 조셉 알베르Josef Albers, 바실리 칸딘스키, 파울 클리는 교과과정에서 순수 예술이 점차 밀려남을 지켜봐야 했다. 1930년에 결국 문제가 일어났다. 1930년 7월 29일 마이어가 바우하우스의 이름으로 파업 광부들에게 기부를 했다는 혐의로 시장은 공식적으로 마이어의 사임을 요구했다. 적대감이 다시 분출했고 이번에는 마이어를 지지하는 좌파와 반대하는 우파 모두 서로를 공격했다. 그 해 중순에 시장은 그로피우스 - 학교의 명성을 되찾기 위해 노력한 -의 권고에 따라 미스에게 학장을 제안했다. 미스는 수락했다. 미스는 오른쪽도 왼쪽도 아니고 중립도 아니었다. 그는 단지 예술가였다. 따라서 그는 학교의 진보적 캐릭터를 손상시키지 않으면서 정치적으로 중립을 유지할 수 있을 것이라 여겨졌다. 그는 부자들을 위한 주택을 디자인하는 사람으로 알려졌지만, 그의 재능이나 성실성에 대해서는 의문의 여지가 없었다. 이 시기의 미스는 피터 베렌스를 따라서 그랜드 세뇨르Grand Seigneur의 이미지를 갖기 위해 끊임없이 노력했다. 그는 옷을 매우 잘 차려입었고, 중절모나 홈부르크 모자를 쓰고 주로 검은색 옷을 입었다. 짧은 기간 동안 모노클을 쓰기도 했다.

그의 외모는 점차 권위적이고 대가의 풍모를 지닌 인상으로 깊어져 갔다.[27] 그는 중년에 살이 많이 쪘고 1969년 식도암으로 인한 죽음으로 이끈 시가를 이 시기부터 피웠다. 미스는 학교를 자신의 사람들로 채웠다. 바우하우스의 반항적 분위기를 감안할 때, 그의 부임은 많은 학생들로부터 반감을 불러일으켰다. 학생들은 학교의 민주적인 분위기가 엘리트주의적 건축가에 의해 침략당했다고 생각했다. 학교 카페테리아에서 열린 모임에서 학생들은 마이어의 해고에 대한 분개를 표명하고, 미스가 직접 나서서 해명할 것을 요구했다. 그들은 잘못된 사람에게 도전했다. 미스는 경찰을 불러 건물에서 학생들을 쫓아냈다. 시장은 몇 주 동안 학교를 폐쇄했다. 미스는 공식적으로 모든 학생들을 퇴학시킨 후 새로운 학장과 일대일 인터뷰에서 다시 입학하려는 의사를 표명한 학생들만 다시 받아들였다. 퇴학당한 학생들 중 다섯 명은 데사우에서 영원히 추방당했다.

미스는 더크 로한Dirk Lohan과의 1968년 인터뷰에서 다음과 같이 당시 상황을 떠올렸다.

우리는 다양한 바우하우스 마스터들과 만남을 가졌습니다. 우리가 학생들을 내쫓았을 때, 그들은 복도를 이리저리 걸어 다니면서 대화를 나눴습니다. 저는 교수들을 불렀습니다. "당신들은 이것이 정상적인 학교라고 생각합니까? 당신은 당신의 학생들에게 만족합니까? 나는 예 또는 아니오로 듣고 싶습니다." 그들은 어떻게 대답해야 할지 몰랐습니다. 그래서 나는 다시 말했습니다. "예 또는 아니오. 다른 대답엔 관심이 없습니다." 그런 다음 나는 바닥에 두 개의 커다란 원을 그리며 모두에게 질문을 했습니다. "이곳은 더이상 학교가 아닙니다. 단순히 무질서 상태입니다. 우리는 아무것도 가르칠 수 없습니다." 그래서 나는 말했습니다. 학생들과 교사들의 권리와 의무가 무엇인지를 아무도 모른다는 것을 알게 되었으므로, 우리는 상황을 정리해야 할 것입니다. 나는 그들에게 동의를 구했는지 기억이 안 나지만 어쨌든 나는 시장에게 전화해서 "우리는 명확한 규칙을 만들기 위해 몇 주 동안 바우하우스를 닫을 것입니다."라고 말했습니다.

나는 그로피우스와 시장으로부터 학교를 맡아달라는 요청을 받았습니다… 나는 학교에 질서를 되찾고 혼돈을 정리하기 위해 이곳에 왔습니다… 한네스 마이어는… 학교가 정치적으로 공산주의자의 온상이 되기를 원했습니다. 나는 공산주의에 전혀 관심이 없습니다. 나는 세계를 바꾸려는 사람이 절대로 아니고 앞으로도 결코 그렇게 되고 싶지 않습니다. 나는 건축가이며, 건축에 관심이 있으며, 형태의 문제에 관심이 있습니다.[28]

그로피우스가 만든 바우하우스 헌장은 무효화되고 다른 헌장이 채택되었다. 170명의 학생들은 학교로부터 재입학 요청을 받았다. 다음 학기엔 모든 일이 정상적으로 돌아갔다. 미스의 굳건한 방침에 따라, 바우하우스는 이전과는 완전히 다른 건축학교로서의 모습을 차츰 갖춰갔다(사진 5.2). 공예작업장은 미스가 인테리어 설계를 위해 작업방향을 바꿈에 따라 과거의 자율성을 잃어버렸다. 클리는 뒤셀도르프에서 교수직을 맡기 위해

사진 5.2
1930년경 데사우의 바우하우스에서 학생들과 함께 시가를 손에 들고 있는 미스. 개인 소장.

사임했다. 칸딘스키는 미스와 커리큘럼에 대해 논쟁을 했고, 미스는 색깔이론을 유지하는 데 동의했지만 동시에 칸딘스키가 가르치는 수업을 줄였다.

미스는 데사우시와 계약을 맺어 도시계획을 자문하는 댓가로 학교에서 디자인한 모든 것의 특허 및 라이센스를 자신이 갖기로 했다. 힐버자이머의 영향력이 점차 커졌다. 릴리 라이히는 직물 워크샵 디렉터로 임명되었다. 그녀와 미스는 바우하우스에서 같은 아파트에 살았는데 그곳에서 일주일에 3일을 보냈고 나머지는 베를린에서 보냈다. 미스가 없을 때는 힐버자이머가 책임자였다.

미스는 대부분의 행정 업무를 라이나 힐버자이머에게 맡기고 내부의 갈등을 중재하려는 노력을 전혀 하지 않았다.[29] 그는 상급반 학생들만 지도했는데, 그는 단층짜리 싱글 베드룸이나 벽으로 둘러싸인 정원이 있는 집과 같은, 겉보기로는 단순한 과제를 주었다. "이 집들의 단순함은" 그의 학생이었던 하워드 디어스틴Howard Dearstyne은 미스의 가르침을 정당화하면서 이야기했다. "그것들의 가장 큰 어려움입니다. 명확하고 단순한 것보다 복잡한 문제를 상대하는 것이 훨씬 쉽습니다."[30] 미스는 학생들의 작업을 크리틱하거나 디테일에 대해 이야기하기보다는 단순히 "다시 해보게나Versuchen Sie es wieder"라고 말했다. 한네스 마이어가 그러한 수업을 과도한 형식주의로 간주했었다면, 미스 또한 자신의 전임자에 대한 견해를 가지고 있었다. 그로피우스가 기억하듯, 마이어의 유물론적 세계관에 대한 그의 반응은 - "모든 생명은 결국 산소+탄소+설탕+전분+단백질"을 추구하는 것입니다 - 직접적이었다. - "모든 것을 한꺼번에 뒤섞어 보십시오. 지독한 냄새가 납니다!"[31]

바우하우스와 미스의 계약상으로는 데사우시에서 요청한 다양한 건축 자문이 포함되어 있다. 이와 관련하여 1932년에 알려지지는 않았지만 확실하게 미스 스타일 작품인 트

사진 5.3
트링크할레, 데사우 (1932). 미스는 그로피우스가 바우하우스의 교수들을 위해 디자인한 4채의 집을 감싸고 있는 벽에 "휴게 스탠드"를 삽입했다. 동독의 데사우에 1969년까지 남아있었다.

링크할레Trinkhalle("상쾌한 스탠드" 또는 "키오스크")가 완성되었다. 그것은 스탠드도 키오스크도 아니었다; 오늘날로 치면 "개입"이라고 부를 수 있다. 2m 높이의 기존의 휘어진 흰색 벽 뒤에 미스는 캔틸레버된 캐노피로 덮인 직사각형 개구부가 있는 작은 공간을 삽입했다(사진 5.3). 서비스는 유리창을 통해 이루어졌으며 그 뒤에는 모퉁이를 돌아 새로 난 입구로 통하는 작업 공간이 있다. 그 벽은 발터 그로피우스의 작품이었다; 그 벽은 그가 몇 년 전에 데사우 교수를 위해 설계한 4채의 주택을 둘러쌓다.

바우하우스의 학생이자 미스를 도와 이 프로젝트를 함께했던 에드워드 루드위히Eduard Ludwig의 증언과 사진을 통해 트링크할레에 대해 자세히 알 수 있다. (루드위히는 제2차 세계대전 중 그리고 이후에 미스의 문서와 도면을 보존하는 데 결정적인 역할을 했다.) 미스는 트링크할레에 대해 적어도 그의 미국 시절엔 공개적으로 말한 적이 없는 듯 보인다. 데사우 시기의 문서에 있는 그의 서명을 통해 그가 디자인한 것임을 확인할 수 있었다.[32] 트링크할레와 그것을 둘러싼 벽의 일부는 동독의 데사우에 1969년까지 보존되었다. 오늘날엔 그 위치만이 벽돌로 바닥에 표시되어 남겨졌다(사진 5.4).

독일의 도시에는 흔히 볼 수 있었던 다양한 종류의 휴게 스탠드가 있지만 미스의 것은 특별했다. 그는 기존의 조직에 최소한의 수단과 최대의 시각적 효과가 있는 솔루션을 삽입했다. 서비스 오프닝은 하얀색의 벽에서 살짝 안으로 셋백되었고 완전히 흰색인 커다란 캐노피로 만들어졌다. 이 새로운 요소는 벽의 위쪽에 떠있고 창문 근처에 차양을 제공했다. 개구부의 아래쪽에는 서빙 선반이나 카운터의 표식이 있었는데, 창문의 프레임

사진 5.4
1969년도에 철거된 트링크할레가 있던 자리를 표시한 벽돌들은 아마도 미스에게 바쳐진 가장 소박한 메모리얼일 것이다. 더 어두운 벽돌은(오른쪽) 벽의 뒷쪽에 숨겨져 있던 문의 위치를 나타낸다. 2010년.

보다 얇았다. 모퉁이 뒤쪽에 문을 숨김으로써 미스는 서비스 활동의 장소임을 강조했다.[33] 작은 트링크할레에서 미스가 독일이나 미국에서 거의 하지 않았던 미니멀리스트로서의 작업을 볼 수 있다. 독일에서 그는 열린 평면의 디자인과 풍부하지만 환원주의적인 입면의 마스터였다. 미국에서 그는 새로운 건축을 껴안았다. 건축은 "건설 바깥으로" 흘러나와 "깔끔한 구조"로 뒤덮였다. 이 두 입장 모두 역사주의적 장식을 거부한다는 것을 제외하고는 미니멀리스트는 아니었다. 미스는 최소한의 부재 크기, 최소한의 수 또는 유형의 구성 요소 또는 최소의 수단 또는 노력을 목표로 설계한 적이 거의 없었다. 그와는 반대로, 그의 작업의 대부분은 공간적으로 호화롭고, 재료적으로 풍부했다. 여기서 그가 목표로 했던 것은 단순함의 표현이었다. 재료, 수단 및 메시지의 극단적인 축소를 볼 때 트링크할레는 예외적이었다.

. . .

미스는 바우하우스에서의 일 때문에 MoMA 전시를 직접 보지 못했다. 처음부터 그는 마주하고 싶지 않았던 정치적 갈등과 직면했다. 마이어가 촉발한 투쟁과 더불어 독일 경제의 상황은 1932년에는 1919년의 최악의 상태만큼 심각했다. 정치 양극화의 징조인 길거리 싸움이 여기저기서 만연했다. 1931년 7월 31일에 실시된 선거는 유래없는 숫자의 시민이 참여했고 투표자의 절반 이상이 공화당의 전복을 공약으로 내세운 당을 지지했다. 바우하우스의 운명은 암울했다. 파울 슐츠-나움버그Paul Schultze-Naumburg가 이끄는 전통적인 스타일을 옹호하는 건축가들과 나치들로부터 학교의 폐쇄와 그로피우스가 디자인한 건물의 철거를 강요받았다. 중앙 정부의 압력으로 데사우 민주사회당은 1932년 여름에 중요한 시의회 표결에 기권했다. 나치가 승리했다. 적어도 겉으로는 공정하게 보이기 위해 나치는 슐츠-나움버그가 이끄는 위원회가 학교의 학기말 전시를 방문한 후 바우하우스가 계속해서 시의 보조금을 받을 수 있을 것인지 결정할 것이라고 발표했다. 진보적인 교수진과 학생들은 그 제안을 거부했다. 미스는 순진하게도 전시를 진행할 것을 주장했고 그나마도 자신의 학생들 중 오직 몇 명만을 설득해서 참여시켰을 뿐이었다. 칸딘스키가 전시한 기하학적 추상화들에 위원들은 불쾌감을 느꼈고, 전체 전시를 보고 최종 판단을 내리는데 단지 몇 분이 걸렸을 뿐이었다.

바우하우스는 10월 1일에 문을 닫았다. 헤세 시장과 협상을 하면서, 이번에는 학교를 사립 학교로 전환하는 법적 합의를 결론지었다. 그의 봉급은 1933년 3월 31일까지 보장되었고 이후 절반은 2년 더 연장되었다. 학교를 베를린으로 옮기기는 것이 미스의 의도였기 때문에, 데사우시는 바우하우스라는 이름에 대한 권리를 포기하고 미스가 계속해서 학장직을 유지하는 것에 동의했다. 특허와 장비도 마찬가지로 그가 가져갔다.

1932년 10월 말 바우하우스는 베를린-스테글리츠에서 알베르, 힐버자이머, 칸딘스키, 페테란스, 라이히, 프리드리히 엔게맨Friedrich Engemann, 힌넥 세퍼Hinnerk Scheper 및 알카 루델트Alcar Rudelt를 교수진으로 하여 다시 열었다.

학교는 도시의 남쪽 끝단의 황량한 지역에 있는 버려진 전화기 공장에 마련되었다. 미스는 임대료를 내기 위해 자신의 돈으로 2만7000 라이히마르크를 마련했다. 인테리어 공사는 벽을 흰색으로 칠하는 것이 전부였다. 학교를 다시 여는 데는 성공했지만 입학생은 계획한 100명에 미치지 못했다. 그는 데사우의 교과 과정을 다시 복원했고 평온을 되찾았다.[34] 역사상 처음으로 바우하우스는 하나로 통합된 것처럼 보였다. 베를린 바우하우스의 짧은 역사에서 가장 축제 같았던 행사는 2월 18일과 25일에 있었던 파싱Fasching(카니발) 연회였다. 학생과 교수진은 화려한 색상과 조명으로 건물을 꾸몄다. 이 연회는 장례식에 연주되는 재즈음악과 비교될만 했다. 정치적 다툼이 다시 일어났다. 좌파 학생들은 사립화를 "사막으로의 질주"라고 부르며 미스가 "이기적인 이유"로 학장을 맡았다고 주장하면서 베를린으로의 이주에 항의했다. 4월 11일 아침에 미스는 학교 정문이 잠겨 있고 경찰에 의해 출입금지된 사실을 발견했다. 두 달 전에 베를린을 장악한 나치 당원들은 학교와 공산당과의 관계를 입증할 문서를 찾으려고 했다.

1952년 미스는 노스 캐롤라이나 주립대 학생들과의 인터뷰에서 이 사건에 대해 이야기했다.

우리의 건물은 총칼을 든 게슈타포에 의해 완전히 둘러싸였습니다. 나는 거기로 달려

갔습니다. 그리고 한 군인이 말했습니다. "멈춰라." 나는 "네? 여긴 내가 임대해서 사용하고 있는 곳입니다. 나는 들어갈 권리가 있습니다."
"당신이 주인인가? 이리 오시오." 그 다음에 나는 그에게 말했습니다. "나는 이 학교의 책임자입니다." 그는 말했습니다. "오, 들어오시오." 그리고 우리는 이야기를 나누었습니다. "데사우 시장과 불미스러운 일이 있다는 사실을 알고 있고, 우리는 바우하우스 설립 문서를 조사 중입니다." 나는 말했습니다 "들어오세요." 나는 모두를 부른 후, "조사를 위해 모든 것을 열어요, 모든 것을 열어요."라고 말했습니다. 나는 잘못될 것이 아무것도 없다고 확신했습니다. 몇 시간에 걸친 조사가 이어졌습니다. 결국 피곤하고 배고파진 게슈타포는 본부에 전화해서 말했습니다. "우리가 무엇을 해야합니까? 우리는 여기에 언제까지 있어야 합니까? 우리는 배가 고픕니다." 그리고 그들은 조사를 멈추라는 명령을 받았습니다.

그러고 나서 나는 알프레드 로젠버그Alfred Rosenberg에게 전화했습니다. 그는 나치당의 문화담당자였으며 그는 독일 문화 연합Bund deutscher Kultur이라고 불렸던 나치문화운동의 우두머리였습니다. 나는 그에게 "당신과 이야기를 좀 하고 싶다."라고 말했습니다. 그는 "나는 매우 바쁩니다."라고 말했습니다.

나는 이해하지만, 그렇다고 하더라도 당신만 괜찮다면 언제든지 찾아갈 수 있다고 말했습니다.

"오늘 밤 11시에 여기 올 수 있습니까?"

내 친구들인 힐버자이머, 릴리 라이히와 다른 사람들이 말했습니다. "11시에 거기에 가는 것 같은 바보짓은 하지 않을거죠?" 그들은 두려워했습니다. 나를 죽이거나 하는 등의 짓을 할까 두려워했습니다. 난 두렵지 않았습니다. 나는 단지 그와 이야기하고 싶었을 뿐이었습니다. 그래서 나는 그날 밤 그와 만나 한 시간 동안 이야기를 했습니다. 힐버자이머, 릴리 라이히는 내가 나올 때 경비원들이랑 나올지 혼자 나올지 알 수 있도록 건너편 카페 창문가에 앉아 있었습니다.

나는 로젠버그에게 게슈타포가 바우하우스를 폐쇄했고 학교문을 다시 열고 싶다고 말했습니다. "바우하우스는 확실한 생각을 가지고 있으며, 그것이 중요하다고 생각합니다. 그것은 정치나 다른 것들과는 아무 관련이 없습니다. 그것은 오로지 기술과 관련이 있습니다." 그리고 나서 처음으로 그는 자신에 대해 이야기했습니다. 그는 "나도 발틱주 리가Riga 출신의 건축가입니다." 그는 리가에서 건축가로서 학위를 받았습니다. "그렇다면 우리는 서로를 잘 이해할 것입니다." 그리고 그는 말했습니다. "절대로! 당신은 나한테 무엇을 기대하나요? 바우하우스가 우리의 적들로부터 도움을 받는다는 것을 당신은 알고 있습니다. 우리는 서로 적으로서 대치하고 있는 것과 같습니다" 나는 말했습니다. "아니, 나는 정말로 그렇게 생각하지 않습니다." 그는 말했습니다.

"도대체 왜 바우하우스를 데사우에서 베를린으로 옮겼을 때 이름을 바꾸지 않았습니까?" 나는 말했습니다. "바우하우스가 훌륭한 이름이라고 생각하지 않습니까? 당신은 더 나은 이름을 찾을 수 없을 겁니다." 그는 "나는 바우하우스의 활동을 좋아하지 않습니다. 나는 당신이 무언가를 매달거나 캔틸레버할 수 있다는 것을 알고 있습니다. 하지만 나는 기둥이 있어야 한다고 생각합니다." 나는 말했습니다. "이것이 이미 캔틸레버되었더라도요?" 그는 말했습니다. "그렇소."

그는 알고 싶어했습니다. "바우하우스에서 당신이 하고 싶은 게 무엇인지요?" 나는 말했습니다. "당신은 여기서 매우 중요한 위치에 있습니다. 하지만 당신의 작고 초라한 테이블을 보십시오. 당신은 이것을 좋아합니까? 저라면 창 밖으로 던져 버릴 것입니다. 그것이 우리가 하고 싶은 것입니다. 우리는 창 밖으로 던져 버릴 필요가 없는 좋은 물건을 만들고 싶습니다." 그는 말했습니다. "내가 뭘 할 수 있는지 알아보겠소." 나는 "너무 오랫동안 기다리게 하지 마세요."라고 대답했습니다.

그런 다음에 나는 게슈타포의 본부로 3개월 동안 격일로 계속해서 갔습니다. 나는 그럴 권리가 있다고 생각했습니다. 그것은 나의 학교였습니다. 이것은 사립학교입니다... 그리고 게슈타포의 대장과 만나기까지 정확히 3개월이 걸렸습니다. 그의 사무실 어딘가에 뒷문이 있었을 겁니다. 대기실의 4인치보다 좁은 벤치는 기다리는 사람을 피곤하게 만들어 집에 가게 만들었습니다. 그러나 어느 날 나는 그를 붙잡았습니다.[미스는 그의 이름을 밝히지 않았다.] 그는 매우 젊었습니다. 아마 당신들 나이 정도 될 겁니다. 그리고 그는 "들어오세요. 무엇을 원하십니까?" 나는 말했습니다. "바우하우스에 관해 당신과 이야기하고 싶습니다. 도대체 무슨 일이 진행 중입니까? 당신들은 바우하우스를 닫았습니다. 그것은 내 사유재산이며 어떤 이유인지 알고 싶습니다. 우리는 아무것도 훔치지 않았습니다. 우리는 혁명을 일으키지 않았습니다. 바우하우스가 어떻게 될지 알고 싶습니다."

"오." 그가 말했습니다. "나는 당신을 매우 잘 알고 있으며 나는 바우하우스 운동에 매우 관심이 있습니다. 그러나 칸딘스키랑 무슨 상관이 있는지는 잘 모르겠습니다." 나는 "제가 칸딘스키에 대한 모든 보증을 할 수 있습니다."라고 말했습니다. 그는 말했습니다. "당신은 조심해야 합니다. 우리는 그 사람에 대해 아무것도 모릅니다. 당신이 그와 함께 하고 싶다면 그것은 좋습니다. 그러나 만일 무슨 일이 생기면, 당신 책임입니다." 그는 그것에 대해 아주 분명했습니다. 나는 말했습니다. "알겠습니다. 그렇게 하겠습니다." 그러고 나서 그는 "나는 이 학교에 정말로 관심이 있기 때문에 괴링 Göring과 이야기할 것입니다."라고 말했습니다. 그리고 나는 그가 정말로 그랬다고 믿습니다.

그것은 히틀러가 성명을 발표하기 전이었습니다. 히틀러는 1935년 독일 예술의 전당

Haus der deutschen Kunst의 개막행사에서 나치의 문화정책에 관한 성명을 발표했습니다. 그 전에는 모두가 다른 생각을 가지고 있었습니다. 괴벨스Goebbels도 생각이 있었고 괴링도 다른 생각을 하고 있었습니다. 아무것도 분명하지 않았습니다. 히틀러의 연설 후 바우하우스는 끝이었습니다. 그러나 게슈타포의 대장은 괴링과 이야기할 것이라고 말했고 나는 그에게 "서둘러 달라."고 부탁했습니다. 우리는 여전히 데사우에서 받은 돈으로 간신히 버티고 있었습니다.[35]

마침내 바우하우스를 다시 열 수 있다는 편지를 받았습니다. 이 편지를 받았을 때 나는 릴리 라이히에게 전화했습니다. "편지를 받았어요. 다시 학교를 열 수 있어요. 샴페인을 주문하세요." 그녀는 말했습니다. "무엇을 위해? 우리에게는 돈이 없습니다." 나는 말했습니다. "샴페인을 주문하세요." 교수진을 불러들였습니다. 알베르, 칸딘스키... 그들은 여전히 떠나지 않고 있었습니다. 그리고 다른 사람들: 힐버자이머, 페테 란스 그리고 저는 "게슈타포에서 바우하우스를 다시 열 수 있다는 편지가 왔습니다."라고 말했습니다. 그들은 말했습니다. "그것은 훌륭합니다." 나는 "이 편지를 받기 위해 이틀에 한 번 꼴로 3개월을 갔습니다. 나는 이 편지를 받기를 열망했습니다. 학교를 계속 이어갈 권한을 갖고 싶었습니다. 그리고 이제 나는 당신들이 나에게 동의해 줄 것을 요청합니다. 나는 그들에게 편지를 다시 쓸 것이었습니다: '다시 학교를 열도록 해 주셔서 감사합니다. 하지만 교수진은 학교를 닫기로 결정했습니다!'

나는 이 순간을 준비해 왔습니다. 내가 샴페인을 주문한 이유가 바로 그 때문입니다. 모두가 그것을 받아들이고 기뻐했습니다. 그리고 나서 우리는 멈추었습니다. 그것이 바로 바우하우스의 진정한 끝입니다. 우리 말고는 아무도 모르는 이야기입니다. 알베르는 그것을 알고 있습니다. 그는 거기 있었습니다. 그러나 그것에 대한 소문은 완전히 잘못된 것입니다. 그들은 모릅니다. 난 알고 있습니다.[36]

노스 캐롤라이나의 인터뷰는 미스의 기억만으로도 가치가 있었지만 게슈타포에서 온 편지를 빠뜨렸다.

일급비밀:
국가 비밀 경찰
베를린 S. W. 11, 1933년 7월 21일
프린츠-알 브레히트 - 스트라세 8
미스 반 더 로에, 교수
베를린, 암 칼스바드 24(Am Karlsbad 24)
사안: 바우하우스 베를린-스테글리츠Bauhaus Berlin-Steglitz

프로이센 과학 및 예술교육부 장관과 합의하여 바우하우스의 재개여부는 몇 가지 문제를 해결하는 데 달려있다.

1) 루드비히 힐버자이머와 바실리 칸딘스키는 더 이상 가르치지 않는다. 그들의 자리는 국가사회주의 이데올로기의 원칙을 지지하는 사람이 맡아야 한다.
2) 지금까지 시행된 커리큘럼은 인프라 구축을 원하는 새로운 국가의 요구를 만족시키기에 충분하지 않다. 따라서 수정된 커리큘럼을 프로이센 문화 장관에게 제출해야 한다. 교수진은 공무원법의 요건을 충족하는 설문지를 작성하여 제출해야 한다.

바우하우스의 지속과 재개에 대한 결정은 이의 제기의 즉각적인 철회와 명시된 조건의 충족에 달려 있다.

명령: [서명] Dr. Peche
Chancery staff [37]

오랫동안 역사 학자들은 나치당 기관지인 푈키셔 베오바흐터Völkischer Beobachter에 실린 1934년 선포에 많은 관심을 보냈다.
발췌:

우리는 단결을 향한 열렬한 소망을 완수한 이 지도자["총통"]를 믿습니다.
우리는 모든 일을 넘어서서 희생이 요구되는 그가 하는 일을 신뢰합니다. 우리는 사람과 사물을 초월하여 하나님의 섭리를 믿는 이 사람에게 희망을 걸었습니다.
왜냐하면 작가와 예술가는 똑같은 신념을 가진 사람들을 위해 창조하고, 그가 똑같은 확신을 가져오기 때문입니다… 우리는 지도자의 추종자들입니다… 지도자는 우리에게 신뢰와 신앙으로 그를 지지하기를 요청했습니다. 신뢰가 필요할 때 우리 중 누구도 뒤로 물러서지 않을 것입니다. 국가가 단결하고 진실하게 남아 있을 때 국가는 결코 해체되지 않을 것입니다.[38]

미스는 어니스트 발라흐Ernst Barlach, 에밀 놀데Emil Nolde, 에릭 헤켈Erich Heckel, 지휘자 윌헬름 푸트왱글러Wilhelm Furtwangler, 작곡가 리차드 스트라우스Richard Strauss와 한스 피츠너Hans Pfitzner와 함께 서명했으며, 좌파와 우파의 다른 유명인도 다수 참석했다. 히틀러에 대한 충성맹세를 다음 세대는 용서하지 않았다. 여기에 대한 변명의 여지는 있었다. 선포의 해인 1934년, 나치의 예술에 대한 태도는 로젠버그의 모더니즘에 대한 적대감과 괴벨스의 모더니즘에 대한 옹호를 망라했고, 히틀러는 둘 사이를 왔다갔다 했다. 확실하지는 않지만 당시에 일이 거의 없었던 미스는 국가 사회주의를 현실로 받아들이면서 그것이 모더니즘 입장으로 바뀌어 자신의 작업을 추구할 수 있게 되기를 희망했다는 것을 떠올리는 것은 어렵지 않다.

· · ·

나치 문화정책은 왔다갔다 했다. 우익의 정서는 현대 예술을 유해하고 병적인 것으로 보았다. 유태인이 상징이었던 근본 없는 반독일적인 어바니즘의 표현이라고 보았다. 그러나 나치즘은 근대성, 과학 및 첨단기술을 특징으로 했다. 모든 예술 중에서 건축은 둘 사이의 모순의 틈에 단단히 갇혔다. 나치는 데사우의 그로피우스가 설계한 바우하우스 건물을 혐오했고, 그것을 철거하겠다고 협박하고 스튜디오에 경사지붕을 추가하기까지 했다. 그러나 그들은 또한 탁월한 효율성의 아우토반을 만들었다. 히틀러의 개인적 선호는 제1차 세계대전 이전의 신고전주의였다. 그러나 헤르만 괴링은 1920년대 모더니즘 스타일의 공군건물을 의뢰했다.

1930년에 미스가 누렸던 직업적, 재정적 안락함은 바우하우스가 1933년에 문을 닫을 무렵부터 막을 내리게 되었다. 그는 베를린의 건물에 대한 투자로 인해 재정적으로 어려워졌다. 그는 더 이상 집사와 하녀를 둘 수 없었으며 자신의 아파트를 스스로 관리해야 했다. 그의 작업은 계속된 실패를 거듭했다. 1931년 베를린 건축 전시에 주택을 출품했을 때와 1938년 독일에서의 마지막 해 사이에 그는 여러 채의 주택작업을 했지만 베를린에 있는 1932-33년의 렘케 하우스만이 지어졌다.

투겐타트 하우스 이후 유럽에서의 주거 디자인 중 가장 매력적이고 중요한 작품이 되었을 수도 있었던 제리케 하우스Gericke House 프로젝트는 1932년 여름 3주만에 작업해서 현상설계에 제출했다. 로마에 있는 독일 아카데미 디렉터였던 허버트 제리케Herbert Gericke는 베를린의 완제Wannsee가 내려다보이는 땅에 집을 설계하기 위해 개인으로서는 이례적으로 건축가들을 초청해서 현상설계를 개최했다. 설계설명서는 마치 미스를 위해 만들어진 것처럼, "우리 시대의 가장 단순한 형태로 그리고 풍경과 정원과 유쾌하게 연결되는 집을 요구했다."[39] 베르너 마치Werner March(베를린 올림픽 경기장을 디자인한 건축가)가 관장했던 현상설계는 미스, 브루노 파울 그리고 알려지지 않은 다른 두 사람이 초청되었다.[40] 이 사이트에는 현재는 없어진 19세기의 별장이 있었다. 3개의 테라스와 일부 기초 벽이 남아 있었고, 오래된 나무의 옹벽으로 둘러싸여 있었다. 그가 제안서를 제출한지 몇 주 후, 미스는 게리케가 미스의 것을 포함한 모든 안들을 거절했다

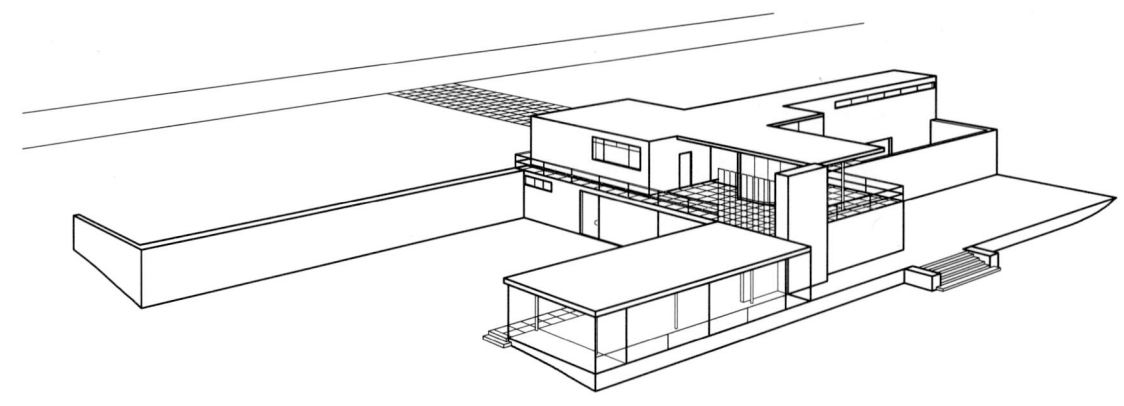

사진 5.5
게리케 하우스 프로젝트(1932). 투시도. 거의 전체가 유리로 덮혀있는 단층으로 된 직사각형 볼륨(가운데 중앙)은 17년뒤에 등장할 미스의 판스워스 하우스의 예고편이다. 게리케 프로젝트가 유리로 둘러쌓인 원형계단을 통해 윗층으로부터의 진입을 포함해 투겐타트 하우스의 많은 부분을 가져왔지만 내부와 외부 "방들"의 상호작용과 멀리보이는 전경은 새로운 면들이었다.

는 것을 알게 되었다. 그 일을 꼭 하고싶었기에 그는 추가비용 없이 새로운 제안서를 다시 제출했다. 게리케는 이 제안을 또 거부했으며 3월에 보낸 편지에서 이유를 설명했다.

나는 디자인에 대해 시시콜콜하게 싸우고 싶지 않기 때문에 진정한 예술적 능력을 가진 건축가를 고용할 수 없었습니다. 예술작품에 대한 존경심은 미스 반 더 로에와 같은 사람이 스스로의 예술적 아이디어에 어긋나는 저의 매우 구체적인 제안에 동의하는 것을 기대할 수 없도록 합니다.[41]

미스에게 보낸 같은 날짜의 다른 편지에서, 그는 놀랍도록 솔직했다.

내가 지금 만들고 있는 소박한 집은 내 개인적인 경험에서 순수하게 파생되었고 내 개인적인 용도로 사용될 것이기에 제출된 제안들과는 너무 다릅니다. 나는 내 아이디어와 다른 아이디어 사이의 틈을 메울 수 없었습니다… 최근에 지어진 많은 불행한 집들이 건축주와 건축가 사이의 타협의 결과라고 생각됩니다. 이 경우 건축주가 완성된 주택에 대해 매우 특정한(아마도 나쁜) 이미지를 머릿속에 두었을 때 더욱 비참한 결과가 되었을 것입니다.

미스는 게리케의 이중성에 대해 알지 못했다. 미스가 한 수많은 스케치가 남아 있으며 직원들에 의해 평면도와 입면도가 완성되어 비록 컨셉 단계였지만 건물이 잘 표현되어 있었다(사진 5.5). 투겐타트 하우스와 비슷한 규모에 입구, 하인방, 어린이 방이 위층에 있고, 호화로운 마스터 스위트와 거실, 식사 공간이 메인층에 배치되었다. 층간 이동은 투겐타트와 같은 원형계단에 의해 이루어진다. 두 개의 층은 아늑한 옥외 테라스로 널찍하고 다양하게 열려 있다. 그 중 일부는 벽으로 둘러싸여 있으며 아마도 기존의 기초 위에 서 있었을 것이다. 주요 계획 구성요소는 지형과 통합된 준 독립형 볼륨 배치에 있다. 이 계획은 같은 시기의 크레펠트 골프클럽을 연상시키며, 동적인 바람개비 형태의 코너에서 볼륨이 겹치거나 서로 연결된다. 낮은 레벨에 있는 거실 볼륨은 친숙한 바르셀로나 / 투겐타트 기둥 그리드로 이루어졌지만 세개의 면이 거대한 유리창으로 되어 있으며 1951년 판즈워스 하우스의 유리박스를 미리 보여준다.

게리케 프로젝트가 보여주는 특별함은 투겐타트 또는 울프 하우스보다 경사진 지형에 더 자연스럽게 통합된 여러 레벨에서 연결된 자유로운 평면이었다. 반쯤 분리된 볼륨은 외부 공간을 한정하고 야외 테라스를 거쳐 다른 실내로 되돌아 가면서 풍경을 제공하는데 있어서 새로운 지평을 열었다. 미스가 가구와 마감까지 신경쓸 수 있었는지 여부는 확실하지 않으며 소재 및 마감재에 대한 세부 정보는 없었다. 남아 있는 자료를 볼 때 유럽시절 미스의 원숙함을 잘 보여준다.

· · · ·

30년대 초반의 미스의 절망적인 운명은, 1974년 루드비히 글레이저Ludwig Glaeser가 녹음하고, MoMA의 미스 반 더 로에 아카이브의 큐레이터가 기록한 내용에서 알 수 있다. 목소리는 바르셀로나의 박람회 디자인을 미스에게 맡겼던 게오르그 본 슈니즐러의 아내인 릴리 본 슈니즐러Lilly von Schnitzler였다.

슈니즐러 부인Frau von Schnitzler:

미스는 일이 전혀 없는 오랜 기간을 보냈습니다. 그는 독서와 스케치 외에는 별로 할 일이 없었습니다. 그리고 그가 방문했을 때, 절망적인 상황에 빠져 있음이 분명했습니다. 그는 말했습니다. "슈니즐러 부인, 저는 너무나 어려운 상황입니다. 더 이상 일이 들어오지 않으며, 어떻게든 상황을 바꿔야만 합니다. 재정적으로 거의 한계에 다다랐습니다. 당신의 연줄을 이용해서 어떻게든 나를 도와줄 수 없을까요?" 불행히도 남편과 나는 나치당과 아무 관련이 없다는 것을 그에게 말해야 했습니다. 게다가 그는 어디서도 환영받지 못했습니다.[42]

미스에게 한 그녀의 말과는 달리, 슈니즐러 부부는 나치와 관계가 있었고, 1933년 릴리는 미스를 위해서 노력을 했지만, 그녀가 예측했듯이, 그것은 별 쓸모가 없었다. 파티 자리에서 제국의 선전장관 요제프 괴벨스 옆자리에 앉게 된 그녀가 미스에게 도움을 줄 것을 요청하면서 대화를 시작했다. "예," 괴벨스가 대답했다.

미스는 트루스트 이후에 가장 중요한 독일 건축가입니다[신고전주의자인 폴 트루스트Paul Troost는 히틀러가 가장 좋아하던 건축가였다.]. 그러나 슈니츨러 부인, 당신은 전체주의 국가는 대중들에 전적으로 의존한다는 것을 모르는 것처럼 보입니다. 우리는 파도를 타고 힘차게 춤을 추어야 하며, 파도가 우리를 지지하지 않는다면 밤새 사라질 것입니다. 우리 뒤에 있는 대중은 매우 다른 생각에 의해 움직이기 때문에 나는 미스를 위해 아무 것도 할 수 없습니다. 미스를 추천한다면, 그것은 전혀 호의적으로 보이지 않을 것입니다.[43]

(괴벨스가 고백한 대중에 대한 충성심은 그가 독일의 라디오, 언론, 영화관, 연극을 완전히 장악하고 있을 때 그에게 주어진 권력과는 뚜렷한 대조를 이룬다.)

• • •

1920년대 후반의 주요 커미션과 비교하여 베를린-호엔쇤하우젠Berlin-Hohenschönhausen의 오벌시스트라쎄 60Oberseestrasse 60에 있는 칼과 마르타 렘케의 집은 그저 자그마한 소품에 불과하다. 그의 재정상태가 급속도로 악화되었을 때 1932년 2월 렘케 부부가 찾아와서 작은 예산과 거의 불가능한 일정으로 1년 내에 완성해야 하는 작은 집을 부탁했고 미스는 기꺼이 받아들였다. 2002년에 복원된 그 집은 그럭저럭 적당한 작품으로서 1938년 미국으로 떠날 때까지 미스가 마지막으로 실현한 주택이었기 때문에 그다지 성의가 없었다.

칼 렘케Karl Lemke는 뛰어난 품질의 예술서적을 전문으로 출판하는 대형 인쇄회사의 이사였다. 에드워드 푸쿠스는 렘케의 고객 중 한 명이었고 미스를 그에게 추천했다. 미스가 쓴 글에서 종종 렘케를 공산주의자로 묘사했지만 그에 대한 증거는 없었다. 그는 성공적인 사업가였고, 나중에 그는 국가사회주의와 제2차 세계대전 이후 소비에트 군부의 출판물을 포함하여 모든 정치적 출판물을 제작했다.[44] 아이들이 없었던 렘케 부부는 19세기에 베를린 동부 베를린의 호엔쇤하우젠 지구가 처음 개발될 때 만들어진 인공 호수에 접한 작은 필지 2곳을 구입했다. 그들의 요구사항은 평범했다: 거실, 침실, 객실, 각각에 대한 연구 또는 작업실, 전형적인 서비스. 조경과 정원 디자인을 위해서 렘케 부부는 저명한 칼 포레스터Karl Foerster를 참여시켰다.

처음에 제안한 2층으로 된 계획안은 거부되었다. 그러자 미스는 단층짜리 평지붕의 건물을 만들었는데, 그는 뒤뜰과 호수를 바라보는 뷰를 최대한 활용하기 위해 거리에 면한쪽으로 건물을 붙였다(사진 5.6과 5.7). 대략 L자 모양의 평면은 약 1,725평방피트의 넓이였다. 오늘날의 기준으로 봐도 상당히 큰 규모의 단독 주택이다. 거실 공간과 서비스 공간은 거리와 평행한 쪽에 있고 침실과 공부방은 넓은 홀의 거실과 연결되어 뒤쪽의 사

사진 5.6
렘케 하우스, 베를린-호헨쇤하우젠(1933). 남서쪽 뷰. 오른쪽, 거리쪽 입면; 왼쪽, 주출입구 및 차고. 거리쪽 입면은 창이 거의 없지만 뒷쪽은 커다란 정원과 호수를 바라보는 뷰를 향해 열려있다. 미스가 유럽에서 마지막으로 디자인한 그 집은 2002년 독일 정부가 대대적으로 복원하였다.

사진 5.7
렘케 하우스, 베를린-호헨쇤하우젠(1933). 뒷쪽 입면, 북동쪽 뷰. 집은 L자형 평면이다. 각 변에서 외부정원과 함께 서로의 내부를 들여다 볼 수 있다.

생활 영역으로 돌아간다. 이 계획은 효율적이고 예산에 알맞았지만 디자인은 여전히 맞물린 볼륨과 바람개비 형태, 특히 신중하게 고려한 안과 밖의 시야에서 미이시안 스타일을 느낄 수 있다. 하중을 떠받치는 벽돌벽은 주로 허리 높이에 있는 창문을 제외하고 거리와 정원을 향해 막혀 있다. 정원 쪽으로 테라스를 향한 스틸 프레임으로 된 넓은 유리창이 나 있다. 집은 야외 공간과 경치를 위한 시각적 중심인 테라스를 둘러싸고 있다. 모든 미스의 작품과 마찬가지로 렘케 하우스도 디테일 처리가 아름다웠다. 그것은 미스의 튜브형 의자와 테이블, 미스와 릴리 라이히의 맞춤형 가구와 목공작업으로 채워졌다. 렘케 부부의 양탄자와 가구 중 일부는 미스-라이히 인테리어의 일부로 통합되었다. 렘케의 예산은 불과 16,000 라이히마르크(투겐타트 하우스는 2년 전 100만 이상의 라이히마르크가 들었다)였기에 맞춤 인테리어는 정말 대단한 것이다. 오늘날의 기준에도 재료 및 제작기술의 수준은 놀라울 정도다. 외벽은 주황색 클링커 벽돌과 맨 위에 벽돌 두께의 석재로 덮인 영국식 본드 방식으로 쌓였다. 바닥은 오크 헤링본 쪽마루이다. 테라스의 문은 주문제작한 강철 및 청동으로 되어 있고 커다란 통 유리창과 같은 높이였다. 2000-2002년 독일 정부가 후원한 주택의 레노베이션에 거의 2백만 마르크가 넘게 들어간 것은 놀라운 일이 아니었다.

 렘케 부부는 붉은 군대에 의해 그 집이 징발되기 직전인 제2차 세계대전의 거의 끝까지 집에 남아 있었다. 전쟁 후에 그들은 결코 재산의 소유권을 회복할 수 없었으며 결국 서베를린으로 이사갔다. 동독 기간에 1989년까지 국가안보부 Stasi에서 사용했으며 사진 촬영도 금지되었다.[45] 많은 약탈에도 불구하고 견고한 구조는 살아남았으며 1990년에 거의 버려진 집과 땅은 통일 독일로 넘어갔다. 같은 해에, 렘케 부인이 사망하고, 그녀와 그녀의 남편이 간신히 구할 수 있었던 살아남은 미스-라이히 가구는 베를린의 뮤지엄에 기증되었다. 오늘날 이 집은 주립 박물관이자 갤러리로 쓰이고 있다. 어쨌거나 예술적으로 주목할 만한 작품이며, 적은 예산에 비해 완성도 높은 디자인과 역사의 비극으로 인해 그 가치가 더욱 돋보인다.

· · · ·

 2003년 경부터 1930년대 초에 지어진 독일 크레펠트Krefeld에 있는 호이스겐 하우스 Heusgen House와 관련하여 상당히 많은 수의 글이 출판되었으며, 여러 저명한 학자들이 이 집을 미스가 설계한 것이라고 주장했다. 나를 포함한 다른 학자들은 그것이 미스의 디자인이 아닐 거라 생각한다. 그 집은 칼과 밀리 호이스겐Karl and Milly Heusgen이 소유하고 있었는데, 그들에겐 만프레드Manfred라는 아들이 있었다. 허만 랑게와 요세프 에스터Josef Esters와 마찬가지로 칼 호이스겐은 크레펠트의 직물공장 사장이었다. 1930

년 호이스겐과 결혼하기 전에, 밀리 게이쎈Milly Geissen은 크레펠드 북쪽에 있는 휘슬러 탈링H9ülser Talring에 숲이 우거진 2에이커의 땅을 구입했다. 1932년 2월 건축허가를 취득한 후 곧바로 건설이 시작되었고, 그녀와 칼 호이스겐은 1933년 1월에 결혼했다. 현존하는 건물 기록에는 루돌프 웻스타인Rudolf Wettstein의 서명이 있다. 그가 그 집을 진짜로 설계했는지는 확실하지 않다. 제2차 세계대전 중 크레펠트 기록 보관소가 파손되면서 설계자에 대한 추가 조사가 이루어지지 못했다.

2층짜리 집은 거리에서 멀리 떨어진 얕은 언덕 위에 자리 잡고 있다. 구조는 철골 위에 흰색 스터코로 칠해졌다. 긴 정면의 남쪽 끝 또는 동쪽을 향한 입면에서 거실은 바닥에서 천장까지 이어지는 창문을 통해 경사진 잔디밭으로 이어진다. 정면에서 오른쪽으로 돌아서 입구가 있다. 거실과 2층 침실로 이어지는 계단을 이용할 수 있다. 동쪽을 향한 스트립 창문이 20 개가 있는 복도가 있다. 서쪽으로의 1층 확장은 바닥부터 천장까지 커다란 창문들이 있는 식당이 있다. 집의 짧은 남쪽에는 같은 창문 세트가 있다. 낮은 레벨의 차고는 비어 있는 북쪽에 접해 있다.

칼 호이스겐은 1968년에 사망했다. 1972년 밀리 호이스겐은 크레펠트의 건축가 칼 아멘트Karl Amendt를 고용하여 외관 복원을 했다. 호이스겐 부인이 말하길 미스가 디자이너였지만 그녀는 사람들이 몰려들 것에 대한 두려움으로 그것이 알려지는 것을 원하지 않았다고 했다. 아멘트는 그녀의 의중을 존중했다.[46] 1981년 그녀가 죽고 1999년 만프레드 호이스겐도 죽자 아멘트는 그 집을 직접 구입하여 그 집의 역사에 대한 조사를 하고 더 많은 복원 작업을 수행했다.[47] 미스가 디자이너라는 확신은 두 명의 저명한 학자의 증언에 의해 뒷받침되었다. 바우하우스 아카이브의 크리스챤 월스도프Christian Wolsdorff와 건축사학자 얀 마룬Jan Maruhn이었다. 남아 있는 문서가 없으므로, 월스도프와 마룬의 주장은 두 사람이 미스의 작품의 특징으로 간주하는 요소들에 달려있었다. 마룬과 그의 공저자인 베너 멜렌Werner Mellen은 2006년에 다양한 잡지 및 웹사이트에 광범위하게 게재된 글인 하우스 호이스겐: 미스 반 더 로에가 디자인한 크레펠트의 주거Haus Heusgen: Ein Wohnhaus Ludwig Mies van der Rohes in Krefeld에서 그 집의 디자이너가 미스라고 주장했다.[48]

마룬은 호이스겐 하우스의 평면이 1931년 미스의 베를린 빌딩 엑스포Berlin Building Exposition 하우스와 비슷하다고 봤고 매싱은 "3년간의 다양한 [미스]의 스케치와 유사"하다고 보았다.[49] 열린 평면, 서비스 및 침실 공간의 구성, 특히 두 번째 층의 편복도는 미스의 특징을 잘 드러냈다. 입구는 투겐타트 하우스처럼 숨겨져 있으며 입구 문은 미스가 제일 좋아하는 소재인 마카사르Makassar였다. 천장 높이의 커다란 문은 미스가 선호하는 디자인이었다. 철골 구조는 에스터 하우스와 랑게 하우스와 투겐다트 하우스의 구조와 동일했다. 마룬은 심지어 호이스겐 하우스가 커다란 유리를 통해 자연과 연결되어 있다고 주장하며, 이 관점에서 볼 때 미스 스타일을 "훌륭하게" 표현한다고 보았다. 마룬은 이러한 설계 전략을 미스와 그의 직원들만 상세히 알았다고 생각했다. 그는 또한 다른 사람들의 연구를 인용했다: 그 집은 미스가 가르쳤던 바우하우스의 학생 작품과 흡사했다. 호이스겐 하우스는 미스 학생이나 그의 스태프가 디자인한 것일 수도 있다. 미스가 이 집의 건축가인지 아닌지를 확인하는 것은 그 당시의 그의 다른 작품들과 비교하는 것과 같은 단순한 방법밖엔 없었다. 건물의 정면은 혼란스럽다. 거리를 향한 개방도 폐쇄도 아닌 3가지 다른 종류의 창들이 있다. 2층의 창문은 단조로운 리듬을 만든다. 뒷면에서 2층은 그것을 지지하는 기둥에 비해 시각적으로 너무 무겁고, 남쪽에서는 같은 기둥이 지지가 필요 없는 얇은 지붕을 떠받친다. 이 기둥은 베를린 빌딩 엑스포의 미스가 디자인한 모델 하우스에서 사용된 원형 강관이다. 그러나 미스는 유럽시기의 다른 주거 프로젝트 전부에서 맞춤형 십자 기둥을 사용했다. (미스는 미국시절 초기의 프로젝트에서도 십자 기둥을 계속 제안했다.) 마지막으로, 전체적인 비례에 대한 미스의 잘 알려진 감각은 1930년대 초반부터 중반의 게리케와 렘케 하우스 및 기타 주택 프로젝트에서 확실하게 분명하지만 호이스겐 하우스에서는 전혀 눈에 띄지 않는다.

마룬은 미스가 그것을 출판할 가치가 없는 것으로 생각했을지도 모른다고 함으로써 집의 기록이 없음을 설명하려고 했다. 그러나 그것이 대가의 작업이라는 주장을 뒷받침하지는 못했다. 어쨌건 이러한 문제는 곧 해결될 수 있다. 허만 랑게의 손녀이자 존경받는 건축 역사가인 크리스티안 랑게Christiane Lange는 최근에 미스의 여러 크레펠트 프로젝트에 대한 광범위한 연구를 완료했으며 2011년에 논문을 발표했다.[50] 그녀는 에스터와 랑게 하우스 및 바르셀로나 파빌리온의 현장에서 근무했던 미스의 직원인 윌리 카이저Willi Kaiser가 호이스겐 프로젝트와 상당히 관련되어 있다고 믿었다. 그는 1932년에 스위스로 떠났다고 알려졌고 웻스타인이 문서를 서명했던 시기와 일치했다. 그녀의 2011년 모노그래프에서 랑게는 호이스겐 하우스를 미스의 디자인이라고 얼버무렸지만, 2011년 11월 그녀는 "빌라 호이스겐은 미스의 디자인이 아니라는" 증거를 찾았다고 발표했다.[51] 그녀는 2012년에 최근에 발견한 사실을 발표할 것이라는 것을 제외하고는 상세하게 설명하지는 않았다.

· · · ·

1933년이 다가오자, 미스는 베를린 스튜디오에서 개인교습을 하기로 결정했다. 9월에는 같은 이유로 그와 릴리 라이히는 스위스 루치노 근처의 언덕 포도밭의 테라스 오두막을 빌렸다(사진 5.8). 다섯 명의 학생들과 학생들의 부인 두 명이 합류했다. 미스가 내

사진 5.8
1933년의 스위스 루가노에서 릴리 라이히.
사진제공: T. 파울 영

준 과제: 가까운 근처에 사이트를 선택하고 그에 알맞은 집을 설계하시오.

그룹은 6주간 머무는 동안에 밀라노의 트리엔날레 박람회를 방문했다. 학생들 중 한 명이었던 하워드 디어스타인Howard Dearstyne은 다음과 같이 말했다.

> 전시는 그다지 인상적이지 않았습니다. 전시를 보고 난 후, 우리는 밀라노 대성당 앞의 거대한 광장에 이끌렸습니다… 나는 광장을 건너가 멋진 내부를 보자고 미스에게 이야기했지만, 그는 움직이기 싫어했습니다. 그는 고딕 양식의 열렬한 찬미자였지만, 이러한 잡종은 싫어했습니다.[52]

루가노에서 베를린으로 돌아와서 미스는 아마도 알프스에서의 경험에서 영감을 받은 마운틴 하우스를 위한 몇 가지 계획안을 만들었다. 학자들은 이 프로젝트의 대상지들이 스위스가 아닌 남 티롤Tyrol의 메라노Merano에 있다고 확인했다. 몇 가지 버전으로 여러 장의 스케치에 남아 있는 넓은 안뜰을 감싸는 L자 모양의 1층짜리 볼륨으로 절벽 위에 있었다. 외벽은 마당 쪽으로 유리로 되어 있으며, 일부 스케치에서는 내리막 길을 마주보는 거친 돌로 된 면이 있었다. 남아 있는 자료에는 평면이나 스케일이 있는 도면이 없었으므로 별다른 관심을 끌지 못했다. 그러나 또 다른 프로젝트인 "언덕 위의 유리 하우스"는 원래 작은(4½x8 인치) 스케치 밖엔 없었지만 1947년 모마에서 전시된 벽면 크기의 확대 버전 덕분에 미스의 매우 유명한 스케치 중 하나가 되었다.

1934년에 몇 개의 선으로 그려진 이 계획안은 트러스로 된 유리박스가 확실하지 않은 구조재로 한쪽 끝에서 지지되고 경사진 대지 위의 그 반대쪽에 기둥들로 지지되었다. 이 디자인은 시대를 앞서갔으며 원래 말 그대로 "냅킨 스케치"였을 수도 있었다. 그러나 1947년 미스는 이것을 "마운틴 하우스, 티롤, 오스트리아"("Mountain House, Tyrol, Austria")로 명명했으며, 필립 존슨, 찰스 임스Charles Eames와 그밖에 많은 사람들한테 커다란 영향을 주었다. 마운틴 하우스는 1937-39년 리소 하우스Resor House와 공통된 요소가 있지만 - 1947년 비평가들의 말처럼 - 타협하지 않는 추상성에 있어서 리소 하우스보다 훨씬 강력했다.

· · · ·

디어스타인이 쓴 'Inside the Bauhaus'가 미국인이 바라본 베를린 바우하우스에서 미스에 대한 총체적인 목격담이었다면, 미스로부터 직접 가르침을 받았고 나중에 시카고의 아머 공과대학교Armor Institute of Technology에서 미스와 함께 가르쳤던 존 바니 로저스John Barney Rodgers는 베를린 바우하우스 출신의 또 다른 미국인이었다. 제도공이자, 건축가 및 통역자로서 로저스는 미스가 미국으로 이주할 때 도움을 주었고, 미스의 이민이 진행되기 전에도 대변인 역할을 했다. 1935년 프린스턴 대학교에서 한 모더니즘에 대한 일련의 강연에 대해 말하면서, 그는 루드비히 글레이저Ludwig Glaeser에게 "이 강연들은 1934년과 1935년에 내가 그와 함께 공부했을 때 적었던 메모를 최대한 참고했다."고 했다.[54] 출판되지는 않았지만, 로저스의 강의를 통해 그 당시 미스의 생각을 엿볼 수 있다.

> 미스 반 더 로에는 스스로 생각하는 힘을 통해 현재 위치에 도달했습니다… 그는 자신을 사고하며 오랜 세월 성실하고 사려 깊은 노력으로 발전해 왔기 때문에 확신과 힘을 가지고 말하고 행동합니다… 그가 주는 지배적인 인상은 엄청난 육체적, 정신적 힘과 리더십입니다. 그는 언제나 자신의 신념을 위해 싸워야 했지만 지금처럼 정부를 상대하는 만큼은 아니었습니다.[55]

다이나믹 디자인"Dynamic Design"이란 이름의 강연에서 로저스는 미스의 디자인 철학에 대해 설명했다.

문학에서와 마찬가지로 건축에서도 아이디어가 단순하게 표현되어야 합니다. 따라서 모든 요소를 가능한 심플하게 유지하는 것이 바람직합니다. 벽은 벽이어야 합니다. 분명하고 끊어지지 않고 작은 조각으로 잘게 나누지 말고, 문과 창문과는 상관없어야 합니다. 자유롭게 서 있는 경우 자유롭게 서서 완전히 공간을 둘러쌉니다. 보이드거나 솔리드건 간에 모든 형태는 단순하고 명료하게 유지되어야 합니다. 그것들은 가구나 건물에 의해 가려져서는 안됩니다. 가구의 선과 비례는 공간에서 해방되어 홀로 있을 때 가장 잘 보입니다. 같은 논리가 집에도 적용됩니다. 장식만큼 건축가에게 쓸데없는 것은 없습니다. 과거에 성공적인 장식은 스타일이 성숙해지면 디자인을 강조하고 꾸미기 위해 언제나 등장했습니다. 현대 건축은 그러한 단계에 이르기엔 너무나 멀었고, 오늘날의 장식자들은 할 수 있는 적절한 장식을 개발하지 않았기 때문에… 오늘날 건축가는 장식을 완전히 생략하는 것을 선호합니다… 그들은 모더니즘 장식보다는 천연 재료의 색과 질감에 의지하는 것을 선호합니다.[56]

그리고 마지막으로, 로저스는 "질서"에 관한 미스의 가르침을 설명했다.

인간의 마음은 질서를 갈망합니다. 그것은 자연의 혼돈을 논리적 체계를 통해 조정하고 배열하여 이해하고자 합니다… 이러한 마음의 습관은 너무 뿌리깊어 완전히 무질서하고 관련이 없는 디자인은 불쾌하고 불안감을 안겨줍니다… 따라서 건축 디자인엔 질서가 있어야 합니다. 창작 과정 중에 모든 결정에는 실용적 또는 미적 이유가 있어야 합니다. 가장 섬세한 건축은 이 통합을 가장 작은 디테일에서부터 수행합니다.[57]

• • •

1933년 2월 9일, 히틀러가 집권한지 2주 만에 제국은행은 베를린에 있는 시설을 확장하기 위한 현상설계에 30명의 건축가를 초청했고 미스도 그들 중 한 명이었다. 그로피우스와 미스가 스펙트럼의 한쪽 끝을, 보수적인 윌헬름 크레이스Wilhelm Kreis가 다른 끝에서 독일 건축계 전체를 대표했다. 1933년 5월 피터 베렌스와 폴 보나츠를 포함한 심사위원이 6개의 프로젝트에 상을 수여했다. 미스도 그들 중 하나였고 출품작이 전시되고 출판되었지만, 아무것도 지어지지 않았다. 모더니즘이 승자였고 미스가 가장 앞서 나갔다. 그는 은행의 상세한 프로그램을 수용하고 풍부한 자연 채광이 있는 넓은 방과 홀을 제공하기 위해 노력을 기울였다. 그는 10층짜리 블록을 제안했는데 확실하지는 않지만

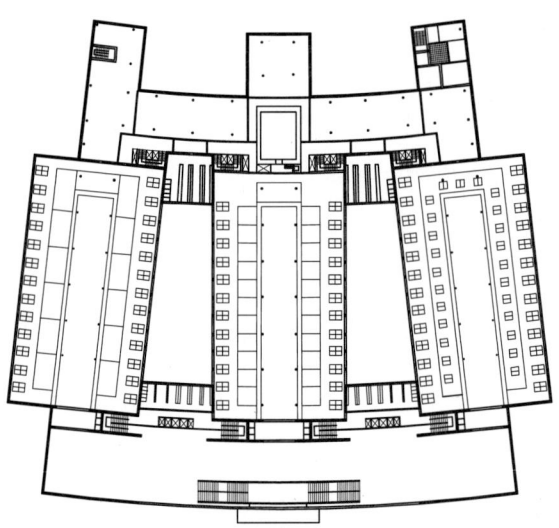 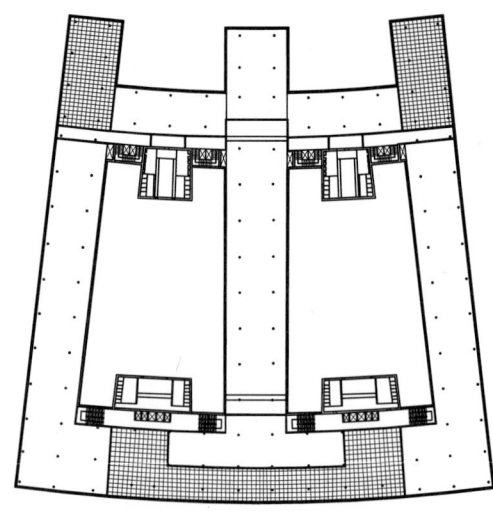

사진 5.9
라이히 뱅크 프로젝트, 베를린-미테 (1933). 왼쪽, 거대한 중앙홀을 통해 접근하는 3개의 커다란 홀이 있는 저층부 평면. 오른쪽, 고층부 평면. 커다란 중정이 있는 사무공간.

아마도 철골구조였을 것이고, 100만 평방피트의 거대한 면적에 달했다. 하나의 커다란 곡선으로 된 미스의 "별관"은 기존 은행 건물을 좁은 길 건너 정면으로 마주볼 것이며, 스프리 강으로 향하는 반대쪽에 세 개의 오픈 플랜 사무실동이 있다. 폭이 약 40피트에 불과한 세 개의 날개는 빛우물을 통해 빛을 받아들인다(사진 5.9).

곡선으로 된 전면은 2층과 3층에 있는 거대한 홀을 둘러싸고 있는 2층 높이에 350피트 길이의 넓은 유리면으로 되어 있다. 그 위쪽에 세 부분으로 나눠진 띠창이 있었다. 넓은 벽돌 스펜드럴과 번갈아 가면서 띠창은 10년 전 콘크리트 오피스 건물을 상기시키는 독특한 패턴으로 건물을 감쌌다(사진 5.10). 옥상 정원이 3개 이상 있었는데, 그 중 가장 큰 정원에 "직원용 [Beamte]"이라고 표시되었다. 정원은 베를린의 구 중심가를 향한 전망을 제공했다.

필립 존슨은 1933년 가을에 출판된 "제3 제국의 건축"이라는 글에서 제국은행의 정치적 의미에 관한 문제를 다루었다. "[독일의] 새로운 건물이 어떤 모습일지 아직 제대로 알려지지 않았습니다." 당의 관심을 끄는 파벌을 열거하며 - 보수주의자들(슐츠-나움버그, 트루스트)Schultze-Naumburg, Troost, "하프 모던"(슈미트너Schmitthenner), 그리고 "현대 예술을 위해 싸울 준비가 된 당의 청년들, 학생들과 혁명가들", 존슨은 계속 이어갔다:

청년들조차 옹호할 수 있는 사람은 단 한 명, 미스 반 더 로에 입니다. 특히 미스가 새로운 건축가로 받아들여질 수 있는 두 가지 이유가 있습니다. 첫번째 미스는 보수주

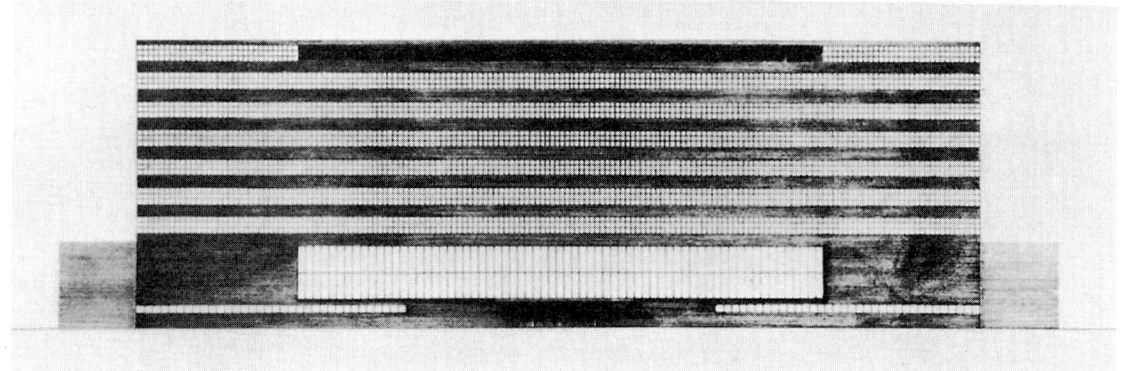

사진 5.10
라이히 뱅크 프로젝트, 베를린-미테 (1933). 서측 입면, 스프리강 반대편. 360피트 길이의 9층 높이 건물.

의자들도 존중합니다… 두 번째로 미스는 제국은행의 신축 건물을 위한 경쟁에서 4명의 다른 사람들과 함께 수상했습니다. 만약(지어진다면 오래 걸리겠지만) 미스는 자신의 위치를 견고히 만들어 줄 이 건물을 지어야 합니다.
훌륭한 모던 스타일의 제국은행은 기념비성에 대한 새로운 갈망을 충족시킬 것입니다. 그러나 무엇보다도 독일 지식인들과 세계를 향해 새로운 독일은 최근 몇 년 동안 세워진 훌륭한 현대 예술품을 파괴하지 않는다는 것을 보여줄 것입니다.[58]

존슨은 나치에 대한 지나치게 낙관적인 견해를 나중에 후회했다. 그리고 미스도 바우하우스가 강제로 폐교되고 베를린과 프랑크푸르트에서 진보적인 관공서 건물이 철거되는 것을 보고서 깨달았을 것이다. 1933년 후반기에, 제국문화협의체Reichskulturkammer라는 단체가 괴벨스의 명령으로 설립되었다. 미스도 회원이 되었다.[59] 그 전 해에 괴벨스는 알프레드 로젠버그Alfred Rosenberg의 독일예술을 위한 돌격대Kampfbund für deutsche Kultur가 대표하는 현대 예술에 대한 과격하게 비관용적 태도에 공개적으로 반대하는 입장을 취했다. 제국문화협의체는 괴벨스의 지위를 향상시키기 위해 조직되었다. 조직이 출범한 1933년 11월 16일의 연설에서 그는 보수주의를 공격하면서 "독일 예술은 신선한 피가 필요합니다. 우리는 젊은 시대에 살고 있습니다. 그 지지자들은 젊고, 그들의 생각 또한 젊습니다. 그들은 우리의 과거와 더 이상 공통점이 없습니다. 이 시대의 표현을 추구하는 예술가는 또한 젊어야 합니다. 그들은 새로운 형식을 만들어야 합니다."[60] 이 성명서에는 현대 예술에 대한 격려만이 있었다.

괴벨스는 11월 16일 연설에서 말한 자신의 이상을 위해 결코 싸워본 적이 없었다. 그럼에도 불구하고, 1934년 미스의 제국문화협의체 가입을 합리화하자면, 어떠한 스타일적인 제약이 없었고 - 비록 "인종적 순수성"에 대한 증거가 필요했지만 - 또 다른 박람회

사진 5.11
독일 파빌리온 프로젝트, 국제 엑스포, 브뤼셀(1934). 메인 입면. 이 프로젝트는 미스의 그 어떤 프로젝트보다도 정치적인 논쟁을 불러일으켰다. 그가 그린 여러장의 도면에서 보이는 스와스티카와 미스가 나치에 동조적이었다는 주장 때문에 이 논쟁이 촉발되었다. 이러한 혼란 와중에 설계지침서에 나치 심볼을 포함할 것이 명시되어있다는 사실은 잊혀졌다. 사진제공: MoMA 미스 반 더 로에 아카이브.

파빌리온을 위한 현상설계 초청장이 제공됐다.

• • •

1934년 6월 8일 미스와 다른 다섯 명의 건축가는 "1935년 브뤼셀 세계 박람회 독일관 디자인"을 위해 초청되었다. 바르셀로나 파빌리온과 마찬가지로 독일을 대표할 건물을 위한 현상설계는 이번에는 좀 더 상세한 설계설명서로 되어 있었다. 많은 요구 사항 중에는 나치 심볼을 사용할 것과 하나의 커다란 공간에 전시할 산업 및 문화관련 내용이 정리된 긴 목록이 포함되었다. 히틀러는 직접 모든 제출물을 검토한 후 거부했다.[61] 미스의 직원이었던 세르기우스 루젠버그Sergius Ruegenberg는 그 과정에서 미스의 도면이 바닥에 버려졌다고 주장했다.[62] 더크 로한에 따르면 "미스는 나에게 여러 번 말했습니다. 알버트 슈페어Albert Speer와 함께 히틀러가 디자인을 검토했고 미스의 모던한 디자인이 너무 불쾌하여 도면을 한쪽으로 밀어서 바닥에 떨어졌으며 히틀러가 그 위를 밟고 갔다고 했습니다. 미스는 그때부터 나치 정권 하에서 결코 일을 할 수 없다는 것을 알았다고 말했습니다."[63] 히틀러가 선택한 루드위히 루프Ludwig Ruff와 아들인 프란츠 루프Franz Ruff가 디자인한 건물은 대단히 짧은 기간 동안 지어졌고 1934년 후반에 전시가 끝나자마자 철거되었다.

미스는 그의 디자인을 완성하는데 일주일도 걸리지 않았고 프리젠테이션 드로잉과 모형 사진을 포함한 그의 제출 자료는 결국 소실되었다. 현상설계에 관한 어떠한 것도 출

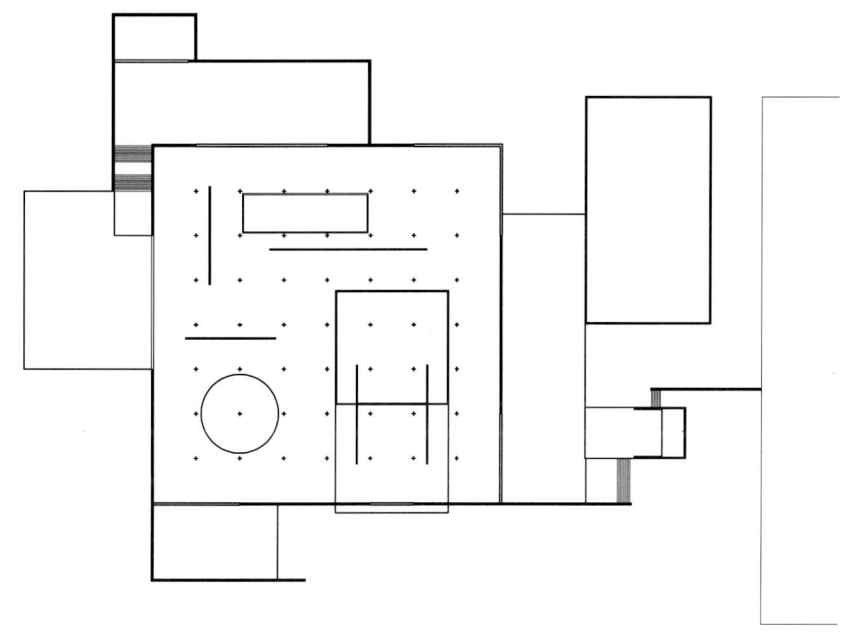

사진 5.12
독일 파빌리온 프로젝트, 국제 엑스포, 브뤼셀(1934). 다시 그린 예상 평면도. 기둥 그리드를 둘러싼 정사각형 부분이 대략 100,000 제곱피트다.

판되지 않았으며, 몇 가지 스케치와 작업과정 중의 도면을 통해서만 알 수 있었다.[64] 설계 설명서에서 "국가 사회주의 독일의 힘과 영웅적인 의지를 상징하는 형태를 [보여주는] 전시관"을 요구했지만 그의 제출물의 텍스트에서 미스는 평소보다 더 추상적으로 "본질적인" 건물을 위해 "박람회란 무엇이어야 하는지, 객관적이지만 효과적인 시각 전시물에, 독일의 업적에 대한 실제적 모습"에 알맞아야 한다고 주장했다.[65] 그가 제안한 것은 바르셀로나 파빌리온을 확대한 규모였으며, 수많은 전시품을 제외하면 몇 가지 작은 스케일의 나치 심볼이 여기 저기에 장식되어 있었다(사진 5.11). 미스는 벽으로 둘러싸인 오픈 플랜의 메인 홀 한쪽에 8개 베이를 제안하여 구체적인 프로그램들을 해결했다(사진 5.12). 이 볼륨에 여러 종류의 정원과 외부 건물들이 더해졌고 일부는 꽤 컸다. 지붕의 총 면적은 15,500평방미터(166,840평방피트)이었고 공용 공간과 정원은 바르셀로나관의 32배에 해당하는 11,700평방미터(125,900평방피트)가 넘었다.[66]

메인 홀에서 미스는 그만의 특별한 십자형 기둥들을 중심으로 평면을 짜고, 그 아래에는 독립형 벽, 반사 풀 및 내부 공간이 있었다. 명예의 전당이라 이름 붙여진 특별 전시 공간은 입구에서부터 한 쌍의 높은 돌로 된 벽을 통과하여 축 방향으로 도달했다. 중심은 하늘을 향해 열린 영웅적인 아트리움이었는데, 어두운 유리와 낮은 벽으로 세면을 둘러싸았는데 이는 베를린의 노이에바흐Neue Wache를 위한 미스의 1930년 공모전 계획안을 연상시켰다. 나머지 내부 공간은 일반적인 미이시안 공간이었으며 프로그램에 필요

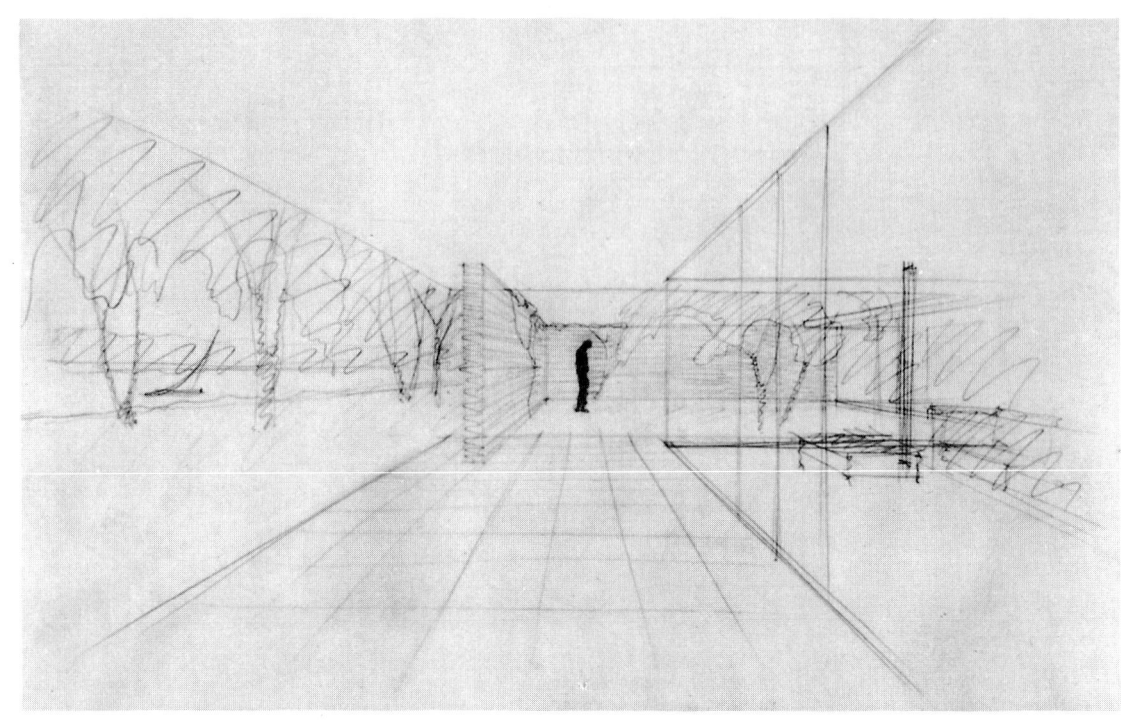

사진 5.13
허브 하우스 프로젝트, 마그데부르그 (1935). 미스는 엄청난 양의 스터디와 여러번의 변경끝에 최종 디자인에 도달하였다. 그 결과로 정원을 가로막는 벽을 통해 내부와 외부를 중재하였다.

한 것을 수용했다. 남아 있는 도면을 통해 건물의 외부만 알 수 있다. 명백한 것은 창이 없는 벽돌로 된 벽의 거대한 크기였고, 대부분은 지붕까지 닿았다. 이 정도 스케일의 건물에서 상당히 중요한 요소인 지붕 구조는 한두 개의 스케치에서만 암시되었다.

· · ·

1930년대 실제로 이루어진 것 중엔 1934년 4월 21일 베를린에서 열린 국가-사회주의당의 첫번째 주요 전시회인 독일 민족 - 독일 작업Deutsches Volk-Deutsche Arbeit이 있었다. 이 행사는 독일의 역사와 현대 독일 테크놀로지를 기념하기 위한 것이었다. 괴벨스는 모더니즘을 잘 이해하는 당원이었던 한스 바이드만Hans Weidemann을 전시감독으로 임명했다. 바이드만은 미스의 작품에 감탄했으며 건축분야 전시에 대한 책임을 맡겼다. 일레인 호흐만에 따르면, 바이드만이 히틀러에게 그의 계획에 대한 승인을 요청했을 때 그는 바르셀로나 파빌리온의 사진에 신랄한 적대감으로 반응했다. 결국, 미스는 광업을 위한 전시만 맡게 되었다.[67] 나치는 그의 참여를 허용했지만, 카탈로그에서 이름을 뺐다.

미스는 3개의 커다란 벽으로 된 전시실을 만들었다. 실제로 그 벽 자체가 암염, 무연탄 및 역청탄으로 된 전시품이 되었다. 암염의 옅은 분홍색과 베이지 색은 무연탄의 강렬한 검은 색과 역청이 거의 없는 무광택 갈색과 대조를 이루었다. 소금과 석탄 같은 평범한 물질을 사용함에 있어 미스는 바르셀로나 파빌리온과 투겐데트 하우스에서 호화로운 석재와 유리를 사용하는 것과 같은 수준의 정제됨을 보여줬다.

· · ·

미스는 그가 독일공작연맹 부회장이었을 때 1926년에 회원이 된 마가렛 허브Margarete Hubbe와 친분을 쌓았다. 1934년 초가 되어서야 그녀는 친구인 에밀 놀데를 통해 마그데부르크의 엘베 강에 있는 한 섬에 집을 설계하기 위해 미스를 찾아왔다. 약 2에이커의 정사각형 땅은 강가에서 떨어진 건물들 옆에 있었다. 바로 남쪽으로 밀집된 개발이 이루어지고 있었다. 섬은 사실상 도심지역이었다. 미스가 그의 기준에서조차도 엄청난 수의 계획안을 만들고 모형과 도면으로 최종 계획안을 만들기까지 했지만 알 수 없는 이유 때문에 허브는 이 땅을 매각하고 1935년 중반에 프로젝트를 포기했다(사진 5.13). 프로젝트와 관련된 유일한 자료는 미스의 서명이 있는 설명서뿐이었다:

> 그 집은 마그데부르크의 엘베섬에 아름다운 엘베의 풍경이 보이는 오래된 나무 아래에 세워지기로 되어 있었습니다.
> 그것은 드물게 아름다운 땅이었습니다. 태양의 위치에 대한 고민이 가장 큰 어려움이었습니다. 사랑스러운 경치는 동쪽으로[엘베쪽으로] 뻗어 있었지만, 남쪽으로는 매력이 전혀 없었으며 오히려 방해가 되었습니다. 이러한 결점을 집의 평면과 조화시키는 것이 필요했습니다. 그래서 벽으로 둘러싸인 정원 안뜰을 통해 집의 거실을 남쪽으로 확장시켰습니다. 따라서 햇빛을 모두 받아들이는 동시에 시야를 가렸습니다. 다른 한편으로는, 집은 정원을 자유롭게 넘나들며 완전하게 열려 있습니다. 그렇게 함으로써 환경적 조건을 만족시킬 뿐만 아니라 조용한 고립과 열린 하늘의 좋은 대비를 이루었습니다.
> 이 평면은 또한 고객의 요구에 적합합니다. 그녀는 혼자 살 예정이었지만 캐주얼한 사회 생활과 교류를 유지할 수 있기를 원했습니다. 집안의 내부 배치가 이 목적을 위해 계획되었으며, 열린 공간의 최대한의 자유와 함께 필요한 프라이버시를 제공합니다.[68]

마가렛 허브는 거의 모든 미스의 건축주들과 마찬가지로 부유했고 벽으로 둘러싸인 안뜰과 충분한 정원에 커다란 열린 평면의 주거를 지을 수 있었다. 남아있는 500개 가까운 스케치가 보여주는 증거로, 이 집은 중요한 성명이었을 것이다. 이 프로그램에는 허브 부인과 손님을 위한 두 개의 침실만이 있었다. 하인을 위한 두 개의 작은 침실을 포함하는 서비스 윙과 세 면이 유리로 된 거실과 식사 공간이 있었다. 서비스와 침실에는 내력벽이 있었지만, 거실과 입구 공간은 미스의 전형적인 비내력벽으로 둘러싸인 직사각형의 (7x6.5m) 격자로 배열된 십자형 기둥이 떠받치고 있다. 실내 구역은 5,000평방피트에 달하며, 2,000평방피트의 켄틸레버된 처마 아래 공간이 있었다. 본질적으로 T자 모양의 평면이 높은 벽에 의해 둘러싸였고, 전체적으로 약 11,000평방피트의 주거, 정원 및 포장된 안뜰을 덮고 있었다. 미스는 이 집을 통해 "프라이버시"와 "열린 공간의 최대한의 자유"를 모두 달성할 수 있었을 것이다.

허브 하우스는 미스의 최고의 작품이 될 수도 있었다. 넓게 펼쳐진 입구는 강과 전망을 마주보고 있으며, 유리로 덮인 생활 공간에 대한 접근은 세심히 계획된 통로를 통해 이루어진다. 주 공간에서 바라본 전망은 안뜰 벽과 벽난로로 막혀 있지만, 미스의 주장처럼 남측과 동측은 햇빛을 완전히 끌어들인다. 북쪽으로는, 허브 부인의 침실과 서재는 정원 쪽은 유리로 되어 있지만 멀리 떨어져 세워진 벽으로 "방해되는" 전망을 막았다. 생활/식당 공간의 남쪽에 있는 서비스 날개 입면은 거의 불투명하다. 식사 공간은 3면이 벽으로, 4번째 면이 엘베 옆에 있는 매우 큰 안뜰로 향한다. 몇몇 스케치를 보면 안뜰에 조각상을 제안했다. 강을 바라보지 않는 쪽은 크레펠트 주택과 마찬가지로 서쪽의 침실과 서비스에 있는 몇 개의 커다란 창문을 제외하고는 막힌 것으로 보인다. 재료와 색상은 남아있는 자료로는 알 수 없으며 안뜰 벽이 벽돌인지도 확실하지 않다. 실제로, 가구를 포함하여 다른 미묘한 미스터리가 있는데, 깔끔하게 그려진 아름다운 스케치에는 클럽형 의자와 비더마이어Biedermeier 스타일의 책장이 있었다. 라이히가 J. J. P. 오우드에게 보낸 편지에서 허브 부인이 부동산을 매각했기 때문에 집이 지어지지 않았다는 것을 제외하고 이 프로젝트가 왜 사라졌는지에 대한 정보는 거의 없다.

1935년에 허브 프로젝트와 동시에 진행되었던, 허만Harmann의 아들이자 갓 결혼한 율리히 랑게Ulrich Lange를 위한 디자인이 있었다. 대지는 크레펠드-트라Krefeld-Traar에 있었다. 1936년 초 편지에서 릴리 라이히는 프로젝트가 너무 작으니 하지말라고 했지만, 적어도 몇 가지 수정안 중 마지막 것은 허브 프로젝트와 규모가 비슷했다. 허브만큼 커다란 마당이 있는 구조로, 약 12,000평방피트의 사각 평면에 높은 벽돌벽으로 둘러쌓였다. 이 벽들 안에서, 미스는 L-모양으로 내부 공간을 배치했다: 한쪽 끝에 큰 마스터 스위트룸이 있고 그 사이에 하인 침실, 서비스와 긴 복도가 거실과 식당 공간이랑 구분된다. 거실과 식당 양면에 유리가 있다. 거실은 허브와 동일한 그리드로 조직되어 있지만, 미스는 십자형 기둥 중 몇 개를 벽돌 내력벽으로 교체했다. 주방은 가구로 된 벽으로 되어 있었는데 특이하게도 구불구불한 모양이었다.

안뜰을 넘어서는 전망은 거의 보이지 않으며, 거실 공간의 한쪽 벽만 멀리 전망으로 열렸다. 미스는 안뜰 중 한 구석에 차고를 만들었고 거리에서는 차고가 보이지 않는다. 거리 쪽 입면은 차분했다. 캔틸레버가 있는 지붕은 평평했다. 최종적으로 프로젝트의 초기 버전은 건축 허가가 거부되었다. 나치의 통제 하에 크레펠드 건축부서는 모더니스트 작업을 막기 위해 "보이지 않는 법"에 따라 프로젝트를 거부했다. 랑게 가족은 영향력을 행사하여 그 집을 승인을 얻었지만, 거리에서 덤불로 가려져야 한다는 조건이 있었다. 여러 자료에 따르면 이러한 간섭에 분개한 미스는 계획안을 철회했다.[69] 울리히 랑게는 1949년 후반에 프로젝트를 다시 시작하려 했으나 미국에서 미스는 "너무 많은 일 때문에" 바쁘다며 그 일을 거절했다.[70] 허브와 울리히 랑게 하우스는 지어졌더라면 새로운 유럽 주택 유형인 정원이 있는 모더니스트 빌라를 정립했을 것이다. 두 프로젝트는 모두 미시안 개방형 주거였고 - 바르셀로나 파빌리온의 대형 주택 버전으로 - 벽으로 둘러싸인 커다란 정원 안에 삽입된 주택이었다.

· · ·

1937년 5월 24일에 파리 현대 미술관 Le Palais International에서 열린 '현대 생활에 적용된 예술과 기술을 위한 국제 박람회'가 11월 26일까지 계속되었다. 미스와 릴리 라이히의 작품이 모두 소개되었다. 건축가이자 L'Architecture Vivante의 편집자인 진 바도비치Jean Badovici는 전시회 카탈로그인 Architecture de Fêtes(Albert Morance, Paris, 아마도 1938년)에 독일관 파빌리온의 내부를 소개했다. 전부 미스가 디자인했다고 되어 있었다. 그들은 두 개의 구조를 보여준다. 하나는 얇은 금속 띠 프레임으로된 구부러진 유리벽으로 합성 재료와 정밀 장비를 전시하도록 설계된 것이고, 다른 하나는 금속 도구와 기계를 보여주는 격자로 분할된 유리벽이었다. 미스는 박람회를 계기로 파리에 갔을 수도 있었다.[71] 릴리 라이히는 국제관에 위치한 독일 섬유 산업 전시회의 디자인을 했다.[72]

미국으로 이민가기 전에 독일에서의 미스의 마지막 디자인은 크레펠트의 또 다른 커미션이었다. 1920년대 후반의 에스터와 랑게 하우스 이후에 1930-1931년에 완전히 기능주의 디자인의 베르사이닥Verseidag 공장 건물을 디자인 했고 1931년과 35년 두 차례에 걸쳐서 나눠 지어졌다. 1937년에 미스는 거대한 철골구조물 위에 하얀색 스투코를 칠한 4층짜리 관리동을 디자인했다. 1933년의 제국은행 프로젝트 계획과 비슷한 이 계획안은 잘 알려져 있지 않다. 존 바니 로저스에 따르면, 이 디자인은 1938년 여름까지 계속됐으며, 결국 나치 독일이 서부 국경을 따라 건설한 콘크리트 장벽때문에 생긴 콘크리트 부족으로 포기했다.

미국으로부터의 호출: 1936-38

6

나는 그 자리를 기꺼이 받아들이겠지만 여러 후보자 중 한 명으로는 싫습니다.
미스, 하버드의 조셉 허드넛에게

존재의 의미와 척도로서의 질서는 오늘날 실종되었다. 새로이 이것을 세워야 합니다.
미스, 1938년

  미스가 베를린을 떠나 시카고에 정착하기까지 수많은 우여곡절이 있었다. 앞에서 본 바와 같이 미스는 1935년에 돈이 다 떨어져 갔고 마지막 프로젝트마저 취소되었다. 미스 역시 나치가 득세하면서 고통받았던 많은 건축가들 중에 하나였다. 히틀러가 권력을 장악한지 2개월 만인 1933년 3월 초 에리히 멘델존은 정부의 반유대주의 정책에 반발하여 베를린을 떠나 런던으로 이주했다. 1년 후에 발터 그로피우스가, 1935년에는 마르셀 브로이어도 런던으로 갔다. 그들 모두 다시는 독일로 돌아가지 않았다. 멘델존, 그로피우스, 브로이어는 런던에서 할 일을 쉽게 찾을 수 있었다. 미스도 독일을 떠나야 했지만 1936년 초까지도 베를린에 남아 있었다.

  1935년 12월, 미스는 캘리포니아 오클랜드에 있는 밀스 칼리지 Mills College의 알프레드 뉴마이어Alfred Neumeyer로 부터 다음해 여름부터 강의를 해 줄 것을 요청하는 전보를 받았다.[1] 뉴마이어는 1934년에 미국으로 오기 전에 베를린에서 여러 번 미스를 만난 적이 있었다. 그러나 강의를 영어로 해야 했고, 미스는 영어를 할 줄 몰랐다. 그 직후에 새로운 기회가 운명적으로 다가왔다.

  1936년 초 어느 날 시카고의 두 건축가 존 홀라버드John Holabird와 제롤드 로에블 Jerrold Loebl이 미시간 애비뉴를 걷다가 또 다른 건축가인 데이비드 아들러David Adler를 만났다. 홀라버드와 로에블은 아머 공과대학Armor Institute of Technology 건축학부의 새 디렉터를 찾는 위원회의 멤버였다. 그들은 곧 은퇴할 보자르 스타일의 교육자 얼 리드Earl Reed를 대신해서 현대적인 건축교육에 대한 비전을 가진 사람을 찾고 있었다. 아들러는 미스 반 더 로에가 "가장 훌륭한 모더니스트이자 뛰어난 디자이너"라고 언급했다. 홀라버드도 로에블도 미스를 알지 못했기 때문에, 아들러는 가까이에 있던 시카고 예술대학의 번햄 도서관Burnham Library에 함께 가서 바르셀로나 파빌리온 사진을 그들에게 보여주었다. 미스를 초빙하기로 결정하자마자 1936년 3월 20일, 홀라버드는 미스에게 편지를 썼다.

우리 학교는 시카고에 있는 건축학교로서 아머 공과대학에 속해 있습니다. 학교는 아트 인스티튜트 오브 시카고Art Institute of Chicago의 일부이며, 100-120명의 학생들이 있고 아머 공과대학과는 조금 떨어진 위치에 있어서 다소 독립적입니다. 아머 공과대학의 위원회와 총장은 이곳을 미국 최고의 학교로 만들기 위해 최고의 디렉터를 영입하려고 합니다. 로스앤젤레스의 리차드 노이트라Richard Neutra와 상의했는데 그는 발터 그로피우스나 조세프 에마누엘 마골드Josef Emanuel Margold는 시카고와 잘 맞지 않을 것이라 했습니다. 이 문제에 대해 자문위원회와 상의하면서 우리는 유럽 출신 디렉터를 생각하고 있고 당신이 이 자리에 관심이 있는지 물어보고 싶습니다. 만약 당신이 가능하다면 나는 당신을 최우선으로 고려할 것입니다. 학교 당국의 간섭 없이 당신이 원하는 방향으로 학교를 이끌어 갈 수 있을 것입니다. 원한다면 자유롭게 개인 작업을 할 수도 있을 것입니다.[2]

미스는 거의 한 달을 기다렸다가 답장을 했다. 그는 편지를 받기 전까지 아머에 대해, 그리고 심지어 시카고에 대해서도 거의 알지 못했다. 4월 20일 그는 홀라버드에게 짧게 답장했다. "편지를 보내주셔서 감사합니다. 나는 그 자리에 관심이 있습니다. 다시 연락 드리겠습니다."[3]

1936년 5월 4일 보낸 이 편지에서 아머의 자리에 관심을 표했지만 시카고에서의 개인 작업을 보장할 뿐만 아니라 학교를 "완전히 새롭게 바꿀 권한"을 줄 것을 조건으로 덧붙였다.[4] 일주일 후, 아마도 미스의 메시지를 받기 전에, 홀라버드는 다시 편지를 보냈다: "나는 진심으로 당신이 이 자리를 고려하기를 바랍니다… 당신이 오면, 이곳은 미국에서 가장 좋은 학교가 될 것입니다."[5]
미스는 1936년 5월 20일에 응답했다.

4월 20일에 답장을 이미 보냈습니다만 오늘 저는 당신이 저에게 보여준 신뢰에 다시 한번 진심으로 감사드립니다. 나는 귀하가 가진 학교에 대한 계획을 알고 싶습니다. 당신들의 생각을 환영하고, 그 의의와 가치에 대해 확신하기에 당신들의 제안을 받아들이고 당신들이 원하는 학교로 이끌 생각이 있습니다. 나는 경험을 통해 건축학교에 관한 확실한 생각을 가지고 있기 때문에 현재 학교의 구조에 관해 더 많은 것을 알고 싶습니다… 또한 교수들을 새로 뽑거나 다시 구성하는 것이 가능한지, 현재 예산 범위, 교육을 위한 실제 워크샵이 가능한지, 마지막으로 건축학교와 예술대학과의 관계에 대해 알고 싶습니다… 나는 이 시대의 정신에 걸맞은 새로운 형태의 학교가 될 가능성이 있는 경우에만 이 일을 맡고 싶습니다.[6]

5월 12일 윌라드 호치키스Willard Hotchkiss 총장은 "귀하의 관심을 대단히 기쁘게 생각합니다."라고 말하면서 하지만 "학교 이사회의 승인 없이는" 요구한 조건들이 불가능할 것이라는 편지를 썼다.[7] 미스는 이사회의 비준이 형식적인 문제라는 것을 이해하지 못했을 것이다. 호치키스에 대한 그의 반응은 갑자기 부정적이 되었다. 그는 아머의 제안을 거부하며 "커리큘럼의 변화는 [당신의] 건축학부의 현재의 틀을 넘어서기 위해서는 꼭 필요합니다."라고 썼다.[8]

7월 2일에 호치키스는 인내심과 예의를 갖춰서 미스가 직접 와서 시카고의 상황을 파악하는 것이 좋을 것이라는 답장을 보냈다. 미스에게 가을이나 겨울에 아머에서 특강을 해줄 것을 요청하면서 "당신이 만약 직접 온다면 학교에 대해 판단할 수 있는 좋은 기회가 될 것입니다."라고 했다.[9]

미스가 답장하는 데는 3개월이나 걸렸다. 그 사이에 다른 미국인들과의 만남이 있었다. 거의 비슷한 시기에, 허만 랑게가 1937년 베를린에서 열릴 텍스타일 전시 디자인을 부탁했다. 미스에게 또 다른 기회가 찾아왔다. 호치키스가 보낸 7월 2일자 편지를 받기 전인 6월 20일에는 미스는 MoMA의 새로운 건물 설계와 하버드 건축대학의 학과장 자리를 논의하기 위해 유럽으로 온 알프레드 바Alfred Barr를 만났다. 알프레드 바는 뛰어난 유럽 건축가를 영입하여 미국 건축교육에 모더니즘을 도입하려는 생각을 갖고 있던 하버드 대학교의 건축대학장인 조셉 허드넛Joseph Hudnut을 대신해서 유럽에 왔고, 허드넛이 생각했던 후보자는 미스, 그로피우스 및 오우드였다.

미스에게 훨씬 중요한 하버드와 MoMA에서 제안이 한꺼번에 왔기 때문에, 아머의 제안은 상대적으로 뒤로 밀렸다. "당신의 미술관 계획은 흥미롭습니다."라고 바에게 썼다. "이것은 보기 드문 훌륭한 작품이 될 수 있을 것입니다."[10] 그렇지만 그것은 결국 이루어질 수 없는 일이었다. 바는 7월 19일 파리에서 미스에게 그의 제안을 취소하는 편지를 썼다.

"당신을 새로운 미술관의 건축가로 초빙하기 위해 정말 열심히 노력했지만, 성공하지 못할 것 같습니다. 아쉽게도 매우 실망스럽지만 어려운 싸움이었습니다."

"어쨌든, 나는 허드넛 학장과 당신이 좋은 결과를 맺기를 진심으로 바랍니다."[11]

허드넛은 7월 21일에 미스에게 편지를 보냈다.

"하버드 대학교의 학과장 자리에 당신이 관심이 있다는 사실을 듣게 되어 대단히 기뻽니다… 저는 대략 8월 16일 베를린에서 당신을 만나길 매우 고대합니다."[12] 미스는 허드넛이 오우드와 그로피우스도 동시에 만날 계획을 갖고 있었는지 몰랐다. (오우드는 허드넛의 제안을 거절했고 그로피우스는 받아들였다.) 어쨌거나 그들과의 만남 전에 미스에 대한 허드넛의 생각은 양면적이었다. 미스는 물론 그로피우스보다 뛰어난 건축가였지만 그로피우스는 더 성숙하고 세련됐으며 융통성이 있었고, 아마도 더 나은 교육자였을 것이고 게다가 영어를 할 수 있었다. 허드넛은 아마도 1935년 9월 조지 넬슨George Nelson이 펜슬 포인트Pencil Points란 건축저널에 미스에 대해 쓴 기사를 읽었을 수도 있다. "바우하우스의 학장이었던 미스는 학교에는 아무런 쓸모가 없으며, 학교의 내부 상황에 관심 없는 유명한 건축가들만으로 교수진을 꾸리는 것을 즐긴다."[13]

그러나 허드넛과의 만남은 그가 런던에서 9월 3일에 미스에게 보낸 편지를 보면 잘 진행되었던 것 같다:

나는 케임브리지에 도착하자마자 디자인 교수직에 대해 총장에게 최종적인 요청을 할 것입니다. 나는 당신으로부터 총장이 학과장 자리를 제안한다면 수락을 고려하겠다는 편지를 받기를 희망합니다…
디자인 교수로 모던 건축가를 임명하는 것에 반대가 있을 것이라는 것을 굳이 숨기지 않아도 잘 아실 거라 믿습니다. 당신과 베를린에서 만났을 때 나는 이 반대의 원인을 원칙에 대한 무지와 차이 때문이라고 분명하게 설명하려고 노력했습니다만, 베를린을 방문한 이후로 예상보다 더 확고한 반대의 편지들을 받았습니다.
그러나 총장은 내 계획에 대해 전적으로 동의했기 때문에 나는 이것을 성공적으로 수행할 수 있다고 생각합니다. 총장은 위원회에 복수의 이름을 제시할 수 있다면 성공 가능성을 높일 수 있다고 제안했습니다. 위원회는 항상 대안을 고려하는 것을 기대하기에 이것은 통상적인 하버드의 절차입니다.[14]

위의 내용이 대략 편지의 1페이지에 써 있었다. 2페이지의 첫 번째 단락에는 "그렇기 때문에 나는 귀하의 이름뿐만 아니라 그로피우스의 이름도 제출했으면 합니다. 만약 이런 계획을 당신이 반대한다면 나에게 솔직히 말해주기를 바랍니다." 미스는 솔직하게 대답했다. "당신 편지를 받고 나는 정말 놀랐고, 지난 9월 2일 제가 보낸 편지에서 당신에게 한 약속을 취소해야 할 거 같습니다. 나는 학과장 자리를 기꺼이 받아들일 의향이 있지만 후보 중의 한 명이 되는 것을 바라지 않습니다. 당신이 대학 총장에게 복수의 이름을 제출할 것이라면, 저의 이름을 빼주시기 바랍니다."[15]

다시 한번, 이번엔 스스로 자초했지만 베렌스 밑에서 일할 당시와 같이 그로피우스가 길목을 가로 막았다. 그는 하버드가 자신이 그로피우스보다 뛰어나기 때문에 자신을 선택할 것이라고 생각을 할 수도 있었지만, 허드넛은 미스가 너무 고집이 세다고 생각했다. 그로피우스는 1937년 2월 1일에 하버드 건축과 학과장에 임명되었다.

· · ·

같은 해 미스는 베를린 텍스타일 전시회에서 자신의 역할이 취소되었음을 알게 되었다. 헤르만 괴링Hermann Göring이 전시의 후원을 맡자 템플호프 공항의 설계자이자 나치와의 관계가 좋은 건축가 어니스트 사거비엘Ernst Sagebiel에게 프로젝트를 맡겼다. 그러는 동안 얼 리드는 아머에서 은퇴했고 그의 은퇴 후, 건축학부의 학과장 대리 자리는 차례로 로에블과 루이스 스키드모어Louis Skidmore한테 돌아갔다. 루이스 스키드모어는 내터니얼 오윙스Nathaniel Owings와 시카고에서 건축작업을 막 시작했다.[16]

뉴욕에서는 미스의 운명이 다시 한번 MoMA의 디렉터에 의해 영향을 받았다. 바는 세계 최대의 광고 대행사인 뉴욕의 제이 월터 톰슨 콤퍼니J. Walter Thompson Company의 부회장이자 MoMA 이사회 위원인 헬렌 랜스도운 리소Helen Lansdowne Resor와 가까웠다. 톰슨 컴퍼니의 대표였던 남편과 마찬가지로 리소 여사역시 현대미술과 건축에 대한 관심이 지대했다.

1930년대 초반 이 커플은 건축가 필립 굿윈Philip Goodwin에게 처음에는 손님용 별장 설계를 의뢰한 후 잭슨 홀 근처의 와이오밍주 윌슨의 스네이크 리버랜치에 커다란 여름별장 설계를 의뢰했다. 1936년 별장을 짓던 도중에 리소 부부는 굿윈과 사이가 벌어지게 되었고 그를 해고했다. 1937년 초 리소 여사는 굿윈이 완성하지 못한 부분을 미스에게 맡길 생각으로 바를 만났다. 바는 미스에 대해 여전히 관심을 가지고 있었고 리소 부부를 대신해 그에게 편지를 썼다. 미스가 답장을 했는지는 확실하지 않지만 1937년 7월 파리에서 리소 부부에게 전보를 보내 뮤리스 호텔에서 프로젝트에 대해 의논하자고 했다.

만남은 좋았다. 헬렌 리소가 다음날 바에게 보낸 편지에서 "나는 그가 매우 맘에 들고 그를 매우 존경합니다."[17] 2일간의 만남 후 리소 부부는 미스를 미국으로 초청하기로 결정했다. 그는 부지를 답사하고 나서 일을 할지 말지를 결정해야 했다. 미스는 베를린으로 돌아온 후 며칠 뒤 리소 부인과 그녀의 두 자녀와 함께 SS 베렌가리아SS Berengaria에 올라 8월 20일 뉴욕에 도착했다. 미스는 미국에 있는 동안 아머 측에 연락을 시도하지도 않았으며 하버드가 그로피우스로 결정한 이후에도 시카고에 갈 생각을 하지 않았다. 1937년 어느 시점에 미스는 비엔나 아카데미에 피터 베렌스가 떠나고 공석으로 남겨진 자리에 임명될 가능성도 있었다. 미스는 그 제안에 솔깃해했지만 나치가 1938년 오스트

리아를 합병하자 그 기회는 물거품처럼 사라졌다.[18]

미스는 윌리엄 프레슬리William Priestley와 파트너이자 베를린의 바우하우스에서 공부했던 독일어를 할 줄 아는 젊은 미국인 건축가인 존 바니 로저스와 뉴욕에서 만났다. 로저스는 통역을 맡았다. 프레슬리 역시 쓸모가 있었다. 그는 당시 시카고의 한 프로젝트를 담당하고 있었고 아머는 그를 통해 미스가 뉴욕에 있다는 사실을 알게 되었다.

미스는 리소와 함께 별장으로 가기 전에 뉴욕에 잠시 머물렀다. 시카고에서 하룻밤을 체류하던 중 그는 프레슬리와 두 명의 젊은 건축가 친구인 길머 블랙Gilmer Black과 역시 바우하우스를 졸업한 버트란드 골드버그Bertrand Goldberg를 만났다. 그들 셋은 "우리가 알고 있는 리차드슨Richardson, 설리반Sullivan, 그리고 라이트의 모든 작품을 (미스에게) 보여주었다." 프레슬리는 "나는 미스가 와이오밍에서 돌아왔을 때 가장 만나고 싶어하는 존 홀라버드와 이야기했다."고 덧붙였다.[19]

돌아오는 길에서 미스는 시카고에서 기차를 바꿔탔는데, 프레슬리와 골드버그를 다시 만나 그들과 함께 시카고 교외 오크파크에 있는 프랭크 로이드 라이트 주택 투어를 했다. 프레슬리는 다음날 아머 대학의 대표와의 만남에 미스를 초대했고 미스는 이에 응했다. 바우하우스의 학생이었던 마이클 반 뷰런Michael van Beuren이 하버드 대학의 결정을 알기 전에 보낸 한 통의 편지가 그의 마음을 바꿨을 가능성이 있다. (미스는 반 뷰런에게 아머와 교환한 편지들 중 일부를 보여주었다.) 반 뷰런은 하버드와 아머의 상황을 미스에게 알리기 위해 직접 알아봤다.

나는 뉴욕에서 로저스와 프레슬리를 만났습니다. 그들은 보스톤보다 시카고가 당신에게 더 적합하다고 생각합니다. [시카고] 사람들은 더 진취적입니다; 그들은 더 자연스럽고 바로 핵심에 들어갑니다. 여기[뉴욕]와 보스톤의 문제들은 훨씬 더 이론에 치우치고 개인적 성향뿐만이 아니라 전통, 그리고 변덕스런 정치에 의해 영향을 받습니다. 아머에서는 당신은 원하는 대로 할 수 있습니다…[20]

[그곳의] 사람들은 학과장에게 무한한 자유를 약속했고, 필요하다면 행정 업무를 대신할 사람을 구하겠다고 약속했습니다…

그러나 학교 규모는 작고, 아직 입지가 불완전 합니다. 그리고 그 위치는 비참합니다. 당신은 미국의 환상적 불일치의 훌륭한 사례인 이곳을 직접 봐야 합니다. 시카고의 "가장 웅장한" 건물이자 훌륭한 예술 사원인 시카고 예술대학은 지난 세기의 문화적 야망에 의해 과장된 유물입니다… 그러나 이곳에서는 모두가 사원 아래의 터널 같은 공간에서 근무합니다… 반면에 아머 건축학과는 사원의 옥탑층에 있습니다… 스튜디오들은 다락방의 채광창 아래에 위치합니다… 여름에는 더워 죽을 것입니다. 반

면에,

  보스턴: 스스로 "우주의 중심지"라 부르는 보스턴은 지난 50년 동안 뉴욕때문에 자존심이 많이 상했습니다. 거품으로 가득찬 이 도시는 우리 시대와는 맞지 않습니다.

  [하버드에 관하여]: 위치, 공간, 전체 학교, 모두가 우아하고 전체 배치도 훌륭합니다. 당신은 거기에서 편안하게 일할 수 있습니다.

  [그러나] 어려운 점은… 터무니없게도… 그리고 진지하게도 대공황 이후로 그럴듯한 건물을 디자인할 기회가 없었던 나이든 거물들이 교수자리에 스스로를 추천했습니다. 허드넛은 젊고 온 지 얼마 되지 않은 사람입니다. 그를 둘러싼 것은 더 이상 외국인을 원하지 않는 괴짜들뿐입니다. 허드넛은 그로피우스를 좋아하고 그가 수많은 "아이디어"들을 갖고 있다고 나한테 솔직히 말했습니다만… 무엇보다도 그는 당신을 원합니다… 그는 당신의 이름만 리스트에 올리고 싶어합니다… 하지만 그는 그로피우스의 바우하우스의 명성이 반대파와의 싸움에 도움이 된다는 사실도 인정합니다.[21]

아머는 여전히 미스에게 관심이 있었다. 3일 동안 연속으로 미스는 존 홀라버드와 함께 타번 클럽에서, 그리고 학장인 헨리 티 힐드Henry T. Heald 그리고 마지막으로 이사회 의장인 제임스 디 커닝햄James D. Cunningham과 함께 점심을 먹었다. 마지막 날에는 건축 프로그램을 맡아줄 것을 정식으로 요청받았고 그가 작성한 교과과정 변경에 대한 제안이 승인된다는 조건 하에 미스는 그 제안을 받아들였다. 미스가 프랭크 로이드 라이트를 만나고 싶다고 말하자 홀라버드는 프레슬리에게 다음과 같이 말했다. "당신이 라이트에게 전화하세요. 나는 그 늙은이에게 내 건축을 험담할 기회를 주고 싶지 않소." 프레슬리는 라이트의 집이 있는 스프링 그린Spring Green으로 전화를 걸었다. "미스터 라이트"라고 프레슬리는 말했다. "미스 반 더 로에 씨가 시카고에 있고 당신을 만나고 싶어합니다."

"나도 그가 그럴 거라 생각했습니다." 라이트는 퉁명스럽게 말했다.

"그를 환영합니다."[22]

1982년 프레슬리가 기억한 이 이야기는 라이트를 만나기 위한 미스의 노력에 대한 다른 기록들과는 다르다. 프랭크 로이드 라이트 재단은 1937년 9월 8일에 라이트가 미스로부터 받은 전보를 소유하고 있다. "나는 내일 시카고에 있습니다. 당신이 괜찮다면 탈리아신으로 차를 몰고 가서 만나 뵙고 싶습니다. 당신의 전화기가 고장 난듯하니 블랙스톤 호텔로 회신해 주십시오."[23]

디테일은 서로 다르지만, 라이트가 미스를 진심으로 반긴 것은 사실인 것 같다. 라이트는 유럽의 건축가를 혐오했고, 그들의 명성이 크면 클수록 더 싫어했다; 그들이 항상 자신의 아이디어를 훔쳐갔다고 생각했다. 그는 이미 1930년대 초에 그로피우스와 르 코

사진 6.1
1937년 위스콘신의 스프링그린에 있는 탈리아신 이스트에서 미스와 프랭크 로이드 라이트. 둘 사이의 동지애는 명백했다. 그들 중 한명이 방금 이야기를 마쳤고, 통역자가 하는 말을 지켜보고 있다.

르뷔지에의 방문요청을 거절했다.[24] 나중에 둘 사이의 관계가 틀어지기는 했지만, 라이트는 미스에게는 무례하지 않았다. 미스가 존경심을 표현하기 위해 그를 방문한다는 사실 - 그로피우스와 르 코르뷔지에도 그에게 존경을 나타내기 위해 오려고 했지만 거절이라는 모욕을 당한 -뿐만 아니라 라이트도 진정으로 미스의 작품을 존경했기 때문에 이번에 그는 긍정적으로 마음을 먹었다. 그는 바우하우스의 기능주의자들과는 확연히 구별되는 작품들인 바르셀로나 파빌리온과 투겐타트 하우스에 특히 깊은 인상을 받았다. 그리고 미스식 공간이 라이트의 것을 본받았다는 점에 상처받지 않았다. 라이트는 미스를 훌륭한 감각을 가지고 그의 작품을 따라했고 그 과정에서 자신만의 오리지널한 작품을 만들어내는 유일한 유럽인이라고 생각했다.[25]

　　미스는 라이트의 광대한 탈리아신을 보고 깜짝 놀랐다. 그는 광활하게 펼쳐진 위스콘신 풍경을 내려다보는 테라스를 걸어 다니며 외쳤다. "자유! 이것은 왕국입니다!"[26] 그는 건물이 앉아있는 모습에 박수 갈채를 보내고 손을 움직이며 책에서만 봤던 상호 침투하는 매스들을 직접 느꼈다. 라이트는 미스가 진정으로 감탄하는 모습에 그를 더 매력적으로 느꼈다. 오후의 방문으로 예정된 일정은 4일간 지속되었다.(사진 6.1)

　　"불쌍한 미스 씨, 당신의 하얀 셔츠는 이제 거의 회색이군요!"[27] 프레슬리, 골드버그 그리고 블랙이 시카고로 돌아간 후 라이트는 미스를 데리고 한창 공사 중인 위스콘신 주 라신Racine에 있는 존스 왁스 빌딩을 직접 보여주었고 시카고의 오크 파크에 있는 유니티 템플Unity Temple, 리버사이드Riverside의 쿠리 하우스Coonley House, 도시의 남쪽에 있는 로비 하우스Robie House를 보여줬다.

• • •

리소 목장은 스네이크 강 근처의 평평한 땅 위에 그랜드 테톤스Grand Tetons의 고전적인 경관을 가진 소박한 오두막집들로 이루어져 있으며, 아마도 이는 유럽인들 마음속에 있는 광대한 미국의 서부 하늘의 이미지와 같은 모습일 것이다. 미스가 도착했을 때, 그는 아직 완성이 덜 된 커다란 여름별장의 2층 부분 서비스 윙을 마주했다.

4개의 콘크리트 교각이 이미 개울 건너편에 있었고, 가운데 2개 위에는 데크가 놓여서 임시 다리 역할을 했다. 완성된 서비스 윙이 강물의 동쪽 제방에 위치해 있었다. 언급했던 대로 건축가는 필립 굿윈이었고, 그는 MoMA 위원회 멤버로서 새로운 뮤지엄 디자인이 미스에게 가지 못하도록 한 사람 중 한 명이었다. 리소 부부는 굿윈을 해고했지만 이미 건설이 상당히 진행된 상황이라 미스에게 원래의 디자인에 맞춰서 새로운 디자인을 해달라고 부탁했다. 미스는 오기 전에 이러한 상황을 알았을 수도 또는 몰랐을 수도 있었다. 하지만 언어 장벽에도 불구하고 (미스와 리소는 서로의 언어를 전혀 몰랐고 둘 사이에 통역도 없었다.) 그는 대지와 기존 조건에 대한 그의 고민을 알릴 수 있었다.

그는 머무는 동안 대부분의 시간을 대지와 빛을 고민하였고, 종종 임시로 만든 판자 다리 끝에 앉아서 생각에 잠겼다. 그는 다시 기차로 시카고를 경유하여 뉴욕으로 돌아왔다. 리소 부부와 함께 여행하는 동안 그는 우연히도 화가 그랜트 우드Grant Wood와 같은 칸에 탔다.[28]

로저스와 프레슬리는 뉴욕으로 돌아간 후에도 계속해서 그를 도왔다. 1937-38년 가을과 겨울에 걸쳐 리소 하우스 작업을 하면서 동시에 교육철학을 정립하고 아머의 커리큘럼을 작성했다.(로저스와 프레슬리가 번역했다.) 이 기간 동안 그는 관광비자를 가지고 있었기 때문에 방문 목적을 숨겨야만 했다. "관광비자로 미국에 온 그가 건축가로서 일하고 있다는 것이 발각되면 쫓겨날 위험에 처할 것이다."[29]

리소 하우스는 결국 1930년대의 또다른 미완성 프로젝트로 남았지만, 이것은 미스가 미국에서 최초로 한 프로젝트이자 실제로 현실화될 수 있는 가능성이 많았다. 로저스와 프레슬리를 스탭으로 미국의 엔지니어들과 함께 6개월 동안, 미스는 1938년 3월 2층짜리 철골 주택에 대한 실시도면을 그리기 위해 여러가지 스터디를 했다. 디자인은 원래의 디자인을 고려하여 만들어졌다. 로저스의 감독하에 도면들은 입찰 준비를 했다. 그러나 4월 5일에 미스는 SS 퀸 메리SS Queen Mary를 타고 독일로 돌아가는 도중에 스탠리 리소Stanley Resor가 보낸 전보를 받았다.

사진 6.2
와이오밍의 잭슨 홀에 있는 리소 하우스 프로젝트의 두번째 계획안 모형(1938). 이 계획안은 리소의 이전 건축가였던 필립 굿윈이 남긴 미완성 구조물을 포함해야 했던 미스의 첫번째 2층짜리 디자인을 효과적으로 추상화하고 이상화시킨 안 이었다. 사진 제공: MoMA 미스 반 더 로에 아카이브.

"와이오밍 주 윌슨에 있는 내 소유지에 주택이 지어지지 않게 되어 유감입니다."[30] 리소의 결정에 대한 이유는 분명하지 않았다.[31] 몇 주 후 입찰가를 받았는데 프로젝트는 리소 부부가 생각했던 예산의 두 배가 넘었고, 시공자와 자재업체는 커다란 유리를 통한 채광과 운송에 관한 기술적 문제를 제기했다. 나중에 리소는 마음을 바꿔 미스에게 건물 규모를 좀 더 작게해서 다시 작업해 달라고 제안했다. 미스가 1938년에 설계한 주택은 리소 프로젝트의 두 가지 완전히 다른 버전 중 첫 번째였다. 미스는 아머에서 학과장을 하면서 1943년 봄 홍수에 선착장이 떠내려가고 제2차 세계대전의 영향으로 프로젝트가 완전히 사라질 때까지 디자인 수정을 간간히 계속했다. 1938년 이후에 만들어진 디자인은 굿윈의 윙을 통합하지 않는 단층의 주택이었다.(사진 6.2) 이 디자인은 실제 프로젝트보다 홍보 효과가 더 컸다. 이 두 번째 집이 유명한 리소 하우스가 된 이유는, 건축 잡지 여러 곳에 출판되었고 미스의 1947년 MoMA 전시회에도 소개되었기 때문이다. 그러나 최초의(진짜의) 리소 하우스는 어떻게 되었을까?

첫 번째 리소 하우스에 대한 미스의 해결책은 투겐타트 평면을 재활용하면서 마감재와 재료를 미국의 실정을 고려한 계획안이었다. 위층 레벨을 기존의 교각이 떠받치고 강물을 가로질러 서 있는 강철 구조의 직사각형 상자였다. 제방의 한쪽 끝에는 굿윈이 디자인한 2층짜리 서비스 윙이 있으며, 부엌은 위쪽 레벨에 있었다. 반대쪽인 서쪽 제방엔 미스가 디자인한 2개층 볼륨 안에 출입구, 유틸리티, 차고 및 서재가 있었다. 위층 레벨엔 3개의 침실이 서로 붙어있고 열린 테라스가 있다. 두 층짜리 책장 사이에는 2층에 있는 거대한 거실이자 식당이자 서재가 있고, 긴 입면에 전체 유리로 된 창은 풍경을 담았다. 내부는 십자형 기둥, 비내력벽, 가구에 이르기까지 투겐타트 스타일의 열린 공간이었다. 거대한 벽난로는 유럽의 오닉스 벽 대신에 서 있었다. 미스는 이 지방의 돌들이 바르셀로나 또는 투겐타트처럼 홀로 서 있는 조각을 위한 뒷배경이 되어야 한다고 생각했다. 집의 외관은 철골과 두꺼운 단열재 위에 노송나무 판자로 덮여 있었다. 창문과 바닥부터 천장까지의 조명들에는 맞춤형 청동 돌출부가 사용되었.

미스의 유명한 콜라주가 보여주듯이 여기서 보이는 전망은 매우 멋졌을 것이다. 프레슬리와 로저스가 그렸던 유리와 외벽과 지붕 단면을 위한 실제 크기의 디테일 도면들은 너무나 아름다워 눈부실 정도였다. 나선형 계단을 자세히 묘사한 도면은 미스가 직접 그린 것으로 알려져 있다.

800장이 넘는 스케치와 도면을 작성하는 데 아낌없는 노력을 쏟아부었음에도 불구하고, 이 첫 번째 버전의 집은 건축주를 설득시키지 못했다. 거실은 미스 식으로 다이나믹하게 구성되어 있지만 양 끝에 정적인 두 서비스 요소들 사이에 끼어 있었다. 미스는 2층짜리 주택에서 매력적으로 보이는 볼륨을 만들 수 없었다. 주로 낮은 레벨의 공간들은 교각 위치와 굿윈의 디자인으로 정해져 있었기 때문이었다. 지붕이 있는 2층 발코니는 독립적 공간이라기보다는 볼륨에서 이가 빠진 것처럼 보인다. 내부 구성은 4개의 기둥들이 일부는 거실 공간에 노출되고 나머지 4개는 벽에 묻혀 있는 애매모호한 구조 때문에 더욱 손상되었고, 바닥에서 천장까지 닿는 거대한 벽난로는 구조물의 일부였을 수도 있고 그렇지 않았을 수도 있는데, 이는 애매함을 더할 뿐이었다.

두 번째 리소 하우스 프로젝트의 기록을 다시 들여다볼 가치가 있다. 프로그램과 상관없이 미스는 그 집을 한 층짜리 상자로 만들었고 긴 쪽은 유리로 덮고, 짧은 쪽은 나무판자 벽으로 둘러쌌다. 물 위에 떠 있는 내부 공간은 박물관과 같은 수직면과 예술 작품들이 함께 있었다. 그 집은 실제로 지어지지 않았지만 이것이 우리가 기억하는 리소 하우스인데, 미스의 단일 건축 공간에 대한 끊임없는 탐색과 열망을 보여준다.

・・・

1937년 말 뉴욕에서 미스는 바우하우스에 있을 때 교수진의 일원이었던 천재적인 사진가 발터 페테란스와 만났다. 브루클린에 살고 있던 페테란스에겐 운이 좋았다. 미스는 그를 만난자리에서 아머의 교수진이 되어달라고 부탁했다. 1938년 2월, 독일로 돌아가 여러 가지 일을 정리하기 전에 미스는 시카고로 마지막 여행을 했다. 시카고에서 힐드와 아머의 다른 사람들과 만나 그가 생각하는 새로운 프로그램에 대해 이야기를 나눴다. 퀸 메리에서 출발하기 직전인 3월 31일, 미스는 베를린에 아직 머물며 미국으로 올 기회를 찾고 있던 루드위히 힐버자이머; 뉴욕의 발터 페테란스; 존 바니 로저스를 새로운 교수진으로 추천했고 그들 모두 받아들여졌다. "기존" 교수 중, 미스는 찰스 돈부쉬Charles Dornbusch(건축 설계), 스털링 하퍼Sterling Harper(건축사), 알버트 크레비엘Albert Krehbiel(드로잉과 수채화)을 유지할 것을 제안했다. "그들은 우리와 함께 새로운 교육 프로그램을 만들어갈 준비가 되어 있습니다."[32] 연봉 협상도 이미 끝났다. 미스는 연간 10,000 달러를 요청했지만 결국 8천 달러로 만족해야 했다. 그러나 공황시대 미국의 기준으로 볼 때 여전히 높은 액수였다.[33]

독일로 돌아온 미스는 사무실로 가서 작별 인사를 했다. 그의 유일한 직원이었던 허버트 히어셰Herbert Hirche는 주로 릴리 라이히를 위해 일하고 있었다. 미스의 딸들은 어머니와 살고 있지 않았다. 에이다는 사우스 티롤South Tyrol에서 바바리아Bavaria로 일찌감치 돌아왔다. 바바리아에서 그녀는 아이들의 교육에 무척 신경을 썼는데 처음에는 가미시-파르텐키첸Garmisch-Partenkirchen의 한 학교에 보냈고 나중에는 아이킹Icking에서 뮌헨 출신의 가정교사인 볼프강 로한Wolfgang Lohan의 지도하에 가정 교육을 받도록 했다.

1935년 독일의 공황기에 에이다는 베를린으로 이사했는데, 그녀가 머물 아파트를 찾기 전에 미스와 잠시 동안 같이 살았다. 미스는 그가 가진 돈으로 그녀를 지원했다고 한다. 조지아는 여배우로서의 경력을 시작했다. 마리안느는 볼프강 로한과 1937년에 결혼했다. 1938년 그들은 미스의 첫 손자인 더크의 부모가 되었다. 카린Karin과 울리케Ulrike가 각각 1939년과 1940년에 태어났다. 월트럿은 조지아가 다녔던 살렘 짐나지움Salem Gymnasium 지부였던 비켈호프Birklehof 입학시험을 보고 나중에 뮌헨의 루드위히-막시밀리안 대학교Ludwig-Maximilian University에서 미술사를 공부했다.

라이히는 미스가 없을 때도 그의 일을 정성껏 돌봤다. 이제 그는 어쩌면 아주 떠날지도 몰랐다. 그가 그녀와 미국으로 함께 가기를 원했을까? 그가 어떤 선택을 했건 간에 그녀에게 빚지고 있다는 생각이나 했을까? 자신의 미래에 대한 어떤 다른 생각을 했었을지라도 결국 미스는 떠나야만 했다. 1938년까지 현대 미술에 대한 나치당 내부의 논란은 결국 극우파의 주장대로 귀결되었다. 나치는 그들이 후원한 엔타르테테 쿤스트Entartete Kunst(Degenerate Art) 전시를 통해 막스 베커만Max Beckmann, 어니스트 루드위히 커치너Ernst Ludwig Kirchner, 파울 클리Paul Klee, 에밀 놀데Emil Nolde, 게하르드 막스Gerhard Marcks, 어니스트 발라크Ernst Barlach 등 1918년부터 1933년까지 독일 현대 미술작품 및 조각 650점에 대해 공식적인 낙인을 찍었다. 1937년 7월 뮌헨 오프닝 이후 1941년 말까지 독일과 오스트리아의 12개 도시로 이어진 이 전시는 2백만 명이 넘는 사람들이 관람했다. 그 당시 독일에 살았던 예술 사학자 시빌 모호이너지Sibyl Moholy-Nagy는 당시의 사건을 다시 언급했다:

5월 15일 프러시아 미술 학교 총장 막스 본 쉴링스Max von Schilings는 1937년 5월에 진보적인 회원들에게 편지를 써서 사퇴할 것을 요청했습니다. 5월 18일 미스는 본 쉴링스에게 사임을 거부한다는 서한을 썼습니다. "이런 시기에 사퇴를 한다면 잘못 해석될 여지가 있기 때문입니다." 그는 악명 높은 순회 전시회 엔타르테테 쿤스트"Entartete Kunst"를 주최했던 "gleichgeschaltete" [수용]아카데미의 회원으로 1937년 7월까지 남아 있었습니다.[34]

자신의 예술적 평판과 유대인과 좌파와의 관계를 감안할 때, 미스는 1938년 당시가 바로 전 미국으로 떠났을 때보다 더 위험했다. 1938년 8월, 베를린을 떠나기 직전에 경찰서에서 이민 비자를 받아야 했었는데, 절차상 여권을 제출해야 했다. 그는 잘못되면 경찰서에 구금되어 떠나지 못하게 될까봐 두려워했다. 그의 조수인 칼 오토Karl Otto가 여권과 비자를 발급받으러 대신 갔다.[35] 오토가 돌아왔을 때, 두 명의 게슈타포들로부터 미스가 거친 심문을 받는 것을 발견했다. 조수가 가져온 여권으로 미스는 게슈타포들을 잠시 달랠 수 있었지만, 그들이 떠나자마자 그는 일정을 바꿔 여행가방 하나만 들고서 즉시 출발했다. 히어셰는 그를 기차역에서 배웅했다. "히어셰," 미스가 말했다. "당신도 바로 오시오."[36] 미스는 아헨에서 형 이왈드와 짧은 만남을 가진 후 네덜란드 헤이그로 갔다. 그곳에서 그에게 호의적인 독일 영사로부터 여권을 발급받아 뉴욕으로 가는 배를 예약하는데 성공했다. SS 유로파SS Europa를 타고 그는 1938년 8월 29일 미국에 도착했다.[37]

건축가 및 교육자: 1938-49

7

> 신사 숙녀 여러분, 미스 반 더 로에를 소개합니다.
> 그러나 나에게 미스는 없었을 수도 있었습니다.
> **프랭크 로이드 라이트**, 1938년

> 재료에서 기능을 거쳐 창조적인 작업에 이르기까지의 긴 길은 오직 하나의 목표만이 있습니다:
> 현재의 혼란으로부터 질서를 창조하는 것입니다.
> **미스**의 취임 연설에서, 1938년

> 나는 혼자 살 수 없는 사람들과 함께할 수 없습니다.
> **미스**, 로라 막스에게

> 우리가 얼마나 무력합니까!
> **릴리 라이히**, 전시 독일에서 Mies에게 보낸 편지에서

1938-39년 개학을 맞아 아머 공과대학에 도착했을 때, 미스가 가진 시카고에 대한 인상은 2년 전과 별다른 점이 없었다. 그에게 시카고와 베를린은 너무나 달랐다. 베를린은 독일의 수도였고 시카고는 미국의 주도도 아니었다. 3백만의 인구가 있는 시카고는 대도시였지만 여전히 뉴욕시 인구의 절반에도 미치지 못했다. 4백만이 넘는 베를린은 유럽 대륙에서 가장 큰 도시였으며 문화적으로 세계적인 도시였다. 그러나 베를린과 시카고는 상당히 비슷한 방식으로 발전해왔다. 둘 다 19세기 후반이 돼서야 대도시가 되었다. 시카고 인구는 1871년 299,000명이었고 1871년 대화재에도 불구하고 10년 후 503,000명이 되었다. 같은 기간에 베를린은 1/3이 증가하여 1,122,000명이 되었다. 1910년까지 각 인구는 2백만 명이 되었다. 1868년 베를린의 중세 성벽이 무너지면서 웨딩Wedding, 모아빗Moabit, 게준트브룬넨Gesundbrunnen을 포함한 주변 마을들이 베를린으로 흡수되었다. 시카고는 디어본Dearborn 요새와 같은 초기 시기를 제외하고는 성벽에 둘러싸이지는 않았지만 비슷한 방식으로 1889년 도시 면적이 다섯 배로 확장되었다.

시카고와 베를린의 비슷한 점은 정치가이자 사업가이고 미국의 마천루를 찬미했던 발터 라테나우Walther Rathenau에 의해 언급되었다. 라테나우가 베를린을 "흥청망청의

시카고"라 칭한 것은 역사가 게하르트 마서Gerhard Masur에 의해 기록되었으며, 그는 "많은 사람들이 [베를린]이 모든 유럽 도시 중 가장 미국적이라고 생각했다… 유럽 최고의 제조업의 중심지가 될 것"[1]이라고 덧붙였다. 미국이라는 나라의 맥락에서 시카고에 대한 평가도 마찬가지였다.

미스가 도착했을 때, "최초의 시카고 건축학파"[2]의 작업들이 나타나기 직전이었지만, 20세기 초 상업 건물은 베를린과 유럽의 것과 비슷한 역사주의를 받아들였다. 대공황 전까지 1930년대에 시카고에는 아르데코Art Deco 스타일의 건물들이 급격히 나타났다. 모더니즘의 한 형태가 1933-34년 세기의 진보 엑스포Century of Progress Exposition에 등장했으나 사실상 거의 영향을 미치지 못했다.

미스의 첫 시카고 주소는 스티븐스 호텔이었다. 1927년 시카고의 유명한 홀라버드 & 로쉬Holabird & Roche가 디자인한 스티븐스(현재 시카고 힐튼)는 고전적이며 당시 전통주의의 전형적인 스타일이었다. 그 호텔은 미시간 애비뉴를 사이에 두고 그랜트 파크Grant Park를 마주하고 있었고 아머 건축학교가 있는 아트 인스티튜트 오브 시카고에서 0.5마일 남쪽에 있었다.

미스가 애비뉴를 따라 길을 나서면, 1889년 아들러 & 설리반Adler & Sullivan의 유명한 오디토리움 빌딩Auditorium Building, 다니엘 번햄Daniel Burnham의 철도거래소 건물(1904)과 오케스트라 홀(1905)을 지나쳐야 했다. 미스는 그의 사무실을 철도거래소 건물에 차렸다. 그는 한 달 동안 스티븐스에 머물렀고, 그 후 시카고에서 매우 유명한 호텔 중 하나인 블랙스톤 호텔로 이사했다. 그 후 3년 동안 그는 싱글룸에 머물며, 베를린 시절과는 완전히 다른 고립적인 생활을 했다. 그는 친구들을 만나기는 했지만, 확실히 홀로 있는 것을 즐겼다. 그에게 필요했던 것은 마티니, 하바나 시가 및 몇 벌의 정장이 다였다. 1941년에 그는 200 이스트 피어슨 스트리트200 East Pearson Street의 훌륭한 네오 르네상스 건물로 이사를 했다. 그는 침실 2개짜리 아파트에서 평생 동안 살았다.

라이히는 제2차 세계대전이 발발하기 전에 미스의 자료의 상당분을 미국으로 보냈지만, 미스의 기록 중 상당 부분은 여전히 독일에 남아 있었다. 라이히가 보낸 자료 중에서 골라 미스는 1938년 시카고 아트 인스티튜트에서 전시를 열었다. 그것은 "정원 주택들 court houses"과 허블 하우스Hubble House의 사진과 도면을 확대하고 새로 만든 모형들로 구성되었다. 1938년 11월 20일 아머 공대는 미스의 학과장 취임을 축하하기 위해 갈라 디너를 주최했다. 장소는 팔머 하우스Palmer House에 있는 레드 래커룸Red Lacquer Room이었다. 400명이 보자르 연회장을 채웠고, 그들 중에는 주요 건축 학교 담당자들, 유명 건축가 및 시카고의 유명인사들이 있었다. (한 사람당 3달러를 받았다.) 미스가 프랭크 로이드 라이트에게 자신의 소개를 부탁했다고 알려져 있다. 라이트는 그날 참석할 건축가들 중 많은 사람들이 자신을 싫어한다는 것을 알았지만 참석하기로 했다. 그의 소개는 아머 이사회 위원장인 제임스 커닝햄, 헨리 힐드(1938년 5월 이후 아머의 총장)와 여러 인사들의 연설 후에 이뤄졌다. 라이트는 마침내 자리에서 일어나 짜증내고 지겨워하면서 건축의 현상황에 대한 부당함을 토로하며 시작했다. 그런 다음 그는 자신이 주인공인 듯 미스를 소개했다:

"신사 숙녀 여러분, 미스 반 더 로에를 소개합니다. 하지만 저에게는 미스가 없었을 수도 있었습니다 - 확실히 오늘 밤에는 없군요. 저는 그를 건축가로서 인간적으로 그를 존경하며 사랑합니다. 아머 대학에게 미스 반 더 로에를 소개합니다. 나처럼 그를 사랑해주십시오. 그는 당신의 사랑을 되돌려줄 것입니다."[3](힐드가 기억하는 라이트의 마지막 문장은 "당신들이 그를 필요로 한다는 것을 하나님이 압니다!")[4]

라이트는 미스가 연단으로 걸어 나올 때 일행들과 함께 즉시 그곳을 빠져나갔다. 목격자들의 상반된 증언만으로는 라이트가 고의적으로 주목받기 위한 행위였는지 또는 그의 동료가 나중에 주장한 것처럼 시외에서의 긴급한 약속을 위한 것인지 불확실했다. 힐드는 마지막으로 다음과 같이 말했다: "저녁식사가 끝난 후, 나는 바에서 그를 보았고 그는 거기서 나머지 프로그램이 끝나기를 기다리고 있었다."[5]

미스는 1,150자의 독일어로 된 연설을 했다. - 그는 전혀 영어를 몰랐다 - 사전에 그 내용을 몰랐던 통역가가 통역을 망쳐서 존 바니 로저스가 중간에 그를 대신했다.

우리는 각 물건에 그 본성에 따라 적절한 장소를 제공하는 질서를 원합니다.
우리는 이 세상에서 우리 창조물의 세계가 꽃 피울 수 있도록 최선을 다하고 싶습니다.
우리는 더 원하지 않습니다. 더 이상 할 수 없습니다.
성 아우구스티누스의 유명한 단어보다 우리의 과업의 목적과 의미를 더 잘 표현할 수는 없습니다:
"아름다움은 진리의 빛입니다."[6]

연설을 상세히 분석했던 프리츠 뉴마이어Fritz Neumeyer는 미스가 1920년대와 1930년대에 읽었던 로마노 과디니Romano Guardini, 게오르그 심멜Georg Simmel, 막스 실러Max Scheler, 앙리 베르그송Henri Bergson의 글에서 미스의 아이디어를 추적하려고 시도했다. 뉴마이어는 이 연설이 1920년대 중반부터 노트, 연설 및 저서에 나타난 미스의 지적인 상태를 요약한 것이라 했다. "다른 어느 곳에서도 [이 연설보다] 더 미스의 건축 예술 논리를 뚜렷하고 단호하게 표현한 곳은 없다."[7]

취임 연설의 어조는 단호했지만, 내용은 불분명했다. 거의 모든 미스가 쓴 글처럼 경구적이고, 선언적이고, 일관된 논리가 없었다. 뉴마이어 조차도 그의 분석에서 연설의 긴 부분을 인용만 할 뿐이었다; 압축된 언어로 된 문장들은 거의 해석이 불가능했다.

그럼에도 불구하고 미스의 메시지는 분명했다. "현재의 절망적인 혼란 속에서 질서를 창출하라"는 - 사회 전체에 적용할 수 있지만 교육적인 - "한 가지 목표"라는 그의 선언에서 정점을 이룬다. 미스는 1938년 1월 31일에 박물관 큐레이터 칼 오 쉬니윈드Carl O. Schniewind에게 보낸 편지에서 같은 주제를 좀 더 확장했다.

[오늘날의] 기술 및 경제적 영역에서 명백한 확실성과는 달리, 문화 영역은 전통이 없으며, 방향성과 의견들이 혼돈에 빠져있습니다. 이러한 상황을 명확하게 정리하는 것이 대학의 책임이 되어야 합니다… 우리 직업의 수많은 "마스터"들은 자신의 철학적 이해를 깊게 할 시간을 거의 갖지 못합니다. 사물 자체에는 질서가 없습니다. 존재의 의미와 척도에 대한 정의는 오늘날 실종되었습니다. 새로운 방향으로 나아가야 합니다.[8]

여기에서 미스는 직접적으로 그의 세계관의 근본 원리를 언급했다. "질서는… 존재의 의미와 척도이다." 이 원리는 수 세기 동안 서양의 철학 및 종교 사상을 통해 그 기원을 추적할 수도 있고, 미스의 독립적인 철학적 탐구의 결과였을 수도 있다. 아니면 개인적 예술적 투쟁, 또는 전후 독일 문화, 정치, 경제의 "극심한 혼란"에서, 또는 개인적 또는 건축적 도전 등 에서도 그 근원을 찾을 수 있다.

미스가 말한 "질서"의 포용은 그 연설의 대부분을 설명한다: 학생의 "개성"은 "주조" 되어야 한다. 미숙한 학생은 "무책임한 의견"만을 가지고 있기 때문이다; 교육은 "기회와 제멋대로인 상태로부터 영적 질서의 분명한 법칙으로 우리를 인도해야 한다."; 우리는 "[원시적인 건물]의 세계에 있는 물질[들]에 대한 명확한 이해를" 얻는다; 우리는 "목표에 대해 배워야 한다… 그들을 분명히 분석하기 위해"; 우리는 "가능한 질서를 밝히고 그들의 원칙을 드러내고 싶다."[9]

취임 연설의 주제는 일리노이 공과대학 IIT(1940년 아머와 시카고의 루이스 연구소 합병으로 설립되었다.)의 교과 과정의 핵심 요소에 반영되었다. "근본적인 건물"에 대한 연구와 찬양 외에도, 미스의 가르침은 "유용한" 벽돌의 기본과 목재, 콘크리트 및 철과 같은 건축 자재의 "올바른 사용"에 초점을 맞추었다. - "그 본성에 어울리는 것을 부여하기 위해"(여기서 그는 라이트처럼 말했다.) 미스의 지도 아래 진행된 초반의 학부교육은 몇몇 비평가들에 의해 "직업학교"교육에 불과하다고 비난받았지만, 1960년의 미스의 말을 들으면 완벽하게 합리적으로 들렸다.

제가 학교에 와서 커리큘럼을 바꿔야만 했을 때, 저는 좋은 건물을 만드는 방법을 학생들에게 가르치는 것만을 생각했습니다. 다른 건 없었습니다. 첫 번째로, 우리는 그들에게 그리는 법을 가르쳤습니다. 첫 해는 그리는 것만 배웠습니다… 그 다음에 우리는 그들에게 돌, 벽돌, 나무로 만드는 법을 가르치고 공학에 관해 배우게 했습니다. 우리는 콘크리트와 강철에 대해 이야기했습니다. 그리고 우리는 건물의 기능에 대해 그들에게 가르쳤고, 3학년에게는 비례감과 공간 감각을 가르쳤습니다. 그리고 마지막 해 이르러서야 우리는 여러 가지 그룹의 건물에 다다랐습니다. 커리큘럼에 융통성이 없었다고 생각하지 않습니다. 우리는 학생들에게 관련된 문제들에 대해 알게 하려고 노력했기 때문입니다. 우리는 학생들에게 해결방법만을 일러주지 않으며, 문제를 해결할 수 있는 방법을 가르칩니다.[10]

건축과 학생과 미스의 가르침에 대해 그는 연설에서 언급했듯이, 재료와 "기능주의적 요소"에 대한 완벽한 이해는 결코 충분하지 않았다; "수단은 결말과 존엄과 가치에 대한 우리의 열망에 부응해야 합니다." 궁극적으로, 미스는 "질서", "명확함" 및 심지어 "우리 시대의 정신"과의 깊은 관련성조차도 "창조적인 작업"을 하는 데는 효과가 없다고 말했다.[11] 그것은 행동해야 하는 예술가를 위한 것이었다; "내가 말한 것이 내가 믿는 것의 근거이고 내 행동을 정당화하는 근거입니다." 신념은 필요하지만, 일의 영역에서는 제한적으로 중요합니다. 최종 분석에서 중요한 것은 행동입니다… 그것은 괴테가 말한 것을 의미합니다: "창조하라, 예술가여, 말하지 말고."[12]

연설에는 없었지만 1938년 미스의 건축적 발전에 관한 중요한 사실이 밝혀졌다. 확실히, 그는 "오래된 시대의 구조", 오래된 목조 건물의 구조적 "연결", 석조 건물에서 관찰된 "풍부한 구조", 그리고 "우리 시대의 힘을 전달하는" 구조를 언급하면서 구조라는 단어를 네 번이나 사용했다. 그러나 건물이 "명확한 구조"를 가져야 한다고 언급하는 곳은 어디에도 없었으며, 이것은 미국에서의 건축원리가 될 것이었다. 1938년 미국에서 그의 경력을 시작할 때, 미스의 연설에서 보듯 아직 그것을 명료하게 표현하지 못했다. 이는 1942년 그의 IIT 금속과 미네랄 동Metals and Minerals building에서 드러나기 시작했고, 1944년 도서관과 행정동Library and Administration building 프로젝트에서 완전히 보여진다.

앞에서 이야기했듯이 1960년대에 미스는 네덜란드 건축가인 헨드릭 베를라헤의 영향을 받아 "현대적으로 변화했다."고 인정했다. "나는 베를라헤를 보고 공부했습니다. 나는 건축은 건설, 분명한 건설이 되어야 한다는 그의 저서를 읽었습니다."[13] 1961년에 건축가 피터 카터Peter Carter와의 인터뷰에서 - 뒤늦은 많은 깨달음 덕분에 - 미스는 영어와 독일어로 된 단어 구조 structure의 의미의 차이에 관한 중요한 설명을 했다:

> 베를라헤는 대단히 진지한 사람으로서 거짓을 받아들이지 않고 명확히 건설될 수 없는 것은 아무것도 만들지 말아야 한다고 했습니다. 그리고 베를라헤는 정확하게 자신의 말을 따랐습니다. 그가 디자인한 암스테르담에 있는 유명한 건물인 더 뷰어스The Beurs는 중세적이지 않으면서 중세의 특징을 간직할 정도였습니다. 그는 중세 사람들이 썼던 방식으로 벽돌을 사용했습니다. 우리가 받아들여야 할 기본 요소 중 하나인 분명한 구조라는 아이디어가 저에게 다가왔습니다. 우리는 쉽게 그것에 대해 이야기할 수 있지만 그것을 실제로 만드는 것은 쉽지 않습니다. 기본적인 건설과정을 지키면서 이를 구조까지 끌어올리는 것은 매우 어렵습니다… 영어에서 당신들은 모든 것을 구조라고 부릅니다. 유럽에서는 그렇지 않습니다. 우리는 오두막을 구조가 아니라 오두막이라고 부릅니다. 구조라는 말은 철학적 생각을 담고 있습니다. 구조는 위에서 아래로, 마지막으로 세부적인 것까지 같은 아이디어로 구성됩니다. 이것이 우리가 구조라고 부르는 것입니다.[14]

미스의 수제자였던 마이론 골드스미스Myron Goldsmith는 그것을 더 명확히 했다: "[하나의] 건물은 디테일이 전체를 제안하고 전체가 디테일을 제안하는 구조적 예술의 일관된 작업이어야 합니다."[15] 미스의 미국시절 사무실의 핵심 멤버였던 진 서머스Gene Summers에게 구조는 궁극적으로 다음과 같은 의미를 가졌다.

> 그가 말했던 모든 것을 보고 듣고 그의 모든 것을 이해하려고 할 때, 결국 그것은 구조입니다. 그의 가장 중요한 공헌은 건축의 본질을 표현해야 한다는 것입니다… 그는 분명히 느꼈습니다… 그 당시, 우리 문명의, 우리 사회의 본질은… 과학과 경제의 조합이었습니다… 그것이 바로 기술입니다… 미스… 자신이 설계한 건물의 목표를 거기에 두었습니다… 그는 구조가 자신이 가져야 할 단 한 가지라고 생각했습니다. 당신은 벽이 있는 많은 건물을 벽 없이 만들 수 있습니다… 당신이 해야 할 한 가지는 구조입니다. 그러므로 구조의 정제, 발전과 표현은… 그의 모든 일과 사상에서 가장 중요한 측면입니다. 그것이 학교의 모든 것입니다. 그것이 나중에는 그의 작업의 전부였습니다. 그러한 생각은 유럽에서 시작되었지만 미국에 도착할 때까지는 분명히 발전시키지는 못했습니다. 그는 그러한 생각의 시작을 볼 수 있었지만 미국에 와서야 실제로 명확한 방향을 가질 수 있었습니다.[16]

우리는 미스가 구조를 분명히 표현하기 시작했을 때의 또 다른 증거를 가지고 있다. 1944년 힐버자이머가 쓴 새로운 도시[17]: 계획의 원리들The New City: Principles of Planning에서 출판사는 미스가 1944년에 건축: 구조와 표현Architecture: Structure and Expression이라는 책을 준비 중이라고 발표했다. 미스의 다른 장황한 글처럼, 이 제목은 결코 본문에 등장하지 않았다. "질서"와 "정신"은 미스가 한 말과 글의 중심에 끝까지 남아있었지만, "명확한 구조"는 그의 건축의 핵심 가치가 되었다.

· · ·

제2차 세계대전의 혼란과 대공황의 무기력함이 남아 있는 시카고에 막 도착한 외국인으로서 미스는 일을 찾기 어려웠다. 미국에서의 첫 10년 동안 그는 학교에서의 월급으로 생계를 유지했다.[18] 비록 그가 새로운 캠퍼스를 디자인하는 조건으로 아머에 온 것으로 알려져 있었지만 실제로 그러한 합의는 없었다. 1938년은 미스는 잘 몰랐지만, 아머의 존립이 위태한 순간이었다. 그럼에도 불구하고 그 당시 33세였던 헨리 힐드Henry Heald가 미스의 첫 번째 시카고 건축주였다: 아머의 남쪽 캠퍼스 재개발을 위한 마스터 플랜. 미스는 1959년 인터뷰에서 그 계획을 자랑스럽게 회상했다. "[힐드]가 어느 날, '미스, 캠퍼스에 대해 생각을 좀 해보는 것이 좋을 겁니다.'라고 말했습니다. 그게 내가 받은 의뢰의 전부였습니다. 그가 그 자리에 있는 동안 우리는 계약서 한장 작성하지 않았습니다."[19]

힐드는 아머가 공과대학으로서 생존하려면 현대적인 교육과정과 진지한 연구 프로그램 및 새로운 캠퍼스가 필요하다고 생각했다. 그러나 시카고에서 매우 오래된 지역 중 하나인 아머의 위치 때문에 여러모로 복잡했다. 제1차 세계대전 이래 수십 년 동안 아프리카계 흑인이 대대적으로 시카고로 이주하여 많은 사람들이 아머에서 가까운 유니온 스톡 야드Union Stock Yards와 그 주변에서 일하고 있었다. 19세기 후반부터 도시의 인종 구획은 아프리카계 미국인들을 "검은색 벨트" 두 군데에 묶어 놓았다 - 그 중 하나가 아머 캠퍼스 주변이었다. 1919년 여름, 전면적인 인종폭동이 아머 인근 지역에 휘몰아 치면서, 백인 15명, 흑인 23명이 사망하고 500명이 넘는 사람들이 부상당했다. 그 여파로 캠퍼스 가까이 또는 캠퍼스에서 살았던 많은 아머 교수들이 이사했으며, 학교는 여러 차례 새로운 위치를 모색했다.

미스가 도착했을 때, 아머 캠퍼스는 북쪽의 31번가, 남쪽의 34번가, 동쪽의 스테이트가, 그리고 서쪽의 록 아일랜드Rock Island 철도가 경계를 이루는 사우스 페데랄South Federal과 33번가 교차로 주변의 9에이커를 차지하고 있었다. 모든 건물은 19세기 후반과 20세기 초반 사이에 지어졌다. 상업 지구와 주거용 건물이 빽빽하게 들어차 있는 주변은 오래 전부터 황폐해진 상태였고, 미스는 이를 1937년 시카고를 처음 방문했을 때부터 알고 있었다. 미스가 도착했을 때 3학년 재학 중이었던 마이론 골드스미스는 "미스는 처음부터 시카고, 특히 IIT 주변 지역이 얼마나 무섭게 우울한지 알고 있었습니다. 이곳은 사람이 사라진 광대한 빈민굴이었습니다. 사람들은 극도의 가난 속에 살고 있었습니다."라고 말했다.[20] 1930년 학교를 이전시키자는 제안이 나왔지만 1935년 남아 있기로 결정된 이후 캠퍼스는 30에이커를 추가로 구입하여 확대되었다. "새로" 확장된 구획에 있었던 19세기에 벽돌로 지어진 엘리베이터 없는 건물들과 목재로 된 작은 건물들은 전부 철거되었다. 확장된 캠퍼스에는 시카고의 재즈의 중심이었던 스트롤Stroll로 알려진 지역인 31번가와 35번가 사이의 스테이트가를 바라보고 있었다. 1920년대에는 킹 올리버King Oliver, 루이 암스트롱Louis Armstrong, 듀크 엘링톤Duke Ellington, 베시 스미스Bessie Smith, 지미 얀시Jimmie Yancey 등의 아티스트들이 스트롤을 미국에서 가장 활발한 엔터테이먼트 지역 중 하나로 만들었었다.

    1930년대는 - 공황의 시대 - 스트롤과 아머에게 좋은 시절은 아니었다. 재즈 연주자들은 더 큰 극장으로 옮겨갔고 댄스 홀은 더 멀리 남쪽으로 이동했으며 스테이트가는 점차 쇠퇴했다. 아머 캠퍼스의 확장은 수십 년 동안 이 지역에 살던 많은 사람들을 쫓아냈다. 당시에 이것은 빈민굴을 없애고 학교 시설과 주변 환경을 보다 매력적이고 안전하게 만드는 방법으로 여겨졌다. 아머는 시카고시의 지원과 함께 제2차 세계대전 이후 공식적으로 슬럼으로 지정된 도시 주변 지역에 대한 업그레이드 - 또는 완전 재건축에 - 우선 지원을 하는 정부 프로그램을 기대하고 있었다.

    아머 캠퍼스에 대한 미스의 계획은 계속해서 미뤄졌다. 1937년, 힐드가 아머의 총장으로 임명되기 전에, 학교는 캠퍼스를 확장하기 위한 마스터플랜을 위해 시카고의 홀라버드 & 루트Holabird & Root사를 고용했다. 존 홀라버드는 미스를 추종했지만 그의 계획안은 전통적이었다. 건물들은 축 방향 도로의 양 측면에서 코트야드 주위로 그룹 지어졌고 서쪽의 주출입구는 고전적인 열주를 통해 들어서서 33가를 건너 동쪽으로 4블록 떨어진 고가열차 플랫폼 맞은편까지 이어져 있었다. 건축가이자 아머의 이사인 알프레드 알슐러Alfred Alschuler의 두 번째 계획은 1940년대 후반, 즉 미스의 첫 번째 계획보다 늦게 시작되었다. 힐드는 미스를 높이 평가했지만, 1941년 1월 9일자 편지에 따르면 미스의 계획을 싫어했다. 힐드는 며칠 후에 캠퍼스 계획을 공개적으로 발표할 예정이었고, 미스에게 편지를 썼다.

    이사회는 알슐러 씨를 존중하여 그가 사망하기 전에 한 스케치를 사용하기로 결정했습니다…[21] 이사회가 알슐러 씨의 스케치를 사용하는 것이 당신의 작업이 마음에 안 들기 때문이라고 생각하지 말기를 바랍니다. [알슐러]는 오래된 건물들을 사용하는 것을 어느 정도 반영한 스케치를 준비했습니다. 당신이 준비한 것만큼 포괄적이지는

않습니다만 이사회는 현재로서 그 방식이 가장 좋을 것이라고 생각했습니다.[22]

학교내 정치적 다툼의 결과였을 가능성이 매우 높았는데, 알슐러의 계획은 1941년 1월 13일 시카고 데일리 뉴스에 발표되었다. 미스는 자신의 계획안을 계속해서 고집했고 결과적으로 힐드로부터 최종 승인을 받게 된다. 가장 중요한 건물을 신고전주의 스타일로 디자인한 알슐러의 계획은 중단되었다. 힐드는 1941년 10월13일, 미스가 "현대 캠퍼스를 위한 뛰어난 계획을 세웠고, 현재 작업도면이 홀라버 & 루트에 의해 준비 중입니다."라고 이사들에게 발표했다.[23]

미스는 1938년 말 혹은 1939년 초에 캠퍼스 계획안을 위한 작업을 처음으로 시작했다. 그는 로저스와 프레슬리의 도움을 받았다. "우리는 학교건물을 지어야 했는데, 어떻게 사용될지조차 몰랐습니다."라고 미스는 말했다. "그래서 우리는 이 건물들을 교실, 워크샵 또는 실험실처럼 사용할 수 있는 시스템을 찾아야 했습니다."[24] 로저스는 교실 및 실험실 요구 사항을 연구하여 미스가 24피트 모듈로 결정하는데 도움을 주었다. 이 모듈은 사무실(1/2 모듈), 교실(1 모듈), 실험실(모듈 2개씩) 및 전체 건물 크기에 적합하다고 판단되었다. 미스는 또한 건물의 층고를 모듈의 절반(12피트)으로 채택했는데, 이는 건축하는데 합리적이었고 우연이었지만 계획 모듈과도 관련이 있었다.

미스는 24피트 모듈을 개별 건물 계획분만 아니라 마스터플랜의 원칙으로 채택했다. "우리는 24피트 시스템을 사용하기 때문에 캠퍼스 전체에 24피트x24피트의 그리드를 그렸습니다. 그리드 교차점엔 기둥이 놓일 것입니다. 아무도 그것을 바꿀 수 없습니다. 나는 그것에 반대하는 사람들과 다투었지만 그것을 결국 지켜냈습니다. 따라서 건물은 어느 곳에서나 연결될 수 있으며 그러면서도 분명한 시스템을 갖습니다." 사실 거의 모든 캠퍼스 건물은 독립되어 있었고 "연결"은 없었다.[26] 아직까지 미스 디자인의 근거는 의심스럽다. 통합을 위해 새로 계획된 캠퍼스라 할지라도 개별 건물과 부지를 같은 치수로 계획해야 할 필연적인 연결 고리는 없었다. 미스가 시카고의 1마일당 8블록의 직교 그리드 질서분만 아니라 캠퍼스 및 주변의 기존 가로에 의해 영향을 받았을 수도 있다. 위에서 언급한 발언에서 우리는 그의 "체계"가 나중에 훼손될 수도 있었고 그것을 막기를 바랐다는 것을 알고 있다. 그러나 대규모의 그리드 계획은 그가 온 유럽과는 맞지 않았다. 그는 유럽시절에는 건물 부지를 위한 그리드를 제안하지 않았었다.

초기 계획에서 미스는 기존 캠퍼스의 6개 도시 블록을 33스트리트(사진 7.1)를 따라 생긴 새로운 동서 양쪽으로 나눈 두 개의 "수퍼블록"으로 합칠 것을 제안했다. 수퍼블록 계획은 캠퍼스의 북쪽과 남쪽으로 몇 마일 뻗어있는 주요 도로, 디어본과 페데럴 스트리트Federal Streets의 폐쇄를 가정했다. 남쪽에 있는 도서관과 북쪽에 강당이 있는 학생회관이 각 수퍼블록의 대략적인 중심을 차지했다. 미스는 몇 개의 아머 건물(결국 살아남은

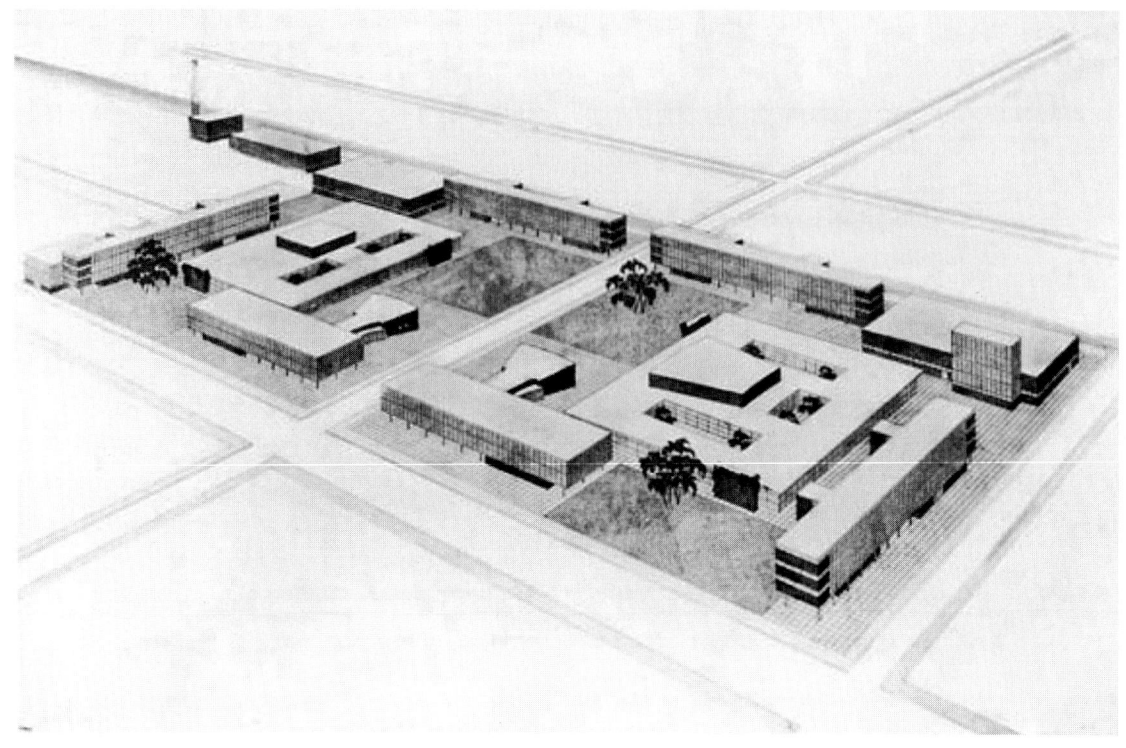

사진 7.1
시카고의 아머 공과대학(나중에 IIT가 됨)을 위한 미스의 최초 캠퍼스 계획안 (1939-40); 조지 E. 댄포스가 그렸다. 남서쪽을 바라보는 조감도. 33번가 도로가 좌측 하부에서 들어와 우측 상부로 지나간다. 사진제공: MoMA 미스 반 더 로에 아카이브.

유명한 "메인 빌딩Main Building"[1891-93]을 포함하여)의 철거를 고려했거나 적어도 자신의 프레젠테이션에서 보여주지 않았다.

 미스는 공과대학에 적합한 건물의 해법을 내놓기 위해 많은 노력을 기울였다. 그는 유럽에서의 경험을 빌려서 - 특히 건물의 입면에서 - 지어지지 않은 제국은행과 베르시닥 공장을 따라할 수도 있었지만 그다지 적합하지는 않았다. 띠창이 있는 것을 포함하여; 격자로 된 반짝반짝 빛나는 커튼월; 벽돌 마감 및 스팬드럴; 더 높은 엔드-베이 스팬드럴 end-bay spandrels까지 다양한 외피 시스템이 제안되었지만 아무것도 실현되지 않았다. 부속 건물들은 대부분은 십자형 단면의 필로티(바르셀로나부터 미스가 좋아했던) 위에 떠 있었다. 이 건물들은 오직 로비와 계단실만 지면에 닿았다. 가장 주목할 만하게, 실험실에 연속되어 붙여진 오디토리움의 좌석들은 부채 모양의 반쯤 떨어진 볼륨과 갈퀴 모양의 지붕으로 표현되었다.

 2001년 필리스 램버트Phyllis Lambert가 미스 인 아메리카Mies in America 전시 카탈로그에 쓴 에세이에서, 미스의 캠퍼스 계획을 자세히 설명했다.[27] 그녀의 평가는 존경심을 바탕으로 상세히 쓰여졌지만, 첫 번째 계획(방금 설명한 내용)은 "매우 혼란스럽고 복잡하다."[28]고 주장하며 "1941년의 최종 IIT 캠퍼스 계획에 도달하기 위해," "미스는 단순화를 추구하며 번지르르하고 과도한 건물 타입을 없애나갔다."고 평가했다.[29] 아래에 묘사된 두 번째 계획은 확실히 첫 번째 계획의 단순화된 버전이었다. 그럼에도 불구하고 램버트는 첫 번째 계획이 미스가 상세한 프로그램이나 예산 없이 두 개의 기관이 하나로 합쳐진 대학교의 캠퍼스를 완전히 새로 만들기 위한 시도였다는 것을 간과했다. 당시 그는 미국의 건설시스템에 대한 경험이 없었다. 미스는 또한 기술적으로 진보적인 이미지가 첫 번째 마스터플랜의 주요 목적이었음을 분명히 이해했다. 힐드는 학교를 재창조하려고 시도했고, 그는 아이디어와 설득력 있는 표현을 위해 미스에게 부탁한 것이었다.

이러한 점에서, 첫 번째 계획은 당시까지 미국건축 모더니즘의 가장 진보된 표현 중 하나였다. 밀도 높은 남부 시카고 상황에서 수퍼블럭은 -물론 시간이 필요하겠지만- 하나로 통합된 캠퍼스를 만들면서도 주변 도시와 연결된 실현가능한 틀을 만들었다. 제안된 여러 건물 유형은 프로그램의 변화에 대한 응답이었다. 그리고 각 건물은 완전히 새롭게 디자인되었다. 그들은 역사주의로부터 자유로웠고, 미스가 당시에는 이해하지 못했었을 수도 있지만 당시 기술보다 앞서 있었다. 오디토리움은 나중에 미스가 "너무 표현적"이라고 했지만[30] 상당히 현대적이었다. 미스는 상징적으로 중요한 도서관 및 학생회관 건물에 자원을 집중할 것을 제안했으며, 여러개의 중정이 있는 단층으로 된 빛나는 유리박스를 상상했다. 이 특별한 두 건물은 두 번째로 수정된 캠퍼스 계획에서도 살아남았고, 차후 20년간의 IIT의 계획에서 중심적인 역할을 했음에도 불구하고, 미스가 1958년 캠퍼스 건축가로서의 역할을 그만둔 이후에 그의 설계와는 완전히 다른 그다지 성공적이지 못한 모습으로 실현되었다.

초기 캠퍼스 계획의 핵심 요소 중 하나는 거의 모든 교실 및 실험실 건물이 필로티 위에 놓여 있었다는 것이다. 전체 건물을 높이는 개념은 미스에게 새로운 개념이었다.[31] 아머의 경우 별다른 정당성이 없는 것처럼 보인다; 그러나 1938년에, 특히 수퍼블럭의 규모와 조화를 이루는 건물의 지상이 뻥 뚫린 것은 전례가 없는 것이었다.

미스는 1940-41년 동안 초기 계획을 완전히 수정했다(사진 7.2). 이러한 변화는 아머와 루이스 연구소 간의 합병[32]으로 IIT가 만들어지고, 시카고 시가 디어본과 페데랄 스트리트의 폐쇄를 허가하지 않아서 수퍼블록을 만들기가 불가능해졌기 때문이었다. 전형적인 명쾌함과 간결함으로, 미스는 1960년 인터뷰에서 자신의 프로세스를 회상했다. "지어지지 않았지만 대부분의 거리를 없애서 건물을 자유롭게 배치했던 캠퍼스 디자인을 만들었고, 헨리 힐드 총장으로부터 그 당시에는 불가능하다는 말을 들었습니다. 그래서 저는 일반적인 블록 패턴으로 계획을 해야 했습니다."[33] 수정된 계획에서 미스는 건물 규모를 단순화하고 덧붙여진 오디토리움을 없앴다. 첫 번째 계획에서와 같이, 건물의 절반 정도가 필로티 위에 들어올려졌지만 결국에는 아무것도 그러한 방식으로 지

사진 7.2
IIT를 위한 미스의 두 번째 캠퍼스 계획안 몽타쥬(1941) 북동쪽을 바라보는 조감도. 시카고 남측의 밀도높은 이 지역은 도시재개발과 계속된 노후화로 인해 얼마 지나지 않아 거의 다 파괴되었다. 사진제공: MoMA 미스 반 더 로에 아카이브.

어지지 않았다. 엄격한 대칭인 33번 도로를 마주하는 블록의 건물을 제외하고는 나머지 부분은 좀 더 느슨해졌다. 거리의 "재도입"이 더 작은 블록(수퍼블럭과 비교하여)을 만들었기 때문에 도서관과 학생회관 건물은 크기가 줄어들었고 각각 하나의 중정만이 있었다.

새로운 계획에서 가장 중요한 변화는 여러 건물을 서로 나란히 놓는 것이었다. 33번 스트리트의 어느 쪽에서든, 이것은 3 또는 4면에 있는 건물에 의해 경계를 이루는 더 작은 잔디밭을 만들었다. 비평가들은 이것을 네덜란드 화가 피에트 몬드리안Piet Mondrian의 구성적 스타일의 사례 또는 심지어 인용으로 해석했다.[34] 그리고 이 개념은 결국 동문회관Alumni, 펄스타인Perlstein, 위스닉 홀Wishnick Halls에 반영되었기 때문에 종종 미스의 캠퍼스 계획의 중요한 혁신 중 하나로 이야기되었다. 그러나 첫 번째 계획의 수퍼블럭은 거의 정사각형이기 때문에 미스는 건물을 서로 직각으로 배치할 수 있었다. - 우리가 생각하기에 이것이 그가 좀 더 선호하는 방식이었다. 평행한 배치와 한 건물 건너 하나(항상 북쪽에서 남쪽으로 긴)의 "미끄러짐"은 미스가 따라야만 했던 직사각형 블록 때문일 것이다.

두 번째 캠퍼스 계획은 새로운 IIT의 심각한 재정적 압박에 대한 미스의 이해를 반영했다. 제2차 세계대전 중에는 두 개의 중요한 건물만 지어졌다. 그 후 캠퍼스 증축은 기금 모금의 성공에 달려있었다. 사실, 미스의 임기 동안 IIT는 여러 채의 건물들을 동시에 짓기위한 충분한 돈을 모으지 못했다. 그렇게 됐더라면, 미스의 캠퍼스는 좀 더 확실한 계획 하에 우선순위를 정하여 진행될 수 있었을 것이고, 도서관과 학생회관 건물도 지어졌을 것이다. 훨씬 후에, 미스는 캠퍼스 계획을 "내가 이제까지 해야 했던 가장 큰 결정"

이라고 했다.³⁵ 비록 미스의 경우 "큰 결정"이 주로 건축에 관한 사항이었지만 정치와 돈 역시 중요한 변수였다. 힐드는 미스에 대한 자신의 기억을 이렇게 요약했다. "그가 더 나은 건축주를 만날 자격이 있다고, 아니면 적어도 그는 더 부유한 건축주를 만날 자격이 있다고 생각한 적이 여러 번 있었습니다."³⁶

・・・

캠퍼스 초기 계획이 진행되고 있던 1939년 여름으로 다시 돌아가 보자. 윌리엄 프레슬리의 친구인 변호사 E.M. 애쉬크로프트E.M. Ashcraft의 초청으로, 미스는 파이크 호수 별장이라고 불리는 위스콘신 북쪽의 휴양지에서 휴가를 보내고 있었다. 그는 존 바니 로저스와 아머 학생인 조지 댄포스George Danforth와 함께 작업을 계속했다. 프레슬리와 발터 페터란스도 가끔 나타났다. 릴리 라이히도 그 중 하나였다. 7월에 그녀는 뉴욕에 도착해서 미스와 함께 기차로 시카고로 왔다.³⁷

북쪽 숲속에서 몇 주 동안, 이 작은 공동체는 천국이었다. 일이 진행되면서 서로가 점점 가까워졌고, 여가 시간에는 어떠한 제약도 없었다; 술은 널려있었고 수영을 하고 싶으면 벌거벗고 편안하게 즐겼다. 애쉬크로프트와 프레슬리가 즉흥 재즈를 연주하면서 저녁시간은 흥겨웠다. 때때로 근처에서 야영 중인 유명한 트럼펫 연주자인 지미 맥팔랜드Jimmy McPartland와 함께 연주했다. 맥팔랜드의 연주는 음악에 무심했던 미스를 매료시켰다.

"당신은 왜 재즈를 좋아합니까?" 그는 피아노를 상당히 잘 쳤던 댄포스에게 물었다.

"즉흥적이기 때문입니다."라고 답했다.

"햐아Tja" 미스가 대답했다. "하지만 즉흥연주는 조심해야 합니다. 그렇지 않나요?"³⁸

1939년 늦여름이나 초가을에 연방 수사국의 시카고 지부에 편지가 접수되었다. 시카고 교외 글렌코Glencoe 출신의 익명의 여성사업가가 보낸 것이었다.

나는 방금 위스콘신의 파이크 호수 별장에서 돌아왔고, 거기에 머물고 있는 네 명의 독일인에 대해서 매우 의심스럽게 생각합니다. 그들 중 리더는 뉴욕 출신의 유명한 건축가인 것 같습니다. 그는 거기서 두 명의 젊은 남자들과 독일에서 막 온 여자와 함께 있었습니다. 그들은 독일어로만 소통했고 도면을 그리는 데 주로 시간을 보냈습니다. 내가 틀렸을 수도 있지만 그들은 스파이 같았습니다. 아마 독일여성이 독일로 가지고 갈 우리나라의 계획을 그리고 있는 것 같았습니다. 관심이 있다면 그것에 대해 좀 더 자세히 말씀드리겠습니다.³⁹

편지 덕분에 8개월간의 수사가 이루어졌다. FBI의 보고서에 따르면, 그녀는 직전에 에드워드 G. 로빈슨Edward G. Robinson이 FBI 요원으로 출연한 1939년 영화 '나치 스파이의 고백'이라는 영화를 본 후 첩보 활동에 대해 경계심이 더 커졌다고 했다. FBI 밀워키 지부는 미스와 그의 동료들에 대한 정보를 얻기 위해 파이크 호수로 요원들을 보냈지만 FBI는 단 한 번도 미스와 직접 만나지 않았다. 그들은 파이크 호수의 숙소에서 여성이 독일로 돌아가는 배편 예약- 라이히의 이름은 아직 알려지지 않았지만 -을 정리한 스케쥴 표를 찾았지만 확실하지는 않았다.⁴⁰ 시카고 경찰기록을 조회했지만 아무것도 나오지 않았다. 1939년 11월 10일, 요원들은 블랙스톤 호텔의 기록을 토대로 미스가 하루 6달러에 그곳에서 거주했으며, 이틀 후 그가 아머 대학의 건축 학과장임을 확인했다. 그와 그의 동료들이 정기적으로 독일에 편지를 보냈다는 것도 조사되었다. 조사는 다음해 봄까지 계속되었다.

FBI 보고서에 있는 두개의 문장은 미국의 초기 경력에서 미스의 개인적이고 정치적인 정서를 보여준다. (FBI는 "반 더 로에van der Rohe"가 미스의 완전한 이름이 아님을 알지 못했다.) 하나: "[공란]은 반 더 로에는 만난 모든 사람들에게 자신의 견해를 표현하지 않았지만 친한 친구에겐 히틀러 정권에 대한 혐오감을 표현하는 것을 주저하지 않았고, 사실상 독일이 그를 망쳐 놓았으며, 그는 미국에 살면서 충분히 만족하고 독일로 돌아갈 생각이나 계획이 전혀 없다고 덧붙였다". 다른 하나: "[공란]은 반 더 로에와 여러 번 다양한 주제와 정치에 대한 이야기를 나눴고 그는 반 더 로에가 독일의 나치에 반대한다는 말을 들었다. 그러나 [공란]은 반 더 로에가 적극적으로 반대하지는 않았음을 덧붙였다."⁴¹

FBI는 미스가 스파이가 아니라고 결론을 내렸다: "개인적으로 누구와도 접촉하지 않는 것으로 보이며, 명백히 간첩법을 위반했다는 증거가 없기 때문에, 이 사건은 종결되었습니다." 날짜는 1939년 11월 24일이었다.⁴² 그러나 적어도 1964년까지 보고가 계속되었다. 1946년에 미스의 이름은 예술, 과학 및 전문 직업의 독립 시민위원회(반-미국 활동에 대한 하원 위원회에 의해 공산주의 집단이라고 알려진 단체)의 시카고 지부에서 배포한 팜플렛에 나타났다. FBI 파일은 어떤 조치를 취했는지 밝히지 않았지만(보고서의 큰 부분은 검게 칠해져 있었다), 1950년대 초 매카시즘이 휩쓸던 와중에도 미스는 확실히 정부의 의심으로부터 벗어났다. 이 파일은 [1964] 뉴욕주 세계 박람회 자문위원 임명과 관련하여 미스에 대한 배경 조사를 위해 케네디 행정부의 케네스 오도넬Kenneth O'Donnell이 서명한 백악관 요청기록으로 끝난다.⁴³ 이에 대해 FBI는 1939년까지 진행된 모든 조사에 대한 요약본을 제공했다.⁴⁴

1939년 8월 말, 미스와 그의 동료들은 파이크 호수에서의 휴가를 끝낼 준비를 했다. 라디오가 유럽에서 전쟁이 임박했다는 소식을 보도하면서 분위기는 가라앉았다. 우리는 라이히가 황량한 독일보다는 미스와 함께 있고 싶어했을 거라고 추정할 수 있다. 그의 친구들 대부분은 그가 그녀를 남아 있도록 설득하지 않았다고 생각했는데, 아마도 그는 그녀의 통제로부터 자유로워져야 할 필요성을 느꼈기 때문일 거라고 추측할 수 있다. 게다가, 그녀는 독일로 돌아가면 할 일이 기다리고 있다는 것으로도 합리화될 수 있었다. 그녀는 나치 독일이 9월 1일 폴란드를 침공하기 직전에 떠났다. 그녀는 뉴욕행 기차를 타고 항구에 도착해서야 브레멘호가 영국의 추적을 피하기 위해 밤에 몰래 빠져나갔다는 것을 발견했다. 그녀는 9월 22일에서야 베를린으로 돌아갈 수 있었다. 그녀는 미스와 편지를 교환했지만 다시는 만나지 못했다. 편지가 전쟁으로 중단된 1940년 6월까지 소식을 주고받았다. 주로 비즈니스와 관련된 소식이었고, 미스는 유럽시절 디자인한 가구의 특허를 통해 여전히 수입을 올리고 있었으며 다른 소송은 계속 진행 중이었다.[45] 그녀에게 보낸 그의 편지는 사라졌다; 우리는 둘 사이의 연락 빈도와 범위를 그녀가 보낸 편지를 통해 알 수 있다. 라이히는 열심히 미스에게 편지를 썼다. 그녀의 미스에 대한 애정은 그녀가 그의 비즈니스를 돌보는 방식과, 에이다, 조지아, 마리안느, 월트럿, 이왈드 및 여러 동료들의 생활에 관한 소식을 전하는 데에서 명백하게 드러난다. 그녀는 침착했지만, 때때로 전쟁의 고통과 미스와의 절망적인 멀어짐에 포기하는 모습을 보여줬다.

미스가 보낸 편지의 양은 놀라웠다. 그는 1년 동안 적어도 22통의 편지를 보냈는데, "나는 평생 동안 그에게 편지를 3-4통만 받았습니다."라는 마리안느의 말을 토대로 보면 그것은 아주 성실한 서신 교환이었다. 그는 라이히와 가족뿐 아니라 친구들에게 식료품을 보내는데 성실했다. (그는 전쟁이 끝난 후 가족들을 위해 다시 식료품을 보냈다.) 라이히는 그의 답장이 늦어질 때면 불평하기도 했고, 1940년 6월 12일 자신의 마지막 편지가 될 것이라고 암시한 편지에서 그녀는 그에게 작별을 고했다:

> 나는 시카고에서의 마지막 날을 아직도 생생히 기억합니다. 그때나 지금이나 내가 그토록 틀리길 바라던 나의 직감이 맞는 것 같네요. 나는 지난 주에 당신에게서 사소한 소식만 들을 수 있었고, 그것도 사업에 관한 것뿐이었다는 것은 슬픈 일입니다. 어쩌면 당신이 시간이 없었을 수도, 아니면 내가 아는 것보다 더 많은 편지를 보냈을 수도 있겠지요. 편지교환이 지금 중단되면 더욱 더 참기 어려울 것입니다. 우리가 함께 걱정할 일이 더이상 없을 것 같습니다. 나는 당신과 더이상 연락하지 않을 것입니다. 그렇다면 당신은 나에게 연락할 방법을 찾으려는 노력은 해보기나 할 것인가요? 나는 당신이 새로운 친구들을 사귈 수 있어서 기쁘고, 내가 당신과 한때나마 그곳에서 함께 했다는 사실이 나를 기쁘게 합니다. 절망 앞에 우리가 얼마나 무력한지![46]

그녀의 직감은 맞았다. 미스는 그녀가 미국을 떠나기 전에 이미 결정을 내렸다; 그는 타인을 위해 자기의 삶을 타협하지 않았다. 외로움은 그에 대한 대가였다. 그는 나중에 로라 막스에게 말했다: "나는 혼자 살 수 없는 사람들과 함께 할 수 없어요."⁴⁷

• • •

1942년에 IIT에 미스가 디자인한 건물이 이미 완성되었음에도 불구하고, 그의 캠퍼스 계획은 거의 버려질 뻔했다. 1943년 이사들은 스티븐스 호텔을 저렴한 가격에 구입할 수 있음을 알게 되었다. 전쟁부서는 제2차 세계대전이 시작된 이래로 그 곳을 병영과 훈련용으로 사용해왔다. 그 건물이 전체 대학뿐만이 아니라 학생들의 기숙사도 수용할 수 있다는 사실을 토대로 토론이 이루어졌다. 남쪽 캠퍼스의 개선을 위해 이미 "상당한 액수의 돈"이 지출되었지만 1943년 7월 9일 이사회 회의록에서 "땅이 팔린다면 투자된 돈은 모두 회수할 수 있다고 믿는다."라고 써 있었다. 이 거래가 이루어졌다면 미스의 경력에 상당한 타격이 있었을 것이라 추측할 수 있다. 그러나 스티븐스는 다른 곳에 팔렸고 IIT 캠퍼스 역사의 마지막 챕터를 장식했다.⁴⁸

미스는 아머와 IIT를 위한 커리큘럼을 위해 많은 글을 썼다. 대부분은 서술적이고 무비평적이며 때로는 조형적이었다. 비록 미스가 미국에서의 프로그램과 교육철학을 설명하는 몇 개의 글을 썼지만 - 특히 앞서 언급한 1938년 취임 연설과 대학 출판물 - 그의 가장 포괄적인 설명은 재임 초반인 1938년에 바우하우스에서 영감을 얻어 아머를 위해 만든 차트이다.⁴⁹ 물론 아이디어를 표현한 대부분의 그래픽처럼, 여러 가지로 해석될 수 있으며 반드시 논리적인 방식은 아니었다.

우리가 언급했듯이, 미스가 남긴 말 중엔 짧은 단어로 된 격언이 주로 많았다. 따라서, 미스와 관련하여, - 심지어 그가 시가 흡연을 즐기는 실루엣이 프린트된 티셔츠에서도 - 적은 것이 더 많은 것이다 "Less is more", 신은 디테일에 있다 "God is in the details", 거의 아무것도 "almost nothing [beinahe nichts]"가 새겨진 상품들이 판매되는 것을 볼 수 있다.⁵⁰ 그러나 문맥을 벗어나서는 이러한 말들은 별 의미가 없다. 실제로, 가장 잘 알려진 것조차 그가 처음으로 한 말이 아니었다. 1960년에 녹음된 건축학과 학생과의 담화에서, 미스는 "당신의 문구 ['Less is more']의 기원"에 대해 질문받았다. 그는 대답했다: "내가 그것을 말했습니다… 나는 필립 [존슨]에게 가장 먼저 말했다고 생각합니다. 오, 내가 이 말을 처음으로 들은 사람은 피터 베렌스였다고 생각합니다. 예. 내가 처음으로 말한 사람은 아니지만 나는 그 말을 아주 좋아합니다."⁵¹ 그가 가장 좋아했던 철학자인 토마스 아퀴나스에 대해서도 똑같이 솔직했다: "아퀴나스… '모든 인간의 작업에는 이유가 있어야 한다.'라고 말했습니다. 일단 당신이 그 이유를 알았을 때, 당신은 그에 따라 행동할 수 있습니다. 그래서 나는 합리적이지 않은 모든 것을 던져버릴 것입니다."[52] 그러나 대부분의 미스의 "원칙"과 마찬가지로 이 선언도 딱 들어맞지는 않았다.

건축 교육에 대한 미스의 아이러니는 본질적으로 그가 교육에 대한 거부감을 갖고 있었다는 것이다. IIT를 위한 학부과정은 이러한 편견뿐만 아니라 다른 편견을 반영한다. 미스에게 가장 높은 수준의 건축은 - 아마도 그에게 관심 있는 유일한 수준일 것이다 - 배울 수 없고, 적어도 널리 퍼질 수 없으며, 젊고 열정 있는 학생의 것도 아니었다. 따라서 그의 커리큘럼은 엄격하고 기본적인 것이었다. 실제로, 재능 있는 학생은 학부 4년 동안 (나중에는 5년) 뛰어나지만 기본에 충실한 전문교육을 받았고, 그들의 포트폴리오는 동료 학생들, 미스의 작업과 매우 흡사했다. 진 서머스에 따르면, 미스는 자신의 프로그램에 대한 희망을 표명했다: "만약 그의 대학에서 일 년에 열 명의 건축가를 배출할 수 있다면… 그는 전국에 걸쳐 훌륭한 건축이 퍼지는 것을 보게 될 것입니다… 그것은 처음의 소망이었고, 나중에 그는 '하나님, 만약 내가 열 명의 건축가를 얻을 수만 있다면'이라고 말했습니다."[53]

그러나 미스의 첫 대학원생이자 오랫동안 그의 교수진이었던 제임스 스페이어 A. James Speyer는 IIT의 학부 커리큘럼을 강력하게 옹호했다:

커리큘럼은 단순한 것에서부터 복잡한 것, 쉬운 작업부터 어려운 작업까지 질서정연하게 이루어져 있었습니다. 건축에 대한 사전지식이 없는 학생도 건축가가 될 수 있도록 훈련시키고, 위대한 예술가는 아니더라도 최소한 제대로 훈련받은 건축가가 될 수 있었습니다… 그는 어떻게 그리는지, 만드는지, 계획하는지를 알고 있었고 전문가는 기초가 탄탄해야 된다고 확신했습니다. 예술가라면 이러한 것들을 순수예술의 수준으로까지 끌어 올릴 수 있습니다. 나는 그것에 의심의 여지가 없다고 생각합니다… 내가 상상할 수 있는 가장 훌륭하고 기본적인 커리큘럼임을… 다시 말하건데 나는 그것이 단순하고 직접적이라는 점에서 대부분의 건축학교 교과과정과 정반대라고 생각합니다. 반면 많은 학교에서의 유혹은 그 반대입니다.

미스는 학생이 해결방법을 찾을 수 없는 상황에 처하는 것이 매우 해롭다고 생각했습니다… 이것은 학생을 발전시키기 보다는 오히려 퇴보시킵니다. 미스는 건축학교에서의 교육이 단계적으로 이루어져야 한다고 생각했습니다. 당신은 하얀 종이에 선을 그리기 시작할 것입니다. 얇은 라인, 중간 라인 및 굵은 라인을 그리는 것만 연습할 수도 있습니다. 그러나, 당신이 원하는 라인을 그릴 수 있을 만큼 마스터하면, 거친 라인이나 부드러운 라인을 그릴 때, 당신은 큰 진전을 이룬 것입니다. 그런 후에 선을 가지고 정사각형을 그리거나 콤파스를 가지고 원을 그리거나 선을 교차시켜 복잡한 형태를 그리는 방법에 대해 생각할 수 있습니다. 그럼 당신은 색깔로 넘어갈 수 있습니다… 그런 다음 당신은 마침내 시공에 대해 배웁니다. 그것은 진화와 마찬가지입니다.[54]

토마스 비비Thomas Beeby는 코넬과 예일에서 교육을 받았으며 1970년대 초에 IIT에서 가르쳤다. 이 기간 동안 그는 또한 진 서머스 밑에서 일했으며 미이시안 가르침에 완전히 몰입했다. 그는 나중에 모더니즘에서 벗어나 미스의 커리큘럼에 대한 견해를 밝혔다:

자크 브라운슨Jacques Brownson… 첫해부터 미스의 주목을 받았습니다. 목수로 훈련받았던 자크는 [S. R. 크라운 홀S. R. Crown Hall에서의 전시를 도왔습니다.] 장인정신을 갖고 일을 했습니다… 미스는 그가 건축에 대한 올바른 태도를 가지고 있다고 생각했기 때문에 브라운슨을 직원으로 고용하고 싶어했습니다. - 그것은 미스가 좋아하던 장인정신과 노동자 같은 태도와 [예술적 태도]와의 차이였였습니다. 그가 주변 사람들이 특별히 예술적이 되기를 바란다고 생각하지 않습니다. 학교의 커리큘럼은 상당히 직업적이고 일부러 지적이지 않았습니다… 나는 미스가 그의 사무소에서 실제로 일할 사람들을 훈련시킨다고 생각했습니다. 나는 그가 유럽을 떠난 예술가들이 실제로 무언가를 할 수 있는 문화적 환경이 미국 사회에 갖춰져 있지 않다고 생각한다는 것을 느꼈습니다. 나는 그가 처음부터 다시 시작해야 하고 가장 기본적인 것부터 가르쳐야 한다고 느꼈다고 생각합니다. 학생들 중 일부는 예술가가 될 수도 있지만, 그는 학생들을 가장 낮은 수준에서 건축가로서 쓸 만한 수준으로 올려야 했습니다. 나는 우리 사회에 대한 그의 평가가 잘못되었다고 생각하지만, 그가 어디에서 왔는지 생각한다면 이해가 가기도 합니다.[55]

미스의 신념 중 하나(건축교육에도 동일하게 적용된다)는 논쟁의 여지가 없었다. 건축은 확실히 힘든 일이었다. 미스의 학생이었던 레지날드 말콤슨Reginald Malcolmson은 미스와 그의 동료인 알프레드 콜드웰Alfred Caldwell 사이의 이 기억에 남는 대화를 이야기했다:

콜드웰… 종종 미스에게 직설적인 질문을 하곤 했습니다… 그는 크라운 홀에서 미스에게, "학생들에게 재능이 얼마나 중요하다고 생각하십니까?"라고 물었습니다. 미스는 잠시 생각하고는 대답했습니다. "나는 평생 수많은 재능 있는 사람들을 보았습니다. 수백 명, 어쩌면 수천 명이었지만, 재능은 단지 커피에 넣는 크림일 뿐입니다." 그가 말했습니다. "내가 아는 사람들 중 많은 사람들이 매우 재능이 있었지만, 너무 게

으르다가 아무것도 해결하지 못했습니다. 재능에 안주할 이유가 없습니다. 재능을 보여주지 못한다면, 그건 아무것도 아닙니다."[56]

미스의 IIT 대학원 프로그램은 1930년대 후반과 1940년대 초반에 2~3명의 학생으로 시작하여 매우 훌륭한 성과를 이뤄냈다. 대학원의 표준 및 형식은 루드위히 힐버자이머가 대부분 만들었다. 그 시대의 대학원 학생들은 이미 건축 분야의 전문학위를 갖고 있었고, 많은 학생들이 IIT 학부과정을 나왔지만 1940년대 후반에 미스는 전세계에서 대학원생들을 끌어 모으고 있었다. IIT 석사학위 "논문"은 일반적으로 텍스트와 함께 드로잉과 모형 사진으로 프리젠테이션되는 건물 디자인이었다. 학생은 건축, 문화 및 경제 역사의 맥락에서 자신의 디자인을 발전시키는 것을 권장받았다. 논문 주제는 극장, 박물관 또는 경기장과 같이 "대표적인" 건물이었다. 대학원 학생들은 어드바이저와 한두 명의 다른 교수진 또는 외부 전문가와 함께 일하면서 실제 설계사무실의 소장 밑에서 일하는 프로젝트 건축가와 같은 역할을 하면서도 상당한 자유를 갖고 독립적으로 작업했다. 미스가 은퇴한 후 마이론 골드스미스와 그의 학생이자 나중에 교수진이 된 데이빗 씨 샤프 David C. Sharpe는 거대하고 긴 - 스팬 구조의 기술적, 미학적 영향을 연구하는 대학원 논문 여러 편의 어드바이저였고 학교는 1960년대 이후로 이러한 프로젝트들 덕분에 유명해졌다.

IIT를 기반으로 하면서 미스는 건축가로 활동하기에 여러 가지로 유리했다: 초창기에는 자신이 가르친 최고의 학생들이 그의 회사로 왔고, 이후에 좀 더 많은 월급을 바라며 더 큰 회사로 옮겼다.[57] 미스는 큰 돈을 들이지 않고 스트레스 없는 아카데믹한 환경에서 새로운 아이디어를 탐구했다. 재능 있는 졸업생이 건축계로 진입하며 미스의 입지는 더욱 탄탄해졌다. 전쟁 때 개인적으로 학생을 가르쳤을 때를 제외하고, 미스는 학생, 특히 학부생들과의 접촉이 제한적이었다. 그리고 그는 1940년대와 1950년대 초의 석사 논문 프로젝트의 어드바이저였지만 논문 지도교수는 주로 힐버자이머가 맡았다. 학생들의 증언에 의하면 힐버자이머는 학생들에게 많은 사랑을 받았다. 이 시기의 학생들로부터 수십 개의 증언이 미스의 실제 "가르침"을 묘사한다. 그림이나 모형을 조용히 묵상하는데 오랜 시간이 걸렸다. 때로는 열정적인 그룹 앞에서는 좀 더 길게 앉아있었지만 조용히, "Ja, 다시 해봐." 또는 "Ja, 할 수 있어.", 또는 좀 더 긍정적으로는, "계속 노력해라."라고 했다.

그 반대의 증거 또한 있었다. 1946-47년 대학원생이었던 폴 피핀Paul Pippin은 미스의 수업을 이렇게 설명했다:

[우리에게 할당된] 주택설계 과제는 6주 동안 각자 스스로 해야 했습니다. 미스는 일

주일 동안 우리의 도면을 검토했고 그가 우리와 디자인에 대한 논의하기 위해 조만간 만날 거라는 이야기를 들었습니다. 그의 조교가 한 학생의 도면을 앞에 놓자 비평이 시작되었습니다. 그는 전체적인 디자인을 검토하고 평가할 때까지 긴 시간 동안 말을 했고 - 중간에 긴 정적도 흘렀습니다 - 전반적인 디자인을 평가할 때까지 의견이 계속 되었습니다. 각각의 크리틱은 2시간 이상 계속되었고, 전체 크리틱에 며칠이 걸렸습니다. 미스는 위대한 거장인 체 하려고 하지 않았습니다. 반대로, 그는 매우 겸손하고, 심지어 수줍음이 많지만, 그의 신념은 강력했습니다… 그는 "나는 천재는 없다고 말하고 싶습니다. 그것은 단지 노력입니다. 여러분들이 열심히 한 만큼, 나도 여러분들의 작업을 열심히 들여다볼 것입니다."라고 말했습니다. 그는 자신의 시간을 자유롭게 주었고 세션은 몇 시간이고 훌쩍 넘겼습니다. 그것은 교수님으로부터 비판이라기 보다 따뜻하고 친절한 만남이었습니다.[58]

그럼에도 불구하고, 오늘날의 학교의 스튜디오에서처럼 학생의 과제를 고치고 수정시키는 방식은 미스와 맞지 않았다.[59] 대신, 그는 자신의 지적이고 예술적인 힘과 하나씩 완성되어가는 IIT 캠퍼스를 통해 학생들을 이끌었다.

• • • •

제2차 세계대전 중 미스와 힐버자이머, 페터란스는 학생수는 적었지만 자신의 시간은 더 많이 가질 수 있었다. 미스는 첫 번째로 들어설 새로운 캠퍼스 건물로 바빴다. 힐버자이머는 학교 행정과 건축 및 도시계획에 관한 글쓰기에 집중했다.[60] 그리고 다재다능했던 페터란스가 나중에 전설이 된 자신이 고안한 수업과정을 통해 주로 학생들을 가르쳤다. 초기에 미스는 아머의 건축학과 학생들이 시각적으로 세련되지 못한 점에 대해 우려를 표시했다. 그는 나중에 이렇게 썼다:

언젠가 [1938년 이후] 나는 학생들이 비례의 중요성에 대해 내가 말한 것을 이해했다고 생각했지만, 그들의 작업에서 전혀 비례감을 느낄 수 없었다는데 놀랐습니다. 나는 그들의 눈이 단순히 비율을 볼 수 없다는 것을 깨달았습니다. 이 문제를 페테란스와 논의했고, 우리는 특히 눈을 훈련시키고 비례에 대한 감각을 키우기 위해 고안된 새로운 과정을 도입하기로 결정했습니다… 이를 위해 페테란스는 시각훈련Visual Training이라는 과정을 개발했습니다. 효과는… 학생들의 태도에서 급격한 변화가 일어났습니다. 모든 복잡함 및 엉성함이 그들의 작업에서 사라졌습니다; 그들은 불필요한 선을 버리는 법을 배웠고, 비례에 대한 진정한 이해가 나타났습니다. 특별한

사진 7.3
왼쪽에서 오른쪽으로. 건축가 에리히 멘델존, IIT교수인 발터 페테란스, 루드위히 힐버자이머, 그리고 미스. 오케스트라 홀과 풀만 빌딩(철거됨) 길 건너편에서 1940년경에.

재능을 지닌 학생들이 때때로 박물관에 전시될만한 수준의 작품을 만들었지만, 이 과정의 목적은 예술 작품을 제작하는 것이 아니라 오로지 눈을 훈련시키는 것이었습니다.[61]

페테란스는 미스가 미국에서 만난 동료 중 가장 많은 교육을 받았다(사진 7.3). 1897년 프랑크푸르트에서 태어난 그는 드레스덴에서 자랐으며 뮌헨 공과대학에서 기계 디자인을 공부했다. 1920년 그는 뮌헨의 루드위히-막시밀리안Ludwig-Maximilian 대학에서 철학을 전공하고 1년 후 괴팅겐의 조지-아우구스트Georg-August 대학으로 옮겨서 1924년까지 철학과 수학, 미술사를 공부했다. 그 후 라이프치히의 국립 예술 아카데미State Academy for Graphic Arts and Book Production로 옮겼다. 시각예술 분야에서의 다재다능함 덕분에 1929년부터 학교가 폐쇄된 1933년까지 바우하우스에서 교편을 잡을 수 있었다. 아머 / IIT에서 교수로 재임하는 동안 그는 시카고 대학의 사회사상위원회 위원이었다. 그는 1953년 울름Ulm의 게슈탈퉁 대학교Hochschule für Gestaltung에서, 1959년 함부르크의 예술대학교 Hochschule für Bildenden Künste에서 강사로 근무했다.

페테란스의 과학과 예술에 대한 헌신은 그에게 좋은 카메라를 사주고 광학을 가르친 자이츠의 광학 엔지니어였던 아버지의 영향이 컸다. 사진 작업을 주로 했던 그의 작업은

사진 7.4
수업 중의 루드위히 힐버자이머, 1960. 사진제공: IIT 아카이브.

강박적인 기술적 정확성을 특징으로 했다. 그는 종종 단 하나의 정물사진 제작을 위해 수 주일 동안 노력했다. 바우하우스에서의 경험뿐만 아니라 이러한 배경을 감안할 때, 그는 IIT 비쥬얼 교육 과정을 만드는 데 있어 충분한 자격을 갖췄다.

페테란스는 4학기에 걸친 10개의 연습과제로 이루어진 프로그램을 계획했다. 학생들은 기본 시각요소인 선, 형식, 값, 색 및 질감으로 표현된 다양한 추상 디자인을 만들어야 했다. 예를 들어 20x30인치 화이트 보드를 가로지르는 수평선과 수직선이 만드는 4개의 직사각형을 가지고서 학생들은 선을 조작하여 각자 가장 납득할 만한 배치를 만들었다. 그룹 토론을 통해 각 작업은 크리틱을 받았다. 이 기초활동 뒤엔 커브와 대각선, 색상 및 질감을 다루는 복잡한 과정이 뒤따랐다. 페테란스는 보자르Beaux-Arts에서의 훈련이 학생 디자인에서 색의 표현을 지나치게 강조한다고 생각했고, 그는 이것이 기본 요소에 대한 포괄적인 이해를 방해한다고 생각했다. 따라서 그는 연습과정에서 그 요소들을 분리하기로 결정했다. 그는 그 과정이 바우하우스 동료였던 파울 클리, 특히 1925년의 클리의 "교육학 스케치북Pedagogical Sketchbook"에 빚지고 있음을 인정했다. 페테란스는 1939년부터 1960년 그가 죽을때까지 비주얼 교육 과정을 진행했고 비슷한 과정이 현재까지 유지되고 있다.

• • •

이미 언급했듯이, 미스와 힐버자이머와의 관계의 시작은 1920년대와 G 서클이었으며, 1938년 미스는 그를 도시계획 분야의 교수로 데려왔다(사진 7.4). 1885년 칼스루헤

Karlsruhe에서 태어난 힐버자이머는 그 곳의 공과대학에서 공부했으며 1910년 베를린으로 이주하여 건축학을 전공했다. 그는 독일의 전위 예술가, 특히 예술노동위원회Arbeitsrat für Kunst, 9월 그룹Novembergruppe, 그리고 표현주의 지향적인 갤러리 데어 스텀 Der Sturm과 긴밀한 관계를 맺었다. 1931년 그는 독일공작연맹의 디렉터가 되었다. 그는 또한 진보적인 예술운동의 옹호에 자신을 바쳤다.

다양한 관심사에도 불구하고, 독일에서의 힐버자이머의 경력은 주로 도시계획이 주류를 이룬다. 1924년까지 그는 고층도시를 위한 프로젝트(Hochhausstadt)를 진행했다. 계획은 적지 않은 논쟁을 불러 일으켰다. 힐버자이머의 고층도시는 1922년 르 코르뷔지에의 "현대 도시Ville contemporaine"의 영향을 받았지만 힐버자이머의 계획은 두 개의 레벨로 이루어져 있었다: 낮은 레벨에서 비즈니스 활동 및 자동차 운행 그리고 위 레벨에서 차량 운행이 금지된 주거용 도시였다. 그 목적은 보행자와 특히 어린이들을 보호하는 환경이었다. 건물들은 끝없이 비슷한 슬라브의 연속이었으며, 자연이 없는 도시 풍경 속에서 서 있었다. 비판적인 반응은 리차드 포머Richard Pommer가 1988년에 "그의 드로잉은 여전히 으스스하게 만드는 힘을 가지고 있다."[62]고 말한 신랄한 비판에서부터 2001년 비토리오 막나고 람푸냐니Vittorio Magnago Lampugnani의 "힐버자이머는 이상적인 도시의 모습이 아니라 단순히 스케치를 보여주려고 했다."라고 옹호하는 반응까지 다양했다.[63] 바우하우스에서 힐버자이머와 함께 공부하고 오랫동안 IIT의 교수진이었던 하워드 디어스타인Howard Dearstyne은 그의 스승의 드로잉에 대해 이렇게 말했다:

그것은 밍숭밍숭하고 허접해 보이는, 거의 아마추어 같았습니다. 힐버스Hilbs는 건축 드로잉에 뛰어난 재능을 지닌 미스 반 더 로에와 달리 그림 실력이 부족했습니다. 힐버자이머는 자신의 부족함에 대해 분명히 알고 있었습니다… 그는 독일시절 건축가 친구가 자신이 고무 도장으로 건축 도면에 창문을 찍어 넣는 것을 보고 비난했다고 했습니다.[64]

힐버자이머는 스스로 신랄한 비판을 했다: "블록의 반복은 너무 많은 균일성을 가져왔습니다. 모든 자연적인 것은 제외되었습니다: 그 어떤 나무나 잔디도 단조로움을 깨뜨리지 못했습니다. 전반적으로 볼 때 이 고층도시의 디자인은 처음부터 잘못되었습니다. 그 결과 대도시보다는 거대한 공동묘지가 되었는데, 모든 면에서 비인간적인 아스팔트와 시멘트로된 불모의 풍경이었습니다."[65] 힐버자이머는 고층도시 프로젝트 이후 거의 40년 만인 1963년에 이렇게 말했다. 그는 미국에서 대규모 도시계획을 수행했다. 그는 또한 일찍이 열렬한 환경주의자가 되었지만 비평가들은 사람보다는 추상적인 원칙을 선호하는 그의 성향을 비난했다.

힐버자이머의 미국에서의 작업 중에서 디트로이트의 라파옛 파크Lafayette Park에 있는 미스와의 공동작업이 가장 최고라고 할 수 있다. 아머와 IIT의 역사에서 힐브스Hilbs(그가 항상 불렸던 애칭처럼)는 그의 글과 호기심 그리고 훌륭한 선생님으로서 기억된다.[66] 작가로서 그는 미스로부터 직접 아낌없는 찬사를 듣기도 했다. 힐버자이머의 1944년 저서 「새로운 도시: 계획의 원리Principles of Planning」의 서문에서 미스는 미국에서 반복적으로 사용하던 언어로 그를 칭송했는데 그의 글에서 도시계획이란 단어를 건축으로 바꾼다면, 미스 자신에게도 똑같이 적용될 수 있었다.

이성은 모든 인간 작업의 첫 번째 원칙입니다. 의식적으로 또는 무의식적으로 힐버자이머는 이 원리를 따르고 도시계획이라는 복잡한 분야에서 그의 작업의 기초로 삼습니다. 그는 확고한 객관성을 가지고 도시의 각 부분을 조사하고 전체를 생각하며 각 부분에 대해 합당한 위치를 결정합니다. 따라서 그는 도시의 모든 요소를 명확하고 논리적인 질서로 정리합니다. 그는 도시에 임의적인 아이디어를 부과하는 것을 싫어합니다.

그는 도시가 삶에 봉사하고, 삶에 의해 타당성을 얻고, 삶을 계획해야 한다는 것을 알고 있습니다. 그는 도시의 모습은 기존의 삶의 양식에 대한 표현이고, 서로 불가분하게 긴밀히 결합하여 있고 함께 변화한다는 것을 이해하고 있습니다. 그는 도시문제의 물질적, 정신적 조건은 이미 주어진 것이며 과거에 단단히 뿌리박고 있기 때문에 쉽사리 바뀌지 않고, 오직 미래에 대한 객관적인 경향에 의해서만 결정된다는 것을 알고 있습니다.

그는 또한 다양한 요인들은 그들에게 의미를 부여하고 그들이 성장할 수 있도록 작용하는 어떤 질서를 전제로 한다는 것을 알고 있습니다. 도시계획이란 자신과 사물의 순서를 정하는 것을 의미합니다. 그 원칙과 적용을 혼동해서는 안 됩니다. 도시계획은 본질적으로 질서의 산물입니다. 질서는 성 어거스틴에 따르면 - "각자의 자리에 따라 평등하고 불평등한 것들의 배치"를 의미합니다.[67]

힐버자이머의 도시계획에 관한 책과는 별도로 그의 가장 중요한 책은 필립 존슨의 1947년 MoMA 카탈로그 이후 미스의 첫 번째 모노그래프인 1956년에 출판된 미스 반 더 로에Mies van der Rohe다.[68] 그들 둘은 30년 이상 함께 작업했으며 그 책의 권위는 우정, 동료애 및 전문성의 공유에 의해 뒷받침된다. 모든 페이지에서 힐버자이머는 미스를 대신해 말했다. "[미스]는 구조적 명확성, 즉 철골건축의 필요성에 도달했으며, 물질적 수단과 정신적 목표 사이의 조화를 발견했습니다."[69]

… 구조는 건축 자체는 아니지만 건축가가 건물의 모든 부분을 전체와 관련시키는 질서의 유기적 원리를 이해한다면, 건축에 이르는 중요한 수단이 될 수 있습니다.

[미스의] 건축은, 구조에 의존하지만 구조보다 훨씬 더 중요합니다. 그것은 구조로부터 나왔고 구조를 더욱 정교하게 만들지만 정신적 영역으로 물질적 초월에 도달합니다… 미스 반 더 로에는 이것을 이룩했습니다… 이전에는 언제나 "건축" 뒤에 숨겨져 있었던 강철과 같은 무미건조한 재료를 가지고서 말입니다.[70]

힐버자이머는 또한 미스의 "새로운 건축 언어"를 찬양했으며, 이것을 "모든 사람이 이해할 수 있다"고 주장했다.[71] 미스의 "가장 위대한 업적은… 강철 본연의 성질로부터 발전했습니다."[72] 그는 심지어 미스에 대한 비판을 예상했다. "문제가 명확하게 해결되었기 때문에 미스의 건물은 단순해 보입니다."[73] 미스의 명성이 최고조일 때 출판된 힐버자이머의 책은 미스 학파의 정체성과 충만함을 반영했다.

미스와 힐버자이머의 관계는 동등하지 않았다. 미스는 힐버자이머의 견해에 귀를 기울였지만 의견이 맞지 않으면 자신의 방식대로 일했다. 가장 잘 알려진 사례는 시카고의 노스 레이크쇼어 드라이브에 있는 미스의 아파트 배치계획이었다. 힐버자이머의 중요한 원칙 중 하나는 건물 내부의 자연스러운 채광을 최적화하기 위해 건물을 배치해야 한다는 것이었다. 그는 미스에게 이에 관해 조언을 했지만 미스는 무시했다; 건물은 기하학적, 프로그램적, 도시적 요소를 기반으로 배치되었지만 채광 때문은 아니었다.

힐버자이머는 살짝 특이했다. 그는 매일 6마일을 그의 아파트에서 IIT까지 걸어다닌 것을 포함하여 일부러 상당한 거리를 걸었다. 그는 관료집단을 상대할 때 겁쟁이가 아니었고, 로라 막스의 표현을 빌면 정말로 눈치가 없었다. 그녀는 힐버자이머가 라파옛 파크 프로젝트 작업을 하면서 "디트로이트의 노동조합 지도자에게 무례한 말을 했을 때" 미스의 당혹감을 기억했다.[74] 힐버자이머는 미스가 IIT의 캠퍼스 건축가에서 물러났을 때 격분했지만, 제자였던 조지 댄포스George Danforth의 밑에서 거의 10년 동안 가르쳤다. 힐버자이머를 사랑한 댄포스는 다음과 같이 말했다. "그는 무언가 옳지 않다고 느꼈을 때 상대가 누구든 간에 자유롭게 말할 수 있어야 한다고 생각했습니다."[75]

힐버자이머는 어떤 면에서 선생님으로서 미스보다 나았다. 모든 면에서 그는 엄숙함과 따뜻함의 독특한 조화를 이루었다. 미스도 그의 재능을 인정했다. "나는… 종종 어떤 자질이 그를 훌륭한 선생님으로 만들었는지 궁금했습니다. 그는 소크라테스식의 방법으로 학생들에게 질문하고 그들의 답을 분석하여 자신이 스스로 이해하도록 합니다."[76] 1950년대 그의 학생 중 한 명은 "그는 토론이나 비평에서 학생을 코너에 몰아넣고 쉽게 빠져나가게 놔두는 스타일의 선생님은 아니었습니다. 그는 학생들의 무릎을 꿇게 했습니다. 그러면서도 매우 부드럽게 이루어졌습니다. 그가 당신에게 원하는 것은 문제에 대해 생각하고 당신이 무슨 말을 하는지를 알고, 무슨 말을 어떻게 할 지를 조심하는 것이었습니다."[77] 어떤 학생도 미스가 그런 식으로 말하기를 상상하는 것은 불가능합니다. 두 사람 모두에게 배웠던 레지날드 말콤슨Reginald Malcolmson은 다음과 같이 요약했다: "미스는 학교의 머리였고, 힐버스는 학교의 마음이었습니다."[78]

그 증거는 힐버자이머에게 경의를 표하는 IIT 전통에서 발견할 수 있다: "힐버자이머 공화국의 동맹"이라 이름 붙여진 연례 교수-학생 저녁식사 자리는 일년 중 해가 가장 짧은 날에도 최소한 4시간의 햇빛이 모든 건물의 모든 방에 도달해야 한다는 힐버자이머의 소신을 반영하는 날짜인 동지 또는 동지 무렵에 열린다. 1940년에 시작된 "힐버스의 날"은 26년 동안 명예손님을 초대해 계속되었고, 놀랍게도 21세기로 계속 이어졌다.

· · ·

미스의 교수진 중 미국 알프레드 콜드웰Alfred Caldwell은 독특한 위치를 차지했다. 그는 조경가로 잘 알려져 있으며, 미스 캠퍼스의 조경 디자인을 했다. 그러나 그는 IIT 건축대학 및 다른 대학의 교수로 오랫동안 근무하면서도 따로 사무실을 가지고 일을 했던 건축가이기도 했다. 그의 전기 작가 데니스 돔Dennis Dome이 기록한대로, 콜드웰은 시인, 수필가, 환경주의자이자 현자였다[79](사진 7.5). 그는 오늘날 미스 콜렉터가 탐낼 만큼 절묘하게 세밀한 건축 및 조경 도면을 그렸다. 그는 미스의 동료 중 가장 다채로운 캐릭터를 지니고 있으며, 종종 주변과 충돌하는 다혈질의 성격과 커다란 목소리를 가진 유능한 교수였다.

1903년 세인트루이스에서 태어난 콜드웰은 1909년 가족과 함께 시카고로 이사했다. 그는 1921년 일리노이 대학교에 조경을 공부하기 위해 등록했지만 중간에 그만뒀다. 그 후 얼마 지나지 않아 시카고에서 사업파트너인 조지 도노후George Donoghu와 함께 조경작업을 시작했다. 그런 다음 콜드웰은 미국 중서부의 자생종을 심고 자연스러운 돌들로 조경을 하는 것으로 유명한 전설적인 조경가인 젠스 젠센Jens Jensen과 함께 일하게 되었다. 젠센은 고용주이자 선생님이자 롤모델이 되었고, 1920년대에 두 사람은 저명한 고객을 위한 야심찬 풍경을 여러 차례 담당했다. 젠센과 프랭크 로이드 라이트와의 우정 덕분에 콜드웰은 탈리아신을 방문하기도 했고, 콜드웰의 유명한 WPA 시기의 조경작업과 아이오와주 두부크Dubuque의 이글 포인트 파크Eagle Point Park 디자인에서 젠센의 영향과 함께 라이트의 영향을 볼 수 있다. 1930년대 후반 시카고 공원국에서 근무한 콜드웰은 하이드파크의 프로몬토리 포인트Promontory Point와 북쪽의 링컨 파크Lincoln Park를 노스 할리우드 애비뉴North Hollywood Avenue로 확장하는 것을 포함한 주요 공원을 설계했다. 1938년 가을 어느 날, 미스, 힐버자이머, 페테란스 세 남자가 백합 연못

사진 7.5
1950년대 후반 크라운 홀에서 IIT 학생들과 함께있는 알프레드 콜드웰. 사진제공: IIT 아카이브.

과 그 주변 정원에 크게 감명받으며 링컨 파크를 거닐고 있었다. 미스는 그것이 라이트의 디자인이라고 추정했지만, 마침 거기서 일하고 있던 콜드웰은 자랑스럽게 자신의 작업이라고 말했다. 그리하여 콜드웰과 미스의 관계가 시작되었고, IIT 건축학과 학생으로 입학하게 되었다. 그는 1940년에 건축사 면허를 땄다.

어느 날 오후 1944년 콜드웰은 전화를 받았다:

낮게 으르렁 거리는 목소리가 들렸습니다. "나(me)입니다."… 나는 대답했습니다, "여기는 아드웰 4982Ardwell 4982입니다. 잘못 걸으셨습니다." 그리고 끊었습니다… 전화가 곧 다시 울렸고 남자가 말했습니다.

"나입니다. *This is me.*" 그때서야 나는 그가 "나입니다. *This is me.*"라고 말하지 않았다는 것을 알았습니다. 그는 말했습니다. "나는 미스입니다. *This is Mies*… 우리의 젊은 건축가들을 가르쳐주지 않겠습니까?" 그는 말했습니다. "내일 오후에 사무실로 오십시오." 내가 갔을 때 미스는 매우 부드럽고 기분이 좋았습니다. 그는 "시간이 얼마나 걸릴지 모르겠지만 그다지 오래 걸리지는 않을 겁니다." 실제로는 내 인생을 다 바쳐야 했지만 그것이 그가 말하는 방식이었습니다.[80]

콜드웰은 미스 아래에서 시카고 출신 최초의 전임교수로 채용되었다. 그의 분야는 건설이었다. 그 후 콜드웰은 남 캘리포니아 대학의 건축학부 교수로 재직했다. 거기서 그는 철학, 문학, 역사, 건축 및 조경 디자인을 가르쳤다. 1981년 그는 IIT에 루드위히 미스 반 더 로에 교수로 복직해서 1998년 위스콘신주 브리스톨에서 사망할 때까지 그 자리를 지켰다.

새로운 건축 언어: 1946-53

8

> 모든 디자인이 끝났을 때 금속동의 사람들과 엔지니어들이 와서 말했습니다. "우리는 여기에 문이 필요합니다." 그리고 결과는 몬드리안이었다!
> 1960년의 **미스**, 몬드리안의 영향을 부인하며

> 건축은 칵테일이 아닙니다.
> **미스**

IIT에서 미스는 자신의 아이디어를 학생 작업을 통해 테스트했다. 그는 바우하우스에서도 이런 식으로 가르쳤지만, IIT에서는 실제 캠퍼스 건물로 실현되었기에 과정이 훨씬 심화되었다. 이 방법은 보자르 방식과는 전혀 달랐지만 공통의 목표를 향해 함께 작업했던 미스가 좋아하던 중세 시대의 마스터와 견습생의 관계를 기반으로 했기 때문에 다른 의미로 전통적인 방식이었다.

1942년 학생인 파울 캄파냐Paul Campagna가 가져온 디트로이트의 알버트 칸 어쏘시에이츠Albert Kahn Associates에서 설계한 볼티모어 근처 군수물자 생산 공장 내부의 사진이 미스의 관심을 끌었다. 칸 사무소는 평범한 공장설계를 주로 했고, 엄청난 철제 트러스로 된 기둥 없는 공간을 만들었다. 미스는 사진을 바탕으로 프로젝트 디자인을 시작했다. 그는 거대한 공장 내부에 있는 콘서트 홀을 상상했다(사진 8.1).

콜라주-몽타주 기법으로 그는 거대한 건물 내에서 뮤지컬 공연을 위한 공간을 만들기 위해 벽과 천장, 수평 및 수직, 평면 및 곡선, 서 있는 벽과 걸려있는 벽 등 다양한 판들의 배치를 제안했다. 그는 음향 문제에 대해서는 관심이 없었다. 이것은 일종의 제안이었고 실현 불가능했지만 내부 공간의 의미는 풍부했다. 콘서트 홀은 독일시기와 미국시기의 작품경향을 둘 다 동시에 보여준다. 공간을 다양하게 점유하는 판들은 1920년대의 공간적 역동성의 흔적이었고, 큰 공장 내부는 대규모 구조를 대표하는 공간으로 그의 후기 작업의 초점이 된다.

1943년 아키텍쳐 포럼은 전후 건축에 관한 특별호를 준비하면서 유명 건축가들에게 미래의 건축에 관한 디자인을 의뢰했다.[1] 미스는 교회를 디자인하도록 요청받았지만 그

사진 8.1
콘서트홀 콜라쥬 (1942). 볼티모어에 있는 알버트 칸의 마틴 군수공장 내부에 대한 미스의 제안. 거대한 무주공간 트러스에 감명받아 미스는 거대한 내부공간을 한정하는 수직 수평의 판들을 제안했다. 이것은 그가 "일반적인 공간"을 생각하게된 초창기 사례이다. 사진제공: IIT 아카이브.

는 박물관을 디자인하겠다고 했다. 작은 도시를 위한 박물관으로 알려진 그 프로젝트의 소갯글에는 "대도시의 박물관을 모방해서는 안 됩니다. 박물관의 가치는 예술작품과 그 작품이 전시되는 방식에 달려있습니다."라고 쓰여 있었다.

첫째는 박물관을 예술을 억압하지 않는 즐거움의 중심으로 설정하는 것입니다. 이 프로젝트에서 예술작품과 주변 공동체가 조각을 전시하기 위한 정원으로 하나가 됩니다. 오픈플랜으로 계획된 내부 공간에 자유롭게 배치된 조각은 주변 언덕을 배경으로 감상할 수 있습니다. 이렇게 만들어진 건축 공간은 공간을 제한하지 않고 공간의 특성을 규정합니다. 피카소 게르니카Picasso's Guernica와 같은 작품은 일반적인 박물관 갤러리에 전시하기에는 적합하지 않습니다. 이 공간에서 변화하는 배경을 바탕으로 공간의 한 요소로서 가장 잘 보여 질 수 있습니다.[2]

미스는 커다란 공간에 대한 찬양과 형태의 단순성을 강조했다. "이 건물은 하나의 넓은 영역으로서 모든 융통성을 허용합니다. 이를 위한 구조는 철골 프레임입니다. 이는 바닥, 기둥 및 지붕의 세 가지 기본 요소만 갖춘 건물의 건설을 허용합니다."[3]

조지 댄포스가 작업했던 이 유명한 콜라주는 벽처럼 서 있는 게르니카의 앞쪽에 아리스티드 마욜의 밤Aristide Maillol's Night이 서 있는 오픈 플랜을 보여준다. 왼쪽에 마욜의 기대고 있는 젊은 소녀Young Girl Reclining상이 유리벽 앞에 서 있고 그 뒤쪽으로 나무가 우거진 영역과 풀이 있다. 평면은 미스의 독일 작업을 연상케 하는 자유로운 갤러리

CHAPTER EIGHT

벽 배치와 IIT 디자인의 표준이 된 실내 중정을 포함했다. 그는 또한 메자닌층, 선큰좌석 및 오디토리움을 포함시켰다. 기둥이 없는 공간을 만들기 위해 미스는 지붕의 일부가 매달려 있는 한 쌍의 트러스를 제안하며 장차 그가 집중할 클리어-스팬 구조로 향한 발걸음을 내디뎠다.

...

1941년 미스의 캠퍼스 계획에 따라 건물이 올라가기 시작했다. 어떤 사람들에겐 이 작품들이 단순한 공장처럼 보였지만 다른 사람들은 정교한 디테일에 감탄했다. 미스의 작업은 1920년대 후반과 1930년대 초반의 독일 공장들의 뛰어난 퀄리티를 다시금 환기시켰다. 예를 들어, 보훔(Bochum, 1930)의 테오도르 메릴의 코닉스그루베Theodor Merrill's Konigsgrube는 존슨과 히치콕의 인터내셔널 스타일 전시에 출품됐었다. 또한 1933년에 출판된 프리츠 슈프Fritz Schupp가 디자인한 에센 근처의 졸베린 석탄공장Zollverein Colliery(1932)과 1927년 에리히 멘델존이 모슬러 출판사Mosler Publishing Company를 위해 설계한 보일러 공장이 있었다.

이 세 작품은 지역색을 바탕으로 하는 반-목조 주택 스타일의 독일 산업화라는 특징을 잘 보여줬다. 1933년 2월, 아키텍쳐 포럼은 거대한 졸버린 탄광에 대해 다음과 같이 썼다.

"거대한 시설의 모든 구조물은 철골 구조로 되어 있으며 클링커라 불리는 벽돌로 덮여 있다… [이 시스템]은 전체 단지 안에서 형태와 크기 및 용도가 다른 건물들의 인상을 일관되게 만든다…"[4]

미스는 산업을 함축적으로 표현하는 경제적인 건축이 다양한 산업의 실용적이고 상징적인 요구 사항을 모두 만족시킬 수 있다고 믿었다.

미스의 IIT 마스터 플랜은 구조 표현에 있어서 어느 정도의 가능성만 보여준다. 건물의 평면은 의심할 여지없이 현대적이었지만 구조를 적극 표현하지는 않았다. 그럼에도 불구하고, 주목할 만한 아름다운 철골 디테일을 볼 수 있다. 이는 앞서 언급한 소규모 도시 박물관에서 제안되었으며, 1944년 디자인된 도서관 및 행정동의 커다란 스케일의 철골 구조와 철골과 벽돌이 만나는 디테일로 완성되었다. 이 두 개의 지어지지 않은 프로젝트들에서 연구된 트러스와 장스팬 보는 훗날 미스의 작업에서 기둥 없는 실내 공간을 가능하게 했다.

우리는 미스의 IIT 캠퍼스 계획이 먼 훗날 완성될 학교의 모습을 상상하고 만들어졌다

사진 8.2
미네랄과 금속 연구동, IIT, 시카고(1942). 남서측 뷰. 오른쪽에 악명높은 "몬드리안 벽"이 보인다. 비평가들은 이 벽이 데스틸 구성에 기반한다고 주장했지만 미스는 이러한 이론을 적극 반박했다. 북측벽은 나중에 미스가 디자인한 건물 증축분에 가려졌다.
사진: 조셉 J. 루카스.

는 것을 잊기 쉽다. 1940년 이후 상당 기간 동안 캠퍼스에는 낡은 건물들이 각양각색으로 흩어져 있을 것이었다. 미스는 모형과 조감도에서 그것들을 생략했다. 새로운 건물이 지어지는 순서와 위치는 자금 조달, 관료주의, 세계대전, 그리고 전쟁이 끝나자 급성장했던 대학이라는 복잡한 역학의 함수에 따라 결정됐다.

IIT를 위해 미스가 디자인한 첫 번째 건물은 실용적인 3층짜리 건물이었다. - 사무실과 실험실 및 5톤의 이동식 크레인을 갖춘 파운드리 홀이었다. 그것은 캠퍼스의 서쪽 가장자리에 있으며, 록 아일랜드 레일로드Rock Island Railroad 트랙 가까운 좁은 지역에 있었다. 미네랄 및 메탈 연구소Minerals and Metals Research Building라고 불리는 이 건물은 1941년 3월에 디자인을 시작해서 그해 11월에서 1943년 2월까지 건설되었다(사진 8.2).

미스가 구조용 철골을 사용하기로 한 이유와 방법에 대해 다양한 추측이 있지만 왜 그가 미네랄 및 메탈 연구소를 철골로 디자인했는지는 쉽게 알 수 있다. 미스는 1950년대 초반 모든 캠퍼스 건물의 시공도면을 시카고의 홀라버드 & 루트와 함께 준비했다. 미네랄 및 메탈 연구소의 경우, 구조용 철골 프레임은 기능, 비용 및 시공성(특히 크레인을 수용하기 위한)을 위한 해결책이었으며 홀라버드는 미스에게 여러 기술적 조언을 했다. 구조 시스템이 정해지자, 미스는 프로그램을 정리하고, 그에 맞춰 평면을 짜고, 건물의 디테일을 고민했다. 시카고의 건축법은 주물공장 등을 위해 비내화 구조 철골의 사용을 허용했는데, 미스는 건축의 단순함과 명확한 구조 표현을 위해 이를 적극 활용했다. 명확하고 합리적인 건축이 IIT의 빠듯한 예산과도 맞아 떨어졌다.

미네랄 및 메탈 연구소 평면은 새로운 캠퍼스에 적용된 24피트 모듈에서 출발한다는 점을 제외하고는 특별한 것이 없었다. 좁은 대지 때문에 미스는 북쪽에서 남쪽으로 24피트 베이로 3층 건물을 배치했지만, 모듈을 따르지 않는 베이는 동서로 약 22~42피트 너비였다. 연구실과 사무실은 동쪽을 향하고 있으며, 파운드리 홀은 서쪽의 남북 방향 전체를 차지하여 시끄러운 기차길로부터 사무실을 차폐한다. 미스는 벽돌과 유리로 된 동쪽과 서쪽 벽을 구조용 철골 프레임 바깥에 설치하기로 했으나, 북쪽과 남쪽에는 구조용 철골로 된 넓은 기둥과 보 사이를 벽돌 2개 두께의 벽으로 채웠다. 북쪽과 남쪽의 입면에서, 모듈을 벗어난 평면은 비대칭적인 철골과 벽돌의 구성을 만들어서 벽돌을 지지하는 데 필요한 두 개의 추가 철골 구조가 필요했다. 어떤 사람들한텐 이러한 입면은 몬드리안의 그림을 떠올리게 했다. 미스는 그러한 주장에 짜증이 났다. 그는 자신의 아이디어를 "예술가"에 의존하지 않았다고 주장했다.

사람들은 IIT 캠퍼스의 첫 번째 건물인 미네랄 및 메탈 연구소가 몬드리안의 영향을 받았다고 이야기합니다. 그러나 나는 그것이 왜 그렇게 됐는지 아주 잘 기억합니다. 이 건물의 모든 부분이 필요에 의해서 만들어진 것입니다. 대지 - 우리는 보도에서 철도까지 64피트가 있었습니다. 기중기의 폭이 40피트였기 때문에 우리는 기둥 중심에서 기둥 중심까지 42피트가 필요했습니다. 나머지는 실험실이었습니다. 우리는 철골 보강과 벽돌로 된 벽이 필요했습니다. 그것은 건축법의 문제였습니다. 오직 8인치 두께의 벽만이 그렇게 크게 만들 수 있습니다. 그렇지 않으면 보강을 해야 했습니다. 그래서 우리는 그렇게 했습니다. 그리고 모든 것이 끝났을 때, 사람들이 와서는 "우리는 여기에 문이 필요합니다!"라고 말하기에 나는 문을 만들었습니다. 그리고 결과는 몬드리안이었습니다![5]

건물의 구조와 그를 감싸는 벽을 위치시키는 "문제" - 때로는 미스의 유럽시절 작업은 이 둘을 분리하여 해결하였다 -는 미국에서 미스에겐 영감의 원천이자 진지한 연구주제였다. 미네랄 및 메탈 연구소의 길다란 입면의 경우, 미스는 7피트 높이의 2중으로 된 벽돌벽을 사용했다. 위의 반투명 띠창은 한 베이당 5개씩 있었다. 계단 출구와 중앙에 한 층 높이의 한 쌍의 문이 동쪽 입면 끝에 위치했다. 띠창은 첫 번째와 마지막 캠퍼스 계획안의 건물들과 유사했지만, 미스는 다시 사용하지 않았다. 미네랄 및 메탈 연구소의 긴 벽돌벽은 뒤에 있는 철골과 고정된 벽돌의 서로 다른 움직임으로 인해 기둥 라인에서 금이 생겼다. 캠퍼스 계획의 다른 핵심 아이디어들은 미네랄 및 메탈 연구소에 채택되지 않았고 나중에도 적용되지 않았는데, 필로티 구조와 커튼월로 된 건물의 길고 좁은 끝을 감싸는 특수한 유리띠 및 독특한 벽돌마감이 그것들이었다.

미네랄 및 메탈 연구소의 입면은 평면이 그대로 표현된 것이었다. 가장 일반적인 플레미쉬 본드 패턴이 모든 벽돌벽에 사용되었는데, 미스의 생각에도 이것은 너무나 "객관적"이었다. (나중에 캠퍼스 건물은 동일한 객관적인 이유이지만, 시각적으로 풍부하고 약간 더 비싼 영국식 본드를 사용했다.) 그리고 미스는 모든 IIT의 철골에 디트로이트 흑연 회사가 19세기 후반 교량, 선박, 철도 차량을 칠하기 위해 개발한 "디트로이트 흑연 검정색"을 칠하기로 결정했다. 주요 안료는 순수한 흑연이었고, 도포 직후 페인트는 살짝 백탁되면서 무광 표면이 되었다. 미스는 캠퍼스 건물과 그 이후의 상업용 건물에 검정색 이외의 색상을 고려했으나 검정색이 강철을 대표하는 것 외에도 1940년대 시카고 중심부의 거의 모든 건물이 이미 오염된 공기에 의해 검게 얼룩져 있었기 때문에 검정색을 선호했다.[7]

미네랄 및 메탈 연구소는 태생적으로 미국 현대건축의 선구자였다. 제2차 세계대전으로 건설이 사실상 중단됨으로 인해 경쟁이 거의 없었을지 모르지만, 미스에게는 미국에서의 탁월한 데뷔였고 적어도 그의 건축의 성장을 보여줬다.

• • •

미스는 1942년 초반에 금속공학동Metallurgy Building이라고 불리는 교실건물을 디자인하기 시작했다. 이것은 철골과 콘크리트 둘 다 고려되었지만 1942년 중반에 설계가 중단된 상태로 남겨졌다.

1943년에 그는 1944년 말에 완성된 2층으로된 콘크리트 구조의 최종 3개 유닛 중 2개 유닛을 설계했다. 이 건물은 전시 상황에서 일반적이지 않게 금속처럼 보이는 목재 디테일로 마감한 창문이 주목할만하다. 1944년 초에 학교는 미스에게 도서관 및 행정업무를 수용하는 - 캠퍼스 계획의 핵심 요소 - 다목적 건물에 대한 설계를 의뢰했다. 그것은 도서관 및 행정동Library and Administration Building이라고 불리게 되었다. 동시에, IIT는 금속공학동에 대한 미스의 작업을 다시금 승인하며 프로그램에 강의실과 실험실을 추가했다. 그것은 금속공학 및 화학공학 건물Metallurgy and Chemical Engineering Building로 이름이 바뀌었으나 나중에는 펄스타인 홀Perlstein Hall이라 불리었다.

도서관 및 행정동과 펄스타인은 철골구조로 설계되었고, 필리스 램버트가 이야기한 것처럼[8] 두 설계는 "서로 영향을 주고받으며" 발전되었다. 도서관 및 행정동은 지어지지 않았지만, 펄스타인은 미군을 위해 "패스트 트랙"으로 설계되고 1946년 5월 완성된 해군 건물Navy Building(아래 참조)이 지어진지 18개월 후에 완성되었다. 거의 모든 세부사항

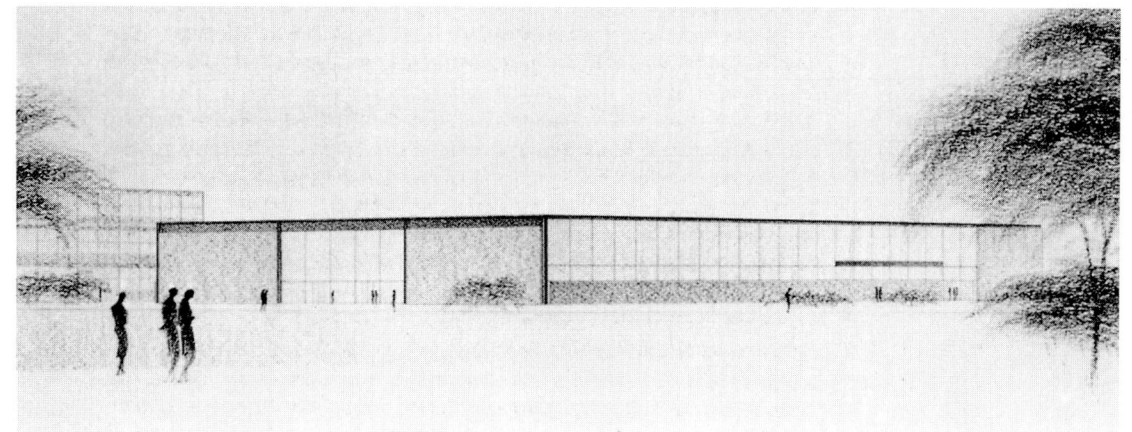

사진 8.3
도서관 및 행정동 프로젝트, IIT, 시카고 (1944). 이 디자인은 미스의 미국시절 건축언어 발전을 가장 잘 보여준다. 이 디자인이 실현되지 않았다는 점이 20세기 중반 미국건축의 가장 큰 손실중 하나이다. 멀리 떨어져서 보이는 얇은 부재들을 통해 건물의 거대한 스케일을 알 수 있다. 오른쪽에 보이는 "떠있는" 스펜드럴은 내부의 메자닌 위치에 있다.

에서 펄스타인은 "초기" 해군 건물의 모델이었다.

도서관 및 행정동은 거의 디자인이 완성됐었다[9](사진 8.3). 노동자 같은 느낌의 미네랄 및 메탈 연구소와는 달리, 도서관과 행정동은 미스에 따르면 높은 수준의 "문화적 건축"이 되어야 했다. 건축가인 에드워드 올랭키Edward Olencki와 몇 명의 학생들의 도움으로 미스는 초기 1년 동안 많은 시간을 투자했다.[10] 그는 실제 크기의 모델이나 풀 스케일 도면을 통해 철골 연결부분을 연구했으며 수많은 스케치와 프레젠테이션 도면(주로 학생들이 준비했다)을 통해 외장과 내부를 연구했다. 미네랄 및 금속 건물의 경험과 철골로 건축예술을 만들 수 있다는 그의 "발견"을 통해 미스는 이 어휘를 테스트하고 확장했으며, 거대하고 균일한 공간의 상징적이고 실험적인 힘을 표현하기 위해, 그가 생각하기에 문화적인 도전을 대표하기에 알맞은 공간을 위해 처음으로 사용했다.[11]

이 건물은 명목상 하나의 층이었고 천장고가 24피트였다. 넓게 개방된 메자닌은 교직원이 사용했다. 따라서 건물은 법적으로 단층이고 내화건축을 할 필요가 없었기에 철골구조가 내부 및 외부에 노출될 수 있었다. 건물은 길이는 312피트, 너비는 192피트의 하나의 "방"으로, 북쪽에서 남쪽으로 13개의 24피트 베이와 동서로 3개의 64피트 베이로 이루어져 있다. 메자닌을 포함하면 바닥면적은 7만 3천 평방피트로, 거대한 단일 공간이었다. 미스는 이미 미네랄 및 메탈 연구소에서 42피트 스팬을 디자인했었다. 그러나 도서관 및 행정동에서 그는 더 길고 가벼우면서도 더 깊은 스틸 단면, 최대 36인치 깊이의 표준 와이드 플렌지(종종 I-빔이라고 잘못 불림)를 제안했다. 이런 크기의 단면은 일반적으로 다리 또는 공장 건물의 특수한 경우에만 사용되었지만, 여기서 처음으로 건축에 사용되었다. 외관은 유리가 50% 이상이었으며, 그 시대에 가장 큰 판유리인 12피트x14피

사진 8.4
도서관 및 행정동 프로젝트, IIT, 시카고 (1944). 코너 디테일, 평면. 복잡하고 밀집된 스틸 단면.

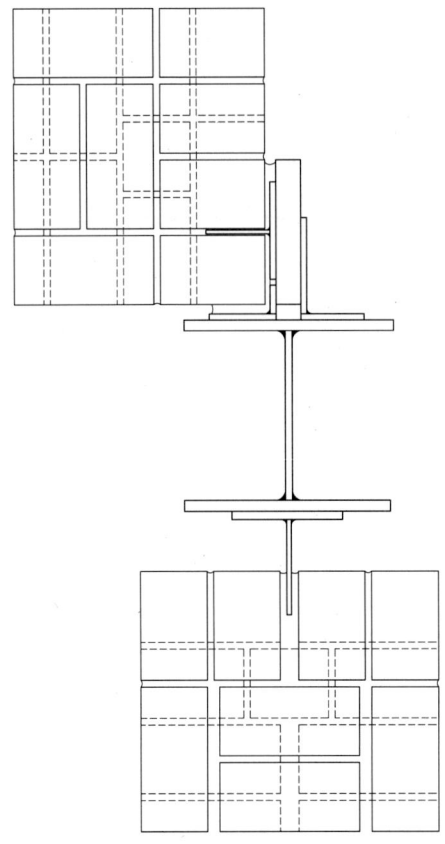

트 크기의 유리를 사용했다. 건물 모서리, 기둥과 보, 앵글 및 판은 서로 용접되어 부드럽게 연결되며 아름다운 외관을 만들어 냈다(사진 8.4).

도서관 및 행정동은 복잡한 프로그램의 깔끔한 해결로도 뛰어나다. 열람실과 여러 개의 서가로 이루어진 도서관 책장은 건물의 북쪽 절반을 차지했다. 중심 근처에는 3면이 유리로 된 하늘로 열린 커다란 중정이 있다. (펄스타인은 비슷한 더 작은 중정이 있다.) 대학의 행정기능은 남쪽, 동쪽 및 서쪽으로 안뜰을 감싸며 메인층의 남쪽 반을 차지했다. 현대적인 사무 공간은 독립적이고 8피트 높이의 파티션 벽으로 나누어져 있다. 이 사무 공간 가운데는 학장과 부학장 사무실, 컨퍼런스 룸, 행정스탭들을 위한 메자닌층이 있다.

메자닌 사무실에서는 내부 중정과 도서관, 서가를 내려다볼 수 있다. 주출입구에서, 미스는 6천 평방피트가 넘는 "대기 공간"을 제공했다. 행정적 권위의 상징으로 의도된 메자닌층은 우아하게 놓여진 계단으로만 접근해야 했다.

미스는 내부를 상당한 디테일까지 연구했다. 그는 거대한 다목적 공간의 음향문제를 이해했고 철골 상부구조의 많은 부분을 가리는데도 불구하고 비싼 음향용 천장을 제안했다. 메자닌 사무실엔 높은 퀄리티의 목공작업을 필요로 했다. 화장실을 비롯한 여러 서비스 공간들은 서고를 가로질러 눈에 띄지 않는 중간층 아래에 깔끔하게 숨겨져 있다. 이 중간층 아래에는 희귀본 보관소와 스터디룸 및 도서관 사무실이 있었다. (이 바닥들은 외부에서 스펜드럴로 "표현"된다.) 열람실은 9,000평방피트가 넘는 건물의 가장 북쪽에 단지 2개의 베이만을 차지하게 되었다. 미스는 도서관 열람실에 집중하는 전통적인 스타일을 피했다; 열람실뿐만 아니라 전체 프로그램들은 거대한 단일 공간에 함께 있었다.

기술적인 측면에서 보면 도서관 및 행정동은 그다지 성공적이지 못했을 것이다. 에어컨은 그후 10년 후에도 사용할 수 없었고(IIT는 1960년대까지 설치하지 않았다.) 엄청난 양의 유리로 인한 내부의 온도상승은 통제할 수 없었을 것이다. 이 건물은 단열이 되지 않았다. 그러나 이것이 그 시대의 표준이었다. 너무 높은 천장에 달린 조명은 분명히 부적절했을 것이다. 이러한 목록은 계속될 수 있다. 어쨌든 1944년 후반 발표된 이 계획안은 도서관 사서와 음향 및 기계 전문가들에 의해 비판을 받았다. 미스는 기능적으로나 기술적으로 꾸준히 자신의 계획을 옹호했지만, 1945년 중반 결국 "연기되었다"[12]. 다음 20년 동안, 그 프로젝트는 천천히 사라져 갔다.

. . .

전쟁이 계속되는 가운데 IIT는 1945년 초 해군 과학동(나중에 동창 기념관Alumnai Memorial Hall로 개명되었다.) 디자인을 의뢰받았다. 미스는 상세한 프로그램을 가지고 초여름까지 도면을 작성했다. 이 디자인은 펄스타인 홀의 계획과 디테일을 그대로 참고하여 진행되었고, 새로운 건물은 1946년 5월에 빠르게 완공되었다.

전시 통제 하에, 그것은 미국 해군이 필요로 하는 장비를 위한 공간을 위해 철골로 건설되도록 허용되었다. 미스는 다시 2개 층을 위해 동일한 맞춤형 강철 샷시 아래로 벽돌벽을 이번에는 12피트 간격으로 사용했다[13]. 2층짜리 교실은 방화를 필요로 했기에, 미스는 외벽 안쪽에 강철 와이드 앵글 기둥을 배치하고 이 "실제 구조"를 콘크리트로 감쌌다. 그런 다음 더 작은 와이드 플렌지와 강판 및 앵글의 조합으로 만들어진 멀리온이 외부에 "표현"되었다. 벽돌은 영국식 본드 패턴으로 채워졌으며, 벽돌이 강철과 만나는 곳은 얕고 반쯤 벽돌로 드러났다. 유명한 이 모서리 마감은 기둥 중심선에서 용접된 두 개의 와이드 플렌지와 8인치 앵글로 "마무리" 된다(사진 8.5와 8.6). 모서리에 노출된 철골은 지면에서 멈추고 벽돌이 그 아래 바닥으로 이어진다. 외부 철골을 지면 위에서 멈춘 것은 비구조적 특성을 "보여주는" 방법이었지만, 또한 강철을 지면에서 분리하여 녹슬지 않도록 하는 실용적인 이유도 있다.

사진 8.5
해군빌딩의 유명한 코너부분. IIT, 시카고(1946). 사진 제공: 헤드리치-블레싱

완성 직후 찍은 사진 속의 해군 과학동은 깔끔하고 상당히 아름다웠다. 입면은 모듈에 의해 정렬되었으며, 우아한 비례로 되어있다. 담황색 벽돌과 검은색 철골은 나중에는 표준이 되었지만 당시에는 참신했다. 스틸 프레임 창은 파사드와 원만하게 통합되었다.

나중에 지어진 펄스타인 홀은 캠퍼스에서 처음으로 스틸이 아닌 알루미늄으로 된 창을 사용하였다. 해군 건물보다 프로그램적으로 복잡하며, 한쪽 끝에는 커다란 공간의 연구실이 있고 다른 한쪽에는 사무실, 교실, 강당이 있다. 펄스타인이 완성됨에 따라 미스 캠퍼스를 위한 건축언어가 완성되었다(사진 8.7). 나중에 교실 건물은 한 층을 추가하고 예배당, 커먼즈, 크라운 홀과 같은 몇 가지 특별한 유형은 표준과는 달랐지만 문제는 "해결되었고" 반복적으로 사용하기에 적합한 솔루션이 되었으며, 이 세 개의 초기 캠퍼스 건물과 함께 미스와 IIT는 "새로운 시대에 적합한" 새로운 텍토닉 어휘와 상징적인 건축을 완성했다.

• • •

개인 클라이언트를 위한 초기 프로젝트에도 미스가 IIT 캠퍼스를 넘어서 처음으로 클리어-스팬 솔루션이 적용되었다. 1945년에 그는 부동산 개발업자이자 인디애나 폴리스에 있는 영화사를 소유하고 있었던 조셉 캔터Joseph Cantor로부터 "오픈 플랜"의 위락

사진 8.6
해군빌딩의 코너부분 상세, IIT, 시카고(1946). 왼쪽은 용접으로 조립된 압연강판 부재들이 펼쳐진 모습. 오른쪽은 코너 "안쪽"에 콘크리트로 둘러싸인 와이드 플랜지 단면(오른쪽)이 건물의 "실제" 기둥이다.

시설 디자인을 요청받았다.[14]

1946년 초 이 프로젝트는 "드라이브 인" 레스토랑이 되었다. 캔터의 요청에 따라 미스는 거리를 향해 "눈에 띄는", 클리어-스팬 캔틸레버 지붕이 있는 유리로 된 사각형 박스를 제안했다. 지붕은 48피트 간격의 두 개의 거대한 트러스에 매달려 있었고 길이가 120피트에 이르렀다(사진 8.8).

이 프로젝트는 1950년 후반에 취소되었으며, 1947년 MoMA 전시에서 보여진 모형사진으로 주로 알려져 있다. 약 200개의 도면과 스케치도 남아 있다. 모든 도면은 프로젝트 설계자이자 구조 엔지니어인 마이론 골드스미스가 그렸다. 몇 가지 평면의 변형이 존재하지만 "최종" 평면은 12x8피트 구조 격자로 구성된다.

내부 공간은 식당 좌석에 약 2/3, 주방 및 서비스에 1/3 정도 할당되었다. 두 개의 프랫 트러스Pratt truss는 10개의 12피트 모듈을 가로지르고, 트러스 패널 한 개는 고속도로를 마주보는 부엌 끝 부분의 12피트 외부를 완전히 감싼다. 식당은 놀라울 정도로 큰 규모인 300석이었다. 캔터 또는 미스가 진정한 드라이브-인 서비스를 고려했는지는 확실하지 않지만, 식당의 넓은 좌석 공간을 보면 전통적인 레스토랑이 아닌가 생각된다(사진 8.9). 다양한 좌석 레이아웃은 장축을 중심으로 대칭인 배열을 보여주지만 자유롭게 배치되고 몇몇 계획과 함께 향후 10년 뒤에 나타날 크라운 홀 내부의 레이아웃을 미리 엿볼 수 있다.

사진 8.7
위스닉 홀(1946) 원래는 화학동, IIT, 시카고 (1946). 북동쪽 뷰, 미스의 캠퍼스 디자인에서 전형적인 외관처리를 보여준다. 12피트와 24피트의 모듈은 쉽게 구분 가능하다. 위스닉은 2010년에 전면적인 개보수를 마쳤다. 2011년에 사진촬영.

골드스미스는 열심히 연구하여 10피트 사이즈의 트러스를 고안했고, 스틸로된 기둥과 지붕은 마치 금방 지어질 것처럼 보였다. 창문을 위한 디자인은 진행 중이었고 에어컨이 평면에 표시되긴 했지만 기계 시스템과 디테일들은 거의 고려되지 않았다. 골드스미스에 따르면 미스는 트러스로 "거대한 선언문"을 원했었다고 했지만 마치 왜 레스토랑에 기둥이 없어야 했는지는 불분명하고(반대로 예를 들자면 넓게 퍼진 기둥들이 있는 오픈 플랜 대신에), "잘못된" 방향인 건물의 긴 방향으로 스팬을 사용했는지도 궁금하다.[15]

• • •

1940년대 중반부터 후반까지 국제적으로 서구 예술의 변화, 즉 모더니즘의 활성화가 다시금 나타났다. 10년이 넘게 가려져 있던 모더니즘은 대공황과 전체주의가 극복된 상황에서 다시 빛을 발했다. 모더니즘 사고에 근본적인 두 가지 관점이 되살아났다. 추상화가 지배적인 표현언어가 되었고, 1930년대와 1940년대의 민족주의는 국제주의로 대체

사진 8.8
캔터 드라이브-인 레스토랑 프로젝트 (1946). 모형, 밤 시간. HIWAY란 단어(왼쪽, 차량 두 대 위)는 건축주의 서명을 나타낸다. 모형은 에드워드 더켓이 1947년 MoMA 회고전을 위해 만들었다. 사진제공: 헤드리치-블레싱; 시카고 역사박물관 HB-10215-A. 시카고 역사박물관의 허락으로 사용됨.

되었다.

그 전과는 확실한 차이가 있었다. 새로운 모더니즘은 유토피아적인 예술과 정치의 결합을 찾거나 선전하지 않았다. 세기의 경제 및 정치적 대격변은 현대 세계에서 유토피아가 가능하지 않다는 사실을 확인시켰다. 모더니즘의 부활이 가장 뚜렷했던 미국에선 정치 이데올로기에 대부분 무관심했다.

지배적인 위치에 있는 미국인들은 유럽인들의 정치적 교훈에는 관심이 없었지만 전쟁을 피해 미국으로 건너간 많은 유럽의 모더니스트들로부터 예술에 대해 배우기를 열망했다. 미스와 그로피우스, 피에트로 몬드리안, 토마스 만, 아놀드 쇤베르그Arnold Schönberg 등의 예술가들이 미국인들로부터 환대받았다.

이러한 상황은 미스에게 이상적이었다. 그는 국가와 정치 이데올로기가 없는 추상주의자였으며, 새로운 모더니즘의 완벽한 프로메테우스였다. 그림에서 자연주의가 예술의 몸과 뼈를 가리는 역사의 남겨진 화장처럼 피상적인 것으로 인식되었듯이, 건축장식이나 역사적인 시대와 동일시된 구성은 위장으로 간주되었다. 미스는 이제 자신의 믿음을 실현할 수 있는 위치에 있었다. 시대정신Zeitgeist이 기술이었다면 철골 및 유리건축은

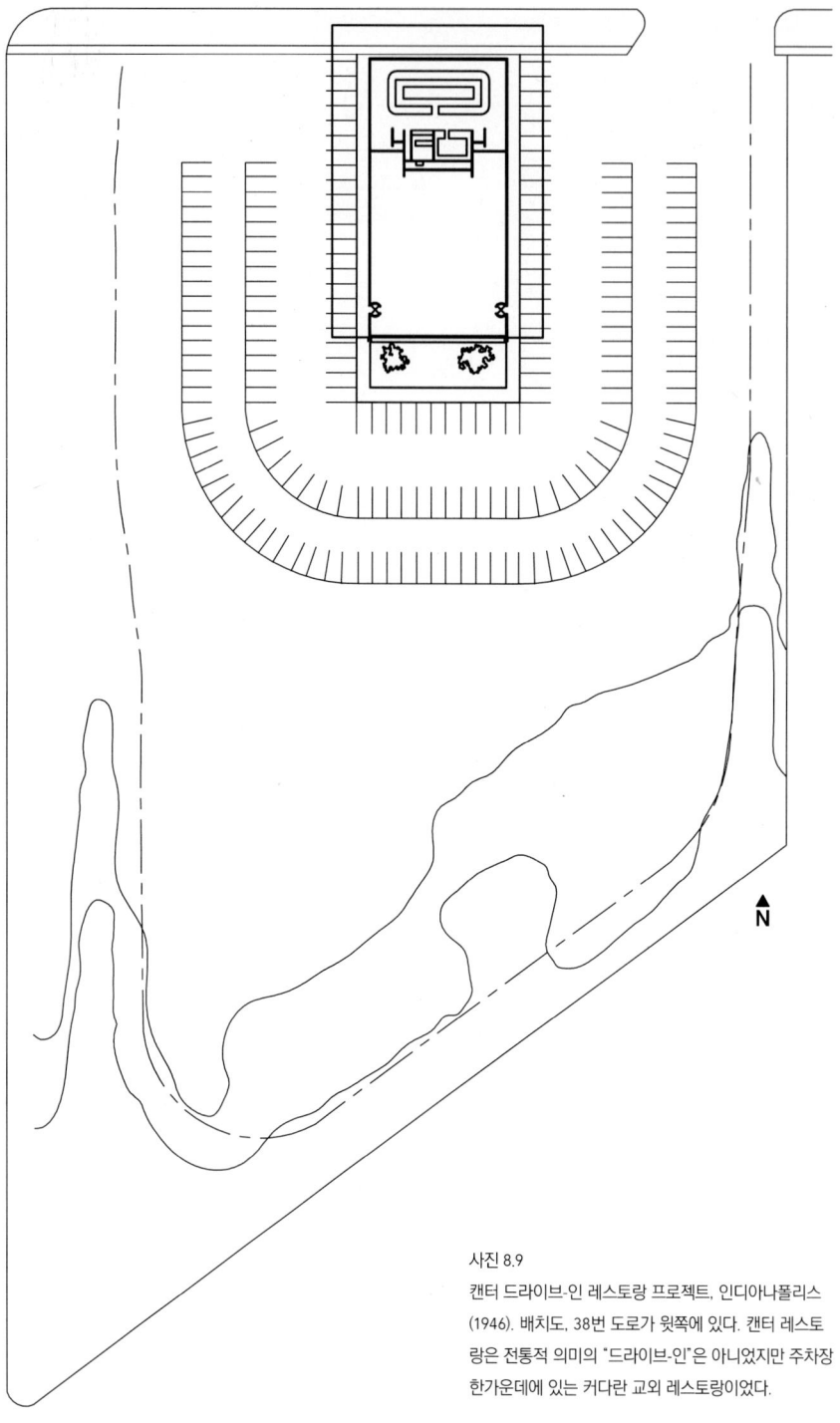

사진 8.9
캔터 드라이브-인 레스토랑 프로젝트, 인디애나폴리스 (1946). 배치도, 38번 도로가 윗쪽에 있다. 캔터 레스토랑은 전통적 의미의 "드라이브-인"은 아니었지만 주차장 한가운데에 있는 커다란 교외 레스토랑이었다.

현대 도시, 특히 현대 미국도시를 위한 건물에 적절한 형태였다. 이 결론에 "이성적으로" 도달했기 때문에, 적절하게 실행된 건축에서는 변덕이나 자기 표현의 여지는 없었다. "건축은," 미스는 끊임없이 반복해서 선언했다, "칵테일이 아니다." 그리고 "합리적인" 것에서 임의성을 감지했다 할지라도, IIT의 벽을 보고 나면 텍토닉의 논리에 논쟁의 여지가 없어 보였다. 역설적이게도 그것이 그렇게 보였던 이유는 명백한 예술적 감수성으로부터 형태를 부여받았기 때문이었다.

1940년대   9

그러나 정말로 이것이 사실일지라도 나는 당신의 감정을 상하게 하고 싶지 않았습니다. 당신은 예술적인 측면뿐만이 아니라 인간적인 면에서도 그들보다 훨씬 뛰어납니다.
프랭크 로이드 라이트, 1947년 미스에게 쓴 편지에서

그는 사람들에게 말수는 적었으나 예의 바르게 대했지만, 자신의 우선순위에 영향을 줄 수 있는 감정적인 또는 다른 방식의 침범에 대해서는 단호함을 보였습니다.
캐서린 쿠, 미스의 사람들을 대하는 태도에 대하여, 특히 여성들과의 관계에서

미스는 찰스와 마거릿 도른부시가 주최한 1940년 신년 전야파티에서 로라 막스를 만났다[1](사진 9.1). 시카고 건축가이자 미술품 수집가인 사무엘 막스와 최근에 이혼한 로라는 미스의 친구와 함께 파티에 왔다. 로라와 그녀의 친구(갤러리스트인 캐서린 쿠Katharine Kuh) 모두 로라와 미스가 만나자 마자 전기에 감전된 듯이 서로에게 끌렸다고 했다. "첫눈에 반하는 사랑," 쿠는 그날 저녁 둘을 "절대적으로 아름다운" 로라와 상당히 인상적인 미스로 기억했다.[2]

미스는 일주일 후에 로라에게 전화를 했고[3] 그 후 미스가 죽을 때까지 둘의 관계가 지속되었다. 로라는 릴리 라이히와 대조적으로 차분하고 고분고분했지만 라이히만큼 성공한 예술가는 아니었다. 미스보다 14년 어렸던 로라는 미스가 오랫동안 가까이하며 지낼 수 있는 여인이었다.[4] 라이히와 마찬가지로, 그녀는 그와 만나는 동안 따로 살았고 그녀는 그의 사소한 잘못들을 잘 참았다. 그녀는 그의 영감이나 자극제로서 건축에는 아무런 역할을 하지 못했지만 그가 말년에 건강이 안 좋아 졌을 때 그를 잘 보살폈다.

미스와 로라는 매일매일을 즐겼다. 당시는 가장 거친 시기였던 1940년대였고, 10년 동안 많은 술을 마셨다. 처음에는 전쟁때문에 나중에는 승리때문에 마셨다. 미스와 로라는 계속해서 마셨다; 그의 학생들도 마셨다; 건축가와 예술가, 미국인과 유럽인, 거주자와 방문객 및 친구들도 모두들 마셨다. 어느 날 건축가 알프레드 쇼Alfred Shaw와 그의 아내와 파티를 즐기던 미스와 로라는 여자들의 립스틱을 모아 블랙스톤 호텔의 로비에 있는 대리석 조각의 얼굴을 칠했다. 한스 리히터와 갤러리스트 커트 발렌틴Carlt Valentin은 어느 날 밤 로라의 집에 늦게까지 머무르며 파티를 즐기다 발렌틴이 계단에서 넘어

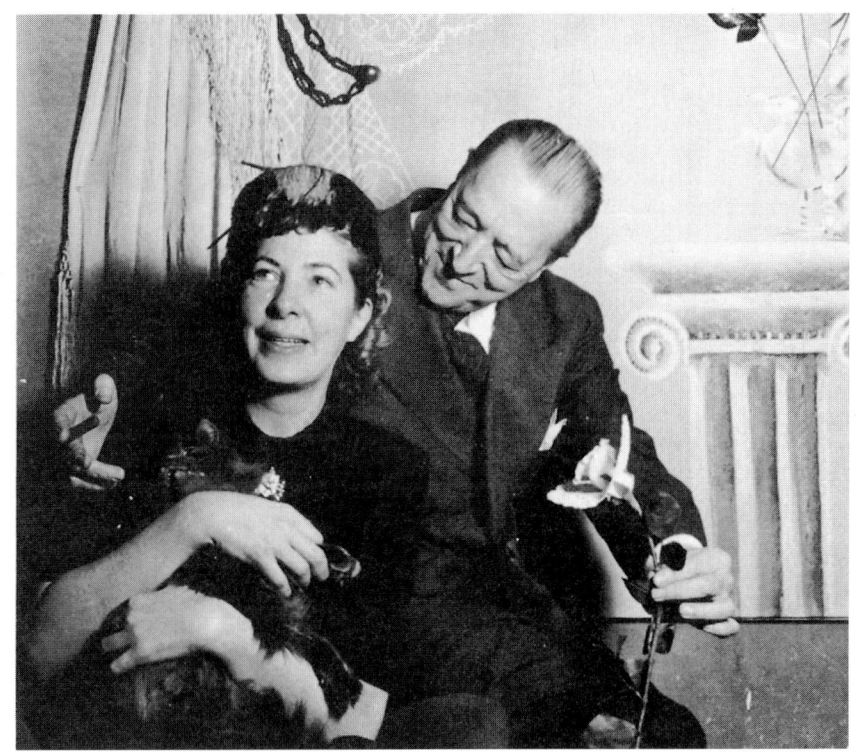

사진 9.1
활기넘치는 미스와 로라 막스, 시카고, 1941. 개인소장.

질 정도로 완전히 술에 취했다.[5] 교수들과 학생들도 종종 밤 늦게까지 파티를 함께했다. 그 중 가장 유명했던 파티는 50년대 중반에 있었는데, 미스가 학생들, 사무실 직원들과 함께 그의 스태프 중 한 명인 피터 로쉬Peter Roesch가 살고 있던 멋진 하이랜드 파크로 몰려가서 새벽까지 12시간 동안 벌였던 촛불파티였다.[6]

로라의 도움으로 발견한 200 이스트 피어슨 스트리트200 East Pearson Street에 있는 그의 아파트는(사진 9.2) 충분히 컸지만 1940년대 후반에 잠시 들렸던 그의 딸들을 제외하고는 미스는 대부분의 시간을 홀로 지냈다. 그는 거의 몇 마일 반경을 벗어나지 않았고 멀리 갈 때는 택시를 탔다. 나중에 그의 몸이 불편해졌을 때는 학생이나 그의 사무실의 누군가가 그를 모시고 다녔다. 그는 1950년대 말에 그의 첫 번째 자동차인 노란색 올즈모빌을 샀다. 로라가 그 차를 몰았다. 미스는 운전을 배우려는 시도조차 하지 않았다. 그는 모든 벽을 흰색으로 칠했지만 그의 아파트를 건축 쇼케이스로 만드는 데는 관심이 없었다(사진 9.3). 1941년 그는 거실과 침실을 나누는 벽의 양쪽에서 켄틸레버로 된 브래킷으로 지지되는 선반을 설치했다 그들은 길이 14피트, 깊이 19인치였고, 침실은 석회암으로 거실은 대리석으로 마감했다.[7] 그는 또한 맞춤형 테이블과 MR 의자를 가지고 있었지만 바르셀로나 의자처럼 화려하진 않았다.[8]

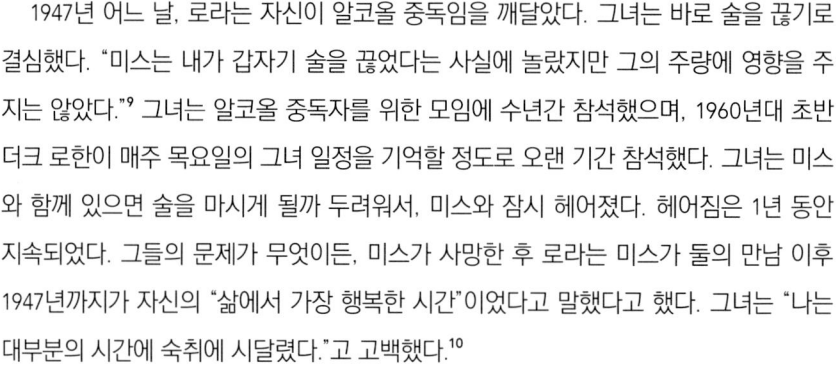

사진 9.2
시카고의 200 이스트 피어슨 가에 있는 미스 아파트 평면(빗금 친 부분). 10세대로 구성된 이 아파트는 1916-17년도에 로버트 S. 데 골리어가 디자인 했다.

1947년 어느 날, 로라는 자신이 알코올 중독임을 깨달았다. 그녀는 바로 술을 끊기로 결심했다. "미스는 내가 갑자기 술을 끊었다는 사실에 놀랐지만 그의 주량에 영향을 주지는 않았다."⁹ 그녀는 알코올 중독자를 위한 모임에 수년간 참석했으며, 1960년대 초반 더크 로한이 매주 목요일의 그녀 일정을 기억할 정도로 오랜 기간 참석했다. 그녀는 미스와 함께 있으면 술을 마시게 될까 두려워서, 미스와 잠시 헤어졌다. 헤어짐은 1년 동안 지속되었다. 그들의 문제가 무엇이든, 미스가 사망한 후 로라는 미스가 둘의 만남 이후 1947년까지가 자신의 "삶에서 가장 행복한 시간"이었다고 말했다고 했다. 그녀는 "나는 대부분의 시간에 숙취에 시달렸다."고 고백했다.¹⁰

알코올과 시가는 미스의 평생의 동반자였다.¹¹ 하지만 그가 알코올 중독이 아니었다는 증거는 대단히 많았다. IIT와 그의 사무실에서 많은 사람들이 쳐다봤지만 어떠한 장애가 있다는 이야기는 없었다. 그는 술 때문이라기보다는 습관 때문에 항상 늦게 일어났다. 로라는 "우리 둘 다 술에 취해 있었을 때를 제외하고는 미스와 나는 거의 다투지 않았다."고 말했다. 1953년에서 1963년까지 일을 하면서 종종 미스의 운전사로 일했던 도날드 시커Donald Sickler는 점심때 술을 마신 후에도 그가 취한 걸 본 적이 없었다.¹²

미스는 학생들과 사무실 직원들과 활발하게 교류했다. 대부분의 토론은 모든 것이 건축을 중심으로 - 그리고 약간의 예술이나 철학으로 - 돌아 갔지만, 미스는 친근했고, 사무실에서 점심식사나 무언가를 할 때 모두 함께 하도록 했다. 진 서머스는 마감 때문에 밤

늦게까지 일할 때 미스도 함께 남아있었던 것을 기억했다. 최소 한 번 이상은 새벽까지 머물렀다. 당연히 그는 젊은 직원들의 아버지 같은 존재가 되었다. 미스의 첫 번째 직원인 조지 댄포스는 미스가 "점심을 굶더라도 예술작품을 사야 한다."는 충고를 기억하고 그대로 따랐다.[13]

어떤 숭배의 분위기가 미스 주변에서 생겨났다. 학생들은 미스를 모방하여 부드러운 납으로 된 연필로 스케치했다.[14] 그들은 또한 그가 나타날 시간에 주의를 기울여 언제라도 이야기할 수 있도록 모든 것을 준비했다.[15] 그리고 시가와 마티니도 준비되었다. 학생들은 재킷과 넥타이를 착용하고 사무실 직원도 똑같이 했다.[16] 사람들은 모두 진지하게 미스를 따라했다.

· · ·

1947년, 시카고대학의 르네상스 소사이어티는 1920년대 미스의 동료였던 테오 반 도스부르그Theo van Doesburg의 회고전을 열었다. 현대 예술과의 사랑My Love Affair with Modern Art 이벤트[17]를 재해석한 캐터린 쿠는 미스의 디자인 방식과 여성에 대한 태도를 기억했다.

미스가 1947년 10월 오후 늦게 사우스 와바시 애비뉴South Wabash Avenue에 있는 자신의 사무실로 데리러 오라고 했습니다. 우리는 르네상스 소사이어티가 후원하는 저녁식사에서 테오 반 도스부르그 전시의 개막을 축하할 예정이었습니다. 이 전시를 위해 유럽에서 온 그의 미망인 닐리Nelli에 대한 호의로 미스가 전시 설치작업을 맡았고 그 계획은 "적은 것이 더 많은 것이다. Less is more."라는 신념을 바탕으로 했습니다. 그가 오직 공간의 조화로운 균형에 의지하여 반 도스부르그의 깔끔한 구성주의Constructivist 작품을 설치하기 위해 가장 많은 시간을 들였던 작업이 라벨의 위치를 조정하는 것이었다고 고백했습니다…
늦게까지 이어진 칵테일 타임을 마친 후 르네상스 소사이어티의 회장이 미스에게 넬리 반 도스부르그의 도착이 늦어지는 이유를 물었습니다. 그녀를 위한 저녁식사가 그녀 없이 시작될 수는 없었습니다. 미스는 깜짝 놀랐습니다. 오 신이여 "Mein Gott"라고 그는 말했습니다. "그녀를 깜빡했다!" 그녀는 그의 아파트에서 기다리고 있었고 나한테 그녀를 데려오라고 말하는 것을 깜빡했습니다. 그는 이 에피소드를 거의 가학적으로 즐거워했습니다. 넬리는 검은색 드레스를 입은 채 택시를 타고 마침내 도착했고, 헤드테이블의 미스 옆에 마련된 자리에 앉았습니다. 그녀는 그에게 아무 말도 하지 않았고 심지어 고개를 까딱이지도 않았습니다.

사진 9.3 (p.236-237) 1956년 시카고의 200 이스트 피어슨 가에 있는 미스 아파트의 하얀 벽에 기대선 미스. 파울 클리의 그림과 파블로 피카소의 조각상, 미스가 디자인한 캔틸레버된 선반이 보인다. 프랭크 쉬스첼 / 타임&라이프 픽쳐스 / 게티 이미지.

행사가 끝나고 미스의 아파트로 가는 도중에, 그녀가 침묵 속에 떨고 있음을 알 수 있었습니다. 그러한 상황에 관계없이 미스는 미안함을 느끼거나 걱정하지는 않는 것처럼 보였습니다. 결국 나는 택시 안에서 그들이 화해하고 넬리가 평정심을 회복하는데 도움을 주었습니다. 그는 항상 위스키를 마시며 분위기를 부드럽게 만들었고, 그녀는 재미있고 열정적인 사람이었지만 그녀는 그와는 맞지 않았습니다. 그는 사람들에게 말수는 적었으나 예의 바르게 대했지만, 자신의 우선순위에 영향을 줄 수 있는 감정적인 침입에 대해서는 단호함을 보였습니다.[18]

쿠의 기억은 미스의 호의, 특히 자신과 같은 유럽에서 온 이주민을 좋아했다는 것을 보여준다. 1948년 겨울 시카고 아트 인스티튜트에서 개최된 맥스 베크만Max Beckmann 전시에서 미스는 그를 위해 여러 문화계 인사들이 참석한 성대한 파티를 열었다. 다음날, 베크만은 미스, 발터 페테란스와 그 외 몇몇 다른 사람들과 피어슨 스트리트Pearson Street에서 저녁식사를 했고, 노스 클라크 스트리트North Clark Street의 스트립 바strip-tease bar에서 저녁 늦게까지 마셨다. 리처드 노이트라도 왔고, 나움 가보Naum Gabo 형제와 앙투안 페브스너Antoine Pevsner도 왔다. 그리고 항상 술을 마셨다.

그러나 미스는 같은 처지였음에도 라즐로 모호이너지László Moholy-Nagy만은 싫어했다. 그는 시카고로 이주하며 1937년 뉴 바우하우스New Bauhaus라는 학교를 열었다. 독일 바우하우스의 마지막 교장이었던 미스는 그 이름이 합법적으로 자신에게 속해 있다고 생각했으며, 모호이너지가 그 이름을 훔쳐갔다고 분개했다.

사실 미스는 그 이름이 없어도 상관없었다. 바우하우스는 미국에서도 그 둘 사이의 끝없는 불화로 인해 짧은 기간 동안조차 저주받은 것처럼 보였다. 휴고 웨버Hugo Weber, 디자이너 콘라드 와쉬맨Konrad Wachsmann, 사진작가 아론 시스킨드Aaron Siskind와 해리 칼라한Harry Callahan과의 교류 및 벅민스터 풀러Buckminster Fuller의 공개강좌에 참석했던 것을 제외하면 미스는 모호이와 그의 학교를 차갑게 대했다. 심지어 인스티튜트 오브 디자인Institute of Design(ID라고 함)으로 이름을 바꾸어도 마찬가지였다.

미스는 모호이의 죽음 이후 서지 체마예프Serge Chermayeff가 디렉터가 된 1946년에도 마음을 바꾸지 않았다. 조지 댄포스의 말: "체마예프는 새로운 건축학교를 만들려고 했습니다. 체마예프가 셸터 디자인 "shelter design"이란 타이틀로 건축 프로젝트를 진행하고 있다는 것을 알았을 때, 미스는 정말로 화를 냈습니다."[19] 1952년에 ID가 IIT에 공식적으로 통합되었지만 1950년대 중반 새로운 디렉터였던 제이 도블린Jay Doblin이 학교의 정책과 인력을 변경한 데 대해 공개적으로 반발한 ID 출신 교수진에겐 평화란 없었다. 1956년에 새로운 건축학교가 크라운 홀의 지하에 자리 잡게 되었다.

1947년 모마Museum of Modern Art는 미스의 회고전을 열면서 처음으로 그를 널리 일반 대중에게 알렸다.[20] 다시 그는 필립 존슨에게 감사를 표했다. 이 전시는 존슨의 아이디어였다. 제2차 세계대전에 참전한 후에, 존슨은 미술관으로 돌아왔다. 알프레드 바와 함께 야심 차게 미술관에 활력을 불어넣었다. 건축 부분에 있어 그의 의견에 반대할 사람은 없었다. 1946년 초 그는 미스의 전시를 열기로 결정했다. 그 결정은 대담한 것이었다. 미스는 미국에 온지 10년도 채 되지 않았고, 전쟁으로 인해 많은 자료들이 사라졌고 미국에선 건물 몇 개만이 완성되었다. 전시는 그의 전체 경력을 다루었으며 존슨은 전시와 함께 미스에 대한 첫 모노그래프를 썼다.[21] 미스가 쓴 글의 대부분이 여전히 독일에, 더 나쁘게는 소련에 있었기 때문에 연구가 어려웠다. 전쟁 중에 미스가 베를린에 남긴 도면과 기록은 릴리 라이히와 미스의 바우하우스 학생인 에드워드 루드위히Eduard Ludwig에 의해 정리되어 나중에 동독의 일부가 된 튀링겐 뮐하우젠Mühlhausen에 있던 루드위히의 부모가 보관하고 있었다. 그러나 당시엔 그 자료들을 가져올 수 없었다.

존슨은 재빨리 모든 것을 문서로 상의했고, 시카고의 미스 직원들에게 브리핑하며 미스에게 직접 질문했다. 그가 항상 협조적이진 않았다. 1946년 12월 20일 존슨은 미스에게 "이제까지 열렸던 가장 중요한 전시"를 약속했다.[22] 그는 미술관이 기존 건축전시에 할당한 것보다 훨씬 많은 예산과 공간을 확보했다.

존슨은 미스가 전시 디자인을 직접 하도록 설득하는데 성공했지만 마감날짜에 신경 쓰지 않는 미스를 어르고 달래면서 간신히 끌고가야 했다. 두 사람 사이에서 일어났던 일들 중 일부는 1985년 존슨의 인터뷰를 통해 알 수 있다.

나는 시카고에서 [미스가] 전화했던 것을 기억합니다. 그런 경우는 거의 없었습니다. 그는 말했습니다. "박물관의 기둥들이 모서리에 모따기가 되어 있는가?" 나는 말했습니다, "아니요." 미스는 말했다. "글쎄, 기둥이 필요 없기 때문에 괜찮네. 놔두게." 그리고 그는 현장에 와서 기둥을 보고나서 화를 냈고 그 일로 남은 일생 동안 저를 괴롭혔습니다… 우리는 결국 모든 코너를 가려야 했습니다.[23]

전시는 그만한 가치가 있었다. 미스는 커다란 벽 뒤로 4개의 기둥을 가려서 기둥 없는 공간을 만들었다. 벽들은 유럽시기의 오픈 플랜을 연상시키는 바람개비 구성으로 조직된 벽과 같은 역할을 했다(사진 9.4). 전시를 위해 특별히 제작된 도면, 사진 및 모형으로 채워졌다. 1912년의 크롤러-뮬러 하우스에서부터 1920년대의 가장 잘 알려진 건축 및 지어지지 않은 디자인까지, 판스워스 하우스Farnsworth House, 캔터 드라이브-인 레스토

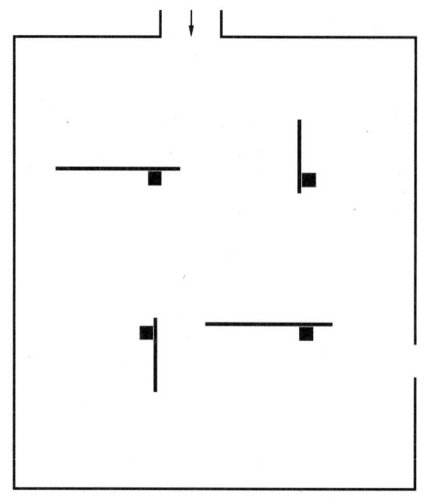

사진 9.4
MoMA의 미스 반 더 로에 전시 평면(1947). 전시디자인: 미스. 대략 1000 제곱피트인 미스에게 할당된 영역은 그당시 MoMA의 건축전시를 위해 제공된 가장 넓은 면적이었다. 미스는 창없는 평범한 공간에 최소한의 장치만으로 역동적인 평면을 만들었다.

랑을 포함하여 1940년대 중반부터 진행되던 프로젝트 및 IIT의 건물까지 있었다. 도서관 및 행정동 프로젝트 전체 단면 모델이 한쪽 모서리에 있었다. 가구도 전시되었는데 1940년대 초반에 디자인했던 소위 꼬챙이 의자conchoidal chair라고 불리는 플라스틱 재질의 곡선형태의 가구를 위한 드로잉도 전시되었다. 이 전시회의 그래픽은 독일에 남아있던 미스의 어린 시절 친구인 게하르트 세버린Gerhard Severain이 디자인했다.

존슨의 광범위한 텍스트는 칼 프리드리히 쉰켈과 피터 베렌스의 영향을 언급하며, 1차 세계대전이 시작되기 수 년 전까지 체계적으로 추적했다. "미스는 리엘 하우스가 너무 평범해서 출판할 수 없다고 생각했습니다." 존슨은 다음과 같이 덧붙였다. "가파른 지붕, 게이블, 지붕창이 있는 당시 인기 있는 18세기 스타일로 설계된 이 저택은 동시대의 건물에선 보기 힘든 세심한 비례에 의해서만 구별되었습니다."[24]

미스의 디자인에 관한 모든 내용이 모두 다 정확했던 것은 아니었다. 이 책은 미스의 작업을 전반적으로 다룬 최초의 책이었고, 권위 있는 모마에서 출판되었기 때문에, 존슨의 텍스트는 1930년대의 미스의 작업의 빈 곳을 채워주는 권위 있는 것으로 널리 간주되었다. "1931년에서 1938년까지 미스는 '정원-주택'을 위한 일련의 프로젝트를 디자인했습니다… 공간의 흐름은 정원의 외벽과 결합된 하나의 직사각형 내에 형성됩니다. 집 자체는 L, T 또는 I의 외벽과 같이 외형이 다양하고 외부는 일부를 제외하고 모두 유리입니다."[25]

2001년 "바우하우스에서 정원-주택까지"라는 에세이에서 테렌스 라일리Terence Riley는 존슨의 주장을 상세히 연구하고 "정원-주택"에 대한 10장의 도면이 잘못 해석되었다고 결론 내린다. "3장은 다른 프로젝트의 스케치입니다; 3장은 IIT 학생들이 그린 도면으로 바우하우스의 미스 학생들의 작품과 관련이 있습니다; 3장은 IIT 학생들에 의해 만들어졌으며 미스 초기 프로젝트의 불분명한 도면을 기반으로 합니다; 하나는 IIT에서 미스의 학생들이 작업한 프로젝트입니다."[26] 1935년 허브 하우스Hubbe House 프로젝트 스케치에서 보이는 정원-주택 아이디어의 발전에 있어 미스의 핵심적인 역할에 대해 반박하지는 않았지만, 라일리는 이 아이디어가 주로 미스가 학생들에게 주는 과제였다는 것을 보여준다. 존슨의 실수는 일정 부분 앞서 언급한 그의 연구의 한계와 미스와의 대화가 부족했었다는 데서 기인했다.

1946년 초반에 전시를 생각한지 얼마 지나지 않아, 상징적이고 기념비적인 건축, 특히 프랑스 신고전주의풍의 클로드 니콜라스 르두Claude-Nicolas Ledoux에 대한 새로운 매혹이 미스와 모더니즘에 대한 헌신의 틈을 비집고 필립 존슨에게 다가왔다. 4월에 존슨은 J. J. P. 오우드에게 이렇게 썼다. "대부분의 건축가와 비평가들은 미스의 'beinahe nichts'(거의 아무것도 없음)란 슬로건이 실제로 아무것도 없을 만큼 발전했다고 생각합니다. 나는 모르겠습니다… 역사가 조만간 확실하게 우리에게 말해줄 것입니다."[27]

전시에 대한 반응은 대단히 긍정적이었다. 뉴욕 타임즈의 비평가인 에드윈 알덴 쥬얼Edwin Alden Jewell은 특히 전시장의 "숨쉬기 힘들 만큼의 커다란 효과"에 찬사를 보냈다.[28] 예술과 건축에 기고한 글에서, 미국 디자인계의 떠오르는 별인 찰스 임스Charles Eames는 미스의 업적을 인정했지만 쥬얼과 마찬가지로 전시 디자인에 초점을 맞췄다. "분명히 그 공간을 걸으면서 다른 사람들이 그 안에서 움직이는 것을 보는 경험은 전시의 가장 중요한 부분입니다."[29]

라이트도 오프닝 행사에 나타났다. 그것은 미스에 대한 존중을 의미했지만, 그는 다른 사람들의 주목을 끌면서 신랄한 비평을 했다. 그는 미술관에 뒤늦게 나타나서 지팡이를 흔들며 미스에 대한 비판을 즉각적이고 공개적으로 했다. 둘 사이의 삐걱거림은 미스와 라이트가 주고받은 편지를 통해 잘 드러난다.

나의 친애하는 미스:
당신의 뉴욕 전시에서 내가 한 말 때문에 상처를 입었다고 누군가가 말해주었습니다… 그러나 당신의 재료를 다루는 솜씨가 얼마나 훌륭하다고 생각했었는지 내가 말했습니까?… 자주 당신이 "거의 아무것도"[beinahe nichts]를 믿는다고 말한 것을 알고 있습니다. 글쎄요, 내가 커다랗게 새겨진 그 문장을 보았을 때 '너무도 많은 것'이란 생각이 자연스럽게 떠올랐습니다. 그 다음 나는 바르셀로나 파빌리온이 근본적인 "부정"에 대한 당신 최고의 작품이라고 말했고 당신은 아직도 거기에 머물러 있다고 했습니다.
이것이 아마도 (내가 당신에게 준) 상처였을 것이고, "현대건축"이라는 것이 일군의 건축가들과 뒤엉켜 있는 것처럼 보였으므로 당신을 따로 불러서 개인적으로 이야기 했더라면 좋았을 것이라고 생각했습니다. 나는 그들과 당신을 함께 분류하고 싶지 않았지만, 그 전시는 나에게 그 반대의 충격으로 다가왔습니다. 나 역시 그에 대항하여 열심히 노력하고 있습니다. 그러나 정말로 이것이 사실일지라도 나는 당신의 감정을 상하게 하고 싶지 않았습니다. 당신은 예술적인 측면뿐만 아니라 인간적인 측면에서도 그들보다 훨씬 뛰어납니다.

당신은 몇 년 전에 나를 만나러 왔었고(그것은 당신이 영어를 하기 전이었습니다.) 그 이후로 나는 자주 초대했지만 한 번도 오지 않았습니다.

그래서 나는 그때 말했던 것을 보거나 말할 기회가 없었기에 이제야 말합니다. 우리 둘 사이의 관계가 돌이킬 수 없을 만큼 나빠진 경우가 아니라면 언제 한번 이리로 와서 같이 이야기를 합시다.[30]

당신의, 프랭크

미스가 답장했다:

친애하는 프랭크: 편지에 감사드립니다. 제 뉴욕 전시에서 당신의 말로 인해 감정이 상했다는 것은 과장된 소문입니다. 내가 "너무도 많은 것"이라는 소리를 들었다면 나는 당신과 함께 웃었을 것입니다. "부정"에 대하여 - 나는 당신이 긍정적이고 필수적인 자질에 대해 이 말을 사용했다고 생각합니다. 위스콘신에서 언젠가 다시 만나서 이 주제에 대해 더 자세히 이야기하는 것은 즐거울 것입니다.

언제나처럼, 미스[31]

두 사람의 성격은 짧은 편지를 통해 알 수 있다: 라이트는 공격적 비판과 친교를 오가면서 무엇보다도 허영심에 쩔어있었다. 미스는 겸손, 거리감, 프라이버시를 중요시했다. 미스는 단 한 번만("내가 발견한 긍정적이고 필수적인 자질") 대응했지만 충분했다. 상호 존중은 진짜였다. 라이트는 탈리아신에 그 누구도 두 번 이상 초대하지 않았고, 미스는 다른 사람의 의견에 거의 답하지 않았고 다른 사람의 비판에 대해 가볍게 넘기는 일이 거의 없었다. 그러나 둘 사이가 벌어진 것은 분명해 보였다. 라이트는 미스를 현대건축의 최고로 인정했지만, 자신이 힘들게 싸우고 있었던 현대건축을 싫어했다. 몇 년이 지나지 않아 둘 사이의 교류는 끊어졌다.

1947년 MoMA 전시회가 시작될 무렵, 미스는 자주 뉴욕에 있으면서 미술관 관계자들과의 관계를 회복했다. 그는 1933년 베를린에서 만난 큐레이터이자 비평가인 제임스 존슨 스위니James Johnson Sweeney와도 만나 친구가 되었다.

10년 후 스위니는 자신이 대표로 있던 휴스턴 미술관의 확장을 위한 설계를 미스에게

사진 9.5
조지아 반 더 로에(본명: 도로테아 미스), 1945. 사진: 힐더가드 스타인메츠.

맡겼다. 존슨은 미스에게 매혹적인 여류 조각가인 마리 캘러리Mary Callery를 소개했고 그녀는 전시 오프닝에서 미스의 팔짱을 끼고 있었다. 그 후로 장거리의 연인관계가 10년 이상 지속되었지만 어느 한쪽도 진지하지 않았다.[32]

· · ·

전후 독일에서의 생활은 시카고에서의 미스의 삶과는 완전히 반대였다. 에이다는 베를린에서 대부분의 제2차 세계대전을 견뎌야 했다. 그녀는 그녀의 작은 아파트에 레비Levy 박사와 그의 아내를 포함한 여러 명의 유태인을 숨겼고 그들과 함께 스위스로 가기 위해 월트럿과 뮌헨에서 만났다. 월트럿은 국경까지 그들을 에스코트했다. 두 번의 횡단 시도가 실패했고 나치 당국에 체포되어 처형되었다고 믿어진다.[33]

1942년 연합군은 베를린에 대한 공습을 강화했고, 에이다는 파괴되기 전날에야 아파트에서 그녀의 소지품을 간신히 챙길 수 있었다. 같은 해 그 지역의 레겐스부르크Regensburg 극단의 젊은 여배우 조지아Georgia(사진 9.5)는 스타드 극장Stadttheater 감독인 프릿츠 헤터리쉬Fritz Herterich와 결혼했다. 1943년 11월에 프랭크를 낳았다. 그때쯤 에이다는 베를린에 있는 친구와 한동안 함께 있었고 레겐스부르크에서 딸 부부와 합류했다.

마리안과 함께 7살 된 아들 더크와 딸 울리케Ulrike와 카린Karin은 폭격으로 마을이 완전히 사라진 1945년 초 라테나우Rathenow로 도망쳤다. 더크는 그의 곰인형만 간신히

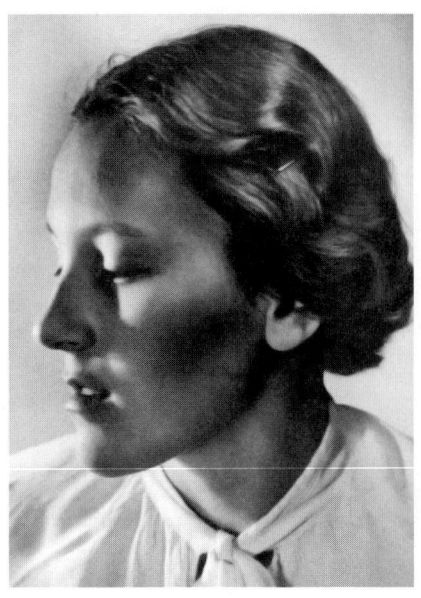

사진 9.6
1935년 스무살 무렵의 미스의 둘째 딸, 마리안느. 사진: 이모인 그레타 브룬. 사진제공: 더크 로한.

구할 수 있었다. 몇 달 뒤 전쟁이 끝난 후, 그들은 소비에트 구역에 있었다. 계속된 피난길 와중에 볼프강 로한Wolfgang Lohan은 포로수용소에서 벗어나 가족을 데리고 서쪽으로 옮겨갔고 그곳 살렘Salem에서 교사자리를 얻었다. 1951년경 그들은 프라이부르크 근처에 정착했다. 월트럿은 한편으로 뮌헨의 루드비히-막시밀리안Ludwig-Maximilian 대학에서 공부했으며, 1946년 미술사 박사학위를 받았다.

독일에서 1940년대 후반은 절박한 시기였다. 모든 것이 파괴되었고, 정복자들의 처분에 달려있었다. 예술은 제1차 세계대전 이후처럼 부활하지 못했다. 한동안 마리안느(사진 9.6)는 인형을 만들어 미국 담배랑 교환하면서 가족의 생계를 도왔다. 조지아는 뮌헨과 레겐스부르크 사이를 오가며 미군 정부의 홍보활동 일을 했다. 1943년 그녀의 스튜디오가 폭격으로 파괴된 뒤로 릴리 라이히는 작센으로 이주했지만 전쟁이 끝나고는 베를린으로 돌아왔다. 그녀는 미스에게 다시 편지를 써서 종이, 잉크 등 가장 기본적인 도구를 갖추는데 도움이 될만한 것들을 보내달라고 요청했다.[34]

1948년 말, 조지아와 월트럿은 미스의 도움으로 시카고로 왔다. 그들은 미스의 아파트에 짐을 풀었고 월트럿은 그 후 2년 동안이나 함께 살았다. 조지아는 굿맨 드라마 스쿨Goodman School of Drama에서 8개월간 공부한 후, 뮌헨으로 돌아가서 에이다와 함께 살았다. 에이다의 상태는 악화되었고, 1951년 레겐스부르크 병원에서 암으로 사망했다. 월트럿은 시카고에 정착했고, 처음에는 미스와 함께 살다가 나중에 혼자 살면서 1959년 암으로 사망할 때까지 시카고 아트 인스티튜트에서 일했다(사진 9.7). 마리안느는 1950년 미국으로 여행을 가서 미스와 월트럿과 함께 4개월간 살았다. 그녀는 여러 차례 시카

사진 9.7
월트럿 미스 반 더 로에와 그녀의 아버지, 시카고 1955. 개인 소장.

고를 방문하여 1959년엔 월트럿과 살다가 로한과 이혼한 후 1963년부터 1975년까지 혼자 살았다.

　미스(와 로라)는 이러한 딸들의 침입을 마지못해 받아들였지만 환영하지는 않았다. 로라에 따르면 특히 한 명 이상이 아파트를 그와 공유했을 때(그들은 거실의 소파에서 잤다)면 아버지와 딸 사이에 다툼이 빈번했다. 미스는 밖에서 친구들과의 시간을 즐긴 후 자신이 원할 때는 홀로 있어야만 했다. 그는 자식들을 사랑했지만 오랜 세월이 지나면서 그것을 표현하는 능력이나 의지를 잃어버렸다. 월트럿는 그를 존경했고 끝까지 그에게 헌신했다. 그는 그 대가로 조금의 사랑을 나눠줬을 뿐이었다. 그러나 그는 그녀의 재능을 매우 높이 평가했고 그녀가 최우등으로 뮌헨 대학을 졸업한 것을 자랑스러워했다.

　그녀가 죽자, 그는 자신의 학위 가운을 그녀의 시체 위에 덮고, 화장한 후에 로라와 조지아와 함께 위스콘신으로 차를 몰았다. 거기서 그들은 그녀의 재를 미시시피 강에 뿌렸다. 로라가 말하길: "미스는 그가 맞이했던 모든 역경처럼 월트럿의 죽음을 담담히 맞이했습니다. 마치 그것을 피할 방법이나 위로가 없는 것처럼."[35]

　미스가 전쟁 후 처음으로 유럽을 방문했을 때인 1953년 프라이부르크에 있는 로한을 방문했다. 당시 더크는 15살로 이미 그의 할아버지 작품을 알아볼 수 있었던 뛰어난 학생이었다. 그는 미스와 5-6명의 건축가와의 점심식사에 함께할 수 있었고, 할아버지가 어떤 일을 묘사하면서 식탁보에 그림을 그릴 때가 얼마나 인상적이었는지 기억했다. 더크에게 두 번째 하이라이트는 그들 둘과 운전사만이 함께한 블랙 포레스트Black Forest를 통과하는 장거리 드라이브였다.[36]

· · · ·

그의 가족과 친구들이 독일에서 살아남기 위해 애쓰고 있는 동안, 미스는 미국에서 다른 종류의 커다란 변화에 적응하고 있었다. 전쟁이 끝날 무렵엔 IIT의 건축과 학생수는 50명 정도로 줄어들었지만, 군인들이 돌아오게 되면 학생 수는 급격히 늘어날 것이었다. 1945년 수업은 아트 인스티튜트로부터 미스가 소유한 37 사우스 와바시 스트리트37 South Wabash Street과 18 사우스 미시간 애비뉴18 South Michigan Avenue의 공간으로 옮겨졌다. 2년 후, 건축과는 IIT 캠퍼스의 동문 기념관(전 해군 빌딩)을 인수하면서 다시 이사했다.

조지 댄포스는 1946년에 군 복무를 마치고 돌아와서 교수진에 다시 합류했다. 1950년대 초, 다니엘 브레너Daniel Brenner, 자크 브라운손, 알프레드 콜드웰, 윌리엄 던랩William Dunlap, 얼 블루스톤Earl Bluestone, 토마스 뷰레이Thomas Burleigh, 레지날드 말콤슨이 교수진을 맡았다. 그의 사무실 스태프도 많아졌다: 에드워드 올렌키Edward Olencki, 에드워드 더켓Edward Duckett, 조셉 후지카와Joseph Fujikawa와 존 위스John Weese는 1945년에 합류했다. 1946년에 마이론 골드스미스가 들어왔다. 미스의 비즈니스 매니저는 독일 태생의 펠릭스 보넷Felix Bonnet이었는데, 그는 자신의 자리와 제도실 사이의 통로에 있는 모형실에서 나오는 소음 및 먼지에 대해 자주 불평했다. 허버트 그린왈드Herbert Greenwald가 프로몬토리 아파트 프로젝트를 가져오면서 1946년과 1947년의 2년 동안의 일이 없던 기간은 끝났다.[37] 1950년대 초, 미스 사무실의 스태프는 10명을 넘지 않았지만 일은 꾸준히 들어왔고 그의 커리어에서 가장 창조적인 단계에 접어들었다.

미스는 대단히 바빠졌지만 그보다 그의 정신을 더 빼앗는 것이 있었다. 1951년에 그는 건축주와의 심각한 싸움을 벌이게 되었다. 1952년 봄 그는 에디트 판스워스Edith Farnsworth에게 소송을 제기했고, 그녀의 맞소송은 치열하고 값비싼 법정투쟁을 촉발시켰다. 문제는 미스가 판스워스를 위해 설계하고 건설한 주택 비용의 책임 소재를 가리는 문제였지만 실제로는 두 인격의 충돌이었다. 그러나 분쟁의 대상이었던 집 자체는 미스의 첫 번째 미국에서의 걸작이 되었다.

판스 워스의 전설:
1946-2003

[10]

나는 전에도 유명했습니다. 그녀는 지금 세계적으로 유명해졌습니다..
미스, 에디트 판스워스의 재판에서 선서하면서

미스는 나에게 중세의 농민을 떠올리게 했다.
에디트 판스워스의 미스에 대한 평가

나는 그 집이 완벽하게 지어졌다고 생각한다. 모든것이 완벽했다.
미스, 에디트 판스워스의 재판에서 선서하면서

시카고의 내과 의사인 에디트 판스워스는 1945년 시카고 남서쪽으로 60마일 떨어져 있는 일리노이주 플라노Plano 근처에 있는 폭스 강에 접한 오래된 농가 대지 9에이커를 구입했다.[1] 구입 가격은 1에이커당 500달러였다.[2] 부지에는 농가와 여러 별채가 이미 있었지만 판스워스는 새로운 별장을 원했다. 1970년대에 출판되지 않은 그녀의 회고록에서 그녀는 프로젝트의 시작을 기억했다.

어느 날 저녁 나는 어빙Irving의 아파트에서 조지아 [린가펠트] Georgia [Lingafelt]와 루스 [리] Ruth [Lee][3]와 저녁식사를 했습니다. 그날 저녁 초대받았던 낯선 사람이 있었습니다. 내가 코트를 벗을 때 조지아는 환한 미소를 지으며 그를 소개했습니다.
"이분은 미스야, 달링."
저녁식사 자리에서 그가 몇 마디 했을 거라 생각하지만, 기억이 나지 않습니다. 내 기억으로는 우리 세 사람은 말없는 미스를 놔두고 우리들끼리 대화를 했었습니다. 나는 땅을 찾았던 과정, 맥코믹McCormick 대령과의 다툼, 9에이커에 이르는 땅의 구입 등등…에 대해 디테일하게 아마도 너무 과할 정도로 이야기했습니다. 그러다 대화가 끊겼습니다. 나는 당시에 미스가 거의 영어를 못한다고 생각했습니다. 그가 얼마나 많이 이해했는지는 여전히 모릅니다. 우리는 저녁식사 후 거실로 왔고 루스와 조지아는 그릇을 씻으러 주방으로 사라졌습니다.

판스워스는 미스에 대해 계속해서 이야기했다.

"당신의 사무실에 아름다운 강변과 어울리는 작은 주말 별장을 설계할 의향이 있는 젊은 사람이 있는지 궁금합니다."

그의 대답은 두 시간의 침묵 뒤라서 더 극적이었습니다. "나는 당신을 위해 어떤 집이라도 짓고 싶습니다." 그의 말은 마치 폭풍우나 홍수 또는 하나님의 계시처럼 들렸습니다. 곧바로 대지를 같이 보기 위해 플라노로 가기로 했습니다… 우리는 그곳이 주말 별장으로 알맞은지 조사하기 위해 그곳에서 하룻밤을 보냈습니다. 아마도 늦은 가을이나 늦은 겨울에(1944-45), 집 앞으로 미스를 마중 갔을 때 그는 발목까지 내려오는, 부드러운 양모로 된 커다란 검은색 외투를 입고 나왔습니다. 플라노로 가는 내내 작은 쉐보레의 옆자리에 나의 하얀색 개와 함께 앉아 있었습니다.

마침내 도착한 후 미스와 코커가 문을 열고 나오는 장면은 그야말로 장관이었습니다. 나의 개가 그의 멋진 검은 양털로 된 외투에 하얀색 털을 마구 떨구었습니다. 우리는 그걸 털어낼 도구가 없었습니다.
우리는 얼어붙은 잔디로 덮인 경사면을 걸어 내려갔습니다. 미스가 춥고 황량한 계절 때문에 중서부 지방의 아름다움을 보지 못할까 봐 걱정했습니다. 그러나 내려가는 중간에 미스는 멈추고 둘러보았습니다. "아름다워!" 그는 말했습니다. 나는 그의 감탄이 진심이라고 믿습니다.[4]

이것은 판스워스가 70대에 기억했던 이야기이다. 우리는 미스의 동일한 사건에 대한 상당히 다른 기억은 둘 사이의 재판 때 미스의 증언으로 1952년에 알려진 바 있다.

미스에게 질문: 그날 저녁 판스워스 박사님과의 대화 내용을 말씀해 주시겠습니까?

미스의 대답: 저녁식사 후 판스워스 박사는 그녀가 플라노에 땅을 가지고 있다고 했고, 그녀는 계획했던 집에 대해 나와 이야기하고 싶어했습니다. 우리는 둘만 남겨졌고 그 대지에 대해 이야기했습니다. 그녀는 작은 집을 짓고 싶다고 말했고 내가 그 일에 관심이 있는지 물었습니다. 나는 보통 작은 집을 설계하지 않지만 재미있는 일이라면 할 수도 있다고 말했습니다.
Q: 당신이 "재미있는" 말의 의미를 설명했습니까?

A: *아닙니다.*⁵

미스는 둘이 만나기 전에 이미 판스워스가 시카고 건축가 조지 프레드 켁George Fred Kec에게 집 디자인을 맡겼다고 덧붙였다. "켁은 자신이 원하는 대로 할 수 있다는 조건에서만 그 프로젝트를 맡을 것이라고 했는데 그녀는 그것을 좋아하지 않았습니다." 라고 말했다.⁶

· · · ·

에디트 브룩스 판스워스Edith Brooks Farnsworth는 1903년 시카고의 부유한 가정에서 태어났다. 그녀의 아버지 조지 J. 판스워스George J. Farnsworth는 위스콘신과 미시간에 있는 목재 회사를 운영했다. 젊었을 때 그녀는 시카고 대학교에서 영문학 및 작문을 공부하고 시카고 미국 음악원에서 바이올린 및 음악이론을 공부했다. 음악을 배우기 위해 이탈리아로 건너가 바이올린 거장인 마리오 코르티Mario Corti와 함께 공부하기도 했다.⁷ 얼마 후 자신이 바이올린에 재능이 부족하다고 느꼈지만 그 기회를 통해 이탈리아어를 배웠고 인생 후반기에 현대 이탈리아 시의 번역가가 될 수 있었다.⁸

1930년대 초 시카고로 돌아와 그녀는 전공을 약학으로 바꾸었다. 그녀는 1934년 노스웨스턴 대학교 의과대학에 입학하여 1939년에 박사학위를 받고 파싸반트 메모리얼 병원Passavant Memorial Hospital에서 인턴을 시작했다. 제2차 세계 대전이 발발하자, 그녀는 군대에 입대한 남자 의사들을 대신해서 환자들을 맡았고 뛰어난 임상의와 연구원이 되었다. 그녀의 전공은 신장학이었고, 그녀는 자연호르몬인 ACTH와 합성물질인 코르티손cortisone(신장염 치료에 효과가 있음)의 개발에 기여했다. 그녀는 또한 고혈압, 빈혈 및 간경변에 관한 논문을 썼다. 이러한 성과에도 불구하고, 판스워스는 이제 그녀의 이름을 딴 집으로 기억된다. 미스가 만들었고 그녀가 돈을 지불했던 주택이, 미스의 말을 빌자면 예상했던 것보다 훨씬 "재미있는" 것으로 밝혀졌기 때문이다. 판스워스의 회고록은 집의 초기단계와 건축가와의 관계에 대한 은밀한 이야기를 담고 있었다.

우리는 수시로 만나기 시작했고 일요일에는 플라노로 여행을 자주가기 시작했습니다… 날씨가 따뜻해지자 우리는 잡초와 풀이 무성한 강가로 가는 길을 벌초해야 했습니다. 제방에 서서 우리는 집을 어디에 놓을지 연구했고 잠정적으로 몇 군데 결정했습니다.
"미스, 당신은 어떤 재료로 집을 생각하고 있나요?"

"나는 그런 문제에 대해 그런 방식으로 생각하지 않습니다. '나는 벽돌 집이나 철근 콘크리트 집을 지을 것이다.'라는 식으로 생각하지 않습니다. 나는 이곳의 모든 것이 아름답고 사생활 보호는 문제가 되지 않는다고 생각합니다. 외부와 내부 사이에 불투명한 벽을 세우는 것은 안타까울 것입니다. 그래서 나는 강철과 유리로 된 집을 지어야 한다고 생각합니다. 그렇게 하면 밖이 안으로 들어오게 할 수 있을 것입니다. 만약 우리가 도시나 교외에 건물을 짓는다면, 나는 외부에서는 불투명하게 만들고 가운데 중정을 통해 빛을 가져올 것입니다."⁹

판스워스는 또한 미스의 성격을 비난했다. "미스는 나에게 중세시대 농민을 생각나게 했고, 나중에야 밝혀진 그의 잔인한 측면을 간과했었습니다. 그는 결코 사소한 예의조차 없었습니다. 그는 택시를 불러 준다거나 자신과 함께 있던 여자가 안전히 돌아가도록 조치를 취한다는 것을 생각할 수도 없었습니다."¹⁰ 판스워스의 미스에 대한 평가는 그녀 자신의 지적욕구에 대한 기대와 뒤섞여 있었다.

미스에겐 일반적인 주제를 뛰어넘는 어떤 형이상학적인 면이 있었습니다… 나는 그의 권유로 과디니 Guardini를 읽었는데 '가치의 계층' 안에서 한 요소로서 또는 종교의 신비로운 영역으로서 또는 정신을 고양시키는 방법으로서 전례라는 개념을 이해하려고 노력했고, 이는 나 자신의 인식을 풍성하게 함으로써 미스가 어떻게 이처럼 풍성해졌는지를 나 자신에게 보여주기 위함...

우리 관계의 이 단계에서 나는 모든 문제에 대한 우리의 견해가 일치하는 게 당연하다고 생각했습니다. [어윈] 슈뢰딩거 [Erwin] Schrödinger의 삶이란 무엇인가?란 책을 읽은 후 우리가 한 토론을 통해 그러한 생각이 더 심화되었습니다. 나는 그에게 이처럼 저명한 물리학자의 명쾌한 논문을 읽도록 하여 그의 형이상학적 견해가 무엇이든 간에 슈뢰딩거가 유기적이든 무기적이든 삶을 관찰가능한 결정체로 함축한 것에 감탄할 거라고 생각했습니다…

"당신은 슈뢰딩거에 동의하지 않습니까? 미스"

"그것은 영적이지 않습니다. 인간과 불멸에 대한 그의 희망은 어떻습니까? 슈뢰딩거가 저녁 식탁에 있는 소금의 결정이나 창문에 있는 눈의 결정을 쳐다보며 만족할 수 있다고 생각합니까? 나는 죽음 이후에 무엇이 있을지 알고 싶습니다."

"슈뢰딩거도 마찬가지지만, 물리학자들은 글을 쓰면서 인간의 다음 세상에 대한 자연스런 갈망에 대한 질문을 지워버리지만, 그는 여전히 삶의 관찰자로서 상당한 존엄성을 인간에게 제공합니다. 우리는 앉아서 비를 맞을 필요는 없는..."

"그걸로 충분하지 않아요!"

나는 미스의 죽음에 대한 집착에 깜짝 놀랐고 그 사건은 강가에 있는 집 프로젝트에 신비주의적인 배경을 부여했으며 미스의 성격을 좀 더 확실히 알게 되었습니다.[11]

그의 증언에서, 미스는 벽돌이나 석재로 된 집의 가능성에 대해 대화를 나누었고, 사이트 방문을 회고하면서 그는 전체가 유리로 된 집을 제안했다.

나는 여행을 하며 우리가 그 집에 대해 이야기했었던 것을 기억합니다. 그녀는 내가 어떤 아이디어를 가지고 있는지 물어보았고, 가능한 모든 전망을 둘러본 후에 "만약 내가 나 자신을 위해 짓는다면 모든 전망이 너무 아름다워서 어떤 전망으로 결정하기 어렵기 때문에 전체가 유리로 된 집을 지을 것이라고 생각합니다."[12]

미스는 다른 곳에 더 높은 곳이 있었음에도 불구하고 제방에서 불과 몇 피트 떨어진 강가의 범람지역에 새로운 집의 위치를 정하였다. 그는 다음과 같이 이야기했다.

우리는 두 곳의 장점과 단점에 대해 토론했고, 아름다운 오래된 나무가 있는 강 가까이를 판스워스 박사에게 제안했습니다. 그녀는 강물이 제방을 넘칠 것을 두려워했지만, 나는 그 문제는 어떤 방식으로든 극복 가능하다고 생각했기 때문에 그 장소를 추천했습니다.[13]

그는 자신이 직접(증언한대로)[14] 그가 평소에 하던 연필 스케치가 아닌 수채화 방식으로 널찍한 기둥 위에 떠있는 강철과 유리로 된 건물의 입면을 그렸다. 내부에는 비대칭적으로 배치된 서비스 코어가 있는데, 그 중 하나는 바닥에서 천장까지 이어지고, 의자와 낮은 테이블이 있었다. 그 집은 기둥의 사이즈와 지붕과 지붕의 두께까지 묘사된 그대로 지어졌다. 그러나 이 단계에서 스크린 포치는 맨 끝에 계단이 하나 있는 남겨진 부분이었다. 미스는 이 초기 설계를 다음과 같이 설명했다.[15]

그것은 원칙적으로 현재 지어진 것과 유사한 구조였습니다. 단지 지금처럼 상세하게 그것을 생각하지 않았을 뿐입니다… 용접이 아닌 볼트로 고정된 철골구조의 더 단순한 집을 이야기하고 있었습니다. - 우리는 심지어 학생들과 이 작업을 수행할 수 있다고도 생각했습니다. [그리고] 당시에는 콘크리트 플로어[코어에는 합판]를 생각하고 있었습니다.[16]

미스는 폭스 강의 수위에 관한 자료를 일리노이주 수리국에 요청했다. 그러한 기록이

사진 10.1(오른쪽면). 1950년에 미스의 사무실에서 마이론 골드스미스랑 상의하고 있는 에디트 판스워스. 골드스미스와 판스워스가 하드웨어 카탈로그를 검토하고 있다. 에드워드 더켓이 브라우니 카메라로 찍은 이 사진은 반 더 로에 [sic] v. 판스워스 소송에서 증거자료로 제출되었다. 이 사진은 그 집에 대해 제대로 듣지 못했다는 판스워스의 증언과 배치된다. 골드스미스가 입은 하얀 자켓은 미스 사무실에서 도면의 먼지가 옷에 묻는 것을 방지하기 위해 주로 입었다.

없다는 통보를 받고 그는 "그 부근에 있는 오래된 정착민에게 물어보라."[17]고 조언을 받았다. 그는 근처의 노인들이 이야기한 가장 높은 레벨보다도 2피트 높은 지상에서 5피트 위로 바닥을 올리기로 결정했다.[18]

판스워스 하우스의 설계 및 건설 기간은 1946-51년이었으며, 이는 비록 특별한 집임을 감안해도 오랜 시간이었다. 그러나 프로젝트 건축가이자 구조엔지니어인 마이론 골드스미스에 따르면, 1946년 디자인이 시작된 이후 도면작업이 시작된 1949년 사이에는 아무 것도 하지 않았다. 골드스미스가 말하진 않았지만, 미스가 이러한 지연의 주요 요인이었다. 건설비용에 대해 염려한 사람은 판스워스가 아니고 그였다. 그는 다음과 같이 증언했다.

질문, 미스에게 : 1946년에 이 집에 대한 계획을 세웠습니까, 당신이나 당신의 사무실이?
답변: 아니오, 계획하지 않았습니다… 나는 건설시장의 불확실성 때문에 건물을 짓는 것을 반대했습니다. 건설업자들로부터 제대로 된 견적을 받는 것도 어려웠습니다… 그들은 실제 보다 더 많이 예상하거나 안전율을 너무 높게 책정했습니다.[19]

골드스미스는 미스의 변호사의 요청에 따라 작성된 내러티브에서 그 집의 역사에 대해 계속 설명했다.

나는 1946년 5월 1일에 미스 밑에서 일하게 되었습니다… 미스가 만든 수채화를 보았습니다. 1946년 5월 말쯤에 나는 약 3주 동안 그 집 작업을 했습니다. 구조에 대한 계산을 하고 집을 짓는 다양한 방법을 연구했습니다… 나는 약 $40,000-45,000 정도의 대략적인 견적을 냈습니다. 나는 그 후 1949년까지 그 일을 하지 않았습니다. 잠시 동안 MoMA에서 열린 1947년 전시 관련 작업만 했습니다. [알프레드] 콜드웰은 1947년 여름에 프리랜서로 몇 주간 일했습니다. 우리가 1949년에 그 일을 다시 시작했을 때, 거의 처음부터 다시 시작했습니다… 1951년 4월까지 거의 모든 시간을 바쳐야 했습니다.[20]

1949-51년 사이에, 미스의 개념은 건물 전체가 용접으로 된 구조의 최고급 인테리어로 발전되었다. 그의 사무실 직원 전부(당시 4-5명 정도)가 디자인, 실제 크기 구조모형 및 다섯 가지 다른 버전의 모형을 만드는 데 투입됐다. 골드스미스: "그는 이것을 자신이 완전히 통제할 수 있기 때문에 흥미 있어 했습니다… 그것은 가능한한 아름답게 지어질 것이 확실했습니다." 골드스미스는 이 프로젝트에 투입된 전체 시간표를 작성했는데 사

이트에서 보낸 주말을 제외하고도 5,884시간- 세 명이 1년 동안 일한 시간 -이라는 엄청난 비용이 청구되었다.[21] 골드스미스의 표에는 미스의 시간은 포함되지 않았다. 골드스미스는 이 일을 하며 100번가량 출장을 갔었는데[22] 플라노까지 열차로 이동해서, 마을에서부터 2마일을 히치하이킹이나 걸어서 갔다[23](사진 10.1).

1949년 봄, 판스워스는 18,000달러를 상속받았고 미스는 실시설계를 진행했다. 그 와중에 필립 존슨이 설계하고 1949년 코네티컷 주 뉴 카난New Canaan에 완성된 또 다른 집이 있었다. 존슨은 1947년 MoMA 전시와 시카고 미스의 사무실에서 그의 책상 위에 있던 판스워스 모형에 영감을 받았다. 미스의 노트에 기록되어 있다:

판스워스 박사는 집을 짓기를 강렬히 원했고 1948년 겨울과 1949년 봄에 나를 매우 열심히 푸쉬했다. 필립 존슨은 1949년 봄에 비슷한 타입과 크기의 집이 약 6만 달러의 비용이 들 것이라고 말했다. 나는 이 사실을 판스워스에게 말했고 우리가 $50,000 이

하로 집을 지을 수 없다는 것을 분명히 했다. 그녀는 수중에 $65,000가 있지만, 전부 다 집 짓는 데 쓰고 싶지는 않다고 했다. 나중에 그녀는 자신이 18,000달러를 상속받았다고 말했고 이제는 건물을 짓기를 원한다고 했다.

1949년 6월 초 골드스미스는 세 가지 크기의 주택에 대한 건설비용을 조사했다.[24] 84x30x10피트, 69,250달러; 77x28x9피트, 59,980달러; 77x28x10피트, 60,980달러. 미스는 비용을 약 6만 달러 이하로 맞추기 위해 77x28x9½피트로 계획하기로 결정했다.

미스는 현지에서 시공업체를 구하지 못해서 시공도 직접 맡아서 했다. 그의 사무실에서 건설자재와 노동력을 공급하고 비용을 지불했으며 지출에 대한 매월 명세서를 상세히 작성했다. 철골 프레임의 고정을 볼트에서 용접으로 바꾸는 결정은 진작에 내려졌지만 골드스미스의 말에 따르면 "바닥재료를 선택하면서 수많은 토론이 있었고 많은 다양한 샘플이 있었습니다. 우리는 석회암, 블루스톤, 대리석, 타일, 프리캐스트 콘크리트 등을 고려했습니다… 미스는 외관상으로뿐만 아니라 용도에 맞는 좋은 자재였던 석회석을 좋아했습니다… 판스워스 박사가 마침내 석회석으로 결정했고, 나중에 그녀가 자신의 결정에 얼마나 기뻐했는지 기억합니다."[25]

이러한 이야기를 통해 1949년 여름까지만 해도 건축가와 건축주 사이가 여전히 좋은 관계였음을 알 수 있다. 예상 비용은 $65,000로 상승했지만 코어를 위한 벽과 바닥에 가장 적합한 재료를 선택하는 데 드는 추가 비용은 정당하고 이해되는 것처럼 보였다.

판스워스는 격정적이 되었다. "나에게 있어서 그해 여름은 놀라웠습니다. 왜냐하면 예술과 과학의 여러 분야의 사람들이 진보라는 공통된 이상과 원칙을 이해하고 힘을 하나로 합쳐야 한다는 나의 생각과 맞아떨어졌기 때문입니다."[26]

일을 계속 진행하는 것에 대해 미스가 어떻게 생각했는지 그 결정에 대한 그의 증언에 담겨 있다.

질문, 미스에게: 좋습니다… 당신이 말하기를 그녀가 "나는 돈을 물려받았고 이제 우리가 원하는 만큼 좋은 집을 지을 수 있다는 것이 정말 대단하지 않나요?" 했다고 했습니다. 그리고 당신은 그 말에 대해 어떤 반응을 보였습니까? 아니면 그녀가 상속에 관해 더 말하거나 집에 관해 말했습니까?

대답: 아뇨, 저도 그녀만큼 기뻐했습니다.

Q. 그녀에게 그렇게 말했습니까?
A. 그녀는 충분히 알 수 있었습니다. 예.[27]

· · ·

우리는 재판에서의 증언이 이 사건을 매우 잘 설명해주므로 재판 기록을 미리 들여다보았다. 그러나 우리는 문제가 왜 이렇게까지 악화되었는지에 대해서는 여전히 추측만 할 뿐이다. 미스 다음으로 판스워스를 가장 잘 알고 있던 골드스미스조차 무엇이 잘못되었는지 완전히 이해하지 못했다. 증인들은 방청이 금지되었기 때문에, 그도 다른 증언들을 듣지 못했다.

판스워스의 고민 중 일부는 확실히 건축비의 상승으로 인한 것이었는데, 이는 결국 74,000달러로 올라 갔고 이는 디테일한 설계가 시작될 때부터 미스가 정한 60,000달러를 훨씬 초과했다… 그런 다음 미스의 디자인에 대한 비용과 시공관련 업무에 대해 별도의 금액이 청구될 수 있었다. 여기까지 그들의 관계는 괜찮았다. 미스는 자재 및 인건비에 대해 매월 명세서를 발송했지만 디자인 비용은 따로 청구하지 않았다. 예산에 대한 판스워스의 우려를 잘 알고 있는 골드스미스는 비용을 주의 깊게 들여다봤다. 판스워스가 좋은 소식이든 나쁜 소식이든 미스로부터 직접 듣기를 기대했다는 것이 핵심이었다. 골드스미스는 공사가 끝날 무렵 한국전쟁에 따른 물가 상승 때문에 전기료가 "수천 달러"로 올랐다고 했다. "나는 미스에게 가서 말했습니다. '미스, 이것은 끔찍한 소식입니다. 어떻게 판스워스 박사에게 말할 건가요?' 왜 그렇게 말했는지는 모르지만 그는 나에게 말했다. '골디[골드스미스의 별명], 당신이 그녀에게 말하시오.' 이미 그들의 관계가 서먹한 것인지 나는 몰랐지만 그녀에게 전화했습니다. 나는 그녀가 말했던 것을 기억합니다. '왜 미스가 나에게 직접 말하지 않지요?' 그녀는 그가 자신을 속였다고 생각했습니다. 그녀는 최악의 상황을 의심했습니다."[28]

골드스미스는 또다른 논쟁거리인 커튼에 대해 이야기했다. 미스는 샨퉁 지방의 천연 실크를 제안했다. 판스워스가 제안했던 다른 패브릭과 함께 샘플을 주문하고 목업을 준비했다. 그녀는 다른 건축가의 조언을 듣고 난 후에야 결국 미스의 추천을 받아들였다. 골드스미스: 그녀는 "나는 샨퉁 지방의 천연 실크 컬러가 싫어요. 해리 웨이스Harry Weese와 논의했는데 그가 갈색이어야 한다고 했어요." 내가 이것을 미스에게 전달했는지 아니면 그가 어떻게 알았는지 확실히 모르겠습니다. 그는 이렇게 말했습니다. "만약 그녀가 이렇게 까다롭다는 것을 미리 알았더라면 결코 그 집에 손을 대지 않았을 것이다."[29]

여기까지는 많이 알려졌지만, 이것이 판스워스와 미스 사이의 관계의 본질은 아니었다. 유명한 전문직 종사자이자 싱글인 두 사람이 함께 일하고 즐긴다는 것은 무엇을 암시하는가? 단순히 즐기는 관계? 로맨스? 로라 막스는 1947년에 미스와 알코올로부터 멀어졌고, 뉴욕에 있던 메리 캘러리Mary Callery는 같은 해에 미스랑 MoMA 회고전에 함께 참석했지만, 거기엔 판스워스도 참석했다. 둘 사이의 관계는 루머와 다양한 추측을 낳았다. 1980년 로라 막스는 "그들 사이에 짧은 '만남'이 있었지만, 진짜 연애는 없었습니다. 오직 일적으로 이루어진 관계"라고 주장했다.[30] 그러나 사실 막스는 거의 무관심했다. 판스워스와 미스 사이의 적대감은 서로의 감정에 대한 실망, 또는 지적이고 전문적인 경쟁으로부터 점차 생겨났을 것이다. 집의 완성에 가까워감에 따라 판스워스는 점점 더 인테리어에 과도한 요구를 하기 시작했다.

이 논쟁에서 드라마틱한 새로운 요소는 3,500페이지에 달하는 반 더 로에 vs. 판스워스 재판 판결문에 포함된, 여기서 처음으로 발굴하고 분석한 정보다.[31] 새로운 자료는 미스-판스워스 관계가 막바지 공사 단계 이전에 심각한 문제가 있었음을 분명히 했다. 다음 증언은 공사가 막 시작된 때부터 사소한 주제로 보이는 것을 처음으로 다루고 있다. 판스워스 변호사 랜돌프 보어 Randolph Bohrer가 질문했다.

질문, 미스에게: 현장에서 건물의 기초를 위한 자재를 준비하고 있을 때, 판스워스 박사가 아파트에서 당신에게 말하지 않았습니까? 그녀는 플라노에서 프룬드 씨와 골드스미스 씨 사이의 대화를 들었다고 했습니다. 프룬드 씨[32]는 근처 자갈을 사용하기를 원했고, 골드스미스는 잘게 분쇄된 석회암을 사용하기를 원했습니다. 프룬드 씨는 석회암은 멀리서 가져와야 했기에 훨씬 비쌌으며 자갈은 합리적인 비용으로 현지에서 얻을 수 있다고 말했기 때문에 그녀는 상당히 혼란스러웠습니다. 그러한 대화가 생각이 납니까?
A. 미스: 예, 하지만 그것은 플라노에서 한 대화입니다.

Q. 이 대화는 무엇이었습니까?
A. 내가 기억하기론 골드스미스는 자갈이 아니라 잘게 부서진 석재를 선호했을 것입니다. 그는 프룬드와 의논했고, 프룬드는 그가 구할 수 있을지 확신할 수 없다고 말했고 결국 그들은 자갈을 사용하기로 결정했습니다.

Q. 당신은 판스워스 박사와 이것에 대해 아무런 논의도 하지 않았습니까?
A. 나는 판스워스 박사가 "왜 그들이 그것에 대해 그처럼 오랫동안 이야기하는지 모르겠다."고 말한 것을 들었습니다.

Q. 그리고 판스워스 박사가 그를 일에서 빼기를 바란다고 말한 것을 기억하지 못합니까? 골드스미스 말입니다.

A. 기억나지 않습니다.

Q. 그녀가 그를 무능하다고 생각했나요?

A. 아니오, 그것은 다른 날 저녁 나의 아파트에서 또 다른 토론이었습니다… 그것은 훨씬 전이었습니다. 우리가 철골[1949년 중반]을 주문한 직후라고 생각합니다.

Q. 철골 기둥을 세우거나 기초 위에 올리기 전에?

A. 네, 그렇게 생각합니다. 그녀는 파사반트 병원의 사람들에 대해 이야기했고, 그녀는 나의 사무실 업무방식에 대해 불평했습니다. 그리고 그녀는 이렇게 말했습니다. "당신은 왜… 바꾸지 않나요?" 등등. 그리고 나는 "이것 봐요, 이것은 나의 일입니다. 당신의 일이 아닙니다. 내가 철골을 주문하지만 않았더라면 당장 이 집 짓는 것을 포기했을 겁니다."라고 말했습니다.

Q. 그 대화는 판스워스 박사가 골드스미스 씨는 판단력이 흐리고 비용에 대해 전혀 모르는 것 같다고 말한 것이 사실이 아닙니까?…

A. 나는 그녀에게 사무실 일에 간섭하지 말라고 말했습니다. 그건 내 일이었습니다.

Q. 맞습니다. 그 약은 그녀의 일이었습니까?

A. 제가 약에 관해 이야기했는지 모르겠습니다.

Q. 그러나 당신은 그녀에게 그곳에서 무슨 약을 사용하건 참견하지 말라고 했잖아요?

A. 아닙니다. [그것은]은 일반적인 토론이었습니다. 그녀는 그녀의 연구실에서 작업에 만족하지 못했습니다… 그러고 나서 그녀는 내 사무실을 바꿔야한다고 말하기 시작했습니다. 나는 이렇게 말했습니다. "그건 당신이 알 바가 아닙니다…"

Q. 같은 대화에서 그녀가 당신에게 말하지 않았습니까?… 골드스미스… 그는 자신이 무엇을 하고 있는지 모르고 그가 프룬드 씨를 짜증나게 하고 있다고. 그리고 대부분 그의 시간을 낭비시킨다고?

A. … 나는 그 사실을 기억하지 못하지만 확실히 골드스미스는 매우 신중한 사람입니다. 나는 판스워스 박사가 골드스미스를 제대로 판단할 수 없었다고 확실히 말할 수 있습니다.[33]

우리는 최소한 건축주와 건축가 간의 미묘한 신경전에 대한 미스의 관점에서 명백한 증거를 가지고 있다. 놀랍게도, 미스는 자신의 손해를 감수하고서라도 원칙을 따르지 않

사진 10.2
판스워스 하우스, 플라노, 일리노이주 (1951); 폭스강 제방에서 북쪽으로 바라보는 입면

으면 프로젝트를 취소할 것이라고 판스워스를 위협했다. 그러나 실용적인 문제가 있었다. 그는 이미 철골을 주문했으며, 대금을 지불해야 했다.

• • •

판스워스 주택은 이전의 집들과는 완전히 달랐다. 하나의 공간을 감싸는 철골과 유리로 만들어진 내부에 기둥이 없는 파빌리온이었다. 또한 전성기의 미스 반 더 로에의 작품이기도 했다(사진 10.2). 재판과정에서 미스는 이 주택에 대해 차근차근 설명했다.

질문, 미스에게: 이 집의 어떤 면이 좋은 것인가요?
 A. 나는 그 집이 완벽하게 구성되어 있고, 완벽하게 건설되었다고 생각했습니다. 이런 훌륭한 솜씨로 지어진 집을 찾기는 쉽지 않을 것입니다. 그리고 나는 이것이 정말로 훌륭한 디자인이라고 생각합니다.

Q. 그게 전부입니까?
 A. 이것은 아주 신중하게 디자인되었고 제작되었으며 실행되었습니다. 우리는 목재와 석회석 자재를 선택할 때 가장 큰 주의를 기울였습니다. 나는 집이 그 자체로 명백

하다고 생각합니다. 누구든지 그것을 보기만 해도 알게 됩니다…

Q. 이 집을 건축하는 데 완전히 새로운 방법들을 사용하지 않았습니까?
 A. 오, 그렇습니다. 우리는 모형을 가지고 이야기했습니다[초기 증언에서].

Q. 코어를 배치하고 구성하는 완전히 새로운 방법을 사용하지 않았습니까?
 A. 물론입니다.

Q. 그리고 공중에 집을 띄우는 완전히 새로운 방법을 사용하지 않았습니까?
 A. 물론입니다.

Q: 전반적인 건설 과정에서 완전히 새로운 방법을 사용하지 않았습니까?
 A. 나는 그게 아마도, 최초로 지붕과 바닥이 직접 지지되지 않고 공중에 떠있는 건물 - 나는 그 상황에서 이것이 정상적인 방법이라고 생각했습니다.

Q. 이 평범하지 않은 디자인이 판스워스 박사 또는 다른 어떤 사람이 다른 어떤 집보다 더 안락하고 더 즐거운 삶을 누릴 수 있도록 해줍니까?
 A. 나는 그녀가 그럴 거라고 확신합니다.

Q. 이것이 그 목적을 위해 귀하가 디자인한 것인지 묻는 질문입니다
 A. 물론 그렇습니다.

Q. 당신은 그렇게 생각하는 거죠. 그렇죠?
 A. 분명히 그렇게 생각합니다. 그녀는 제가 알기론 많은 사람들에게 그 집에 매우 만족한다고 말했습니다.

Q. 잠시 전에 증언한 것처럼 이 집이 상당히 유명한가요?
 A. 그녀도요. 나는 전에도 유명했습니다. 지금은 그녀도 세계적으로 유명합니다.

Q. 그리고 이 주택에 대한 엄청난 관심과 잡지와 신문에서의 많은 지면이 당신의 명성을 보여준다는 것이죠. 맞습니까?
 A. 오, 아니요. 그것은 그녀를 위한 것입니다. 사람들은 이 집의 퀄리티와 그 의미에 관심이 있을 뿐입니다.[34]

판스워스 하우스를 통해 미스는 그의 미국시기의 구조 어휘를 완성했다. 그 집은 홍수를 피할 수 있도록 들어올려진 유리로 된 직사각형의 방 하나로 되어있다. 긴 면의 북쪽은 잔디를 마주보고 남쪽은 숲이 우거진 강둑을 향하고 있다. 지붕과 바닥은 폭이 15cm인 깊은 채널에 의해 경계가 나눠지고, 이 채널에 용접된 4개의 강철 기둥이 각각의 기다란 측면에서 지지되어 있다. (단면이 거의 정사각형인 W8x48 기둥은 일반적으로 철골 기초에 사용된다.)[35] 바닥과 지붕 사이는 한 쌍의 유리문과 두 개의 작은 창을 제외하고 0.25인치 두께의 판유리로 되어 있다. 바닥 면적은 2,216평방피트이지만, 1,540평방피트만 내부이며, 나머지는 외부 포치이다. 입구는 철제 계단으로 되어 있는데, 석회암 발판으로 널찍한 테라스의 강변 쪽에 위치한다. (북쪽의 두 번째 계단은 비용 때문에 없앴다.) 테라스는 집과 평행하지만 서쪽으로 튀어나와 바닥 높이의 약 절반 높이에 있다. 두 번째 계단은 테라스에서 포치까지 올라가면 한 쌍의 유리문을 통해 오른쪽으로 돌아 들어간다.

인테리어의 주요 요소는 비대칭적으로 배치된 코어로서 갤러리형 주방, 유틸리티 공간으로 분리된 2개의 욕실 및 넓은 벽난로가 있다. 옷장은 잠자는 구역을 암시했다. 강가의 풍경을 볼 수 있는 벽난로 앞의 "거실"도 마찬가지이다. 통풍은 입구와 반대편의 동쪽 벽의 바닥에 위치한 두 개의 창문과 문을 열어서 할 수 있다. 원래는 에어컨이 없었고 싱크대 아래의 배기 팬을 포함해 4개의 팬을 통해 환기를 시켰다.

석재바닥은 24x33인치 직사각형 그리드를 따라 배치되었다. 바닥난방용 튜브가 라디에이터 역할을 하며, 부엌, 욕실 및 유틸리티 공간에 배관 및 전기 서비스를 아래로 숨겼다. 코어의 샤프트는 천장까지 연장되어 히터, 주방 및 욕조 및 지붕 배출구의 배기를 지붕 배수구와 함께 포함한다. 이 배수구는 배관 및 전기 서비스와 함께 검은색으로 칠해진 스택으로 내려가며, 기둥을 제외하고는 집과 땅 사이의 유일한 연결점이 된다.

구조와 공간은 미스의 미국에서의 진화된 관심사를 반영한다. 유럽시기의 남은 자취는 포치와 테라스 및 코어 배치에서의 비대칭 평면이다. 중요한 공간을 위해 미스가 이상적으로 생각했던 소재인 로만 석회석은 인테리어 바닥과 외부 데크용으로 사용되어 내부와 외부를 하나로 통합한다. 미스는 석회석 마감재와 목공작업을 위한 베니어판을 직접 골랐다. 철골 구조는 샌드 블라스팅으로 반들반들하게 만든 후 흰색으로 칠해졌다(사진 10.3).

집안의 주요 구성요소는 현대적이었지만 수공예적 방법으로 제작되었다. 그 집은 추상화된 기하학적 형태와 장식을 제거한 "현대적"이지만, 그가 구조를 추상화한 것처럼 확실하게 추상화된 것은 역사이기도 했다. 이 건물은 18세기 시골의 파빌리온 또는 신성

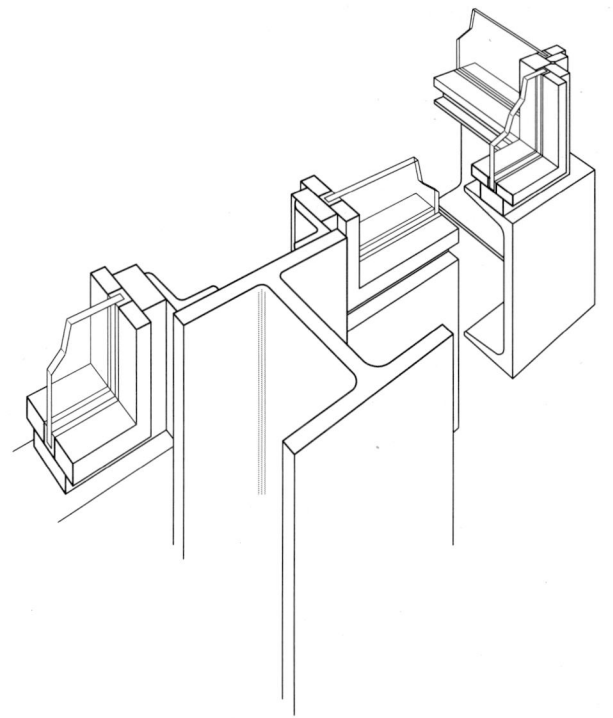

사진 10.3
판스워스 하우스, 플라노, 일리노이주(1951); 기둥과 바닥이 만나는 부분의 스틸구조 단면 투시도. 유리를 감싸기 위해, 미스는 목재 창문 프레임과 같은 방식의 직사각형 스틸바를 사용하였다. 코너를 감싸기 위한 스틸 부속들의 복잡한 집합을 주목하라.(오른쪽)

한 사원을 연상케한다. 흰색 코팅과 조심스럽게 감추어진 용접은 철골의 산업적 기원을 부정하며 클래식 기둥으로 변모시킨다. 철골 와이드 플랜지는 산업시대의 잠재력의 표현으로 승화된다(사진 10.4).

그 집은 집이라기 보다는 성전이며 거주보다는 묵상에 어울린다. 그 집에 사용된 기술들은 때로는 제대로 작동하지 않았다. 추운 날씨에 단열이 안된 유리창이 결로 때문에 흐려졌다. 여름에는 커다란 단풍 나무 그늘에도 불구하고 태양은 실내를 뜨겁게 달구었다. 맞통풍 또한 제대로 되지 않았다. 열을 막기 위해 설치한 실크 커튼은 별다른 효과가 없었다. 집은 스크린으로 된 포치가 처음부터 설계되었지만 메인 공간으로 가는 스크린 문은 불필요한 것으로 간주되었다.

미스는 오픈 플랜을 집약하고 완성했다는 것에 만족했다. 인테리어는 코어와 옷장으로 나뉘어진 공간의 복잡한 흐름에 의해 생명력이 더해졌다. 자연은 계속해서 변하지만 기하학적으로 완벽한 프레임은 멈춰있다. 미스의 건물 중 어느 것도 이 정도로 건축의 비물질화에 더 가까워지고 초월할 수 있는 질서를 가진 것은 없었다. 판스워스 하우스가 갖는 위상은 그의 유럽 시기 대표작인 바르셀로나 파빌리온에 버금갔다. 그러나 여기에서는 더 이상 초기 시기의 극적인 조건성이 아니라 새로이 도래한 "객관적인" 성숙이 특징으로 자리잡았다.

사진 10.4
판스워스 하우스, 플라노, 일리노이주 (1951); 테라스를 지지하는 와이드-플랜지 기둥을 위에서 내려다본 모습. 기둥은 테라스의 앞부분에 용접한 후 갈아내어 부드럽게 만들었다. 기둥과 입면은 그냥 닿아있는것 처럼 보인다. 기둥을 철판보다 아래에 붙임으로써 그 효과는 더욱 강화되었다.

· · · ·

판스워스는 1950년 새해 전날 밤에 처음으로 집에 머물렀다. 몇 가지 디테일은 아직 남아 있었으며, 작업은 3월 말까지 계속되었다. 변호사가 일찍부터 관여하기 시작했다. 1950년 8월 8일, 미스는 판스워스로부터 "8월 1일에 보낸 귀하의 청구서에 나와있는 금액을 초과하여 지불할 수 없다."는 편지를 받았다.[36] 매월 보냈던 청구서에서, 미스는 재료와 건설에 대한 그의 비용이 총 $69,686.80 들었음을 알렸다. 미스의 디자인 비용은 포함되지 않았다.

판스워스의 편지는 시카고 변호사 랜돌프 보어Randolph Bohrer가 작성했다. 판스워스는 보어가 59살때 혈압과 신장 문제로 치료한 적이 있었으며, 그는 그녀가 자신의 목숨을 구했다고 생각했다.[37] 판스워스의 회고록에서 그가 입원해 있는 동안 그녀는 자신의 새 집에 실망했다고 이야기했다. 보어는 이 문제로 "[그녀를] 돕기 위해" 할 수 있는 모든 일을 할 것이라고 했다.[38]

판스워스는 8월 8일자 편지에도 불구하고 계속해서 미스에게 돈을 지불했고 추가 품목을 주문했다. 그녀는 분명히 둘의 관계가 계속될 것이라고 믿었다. 그러나 미스의 증언에 따르면, 1951년 2월 말 판스워스는 미스와의 통화에서 그가 집에 들어가는 비용을 속였다고 비난했다. "나한테 그런 식으로 말하면 안 됩니다."라고 말한 후, 미스는 전화를 끊었다. 이것이 재판이 끝날 때까지 둘 사이의 마지막 연락이었다.[39]

1951년 6월 4일, 미스에게 보낸 편지에서 필립 존슨은 고객, 집 및 "상황"에 대한 자신의 견해를 밝혔다.

에디트는 나에게 매우 친절했고 [내가 최근에 그녀를 만났을 때] 집에 대해 칭찬을 아끼지 않았습니다. 그녀는 당신의 이름을 언급하지 않았지만 건물을 짓는데 별다른 문제는 없다고 했습니다. 나는 그녀가 곧 진정될 것이라고 생각합니다. 나는 가구가 전부 들어오기 전에 그녀가 진정되기를 희망합니다.[40] 내가 얼마나 당신의 건축에 감탄했는지 말할 수 없습니다. 수년 동안 우리 모두를 괴롭혀 온 문제에 대한 당신의 화려한 해결책은 놀라움을 선사합니다. 철골부재의 연결은 너무도 깨끗하고 아름답게 처리되어 아무도 그것보다 더 나은 방법을 찾을 수 없을 것입니다. 그들의 문제는 한꺼번에 해결되었습니다. 그들의 처리방법은 나에게도 놀라움입니다. 나는 당신이 그(것)들을 이렇게 잘 실행하는 작업자들을 찾아냈다는 것에 깜짝 놀랐습니다. 나는 집의 모든 부분이 다 좋기 때문에 구체적으로 어디가 더 좋다고 고를 수도 없었습니다. 당신이 겪었던 일들을 상상하는 것만으로도 날 지치게 만듭니다.[41]

존슨의 비즈니스 컨설턴트, 친구이자 부동산 개발 파트너인 로버트 와일리Robert Wiley가 나타나자 문제가 더욱 커졌다. 둘 사이의 일상적인 대화 도중에 미스는 존슨에게 자신의 사무실이 경제적으로 어렵다고 불평했다. 존슨은 와일리를 추천했는데, 그는 미스의 도면과 건설일지를 리뷰하고 판스워스 하우스의 건설비용 중 4,500달러가 지불되지 않은 것을 발견했다. 그것을 받기 위해 그는 판스워스의 대변인인 보어에게 연락했지만 아무런 진전을 보지 못했다. 결국, 그는 미스에게 보어와 만날 것을 설득했다.

미스의 증언에 따르면, 그는 보어에게 판스워스가 4,500달러를 지불하면 모든 비용을 면제하고 "문제를 종결하겠다."고 말했다. 보어는 판스워스가 1,500달러에 "협상할 의향"이 있다고 답했다. 와일리가 그때 소송을 제안했는지 아닌지는 알 수 없었다. - 골드스미스는 그랬을 것이라 생각했다 - 그러나 와일리를 통해 미스는 시카고 로펌인 소넨체인 베커슨 라우트만 레빈슨 & 모스Sonnenschein Berkson Lautmann Levinson & Morse와 연락을 취했다. 수석파트너인 데이빗 레빈슨David Levinson은 미스와 만난 후 고소할 것을 권유했다. 골드스미스는 나중에 "이 일이 매우 잘못된 결정 중 하나라고 생각한다."고 말했다.[42]

사진 10.5
제롬 넬슨, 반 더 로에 vs. 판스워스 재판에서 특별 재판관으로 일했다. 이 재판은 그에게 특별 재판관으로서 유일한 경험이었고 스스로 그 자신의 커리어의 "정점"이었다고 말했다. 사진제공: 로버트 E. 넬슨.

레빈슨은 판스워스와 보어가 함께 싸울 것이라는 것은 알았지만 그는 판스워스가 보어를 치료했었다는 사실을 알지 못했을 것이다. 결과적으로, 보어는 특별한 열의를 가지고 이 사건을 대했고 아마도 판스워스에게 변호사 비용도 받지 않았을 것이다. 1950년대 초, 보어는 최근에 하버드 로스쿨을 졸업한 아들 메이슨과 함께 일했지만, 소넨체인은 시카고의 커다란 로펌이었고, 상당한 영향력이 있었다. 시카고에서 미스, 골드스미스, 판스워스가 증언한 후, 예심은 판스워스 하우스가 있는 켄달Kendall 카운티가 있는 요크빌Yorkville로 배정되었다. 양측 모두 지역 변호사와 함께 일했다. 미스의 지역 변호사 중에 윌리엄 C. 머피William C. Murphy도 있었는데, 그는 하버드대를 졸업했으며, 메이슨 보어와 동기였다.

양측은 그 당시엔 일반적이지 않은 형식의 재판에 동의했다: 판사나 배심원 앞에서 증언하는 대신 법원이 지명한 대법관(대개 재판 경험이 있는 변호사)이 혼자서 사건의 증언을 들었다. 각 측은 대법관 비용과 경비의 절반씩을 지불했다. 대법관은 공식적인 보고서를 통해 사건을 어떻게 판단할지 판사에게 권고안을 전달했다. 각 측은 대법관의 결론에 대해 반론을 제기할 수 있으며, 판사에게 이의를 제기할 수 있었다. 일반적으로 판사는 당사자들의 주장을 검토하고 대법관의 보고서를 검토하기 위한 청문회를 개최한 후 대법관의 권고를 채택한 결정이 내려진다. 이 결정 또한 항소의 대상이 되었다.

반 더 로에 대 판스워스의 특별 대법관은 근처의 오로라Aurora 출신의 켄달 카운티 검사인 제롬 넬슨Jerome Nelson이었다(사진 10.5). 1936년 일리노이대 법학과를 졸업하고 2차 세계 대전 당시 FBI에서 근무했으며 1944년에는 해병대에 합류했다. 2년간 그는 오키나와에서 전후 군사재판에 참가했다. 1970년대에는 켄달 카운티 지방 검사로 두 번이나 선출되었다. 넬슨의 아들 로버트는 "속기사가 참여하는 심리를 상당히 중요하게 생각했던 지역 변호사"라고 그의 아버지를 묘사했다.[43] 반 더 로에 대 판스워스 건은 넬슨의 유일한 대법관 경험이었다.[44] 머피의 기록에 따르면, 넬슨은 미스의 인격과 작품에 깊은 인상을 받았으며, 이는 미스가 평생 동안 뽐내왔던 개인적인 매력 덕분이었다. 그 자신도 변호사였던 로버트 넬슨Robert Nelson에 따르면, 그의 아버지는 이 사건을 "인생의 하이라이트 중 하나"라고 생각했다.[45]

청문회에서 레빈슨은 사건을 소넨체인의 소송 대리인 존 페이슬러John Faissler에게 넘겼다. 레빈슨과 페이슬러 사이의 메모를 보면 보어의 전술과 성격, 심지어 고객에 대해서 어떻게 생각했는지 알 수 있었다.[46] 페이슬러는 적극적이었고, 그와 넬슨은 서로 호의적이었다. (페이슬러는 미스가 죽을 때까지 그의 개인 변호사가 되었다.) 대조적으로, 머피의 기록에 따르면 보어는 화를 많이 냈다. 머피는 미스의 법무팀이 보어를 "괜찮은 상대방"이라고 생각했지만 "종종 화를 많이 냈다."고 덧붙였다.[47]

청문회는 1952년 5월 23일에 시작되어 7월 3일까지 진행되었다. 증언은 25일이 걸렸으며 미스는 모두 참석했다. 판스워스는 총 3일간의 증언과 대질심문을 위해서만 나타났다. 판스워스는 보어로부터 진행상황을 대부분 전달받았다. 판스워스는 회고록에서 보어가 법정에서 자신을 위해 잘 싸웠다고 자랑스러워했지만 - 그러나 사실은 그와 반대였다.

탄원서는 상당한 양이지만 다음과 같이 요약할 수 있다.[48] 페이슬러(미스의 대변인, 고소인)는 미스가 자신의 돈으로 지불한 공사비 약 3,500달러를 돌려받아야 할 권리가 있다고 주장했다. (판스워스는 미스에게 이미 $70,000를 지불했다.) 또한 그는 미스가 수행한 업무인 건축설계 및 공사관리 서비스에 대해 합리적이고 일반적인 비용을 기반으로 16,600달러를 추가로 받아야 한다고 주장했다. 페이슬러는 미스가 판스워스에게 미스의 비용을 청구하지 않았음에도 불구하고, 당사자들은 판스워스가 "부분적으로 표현하고 부분적으로 암시"된 계약을 인지하고 있었고 언젠간 비용이 청구될 것을 알았다고 주장했다. 보어(피고인이자 맞고소인인 판스워스의 법정 대리인)는 법적으로 적절하고 일반적인 방식으로 대응했다. 그는 미스가 집을 4만 달러에 건설할 수 있다고 말했고 설계 및 건설 과정에서 비용 상승을 숨겼다고 주장했다. 보어가 기술적인 면에서 주장한 것은 아니지만 이 집이 사기라는 주장과 관련하여 미스가 "엉망인" 작품을 만들었다고 확신했다.(아마도 진정으로 믿은 것으로 보인다.) 보어는 그 집이 살기에 불편하고 "건축 예술"에 대한 집착 때문에 일상적인 주거의 기능을 희생시켰다고 주장했다. 보어는 그의 고객이 약 35,000달러를 되돌려 받아야 한다고 요청했는데, 대략 그가 40,000달러에 "약속했다."라고 주장한 것과 이미 지불한 것 사이의 차이만큼 이었다.

그의 증언에서, 미스는 자신 있게, 전문적이며, 사실에 기초하여 이야기했다. 그는 때때로 보어가 오해하거나 잘못 설명하는 부분들을 인내심을 가지고 차근차근 설명했다. 그가 고객과의 관계에 대해 증언할 때는, 자신은 클라이언트의 필요와 관심사를 세심하게 챙겼다고 주장했다. 그는 판스워스가 충분한 돈이 있을 때까지 집의 건설을 연기하자고 주장했던 것과 재료, 마감 및 가구들에 대한 다양한 옵션을 그녀에게 보여주었던 회의 및 디자인 프레젠테이션에 대해 설명했다. 예산의 약 20%가 들었던 트래버틴 석재 사용 결정은 신중하게 고려되었다. 적당한 가격의 대리석을 찾기 위해 그는 독일에서 석재업을 하고 있던 그의 형제 이왈드에게 편지를 썼다. 비용면에서 이왈드의 가격은 미국산보다 높았다.[49]

판스워스는 증언하기를 주저했다. 보어의 주장을 뒷받침하기 위해 그는 예산에 대한 상의와 설계 및 시공 과정에 대한 지식에 대해 그녀에게 길게 물어봤다. 그녀는 자신이 4만 달러짜리 집을 약속 받았음을 계속 주장해야 했다. 그녀는 그 약속을 믿었다는 주장을 거의 끝까지 계속했다. 그녀는 미스의 사무실이 어떻게 돌아가는지 모르고 있었기 때문에 미스에 의해 조작되고 속임을 당했고 그녀는 미스가 발행한 청구서를 보지 못했다고 말했다. 몇 가지 사례에서 그녀는 중요한 사건을 기억하지 못한다고 주장했다. 그녀가 골드스미스와 함께 평면과 서류를 검토하고 있는 사진이 미스의 변호사에 의해 공개되었고, 그녀의 주장을 손상시켰다.[50] 판스워스를 존경했던 골드스미스는 몇 년 후 개탄했다. "실망스럽게도, 판스워스가 말한 모든 것은 거짓이었다."[51]

보어는 미스에게 예산, 계획 및 세부 사항의 다양한 단계의 비용 산정 방법에 대해 질문했다. 그는 미스가 완전한 계약서를 작성하지 않았으며 예산은 "수시로 변했다."고 주장했다.[52] 이에 대해 미스는 자신과 판스워스가 평면과 세부사항이 "단계별"로 발전될 것이라고 합의했다고 설명했다. 이 집처럼 특별한 집은 학교나 사무실처럼 한 번에 설계되고 시공도면을 만들어서 단일 "패키지"로 입찰될 수 없었다. 미스는 판스워스의 집이 더 저렴하게 지어질 수 없다는 증거로서 필립 존슨의 글래스 하우스에 6만 달러가 들었다는 것을 예로 들었다. 그는 존슨의 예산을 판스워스에게 알려줬다. 미스는 비용을 줄이기 위해 1949년에 집 크기를 10% 줄였다. (판스워스는 이러한 변화를 알고 있었을 뿐만 아니라, 미스에게 디자인을 손상시키지 말아 달라고 요청했다.)[53] 그리고 미스와 페이슬러는 판스워스에게 프로젝트 총 예산이 $65,000이었다는 것을 보여줬다. 40,000달러짜리 이야기가 무너졌다.

그러자 보어에게는 사기에 대한 주장만이 남았다. 보어는 사기와 관련하여 좀 더 확실한 증거를 요청받았지만 그것을 내놓지 못했다.[54] 증언들은 미스, 골드스미스 및 기타 나머지 사람들이 프로젝트에 노력했다는 사실을 분명하게 보여주었다. 보어는 다양한 설계 및 시공 결함을 주장했다. 그는 미스가 취약한 것으로 보이는 기계 시스템에 집중했다. 그러나 IIT의 기계공학 교수인 윌리엄 굿맨William Goodman과 미스의 기계 설계 컨설턴트의 증언은 넬슨이 나중에 "법률에 의해 요구되는 숙련도 및 적절한 노력"이라고 판결했다. 보어의 전략에는 미스와 골드스미스를 조롱하고 모욕하려는 계획이 있었지만 그는 종종 디자인과 건설에 대한 일반적인 사항에 대해 제대로 이해하지 못하는 것처럼 보였다. 보어는 건축가를 괴롭히는데 성공했을 수도 있지만, 넬슨은 그의 보고서에서 "법적인 결론"으로 다음과 같이 말했다.

14. [미스]가 그의 서비스를 수행함에 있어 법으로 요구되는 숙련과 정당한 노력을 행사했다는 증거가 우세하다는 것이 증명되었다. 계획, 감독 또는 주택 건설에 실질적인 결함이 없다는 것이 입증됐다.[55]

미스는 판스워스와의 "계약"관계를 논의할 때 더욱 불안정해졌다. 지난 5년간의 작업과 둘 사이의 긴밀한 우정 덕분에 어느 누구도 설계비를 말하지 않았다. 판스워스는 한때 메모를 첨부하여 돈을 보냈는데, 1,000달러는 "설계비"라고 말했지만, 그 정도였다. 프로젝트가 끝나갈 때쯤에 그녀는 골드스미스에게 설계비에 대해 어떻게 해야 하는지 물어보았다. "[미스]는 그것에 대해 아무 말도 하지 않았습니다… 설계비는 어떻게 해야 할까요?" 골드 스미스가 대답했다: "그에게 직접 물어보시지요?"[56] 그녀는 결코 직접 물어보지 않았다. 처음부터 판스워스는 집을 미스에 수시로 빌려줄 것을 제안했다. 아마도 그녀의 마음 속에 그것을 보상으로 생각했을 것이었다. 그러나 미스의 집에 대한 실제 인력 투자는 엄청난 것으로 밝혀졌으며 "평범하고 일반적인" 설계비로는 그의 비용을 거의 감당하지 못할 것이었다. 결국, "비공식적인" 계약은 미스에 불리하게 작용했다.

대법관 절차가 끝나면 양측은 일반적으로 "사실관계 확인과 법의 판결에 대한 제안"을 제시한다. 각 측은 이 문서를 가지고 사건을 재검토하고, 대법관의 최종 보고서를 자신에게 유리하게 이끌 증거를 수집한다. 최종 구두 논쟁[57]은 1953년 1월 30일까지, 증언이 끝난 지 6개월 후까지 이루어지지 않았고, 대법관의 보고는 청문회가 끝난 지 거의 1년 후인 5월 7일에 이루어졌다.

넬슨은 모든 점에서 미스에게 호의적이었고, 페이슬러의 제안을 대부분 수용했다.[58] 그의 45가지 "사실관계 확인" 중에서 보어의 입장에 대한 기각은 다음과 같다.

[35쪽, 넬슨 보고서] 피고에게 [미스는] 주택의 비용이 $40,000 또는 기타 특정 금액을 초과하지 않을 것이라고 이야기하지 않았고 피고에게 전달된 모형과 유사한 집이 40,000 달러를 초과할 수 없다고 이야기하지 않았습니다… 원고는 집의 비용이 특정

금액을 초과하지 않는다는 어떠한 표현도 하지 않았습니다.
[38쪽, 넬슨 보고서] "피고에게 어떠한 허위 진술을 하지 않았으며"(39번에서) "... 항상 원고는 선의로 행동했습니다."

넬슨은 미스가 12,934.30달러에 "재판비용"을 더한 액수를 받을 권리가 있다고 결론지었다.[59] 정확한 합계는 미스에게 지불되지 않은 비용과 합리적인, 그러나 충분치는 못한 설계비를 포함한 복잡한 계산의 결과였다.

보어는 대법관의 보고서에 이의를 제기하고 넬슨의 결론에 하나하나 논박을 했다. 페이슬러의 훨씬 짧은 문서는 몇 가지 사실을 정정하기만 했다. 두 개의 문서를 비교한 후, 넬슨은 청문회를 열어서 보어의 이의 제기를 모두 기각했다.

최종 단계에서 판사는 보고서, 증언 및 증거를 검토하고 최종 결론을 내렸다. 이 업무는 해리 다니엘스Harry C. Daniels 순회 재판관에게 주어졌으며, 넬슨과 함께 청문회를 열어 양측의 의견을 다시금 들었다. 레빈슨의 메모에서 페이슬러는 보어가 "그의 모든 주장을 훑어보았다."고 보고했다. 페이슬러는 다니엘스 판사가 넬슨(미스)에게 "상당히 동정적"이라고 생각했다.[60]

이 시점에서 재판은 다소 길을 잃었다. 다니엘스는 양쪽이 판결을 자신에게 유리하게 하기 위한 부적절한 시도에도 불구하고 결정을 내리지 못했다. 2년이란 시간이 흘렀다. 1955년에 사건은 재판관 아브라함에게 재할당되었다. 그는 청문회를 열어 양측의 약점을 논의하고 당사자들이 합의하는 쪽으로 방향을 잡았다. 그는 미스와 판스워스 사이에 서면 계약이 없다는 점을 지적했다. 아마 판스워스에게 어느 정도 안도감을 주려는 것이었을 수도 있었다. 페이슬러의 기록에 따르면 그는 3,500페이지 분량의 기록을 읽는 것에 관심이 없다는 점을 분명히 했다. 2주 간의 협상 끝에 양측은 합의가 불가능하고 보어는 상소할 준비가 되었음을 알렸다.

타협을 고려할 때, 미스는 자신과 재판 외적인 성가심에 대해 고민했다. 그 집이 언론의 열렬한 관심을 받으며 판스워스는 자신의 의견을 피력하기 시작했다.[61] 그녀는 건축가와 집 모두를 비난한 인터뷰를 했으며, 전후 반사회주의를 자극하는데 성공했다. 1953년 4월 허스트Hearst 잡지 뷰티풀 하우스Beautiful House의 1953년 4월 호에 엘리자베스 고든Elizabeth Gordon 편집장은 "다음 세대 미국에 대한 위협"이라는 기사에서 집에 대한 판스워스의 주장을 국제스타일과 바우하우스에 대한 공격으로 확대했다. 고든은 국제스타일과 르코르뷔지에와, 바우하우스와 발터 그로피우스를, 그리고 미스와 그 둘 다를 연관시켰다. 그녀는 미스의 건축을 "차가운" "불모지"라고 불렀다. 그의 가구는 "무균", "얇은", "불편함"이라고 불렀다. 고든은 "매우 지적인, 지금은 미스에게 환멸을 느낀 여성과 이야기를 나눴다. [그녀는 판스워스라는 이름을 밝히지 않았다.]라고 하면서, 7만

달러 이상의 돈을 방 하나짜리 유리 감옥에 썼다."고 말했다.[62]

그녀의 기사는 1920년대와 1930년대에 파울 슈츠-나움버그가 독일에서의 새로운 건축을 반대하기 위해 민족주의를 이용했던 것처럼 유럽에서 태동한 모더니즘이 미국에서 성공했다는 것을 암시했다. 그러나 그 결과는 분명히 달랐다. 미국은 결코 독일이 겪었던 우파의 득세로 고통받지 않았다. 그럼에도 불구하고 고든의 정서는 프랭크 로이드 라이트의 글에서 다시금 느낄 수 있다. "바우하우스의 건축가들은[라이트는 미스를 의미했다.] 독일의 정치적 전체주의에서 도망쳐 와서 오늘날 미국의 예술계에 자신만의 전체주의를 만들었다… 왜 내가 공산주의처럼 '국제주의'를 불신하는가? 왜냐하면 둘 다 근본적으로 문명이란 이름으로 모든 것을 평준화하기 때문입니다."[63]

미스는 변호사에게 "그녀가 우리를 비방하는 것을 그만두면" 아무것도 요구하지 않겠다고 제안했다. 레빈슨은 미스에게 그들은 판스워스를 막을 힘이 없다고 말했다. 그러나 대법관의 보고서에 따르면 "그녀는 당신에게 돈을 지불해야 한다."고 말했다.[64] 랜돌프 보어가 휴가를 떠나고 없는 상태에서[65] 페이슬러는 판스워스에게 "적은 금액"을 지불할 것을 설득한 그의 아들 메이슨과 일을 처리했다. 페이슬러는 미스가 원래 요구한 금액과 항소 비용 간의 차이 정도로 2,500달러를 제안했다. 메이슨 보어는 동의했다. 5년간의 투쟁이 끝났다. 미스의 법정 비용을 알지 못하지만 2만 달러가 넘는 것이 합리적이라고 추측한다. 놀랍게도 미스가 원래 요구한 금액인 $4,500과 판스워스의 요구액 $1,500 사이에 "합의"되었다. 그리고 랜돌프 보어는 그의 의뢰인을 변호하는데 성공했다. 그는 법정에서 상당한 벌금과 고통스러운 거짓말로부터 그녀를 보호했다.

. . .

그 집은 "거주할 수 없다."는 그녀의 성명에도 불구하고 판스워스는 20년 동안 이곳을 별장으로 잘 사용했지만 1968년 일련의 사건들로 그녀는 그 집을 매각하기로 결정했다.

첫 번째는 켄달 카운티가 1884년 폭스 강 다리를 그녀의 소유지 바로 옆으로 옮기려던 것이었다. 새로운 다리를 위해 북쪽 접근로는 폐쇄되고 동쪽으로 약 175피트 떨어진 곳으로 옮겨졌는데 판스워스의 소유지를 2에이커 가량 점유해야 했다. 다리와 도로는 특히 겨울에 집에서 볼 수 있었다. 판스워스는 시카고 트리뷴에 이야기했다. "[다리]는 180피트 이내 거리로 집 옆을 지나갈 것입니다. 지나가는 누구나 이 집을 들여다볼 수 있을 것입니다. 이 집은 전부 유리니까요."[66]

카운티의 계획을 막으려는 시도에서 판즈워스는 15년 전 미스의 법률팀 주니어 멤버였던 윌리엄 C. 머피William C. Murphy를 고용했다. 그녀는 그를 기억하고 좋아했다.[67] 새로운 다리의 위치가 결정된 후, 카운티의 보존국 공무원은 판스워스에게 원주민 유물이 그녀의 소유지에서 발견되었다고 했다. 판스워스가 고용한 고고학자들이 "사이트는 적어도 2,000년 전의 선사시대 유적이고 매우 중요하다."라고 그 사실을 확인했다.[68] 이 정보를 바탕으로 판스워스와 머피는 일리노이주에 이 저주받은 2에이커의 땅을 기부하려고 했다. 판스워스는 주 정부로부터 아무 답변을 듣지 못했고 도박은 실패했다. 후속 조치로 머피는 1968년 5월 25일 켄달 카운티의 원로들에게 보내는 편지에서 보다 더 관대한 제안을 했다.

> 위원회가 판스워스 소유지를 지나가는 5마일 교량의 조례를 철회하는 경우, 판스워스 박사는 공원을 위해 모든 재산을 헌납하는 증서를 켄달 카운티에 전달하고자 합니다. 대신에 그녀의 평생 동안 그녀의 서면 동의 없이는 어떠한 정부 기관이나 다른 사람에 의해서도 그녀의 사유지에 도로, 다리 또는 접근로가 세워지지 않아야 한다는 조건입니다... 다리는 다른 곳에서도 지을 수 있지만 이 제안이 거부되면 이 카운티의 사람들은 영원히 공원을 잃을 것입니다.[69]

머피의 제안이 받아들여졌다면 그 집은 공원의 일부가 되어 그 집의 역사는 매우 달라졌을 것이다.[70] 그러나 위원회는 이 제안을 거절했다. 판스워스는 머피를 통해 집과 땅이 함께 중요한 예술 작품인데 새로운 다리가 이 조화를 파괴할 것이라고 주장했다. 그녀는 25만 달러의 손해배상을 요구했으나 주민 배심원은 거부했다. 그녀의 유일한 위안은 그녀가 양도해야 했던 2에이커에 대한 $17,000의 보상금이었다.

학생때부터 판스워스 하우스를 알고 진심으로 좋아했던 영국의 부동산 개발업자인 피터 팔룸보Peter Palumbo는 1960년대 초, 런던에 건물을 지을 생각을 했고, 1967년 미스에게 프로젝트를 맡겼다. (13장의 맨션 하우스Mansion House 프로젝트 참조) 1968년 시카고의 미스를 방문했을 때, 그는 미스가 스코틀랜드에 그가 소유한 땅에 집을 설계할 수 있을지 여부에 대해 더크 로한에게 물어봤다. 로한은 차라리 그에게 판스워스 하우스를 구입할 것을 제안했다.[71] 팔룸보는 판스워스에게 연락했고, 얼마간 줄다리기를 하다가 $120,000의 가격에 동의했다.[72]

1971년에 판스워스는 시카고를 떠나 이탈리아로 갔다. 그녀는 플로렌스 인근 리폴리의 빌라 Vagno a Ripoli를 사서 회고록을 쓰고 현대 이탈리아시를 번역하고 시를 썼다. 그녀는 알비노 피에로Albino Pierro, 살바토레 콰지모도Salvatore Quasimodo, 그리고 1975년 노벨 문학상 수상자인 에우지노 몬탈리Eugenio Montale의 책을 번역했고 에우지노 몬탈리랑은 가까운 사이가 되었다. 팔룸보는 피렌체로 그녀를 방문했던 것을 기억했다. 그녀는 그를 위해 시를 낭송하기도 했다. 그녀는 1977년 이탈리아에서 74세의 나이로 사망했다.

팔룸보는 1968년에 이 부동산을 구입했으나 판스워스는 3년 더 거주했다. 2003년에 주택을 매각할 때까지 그는 이상적인 집주인이었다. 런던에 주로 살면서 가끔씩 방문했고 관리인이 주로 맡아서 관리했다. 판스워스는 데크의 방충망을 설치했지만 팔룸보는 집을 넘겨받자마자 낡고 헐렁한 스크린을 없앴다. 원래 집안의 모든 가구를 디자인하려 했던 미스의 의도와는 달라졌던 집에 팔룸보는 미스가 디자인한 가구들[73]과 그 중에서도 중요한 바르셀로나 파빌리온에 있던 오리지날 검정색 유리 테이블도 구입했다. 그는 또한 더크 로한에게 거실용 책상과 식탁용 테이블 설계를 의뢰했으며, 재가 떨어지거나 튀는 것을 방지하는 장치를 추가로 벽난로에 설치했다. 에어컨도 설치했는데, 로한은 실외기를 지붕과 코어에 숨겨서 보이지 않게 했다.

팔룸보는 판스워스가 거의 신경 쓰지 않았던 대지를 재단장하기 위해 영국 조경가인 래닝 로퍼Lanning Roper에게 의뢰했다. 로퍼는 집의 동쪽과 서쪽에 새로운 나무를 심고 북쪽에 초지를 두고 수천 그루의 다양한 나무를 심었다. 그는 미스가 신중하게 고려했던 커다란 검은 단풍 나무를 좋아했다. 팔룸보는 집안의 벽에 그림을 걸지 말도록 했던 미스의 의도를 따랐지만, 조각품은 괜찮다고 생각해서 실내 및 실외 여러 곳에 놓았다. 땅을 가로 지르는 순환 길을 따라 헨리 무어Henry Moore, 리차드 세라Richard Serra, 안소니 카로Anthony Caro, 클래스 올덴버그Claes Oldenburg 및 앤디 골드월씨Andy Goldsworthy의 조각과 베를린 장벽 일부 및 몇개의 런던 전화부스를 전시했다.

팔룸보의 엄청난 돈으로도 날씨를 어찌할 수는 없었다. 1954년 초, 강이 범람해 집안으로 홍수가 들이쳤다. 가구 및 커튼이 손상되었지만 구조는 영향을 받지 않았다. 판스워스가 거주했던 동안에도 많은 홍수가 있었지만 최악은 24시간 동안 18인치의 강수량이 내린 1996년 7월에 발생했다. 아무도 집에 다가갈 수 없었다. 두 개의 커다란 유리가 엄청난 홍수에 깨지자 모든 게 강으로 떠내려 갔다. 코어가 수리할 수 없을 정도로 손상되었다. 가구는 파손되었고 예술 작품들의 일부는 하류로 휩쓸려 갔다. 물은 바닥 위로 4피트 10인치까지 넘쳤다. 팔룸보는 그 때 멀리 있었다. 그는 로한에게 50만 달러를 들여 전면적인 복구를 요청했다.

2000년 65살의 나이가 된 팔룸보는 암 수술과 심각한 심장 상태로 인해 결국 그 집을 팔기로 결정했다. 집을 다른 곳으로 옮길 수도 있을 사람에게 집이 팔릴 거라는 소문이 돌았다. 시카고 건축가인 헬무트 얀Helmut Jahn, 로날드 크루엑Ronald Krueck 및 조지 라슨George Larson은 시카고의 사업가이자 예술 후원자인 존 브라이언John Bryan에게 지원을 요청했다. 이상적인 구매자가 일리노이 주정부라고 생각한 브라이언은 조지 라이언George Ryan 주지사의 지지를 얻기 위한 캠페인을 시작했다. 그는 주요 일리노이

신문의 편집장들을 만나 이 집의 뛰어남을 알렸다. 10개의 사설이 신문에 실렸다. 주지사는 750만 달러를 지원할 것을 약속했다. 그러나 2002년 라이언은 재선을 모색하기로 결정했고 차기 법무장관이었던 리사 매디간Lisa Madigan이 주정부의 빈곤한 재정 상황으로 인해 구매를 허용하지 않아 결국 좌절되었다.

팔룸보는 이러한 결정까지 2년을 기다렸다. 이제 돈은 다른 데서 나와야 했다. 브라이언과 그의 그룹은 일리노이 주의 역사보존 및 랜드마크 보존협의회와 협의를 시작했다. 그들은 팔룸보에 접근하여 구매의사를 타진했다. 그는 1천만 달러를 원했고, 브라이언은 그보다 적은 금액을 제안했지만 팔룸보는 거절했고 결국 소더비Sotheby 경매에 부쳐졌.

경매는 2003년 12월 12일에 예정되어 있었다. 전날 아침까지 소더비의 예상치인 4.5-6백만 달러보다 적은 360만 달러를 브라이언이 갖고 있었다. 브라이언팀의 자금 대부분은 브라이언으로부터 50만 달러와 LPCI와 NTHP로부터 각각 1백만 달러로 구성되어 있었다. 그날 오후, LPCI의 데이빗 발만David Bahlman 회장은 미스의 프로몬토리 아파트에 살던 부유한 건축가였던 잭 리드Jack Reed에게서 전화를 받았다. 리드는 50만 달러를 약속했다. 발만은 또한 일본 건축가 안도 타다오Ando Tadao가 설계한 집을 소유한 시카고 텔레비전 중역 프레드 아이챠너Fred Eychaner와 만났다. 아이챠너는 마음을 정하지 못한 채 뉴욕에 왔다: 그는 돈을 보탤 수도 있고, 아니면 자기가 직접 입찰할 수도 있었다. 브라이언과 만난 후, 그는 75만달러를 약속했다.

다음날 아침, 브라이언 팀은 경매의 귀재로 알려진 갤러리스트 리처드 그레이Richard Gray와 입찰 전략을 짰다. 잭 리드는 그날 25만 달러를 추가로 서약했다. 브라이언은 LPCI가 1백만 달러를 두 배로 늘리면 자신이 50만 달러를 두 배로 늘릴 수 있다고 제안했다. NTHP가 소유할 인접 토지의 예상 판매대금에 대해 2백만 달러를 차입한다는데 동의했다. 이 경매는 전국적인 관심을 끌었다.

5시 30분에 시작된 입찰은 3.5백만에서 4.5백만으로 천천히 오르고 5백만에 도달하자 입찰자 2명이 탈락했다. 6백만이 되자 긴장이 차올랐다. 브라이언은 아이챠너로부터 5십만불과 추가로 25만을 받기로 했다. 브라이언은 그레이에게 6.5백만까지만 입찰할 것을 지시했다. 그레이는 6.7백만까지 입찰했다. [브라이언은 그레이에게: "딕, 당신 혼자 내린 결정이란 것을 알기를 바랍니다."] 마지막 남은 두개의 입찰가 모두 [그레이의] 것이었다. 가벨은 6.7백만에 그만뒀다. 부스에서 지켜보던 모두가 환호하며 포옹을 했다.[74]

미국 시절의 전성기: 주거 작업 1950-59

[11]

우리는 아무런 장식도 하지 않았습니다. 이것은 구조입니다. 우리는 꼭 필요한 것만을 만든 뒤에 그대로 받아들입니다.
미스, 860-880 노스 레이크 쇼어 드라이브에 대해

미스는 일을 끝내기 위해 사무실에서의 효율성은 전혀 고려하지 않았습니다. 그것은 단지 그의 마음속에 들어있지 않았습니다.
진 서머스, 1950년대와 1960년대 미스의 수석 디자이너

그래서 나는 언젠가 미스에게 말했습니다. "당신의 오픈플랜에서 자녀, 부모와 함께 이 가족을 키울 수 있음을 의미합니까?"
마이론 골드스미스, the Fifty by Fifty House의 프로젝트 건축가, 미스에 의문을 제기하다.

1958년경부터 그리고 인생의 마지막 10년 동안 관절염 때문에 미스는 휠체어를 타야 했다. 꼭 필요한 경우에만 목발을 짚고 간신히 움직일 수 있었다. 그의 고통은 지루한 치료와 음주를 통해 어느 정도 참을 수 있었다. 그러나 이 수년간은 그의 신체적 쇠퇴와는 반대로 그의 명성이 최고조에 달했던 시기이기도 했다. 이 장과 다음 장의 목록과 비평은 미스의 미국에서의 작업에서 가장 중요한 건축 작업이다. 아파트 프로젝트가 먼저 논의되고 12장에서 다른 주요 작업이 다루어진다.

· · ·

미스의 학생 Y.C. 웡Y. C. Wong은 1950-1957년 사이에 3차례에 걸쳐 그를 위해 일했고, 스키드모어, 오윙스 & 메릴Skidmore, Owings & Merrill(SOM)에서도 1년 동안 일했다. "SOM에서는 복잡했습니다. 훨씬 더 컸고, 사무실에서 돌아가는 모든 일을 알 수 없었습니다. 미스의 사무실에서는 할 수 있는 일이라면 무엇이든 해야 했습니다."[1] 미스는 결코 큰 사무실을 가지지 않았지만 1950년대에 들어서면서 그의 작업은 꾸준히 성장했다. 1952년 시카고의 루프 Loop에 있는 37 사우스 와바시37 South Wabash에서 230 오

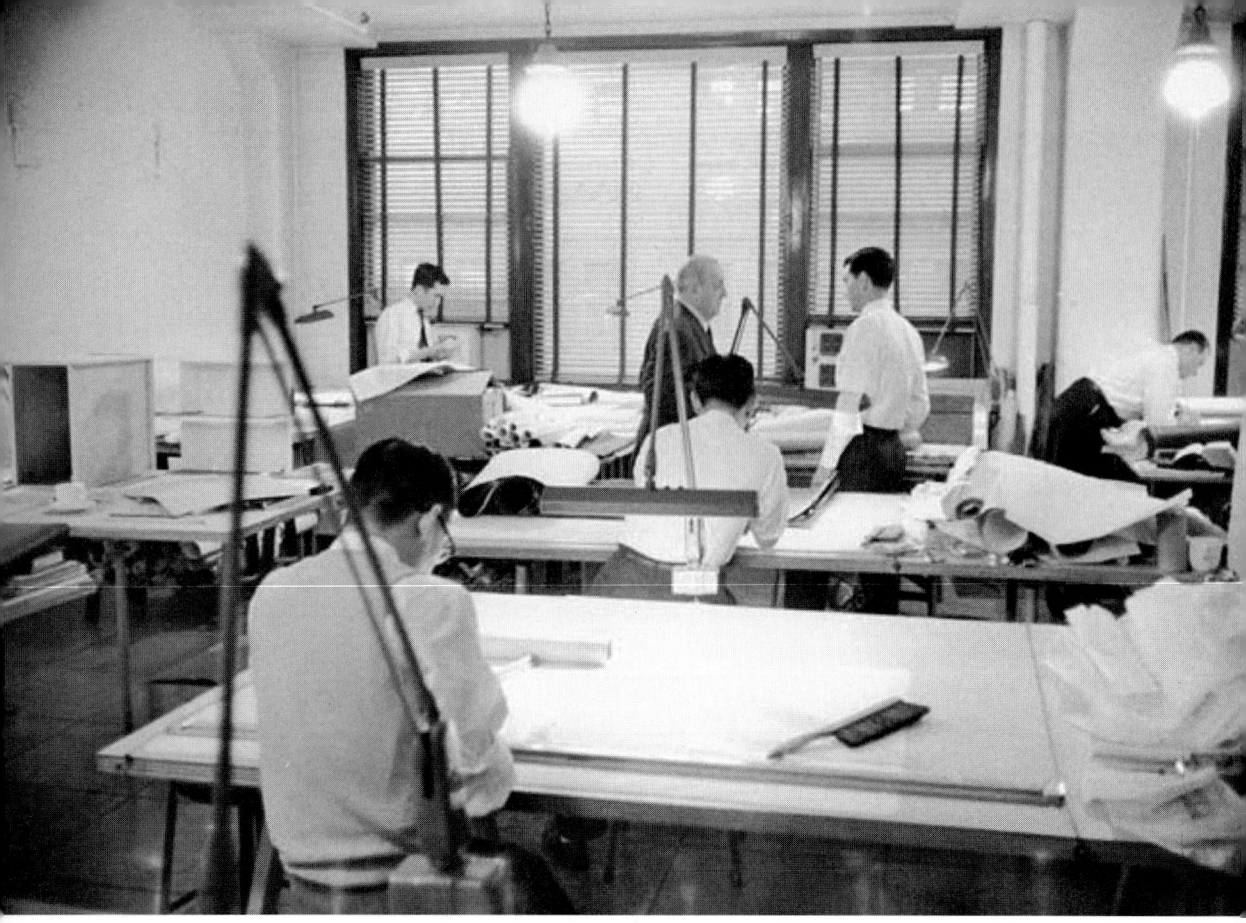

사진 11.1
230 이스트 오하이오 스트리트의 로프트 빌딩에 있던 미스 사무실, 1956. 미스가 검정색 자켓을 입고 있다. 그는 IIT 졸업생들만을 직원으로 뽑았고 거의 대부분이 그보다 40세 정도 어렸다. 프랭크 쉬스첼 / 타임&라이프 픽쳐스 / 게티 이미지.

하이오 스트리트230 East Ohio Street(사진 11.1)의 비즈니스 중심 지구 근처의 로프트로 이전했다. 1959년에 미스의 오하이오 스트리트의 공간을 그의 스태프가 35명 정도- 중간 크기의 사무실 -가 되었을 때 약 1만 평방피트로 두 배로 늘었다. 조셉 후지카와Joseph Fujikawa는 "개발업자 프로젝트"를 이끌었고, 모델 샵을 만든 에드워드 더켓Edward Duckett은 계속해서 그 담당이 되었다. 다른 주요 스태프였던 윌리엄 던랩William Dunlap은 1951년 미스를 떠나 SOM으로 갔고 미국에서 가장 강력한 미이시안Miesian 작업을 이끌었다. 미스의 가장 재능 있는 학생 중 두 명인 자크 브론슨Jacques Brownson과 마이론 골드스미스는 제2 시카고 학파Second Chicago School로 알려진 미이시안Miesian 아키텍처 집단의 중심이 되었다.[2]

던랩과 골드스미스는 SOM 파트너가 되었고 리차드 J. 데일리Richard J. Daley 시장이 가장 좋아했던 회사인 C.F 머피 어쏘시에이츠C. F. Murphy Associates의 디자이너가 되었다. 1950년대 중반에는 진 서머스 Gene Summers가 미스의 수석 디자이너로 떠올랐지만 후지카와는 여전히 강력했다(사진 11.2). 서머스의 승진은 뛰어난 디자인 재능, 사업적인 마인드, 지칠 줄 모르는 작업의 결과였다 - 스태프의 역할과 직급은 결코 미스의 사무실에서 공식화 되지 않았다 -.[3] 브론슨과 마찬가지로, 나중에 그는 C.F 머피 어쏘시

사진 11.2
1956년 10월 사무실에서 미스와 함께 있던 28살의 진 R. 서머스. 미스가 시그램 빌딩 플라자에 놓일 벤치를 위한 대리석 샘플을 점검하고 있다. 플라자와 타워의 저층부 모형이 뒤로 보인다. 프랭크 쉬스첼 / 타임&라이프 픽쳐스 / 게티 이미지.

에이츠로 옮겼는데, 1960년대 후반과 1970년대 초에 디자인 책임자로서 여러 주요 건물을 담당했다.

1950년대 미스의 정규 컨설턴트로는 구조 엔지니어인 프랭크 코내커Frank Kornacker, 조경가(IIT 교수), 알프레드 콜드웰, 기계 공학자(IIT 공과 대학 교수) 윌리암 굿맨William Goodman, 뉴욕의 조명 디자이너 리차드 켈리Richard Kelly가 있었다. 루드위히 힐버자이머는 1967년 사망할 때까지 미스의 동료이자 대변인으로 남아 계속 가르치고 글을 썼다. 미스는 나이가 들고 장애를 겪게 되자 오랜 기간 동안 사무실에 나오지 못했고, 그는(주로 서머스와 함께) 쿠바의 바카르디 컴파니Bacardi Company 사옥과 베를린의 뉴 내셔널 갤러리New National Gallery 같은 몇 개의 프로젝트에만 집중했다.

. . .

1940년대 시카고에서 시작된 비즈니스 관계는 미스의 경력 중 가장 중요한 것이 되었다. 그 관계는 29세의 랍비 학자에서 부동산업자가 된 허버트 그린왈드Herbert Greenwald가 찾아오면서 시작되었다. 1947년 MoMA 전시회를 통해 미스의 디자이너로서의 명성이 더욱 확고해 졌다면, 그린왈드를 통해 마침내 커다란 건물을 실현할 수 있게 되었다.[4] 결과적으로, 미스의 혁신적이고 경제적인 작업은 그린왈드(사진 11.3)에게도 행운을 불러왔다.

1930년대 후반 시카고 대학에서 철학을 전공하면서 그린왈드는 시카고 건축가인 존 홀스만John Holsman 밑에서 여름방학 동안 잠시 일했다. 이 경험을 바탕으로 그는 허버트 건설회사Herbert Construction Company를 설립했다. 1946년까지 그는 에반스톤Evanston 교외에 3개의 별 특징 없는 아파트를 지었다. 그는 또한 변호사이자 투자자인 사무엘 카젠Samuel Katzen으로부터 재정적 지원을 받았는데 그는 시카고 사우스 레이크 쇼어 드라이브South Lake Shore Drive의 땅에 대한 권리를 갖고 있던 그룹의 일원이었다. 카젠은 그린왈드에게 개발 담당 부서장을 맡겼고, 그린왈드는 "세계 최고의 건축가"를 확보하기 위한 임무에 착수했다.[5] 그는 먼저 라이트를 찾아갔지만 그는 250,000달러의 비용을 설계비로 요구했다. 그린왈드에게는 너무 비싼 금액이었기 때문에 다음으로 엘리엘 사아리넨Eliel Saarinen에게 갔다. 당시 엘리엘 사아리넨은 크랜브룩 아카데미Cranbrook Academy 때문에 너무 바빴다. 그린왈드의 다음 후보였던 하버드의 발터 그로피우스도 거절했지만 그는 그린왈드에게 시카고에 있는 "우리 모두의 아버지" 미스 반 더 로에를 찾아가라고 조언했다.[6] 3명의 "더 위대한" 건축가들에게 거절당한 후, 그린왈드는 마침내 미스를 찾아갔다.

사진 11.3
1956년 미스와 허버트 그린왈드가 디트로이트의 라파옛 파크를 위한 건물 모형을 들여다 보고 있다. 그린왈드 덕분에 미스는 첫번째 거대 스케일의 상업건물을 완성할 수 있었다. 그린왈드는 이 사진을 찍은 3년 뒤 비행기 사고로 사망했다. 프랭크 쉬스첼 / 타임&라이프 픽쳐스 / 게티 이미지.

사진 11.4 (오른쪽면) 프로몬토리 아파트, 시카고(1949). 미스의 첫번째 실현된 고층 건물. 거리에서 바라본 동측 입면. 올라갈수록 뒤로 물러나는 기둥을 주목하라. - 미스와 그의 스탭들에겐 실망스럽게도 - 벽돌 스펜드럴을 마구잡이로 뚫는 에어컨 유닛들이 1950년도에서 60년도에 설치되었다. 이웃건물로부터 화재를 막기위해 프로몬토리의 측벽은 창문을 만들수 없었다..

1915년 세인트루이스에서 태어난 그린왈드는 14세의 나이에 집을 떠났다. 아들 베넷 Bennet에 따르면,[7]

그는 아버지의 폭력적 성향을 참을 수 없었다. 그는 랍비가 되기 위해 뉴욕의 예시바 Yeshiva 대학으로 갔다. 그는 항상 덤불이 타오르고 막대기가 뱀으로 변하기를 간절히 기다렸지만 그런 일은 결코 일어나지 않았다. 그는 동료 학생들의 탐욕과 무책임함에 환멸을 느꼈지만 종교의 윤리를 사랑했다. 그는 잘 훈련받은 좋은 학자였다… 그래서 그는 다른 대학을 찾아봤고 그 당시 아이디어의 온상이었던 시카고 대학교 University of Chicago에 흥미를 느껴 등록했다. 그러나 돈이 다 떨어져서 학위를 마치지 못했다.

그린왈드의 아들에 따르면, 그는 "우리의 환경을 바꾸기 위해 부동산 사업에 뛰어 들었다."[8] 프로몬토리 아파트Promontory Apartments와 함께 역사적인 파트너십이 시작되었다. 1950년대의 미스 사무실의 많은 작업은 시카고와 디트로이트의 프로젝트를 포함하여 그린왈드로부터 의뢰받은 것이었다. 나중에 뉴욕, 샌프란시스코 및 그 주변 개발에 대한 연구 및 제안도 이루어졌다. 당연한 일이지만 그린왈드는 미스를 존경했다. 조셉 후지카와는 그린왈드가 "초창기에는" 건축 문제에 관해서 "전적으로 미스에게 일임했다."고 했다. 브루노 콘테라토Bruno Conterato도 동의했다: "때로는 허브(그린왈드의 애칭)가 미스의 디자인 결정을 칭찬하기 위해 너무 흥분한다고 느꼈다. 나는 허브가 '미스씨, 당신이 또 해냈군요!'[9]라고 말했던 것을 기억한다." 어쨌거나 그린왈드는 미스의 건축작업에 있어서 가장 중요한 인물이 되었다.

· · · ·

시카고의 하이드 파크에 있는 강변에 1949년에 완성된 22층의 프로몬토리 아파트는 미스가 최초로 설계하고 실현한 고층빌딩(사진 11.4)이었다. 그는 60세가 된 1946년 가을, 그의 스태프가 4-5명 정도였을 때 그 작업을 시작했다. 서류상으로, 미스는 그의 학생이었던 찰스 겐트너Charles Genther가 이끄는 회사인 페이스 어쏘시에이츠Pace Associates의 디자인 컨설턴트 역할이었다. 노출 콘크리트 구조였던 프로몬토리는 더 잘 알려진 미스의 후속 타워(철골 및 유리로 된 건물로 그의 미국시기의 대표적인 작업)의 전형은 아니었다. 그리고 완공되기도 전에, 프로몬토리는 1949년에 860 & 880 노스 레이크쇼어 드라이브에 건설된 강철 외피로 둘러싸인 레이크쇼어 드라이브 아파트의 그늘에 가려졌다.

　50여 년 동안 책과 기사들을 통해 프로몬토리는 원래 강철 또는 알루미늄 외벽이었으나 예산상의 제약이나 전후의 철강 부족 때문에 콘크리트로 지어졌다는 주장이 되풀이되었다. 그 주장은 커다란 멀리언으로 된 건물 입면을 묘사한 3장의 도면에 의해 충분히 뒷받침된 것으로 보였다. 그러나 마이론 골드스미스가 1947년 미스의 지시에 따라 그린 "프로몬토리 스틸 버젼" "Promontory steel versions"은 완공된 후에 이루어진 연구였다.[10] 860 프로젝트 직전에 이 작업이 이루어졌고 프로몬토리에서 이루어지지 못한 도면이라고 잘못 알려지게 되었다.

　그럼에도 불구하고 프로몬토리는 획기적인 건물이었다. 시카고 최초의 현대적인 고층 아파트 건물로서 전형적인 1920-30년대의 콘크리트 구조였지만 외관에는 별다른 장식이 없는 현대적인 모습이었다. 프로몬토리는 뉴욕에서는 일반적이었지만 시카고에서는 흔하지 않았던 "협력적인" 자금 조달방식을 처음으로 그린왈드가 사용했다.(그는 860에서 다시 이 방법을 사용했다.) "co-op"에서 아파트는 아파트를 소유하고 관리하는 회사의 지분으로 간주된다. 기술적으로, 주주는 회사로부터 각 아파트를 임대하고 회사가 건물을 담보물로 가지고 있기 때문에 자금을 쉽게 빌릴 수 있었다. 개발업자는 일반적으로 아파트 가치의 절반을 융자하고 나머지 절반은 주주들의 주식대금으로 충당했다. 소유주는 시장 가격보다 낮은 가격에 집을 얻는 대가로 개발 부채부담을 감당했다. 당시 은행은 협동조합에 대한 모기지가 없었으므로 구매자는 현금을 지불해야 했다. 결과적으로, 재정상태가 양호한 사람들만 참여할 수 있었다.

건설 예산이 크게 줄었지만, 프로몬토리의 유닛 구성은 럭셔리한 2베드룸과 3베드룸 아파트로 되어 있었다. 미스는 전면에 16피트 6인치 구조 모듈을 8개 베이로, 측면에 17피트의 2개 베이로 채택했다. 4개의 아파트는 동쪽으로는 호수를, 서쪽으로는 도시를 바라본다. 유닛수를 늘리기 위해 각 층에 2개의 아파트가 추가되어 전체적으로 이중-T 모양의 평면이 되었다. 호수 쪽에서 건물은 깔끔한 슬라브로 보이지만 서쪽에서는 일반적인 1920년대 아파트의 뒷면처럼 보인다. 미스의 "명확한 구조"는 7, 12 및 17층에서 기둥이 약간씩 뒤로 후퇴하여 높이가 높아짐에 따라 하중이 줄어드는 것을 표현하였다. 이러한 후퇴가 일반적인 방식처럼 벽 안쪽에 숨겨져 있는 것이 아니라 외부에 "표현"되었다. 콘크리트 바닥 슬래브의 가장자리 또한 노출되어 전체 콘크리트 구조가 잘 보인다.

이중-T 자형 평면에도 불구하고, 1층은 투명했다. 여기서 프로몬토리는 "미시안" 스타일을 잘 보여준다. 1940년대 후반에는 실내에 주차 공간이 필요하지 않았기에 외부 공간은 주로 지상 주차로 사용되었다. 미스는 T 사이에 놀라울 정도로 개방적인 로비를 만들었고, 동쪽과 서쪽으로 커다란 유리를 끼우고 주차장을 가리는 작은 정원을 만들었다. 동쪽의 유리창은 외부에서 안쪽으로 셋백되어 매력적인 아케이드를 연출했다. 공간의 흐름이 열려 있고, 타워가 머리 위에 떠있는 것처럼 보인다(사진 11.5). 이러한 효과는 오픈 드라이브 도로와 거리를 마주하는 두 가지 서비스 영역의 고측 창으로 더욱 강화된다. 외관상으로 수수한 로비는 아름답게 디테일 처리되었다. 인테리어 벽은 IIT에서와 마찬가지로 베이지색 벽돌이고, 각 엘리베이터 로비에는 자작나무 선반이 있었다. 우편실에는 반투명 유리 선반 위에 떠있는 강철과 유리로 된 우편박스를 만들었다. 미스는 또한 석회석으로 된 좌석이 있는 나무 프레임 벤치와 복도 조명, 집 번호를 위한 글자를 직접 디자인했다.

미스는 다른 유닛 레이아웃을 테스트할 때 대단히 세심하게 접근했다. 아파트는 전통적인 방식으로 지어졌고, 알루미늄 프레임에 유리는 스펜드럴 윗 부분만 있었다. 그러나 디자인 스터디에서는 오픈 플랜 레이아웃과 "방들" 사이를 나누는 목재가구들을 연구하기도 했다. 타워의 측면이 건축 가능한 다른 대지에 인접하기 때문에 시카고 건축법은 건물의 코너를 감싸는 유리를 금지하고 솔리드한 측벽을 설치해야 했다. 따라서 거실이 두 개의 코어에 인접해 있으며 침실이 평면의 끝으로 밀려났다. 이것은 더 짧은 복도와 약간 더 큰 유닛을 의미했다. 각 아파트에는 작은 다이닝 공간이 있지만 내부 동선은 구불구불했다.

사진 11.5
프로몬토리 아파트, 시카고(1949); 북쪽의 열주를 바라본 전경. 미스는 열주를 그가 디자인한 글래스 타워의 시그니처로 요소로 삼았다. 이 건물이 그 첫번째이다.

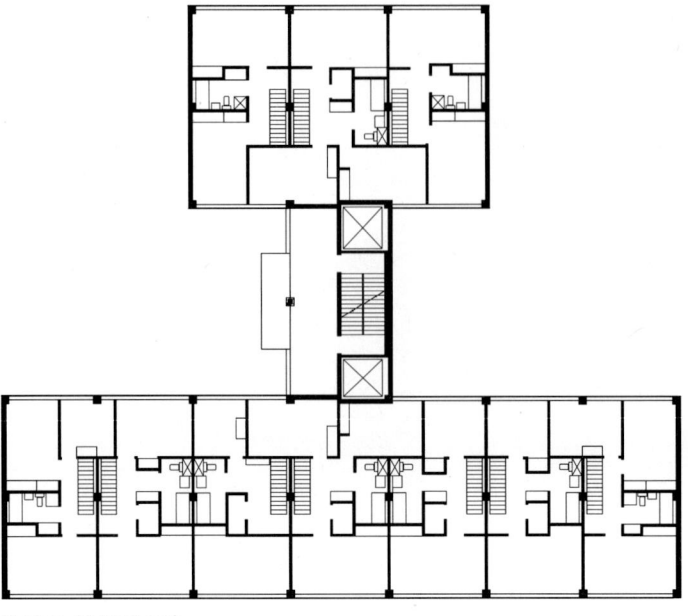

Duplex - Upper Level

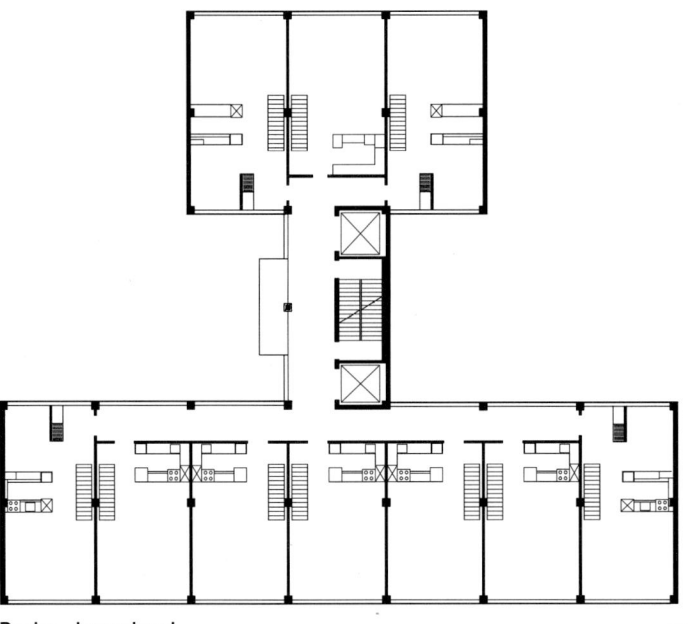

Duplex - Lower Level   N▶

사진 11.6 (왼쪽면) 프로몬토리 아파트, 시카고(1949); 듀플렉스 유닛과 T자형 평면의 다른 계획안. 윗쪽, 침실과 욕실이 있는 듀플렉스 유닛의 상층부. 아랫쪽, 거실, 부엌, 내부계단과 복도. 이 계획안은 대단히 현대적이었고 2차 세계대전 이후의 주택시장을 훨씬 앞선 것이었다.

미스가 하나의 얇은 T[11](사진 11.6) 자형 평면 레이아웃에서 듀플렉스 방식을 테스트한 다른 평면은 이와는 완전히 반대된다. 오늘날 우리가 "로프트"라고 부르는 거실, 아래층의 개방형 주방, 그리고 위층으로 이어지는 개인 공간으로 이루어진 19피트 폭의 거의 동일한 10개의 아파트가 있었다. 주 침실은 동쪽을 향하고 하나 또는 두 개의 작은 침실이 서쪽을 향한다. 호수를 마주보고 있는 7개의 유닛은 서쪽 벽을 따라 복도에서 들어간다. "위층"의 경우에는 공통 복도가 필요하지 않기에 이 공간은 서쪽을 향하는 침실이 된다. 코어에는 두 대의 엘리베이터 및 주요 평면 요소와 계단 사이의 연결 복도가 있다. 이것은 대지에 대한 훌륭한 해결책이자 고층 생활의 가능성에 대한 흥미로운 계획이었다.[12]

미스가 벽돌 스팬드럴과 노출 콘크리트 프레임의 조합을 발명하지는 않았지만 프로몬토리는 그 시스템을 가장 널리 알렸고 많은 영향을 끼쳤다. 그것은 또한 대단히 경제적이었다: 콘크리트 구조는 값싼 창문과 스팬드럴과 함께 외장의 일부가 되었다. 1950년대에 이 시스템은 미스 자신이 개발한 기술적으로 더 진보된(더 비싼) 커튼월의 경쟁자였다. 고층 공공주거가 유행할 무렵, 벽돌 스팬드럴과 콘크리트 프레임은 당연한 선택이 되었다. 시카고와 미국의 많은 도시 곳곳에 미적 가치가 떨어지는 프로몬토리와 비슷한 건물이 들어섰다. 프로몬토리는 결국 20세기의 가장 논란을 일으키는 도시 건축과 많은 공통점을 갖게 되었다.

. . . .

프로몬토리 프로젝트가 진행 중인 와중에, 그린왈드는 시카고 호숫가의 다른 지역을 관심있게 지켜봤다. 1948년 중반 그는 미스에게 인디언 빌리지Indian Village라고 알려진 전쟁 전에 지어진 여러 채의 주거 건물군 사이에 있는, 프로몬토리에서 북쪽으로 약 0.5마일 떨어진 땅에 대한 옵션을 연구하도록 요청했다. 코넬Cornell과 이스트 엔드 애비뉴East End Avenue 사이의 하이드 파크 대로Hyde Park Boulevard 북쪽의 남쪽 땅은 비어 있었다. 동쪽 5지구를 가로지르는 북쪽의 다른 아파트는 27층짜리 석조의 1920년대 아파트 건물 옆 구석에 자리 잡고 있었다.

3개월 후 레이크 쇼어 드라이브 아파트Lake Shore Drive Apartments(860-880 North Lake Shore Drive)가 들어설 땅이 나왔고 그린왈드는 이 땅을 더 선호해서 알곤퀸 아파트Algonquin Apartments라 불리던 인디언 빌리지 프로젝트를 중단했다. 이는 알곤퀸에 대한 자금 확보가 불가능해 짐에 따른 결정이기도 했다.[13] 미스는 알곤퀸 아파트 1번 계획안Algonquin Apartment Buildings Scheme No.1으로 알려진 북쪽의 알곤퀸 지역을 위한 트윈 타워 아파트 및 로비에 대한 계획안을 만들고 프레젠테이션용 모형을 준비했

사진 11.7
알곤퀸 아파트 빌딩 프로젝트 모형, 시카고(1948). 입면은 프로몬토리 아파트랑 비슷했지만 몇개의 베이는(가운데 왼쪽) 전체가 유리로 되어있다. 적당한 높이에 정사각형 평면, 노출된 커다란 기둥은 그다지 인상적이지 않은 조합을 만들었다. 사진: 헤드리치-블레싱; 시카고 역사 박물관. HB-11601-B.

다. 미스가 거의 관여하지 않고 페이스 어쏘시에이츠가 설계한 두 번째 알곤퀸 프로젝트가 결국 실현되었다. 2번 계획안Scheme No.2으로 불리는 이 6개의 14층짜리 건물들은 알곤퀸 아파트라고 불린다. 그 건물들은 "미스 반 더 로에가 디자인했다."라고 잘못 알려져 있다.[14]

알곤퀸 1번 계획안은 실현되었다면 미스가 디자인한 첫번째 타워였을 것이다[15](사진 11.7). 모형 사진에는 주변 상황 없이 두 동의 건물만 대칭으로 서 있는 모습이다.[16] 외관은 알루미늄 프레임 아래 벽돌 스팬드럴과 더불어, 프로몬토리와 유사했지만 부분적으로 나마 처음으로 주거용 고층 건물에 통유리로 된 창을 사용했다.

개발업자들은 전체 유리로 이루어진 외장을 별로 좋아하지 않고 심지어 860-880 "글래스 하우스"도 자금 조달에 어려움을 겪었다. 개발업자들은 주택시장이 현대적인 아파트를 받아들일지 확신할 수 없었고 알곤퀸 외관은 부분적으로 이것을 반영했다. 여러 가지 면에서 건물은 프로몬토리를 따랐다; 벽돌로 채워진 콘크리트 프레임은 거의 동일하고, 기둥 단면은 올라갈수록 점차 축소되었으며, 지상층은 로비 반대편에 있는 침실 1개짜리 아파트 한 쌍으로 줄이기 위해 (삼면 쪽에서만)후퇴되었다.

알곤퀸이 취소된 것은 미스에겐 차라리 다행이었다. 알곤퀸, 860-880 및 많은 아파트 평면을 만든 조셉 후지카와는 이 디자인이 "투박"하다고 생각했다.[17] 그들은 높이가 200피트였지만 길이는 85피트였고 심지어 19세기 표준에 비춰봐도 땅딸막했다. 16피트 6인치 기둥 간격과 외피는 콘크리트로 둘러쌓았다. 스무 개 기둥 중 4개가 벽돌로 덮여 있었다. 구조 시스템은 이미 시대착오적이었으며, 기둥과 슬래브로 이루어진 고층 구조는 50년 동안 천천히 진화했다. 10년도 되지 않아, 미스는 에스플래나드 아파트Esplanade Apartments에서 현대적인 평슬래브 건설을 개척했으며 21피트의 기둥 간격과 건물 외피로부터 안쪽으로 들인 기둥을 사용했다. 알곤퀸의 "구조적 표현"은 심지어 미스 자신의 원칙과 모순되는 것처럼 보였다. 프로몬토리에서의 기둥을 점진적으로 후퇴시키는 "논리"를 그대로 카피하여 알곤퀸의 코너에서 오른쪽으로 기울어진 육중한 버트레스를 사용했다. -미스도 잘 알았던 것처럼 이 기둥들은 가장 적은 무게를 받았다.

이러한 문제들은 처음부터 철골로 의도된 860-880 노스 레이크쇼어 드라이브에서 해결되었다. 그러나 1951년 이 프로젝트가 거의 끝났을 때, 알곤퀸 2번 계획안 역시 다시 살아났다. 페이스 어쏘시에이츠의 책임자인 찰스 겐트너는 그린왈드가 1948년에 제안했던 지역에 6개의 14층 건물을 짓는 알곤퀸 프로젝트를 부활시켰다. 겐트너는 알곤퀸 1번 계획안이 너무 커서 자금 조달에 어려움을 겪게 된 것을 알았다. 한 모기지 업체가 건물 여러 동을 단계적으로 건설할 것을 제안했고 겐트너와 그린왈드는 6개의 타워로 재구성했다. 겐트너는 미스가 알곤퀸 2번 계획안의 디자인 건축가라고 주장했으며, 미스 아카이브에는 건축물에 대한 개념 입면도 및 공용 공간에 대한 디테일이 포함되어 있다. 그러나 같은 인터뷰에서 겐트너는 자신이 점심식사 도중 종이 냅킨 위에 "설비기술자인 존 호스만과 함께 건물을 설계했다"고 자랑했다.[18] 미스가 제공한 연구는 아마도 미스의 손길이 닿지 않았을 것이다. 그는 알곤퀸에 대한 권리를 결코 주장하지도 않았다.

• • •

860 & 880 노스 레이크쇼어 드라이브의 철골과 유리로 된 타워는 역사상 가장 유명한 건물 중 하나다(사진 11.8과 11.9). 처음에는 레이크 쇼어 드라이브 아파트라고 불렸고 사람들은 "글래스 하우스Glass Houses"라고 불렀다. 지금은 보통 "860"이라고 불리는 이 두 건물은 너무 많이 복제되었고 너무나 잘 알려져서 그 기원을 찾기조차 어려울 정도이다.

860에서 실현된 강철과 유리의 건축 어휘는 1940년대 초부터 미스가 관심을 갖고 개발했고, IIT '금속 & 미네랄동'에서 시작하여 지어지지 않은 '도서관 & 행정동'에서 처음으로 완성도 있는 작업을 했으며 네이비 빌딩에서 프로토 타입으로 지어졌다. 그는 또한 이 문제를 학생들과 함께 고민했다.

이 건물들과 연구들, 그리고 1946년에 디자인은 끝났지만 당시는 지어지지 않았던 판스워스 하우스에서 미스는 열 압연 강판과 표준 압연 강판을 조합하여 "건축적으로 드러난" 또는 "건축적으로 용접된" 강재의 사용과 표현을 실험하고 새로운 건축 형태와 가능성을 제시했다. 앞서 언급했듯이, 미스는 프로몬토리가 완성되기 전에도 와이드 플랜지 멀리언으로 외벽을 디자인했다. 이 개념은 판스워스 하우스의 기둥과 외벽의 연결 방식을 여러 층으로 확장한 것이었다. 강철과 유리로 덮인 고층 빌딩을 설계할 기회가 드디어 왔고, 미스는 준비가 되어 있었다.[19]

건물이 완성된 직후의 언론 인터뷰에서 미스는 자신의 방법을 설명했다: "우리는 아무런 장식도 하지 않았습니다."라고 주장했다. "이것은 구조 그 자체입니다. 우리는 꼭 필요한 것만을 만든 뒤에 그대로 받아들입니다."[20] 이것은 객관주의자인 미스의 의기양양한 발언이며 실제 디자인의 특징이었고, 그의 모든 작품 중에서 860은 미스가 객관적인 건축이라고 믿었던 가장 강력한 사례였다. - 건축 예술(미스는 항상 건축Architektur이란 단어보다는 건축술Baukunst을 선호했다)은 합리적 이성과 수많은 반복작업으로 건물 문제에 대한 올바른 해결책을 제시한다. 이러한 "문제"는 프로그램, 부지 선정, 경제성, 구조 및 환경, 그리고 예술적인 표현과 정신적 필요성을 포괄했다.[21]

레이크쇼어랑 접하고 있던 860부지는 20세기 초에 호수를 매립하여 조성되었다. 전쟁 전에 지어진 타워들이 주변에 있었지만 대공항과 제2차 세계대전으로 인해 여전히 빈

사진 11.8
레이크 쇼어 드라이브 아파트, 860-880 노스 레이크쇼어 드라이브, 시카고(1951). 북동쪽을 바라보는 전경. 1950년대의 자동차들이 눈에 띈다.(860의 남쪽면[오른쪽]은 페인트로 칠해졌다.) 사진제공: 허브 헨리, 헤드리치-블레싱.

사진 11.9
860-880 노스 레이크쇼어 드라이브의 저층부 항공뷰, 시카고(왼쪽, 880; 오른쪽, 860). 북동쪽을 바라보는 전경. 860 건물의 위치가 좌측 하부의 주차장 램프를 위해 동쪽으로 한 베이만큼 "이동된" 것을 볼 수 있다. 2011년 촬영.

땅으로 남아있었다. 1948년 중반 당시 서쪽에 인접한 땅과 북쪽대지 절반을 소유하고 있던 시카고의 맥코믹McCormick 가의 로버트 H. 맥코믹Robert H. McCormick 부자가 그린왈드를 찾아왔다. 맥코믹 가는 토지와 가문의 명성을 제공하고, 그린왈드와 50-50으로 개발에 공동 참여하는 파트너십을 맺을 것을 제안했다. 그린왈드에게는 젊은 에너지와 이미 프로몬토리에서 입증된 디자인 팀이 있었다.[22]

노스웨스턴 대학이 레이크 쇼어 드라이브 땅의 나머지 절반을 소유하고 있었다. 맥코믹 가는 서쪽에 인접한 땅과 나머지 절반과 교환했다: 그 둘은 서쪽 대지에 장차 들어설 건물이 호수의 전망을 확보할 수 있도록 두 개의 주거용 타워 사이를 열어주기로 합의했다. 1964년에 860-880 사이로 호수를 바라보는 42층의 타워가 건설되었다. 나무 블록으로 모형을 만들어 연구한 후, 미스는 두 개의 타워를 서로 직각으로 배치했다. 북쪽에서 남쪽으로 긴 축을 가진 3-5베이 880 타워는 북쪽과 서쪽으로 치우쳤고, 860(동서로 5베이)은 남쪽과 동쪽으로 치우쳤다. 860은 또한 880에 비해 동쪽으로 이동되었다. 이 간단한 조정은 880의 남서쪽 모퉁이를 도시 전망으로, 860의 북서쪽 모서리를 호수 쪽으로 열었고, 체스트넛 가에서 지하 2층의 주차 공간까지 눈에 띄지 않는 경사로를 제공했다.

구조와 평면의 효율성을 위해 기둥 간격의 치수를 연구했다. (프랭크 J. 코내커 & 어쏘시에이츠Frank J. Kornacker and Associates가 구조 엔지니어였다.) 21피트와 22피트 정사각형 베이가 있는 설계가 가장 많이 연구되었고, 구조 효율성, 주거 레이아웃의 조정 및 대지에 대한 고려를 한 후 21피트 버전이 선택되었다. (2개의 침실이 21피트 베이 안에서 만들어 졌다.) 북쪽에서 남쪽으로, 대지는 2개 타워의 총 8개 베이와 그 사이의 48피트 공간으로 채워졌다. 비평가들은 860의 몬드리안 스타일의 평면 계획에 주목했지만, 두 개의 타워는 동일해야 한다는 조건 때문에 많은 제약이 있었다.
각 타워는 한 층 당 7,000평방피트에 불과하며 건물은 대지의 40%만을 차지했다. 지하 주차 공간과 타워의 첫 번째 층이 사방으로 셋백되어 지상에선 전체 대지의 15%만이 실내 공간이었다. 투명하고 반투명한 1층의 유리벽은 야간에 내부에서 부드럽게 조명을 은은하게 비추며 건물을 더욱 비물질화한다.[23] 미시간 호수의 끝없는 전망은 그 효과를 한층 더 높여주고, 딱딱한 도시 그리드와 호숫가의 "자연"스러운 사선이 떠있는 유리박스를 통해 조화롭게 만난다.

1940년대 후반, 미스는 건축이 "명확한 구조"라는 그의 신념을 완성하였다. 이 원칙은 건축적으로 노출된 강철에서 실현되었으며 거의 전적으로 그의 미국에서의 작업들의 산물이었으며 예술적 성장의 대단한 사례라고 할 수 있다. 860 이전에 지어진 IIT 캠퍼스 건물에서는 이 목표에 점진적으로 접근했지만 860에서 미스의 "건축 예술"에 대한 모든 열망을 담을 수 있을 정도로 강력한 구조를 처음으로 달성했다. 이 모든 것이 그의 나이 64세에 이루어졌다.

26개 층으로 이루어진 860-880 타워는 그다지 높지 않았고, 강철 구조는 기술적으로 1920년대의 수많은 고층 건물에서 사용된 것과 같았다.[24] 그러나 다양하고 세심한 디자인을 통해 미스는 기술적으로 진보된 표현을 만들어 낼 수 있었다. 미국에서 고층 건물이 시작된 이래 거의 모든 건물에 사용되었던 석조 마감재와 장식을 단순히 생략한 것만이 아니었다 - 그가 그렇게 한 것은 맞지만. 오히려, 그는 공장 또는 현장에서 용접된 건축용 스틸의 신기술을 활용, 건물 외피를 질서 있는 에센스로 압축하여 새로운 외피를 만들었다. 그 결과, 처음으로 외벽을 통해 읽을 수 있는(그래서 표현되는) 구조용 철골 프레임이 완성되었다.

그 효과는 복잡하지만 우아하고 경제적인 방법으로 실현되었다.[25] 일반적으로 10피트의 층고는 8피트 4 1/2인치 높이의 천장이 있다. 천장에서 바닥까지의 사이 공간은 20인치 높이의 스팬드럴로 막혀 있다. 모두 W14 단면의 기둥은 한 면이 외부에 면하도록 바닥 슬래브 가장자리 끝에 있다.[26] 스팬드럴과 같이 기둥 면이 강철판으로 덮여 있으며, 안쪽에 "실제" 기둥이 있고 내부에서는 석고보드로 덮었다. 따라서 외벽은 모두 동일한 면에 있는 스팬드럴과 기둥의 그리드이며, 각 라인은 대략 2피트 너비의 밴드를 만든다. 그리드는 수평 및 수직에 거의 동일한 가독성을 제공하지만, 배후에 있는 실제 기둥을 나타내는 "수직성"은 땅 위로 연장되어 시각적으로 더 잘 보인다. 미스는 지상층에 있는 기둥을 철제 클래딩으로 깔끔하게 둘러싸았다. 외장은 기둥 커버와 스팬드럴이 만나는 모서리까지 이음새 없이 용접된 3/16인치 두께의 철판으로 완전히 뒤덮였다.

860-880 타워는 흔히 최초의 스틸 및 유리 마천루라고 불리지만 이것이 정확하지는 않다. 건축용 강철 외장으로 이루어진 첫 번째 고층건물이 더 정확한 표현이다. 베이당 4개씩 바닥부터 천장 높이의 창문은 기성품의 압출 알루미늄 프레임으로 된 판유리이다. 미스는 W8 와이드-플랜지 "멀리온"을 외부에 "덧대는 것"을 선택했다. 플랜지는 스팬드럴에 용접되었고 상단과 하단이 고정된 알루미늄 창틀은 멀리언의 뒤쪽에 고정되었다.

기둥에 용접된 또다른 W8 "멀리언"을 둘러싸고 논쟁이 벌어졌다. "우리 모두가 궁금해했습니다."라고 브루노 콘테라토가 말했다. "왜 기둥 위에 멀리온을 덧붙이는지? 구조적으로 그것들은 필요하지 않습니다. 그리고 그것은 특히 마이론 [골드스미스]을 계속 힘들게 했습니다. 어느 날 우리가 말했습니다. '마이론, 왜 미스한테 물어보지 그래?' 그러자 마이론은 그의 사무실로 들어가서 물었습니다. 미스는 이렇게 대답했습니다. "그러는 것이 더 나아 보이기 때문이라네"[27]. 조셉 후지카와도 똑같은 고민을 했다: "미스는 항상 자신이 하는 모든 것에 대해 타당한 이유를 갖기 위해, 객관적으로 되기 위해 노력했습니다. 그러나 기둥에 멀리언을 덧대는 이유는 무엇입니까? 감성이나 아름다움을 위해서가 아니라면 그것들은 필요 없습니다."[28] 1952년 11월호 아키텍쳐 포럼의 그의 최근 작업에 대한 리뷰에서 미스는 자신의 디자인을 설명했다.

이제 나는 진짜 이유와 그럴듯한 이유를 처음으로 말할 것입니다. 멀리언이 건물의 나머지 부분에서 설정한 리듬을 계속 이어가는 것이 매우 중요했습니다. 모서리 기둥에 부착된 철골이 없는 모형을 살펴보았지만 좋아 보이지 않았습니다. 이제 다른 이유는 이 철골 단면이 모서리 기둥을 덮는 판을 고정시켜서 이 판이 변형되지 않도록 하기 위해 필요하다는 것입니다. 당연히, 그것은 아주 그럴듯한 좋은 이유입니다, 그러나 다른 이유가 진짜 이유입니다.[29]

건축용 와이드 플랜지 멀리온과 그것이 만들어내는 리듬은 철제 클래딩과 함께 860에서 발명된 미스의 시그니쳐 요소다. 그것들은 깊고 선명하고 끊임없이 변화하는 그림자를 드리우며 보는 사람이 위치에 따라 다양한 표정을 만든다. 기둥을 덮는 판과 모서리 외장이 외벽면에 있고 멀리언 간격이 일정하기 때문에 기둥에 인접한 창은 각 베이의 중심에 있는 두 개보다 좁아야 했다.[30] 이것은 질감이 풍부한 또다른 레이어를 만든다. 명백한 역설도 있었다: 이것이 최초의 "글래스 하우스"처럼 보이지만 실제로 유리가 차지하는 면적은 절반 이하다. 이 건물은 다양한 레이어의 철재 디테일에 대한 실험이지 유리를 최대한 사용하기 위한 것이 아니었으며 미스는 미니멀리스트가 아니라 현대 기술의 적절한 표현을 추구하는 구조 예술가였음을 다시 한번 보여준다.

860의 아름다운 비율로 만들어진 입면에 대해 많은 말들이 오갔지만, 디자인에 관여했던 사람들을 포함하여 많은 사람들이 이것은 평면, 층고 및 구조적 해결의 결과라고 주장했다.[31] 미스는 외벽 디테일을 연구하면서 루드위히 힐버자이머와 발터 페테란스에게 조언을 구했다. 페테란스는 미스가 사랑하던 검은색chalky-black 디트로이트 그래파이트 "Detroit graphite" 페인트에 대한 대안을 테스트하기 위해 컬러 스터디를 했다; 심지어 잠시나마 노란색도 논의됐었다. 미스는 사무실 한 층의 모서리에 실물 크기로 만든 모형을 만들었다. 열주로 된 기둥(넓은 플랜지 강철이 가장 무겁고 가장 두꺼운 곳)을 감싸는 철판은 아파트 안쪽으로 침입을 최소화할 뿐만 아니라 최대한 가늘게 보이도록 하기 위해 채택되었다. 사실 철판 클래딩은 또 다른 상징적인 목적을 수행했다. 우리 앞에 서 있는 기둥이 단단한 강철이라고 상상하기 쉽기 때문이었다. 그럼에도 불구하고 미스는 강철 부분이 더 작은 고층에서 기둥 사이즈를 줄이지 않았고, 모서리와 가장자리의 기둥이 안쪽의 기둥보다 가볍다는 표현을 하지 않았다. 그의 관심은 이상화된 심플함의 구조적 프레임을 표현하는 데 있었다.[32]

아파트 레이아웃도 미스에겐 깊은 관심사였다. 그는 프로몬토리의 계획을 통해서는 그다지 많은 것을 이룰 수 없었고, 860의 유리 외관과 3-5베이 평면이 인테리어를 위한 중요한 기회가 될 것이라는 것을 알았다. 일반인들은 말할 것도 없고, 부동산 전문가들 또한 바닥부터 천장까지 유리로 된 외관을 낯설어 했고, 로버트 맥코믹 시니어가 특히 걱정했다. 선전용 모형과 판매용 브로셔는 건물의 짧은 쪽을 감싸는 반투명의 하부 열림창을 보여준다. 침실 프라이버시에 대한 우려는 논쟁의 여지가 있었다. 전체 창을 투명유리로 할 것인지에 대한 사항이 공사가 진행될 때까지도 결정되지 않았다.[33]

두 건물의 유닛 배치는 시장의 상황에 따라 나뉘어졌다. 880은 한 층당 8개의 1베드룸 유닛으로 "싱글"을 위해 디자인되었고, 한 층당 4개의 3베드룸 유닛이 있는 860은 가족을 위해 설계되었다. 미스는 오픈 플랜을 적극 추진했고 후지카와가 880의 유닛 설계를 맡았다. 욕실을 제외하고는 내부에 문이 없었으며, 오픈 플랜으로 원룸을 더 크게 보이게 만들었다.

880 전체 유닛 계획이 표현된 드로잉이 널리 퍼졌고 이에 따라 실제로 지어졌다고 잘못 알려졌다. 로버트 맥코믹 시니어는 단호한 태도로 미스의 880 오픈 플랜을 거부했고 미스는 거의 그만둘 뻔했다.[34] 그는 결국 참기로 마음먹었고 인테리어는 나중에 바뀔 수 있다고 스스로 위안을 삼았다.[35] 어쨌거나, 3개의 침실을 오픈 플랜으로 해결하는 데는 큰 어려움이 있었다. 수십 개의 레이아웃이 시도되었다. 최종 유닛 계획은 가능한 모든 곳에서 모서리에 거실(860 유닛 모두, 880 코너 아닌 유닛 제외)이 있는 기존 방식이었다. 외부에서 바라본 시각적인 질서는 커튼을 두 개 달 수 있는 레일에 의해 완성되었다; 바깥 레일은 건물 표준의 밝은 회색 커튼용이었고, 안쪽은 유닛 거주자에 맡겨졌다. 에어컨은 비용상의 이유로 빠졌다.

미스는 로비와 입구 캐노피, 두 건물을 연결하는 광장과 캐노피에 상당한 관심을 기울였다. 로비벽과 바닥은 광택이 나는 로만 석회석으로 마감되었고, 상점가 아래의 로비와 연속된 광장 또한 호화로운 석회석으로 마감되었다. 제럴드 그리피스Gerald Griffith가 양쪽 로비를 위해 맞춤형 바르셀로나 의자, 오토만 및 X 테이블을 제작했다.

알프레드 콜드웰의 조경 계획은 턱없이 부족한 예산때문에 당시에는 부분적으로만 구현되었지만 약 40년 후에 조경을 원래 계획대로 완성 할 수 있었다.[36] 두 개의 입구에 있는 철재 캐노피와 타워를 연결하는 캐노피는 안쪽에 버팀대로 받쳐진 스틸 박스이며,

입구의 경우 건물에서 조금 위쪽으로 기울어져 있고 건물보다는 다리와 더 잘 어울리는 멋진 스틸 브래킷으로 되어 있다. 미스가 지하에 주차 공간을 놓을 수 있었던 것은 또 다른 행운이었다. 그 당시 시카고 대형 아파트에서는 일반적이었던 지상 주차의 번잡함은 전반적인 구성을 파괴했을 것이다. 불과 5년 후, 다른 프로젝트에서 그린왈드는 860과는 달리 지하 주차장을 만들 수 없었다. 860-880 잔디밭은 시카고의 레이크 쇼어 드라이브의 유일한 추상적인 풍경으로 오늘날까지 남아있다.

그린왈드는 860에서 한동안 살았고, 미스의 등록 건축가였던 찰스 겐트너도 그랬다. 미스의 사무실은 그들 둘과 수십명의 입주자들을 위해 내부를 특별히 제작했다. 미스 자신도 이 아파트에 살 것을 고려했었고- 880빌딩에 있는 침실 1개짜리 동북쪽 코너의 호수를 향한 두개의 유닛을 결합한 21AB 유닛에 대한 평면을 스케치했었다.[37] 그러나 건물이 가진 수많은 문제점들과 함께 그 입주자들이 겪어야 했던 어려움을 생각한다면, 그는 차라리 멀리 떨어져 있는 것이 나았다. 비바람이 부는 동안 떨어지는 빗물을 양동이로 받쳐야 했던 집주인들의 불만과 뜨거운 햇빛은 유리창이 지닌 문제의 핵심이었다. 새로운 집에 살기 위한 댓가라고도 생각할 수도 있었겠지만 소송이 뒤따랐고, 입주자들은 관리자로 있는 로버트 맥코믹 주니어를 해고했다. 에어컨이 외부에 달리기 시작했다. 창문은 단열창이 개발되기 전까지 해결불가능이었고,[38] 한때 열렸던 위쪽 유리창의 결로문제는 나중까지도 개선되지 않았다. 후지카와가 나중에 "커튼월 디자인의 유아 단계"[39]로 묘사한 외벽에서도 물이 줄줄 새기도 했다.

이런저런 결함에도 불구하고, 860은 미스와 그린왈드에게 커다란 성공이었다. 비평가들은 그것을 건축의 독창적인 마스터피스로 인식했다. 미스가 그 당시 유일무이한 무언가를 창조했다는 것을 알고 있었는지 묻자, 당시 미스 사무실에 있었지만 860-880 작업에는 참여하지 않았던 골드스미스는 이렇게 답했:

저도 그렇게 생각합니다. 미스의 뛰어난 생각 덕분에 모든 것을 이뤘다고 생각합니다. 그는 마치 모든 것이 삶과 죽음의 문제인 것처럼, 그의 삶이 그것에 달린 것처럼 작업에 임했습니다. 그는 자신의 평판의 중요성을 알고 있었습니다. 나는 그가 알고 있었다고 확신합니다. 그는[건물] 모형을 처음 보았을 때 매우 기뻐했습니다. 그는 사람들을 초청해서 그것을 보여줬습니다.[40]

이 건물은 또한 전후 시카고 부동산의 획기적인 사건이기도 했다. 그린왈드는 현대적인 주거가 구매자를 끌어들일 수 있고 이익을 낼 수 있음을 증명했다. 이 프로젝트는 건축적 우수성에 대한 프리미엄 없이, (사실 로버트 맥코믹 주니어는 그것이 완전히 헐값에 팔렸다고 생각했다.)⁴¹ 그린왈드는 좋은 땅, 미스의 이름, 효율적이고 적당히 모던한 평면계획이 계속해서 반복할 만한 가치가 있다는 것을 바로 깨달았다.

• • •

미스-그린왈드 팀은 미시간호 근처의 부지를 계속 연구했다. 몇 차례의 불발된 거래 후, 그린왈드와 그의 파트너인 사무엘 카진⁴²은 860-880 아파트의 북쪽 블록을 비싼 가격을 지불하고 확보했다. 그린왈드는 860 이후로 여러모로 많이 배웠고, 에스플래나드 아파트Esplanade Apartments(나중에 900-910 레이크쇼어 드라이브로 알려짐)는 미스(사진 11.10)보다는 그린왈드의 영향이 더 들어갔다.

1957년에 완공된 에스플래나드는 미스의 사무실이 설계 및 시공도서를 모두 작성한 첫 번째 대규모 프로젝트였다. 지금까지 미스는 다른 건축가들과 항상 함께 일했고, 건축비용의 6%를 나누어서 3분의 1은 그가 갖고 2/3는 "등록 건축가"(그리고 컨설팅 엔지니어들)가 가져갔다. 미스가 프로젝트를 관리했으나, 대개 크고 인력이 많은 등록 건축가가 건축 도면과 시방서를 준비하는 노동집약적인 작업을 수행했다. 미스는 그와 그의 스태프들의 시간 관리에 그다지 신경 쓰지 않았다; 그는 만족할 때까지 일했고,⁴³ 설계비의 대부분을 다 소모했다.

그린왈드와의 작업으로 인한 성장으로 860 완료 후 미스는 조셉 후지카와에게 한 가지 약속을 했다. 후지카와는 거의 10년 동안 미스를 위해 일했고, 자신의 회사를 시작할 준비가 되어 있다고 느꼈다. 미스는 작업의 독립성과 그린왈드 작업에 대한 전권을 약속하며 그가 머물도록 설득했다. 에스플래나드를 시작했을 때 이미 미스는 시그램에 깊이 관여하고 있었다. 후지카와는 시카고 프로젝트를 홀로 담당하며 사무실의 팀을 이끌었다.

많은 부분에서 에스플래나드는 860의 재현이었다. 그러나 그것은 5년 후에 설계되었으며, 그 기간 동안 건축 기술은 발전하고 시장의 요구는 변했다. 미스와 그린왈드는 최신 기술을 적용하기를 원했다. 따라서 에스플래나드는 시카고에서 건설된 가장 높은 콘크리트 건물이자 최초의 평슬래브 콘크리트 프레임으로 이루어진 건물이 되었다; 그것은 주거용 타워에 첫 번째로 중앙 냉난방 방식을 채택했고; 처음으로 유닛으로 된 아노다이즈드 알루미늄 커튼월anodized aluminum curtain walls과 시카고에서 대규모로는 처음으로 열을 흡수하는 유리를 사용했다.

사진 11.10
에스플래나드 아파트, 900-910 노스 레이크 쇼어 드라이브, 시카고(1957). 남서쪽을 바라보는 전경. 주차장 구조가 아랫쪽에 보인다. 지하로 2개층 더 주차장이 있다. 더 기다란 900 슬래브가 왼쪽에 보인다.

그린왈드의 경험과 토지의 비싼 가격은 860과 비교하여 새로운 효율성을 추구하게 되었다. 콘크리트 프레임을 사용하여 층고가 줄어들었기 때문에 전체 높이가 낮음에도 불구하고 3개의 층을 더 얻을 수 있었다. 900 빌딩의 양 끝 쪽에는 스튜디오 아파트를 넣어서 각 층마다 2개의 보너스 유닛을 추가로 얻을 수 있었다.[44] 콘크리트 슬래브를 피하고 유닛에서의 공간 확보를 위해 공조 파이프를 기둥의 바깥면으로 놓아 외벽을 기둥의 바깥쪽으로 붙이기로 결정했다.

어두운 유리 덕분에 외부는 평평하게 보이고, 투명 유리 외피와 기둥-스팬드럴 그리드가 격자구조를 강조하던 860과는 상당히 달라졌다. 외관의 디테일은 특히 열주 기둥의 알루미늄 클래딩에서 간소함과는 거리가 멀었다.

외벽은 강철 와이드 플렌지와 유사한 개념으로 돌출된 알루미늄 멀리언을 사용했다. 미스는 뉴욕의 시그램 빌딩 작업 중간에 시카고로 돌아와 부분적으로 시공된 커튼월을 처음 보고 각 층의 멀리언 사이의 틈(간격)에 반대했다. 알루미늄은 온도에 따라 강철보다 3배나 많이 늘어나기 때문에 틈이 필요했고, 후지카와는 860에 있는 것처럼 연속적으로 연결하면 멀리언이 구부러질 수 있다고 우려했다. 그러나 그들은 시각적으로 연속성

이 없었고, 미스에게 "좋아 보이지 않았다".[45]

860 사이트와 마찬가지로 에스플래나드 대지는 사다리꼴이지만 동서 전체 블록을 포함하므로 더 깊었다. 처음에는 3개의 3x5베이 타워가 연구되었지만, 미스는 두 개의 타워를 짧은 쪽에서 연결하도록 제안했다. 이것은 하나의 3x5베이의 타워(910 빌딩)를 900의 긴 슬래브에 수직으로 놓아 3x10 구조 베이로 만들었다. 매스 작업은 860과 880보다 덜 만족스러웠다. 에스플래나드의 지상 주차 공간은, 860에서 인상적이었던 지평선 전망을 불가능하게 했지만 주차장 꼭대기에 있는 프라이빗 일광욕장이 그를 대신했다.

860처럼 에스플래나드도 21피트 기둥 그리드로 구성되었다. 의도적으로, 900-910 타워는 880의 서쪽 기둥 중앙선에서 서쪽으로 21피트 거리에 위치했다. 에스플래나드도 860과 같이 지상층에 열주가 있지만, 당시 콘크리트 기술로는 열주 기둥의 단면적이 너무 커지기 때문에 철골로 만들었다. 처음 두 개 층 위부터는 이 기둥이 콘크리트로 바뀐다. 860과 비교했을 때, 에스플래나드의 다른 디테일은 실망스러웠다; 입구의 캐노피가 없었다; 860에서 널찍한 두 타워 사이의 광장은 서비스 동선으로 축소되었다; 900의 로비는 좁고 테라조 바닥과 대리석 벽으로 되어 있어 두 로비 모두 내부와 외부의 통합이 부족했다. 가장 심각하게, 긴 900 슬래브와 지상부 실내 공간의 8개 베이는 860-880을 탁월하게 만들었던 많은 것과 달랐다.

이러한 단점을 대부분의 입주자는 알아채지 못했다. 900-910의 부동산 가치는 860-880보다 훨씬 높았다. 시장가격은 최신 건물의 향상된 기술, 특히 중앙 냉난방을 포함하여 심지어 860보다 더 시각적으로 일관된 외벽, 더 나은 엘리베이터 및 심지어 쓰레기 슈트 덕분에 더 높았다. 시장은 강철 대 콘크리트 프레임 또는 860-880과 900-910 사이의 다른 무수히 미묘한 시각적 차이를 전혀 문제삼지 않았다. 실제로, 이 두개의 건물은 건축서적에서, 심지어 미스의 작품집에서조차 서로 헷갈렸다.

• • •

에스플래나드는 훨씬 더 큰 레이크쇼어 드라이브 북쪽에 4개의 타워로 된 커먼웰스 프로메나드 아파트Commonwealth Promenade Apartments 프로젝트와 형제였다. 남쪽 두 타워만이 완성되었다. (현재 330 및 340 웨스트 다이벌시 파크웨이West Diversey Parkway로 알려진다.) 깨끗한 알루미늄 외장 및 전체 치수를 제외하고는 에스플래나드와 거의 동일했다. 최초의 대략 3에이커의 부지는 직사각형이었고, 4개의 건물은 서로 평행하게 배치되었고, 긴 방향이 호수에 수직이었다. 북쪽과 남쪽 건물은 중앙에서 전망을 열기 위해 동쪽으로 4개 베이만큼 이동했다. 한가운데는 주차장이 차지했고, 타워는 남쪽에서 북쪽 끝까지 이어지는 산책로로 연결되었다. 심지어 동쪽으로 똑같은 건물을 미러시켜서, 8개 건물로 둘러싸인 큰 정원을 만드는 단지에 대한 연구가 있었지만, 동쪽으로 이어지는 대지를 구입할 수 없었다. 평행한 배치는 860과 에스플래나드 계획보다 나빴다. - 비록 미스는 항상 평행한 타워 블록을 선호했지만 - 그러나 부동산 가치의 입장에서는 말이 되었다. 실현되었더라면 전체가 설득력이 있었을지 모르지만 두 채의 건물만이 덩그러니 남아있다.

사업가로서 그린왈드는 건축가에게 자신의 의견을 강제할 수 있었지만, 미적인 결정에 있어선 원칙에 따라 행동했다. 미스는 그린왈드가 "은행이 디자인에 여러 가지 수정을 요구했기에 커먼웰스 프로메나드와 에스플래나드에 대한 자금지원 1200만 달러를 거절했다."고 자랑스럽게 말했다. "이것은," 그는 말했다. "용기가 필요합니다."[46] 여전히, 대안을 위해 준비했던 모형은 유리에 대한 계속되는 불안감을 보여준다.[47] 그것은 긴 쪽 입면은 대리석으로 스팬드럴이 되어 있고 북쪽과 남쪽 끝에는 전체 높이의 대리석 패널로 되어 있었다. 가운데의 끝 베이만이 바닥부터 천장까지 유리로 되어 있었다. 결과는 뒤죽박죽이며, 이루어지지 않은 이 스터디는 직사각형 매스의 짧은 쪽 부분의 입면에 대한 미스의 오랜 불확신을 반영했다.

・・・・

1950년대 말, 그린왈드는 다른 건축가와 일하기 시작했다. 미스 역시 그때부터 다른 고객을 위한 대형 프로젝트 때문에 바빴다. 그린왈드가 함께 일한 회사는 S.O.M(Skidmore, Owings & Merrill) 시카고 사무실이었다. 1958년 그는 SOM에 시카고의 사우스 미시간 애비뉴에 있는 대지에 호텔 설계를 의뢰했다. 자금 조달을 위해 그는 1959년 2월 3일 뉴욕으로 갔다.

L-188A 록히드 일렉트라Lockheed Electra는 새 비행기였고, 라구아디아LaGuardia 공항 으로의 접근도 일상적이었지만, 아메리칸 에어라인의 터보 프로펠러 비행기는 활주로에서 거의 1마일 정도 떨어진 이스트 강으로 갑자기 추락했다. 파일럿의 실수 탓이었다. 43세의 그린왈드, 비서 및·73명의 탑승자 중 63명이 죽었다.[48] 그린왈드의 죽음으로 미스는 그와 함께 진행하던 프로젝트를 중단해야 했다. - 커먼웰스 아파트의 북쪽 2개 타워가 즉각적인 희생자였다 - 그리고 미스는 스태프의 절반을 정리해야 했다.[49]

사진 11.11
라파옛 파크, 디트로이트(1956). 고층과 저층 주거 빌딩들과 조경이 있는 모형. 라파옛 파크는 대부분 실패로 돌아간 1950년대 도심 재개발 프로젝트 중에서도 대단히 예외적이었다. 허버트 그린왈드가 주도했던 그 계획안은 루드위히 힐버자이머의 작업이었고, 조경 건축가는 알프레드 콜드웰 그리고 미스가 함께 했다. 사진: 빌 엥달, 헤드리치-블레싱.

• • •

그린왈드의 죽음으로, 그가 추진하던 커다란 도시재생 프로젝트인 디트로이트의 라파옛 파크가 결국 미완성으로 남았다. 78에이커의 재개발은 1955-56년의 오리지널 계획대로 실현되지 않았으며, 디자이너들은 - 미스, 루드위히 힐버자이머 및 조경가 알프레드 콜드웰 - 다시는 이 정도 규모의 작업을 함께하지 못했다. 어떤 면에서 이것은 큰 불행이었다. 이 프로젝트는 미스가 모던 건축 양식을 미국 도시에 적용하려 했던 그의 비전에 가장 가까웠기 때문이었다. 그러나 그는 자신의 목적을 증명할 만큼은 충분히 마무리했으며, 계속된 부분적 실현은 성공적인 것으로 판명되었다.[50]

라파옛 파크는 1950년대와 60년대에 연방정부가 민간 개발업자와 함께 야심차게 추진했지만 그다지 성공적이지 못했던 도시재생 프로젝트를 상징적으로 보여준다(사진 11.11과 11.12). 이 도시재생은 더 이상 "쓸모 없는" 오래된 도시조직을 저밀도 공원으로 바꿈으로써 밀집되고 위험하며 황폐한 지역들이 다시 살아날 수 있다는 가정 하에 만들어졌다. 바람이 잘 통하고, 햇볕이 잘 드는 잔디밭, 아파트, 타운 하우스, 학교 및 커뮤니티 센터는 공원 주위로 도로와 지하도로를 만들어 차량통행 없이 자유롭게 이용할 수 있다.

이것은 루드위히 힐버자이머가 라파옛 파크에서 실현한 새로운 도시계획이었고, 그

사진 11.12
라파옛 파크의 타운하우스와 고층 건물, 디트로이트(1956). 그 당시엔 계획만 되었던 콜드웰의 조경이 오늘날 이 뷰에서 잘 보인다. 사진: 발타자르 코랍, LTD.

와 미스가 협력하여 실제로 완성한 유일한 사례다. 힐버자이머는 르 코르뷔지에로부터 많은 아이디어를 빌려왔는데, 그의 1920년대 도시계획 아이디어는 유럽의 모던 건축을 발생시킨 배경이었던 1차 세계 대전 이후의 혁명적 분위기와 그 시기를 같이한다.

새로운 건축을 위한 새로운 대도시의 비전에도 불구하고, 개발업자들의 이익이 정치적 힘을 갖지 못한 사회개혁가들의 열망보다 우선했기에 미국에서의 도시재생은 실패했다. 꼬르뷔지안 주거 공원은 인근 빈민가와 함께 이웃을 파괴했다. 잘 정비된 도로의 결과물이 되어야 할 커뮤니티라는 느낌을, 사람들을 서로에게서 멀어지도록 만들었던 황량한 공원에서는 느낄 수 없었다. 일반적으로 인종 분리적인 프로젝트였던, 야간에 인적이 없는 저소득층을 위한 주택에서 이 문제는 더욱 심각했다. 부유한 사람들은 이동의 자유와 서비스와 편의시설을 자유롭게 선택할 수 있었기 때문에 도시 재개발은 빈곤층을 위한 주택과 동일시되었다.

디트로이트 다운타운에서 0.5마일 떨어진 곳에 위치한 라파옛 파크는 도시에 머물고 싶어하는 중산층을 위한 것이었다. 이 복합단지는 대지의 가장자리에 배치된 3가지 타입의 건물로 구성되어 있으며, 프레리 경관을 연상시키기 위해 콜드웰이 의도한 19에이커의 널찍한 빈 공원을 감싸고 있다. 여섯 채의 중정형 주택과 2층짜리 아파트를 포함하여 다른 주택 유형도 고려되었지만 거부되었다. 단층의 로우 하우스row houses는 벽돌로 둘러싸인 개별 정원을 갖고 있었다. 두 개 층으로 된 집들의 앞면과 뒷면은 벽돌로 마무리된 벽과 함께 스틸 프레임에 전체가 유리로 뒤덮여 있다. 저층 유닛의 주차는 외부에 있지만, 힐버자이머는 주차레벨을 3피트 낮추어 자동차가 보이지 않도록 했다. 가장 중요한 것은 21층짜리 아파트 3채이며, 마지막 2채는 1963년 후반에 완성되었다. (이 계획은 최종적으로 6개 또는 8개의 타워가 들어설 예정이었다. 다른 건물들도 나중에는 다른 건축가들에 의해 별 특징 없는 디자인으로 완성되었다.) 세 가지 유형의 아파트들은 서로 별 상관없이 서 있었다. 막다른 도로 시스템은 각 건물에 차량 접근을 허용하면서도 단지 내 통행을 금지했다.

라파옛 파크는 힐버자이머가 독일과 미국에서 줄기차게 주장했던 "정착유닛settlement" 요소를 포함했다. 보행자 규모에 맞게 혼합된 건물 유형(각각 햇빛에 대한 적절한 노출을 목표)으로 고안되었는데, 여기에는 집과 가까운 곳에서의 작업뿐만 아니라 해당 지역의 인구에 적합한 교육, 레크리에이션 및 문화 시설이 포함되었다(대상 인구는 환경, 지형 및 기타 요인에 따라 달라졌다). 정착은 차량과 보행자를 분리하도록 조직되었다. 힐버자이머는 자신의 정착 유닛을 대도시와 기존 도시 구조 모두를 위한 탈중심화의 대체품으로 생각했다. 1940년 이래 콜드웰이 수석 제도공 역할을 담당하며 힐버자이머의 아이디어를 발표하고 널리 알리는데 도움을 주었다.[51]

힐버자이머의 계획 개념은 대체적으로 존중되었지만, 심지어 저층 유닛의 경우에도 그의 매우 중요한 원칙 중 하나인 - "가장 적절한" 햇빛의 방향 -이 미스의 거부로 받아들여지지 않았다(860-880에서와 같이). 그린왈드의 빡빡한 예산 때문에, 지금은 라파옛 파크의 자랑 중 하나로 여겨지는 콜드웰의 조경 조차도 겨우 수천 달러의 예산으로 간신히 완성되었다. 부지를 정리하면서 몇 그루의 나무를 살려뒀지만, 결국 콜드웰은 인근의 파산한 보육원에서 묘목과 식물을 가져와야 했다. 그린왈드는 건설 예산도 빠듯하게 관리했다: 예를 들어, 타워의 지상층 기둥과 노출된 모서리 모두 별다른 마감 없이 콘크리트를 노출시켰다.

거의 완성 직전에 멈추었지만, 미스-힐버자이머 계획은 성공적인 도시 재개발의 모델로 여겨진다. 혼합된 건물 유형, 양호한 시공 품질 및 저층 유닛의 간편한 부동산 소유권이 이러한 성공에 기여했다. 라파옛 파크는 결국 다른 건축가들과 개발업자들에 의해 점차 채워져 갔다. 나중에 도시에서의 미스의 작업은 힐버자이머의 정착 유닛과 상관없는 상업 또는 정부 건물의 수퍼블록들로 구성되었다.

. . . .

1951-52년에 미스의 사무실은 일리노이주의 엠허스트Elmhurst에 있는 그린왈드의 파트너인 로버트 맥코믹 주니어를 위한 2,100제곱피트 규모의 주택을 설계했다. 조셉 후지카와가 프로젝트 책임을 맡았다. 집은 2개의 직사각형으로 구성되어 있고, 각각의 깊이는 26피트였다: 하나는 5피트 6인치 모듈 7개로 되어 있었고, 다른 하나는 8개로 되어 있었다. 두 유닛은 하나의 모듈이 겹쳐진다. 남쪽에는 거실과 마스터 침실이 있고, 북쪽에는 주방, 식당, 침실이 3개 더 있었다.

각 평면의 끝 벽은 벽돌로 되어 있고, 양측의 긴 입면은 바닥부터 천장까지의 강철과 유리로 되어 있으며, 멀리언은 860과 비슷했다. (알려진 바와 달리 860과는 달랐다; 맥코믹 멀리언은 860보다 약간 더 뚱뚱하고 모듈은 3인치 더 컸다.)[52] 보이는 구조는 하중과 별 상관이 없었다. 거실과 마스터 침실 옆에 있는 방은 오픈 평면이었다. 나머지 실내에는 전통적인 방들로 이루어져 있다. 맥코믹은 미스 스타일을 찬양하던 모더니스트였지만 - 그는 860을 대단히 자랑스럽게 생각했다 - 후지카와가 제안한 문이 없는 마스터 침실을 받아들일 수 없었다. 그는 미스에게 직접 문을 달아달라고 부탁해야 했다.[53]

맥코믹 하우스는 하나하나 세심히 디자인된 집이었지만 조립식 주택처럼 보였고, 그린왈드와 맥코믹은 조립식 주택의 모델이 될 수도 있다고 생각했다. 그린왈드는 미스에게 연구를 의뢰했다. 디자인에 따라 도면이 준비되었다.[54] 길이 55피트에 너비 26피트의 10개 모듈로 구성된 1,200평방피트 규모의 계획안이 제안되었다. 부지를 선정하고 각각 4개 건물에 대한 설계를 완료했다. 마케팅 자료까지 준비되었지만, 아무것도 지어지지 않았다. 나중에 이 대지에는 오헤어 공항이 들어섰다. 미스가 디자인한 싸고 기성품처럼 보이지만 결코 싸지 않은 맞춤형 스틸 하우스를 위한 부동산 사업은 성공하기 어려웠다.

. . . .

50 by 50 하우스Fifty by Fifty House는 명목상 시장에 적합한 철골 주택을 위한 연구였다. 미스는 마이론 골드스미스와 함께 전체 유리로 덮인 단층구조를 연구했다.[55] 평면

의 치수에 따라 이름을 지은(40피트와 60피트 크기의 평면 또한 연구되었다) 50 by 50 하우스는 미스의 컨셉 스케치, 골드스미스가 그린 20개가 넘는 프레젠테이션 평면, 그리고 에드워드 더켓이 만든 모형사진 등의 기록이 남아있다.

내부는 - 다양한 변형이 있었지만 - 중심에서 살짝 벗어난 코어 주변에 부엌, 욕실 2개, 유틸리티룸 및 벽난로가 있었다. 더블 사이즈 침대는 오른쪽 코어에 붙어있었다. 2개의 싱글 침대가 왼쪽 공간에 놓여있었다. 나머지 부분의 한쪽에는 앉는 공간과 식사 공간이 있고 다른 쪽에는 옷장이 있었다. (기이하게도 평면 그리드는 3피트로 정확히 50을 나누지 않는다.) 이 모델은 지붕에 흰색 띠가 있었는데, 이는 판스워스 및 맥코믹 하우스에서 사용된 것과 같은 15인치 채널이었다.

지붕 구조는 보 위에 노출되어 있었다. 미스의 스케치는 두 가지의 지지방법을 보여주는데, 하나는 4면 각각의 중간점에 하나의 기둥이 있고, 다른 하나는 서로 반대편 벽에 쌍으로 된 기둥이 있다. 골드스미스는 평면의 다양한 옵션을 살펴보았는데, 일부는 움직일 수 있는 벽이 있고 일부는 외부와 연계되는 옵션이 있었다. 그는 최대 네 명의 자녀가 있는 거주자에 대한 가능성을 연구했는데 "몸이 아픈 사람"이 있을 경우, 손님이 숙박할 경우와 심지어 "아이들이 일어나 있는 동안 부모님이 침대에 남아 있을 가능성"도 고려했다.[56]

그 집은 결코 실현 가능한 주거타입이 되지 못했을 것이다. 지붕 구조만으로도 엄청나게 비쌀 것이었고 내부는 너무 넓었다. (오픈 플랜이 작동하려면 집이 커야 했다.) 자녀를 둔 미국인 가족은 미스식 인테리어의 부족한 사생활 보호를 결코 받아들일 수 없었다. 골드스미스는 "그것은 가족을 위한 집이 되기엔 너무 앞서간다고 생각했기 때문에, 미스에게 물어봤습니다. '이 오픈 플랜에서 몇 개의 벽을 조절하는 것만으로 아이들이 부모와 함께 살 수 있다고 생각하시나요?' '그럼 Ja' 미스가 말했습니다, '충분한 거리가 있습니다. 그것은 나에게 스키장에 있는 오두막이나 요트 또는 범선을 생각나게 합니다.' 그는 모험할 생각이 있는 건축주만 있다면 지을 수 있다고 생각했습니다."

골드스미스는 1986년 인터뷰에서 "50 by 50 하우스는 추상[적]이었습니다."라고 말했다.

그 당시 미스는 사람들을 위한 배경이 되는 건축에 관심을 가지고 건축의 존재감을 최소화 하기위해 노력했습니다… 그는 합판을 고르기 위해 합판 회사를 방문해서 커다란 창고 공간을 사랑한다고 말했습니다. 얼마나 멋진 집이 될 수 있을지, 당신은 이 공간에서 살 수 있습니다. 층고가 매우 높은 로프트 공간에서 잠자리와 그 외 모든 일상을 최소한으로 해결하는 것이 이러한 생각과 통하는 것을 볼 수 있습니다. 미스도 같은 생각을 했습니다. 하나의 통합된 공간에서 얼마나 더 멀리 갈 수 있는지,

그리고 그 안에서의 어떠한 삶을 살 것인지에 관한 것이 50 by 50 하우스의 아이디어였습니다.[57]

엄청나게 큰 유리로만 덮인 유닛(멀리언도 없는)의 외관을 골드스미스가 제안했다고 했다. 그는 미스가 그것을 좋아하지 않았을 것이라고 생각했다.

미국시절의 전성기: 1950-59년 상업 및 공공기관

12

우리의 철학을 가장 잘 표현한, 가장 명료한 구조
크라운 홀에 대한 **미스**의 생각

당신은 그들을 만들었고, 당신은 그들의 회사를 만들었고, 그들은 당신의 일을 훔쳤습니다.
1959년에 미스에게 **루드비히 힐버자이머**가, Skidmore, Owings & Merrill의 스태프를 신랄하게 비판하며

그는 불평불만이 많은 사람이었습니다.
필립 존슨이 미스에 대해

    2006년에 50주년이 될 때까지 IIT의 건축대학을 위해 설계된 미스의 크라운 홀은 세 번에 걸쳐 공식적인 랜드마크로 인정받았다. 확실한 법적 보호를 받는 시카고의 랜드마크 지위를 1996년에 획득했고, 그 10년 전에 적격 판정을 받았으며, 2001년에는 국가 역사 유적으로 등록되어 역사적인 랜드마크가 되었다. 이러한 지정으로 인해 20세기의 매우 중요한 건물 중 하나가 후대에도 보존되도록 보장받았다.

    캠퍼스의 북서쪽 코너와 예전의 34번가 부지는 미스의 캠퍼스 마스터플랜에 "건축학부"로 이미 지정되어 있었지만, 1950년이 되서야 IIT는 건축학부 건물을 짓기 위한 돈을 모금하기 시작했다. 이토록 오래 걸린 이유는 사회 및 도시역사의 주요 쟁점들과 부지에 위치했던 그 자체로 전설적인 건물과 관련되어 있었다. 이 부지에는 1892년 월로우비 J. 에드브룩Willoughby J. Edbrooke과 프랭클린 피어스 번햄Franklin Pierce Burnham이 디자인한 대형 아파트 메카Mecca가 자리 잡고 있었다. 건설 당시 고급 아파트 건물들은 유행을 선도하던 단독 주택들을 위협하기 시작했다. 60년 후의 크라운 홀 비용과 거의 비슷한 비용인 $800,000으로 지어진 메카는 원래 98개의 아파트와 12개의 상점이 있었다.¹ 그 U자 모양의 평면에 가운데 정원이 34번가에 면했다. 두 개의 4층짜리 날개동은 시카고의 아파트 건물 중 최초로 천창이 있는 아트리움을 포함했다.

    20세기로 접어들어 인구증가는 메카에겐 악재로 작용했다. 시카고의 아프리카계 인구의 급속한 증가를 가져온 남부에서의 이주는 인종적 긴장과 이웃환경의 악화를 초래

사진 12.1 (왼쪽면) 새로운 3410 사우스 스테이트 빌딩(원래 인스티튜트 오브 가스 테크놀로지 - 북쪽 건물), IIT, 시카고, 1951. 북쪽을 바라보는 전경, 저 멀리 도심 순환도로가 보인다. 북쪽으로 34번가 건너편에 S.R. 크라운 홀을 위해 곧 철거될 메카 아파트 건물이 있다. 낙후된 주변환경은 명백했다. 왈라스 커크랜드 / 타임 & 라이프 픽처스 / 게티 이미지.

했다. 1940년대 중반까지, "미국에서 가장 악명 높은 빈민가"[2]로 악명 높았던 메카에는 1,500명 이상의 사람들이 몰려 살았다. 그 위치 때문에 아머 대학교Armour Institute가 관여하게 되었고, 학교의 임원이었던 1938년 알프레드 엘 스티스Alfred L. Eustice가 건물을 구입했다. 3년 후 그는 IIT에 위임했고 철거계획을 시작했다.[3]

대학은 곧 세입자들의 강력한 반대에 부딪혔다. 둘 사이의 싸움은 10년 이상 지속되었지만 1952년에 IIT는 건물을 철거하는데 성공했다. 그때까지 34번가(사진 12.1) 건너편 3410 사우스 스테이트 빌딩South State Building을 포함하여 많은 미스의 디자인이 지어졌다. 1954년 12월, 새로운 건물을 위한 공사가 시작됐다. 메카는 철거되기 오래 전부터 전설적이었다. 미스의 학생이자 나중에 교수가 된 레지날드 말콤슨은 다음과 같이 기억했다.

> 크라운 홀 부지에 이 거대한 아파트가 있었습니다… 실제로 큰 슬럼가 건물이었죠. 매우 극적이었습니다. 그 안의 정원을 걸으면, 테네시 윌리엄스 연극의 분위기와 같았습니다… 그것은 설리반의 시대에 주로 사용된 로마벽돌로 지어진 엘름리Elmslie와 거의 같은 스타일로 만들어졌습니다… 그것은 한때 훌륭한 건물이었지만 점차 쇠퇴해갔습니다… 일종의 무시무시한 웅장함을 가지고 있었습니다.[4]

미스는 건축학교를 한 번도 디자인한 적이 없었다. 그는 데사우에선 그로피우스가 디자인한 건물에서 그리고 베를린에선 창고를 개조하여 바우하우스를 운영했다. 아머에서 첫 번째 공간은 시카고 아트 인스티튜트의 다락 공간이었다. 나중에 그는 IIT 건축학부를 그가 설계한 동문 기념관으로 옮겼지만 건축 교육에는 맞지 않았다. 따라서 새로운 건물이 미스가 꿈꿔왔던 - 건축적, 교육적 및 영적인 - 원칙을 반영하리라는 기대는 크라운 홀을 드림 프로젝트로 만들었다.

1950년 "건축학부 건물"을 위한 작업이 시작되었다. 그 해 초, 미스의 지시에 따라 조셉 후지카와는 "모금을 위한" 자료를 준비했다. 몇 개의 입면도와 투시도는 이미 지어진 캠퍼스의 다른 건물들과 비슷한 모습이었다: 도서관과 행정동처럼 강철 프레임으로 둘러싸인 커다란 유리 하부의 벽돌 패널에 내부는 60피트 정도의 스팬의 기둥이 있었다. 메자닌과 지하실은 도서관 프로젝트를 떠올리게 했다. 이 개념은 1952년 여름까지 유지되었고 대학본부는 학생회관의 건설을 연기하는 대신에 "ID 건축을 위한 자금 확보"를 우선적으로 하기로 결정했다.[5] IIT의 디자인 학부인 "인스티튜트 오브 디자인Institute of Design"도 시설이 필요했고 크라운 홀이 두 학부를 모두 수용하는 것으로 결정되었다.

미스는 프로그램의 확정과 그에 따른 해결책을 찾기 위해 1952년 여름과 가을에 빠르게 작업했다. 그의 핵심 스탭들은 후지카와, 골드스미스, 데이비드 하이드David Haid였다. 하이드와 도날드 시클러Donald Sickler는 프로젝트의 시공까지 이끌었다. 우아하고 아름다운 모형이 11월에 대학의 위원회를 위해 준비되었다. 이 모형은 미스가 모형의 뒤쪽에 서 있는 사진을 통해 가장 잘 알려져 있다. 말콤슨은 미스와 IIT 위원회 프레젠테이션에 같이 갔다. "미스가 모형과 도면을 설명한 후 그에게 방을 나가달라고 요청하고 자기들끼리 토론했습니다. 얼마 후 그들은 미스에게 다시 들어와서 추가설명을 부탁했습니다. 그러자 미스는 나에게 말했습니다. '뭔가 잘못된 것처럼 말하는군!'"[7] 그들에게 전달된 미스의 너무도 강한 확신이 하나의 이유였고 대학당국에도 또다른 책임이 있었다. 회의록엔 "진보적인 디자인"이라는 점은 인정했지만 이 제안은 "너무도 극단적이고 현재

사진 12.2
S.R. 크라운 홀, IIT, 시카고(1956). 북쪽으로 바라본 전경. 미스가 IIT를 위해 디자인한 22개의 건물중 가장 뛰어난 건물이자, 그의 첫번째 클리어-스팬(기둥없는) 구조로서 거의 120 피트×220 피트에 이른다. 지붕은 짧은면을 가로지르는 4개의 플레이트 거더가 지지한다.(사진에서 가운데 두개가 보인다). 이 사진은 스케일을 위해 1명의 사람이 보이는(문을 열고있는) 헤드리치-블레싱의 전형적인 사진이다. 내부는 - 이례적이게도 - 텅 비어있다.
사진: 빌 엥달, 헤드리치-블레싱.

의 예산을 초과하여 당분간 보류되어야 한다고 결정했다."⁷ 결과적으로 건물이 최종적으로 승인되기까지는 아리 & 이다 크라운 재단Arie & Ida Crown Foundation이 Sol R. Crown을 건물 이름으로 하는 댓가로 전체 예산 75만 달러 중 3분의 1을 기부할 때까지 거의 2년이 더 걸렸다. 또 다른 중요한 기부는 미스의 학생이었던 페이스 어쏘시에이츠의 대표인 찰스 겐트너로부터 나왔다. 페이스는 시공도면을 무료로 작성했다.

1956년에 완공된 S. R. 크라운 홀은 살짝 지상으로 올라온 지하층이 있는 단층 건물이다(사진 12.2). 두 레벨은 총 52,800평방피트에 이르고, 지상층은 북쪽에서 남쪽으로 120 피트, 동쪽에서 서쪽으로 220피트의 유리로 둘러싸인 직사각형 방이고 천장 높이는 18 피트다. 60피트 간격으로 떨어져 있는 네 개의 와이드 앵글 기둥은 긴 입면을 따라 올라가 지붕을 가로 지르는 6피트 깊이의 철골 거더의 양쪽 끝을 지지한다. 지붕은 이 거더들 아래에 매달려 있다. 이 건물은 10피트 모듈로 구성되어 있으며, 위쪽의 투명 유리와 아래쪽의 반투명 유리가 짝을 이뤄 와이드 플랜지 금속 멀리온에 매달려 있다(사진 12.3). 기둥과 멀리온은 대략 동일한 크기로 보이고 - 기둥은 W14 단면, 멀리온은 W8s - 유리 바깥쪽에 있으므로 건물은 내부에서 보면 투명한 유리벽이 지지하는 것처럼 보인다. 내부에서는 천장의 가장자리가 벽에서 약 1피트 정도 떨어져서 천장이 떠있는 듯 보인다.

크라운 홀의 클리어-스팬 구조는 정신적 완벽함이 실제로 구현된 것이다. 프로그램과는 상관없이, 미스식 강철 및 유리 건축의 잠재력을 표현하는데 있어서 거의 완벽에 가

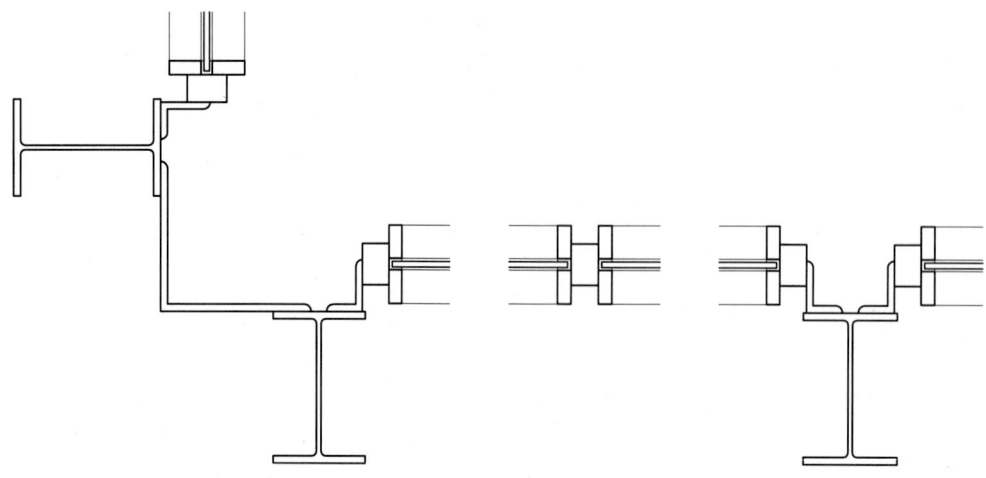

사진 12.3
S.R. 크라운 홀 외벽 코너부분 평면. IIT, 시카고(1956). 5년전에 지어진 판스워스 하우스랑 기술적으로는 기본적으로 동일했다 (10.3과 비교해 보라). 스틸 마감이 유리를 감싸고 전체 외벽이 스탠다드 압연 스틸 용접으로 만들어 졌다.

까웠다. 1950년대 중반까지, 미스는 10년 동안 클리어-스팬 건물을 실현하려고 노력했다. 캔터 드라이브-인 레스토랑, 50 by 50 하우스, 크라운 홀과 동시에 추진되었던 시카고 컨벤션 홀과 만하임 극장 현상설계가 그들이었다. 인스티튜트 오브 디자인 프로그램도 포함해야 함에도 불구하고 미스는 건축학부를 위한 거대한 단일 공간(26,400평방피트)을 합리화시킬 수 있었고, ID에는 하부층에 충분한 공간을 제공했다. 하부층은 또한 화장실, 기계실 및 서비스 출입구를 포함한 두 부서 모두를 위한 제반기능을 갖추고 있었다.

지하층은 콘크리트 벽으로 둘러싸인 평범한 상자로 지상으로 6 피트 올라와 있다. 20x30피트 간격의 콘크리트 기둥이 지상층의 바닥을 지지했다. 서비스는 중앙에 위치했고 가장자리에 교실 및 워크샵이 자리했다. 4피트 높이의 반투명 유리창이 지하층의 경계선을 따라 나오고 낮에는 부드럽게 여과된 자연채광이 안을 비춘다. 지하에서 지상층으로의 이동은 미스가 디자인한 가장 아름다운 계단이라 불리는 중앙 "계단홀"을 통해 이루어진다. 인스티튜트 오브 디자인이 떠나고 건축학부가 전체 건물을 사용하기 시작한 1989년까지 수십 년 동안 지하층 레이아웃이 변경되어왔다. 지하층의 이러한 성공적인 리모델링을 보면 미래 계획의 유연성- 오픈 플랜에 대한 미스의 주요한 정당화 사유 중 하나 -이란 이유가 실상은 어느 정도 과장되어 있음을 시사했다.

1층이 포디움같이 들어 올려진 것을 두고 그리스와 로마 건축에서 선례를 찾는 주장이 많이 제기되었다. 확실히 미스의 다른 캠퍼스 건물은 대부분 땅 위에 있고, 주출입구에 별다른 디자인이 없었지만 크라운 홀의 경우, 미스는 60피트 너비에 30피트 깊이의 현관을 강철로 감싸고 로만 석회석으로 포장한 화려한 입구를 만들었다. 지상에서의 접근은 30피트 너비의 5개의 석회암 계단으로 이루어지며, 두 번째 6개의 계단들은 포치에서 주출입구로 이어진다. 포치와 계단은 판스워스 하우스를 모델로 한 미학적인 제스처이며 IIT를 위한 미스의 작업 중에서도 독특했다. "뒷문"의 북쪽 계단을 위해 콘크리트와 스틸로 외부를 감싸는 계단을 만들었다. 크라운 홀의 북쪽은 널찍한 잔디밭이고 34번가는 오래 전에 비워졌기 때문에 주요 입구가 남쪽을 향하는 것은 특이했다. 그러나 "미래의 기계 공학 빌딩"은 기존의 서비스 도로 바로 맞은편 북쪽으로 불과 60피트 떨어져서 계획되고 있었고, 34번가 쪽은 차량의 드롭-오프에 알맞았다. 다른 교실 건물의 근접성은 크라운 홀의 유리창 아래쪽 8피트에 미스가 반투명 유리를 선택한 것에도 영향을 주었을 수도 있다.

크라운 홀의 초기 계획은 기본 캠퍼스 어휘와 24피트 모듈을 사용했지만 미스 캠퍼스 플랜에서는 예외였다. 진 서머스는 1987년 인터뷰에서 이 문제에 대해 언급했다.

> 미스가 건축학부 건물을 디자인할 때 원래 캠퍼스에서 의도했던 것을 깨뜨렸습니다. 그는 원래 캠퍼스의 첫 번째 건물과 같은 방식의 철골 구조에 벽돌로 마감된 건축학부 건물을 설계했었습니다. 그가 완전히 철골과 유리로만 이루어진 건물을 지은 것은… 나는 개인적으로 잘못되었다고 생각했습니다… [캠퍼스]는 더 통합되어 보여야 했습니다. 아이러니는… [무엇이냐면] 그는 그것을 지었고 확실히 크라운 홀은 그의 최고의 건물 중 하나입니다. 내 생각엔 전체 캠퍼스 개념은 평면과 개별 단위의 구조가 모듈로 이루어진 시스템이라는 것이 전체 아이디어의 핵심이었지만, 그는 그 건물을 위해 그것을 바꾸었습니다. 그것은 위대한 예술가들이 때때로 하는 일입니다.[8]

서머스의 생각은 나중에 미스 건축의 변화를 알아챘음을 반영했다. 다른 디자이너들이 설계한 캠퍼스 건물은 미스의 기준에서 훨씬 더 벗어났다. 핵심은 여전히 남아있었다: 크라운 홀의 경우, "예술가" 미스가 믿는 위대한 목표를 추구하면서 그 자신에게 새로운 자유를 허용했다. 표준적인 12/24피트 모듈이 아닌 10피트 모듈을 채택한 것은 개별 유리의 크기 제한과 같은 실제적인 이유 때문이었을 수도 있다. 구조적 해결책을 비롯한 다른 것들은 그가 포기하기에는 너무나도 훌륭한 기회였다. 메인레벨은 자유롭게 조직되었다. 원래 세 가지 주요 기능이 계획되었다: 목재 파티션과 2개의 계단으로 나뉘어진 동쪽과 서쪽 양끝의 전시 공간, 전시 공간의 북쪽에 있는 행정구역. 그리고 북쪽 입구 맞은편에 3면이 목재벽으로 막힌 도서관이 있다. 도서관과 행정구역 사이에는 관리인을 위한 캐비닛과 창고가 있다. 시간이 지남에 따라 학교의 행정구역은 지하층으로 옮겨졌고, 전체가 전시 공간이 되었다. 흰색으로 칠해진 캐비닛이 메인 레벨에 추가되었다. 3x13피트 사이즈의 바닥에서 천장까지 이어지는 한 쌍의 샤프트를 통해 배관 통풍구, 지붕 배수구 및 기타 기계 시스템이 지붕으로 연결된다.

나머지 공간은 미스의 사무실에서 디자인한 제도용 테이블로 채워졌다. 초기 사진을 보면 널찍한 공간에 테이블이 깔끔하게 정렬되어 있었다. 건물은 원래 에어컨이 없었으며 온도 조절에 문제가 있었다. 하얀색 블라인드로 내부로 들어오는 햇빛을 차단했고 유리창 하부의 바닥에 있는 자그마한 통기구가 문과 함께 유일한 환기장치였다. 소음은 그다지 방해가 되지 않는 것으로 밝혀졌다. "나는 이 건물에서 일하기를 좋아한다."라고 미스가 말했다. "교수가 감정적으로 소리를 높이는 경우를 [제외]하고는 결코 소리로 인한 어떤 방해도 없습니다."[9]

크라운 홀의 외벽 유리창은 본래 1/4인치 두께의 샌드블라스팅된 판유리였다. 출입구 양쪽에 있는 투명한 유리를 통해 유일하게 바깥의 풍경을 볼 수 있다. 각 모듈 위에는 광택이 나는 높이 9피트, 길이 10피트의 판유리가 있었다. 미스는 건물의 높이를 2피트(초기 모형에서 20피트 높이의 천장을 볼 수 있다) 줄임으로써 상부에도 1/4인치 유리를 사용할 수 있었다.[10] 유리는 판스워스에서와 마찬가지로 스틸로 고정되어 있었기 때문에 프레임과 함께 선명한 그림자를 만들었다. 그러나 이 시스템은 온도 유지가 매우 어렵고 파손되면 다시 끼우기가 어려웠다. 시카고 건물 법규의 개정으로 인해 상부 유리창에 대한 교체가 필요했다. 첫 번째(1970년대)는 3/8인치, 두 번째(2005년)는 1/2인치까지 유리 두께를 두껍게 해야 했다. 하부 유리창 또한 2005년의 대대적인 리노베이션에서 교체되었다.

크라운 홀에 대해 미스가 한 말은 유명하다. "이것은 우리의 철학을 표현할 수 있는 가장 명확한 구조입니다."[11] 자크 브론슨은 1994년에 그의 기술적 분석을 설명했다. "모든 [구조] 부재들은 나무와 같습니다… 나무는 서로 연결되는 구조입니다. 크라운 홀은 모든 부재들이 힘을 전달하는 건물입니다. 부재들을 부분으로 나누면, 그들은 약해집니다. 그러나 그들을 함께 모으는 순간, 통합의 구조로서 강해집니다…"[12] 루드비히 힐버자이머는 1956년 도서관 및 행정동에 대한 전반적인 미학적 설명을 썼다. "미스 반 데 로에의 [미국에서의] 건축은 덧씌워진 형태가 아닌 구조적 요소에 기반을 두고 있기 때문에 각 부분, 각 디테일은 개별적분만이 아니라 전체와 관련해서도 중요합니다. 철…은 공장에서 나온 형태 그대로 사용됩니다. 다른 부재들이 서로 만납니다… 단 한가지의 임의적인 첨가 없이. 건축적인 풍부한 효과는 디테일이 보여주는 바와 같이 최소한으로 보여지는 노력의 결과입니다."[13]

브론슨의 기술적 분석은 힐버자이머의 예술적 견해와 서로 균형 잡혀 있으며, 둘 다 우리의 이해를 돕는다. 그럼에도 불구하고 크라운 홀의 실제 구조는 전혀 분명하지 않았다. 미스는 그의 원래 모형에서 시각적으로 강력한 구조를 고안했으며 탁월한 엔지니어였던 프랭크 코낵커는 많은 트릭을 통해 그 이미지를 안전한 건물로 바꿀 수 있었다.

이 건물은 브론슨이 지적한 것처럼 여러 구조가 중복으로 작동했고 그는 이러한 시스템들이 동시에 작동하여 안전한 디자인처럼 보이게 했지만 실제로는 그렇지 않았다. 겉으로 보는 것과는 반대로 코낵커의 구조적 해법은 아래의 분석과 같이 대단히 보수적이었다.

우리는 주요 기둥에서부터 시작했다. 각각은 두 군데의 키포인트에서 기초에 단단히 고정된다: 기초벽이 튀어나와 있는 철판 입면과 6피트 위 메인 레벨의 콘크리트 슬라브가 외부와 만나는 지점. 두 연결부에 기둥 하부를 고정시켰다. 기둥은 높이가 24피트처럼 보이지만(외부의 높이) 캔틸레버 부분은 길이가 18피트에 불과하다. 캔틸레버가 길수록 필요한 구조 부재가 커진다. 분석에 따르면 기둥이 벽의 프레임 작용이나 거더에 의해 만들어진 포털 프레임 없이도 건물 외부의 모든 방향의 측면(바람) 하중에 견딜 수 있음을 알 수 있었다. 이는 기둥이 약한 축을 향해 놓인 좁은 면에 누적되는 측면 하중에 대해서도 마찬가지였다.[14] 또한 높이가 24피트지만 18피트만 튀어나와 서 있는 와이드 플렌지 멀리언도 캔틸레버다. 그것들은 지하층 유리 아래와 위의 철근띠 패널에 단단히 부착된다. 멀리언 자체만으로도 건물에 작용하는 모든 방향의 힘에 버틸 수 있었다.

지붕에 걸친 판 거더는 크라운 홀의 구조적 시그니처이다. 이들은 기둥 상단에 용접되어 진정한 포털 프레임처럼 작용한다. 크라운 홀에서는 북쪽-남쪽 방향으로만 수평 하중에 확실히 견딜 수 있다. (서쪽에서 동쪽으로는 프레임 작용을 하지 않는다.) 위의 논의에서 포털 작용이 건물의 측면하중 시스템에 중요하지 않다는 것을 알 수 있다. 판 거더는 끝에서 고정된 핀 연결로 충분했으며, 이 경우 단순한 스팬으로서만 역할을 했다. 여기서 미스는 구조의 시각적 인상을 "구조적 명확성"보다 훨씬 중요하게 여겼다. 엔지니어링의 관점으로 볼 때 크라운 홀의 구조는 위로 뒤집은 판 거더의 사용에서만 과감했다. 구조 설계가 거더 상단 플랜지의 좌굴에 달려 있었고 코낵커는 끝 연결부 및 지붕 구조체를 거더의 바닥 플렌지와 용접해 혹시 일어날 수도 있을 회전을 방지했다. 플레이트 거더의 두께-스팬 비율은 1대 20으로 보수적이었다. 미스는 크라운 홀에 트러스를 고려했으나 120ft 길이의 트러스는 판 거더에 비해 비용이나 구조적인 면에서 이점이 없었다.

지붕은 일반적으로 양 끝 쪽에서 20피트 켄틸레버된 것이라 알려져 있지만(판 거더가 동쪽 및 서쪽 입면에서 그 거리만큼 뒤로 밀려 매달린 상태), 그것은 지지 벽 위에 놓인 보의 역할을 한다. 왜냐하면 지붕구조체가 플레이트 거더 하부에 용접되어 있지만, 말단부는 끝 벽의 위쪽에 고정되어 있었다. 20피트 길이의 스팬은 외부에서 보면 대담하게 보이지만 실제로는 그보다는 짧았다.

그럼에도 불구하고 반세기가 넘은 크라운 홀은 여전히 마술처럼 보인다. 특히 안쪽의 투명한 유리를 통해서 보면 수직 기둥이 거의 느껴지지 않는다. 천장은 특히 낮에 비추는

빛 아래에선 거의 사라져 보인다. 안에서 보면 아래쪽의 눈처럼 하얀 유리가 건물을 땅에서 분리시키지만, 맑은 위쪽 유리를 통해 계속해서 변화하는 나무 꼭대기와 하늘이 보인다. 밤이 되면 바깥 쪽에서 반짝반짝 빛나는 건물은 내부에서 지하층의 빛 덕분에 밝게 빛나며 부유하는듯 보인다.

크라운 홀은 미스가 그때까지 실제로 완성한 가장 큰 내부 공간이었고, 그가 언제나 그래왔듯이 일반적인 공간 덕분에 변화에 언제나 잘 적응할 수 있다고 합리화했다. 그는 또 하나의 목표를 염두에 두었다. 이 건물은 오두막Bauhütte이 모던 건축 양식으로 다시 태어난 것이었다. 오래전 마스터빌더, 노동자 및 견습생이 함께 계획하고 가르치는 공간이었다. 공유 공간으로서 이는 사용자들이 공유하는 목표와 방법을 의미했다. 간단히 말해 공유된 가치이다. 1938년 칼 오 슈니윈드Carl O. Schniewind에게 보낸 편지에서 미스가 개탄했던 현대 시대의 "방향의 혼란"은 이곳에서 공동체적으로, 객관적으로, 그리고 인간의 감정에 흔들리지 않는 조형적이고 명료한 정신에 의해 질서를 부여받았다.

· · · ·

미국에서 미스는 적극적으로 일을 쫓아다니지 않았다. 그와 사무실의 스태프들은 들어오는 설계의뢰에 응답하면서 반복해서 함께 일하기를 원했고 적극적으로 찾아다니지는 않았지만 미디어에 세심한 주의를 기울였다. 물론 예외도 있었다: 대학원생인 폴 피핀Paul Pippin은 "언젠가 스튜디오에 비서가 들어와서 신문기자가 밖에서 기다리고 있다고 전했습니다."고 회고했다. 미스가 대답했다. "뭐라고 해야 하는지 알잖아요. 여기 없다고 하세요."[15] 전시를 통해 작품을 선보이는 것이 미스의 주요 홍보 수단이었다. 그는 골드스미스의 말처럼 경쟁조차도 싫어했다. "나는 그가 어떤 경우에도 누군가가 '나는 당신과 이야기하고 있고 SOM과도 이야기하고 있다고 말하는 것'과 같이 다른 사람과 경쟁했던 경우를 알지 못합니다."… "적어도 내가 그를 위해 일했던 동안에는 건축주가 혹시 다른 사람들을 고려했다면 그는 그 일을 하지 않았을 것입니다."[16] 클라이언트를 찾는 데 있어서, 죠셉 후지카와는 미스가 "진정한 유럽의 마스터"였다고 생각했다. 미스에게 일을 맡길지 말지를 고민하는 듯한 고객이 한 명 있었고 나는 계약금을 먼저 요구하자고 제안했습니다. 미스는 나를 씹어먹을 듯이 '우리는 여기서 그런 짓을 하지 않는다!'고 소리쳤습니다."[17]

때때로 스태프들이 공모전에 참가하자고 제안하면 미스는 똑같이 단호했다: "그들은 우리가 할 수 있는 것을 이미 알고 있습니다."[18] 1952년 말 제2차 세계대전에서 파괴된 19세기 극장건물을 대체하는 독일 만하임Mannheim 시에서 후원하는 새로운 국립극장 디자인을 위한 지명 공모전에 그가 참가하기로 결정한 것은 예외였다. 미스에겐 예전 직원이었던 허버트 히셔Herbert Hirche(당시 만하임 시장 고문)가 있다는 것이 동기부여가 됐다. 히셔가 미스를 추천했다. 참가자들 중에는 4군데의 만하임 지역 건축가와 미스의 친구인 루돌프 슈와츠Rudolf Schwarz를 포함하여 독일의 유명 건축가 5명이 있었다. 미스는 히셔가 내부에서 일을 하게 되어 기쁘게 생각했음이 분명했다.

미스는 크라운 홀의 계획설계를 완성하는 와중에 만하임 프로젝트를 시작했다.[19] 골드스미스가 프로젝트 담당이었고 데이빗 하이드David Haid와 에드워드 더켓이 구조 엔지니어였다. 다니엘 브레너Daniel Brenner는 미스와 함께 인테리어 작업을 했다. 사이트인 만하임의 괴테 플라츠는 대략 90x200m 크기이며 도로로 둘러싸여 있었다.[20]

프로그램은 1300석과 500석 규모의 극장과 함께, 부대시설로 국립극장 사무국 및 커다란 레스토랑을 요구했다. 미스는 평면에서 80x160m 크기의 건물을 제안하여 거의 대지를 꽉 채웠다. 극장의 출입구는 서로 마주보는 반대편에 있었고 극장과 극장 사이에는 거대한 무대설비 공간이 있었다. 주차에 대한 요구 사항은 없었다. (1950년대엔 일반적이었다.)

미스는 크라운 홀을 확대한 이 거대한 공간에 모든 프로그램을 수용하기로 했다. "나는 결론에 도달했습니다."고 말했다. "이 복잡한 공간 유기체를 감싸는 최선의 방법은 거대한 강철과 유리로 덮는 것입니다"[21](사진 12.4). 모듈은 크라운 홀의 10피트(3미터)에서 4미터로 증가했다. 플레이트 거더 대신 7개의 오픈 웹 트러스가 크라운 홀 길이보다 긴 80미터에 걸쳐 있었다. 지상층은 4미터 높이였고 두 번째 층은 12미터였다. 극장을 위한 좌석은 1-2층에 사이에 있었고, 위층은 양쪽 끝에 열린 휴게실이 있었다. 두 번째 층은 너비가 10미터, 높이가 12미터의 커다란 진입로로 연결되었고 북쪽의 레스토랑으로 이어진다.

일반적으로 현상설계에서는 일단 당선되는 것이 목표이기 때문에, 어느 정도 과도한 제안을 하는 것이 일반적이었다. 경제적, 기술적 문제는 나중에 해결할 수 있고 반드시 해결해야 했다. 미스의 제안 역시 어느 정도의 과도함은 있었다. 미스는 티니안 대리석으로 된 긴 면의 바닥과 건물 양쪽 끝으로 확장되는 3미터와 4미터 높이의 기단을 제안했다. 건물에서는 아직 사용된 적이 없었던 거대한 트러스는 스테인리스 강으로 만들어졌다. 아마도 가장 극적인 부분은 극장과 무대 설비 공간이 거의 부유하는 듯한 엄청난 내부 공간일 것이다. 두 번째 층의 진입로가 거대한 면적의 1/4을 차지했다. 메인 극장의 뒤쪽은 외부와 맞닿아 있었다. 그것은 18미터 높이의 로비 위로 대담하게 캔틸레버 되었다. 실제 좌석은 전체 바닥 면적의 5% 미만이었다.[22]

사진 12.4
내셔널 극장 프로젝트 모형, 만하임, 서독 (1953). 만하임 극장 현상설계 참여는 15년 전 미국으로 이주한 후 첫번째 유럽에서의 작업이다. 1950년대에 그는 가장 야심만만한 클리어-스팬 작업들을 선보였지만 그 중 S.R. 크라운 홀 만이 실현되었다. 만하임 극장은 2개의 커다란 극장을 덮는 지붕을 떠받치는 7개의 오픈-웹 트러스들로 이루어졌을 것이고 건물은 크라운 홀의 5배가 넘는 공간이었을 것이다. 사진: 빌 엥달, 헤드리치-블레싱.

분명히 음향에도 문제가 있었을 것이다; 거대한 볼륨, 딱딱한 표면, 위에서 아래쪽까지 열린 대극장의 상부층은 문제점을 야기했다. 전체 유리로 둘러싸인 외장은 웅장하지만 2층의 자연광을 필요로 하지 않는 극장 영역을 감싸는 데 아무런 역할을 하지 않았다. 가장 문제가 되는 것은 클리어 스팬에 대한 근거였다. 프로그램이나 미스의 계획안 둘 다 그것을 필요로 하지 않았다. 미스의 계획에서 필요한 최대 범위는 약 32미터인 대형 극장의 상단 층이고, 더 작은 극장은 스팬이 24미터였다. 그럼에도 불구하고 미스는 80미터 폭의 전체 볼륨으로 클리어스팬의 길이를 늘렸고 이는 객관적인 해결책은 아니었다. 벽에 숨어 있는 몇 개의 기둥으로도 지붕을 지지할 수 있었다.

그의 스태프에 따르면, 미스는 그 계획안에 매우 기뻐했다. 그는 심지어 마감 시간을 맞추기 위해 새벽까지 하룻밤을 새우기까지 했다.[23] 1953년 6월 만하임시는 루돌프 슈워츠와 미스를 최종후보자로 발표했다. 그리고 심사위원들은 2라운드를 제안하며 첫 라운드에 초청을 받지 않았던 프랑크푸르트 건축가 게르하르트 베버Gerhard Weber에게 참가를 요청했다. 그러나 미스의 제안에 대한 수정은 요구하지 않았다. 다음달, 미스가 유럽을 여행할 때 그는 개인적으로 이 프로젝트를 위해 이례적으로 만하임의 시장을 따로 만났고 그는 미스에게 디자인의 수정을 요청했다. 3개월 동안 고민한 후, 미스는 조용히 그 프로젝트를 포기했다. 골드스미스는 "그의 생각은 다음과 같았습니다. '나는 나의 디자인을 했고, 그들은 내가 할 수 있는 것을 알았고, 사소한 변화를 위해 또 다른 경쟁을 시키는 것은 어리석은 짓이다.'"[24] 결국 이 프로젝트는 게르하르트 베버에게 돌아갔다. 1957년에 완공되어 오늘날 괴테플라츠Goetheplatz에 서 있는 이 건물은 미스의 비전과는 대조적으로 평범했다.

1953년 가을, 시카고의 사우스 사이드 계획 위원회South Side Planning Board는 미스에게 루프Loop와 IIT 사이의 레이크 쇼어 드라이브 서쪽에 5만석 규모의 컨벤션 홀 디자인을 요청했다. 이 제안은 위원회 의장이자 IIT 부총장인 레이몬드 J. 스패츠Raymond J. Spaeth를 통해 들어왔다.[25] SSPB는 건물을 지을 만한 여력은 아직 없었지만 시와 주 당국을 설득할 수 있을 만한 뛰어난 계획안을 필요로 했다.

시카고는 매년 열리는 수백 개의 컨벤션, 박람회 및 기타 행사를 위해 새로운 시설이 필요했고, 일리노이주는 1953년 여름, 새로운 시설을 지원하기로 결정했다.[26] SSPB는 다운타운 가까운 부지 위에 크고 융통성 있는 구조의 건물을 요구했다. 상업 및 공장 건물들이 잡동사니 주거들과 함께 무분별하게 흩어져 있던 예정부지는 적절해 보였다.

미스는 IIT에서 학생들과 함께 프로젝트를 진행했는데 대학원생인 미와 유지로Miwa Yujiro, 헨리 카나자와Henry Kanazawa, 파오-치 챙Pao-Chi Chang과 함께 공동 대학원 졸업작품으로 작업을 진행했다.[27] 이런 거대 프로젝트에 필수적이었던 사이트 디자인, 주차 및 대중교통망과의 연결은 거의 연구되지 않았다. 내부 공간을 만드는데 있어서 미스는 520,000평방피트를 커버하는 양방향 트러스로 된 평면 지붕으로 결정하기 전까지 돔과 3힌지 아치 시스템 등을 고려하면서 클리어 스팬을 해결하는데 집중한 것처럼 보인다(사진 12.5). 볼륨도 대단히 컸다. 한쪽이 720피트이고 내부 높이가 85피트인 거대한 박스였다. 이 정도로 높아야 할 프로그램적 필요성은 없었다.

지붕은 30피트 깊이 양방향 그리드의 철제 트러스로 되어 있다(사진12.6). 부재 크기와 트러스 깊이는 중심을 향할수록 커지지만 시각적으로 시스템은 균일해 보인다. 이 계획은 미스가 1942년에 콘서트 홀 콜라주에 사용한 마틴 군수공장을 연상시키지만, 양방향 트러스는 절반 길이인 볼티모어의 한방향 시스템보다 훨씬 정교했다. 지붕은 건물의 외곽면에 있는 거대한 트러스로 지지된다. 한쪽 면에 60피트 깊이의 5개 유닛이 120피트 간격으로 놓여진 거대한 원뿔 모양의 기둥이 지지하고 있다.

코너에서 60피트 캔틸레버된 두 벽이 만난다. 노출된 구조부재 사이는 패널로 채워져 있어 내외부에서 같은 입면을 만든다. 미스는 대리석과 알루미늄 패널로 된 벽 유닛을 연구했다. 대칭형 평면도에서 볼 때, 지상에서 셋백되어 있는 유리벽을 통해 모든 방향에서 접근이 가능하다. 메인층은 10피트 아래로 내려가기 때문에 입구에 들어서면 전체 공간을 볼 수 있다. 광대한 내부의 경계에는 17,000개의 좌석이 있다. 메인층의 가변형 좌석은 50,000개까지 늘어날 수 있다.

사진 12.5
시카고 컨벤션 홀 프로젝트(1953). 유리와 메탈패널로 된 외장재. 스케일을 위해 왼쪽에서 두번째 기둥 옆에 서있는 사람을 주목하라. 사진: 헤드리치-블레싱.

디자인의 실제 작업은 특정 문제점들을 반복적으로 연구했다. - 지붕의 치수와 구성 요소의 변화, 구조의 표현, 스킨 재질 등. 이러한 방식은 그가 사무실과 학교에서 일하는 방식이었다. 그의 세 학생들은 프로젝트의 압도적인 규모를 보여주는 모형과 투시도를 만들었다. 미스는 그의 개념이 실용적이라고 굳게 믿었다. 이 정도의 거대한 볼륨은 어디나 균질하기 때문에 컨벤션, 전시, 스포츠 이벤트에 이르기까지 모든 활동을 수용할 수 있었다. 세세한 분할은 파티션에 의해 이루어질 수 있다고 주장했다.

미스의 작업 중 어떠한 것도 컨벤션 홀보다 지적으로 모험심이 넘치고 구조적으로 대담한 것은 없었다. 내부에서 보이는 거대한 지붕은 사람들의 탄성을 자아냈을 것이다. 외부에서 트러스 벽 구조는 뚜렷하게 읽을 수 있었다. 타협하지 않는 합리적인 수단을 통해 건축 예술을 만드는 미스의 능력이 여기서 가장 확실히 드러났다.

컨벤션 홀 디자인이 발표됨에 따라 모던건축의 위대한 합리주의자로서 미스의 명성은 더욱 높아졌다. 그러나 이 작품의 영웅적인 면모는 오히려 역설적이었다. 내부 공간은 실내 스포츠 행사를 제외하고는 - 홀의 원래 목적이 아니었다 - 그가 제안한 클리어 스팬의 정당한 이유가 없었다. 그는 복도 안에 기둥이 있는 그리드를 배치해서 합당한 스팬 범위를 채택하면서도 그가 중요하게 생각하는 유연성을 달성할 수 있었다. 그는 이성과 논리의 힘이 아닌 열정과 의지로 클리어 스팬을 선택했다.[28] 그는 자신의 건축이 이성적이라고 확신한 나머지 그는 이성을 비합리의 극단으로 끌고 갔다. 다른 방법으로는 그와 같이 대담한 공간을 만들어 낼 수 없었을 것이다.

미스는 항상 필요에 따른 문제 해결을 자신의 작업의 특징이라 했다. "일정한 규칙이

사진 12.6
1953년 학생들이 만든 시카고 컨벤션홀의 지붕 모형을 연구하는 미스. 뒤쪽 미스 머리 위로 전체 모형이 보인다.

있습니다."고 그는 말했다.

"역사적으로 위대한 시대는 매우 명확한 원칙에 따라 한계 지워졌지만, 건축가들은 그 안에서 무엇이든 할 수 있었고, 이것이 중요한 건축을 만들 수 있는 유일한 방법입니다."[29]

근대 건축 혁명의 주요한 인물이 말한 것이라고 하기엔 이 말은 비현대적이고 비경제적인 것으로 들리지만 1951년에 그는 이미 다음과 같은 말을 했었다.

"저는 개혁가가 아닙니다. 나는 세상을 바꾸고 싶지 않습니다. 나는 단지 세상을 표현하고 싶을 뿐입니다. 그게 내가 원하는 전부입니다."[30]

미스는 시스템을 의심했던 시대에 시스템을 만든 사람이었고, 그의 천재성 중 하나는 반대와 타협하는 기술이었다. 그의 시스템은 어떤 일정한 규칙이 아니라 현대와 조화를 이루는 새로운 건축을 탐구하고 찾아가는 방법이었다. 1950년대의 세계에 그가 이성의 존재라는 것을 확신시키는 것이 그의 궁극적인 목표였다. 그러나 그의 건축의 뛰어남이 없더라면 그의 의지와 그것으로부터 방출된 카리스마조차도 그가 얻은 찬사를 얻기에 충분하지 않았을 것이다. 미스의 건축은 합리적이고 시스템적이었기 때문에 가르치기 쉽다는 것이 일반적인 통념이었다. 1950년대와 1960년대에 미국의 도시풍경을 변화시켰던, 단순히 미스의 방식을 따라한 수많은 디자인을 보면 결코 그렇지 않다는 것을 알 수 있다.

시카고 아트 클럽을 위한 미스의 1951년 디자인은 그가 디자인하지 않은 건물의 인테리어 작업을 한 유일한 미국 작업이며[31] 그가 전통 스타일의 가구를 사용했던 - 이 경우에는 재사용한 - 유일한 사례. 유일하게 철거된 미국에서의 작업이기도 하다.[32] 그 철거는 건축계의 주목을 끌었으며 여기에 간략하게 이야기될 다양한 의견들을 이끌었다.

1916년에 만들어진 아트 클럽은 미술계의 전시, 콘서트, 강연 및 친목을 위한 사설기관이었고 시카고 다운타운의 여러 곳에서 운영되었다. 1947년에 클럽은 임대 계약이 끝나 위글리Wrigley 빌딩을 비워야 했다. 같은 해에, 클럽의 회장이었던 루 쇼Rue Shaw는 109 이스트 온타리오 스트리트의 새로운 클럽 공간 디자인을 미스에게 맡겼다. 그는 1948년 초에 비용을 받지 않고 일을 시작했다. 메인 출입구와 클럽의 2층 창문은 수정할 수 있도록 합의가 이루어졌다. 이 프로젝트는 2년 동안 디자인이 진행되었고 클럽은 1951년 가을에 입주했다.

1층 로비에는 엘리베이터와 위층의 메인룸으로 이어지는 계단이 있고 아트 갤러리, 레스토랑 및 오디토리움이 있는 라운지로 구성되어 있다. 재료는 심플했다: 나무로 마감된 갤러리 벽을 제외하고 모두 흰색으로 칠해졌다. 바닥은 검은색 목재마루고 천장에서 바닥까지 드리워진 커튼들은 검정, 연회색, 아이보리, 노란색으로 되어 있었다. 시그니쳐 요소는 계단이었는데, 추상적인 대각선, 수직선 및 수평선이 어우러져 2개의 떠있는 계단참과 함께 계단을 구성했다(사진 12.7). 스틸 스트링거와 난간은 IIT에서 미스가 디자인한 건물과 유사하지만 흰색으로 칠해졌다.

109 이스트 온타리오의 공간 외에도 미스가 디자인한 아트 클럽이 더 있었다. 1989년에 MoMA 컬렉션에서 단층으로 된 아트 클럽 건물 평면이 발견되었다.[33] 그것은 온타리오 공간의 설계기간과 겹치는 1949년 8월에서 11월까지였으며 아마도 독립적인 건물로도 검토했던 대안이었을 것이다(사진 12.8).

유리로 된 출입구를 제외하고 나머지는 벽돌로 마감되었다. 10,000제곱피트 구조는 3x5베이 철골격자로 이루어져 있으며, 30x25피트 간격의 철골 기둥은 외부 벽에서 약간 안쪽에 자리 잡고 있었다. 내부는 바르셀로나 파빌리온처럼 오픈 플랜이었다. 프로그램은 파티션 벽으로 느슨하게 구분되었다. 휴게실, 라운지, 다이닝 및 회의실은 중정을 향하고 있다. 갤러리와 강의실은 평면의 좁은 끝 부분을 채웠다. 테라조의 바닥, 석고 및 목재로 된 벽, 치장 벽돌의 외장 등 재질이 표시되어 있었다.

1990년 아트 클럽은 자산의 감소 때문에 온타리오 스트리트 공간의 임대를 잃었다.

사진 12.7
시카고 아트클럽의 계단(1951). 철거되었음(1998년에 다른 장소에 다시 만들어졌다) - 그가 디자인한 건물이 아닌 미국에서 유일한 인테리어 디자인이다. 계단은 1층 로비에서 클럽의 2층 공간으로 이끈다. 스틸을 용접해서 만든 계단은 로만 석회석 패널로 둘러싸여 있다.

새로운 소유주는 클럽 건물을 헐고 새로운 건물을 올릴 계획이었고 클럽은 다른 건물을 찾아야 했다. 클럽은 새로운 건물을 위해 - 예술 시장이 호황이었던 시기에 완성시키기 위해 - 1927년에 1,200달러에 구입했던 콘스탄틴 브라쿠치Constantin Brancusi의 황금 새 Golden Bird를 판매하기로 했다.[34] 시카고 아트 인스티튜트가 1,200만 달러에 이 조각을 구입했고 아트 클럽은 새로운 건물을 확보할 수 있었다.

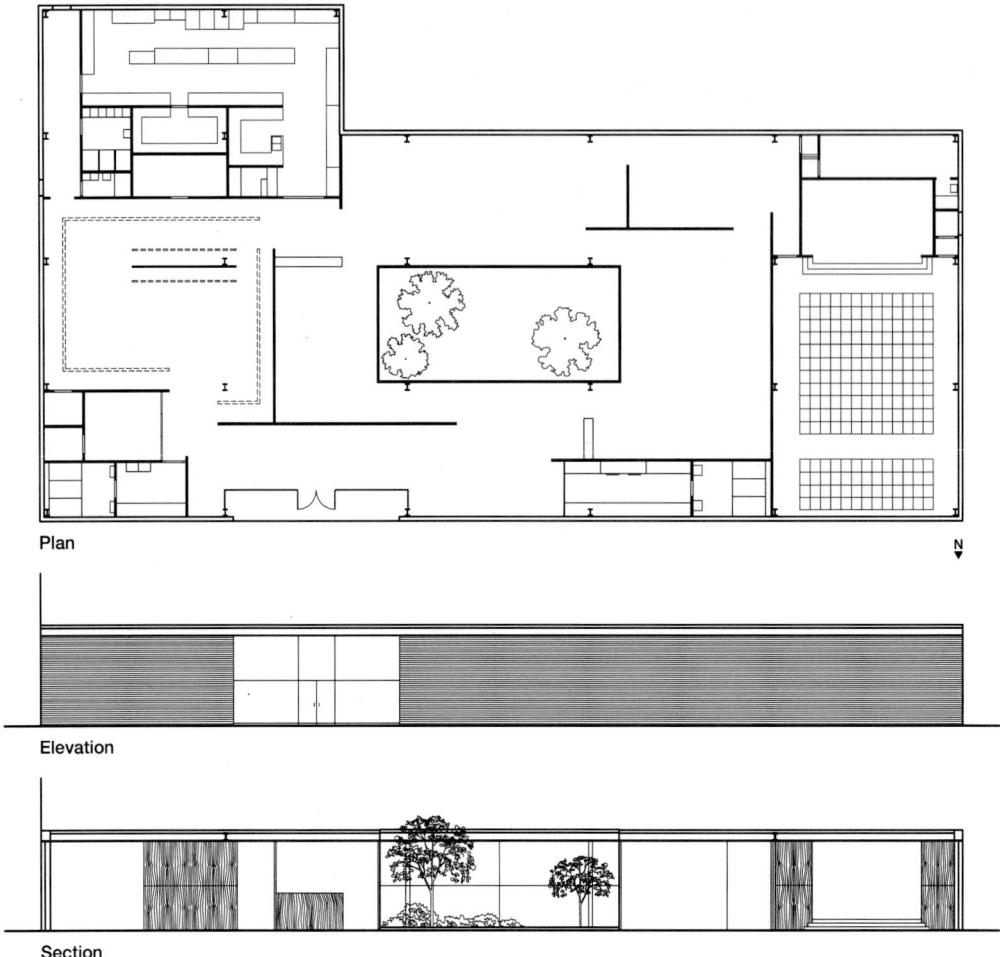

Plan

Elevation

Section

보존주의자들이 움직이기 시작했다. 1994년 5월 9일, MoMA의 건축 및 디자인 부분 수석 큐레이터인 테렌스 라일리Terence Riley는 "미스의 공간을 보존할 수 있는 방법을 찾고 있다."고 말했다. 그는 "새 건물에 기존의 공간을 통합하는 것이 심각한 구조적 또는 디자인상의 문제를 야기하지 않는다." 덧붙였다. 라일리의 편지는 이 상황을 건축계에 호소하도록 클럽과 그 친구들을 자극했다. 미스 공간의 보존을 촉구하는 편지가 쇄도했고, 시카고 랜드마크 위원회와 시의회에서 랜드마크 지정을 기대할 수 있었다.

1994년 가을까지, 보존주의자들은 시카고 개발자 존 벅John Buck에게 캠페인을 집중했다. 벅은 마음을 바꿀 의도가 없었다. 그가 탄압받는 사람인 척 연기한 청문회에서 결국 랜드마크 위원회는 미스 인테리어의 랜드마크 지정을 부결시켰다… 아트 클럽이 201 이스트 온타리오 스트리트 근처에 있는 땅을 구입하자마자 전체 블록은 1996년에 철거

사진 12.8
시카고 아트클럽 프로젝트(1951). 실현되지 않은 건물의 평면, 입면, 장축 단면 계획안. 입면은 대단히 심플한데 비해 실내는 내부 정원을 중심으로 화려하게 장식되어있다. 미스의 성숙한 유럽시절 방식으로 내부 공간들이 서로 막힘없이 흐른다.

되었다. 클럽위원회에서 선정한 시카고 건축가 존 빈치John Vinci는 원래의 계단을 그대로 만들고 가구를 재배치하는 등 미스의 계획을 부분적으로 따르면서 새로운 2층 건물을 설계했다.[35]

. . .

미스의 IIT 건물들은 적은 예산으로 지어졌으며 수많은 수정을 해야 했고 때로는 대학 당국의 요구에 따라 다시 설계되었다. 미스의 IIT 작업에서 보이는 궁핍함은 빠듯한 예산 때문이기도 했다.[36] 이러한 제약하에서 건축가의 성취는 두 배로 주목할 만하며, 캠퍼스에 있는 어떤 건물보다도 로버트 F. 카 메모리얼 채플Robert F. Carr Memorial Chapel of Saint Savior은 이러한 노력을 가장 잘 보여줬다. 1952년에 완공된 미스의 유일한 종교건물 이기도 했다(사진 12.9).

1949년에 계획이 시작되었다. 예배당과 목사관, 회의실, 사무실, 숙소가 있는 교구 주택 2채가 제안되었다. 첫 번째 스터디는 24피트 크기의 캠퍼스 모듈을 기반으로 길이는 4베이, 넓이는 1.5베이인 3,000평방피트 채플이었다. 2,300평방 피트의 교구 주택은 2개의 베이로 된 정사각형이었다(사진 12.10). 미스의 예배당 내부 투시 스케치[37]는 측벽에 의해 지지되는 커다란 철골구조를 보여준다. 지붕의 보는 측면 통로 벽 위로 보이고 기둥은 벽의 위쪽과 아래쪽으로 노출되며, 테이블같은 제단을 지지하는 낮은 플랫폼과 그 뒤쪽으로 십자가만 있는 벽이 보인다.

예산 삭감과 프로그램 축소로 교구 주택이 사라지고 예배당은 4베이에서 3베이로 줄어 들었다. 수정안은 3,400평방피트까지 면적을 늘리기 위해 두 개의 베이 또는 48피트에 이르는 구조용 강철 프레임이 사용되었다. 이 안은 또한 미스가 잘 사용하던 노출된 절재 사이를 벽돌로 채우는 방법으로 되어 있었다. 그것이 너무 비싼 것으로 판명되기 전까지는 납품도면까지 잘 진행되었다. 미스는 설계를 다시 해야 했으며, 이번에는 24피트 모듈을 버리고 37x60피트(2,220평방피트)의 평면을 만들었고, 하중을 지지하는 벽돌은 프리캐스트 콘크리트 지붕을 지탱하는 스틸 빔을 떠받쳤다.

최종으로 완성된 채플은 심플했다. - 어떤 사람은 너무나 평범하다고까지 이야기할 정도였다 - 벽돌로 된 벽이 직사각형의 양 끝을 감싸고 전체 높이로 된 강철 프레임의 유리창으로 이루어져 있다. 벽은 높이가 18피트로 - 별도의 구조 보강 없이 하중 지지용 벽돌로 가능한 최대의 높이지만 - 짧은 본당, 측면과 위쪽에서 부족한 조명효과, 평평한 사각 지붕 프레임이 수직성을 느끼기 어렵게 한다. 하지만 잘 선택된 재료가 주로 효과를 냈

사진 12.9
로버트 F. 카 메모리얼 채플, IIT, 시카고 (1952). 미스가 디자인한 유일한 종교건물. 초기 계획안은 2채의 건물로 되어있다: 채플과 사제관. 예산부족으로 하나의 건물로 축소되었다. 사진: 헤드리치-블레싱

다. 제단은 3개의 큰 블록으로 된 6인치 두께의 플랫폼 위에 놓여 있는, 속이 빈 로만 석회석으로 된 단단한 블록이었다. 제단 뒤에는 천연 샨통 실크 커튼이 있으며, 스테인레스 강으로 된 십자가가 있다. 안쪽과 바깥쪽의 측벽은 영국식 본드로 쌓인 벽돌벽이었으나 어두운 실내 조명으로는 충분히 표현되지 않았다.[38] 바닥은 어두운 색상의 테라조였다. 남아 있는 많은 스터디 도면에는 유일한 종교적 상징인 작은 십자가가 파라핏 위에 있었지만 최종 설계에는 포함되지 않았다.

미스와 그의 스태프는 언제나 그렇듯이 디테일에 세심한 주의를 기울였다. 디자인되었지만 실제로 제작되지 않은 것으로는 촛대 1쌍, 스테인레스 스틸 십자가 부속물, 하얀색 오크로 된 나무의자 등이 있었다. 2개의 벽의자는 벽돌 측벽에서 켄틸레버로 뻗어 나와 현재까지 잘 사용되고 있다(사진 14.6 참조).

미스의 채플은 운이 나빴고 많은 논란에 고통받았다. 1990년대 중반에 벽돌 벽의 위쪽과 모서리 부분이 부서졌으며 몇 년 동안 수리되지 않은 상태로 있었다. 아름다운 재료와 마감재는 그 자체로는 아름답지만 전통적인 교회의 예술과 조화를 이루지 못했다. 건물은 스케일이 작고 낮과 밤 모두 어두우며 가구가 거의 없었다. 그럼에도 불구하고 그 어느 건축가라도 불가능했던 예산으로, 미스는 그가 객관적인 건축이라 믿었던 것을 만들었다. 마치 특별한 건물이라고 해서 - 심지어 종교건물이라도 - 표상적인 예술 또는 전통적인 장식에 기댈 필요가 없다는 것을 선언하듯이 말이다.

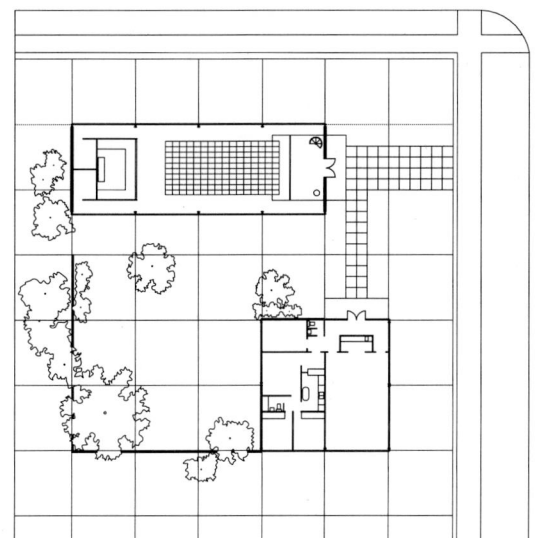
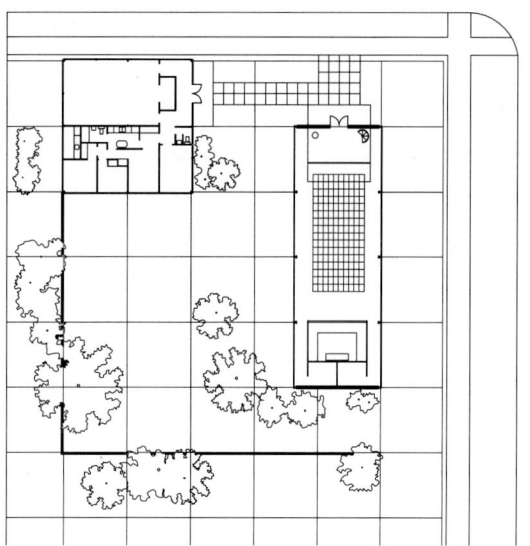
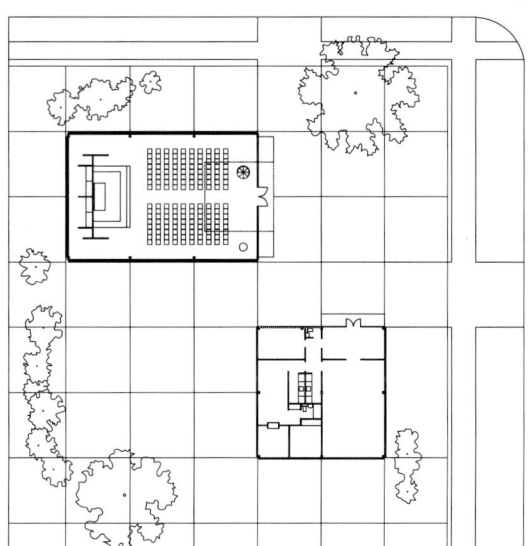

사진 12.10
2채의 건물로 계획된 로버트 F. 카 메모리얼 채플을 위한 3개의 다른 계획안(1952). 계획안 중 2개는 코트야드를 중심으로 조직되었다. 도면의 모든 건물은 철골구조로 되어있지만 실제로는 벽돌구조로 지어졌다. 이 도면들은 미스가 거의 모든 작업에서 수많은 가능성을 탐구했음을 잘 보여주는 훌륭한 사례이다.

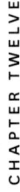

사진 12.11
커먼스 빌딩, IIT, 시카고(1953). 서쪽을 바라보는 전경. 아랫쪽의 벽돌부분 안쪽에는 유리로 된 다이닝 홀을 중심으로 양쪽으로 펴져있는 "임대" 상업공간이 있다. 사진: 헤드리치-블레싱; 시카고 역사 박물관. HB-17346-J. 시카고 역사박물관 측의 사용 허가를 받음.

같은 시기에 작지만 중요한 빌딩 중 하나인 IIT 커먼스 빌딩Commons Building은 1953년 캠퍼스 센터와 학생식당의 기능을 갖추고 완공되었다(사진 12.11). 미스 시기에, IIT는 학생회관을 위한 돈을 마련할 수 없었다. 학생회관은 도서관 및 행정동과 함께 캠퍼스의 중심 건물 중 하나였다. 커먼스 빌딩은 더 큰 건물이 지어질 때까지 만을 위한 것이었다. 1960년대 초반에 대규모 강당을 포함한 학생회관인 그로버 M. 허만 홀Grover M. Hermann Hall이 SOM의 디자인으로 완공되었다. 그 후 커먼스는 IIT 서점, 편의점 및 우체국 등 다양한 서비스를 제공했다.

커먼스 빌딩은 지하층이 있는 단층 건물의 철골구조 파빌리온으로, 벽돌과 유리로 덮여 있다. 구조 격자는 24x32피트, 폭은 길이 방향으로 좁은 7개의 베이 및 깊이는 3개 베이였다. 동일한 건물 규모를 "표준" 사각형 24피트 베이, 7개 및 4개로 달성할 수 있었지만, 미스는 그가 좋아하는 홀수로 모듈을 만들고 더 넓은 "임대 가능한" 공간을 제공하기 위해 모듈 사이의 거리를 늘렸다.

구조는 단순해 보인다. 와이드 앵글 기둥과 커다란 천장 보의 격자가 만나 구조를 이룬다. 지붕은 프리캐스트 콘크리트 슬래브였다. 단층 구조이므로 철골재의 방화기능은

324 / 325

필요 없었다. 외부 기둥들은 벽돌로 된 외벽의 양쪽에 보인다. 동문회관과 펄스타인 홀의 여러 부분으로 이루어진 코너와는 달리, 커먼스의 경우 하나의 와이드 플렌지로 코너를 돌릴 만큼 효과적이었다.

커먼스는 시카고 그린라인 고가 철도의 그늘 아래 서 있다. 유리가 50% 미만이지만 놀라울 정도로 투명하며 오픈 플랜은 무수히 많은 수정과 50년의 사용에도 살아 남았다. 렘 쿨하스Rem Koolhaas의 2004 맥코믹 트리뷴 센터McCormick Tribune Center와 커먼스 빌딩의 통합은 논쟁의 여지가 있었지만 이 저 평가된 보석을 거의 손상시키지 않았다.

・・・

미스는 1958년 72세의 나이로 일리노이 공과대학에서 은퇴했는데, 학교에서의 역할 대부분을 훨씬 더 일찍 그만뒀다는 주장도 있다. 1950년대에 그의 활동의 범위가 점차 넓어지고 세계적인 명성과 그의 관절염이 그의 은퇴를 앞당겼다. 학교 당국은 IIT의 건축가로서 캠퍼스에 대한 미스의 무관심에 한동안 약올라 했다. 헨리 힐드 학장 후임자인 존 레탈리아타John Rettaliata[39]조차도 저명한 건축가를 이해하려고 하거나 높이 평가하지 않았다.[40] 1958년, 미스의 은퇴 직후 그에게 알리지 않고 레탈리아타는 캠퍼스 작업에서 그를 배제하면서 미시안 스타일을 충실히 따르던 SOM에 작업을 의뢰했다.

기록은 미스를 해고할 당시 학교 당국의 입장에 대한 내부 시각을 잘 보여준다. 미의회 도서관에 있는 미스 파일에 있던 메모에 따르면 조셉 후지카와가 IIT의 부학장인 레이몬드 J. 스패츠Raymond J. Spaeth와의 회의내용을 작성했다.

2005년 8월 5일 R. J. Spaeth와의 간담회 Memorandum re Luncheon meeting
작성자는 새로운 캠퍼스 건물 디자인을 다른 건축가에게 넘기는 IIT 당국의 조치에 대해 논의하기 위해 만났다. 학생회관을 디자인하는 SOM과.

스패츠는 몇 가지 이유를 제시했다.
1. 우리 사무실은 일을 충분히 빨리하지 못했다.
2. 우리가 캠퍼스에 더 이상 관심이 없다고 느꼈다.
a. 미스의 캠퍼스 작업에 대한 관심이 제한적이다.
b. 그들은 숙련된 사람들이 아닌 "주니어 건축가"[41]와 일하고 있다고 느꼈다.
3. 캠퍼스 건물과 관련이 있는 건축가가 캠퍼스 안에 있고 그에 따른 "책임의 모호함"을 좋아하지 않았다.

4. 우리 건물에서 꽤 심각한 기계적인 문제, 누수 등을 경험했다.
5. 그들이 생각하는 실용적이고 기능적인 것을 위해 "항상 전투"를 해야 했다.

"조만간" 대학당국은 캠퍼스 디자인에 다른 건축가를 참여시켜야 한다고 느꼈다. "지금이 가장 좋은 때이다."
미스의 학과장 퇴임이 그들의 생각에 영향을 끼쳤는지 스패츠에게 물어봤다. 그는 그렇지 않다고 했다.

그는 캠퍼스 작업을 다른 회사가 맡는 것이 미치는 영향을 위원회에 어필하려 했지만 거의 지지를 받지 못했다. 위원회의 태도는 그들이 캠퍼스에 "미스를 위한 기념물을 세우지 않겠다."는 것이었다.
스패츠는 건축과 건물의 열린 공간이 IIT의 필요성에 맞지 않는다고 생각했다. "행정동은 상당히 보수적이다." 미스의 학생회관 설계가 너무 급진적일까 봐 걱정했다. (위원회가 미스의 학생회관 디자인에 대해 논의했다고 말했다.) 학교당국은 서로 관련 없는 기능을 동시에 수행하기 위해 폐쇄된 공간들을 원했다.
또한 도서관에 넓은 리딩룸보다는 작은 스터디룸을 더 선호한다고 언급했다.
건물에 더 많은 '색상'이 있으면 좋겠다.
스패츠는 개인적으로 우리와 함께 일할 수 있을 것이라고 말했지만, 많은 노력이 필요할 것이고, "끊임없는 싸움"을 수반할 것이라는 확신을 갖게 되었고, 학교는 그들의 요구사항을 완전히 만족시키지 못하는 건물을 갖게 될 것이라 생각하게 되었다. "건축학과 건물은 건물에 들어서자마자 행정 사무 공간이 바로 보인다."
미스와 충분히 상의하지 않았던 실수가 있었음을 인정했다. 학교 당국을 불편하게 만들었던 비판적인 편지들을 그로부터 받았다.
미스와 레탈리아타가 "만났을 때 둘 사이의 관계를 잘 해결했더라면" 미스는 여전히 도서관을 디자인할 수도 있었다.

조셉 후지카와[42]

위의 메모 중 많은 부분이 1960년대 말 미국에서 정점을 이룬 모더니즘 건축에 대한 광범위한 부정적인 반응 중 하나였다. 미스의 가장 중요한 건축주였던 IIT의 경우, 문제는 이론에 관한 것이 아니었다. 레탈리아타는 그가 관심이나 서비스를 제대로 받지 못한다고 느꼈고, 그가 원하는 것을 얻으려면 "끊임없는 싸움"을 해야 했다고 느꼈다. 지금은 걸작이라 여겨지는 크라운 홀의 공간을 IIT 당국의 적어도 일부 사람들이 당시에 경멸했었다는 사실을 알면 충격적이다. 미스가 건축가이자 교육자로서 했던 모든 것에 대한 반대를 위한 것이긴 했지만, "미스에 대한 기념비를 짓는 것"에 대해 그들이 으르렁거렸던 것은 차라리 덜 놀라운 일이다.

미스는 캠퍼스 건물에 그다지 많은 의미를 부여하지는 않았던 것 같다. 도서관과 행정동은 당시엔 아직 지어지지 않았지만 지어지더라도 원래 형태와는 달라졌거나 미스가 레탈리아타와의 "관계를 해결했더라도" 완전히 다른 새로운 건물이 되었을 것이다. 미스는 그가 유명하게 만든 곳에서 거부되고 굴욕당했다고 느꼈다. 로라 막스에 따르면, 그는 SOM이 디자인한 건물에 대해 "경멸적"이었다.[43] 때문에, 미스는 마음속으로 이미 결정했다. 특히나 레탈리아타가 미스가 제안한 캠퍼스 개념에 동의하지 않았기 때문이었다.

SOM 사람들은 일을 넘겨받는 것에 대해 불편해했다. 1991년에 구술한 역사에서 이 시기 동안 시카고 SOM 책임자이자 미스의 친구였고 그를 깊이 존경하던 윌리엄 하트만 William Hartmann은 회사측 입장에 대해 이야기했다.

나는 어떤 이유인지는 모릅니다. [레탈리아타]는 캠퍼스의 건축가를 바꿀 것이라고 말했습니다. 나는 그 조치를 비난했지만 그들은 우리에게 맡아 달라고 요청했습니다. IIT는 건축가를 바꾸는 데 대해 생각이 확고했고, 우리가 하지 않으면, 다른 누군가가 할 것이라고 말했습니다… 솔직히, [SOM]은 그다지 하고 싶은 일이 아니었습니다… 그러나… 나는 우리 사무실에는 다른 어느 곳보다 미스의 스타일을 따르는 제자가 많다고 생각했습니다. SOM이 미스의 디자인 철학을 수행할 수 있다면 우리와 캠퍼스에 가장 이익이 되는 것이었습니다. 나는 미스와 이것을 논의했고, 모든 파트너들과 그것에 대해 토론했습니다... 사실, 내가 기억하기엔, 우리는 다른 누구와도 한 적이 없는 협업을 하기 위해 노력했습니다. 우리는 오직 미스의 디자인을 바탕으로 시공도면을 그리겠다고 제안했습니다. 미스는 우리의 제안을 거절했고 그는 자신이 관여하지 않는 것이 최선이라고 생각했습니다. 이 점에 대해 우리 사이에는 어떠한 문제도 없었습니다... 나는 그가 우리가 맡아서 고맙게 여겼다고 생각합니다 - 우리가 그 누구보다 더 나은 미스식 건물을 만들었고 그의 교훈과 생각과 목표를 다른 이들보다 잘 수행했다고 생각합니다.[44]

SOM의 입장에서 고든 분샤프Gordon Bunshaft는 미스에게 하트만의 입장을 전달하는 편지를 썼다. 미스는 간결하게 대답했다: "IIT의 전반적인 문제를 생각해 보면 당신의 친절한 제안을 받아들이는 것이 실수라고 생각합니다. 캠퍼스는 계획대로 끝나야 합니

다. 이대로 끝나지 않는다면, 나는 미완성인 상태 그대로를 받아들여야 합니다."⁴⁵

얼마 지나지 않아 조지 댄포스는 미스의 생일을 축하하기 위해 시카고 클럽에서 저녁 식사 자리를 마련했다. 알프레드 콜드웰에 따르면:

떠나기 전에 나는 잠시 동안 미스 옆에 앉아 있었습니다… 얼마 후 힐버자이머는 3, 4명의 SOM 사람들과 싸움을 시작했습니다… 와일리 던랩Willy Dunlap [한때 미스의 사무실에서 일했던]과 다른 동료인 브루스 그래함Bruce Graham을 포함하여. "왜 당신들이 여기 있는가, 미스 생일 파티에서, 당신, 당신, 당신 - SOM 세 명을 가리키며 - 당신들은 그의 적입니다. 당신들이 그의 캠퍼스를 빼앗았습니다." 힐버스는 파이프 담배로 그들을 반복해서 가리켰습니다. 미스는 당혹스러워서 '오, 힐버스, 그만둬.'라고 말했습니다. 힐버스는 "나는 그만두지 않을 것입니다. 그들은 당신의 일을 도둑질 했습니다. 당신이 그들을 만들었고, 그들은 그들의 회사를 만들었고, 그들은 당신의 일을 훔쳤습니다." 와일리 던랩은 힐버자이머에게 매우 적대적으로 말했습니다. "똑같은 늙은이들, 또 시작이군." 미스가 모욕당하는 것을 더 이상 지켜만 볼 수 없었기에 나도 합류했습니다… 나는 말했습니다. 당신은 그가 평생 동안 그 무엇보다 원했던 일을 빼앗았습니다. 그들은 말했습니다. "우리도 그것에 대해 매우 유감스럽습니다." 내가 말했습니다. 미안하다면 그것에 대해 뭔가를 하세요. 유감의 뜻으로 작업을 그만두세요. 그들은 내게 말했습니다. "당신이라면 그러겠습니까?" 내가 말했습니다. 나라면 당연히 그럴 겁니다. 브루스 그레이엄이 말했습니다. "어서 한번 해보세요" 내가 말했습니다. 좋아, 그렇게 하지요. 나는 오늘밤 그렇게 할 것입니다. 나는 집으로 돌아갔고, 나는 레탈리아타에게 정중히 편지를 썼습니다. 편지에서 나는 "대단히 슬프게도 당신이 캠퍼스의 건축가 미스 반 더 로에를 그만두도록 했기 때문에, 나 또한 그만두어야 합니다."⁴⁶

미스와 IIT 와의 관계는 끝났고, 그 후 20년간 콜드웰도 마찬가지였다. SOM은 캠퍼스 작업을 시작했고⁴⁷ 1970년대 초까지 그 일을 맡았다. SOM 디자인으로 올라간 첫 번째 건물은 크라운 홀 디자인을 기반으로 한 것이었다. 허만 홀Hermann Hall과 존 크레라 도서관John Crerar Library(1985년 파울 V. 갈빈 도서관Paul V. Galvin Library으로 개명)의 두 개의 건물은 조각 같은 실내 콘크리트 기둥이 지지하는 지붕의 플레이트 거더 구조를 특징으로 했다. 외벽과 잡다한 디테일은 미스의 것을 비슷하게 따라 했다. 그러나 하트만이 나중에 말했듯이, "우리는 전혀 즐겁지 않았습니다. 우리가 무엇을 하든지 간에 엄청난 비난을 받을 것을 알았기 때문입니다."⁴⁸

· · ·

앞서 언급했듯이, 미국에서도 미스는 옛날 스타일의 직업정신을 갖고 있었고, 일이 저절로 들어올 거란 믿음을 가지고 끈기 있게 기다렸다. 그의 전략은 그의 가장 유명한 작품이 된 조셉 E. 시그램 & 선스 코퍼레이션Joseph E. Seagram and Sons Corporation 의 사옥을 위해선 이상적이었다. 그는 적극적으로 일을 쫓지는 않았지만, 두 명의 확실한 사람들의 지지를 받지 못했다면 일을 딸 수 없었을 것이다. 그 중 한 사람과는 점심 식사 자리에서 강한 인상을 주었고, 결국 그 일을 딸 수 있었다.

이야기는 1954년에 시작된다. 벨기에 출신 은행가 진 램버트Jean Lambert와 짧은 결혼생활을 끝낸 후, 필리스 브론프만 램버트Phyllis Bronfman Lambert는 파리로 이사 가서 새로운 삶을 시작했다. 씨그램 코퍼레이션 회장이었던 사무엘 브론프만Samuel Bronfman의 딸이었던 그녀는 맨해튼 미드타운의 파크 애비뉴Park Avenue에 있는 땅에 사옥을 짓는다는 신문 기사를 우연히 읽었다. 사진에 있는 모형은 대형 사무실이었던 페레이라 & 루크만Pereira & Luckman이 만든 계획안이었다. 새로운 시그램 본사 건물은 창립 100주년인 1958년에 완공될 예정이었다.

램버트는 매우 기뻤다. 그녀의 아버지는 최고의 건축물을 짓겠다고 공개적으로 선언했다. 딸과 만난 브론프만은 디자인에 대해 그녀와 논쟁하는 대신에 그녀에게 원하는 건축가를 찾아 역사적인 작품을 만들라고 했다. 그녀는 6주 안에 건축가를 찾겠다고 약속했다.

브론프만 가문의 일원으로서 저명인사들을 쉽게 만날 수 있었던 그녀는 먼저 MoMA의 알프레드 H. 바를 만났고 그는 필립 존슨과 함께 문제를 논의할 것을 제안했다. 필립 존슨은 당시 MoMA를 떠나 건축 작업을 막 시작하려던 참이었다. 존슨은 새로운 사옥에 대한 계획에 완전히 매료당했다. 시그램의 돈, 100주년 이벤트 및 파크 애비뉴 사이트의 조합은 특히 건축 붐으로 수없이 올라가고 있던 수준 낮은 건물들을 배경으로 등장할 새로운 건물이 엄청날 것이라고 생각했다. 그 당시, 예외적인 새 건물 중 하나인 SOM의 레버 하우스Lever House는 1952년에 완공되었고, 시그램 사이트 건너편의 대각선으로 53번가와 파크 애비뉴의 코너에 있었다.

램버트와 존슨은 팀을 이루어 재빨리 최고의 건축가를 찾기 시작했다. "우리는 건축가들의 리스트를 만들었습니다." 그녀가 기억했다. "폴 루돌프Paul Rudolph, 에로 사아리넨Eero Saarinen, 마르셀 브로이어Marcel Breuer, 루이스 칸Louis Kahn은 훌륭하지만 경험이 부족하고, SOM을 비롯하여 대형회사들은 뛰어난 능력을 갖고 있지만 독창적이지는 못했습니다. 마지막으로, 이 일을 잘 할 수 있고 해야만 할 사람들입니다. 그 목록에

는 라이트, 르 코르뷔지에, 미스가 있었습니다."⁴⁹

램버트에 따르면, 존슨은 결코 그 일을 자신이 직접 하겠다는 제안을 하지 않았다. 그는 사아리넨, 브로이어, 아이엠 페이I.M. Pei, 발터 그로피우스 그리고 결국 미스와의 인터뷰를 주선했다. 최종 선택은 - 그녀가 인터뷰를 하지 않은 - 르 코르뷔지에 또는 미스로 신속하게 좁혀졌다. 르 코르뷔지에보다 미스를 높게 평가한 존슨은 램버트에게 영향을 주었을 수도, 안 줬을 수도 있지만 램버트는 필립 존슨과 함께 한 시카고 여행에서 먼저 노스 레이크 쇼어 드라이브에 있는 860-880을 보고 난 후 미스와 점심식사를 하고나서 최종적으로 결정했다. 그녀는 2005년 인터뷰에서 다음과 같이 회상했다.

나는 시카고의 피어슨 호텔에서 미스를 만나 점심을 먹었습니다. 그전에, 나는 860을 보러 갔습니다… 그 건축의 특별한 존재는 압도적이었습니다. 나는 그것이 단지 절대적으로 경이롭다고 생각했습니다… 내가 [시그램 프로젝트를 들고] 건축가를 만났을 때 나는 모두에게 질문했습니다. "당신은 이 건물을 짓기를 원하십니까?" - 바보 같은 질문이었을 것입니다. 하지만 "누가 건물을 디자인해야 한다고 생각합니까?"라는 질문에 사람들은 말할 것입니다. 르코르뷔지에? 그는 물론 중요한 건축가입니다. 하지만 미국에서 건물을 짓기엔, 물론 그가 하나를 이미 디자인했지만, 그는 모든 복잡한 문제들을 처리하기 힘들 것입니다. 글쎄요, 미스가 말했습니다. "분명히, 그건 문제가 안됩니다. 르 코르뷔지에는 훌륭한 건축가이며 그런 것은 전혀 문제가 되지 않습니다." 그래서 [미스]는 정말로 관대한 유일한 사람이었습니다. 미스는 미스였습니다. 그게 다예요. 그는 당신이 상상할 수 있듯이 매우 매력적이었고 매우 흥미롭습니다… 그래서 나는 860에 감명받았고, 내가 이야기한 모든 건축가들이 자신을 미스와 비교해서 이야기했기 때문에 흥미로웠습니다. 그들은 항상 "나는 미스와 다르게 합니다. 나는 미스와 다르게 합니다… 파크 애비뉴에 고층건물을 짓는 것은 매우 걱정스러운 일이었습니다. 그래서 누군가가 [고층건물]을 디자인하지 않았다면, [미스]가 프로몬토리만 했었다면, 내가 어떤 반응을 보였을지 모르겠지만, 확실한 건 내가 860을 봤을 때처럼 놀라지는 않았을 것입니다."⁵⁰

램버트는 그녀의 선택을 신문의 1면 기사로 발표하고 파리로 돌아갈 준비를 했다. 브론프만이 선호하는 건설 회사인 풀러 컴퍼니Fuller Company의 루 크랜달Lou Crandall 회장은 미스의 관절염에 대한 우려를 표명했다.⁵¹ 크랜달은 미스에겐 그를 대신해서 디자인을 감독하고 그가 작업을 완료할 수 없는 경우에도 연속성을 제공할 수 있도록 뉴욕에서 지속적으로 활동할 대리인이 있어야 한다고 생각했다. 칸 & 제이콥스Kahn & Jacobs가 이미 등록 건축사로 선정되었지만, 건설 및 엔지니어링 팀은 많은 뉴욕 프로젝트

사진 12.12
1950년대 중반의 필립 존슨, 미스 그리고 필리스 램버트. 뒤쪽에 시그램 빌딩 모형 사진이 놓여있다. 사진 제공: MoMA 미스 반 더 로에 아카이브.

를 공동 작업으로 수행해 왔으므로 크랜달은 미스에게 파트너를 제안하는 데 편안하게 생각했다.

미스는 필립 존슨과 공동으로 작업함으로써 이 문제를 손쉽게 해결했다. 그는 자신에게 헌신적인 추종자이자 뉴욕 예술계에 잘 알려진 인물의 도움을 얻을 수 있었다. 1954년 10월 18일, 두 사람은 함께 시그램과 계약을 했다. 미스는 시그램이 끝나기도 전에 존슨이 자신의 건축세계를 거부하기 시작할 것이라고 전혀 예상치 못했다. 그러나 그 당시에는 존슨은 미스의 아래에서 기꺼이 일할 준비가 되어 있었다. 램버트도 계속 함께 해야 한다고 결론을 내렸다. 미스와 존슨은 이제 그녀의 건축가였고 이것은 그녀의 프로젝트였다. 그녀는 타협으로부터 그들을 보호해 줄 뿐만 아니라 가끔 아버지를 졸라야 했다. 그해 연말까지 책임자인 램버트와 함께 삼인조는 219이스트 44가에 사무실을 내고 준비를 마쳤다(사진 12.12).

1950년대 중반의 건물 붐은 1920년대 이후 뉴욕에서 가장 커다란 것이었다. 대공황과 2차 세계 대전이 끝난 후 경제가 살아나면서 새로운 공간에 대한 억눌려 있던 수요가 폭발했다. 고층 건물의 폭발적인 증가가 맨하탄 전역으로 확산되어 파크 애비뉴의 주거지역을 침범하기도 했다. 새로운 건물의 대부분은 전통적인 뉴욕의 지그라트 형태로, 1916년에 제정된 조닝 법규에 따라 만들어졌다. 레버 하우스에 호평이 쏟아진 후에 타워 슬라브의 변형이 인기를 끌었다. 그러나 최신 건물 중 어느 것도 레버 하우스에 근접하지 못했다.

시그램 빌딩 작업은 충분한 예산 덕분에 높은 목표를 갖고 시작할 수 있었다. 미스는 그 시대의 다른 어떤 건축가도 누리지 못한 금전적 자유를 얻었다. 이 프로젝트는 최고급 상업용 건물 예산의 두 배였으며, 860-880의 평방피트 비용의 네 배에 해당했다. 미스는 건축주와의 관계가 좋았을 때면 항상 발휘했던 완벽히 창조적인 힘으로 반응했다. 미스는 다른 현대 건축가들처럼 건물을 주변의 컨텍스트와는 상관없이 "오브제"로 디자인한다는 비난을 일상적으로 받아왔기 때문에 시그램 빌딩의 배치와 매스형태는 특별히 인정받을 만하다. 그의 후기 프로젝트 중 일부는 이 비판이 맞을 수도 있지만 적어도 시그램 빌딩에 대해서는 분명히 사실이 아니다.

1951년에 시그램은 파크 애비뉴 동쪽을 따라 52번과 53번가 사이의 땅을 구입했다. 12층짜리 몬타나 아파트(1914년)는 새로운 건물을 위해 철거되었다. 뉴욕 건축법규는 보도에서 셋백 없이 건물이 일정한 높이 이상 올라가는 것을 금지했다. - 지구라트 형태 - 예외적으로 땅의 25%에서는 타워가 무제한 높이로 올라갈 수 있었다. 초기의 시그램 사이트는 불과 8천 평방 피트의 면적이었는데 현대식 사옥으로는 너무 작았다. 스터디 후에 건물의 동쪽 가장자리와 인접한 이스트 53가에 있는 아파트 건물을 매입하기로 결정하여 대지의 크기를 늘렸고, 타워의 바닥면적을 최대한 효율적으로 사용하기로 결정했다.

12월에 램버트는 다음과 같이 썼다.

[미스]는 46번가와 57번가 사이에 있는 파크 애비뉴의 모든 건물과 블록에 있는 건물이 있는 대지 모형을 가지고 있습니다. 그리고 그는 오래된 375번지[파크 애비뉴 주소]의 빈 땅에 다양한 솔루션을 위한 여러 타워 모형을 가지고 있습니다. 이 모델은 의자 위에 앉아있을 때 그의 눈이 거리와 같은 높이가 되도록 높은 탁자 위에 올려져 있었습니다. 그리고 몇 시간 동안 그는 자신의 파크 애비뉴를 노려보면서 다른 타워를 시험해 보았습니다.[52]

미스는 지구라트를 본능적으로 싫어했고, 파크 애비뉴에 수직인 타워와 슬라브로 된 레버 하우스 같은 타입도 거부했다. 그는 직사각형 박스 형태로 최종 결정했다. 동쪽에서 서쪽으로 3개와 북쪽에서 남쪽으로 5개의 구조 베이로 된 길쭉한 면이 파크 애비뉴를 마주봤다(사진 12.13). 타워는 정면에서 놀랍게도 90피트나 뒤로 물러나 있다. 북쪽과 남쪽의 입면 또한 측면 거리에서 30 피트 떨어져 있다. 외관상으로는 860-880과 비슷한 타워지만 높이는 두 배에 달했다. 그러나 평면은 허용된 면적보다 훨씬 작은 면적만을 사용했다.

미스는 타워가 셋백된 영역을 뉴욕의 럭셔리한 공간으로 변화시켰다. 시그램 광장이

사진 12.13
시그램 빌딩, 뉴욕(1958). 동쪽을 바라보는 전경. 타워는 평면은 T자형이지만 거리쪽에서 보는 건물은 높이 솟은 4각기둥처럼 보인다. 50년 뒤 시그램 빌딩은 주변의 타워들에 둘러싸여 거의 존재감이 없다. 사진: 에즈라 스톨러.

조성될 당시 맨해튼 미드타운에는 록펠러 센터 몰Rockefeller Center mall과 특수한 사례였던 U.N을 제외하고는 개인 소유의 열린 도시 공간이 없었다. 미스는 파크 애비뉴를 따라 늘어선 건물은 반대편 길 건너에서 보지 않으면 제대로 볼 수 없다고 생각했다. 광장은 시각적이고 공간적인 안도감을 제공했다.

파크 애비뉴 맞은편에는 1918년 맥킴, 미드 & 화이트McKim, Mead & White가 디자인한 네오 피렌체 팔라조neo-Florentine palazzo인 라켓 앤 테니스 클럽Racquet and Tennis Club이 있었다. 플라자를 만들면서 미스는 전체적으로 밀도를 완화하고 라켓 클럽과 대화를 만들었다. 이것은 단단한 벽돌이고; 시그램은 유리였다. 전자는 인도와 맞붙어 지어진 4개 층이고; 후자는 위엄 있게 셋백된 39층이다. 두 건물은 공통 축을 중심으로 대칭이었다. 따라서 계획의 유사성과 질량, 부피, 높이 및 공간적 변위의 대조에서 두 건물은 그 어느 곳보다 환상적인 건축적 대화를 만들었다.

타워와 부지 사이의 시너지 효과는 더 있었다. 동쪽으로 52번가와 53번가의 레벨이 아래로 내려가면서 미스는 파크 애비뉴에서 3계단으로 접근할 수 있는 포디움 위에 광장을 만들기로 결정했다.[53] 90x150피트의 넓이의 핑크색 화강석 바닥재가 전체를 덮었다. 광장은 단단한 티니안 대리석으로 보도길을 향해 닫혀 있다. 단단한 티니안 대리석은 포디움과 함께 커다란 입구가 주변과 광장을 연결하면서도 주변으로부터 미묘한 고립을 만든다.

시그램 빌딩은 뒤쪽으로 튀어 나와있다. 평면 모듈은 4피트 7½인치이며, 6개의 구조용 철골이 27피트 9인치의 스팬으로 되어 있다. 유리로 덮인 지상층은 28피트 높이에서 끝나며 강철 구조 앞에 청동으로된 커튼월 벽이 있다. 청동으로 된 스팬드럴은 슬래브 모서리와 천장에서 바닥까지의 둘러싼다. 멀리언은 T자 단면이며 860의 멀리언에 사용된 앵글 단면과 같지만 청동으로 되어 훨씬 세련된 모습이다. 외부에 기둥은 벽의 수직 추력을 보강하는 반면, 핑크-그레이 색깔의 유리는 입면을 하나로 통합한다. 전체 볼륨은 값비싼 조각상처럼 고요하고 매끄럽게 빛난다.[54]

미스는 타워의 동쪽 면에 3개 베이를 확장시켜 전체 39층까지 올렸다. 그는 또한 3베이 깊이에 10층 높이로 덧붙여진 후면부와 4층짜리 날개 한 쌍을 양쪽 면에 추가했다. 양측면의 날개와 타워 사이에는 입구가 있다. 이들은 광장에서 볼 때 타워의 직육면체 형상을 손상시키지 않으면서 바닥 면적을 증가시켰다. 따라서 시그램의 "모자란" 면적은 상당부분 개선되었다. 첨가된 볼륨은 추가적인 이점이 있었다. 시그램의 프로그램은 지상에 공공 공간을 필요로 했다. 미스는 남쪽의 바와 북쪽의 레스토랑을 각각 반대편에 배치했다. 숨겨진 트랜스퍼 거더 덕분에 일반적인 기둥형 그리드로는 만들 수 없는 클리어 스팬으로 된 공간(55x55x24피트)을 초고층 건물의 1층에 만들 수 있었다.[55]

사진 12.14
시그램 빌딩, 뉴욕 (1958). 지상층 평면. 오른쪽에 "덧붙여진 부분"; 가운데, 엘리베이터가 있는 타워 부분(점선으로 그려진 부분); 왼쪽에 플라자와 2개의 풀. 값비싼 대지의 52%만이 건물을 짓는데 사용되었다.

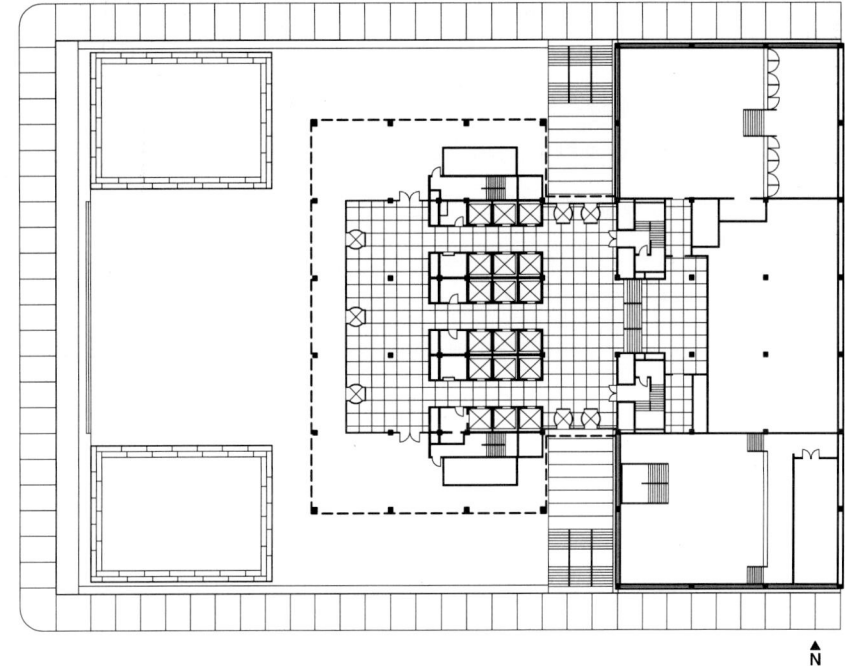

건물의 주출입구는 파크 애비뉴를 향한 캔틸레버된 캐노피로 알 수 있다. 로비의 유리벽은 널찍한 플라자를 내부로 끌어들였다. 860과 비슷했지만 훨씬 더 정제된 모습이었다. 860-880 쌍둥이의 비대칭과는 달리, 시그램에서 강력한 축으로 된 건물과 플라자는 마치 고전건축처럼 격식을 갖춘 주출입구를 만든다(사진 12.14). 이 축은 입구와 수직인 4개의 엘리베이터 코어로 인해 더욱 강화되었다. 엘리베이터 사이의 통로가 뒤쪽의 계단으로 이어지고, 거기에서 북쪽과 남쪽의 공공영역으로 나갈 수 있다. 로비 벽은 북매치 패턴의 석회석 마감으로 꾸며져 있으며, 천장은 회색 테세라 마감, 유리 모자이크, 그리고 바닥은 화강석으로 되어 있다.

시그램 타워는 광장과 함께 미스가 미국에서 디자인한 가장 고전적인 건물이다. 실제로, 동선은 거의 보자르 방식이었다. 진 서머스가 기억하기를 39층 건물의 규모에 알맞은 엘리베이터 용량을 위해 미스는 그리드를 깨고 엘리베이터를 앞으로 반 베이만큼 움직였다.[56] 필립 존슨은 - 미스의 구조적 명료함에 대한 열망을 생각해 볼 때 - 날개에 트랜스퍼 거더를 사용하고 그것을 숨긴 것에 대해 놀랐다.[57] 측면 보강을 위해 타워 뒷부분의 북쪽과 남쪽에 콘크리트 전단벽이 필요했다. 미스는 유리 파사드를 본뜬 석재판과 멀리온, 스판드럴 뒤에 그 벽을 감추었다(사진 12.15).[58]

미스는 타워의 디테일을 끊임없이 고민했다. 존슨은 청동 멀리언의 앞쪽 끝 부분을 디자인할 때 미스가 들인 엄청난 노력을 회상하면서 자그마한 가장자리 디테일을 추가

사진 12.15
시그램 빌딩, 뉴욕 (1958). 전형적인 타워 코너 기둥 단면(왼쪽 하부)과 T평면의 오목한 코너부분 단면(오른쪽 위) 구불구불한 패턴의 패널로 채워진 브론즈 커튼월이 보인다. 시그램 코너 디테일과 그에 비해 훨씬 단순한 크라운 홀 코너 디테일(12.3)을 비교해 보라.

해서 플랜지가 좀 더 견고해지도록 했다. 실제로 시그램의 디테일과 재료의 풍부함은 860과는 비교가 되지 않았다. 시그램의 청동 커튼월과 함께 미스는 수공예적인 방법으로 값비싼 재료를 다루면서 그의 유럽시절 자아로 되돌아갔다. 시그램의 멀리언은 와이드-플랜지 형태처럼 보이지만, 완전히 다른 형태일 수도 있었다. 미스는 또한 각 스팬드럴의 코너 모서리를 따내고 청동 돌출부로 둘러싸서 깊이, 질감 및 안정성을 추가했다. 860의 강철 스팬드럴과 비교할 때 상당히 복잡했다. 미스는 스스로의 디자인을 개선하거나 심지어 복제할 권리가 있었다. 그의 디자인 방식- 시그램과 860은 재능 없는 자나 탐욕스러운 자 또는 그 둘 다에 의해 "두드려 맞을" 운명이었다 -은 나중에 논란의 대상이 되었다.

시그램 프로젝트를 위해, 미스는 처음으로 시카고 밖에 사무실을 만들었다. 그는 존슨을 명목상이지만 동등한 파트너(최초이자 유일한 경우)로 만들었고 바클레이 호텔Barclay Hotel에 거처를 마련했다.[59] 시카고에서 데려온 수석 보좌는 대부분의 기간 동안 서머스가 맡았다. 나머지 팀은 칸 & 제이콥스와 세브루드Severud 엔지니어가 제공했으며 존슨과 서머스의 감독하에 필요한 기술적 지원을 했다. 미스는 엄격하고 권위적이며, 종교적 신념으로 자신이 원하는 바를 추구했지만, 때로는 우리의 알고 있는 이미지와는 다른 모습을 보여주기도 했다. 그의 자존심조차도 - 적어도 한 번은 - 그가 열정적으로 헌신했던 프로젝트와 충돌했다. 뉴욕시 교육청으로부터 뉴욕주에서 실무를 할 수 있는 자격이 없다는 통보를 받았을 때 시그램 빌딩의 건설이 이미 시작되었고, 고등교육에 상응하는 모든 것을 증명할 때까지 그는 인정을 받지 못할 것이며, 그 후에 시험을 봐야 한다는 것에 그는 기분 좋지 않았을 것이다.

이 사실을 알게 되자 미스는 커다란 침묵의 격노를 느꼈다. 서머스에 따르면, 그는 즉시 호텔방을 비우고 시카고로 돌아갔다. 몇 주 동안 그는 존슨과도 연락이 거의 닿지 않았고, 일을 계속하라고만 지시했다. 그는 다른 사람들의 중재를 위한 노력에 무관심한 채로 남아 있었다. 한편 서머스는 아헨의 천주교 학교에 미스의 기록을 요청하는 편지를 썼다. 이 기록이 시험을 면제하고 미스에게 면허를 발급하도록 뉴욕시를 설득시키는데 필요한 전부인 것으로 입증되었지만 그의 눈에는 어떤 것도 그다지 눈에 차지 않았을 것이다. 사실 어떤 경우에도 미스는 기록상 건축가가 아니기 때문에 뉴욕 등록이나 전문 라이센스가 필요하지도 않았다.

70세의 나이에 그는 충분히 부자였고 명예와 자존심을 마음껏 즐겼고, 인간관계에 있어서도 충동적으로 할 수 있었다. 예를 들어, 그의 건축주인 샘 브론프만Sam Bronfman에겐 훨씬 참을성 있게 대했지만 존슨의 감정에는 거의 신경쓰지 않았다. (램버트가 생생하게 기억하길 미스와 그의 아버지는 첫 번째 회의에서 "동물처럼 서로 간에 냄새를

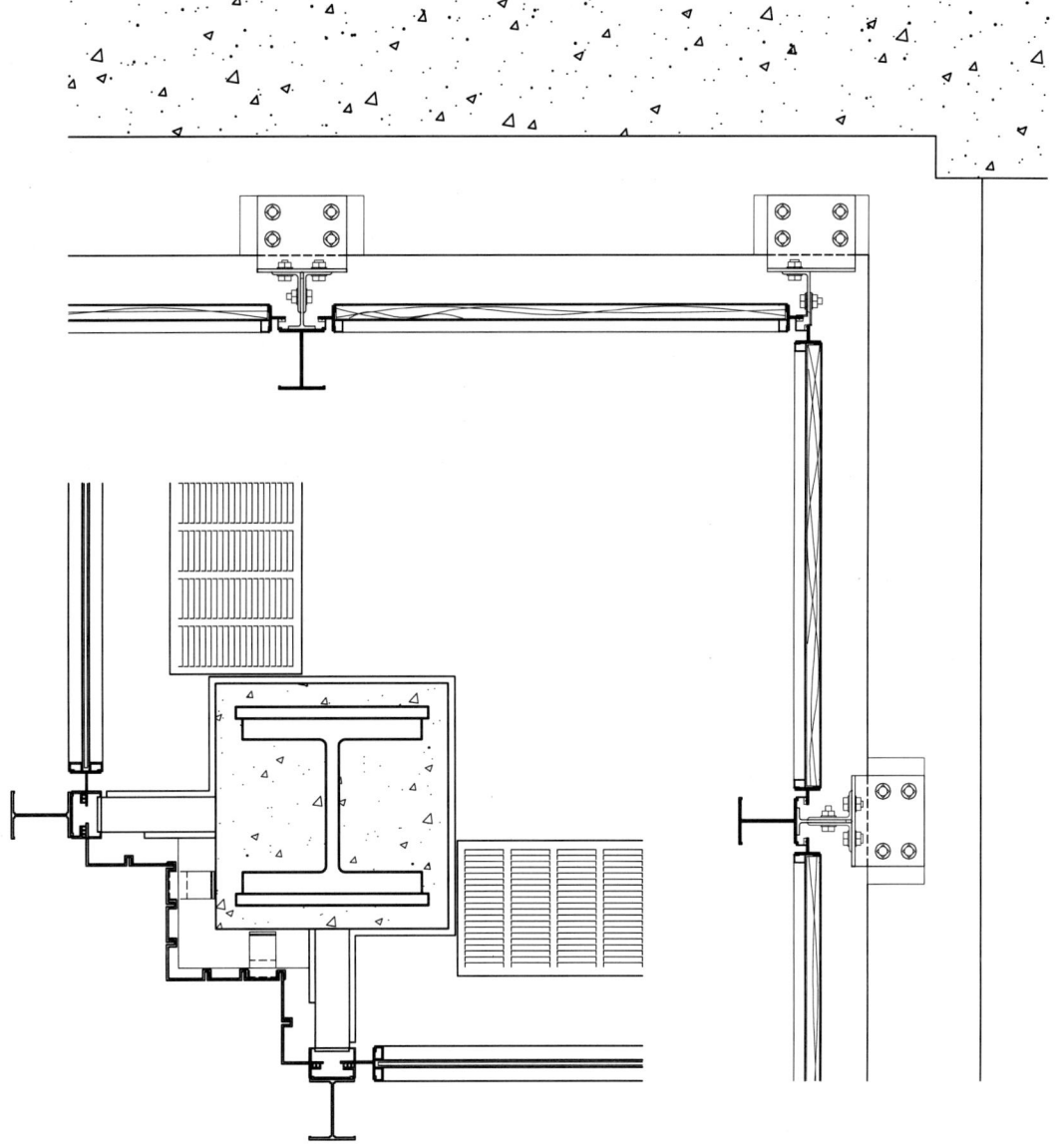

맡았습니다"라고 말하면서 깊은 상호존중의 관계가 시작된 첫만남을 회상했다.)[60] 시그램 빌딩 모형을 스터디하고 있던 브론프만이 왜 "기둥이 보이는가"를 물어봤을 때 미스는 그를 불러서 숙이게 하고 "빛나는 로비를 통해 기둥을 보는 것이 얼마나 좋은지" 보여주었다.[61] 미스는 심지어 테리타운Tarrytown에 있는 브론프만의 집에 직접 가서 은행을 위한 공간을 위해 광장의 일부를 막자는 막판 제안에 부드럽게 반대 의견을 냈다.[62] 존슨은 덜 존중받았다. 시그램 디자인을 하는 동안, 그는 이미 자신의 작업에서 조각 같은 유

선형의 신고전주의를 더 좋아하며 미이시안의 스타일을 포기하기 시작했다. 미스는 그것을 경멸했다. 비록 그의 생각엔 반역이라고 여겨지는 행위와 원칙의 부재에 의해 더 많이 상처받았지만.

어느 날 저녁, 존슨은 1954-55년 겨울에 램버트와 미스를 코네티컷에 있는 그의 저택으로 저녁식사에 초청하여 글래스 하우스에서 몇 시간을 보냈다. 저녁시간이 지나 술이 넘치면서, 미스의 혀가 느슨해졌다. 그는 집의 주인에게 이 집의 디테일이 후지다고 어렴풋이 말했다. 존슨은 분명히 대응하지 않았지만, 나중의 발언이 미스를 자극했다. "미스, 나는 당신이 베렌스에서 본 것을 나도 보았습니다. 그러나 나는 베를라헤의 어떤 점이 당신의 관심을 끌었는지 이해하지 못합니다."[63]

미스는 신성모독에 깜짝 놀랐다. 존슨은 "그는 정말로 화가 나면 조용히 말했다."고 회상했다. "10시 30분쯤 그는 일어나서 말했습니다. '나는 오늘밤 여기에 머물지 않을 걸세. 머무를 곳을 찾아주게.' 그리고 나는 웃었습니다. 그리고 약 10분 후에 그는 다시 말했습니다. '나는 자네가 이해하지 못하고 있다고 생각하네. 나는 조금도 더 이 집에 머물고 싶지 않네.' 한 가지 분명한 것은 "나는 내가 그의 작업을 베낀 것에 대해서 그가 극도로 불쾌해했다고 느꼈습니다. 그는 또한 나의 호기심 많은 태도에 깊이 분개했습니다."[64] 미스는 로버트 와일리의 집Robert Wiley's house에서 밤을 지내고 다시는 카난Canaan 으로 돌아가지 않았다.[65]

그 후로 얼마 동안, 미스와 존슨은 계속해서 잘 지냈다. "그는 바로 뉴욕으로 돌아갔고, 우리는 아무 일도 없었던 것처럼 잘 지냈습니다." 램버트는 말했다. 그러나 존슨에 대한 미스의 불만은 영원히 계속되었다. 더크 로한은 1968년 인터뷰에서 미스에게 두 사람이 처음 만난 1930년대 초의 존슨에 대해 물었다.

로한: 그는 미술사학자입니까 아니면 건축가입니까?
미스: 어느 쪽도 아니야. 전혀. 그는 하버드에서만 공부했고 나중에 MoMA와 관계를 맺게 되었지. 그래서 그는 스스로를 역사가라고 부르며 그 점을 강조하고 싶어했지.

로한: 왜 그가 여기 시카고가 아닌 그로피우스와 공부했습니까?

경멸로 가득찬 미스의 목소리는 마치 과거의 불만을 기억하고 있는 것처럼 대답했다. 하버드는 매우 특별한 학교지. 오직 훌륭한 사람들만 가는 곳이 아닌가? (그들은 최근에 파업을 했지만, 훌륭한 사람들이 그러지 않나!) [미스는 1960년대 후반의 학생봉기를 언급했다.] 글쎄, 그는[존슨] 실력 없는 학생이었네. 어쨌든 그로피우스는 필립이 학교를 때려칠 만큼 나쁘지 않았나보군!

로한: 나는 단지 그가 베를린에서 당신과 자주 만났던 것을 의미했습니다.

미스: 그가 가끔 시카고를 방문했을때, 사무실을 이리저리 돌아다니며 모든 디테일을 베꼈지. 그가 디테일에서 실수한 것은 그가 작업을 철저히 이해하지 못한 채 수박겉 핥기 식으로 둘러보았기 때문이지.[66]

결과적으로, 존슨에 대한 미스의 의견은 가혹했으며, 그는 그것을 바꾸지 않았다. 그럼에도 불구하고 존슨이 시그램 빌딩에 기여한 것은 사실이었다. 그는 최고의 실내 인테리어 일부를 맡았다. 가장 주목할 만한 것이 포 시즌스Four Seasons 바와 레스토랑인데 둘 다 미스의 가구를 갖추고 있었다. 마리 니콜스Marie Nichols의 우아한 철제 커튼과 존슨이 디자인한 가운데 풀을 갖춘 포 시즌스의 장식은 고귀한 공간을 완성시켰다. 존슨은 또한 엘리베이터와 측면 출입구로 이어지는 유리로 덮인 캐노피를 디자인했다. 그는 바에 리차드 리폴드Richard Lippold의 작품을 갖다 놓았고 피카소의 태피스트리인 퍼레이드Parade를 레스토랑과 바로 들어서는 바닥에 깔았다. 미스는 시그램의 성공에 있어서 존슨의 재능에 많은 도움을 받았다. 그리고 존슨 자신의 경력을 위해, 그가 마스터의 그림자를 떠난 것은 딱 알맞은 시기였다.

전세계로 향한 작업: 1960년대

13

적은 것은 지루하다.
로버트 벤츄리, 건축의 복잡성과 대립성(1966)

당신들은 이것을 독일공군에게 맡겨야 합니다: 그들이 우리의 건물을 폭격했을 때는 단지 파편덩어리만을 남겼을 뿐입니다.
찰스 왕세자, 영국의 현대 건축에 대해

몸이 불편함에도 불구하고, 미스는 1950년대와 1960년대에 전세계로 많은 여행을 다녔다. 그가 직접 참석하는 행사들이 넘쳐났고, 때때로 휴가를 즐기기도 했다. 로라, 월트럿 및 그의 80세의 형제 이왈드와 함께한 미시시피 강 상류를 가로 지르는 1957년의 여행에서 미스-빌Mies-ville이라고 불리는 미네소타의 작은 마을을 발견하기도 했다. (1874년 그들의 가족과 관련이 없는 존 미스John Mies가 세웠다.) 1959년 봄과 여름에 로라는 전 후 두 번째 유럽여행이자 첫 번째 그리스 방문에 그와 함께했다. 그들은 미스의 첫 대학원생이자 오랜 기간 IIT 교수진이었던 제임스 A. 스페이어James A. Speyer와 동행했다. 아테네에서 미스는 아침 일찍부터 온종일 파르테논 신전과 아크로폴리스에 머물며 최고의 경의를 표했다. 그는 로라에겐 끝날 것 같지 않은 오랜 시간 동안 성스러운 성전을 연구한 다음 호텔로 돌아와 발코니에서 다시금 숙고했다. 델파이Delphi와 에피다우루스Epidaurus도 갔다.(사진 13.1과 13.2) 반세기 전 조셉 포브와의 이탈리아 여행에서 바라본 지중해의 가파른 불빛에 그는 불안해했었지만 이제는 같은 분위기가 그에게 평온하게 다가왔다. 칼 프리드리히 쉰켈과 피터 베렌스의 도움으로, 그리스는 미스에게 매우 중요한 "위대한 시대" 중 하나가 되었으며, 남쪽의 황금빛은 그리스 건축의 화려함에 필수적이었다. 고딕 양식의 대성당에 대해 그는 로라에게 -그가 많이 좋아했으나 - "여기에 있으면 마치 오래된 거미줄처럼 보일 것"이라고 말했다.[1]

1959년 여행의 중요한 목적은 그가 말년에 받은 수많은 상 중에서도 런던에 있는 영국 왕립건축가협회Royal Institute of British Architects 금메달과, 파리에서 열린 아카데미 건축Academie d'Architecture의 회원 수락을 위함이었다.[2] 3년 전, 그는 미국 예술과

사진 13.1
1959년 그리스의 에피다우루스 Epidaurus에 있는 BC. 4세기의 극장에서 지팡이를 들고 앉아있는 미스. 사진제공: 제임스 A. 스페이어.

사진 13.2
1959년 그리스의 나플리오 Nafplion에서 미스와 로라 막스. 여행 중에도 미스는 자켓을 입고 넥타이를 매고 있다. 사진제공; 제임스 A. 스페이어.

사진 13.3
1961년 네델란드의 겔펜 Guelpen에 있는 슬로스 호텔에서 형인 이왈드 미스와 함께 있는 루드위히 미스 반 더 로에. 개인 소장.

학원American Academy of Arts and Sciences의 펠로우로 선출되었으며, 1957년 독일 연방 공화국German Federal Republic은 그를 예술 아카데미의 명예위원으로 지명했다.

1959년 여행에서 특별한 기회가 그를 기다렸다. 1938년 이후 처음으로 아헨을 방문한 그는 도시의 황금책golden book에 서명하도록 초대받았고, 길에는 그의 이름이 붙여졌다.³ "샤를르마뉴 다음으로" 독일 신문은 미스가 "아헨의 가장 자랑스러운 아들이다."⁴라며 환호했다.⁴ 미스는 형제들인 이왈드, 마리아, 엘리스와의 재회로 여행의 대단원을 마무리 했다.(사진 13.3)

그럼에도 불구하고, 또한 1959년은 미스에게 가장 혼란스러운 한 해였다. IIT는 그를 갑자기 캠퍼스 건축가에서 해고했다; 그의 딸 월트럿과 허버트 그린왈드의 죽음은 그의 인생에서 가장 중요한 두 명을 앗아갔다; 그리고 이미 언급했듯이, 그린왈드의 프로젝트가 중단된 후 일이 줄어들었을 때, IIT의 뛰어난 졸업생들로 북적이던 사무실은 인원을 절반으로 줄여야 했다.⁵

• • •

미스의 1959년 휴가 기간에 진 서머스는 미국 정부가 시카고의 새로운 연방 법원단지 설계자로 미스와 3개의 대형 시카고 사무소들의 컨소시엄을 선택했다는 뉴스를 들었다. 서머스와 조셉 후지카와는 몇 달 전에 별생각 없이 통상적인 제안서를 제출했고, 갑자기 이 엄청난 커미션이 불쑥 들어와 회사를 살렸다. 미스가 수석 디자이너로 지정되지는 않

사진 13.4 (p.344) 연방센터, 시카고 (1964-75). 남서쪽을 바라보는 전경. 단층으로 된 우체국이 우측 하단에 보인다. 사진: 헤드리치-블레싱; 시카고 역사 박물관. HB-39277-T. 시카고 역사 박물관 측의 사용허가를 받음.

사진 13.5 (p.345) 1956년 시카고의 오하이오 스트리트에 있던 사무실에서 미스와 함께 건축가 브루노 콘테라토(앞쪽)와 조셉 후지카와. 콘테라토와 후지카와는 나중에 미스 반 더 로에 사무실에서 파트너가 되었다. 이 중요한 라이프 매거진 사진을 찍기위해 미스의 로프트 사무실은 책상들을 깔끔하게 치우는 등의 세심한 준비를 했다. 프랭크 셔헬 / 타임 & 라이프 픽쳐스 / 게티 이미지.

앉지만, 다른 3명의 조인트 벤처 건축가인 슈미트, 가든 & 에릭슨, 머피 어쏘시에이츠 와 앱스타인 앤 손Schmidt, Garden & Erikson, C.F. Murphy Associates와 A. Epstein and Sons, Inc.은 미스가 디자인 건축가로서 역할을 한다는 점에 동의했다.

평상시와 같이 서머스는 미스의 부재 속에서 일을 시작했고, 미스가 돌아왔을 때 평면 및 매스 작업 옵션을 검토할 준비를 마쳤다. 결론적으로 연방 센터의 평면과 디테일 설계는 모두 서머스가 했다. 미스가 가장 신뢰하고 인내심이 강했던 스태프인 브루노 콘테라토Bruno Conterato는 향후 15년 동안 프로젝트 디렉터를 맡았다(13.4). 3개의 연방 센터 건물 중 2개는 미스 사망 후 5년이 지날 때까지, 서머스가 사무소를 떠나고 10년 후까지 완성되지 않았다(사진 13.5). 콘테라토는 이 프로젝트의 숨은 영웅으로서 프로젝트를 끝까지 마무리했다.⁶

정부가 소유한 대지에는 헨리 아이브 콥Henry Ives Cobb이 디자인한 우체국과 법원(1905)이 전체 블록을 차지하고 있었고, 디어본 스트리트 건너편 동편의 절반 블록이 포함되었다. 프로그램은 15층짜리 건물로 4.6에이커 부지를 꽉 채울 수 있는 300만 평방피트의 규모의 사무 공간이었다. 기존 법원 일정이 공사기간 동안 중단되지 않아야 했으므로, 법원을 위한 첫 번째 건물은 디어본 스트리트의 동쪽에 건설되어야 했다. 새 법원이 완공된 후 기존 건물은 1965년에 철거되었지만 자금 문제와 베트남 전쟁 때문에 거의 10년 동안 나머지 건물의 완공이 연기되었다.

미스와 서머스는 세 가지 계획안을 준비했다. 계획안 A는 가장 대담했다 - 디어본의 동쪽 절반 블록에 있는 법정 및 사무실 프로그램을 수용하는 44,000평방피트의 56층짜리 초고층 타워였다. 거대한 타워는 단층의 우체국 건물을 제외하고는 열려 있는 서쪽의 광장을 마주보고 있었다. 정부가 계획 A를 선택할 가능성이 거의 없었기 때문에, 계획 B는 디어본 동쪽으로 30층짜리 건물(21개 층 법정이 포함된)을 제안했고, 미래에 잭슨 대로의 북쪽을 따라 서쪽으로 행정 오피스들을 위한 더 높은 타워를 건설할 수 있었다. 1층 우체국 건물은 블록의 나머지 대부분을 채웠으며, 2개의 연결 광장을 위한 지상 면적의 절반 정도를 남겨 두었다. 계획 C는 법원 건물과 나란히 수직으로 설치된 두 개의 약 30층 건물이 전체 블록을 차지한다는 점을 제외하고는 B와 유사했다. 세 개의 비슷한 건물로 구성된 이 그룹은 전체 블록 내부에 있는 광장을 둘러싸고 있으며, 타워 중 하나에 우체국이 포함되어 있었다.

미스는 전체 블록으로 된 광장과 단일 타워로 된 대담하고 단순한 A 안을 선호했다. 후지카와는 정치적인 이유만으로도 연방정부가 시카고에서 가장 높은 건물을 짓지 않을 것이라고 생각했고 또한 정부가 전체 블록을 광장으로 그냥 놔두지 않을 것으로도 추정

했다. 서머스는 특히 프로그램이 변경되는 경우에(그가 예상했던 대로 그렇게 되었다) B 안이 이러한 반대 의견을 가장 잘 반영할 것이라고 주장했다.[7] B 안은 보기 괜찮았고, 기존 건물의 "벽"을 일부 남겨서, 거대한 야외 공간을 효과적으로 만들었다. 미스는 C 안처럼 "높이가 같은 건물을 나란히 놓는 것을 항상" 좋아했지만[8], 3개의 "똑같은" 타워가 변화하는 프로그램을 만족시킬 것 같지 않았기 때문에 이것은 쓸모 없는 계획이 되었다.

　　B 안이 프로젝트에 가장 가까웠지만 - 비록 45층짜리 두 번째 타워에도 불구하고 - A 안의 단일 타워는 대담한 열린 도시 블록을 앞세우며 개념적으로, 또한 예술적으로 더 대담했다. 다른 어떤 건축가도 이러한 생각을 진지하게 제안할 수 없었을 것이다.[9]

　　연방 센터의 경우 인테리어 계획이 주요 과제였다. 4피트 8인치 평면 모듈이 선택되었고, 외부는 스틸로 결정되었다. 860-880 노스 레이크 쇼어 드라이브 빌딩과 마찬가지로, 연방 센터 멀리언은 표준 와이드 플랜지 단면이며, 스팬드럴 및 기둥 커버는 강철 플레이트다. (860과 달리 유리는 회색이었다.)[10] 새로운 프로그램 구성 요소는 고층 빌딩 내의 2개 층짜리 법정이며, 서머스는 그것을 저층 엘리베이터가 끝나는 10층에 위치시켰다. 그는 - 2개 층 높이의 창문과 같은 - 법정을 위한 적당한 외부 표현을 제안했지만, 미스는 외부 커튼월의 규칙성을 유지하기로 선택했다. 여하튼, 법정은 어떤 창문도 없었다.

첫 번째 타워는 현재 에버렛 맥킨리 딕슨Everett McKinley Dirksen 법원으로 남북으로 13개의 28피트 베이, 동서로 4개를 가지고 있다. 입면에서 383피트 높이에 368피트 너비의 거의 정사각형인 매스는 디어본을 가로지르는 광장의 거대한 동쪽 "벽"이 되었다. 130만 제곱피트 규모의 타워는 열주가 땅과 접하고, 엘리베이터 코어가 평면의 북쪽과 남쪽 끝으로 밀린 상태에서, 로비 주변 지상층이 눈에 띄게 열려 있다. 서비스는 잭슨 대로에서 램프로 접근할 수 있는 2개 반의 지하층 레벨과 함께 동쪽 블록에 숨겨져 있다.

1960년대까지 스틸 커튼월은 미스가 에스플래나드 및 커먼웰스에서 처음으로 사용한 알루미늄 제품보다 기술적으로 더 뒤떨어졌고 값도 비싸서 거의 사라졌다. 그의 사무실은 1974년 철골로 지어진 시카고의 IBM 빌딩 외장을 브론즈 아노다이즈드 알루미늄 bronze anodized aluminum으로 만들었다. 그러나 딕슨 빌딩과 함께 연방 센터 전체에 강철 외피를 사용했으며, 1974년에 문을 연 45층의 클럭진스키 빌딩Kluczynski Building은 모두 철제 외벽을 가진 마지막 미스의 고층 빌딩이 되었다. 평방 피트 기준으로 IBM보다 훨씬 비쌌다. 미스와 그의 추종자들에 의해 시작된 고층 빌딩을 위한 "유리와 강철의 시대"는 20년이 채 안 되어 막을 내렸다.

1973년 우체국은 노출된 강철로 된 단층 건물로 처음에는 크라운 홀 타입의 클리어 스팬으로 제안되었으며, 나중에는 베를린 신 국립 미술관New National Gallery과 비슷한 클리어 스팬 파빌리온으로 제안되었다. 그러나 부지의 토양 상태가 무게가 어느 한 곳에 집중되는 구조물은 값비싼 기초가 필요하다는 것이 발견되어, 결국에는 여전히 65피트 길이의 스팬이 있지만 일반적인 그리드로 건설하기로 결정되었다. 서머스는 클리어 스팬에서 그리드로 전환하면서 인테리어 레이아웃을 거의 변경하지 않았다고 했는데, 다시 말해서 미스의 클리어 스팬 개념은 실용적인 목적으로는 맞지 않았다. 우체국 건물의 매우 큰 멀리언은 9피트 4인치(타워의 4피트 8인치 모듈과 플라자의 화강암 포장재의 두 배)에 마주보는 두 개 타워의 지상부 열린 정면과 같은 높이였기에 지상층의 투명성을 더욱 강화했다. 미스의 작업에서 표현의 순수함이 이보다 더 잘 실현된 예는 없었다. 우체국의 정사각형 평면은 크라운 홀의 긴 치수보다 약간 더 짧지만(200피트 대 220피트), 27피트의 실내 높이는 크라운 홀의 1.5배이다. 내부는 석재와 목재로 마감된 코어가 있지만, 층고가 높고, 지붕 아래 더 넓은 공간(38,000 대 22,000평방피트), 그리고 사방이 높은 건물로 둘러싸여 있기 때문에 크라운 홀 내부보다 더 강력했다.

눈에 띄게 잘 어울리는 알렉산더 칼더Alexander Calder의 플라밍고Flamingo는 미스가 사망한 후 1974년에 설치되었다. 머피 어쏘시에이츠,C.F. Murphy Associates의 카터 매니 Carter Manny 회장이 칼더를 설치하는데 중요한 역할을 했다. 진 서머스는 그때 머피로 자리를 옮겼고 설치할 위치를 잡았다.[11] 이 광장은 음악 공연, 파머스 마켓 및 축하 행사뿐만 아니라 모든 형태의 시위(특히 연방 정부를 겨냥한 항의 시위)를 위해 가장 선호되는 장소가 되었다. 이 센터는 특히 기분 좋게 열린 주변부와 광대한 열주가 있기 때문에 시카고 다운타운의 핵심적인 요소이다. 그러나 그것은 또한 흑색 강철과 회색빛 글래스를 합쳐 놓은 우아함과 거대한 화강석의 그리드와 함께 특별한 지위에 알맞은 위엄과 존엄을 유지한다. 미스의 성숙한 건축 어휘와 프로그램, 건물 유형 및 도시 환경에 대한 최상의 융통성 덕분에 이 강력한 복합건물이 가능했다.

· · ·

1950년대 후반과 1960년대 전반에 걸쳐 미스의 작업은 전세계로 퍼져나갔다. 1964년에 미스는 캐나다에서 두 개의 수퍼블록 개발을 위한 디자인 컨설턴트로 활동했다. 첫 번째는 토론토의 오래된 도심 상업지구의 3개 빌딩 상업 콤플렉스인 토론토 도미니언 센터 Dominion Centre였다. 부지면적과 프로그램은 연방 센터와 상당히 유사했다: 5.5 에이커의 부지에 - 이 경우에는 거리에 방해받지 않는 - 310만 평방피트의 규모의 오피스와 프로젝트가 단계적으로 이루어져야 한다는 요구사항이 있었다. 1968년까지 56층의 토론토 도미니언 은행 타워 및 46층의 로얄 트러스트 타워 두 개로 완공되었다. 도미니언 은행의 경우, 서머스와 함께 미스는 일반은행 기능을 독립적인 1층짜리 파빌리온으로 계획하여, 정사각형 평면으로 크라운 홀과 거의 일치하도록 했다. 이 복합 단지는 쇼핑과 서비스를 위한 중앙홀 레벨로 연결되어 있으며 아래에 두 개 층의 주차 공간이 있다. (시카고 연방 센터는 지하에 주차가 가능하나 공공 중앙홀이 없다.)

토론토 건물은 구조용 강철이며 5피트 모듈의 와이드 플랜지 멀리온과 스팬드럴로 된 강철 외피로 되어 있다. 30x40피트 베이의 높은 유연성(인테리어 계획을 위한)을 제공했다. 더 높은 타워는 3개의 넓은 베이와 8개의 좁은 베이, 더 낮은 것은 3개와 7개였다. - 비율은 좁은 쪽이 미스가 보통 피하는 짝수인 4개의 베이로 된 연방센터 타워보다 훌륭했다. 토론토 타워는 시카고의 860과 마찬가지로 하나의 베이가 겹쳐져 있으며, 크기가 731피트와 600피트인 초대형 프리즘 쌍이 절묘한 조화를 이룬다. 다른 건축가가 디자인한, 기존의 건물과 비슷하지만 낮은 3개의 타워가 도미니언 센터에 추가되어 오늘날 미스가 원래 디자인한 앙상블은 알아보기 어렵다.

은행 홀은 10피트 간격의 십자형 기둥이 가장자리에서 지지하는 강철 와플 구조가 지붕을 만든다. 크라운 홀을 위해 개발된 몇 가지 부분들이 여기에 더 좋은 재료로 실현되었다: 서비스 샤프트는 녹색의 티노스Tinos 대리석으로 되어 있고, 바닥은 세인트 존St. John의 화강암이며 천장 조명은 구조물에 통합되어 있어서 지붕의 아랫면이 지지하는 외벽으로 흘러 들어가는 것처럼 보인다.

필리스 램버트는 미스를 토론토 프로젝트에 추천했지만, 디자인에 관여하지는 않았다. 웨스트마운트 스퀘어Westmount Square는 개인 기업인 몬드리알 개발회사Mondreal Development Company에 의해 미스가 캐나다 건축사무소의 디자인 컨설턴트로 의뢰받은 프로젝트였다. 3.5에이커의 부지에 주거와 상업이 통합된 미스의 유일한 수퍼블럭이었다. 이 프로젝트는 2층의 오피스 빌딩과 쇼핑 광장, 지하 주차장뿐만 아니라 3개의 21층 타워- 2개는 아파트, 1개는 오피스 -로 구성되어 있다. 타워는 알루미늄 커튼월이 있는 콘크리트 건물이었다. 타워 코어 벽, 로비 층 및 전체 광장은 로만 대리석으로 장식되어 있다.

1968년에 완공된 웨스트마운트 스퀘어는 몬트리올 중심부에서 2마일 떨어진 패셔너블한 지역에 고밀도 복합개발로서 시작되었다. 그러나 엄청나게 뛰어난 디테일로 만들어진 도미니온 센터와는 달리 전형적인 상업 개발이었던 웨스트마운트는(훨씬 낮은 예산으로 지어졌다.) 오늘날에는 거의 미스의 모조품으로 알려졌다. 그것은 악화된 상태에 있으며, 관심이나 재정적 지원을 받을 가능성은 희박하지만 - 전반적인 외관 복원이 필요한 시점이다.

• • •

1968년 9월 15일에 개관한 베를린의 신 국립 미술관New National Gallery은 미스가 디자인한 마지막 프로젝트였다. 디자인은 1962년에 시작되었지만 이 개념은 쿠바의 산티아고에 있는 지어지지 않은 프로젝트, 바카르디 사옥Bacardi Company Administration Building(Ron Bacardí y Compañía Administration Building)에서 시작된 지 5년이 되었다. 바카르디는 독일 슈바인푸르트Schweinfurt의 조지 새퍼 미술관Georg Schaefer Museum이라는 또다른 미완성 프로젝트의 기반이 되었다. 따라서 신 국립 미술관은 바카르디 계획안의 세 번째 반복이었다.

쿠바의 바카르디 사옥 - 실제로 지어진 1961년 멕시코 시티의 바카르디 사옥과 구분하기 위해 종종 "바카르디 산티아고Bacardi Santiago"라 불리는 - 프로젝트는 1957년 바카르디의 회장 호세 보쉬José M. Bosch가 직접 의뢰했다. 보쉬는 1957년 3월 18일자 라이프지를 통해 미스에 대해 알게 되었다. "마스터 건축가의 출현"이라는 제목의 9페이지 분량은 시그램 빌딩이 거의 완성된 시점에서 미스가 받은 가장 화려한 전국적인 미디어

노출이었다.[12] 서머스에 따르면, "[보쉬]는 사무실에 와서 라이프에서 본 이야기를 했습니다... 그는 크라운 홀의 사진을 봤다고 했고, 그는 '그것과 같은 큰 열린 공간을 갖고 싶다'고 말했습니다."[13] 그는 제대로 찾아왔다.

미스와 서머스가 산티아고로 가는 도중에 하바나에 도착했을 때, 미스는 이미 크라운 홀을 기반으로 해서 바카르디 건물을 디자인하겠다고 마음먹었다. 서머스에 따르면, 미스는 "소금물을 듬뿍 머금은 바다 공기"가 있는 하바나 호텔에서 녹슬었던 발코니 난간을 보고 원래 디자인에 대한 생각이 점차 바뀌게 되었다. 다음날, 미스는 저물어가는 카리브해의 태양과 마주하고 "이곳은 햇빛과 따뜻함이 언제나 환영받는 시카고가 아니라는 것을 깨달았습니다."[14] 크라운 홀은 강철에 매달려있는 지붕의 가장자리에 있는 유리벽으로, 출발점부터 잘못되었다.

서머스는 하바나의 호텔로 돌아오는 도중에 미스의 또다른 관찰에 대해 이야기했다.

세 면이 나무 기둥으로 된 베란다로 둘러싸인 정원에서 쉬면서, 미스는 로비의 벽이 기둥에서 15피트 안쪽으로 그것은 좋은 비율, 좋은 공간이었고, 그것은 건물 벽에 그림자를 드리웠습니다. 미스는 그의 의자에서 앞으로 몸을 기울여 말했습니다. "우리가 반대로 한다면? 유리선 바깥쪽에, 바카르디 건물의 지붕 밑으로 길을 만들자." 그 말과 함께 그는 나에게 스케치를 그려보라고 했고, 나는 그것을 칵테일 냅킨의 뒷면에 즉시 그렸습니다. - 그것은 외부 바깥선에 있는 기둥으로 지지되는 커다란 사각형 지붕이었고, 기둥은 약 10피트의 중심에 있고 지붕 선으로부터 30피트 떨어져 유리벽이 있었습니다. 나는 스케치를 미스에게 건네줬고, 그는 시가를 피우며 조용히 보았다. - 그는 "아니, - 그로피우스나 할 것 같은 - 영사관처럼 보이는군. - 기둥이 너무 많아요 - 조금 빼세요."라고 말했습니다. 다시 칵테일 냅킨에다 스케치를 했습니다. 이번에는 한 면에 두 개의 기둥만이 있으며, 미스는 "맞아요. 이렇게 합시다."라고 말했습니다.[15]

완성된 바카르디 산티아고 디자인은 한 면이 138피트에 이르는 정사각형 파빌리온이다. - 19,000평방피트에 이르는 거대한 공간의 바닥에서 지붕구조까지 내부 높이는 23피트였다. 5피트 깊이의 지붕은 유리창 너머로 20피트 정도 연장된다(사진 13.6). 한쪽에 2개씩 십자형으로 된 8개의 콘크리트 기둥이 가장자리 부분에서 콘크리트로 지붕에 핀으로 연결되어 있다(사진 13.7). 콘크리트 외장은 스틸 바와 청동으로 된 창문과 함께 흰색 또는 회색으로 칠해질 예정이었다. 지붕은 센터 쪽으로 단면이 증가하는, 두 방향 현장 타설 콘크리트 빔의 포스트-텐션 단일보 post-tensioned monolith로 되어 있었다. 이 디자인의 전례는 컨벤션 홀과 50 by 50 하우스에서 찾을 수 있다. 그늘을 위해 지상 부분을

사진 13.6
론 바카르디 프로젝트 모형, 산티아고, 쿠바(1958년에 시작되어 건설 초기인 1960년 중지됨). 이 프로젝트는 피델 카스트로의 쿠바 혁명으로 취소되었다. 포디움과 직각으로 놓인 널찍한 계단은 바르셀로나와 투겐타트 하우스랑 비슷한 방식으로 놓여졌다.

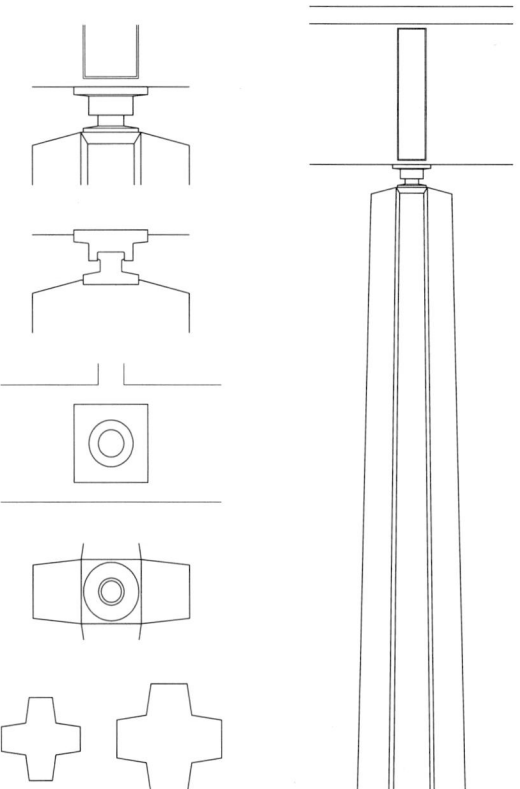

사진 13.7
론 바카르디 프로젝트, 산티아고, 쿠바. 콘크리트 기둥과 콘크리트 지붕사이의 핀 연결부위 입면과 단면 상세(1958).

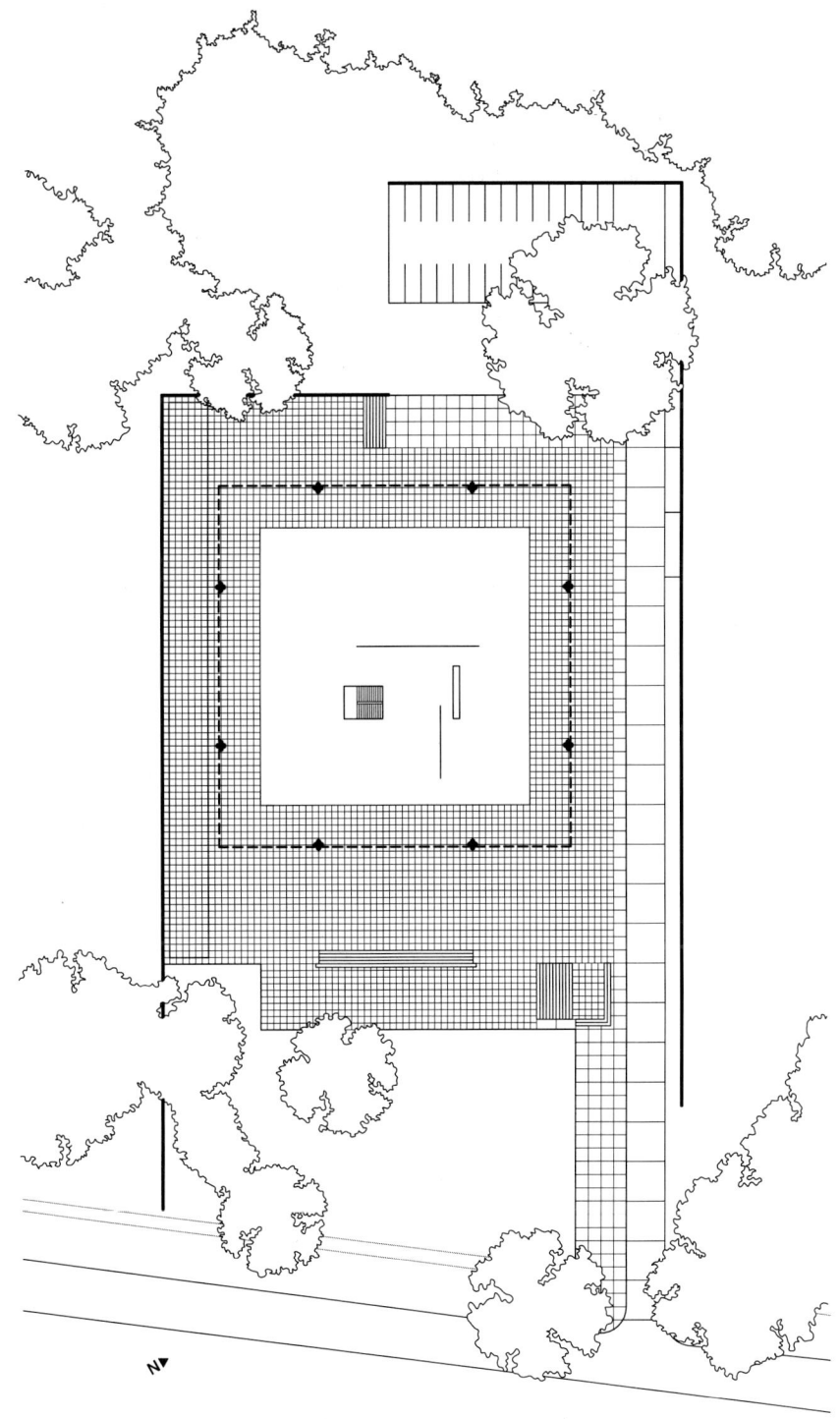

사진 13.8
론 바카르디 프로젝트, 산티아고, 쿠바(1958). 여기서 보이는 내부공간은 진정으로 "beinahe nichts," 다시 말하면 거의 아무것도 없다.

안쪽으로 들어가게 한 것은 대부분의 미스식 타워의 특징이기도 하다. 평면에서 대칭적인 "보편적인 공간"과 미스의 미국 작업의 전형인 거대한 단일 공간은 유럽에서의 미스 방식인 두 개의 독립적인 대리석 벽, 여러 개의 목재 마감 벽, 목재로 둘러싼 기계실 및 지하층으로 가는 한 세트의 계단으로 사무실 영역이 세분화되었다(사진 13.8). 건물은 부분적으로 바르셀로나 파빌리온을 연상케 하는 벽돌 "정원 벽"으로 가려져 있으며, 크라운 홀에서와 같이 추가 프로그램 요소와 보조 기능을 수용하는 포디움 위에 놓여 있다.

복잡한 엔지니어링의 경우, 미스의 사무실은 루이스 샌즈 Luis Sáenz가 이끄는 보쉬의 엔지니어 샌즈-칸치오-마틴 Sáenz-Cancio-Martin과 함께 작업했다. 피델 카스트로가 권력을 장악하자, 실시도면과 공사 준비를 한창하던 1960년 9월 작업이 갑자기 중단되었다; 처음에는 카스트로를 지원했던 보쉬는 마음을 바꾸어 쿠바를 떠나서 다시는 돌아가지 않았다. 30년 후에 그 프로젝트를 떠올리며, 서머스는 "… 미스의 모든 후기 작품을 통틀어 매우 중요한 건물 중 하나입니다. 그것은 아마도 가장 명확한 구조였을 것이고 이것이 바로 그것의 전부입니다."[16] 미스가 "쿠바 건물"이라 불렀던 이 건물 디자인은 "서랍에 남아 있기에는 너무도 중요했습니다."

1959년 뮌헨의 대학에 다니던 건축학도인 미스의 손자 더크 로한은 부유한 바이에른의 사업가이자 19세기 독일미술의 가장 중요한 컬렉터였던 조지 새퍼의 딸인 하이드마리 새퍼Heidemarie Schaefer와 결혼했다. 새퍼는 슈바인푸르트 근처의 성에 자신의 소장품을 보관했지만, 영구전시를 위해 도시 안에 현대적인 미물관을 건설하려는 꿈을 갖고 있었다. 조지 새퍼 미술관이라 불리는 건물과 전시품들은 언젠가 슈바인푸르트 시에 기부될 것이었다.

미스의 미국 경력 중 가족관계를 통해 일이 들어온 유일한 프로젝트로서, 로한은 그의 장인을 설득하여 미스에게 프로젝트를 맡기도록 했다. 놀랍게도, 미스는 미술관을 디자인한 적이 없었다; 휴스턴 미술관(아래 참조)의 컬리난 윙Cullinan wing은 원래 건물에 추가된 것이었으며 그의 유럽 작품은 모두 주거였다. 그러나 1961년 대부분의 시기에 미스의 건강이 좋지 않았고 사무실에 거의 나타나지 않았다. 따라서 1961년 2월, 서머스가 슈바인푸르트에서 새퍼와 로한을 만난 후 디자인 작업을 시작했다.

일 년 동안의 과정에서, 서머스는 IIT 커먼스 빌딩(그가 미스와 함께 작업한)과 비슷한 계획안을 발전시켰다. - 한쪽 면에 3개의 기둥이 있는 정사각형 평면의 단층 건물로 각각 기둥 사이가 약 65피트였다. 중앙 광장은 조각을 위한 낮은 레벨이 특징이었다. 슈바인푸르트의 주요 건축 자재를 참고하여, 모든 면에 서머스는 커다란 유리가 위에 있는 크고 붉은 벽돌벽을 만들었다.[17] 오직 입구만이 전체가 유리로 되어 있었다. 평소대로 철저한 연구를 거친 후, 모형을 제작했고, 1961년 12월 새퍼에게 보여주기 위해 독일로 떠나기

사진 13.9
게오르그 셰퍼 뮤지엄 프로젝트 모형, 슈바인푸르트, 독일(1961). 디자인은 스틸로 된 바카르디 건물이었다. 셰퍼 프로젝트는 나중에 베를린의 신 국립 미술관 프로젝트가 된다. 사진: 허브 헨리, 헤드리치-블레싱.

전에, 섬머스는 미스에게 그의 아파트에서 그것을 보여주었다. 서머스에 따르면, 미스는 "Ja, 행운을 빕니다."라고만 말했다. 새퍼는 그 제안을 좋아했으며, 미스에게 자신의 만족을 나타내는 전보를 보냈다.

그 다음 과정은 서머스가 가장 잘 알고 있다:

"내가 돌아온 뒤 몇 주 후, 미스는 기분이 좋았고, 그는 사무실에 와서, '진, 슈바인푸르트 모형을 다시 살펴봅시다.'라고 말했습니다. 미스는 모형을 보면서 말했습니다, '쿠바 건물을 여기에 짓는 것은 어떤가?' 나는 조금 머뭇거렸지만, '그가 쿠바 건물을 원한다면 쿠바 건물을 할 것'이라고 말했습니다."[18] 여전히 불편한 마음으로 서머스는 새퍼에게 미스가 다른 계획안을 시도하고 싶어 한다고 통보했다. 바카르디 빌딩이 중단되었지만 언젠가 다시 시작될 수도 있었기 때문에 그는 보쉬에게도 연락해야 했다. 보쉬는 기꺼이 자신의 계획안을 포기했다. 그런 다음 서머스는 - 발달된 철강산업을 보유한 국가에 적합한 - 스틸로 "바카르디"를 만들었고, 새퍼에게 보고했다. 그는 원래의 계획을 더 선호했지만(서머스에게 말했듯이, 미스에게 아니라), 프로젝트는 중단되었다(사진 13.9).

• • •

새퍼에 집중하고 있던 와중에, 미스는 1961년 3월에 베를린 시로부터 훨씬 야심찬 미술관을 제안받았다. 처음에는 이 미술관에 베를린 시가 소장한 미술품을 보관할 예정이었지만, 곧 계획이 변경되었다: 이 미술관은 제2차 세계 대전이 끝난 후 대부분 창고에 보관되어 있는, 19세기와 20세기 예술의 방대한 프로이센 컬렉션을 수용하게 되었다. 미스에게는 자신이 건축가로서 시작했던 도시에 이처럼 중요한 건물을 디자인한다는 것은 매우 매력적인 제안이었다. 프로그램 및 공간 요구사항이 점차 명확해짐에 따라 바카르

사진 13.10
베를린의 신 국립 미술관으로 진화한 두개 프로젝트의 입면 비교. 쿠바 산티아고의 바카르디 빌딩은 콘크리트로 지어졌을 것이고 독일의 슈바인푸르트에 들어설 예정이었던 게오르그 셰퍼 뮤지엄은 스틸로 지어졌을 것이다. 1968년도에 완공된 신 국립 미술관은 프로그램 요구사항을 만족시키기 위해 바카르디 계획안의 스케일을 살짝 크게한 것이다.

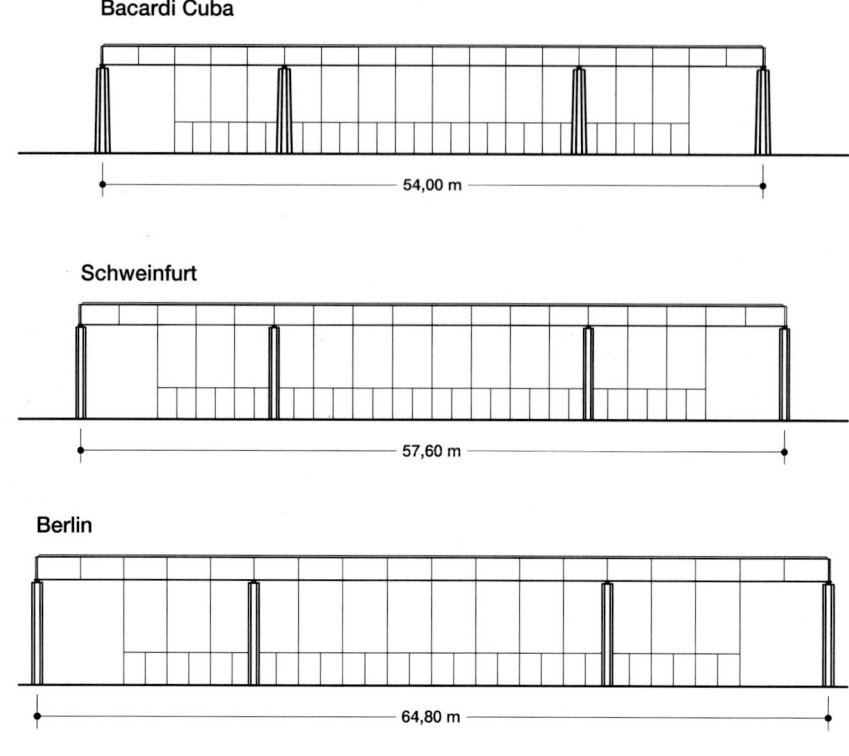

디 계획이 거의 딱 들어맞는 것처럼 보였다(사진 13.10). 미스의 생각을 인정한 새퍼는 그를 슈바인푸르트 프로젝트에 대한 모든 의무로부터 과감히 풀어주었다.[19]

베를린 의회에서 심의를 거쳐 1962년 여름, 미스는 신 국립 미술관과 현대 미술의 기획 전시를 위한 전시홀의 건축가로 공식 지명되었다. 두 공간은 하나의 건물에 포함된다. 미스의 작업은 초기 관절염과 몇 주간의 입원으로 인해 느리게 진행됐는데, 그 후에 그는 다시 오랜 기간 동안 사무실에 나갈 수 없었다. 그러나 그는 프로젝트를 수행하기로 결심했다. 1963년 병원에 있을 때조차도 디자인을 세심하게 챙겼다. 모델과 드로잉을 통한 연구는 평소와 같이 준비되었으며, 시공도면의 완벽한 콘트롤을 위해 시카고에서 작업이 준비되었다. 1965년 미스가 참석한 베를린의 착공식 행사에서, 그는 휠체어에서 몸을 일으켜 목발을 짚고 서서 망치로 돌판을 내려치면서 이 건물이 "고귀한 노력에 걸맞은 훌륭한 장소"가 되기를 희망한다고 말했다.[20]

신 국립 미술관은 암 칼스바드 24Am Karlsbad 24에 있는 미스의 예전 아파트에서 불과 수백 야드 떨어져 있고(사진 13.11) 주립 도서관과 한스 샤로운Hans Scharoun의 필하모닉 홀을 포함한 베를린 시 컬쳐포럼Kulturforum의 한 부분을 차지하고 있다.

박물관의 사이트인 켐퍼플라츠Kemperplatz는 서쪽에서 동쪽으로 부드럽게 경사져 있다. 프로그램을 수용하기 위해, 두 개의 레벨로 구성하기로 결정했다. 아래층은 건물의

사진 13.11
신 국립 미술관, 베를린(1968). 부분 입면. 미스의 마지막 작업이자 그가 1938년도에 미국으로 이민한 이후 베를린에서의 첫번째 작업인 이 미술관은 바카르디 쿠바 프로젝트에 바탕을 두고 있다 - 하얀색에서 검정색 유리로 바뀌었다. 6피트 깊이에 12피트 간격의 스틸 거더로 만들어진 직교 그리드로 된 지붕은 현장에서 조립된 후 각 기둥의 중심에 8개의 유압 기중기를 사용하여 전체가 동시에 들어올려졌다. 사진: 데이빗 L. 허쉬.

유틸리티 및 서비스와 함께 영구 컬렉션을 소장한다. 벽으로 둘러싸인 안뜰은 조각품을 위한 넓은 야외 공간을 제공한다. 기획 전시를 위해 지상 레벨은 27,000평방피트의 기둥이 없는 공간, 네 개의 면 모두에 유리로 된 166피트 4인치 사각형 평면에, 높이 27피트 9인치이며, 평평한 지붕의 높이는 유리벽보다 20피트가 돌출되어 있다. 지붕은 8개의 검은색 무광 십자형 강철 기둥(양쪽에 2개씩)이 떠받치며, 각 기둥은 부드럽게 위쪽으로 가늘어지며 지붕 가장자리에서 연결부와 만난다.

지붕은 6피트 깊이의 노출된 플레이트 보가 12피트 간격의 직각 그리드로 되어 있다(사진 13.12). 보의 바닥이 노출되었기 때문에 - 바카르디와 새퍼의 경우, 드롭 천장은 구조 부재를 숨기기 위한 것이었다 - 그들은 완전히 평평하게 보일 필요가 있었고, 이것은 더 두꺼운 하부 플랜지와 웹, 고강도 철재의 사용으로 가능했다. 이에 더하여, 거대한 지붕은 완전히 평평하게 보이기 위해 센터와 코너에서 살짝 위로 휘었다. 얼만큼 휠 지는 독일 엔지니어인 한스 디엔스트Hans Dienst의 계산 결과와 미스 사무실에서 만든 커다란 모형을 테스트한 후 두 결과를 총합하여 결정됐다. 모서리에 있는 돌출부는 - 커다란 바카르디 모형을 보며 얻은 교훈 - 캔틸레버 모서리에서 지붕이 처진 모습을 보완했다. 미스는 시카고 사무실에 있는 거대한 1:5 스케일의 지붕 코너(길이 42피트) 모형을 연구한 후 모서리에 5cm의 추가 돌출부를 넣기로 결정했다. 기둥을 연구하는 데만 적어도 여섯 개가 넘는 모형을 만들었고, 인테리어와 디테일을 위해 전체 건물을 1:50 모형으로 만

사진 13.12
신 국립 미술관, 베를린(1968). 메인-홀 입구. 주출입구 안쪽의 공간은 낮은 목재벽과 아래층으로 내려가는 두개의 계단으로 나뉘어 진다. 사진: 데이빗 L. 허쉬.

들었다.²¹ 신 국립 미술관의 경우, 미스는 강철 디테일- 실제로 모두 철제로 된 건축 -을 궁극적인 시각적 정화의 수준으로 끌어올렸다.

대지안 동선의 경우, 화강석으로 포장된 단은 북동쪽과 남동쪽에 보조 계단이 있지만 주로 동쪽 입면 중심에 위치한 넓은 계단을 통해 연결된다. 광장 계획은 지붕의 사각형 격자와 화강암 포장으로 맞춰졌다. 거대한 내부- 오직 한 쌍의 대리석으로 덮인 기계 샤프트, 몇 개의 낮은 목재마감 벽, 그리고 아래로 이어지는 계단으로 나뉘는 -는 투명한 벽을 넘어 모든 방향으로의 뻗어나감을 암시한다. 미스가 타협할 수 없었던 지상층 대신 지하층 갤러리 공간은 인공조명으로 평범하게 만들어 졌다.

지상층의 대공간은 무언가를 전시하기에 전혀 유연하지 못했고, 불친절한 곳이었다. 첫 전시에서 몬드리안의 그림은 천장에 매달려 있는 거대한 흰색 패널 위에 걸려 있었다. 중력이 없는 듯 떠있는 패널 자체는 인상적이었지만, 그림들은 주변 공간의 바다에 익사하는듯 보였다. 미스는 자신의 솔루션을 합리화하기 위한 노력을 거의 하지 않았다. "그것은 큰 홀입니다." 그가 말했다, "물론 예술 전시를 위해선 많은 어려움이 있습니다. 나는 그것을 충분히 알고 있습니다. 그러나 이 공간은 엄청난 잠재력을 지니고 있기에 나는 그러한 어려움들을 고려할 수 없었습니다."²² 이 말은 구조적으로 객관적인 클리어 스팬이 시대의 궁극적인 표현이라는 미스의 믿음뿐만이 아니라 의지의 정도를 측정하는 잣대다.

거대한 지붕이, 기둥이 떠받칠 지점에 자리 잡은 8개의 유압펌프에 의해 올려졌던 1967년 공사 현장에서 미스를 본 사람들은 그에 대한 기억에 매료되었다. 미스는 9시간 동안의 작업 과정 전체를 진지하게 지켜봤다. 크레인이 들어 올리는 동안 1,250톤의 지붕은 2밀리미터 이상 벗어나지 않았다. 거대한 지붕이 높이 올려졌고, 그다음에 기둥의 핀 위로 내려졌다.

미스는 평생에 걸쳐 정신적 흐트러짐에 저항하는 삶을 보냈지만, 82세의 추운 4월 아침보다 더 집중한 적은 없었다. 그를 위한 샴페인 리셉션조차도 그를 지루하게 만들었고, 한마디 부탁받았을 때 목소리를 높였다. 그것이 진정한 미스였고 - 겉치장을 싫어하고 노동을 존중하는 - 독일 엑센트가 잔뜩 들어간 억양으로 말을 했다:

누구도 5분 이상 말할 수 없다는 데 우리 모두 동의했습니다. 철골 작업자와 콘크리트 작업자들에게 감사드리고 싶습니다. 거대한 지붕이 조용히 들어 올려질 때, 나는 진정으로 놀랐습니다!!²³

미스는 너무도 몸이 안 좋아져서 1968년 9월 베를린에서 열린 개관 행사에 참석할 수 없었다. 그러나 그의 존재감은 이제 그가 가장 소중하게 여기는 형태로 베를린에 자리잡았다. 비록 그의 거대한 유리박스가 캐리비안 햇빛을 막기 위한 콘크리트의 변형이었지만, 칼 프리드리히 쉰켈이 남긴 유산과의 관계 또한 명백했다. 그 당시엔 알테스Altes 뮤지엄은 신 국립 미술관과는 베를린 장벽으로 막혀 있었지만, 그다지 멀지 않은 곳에 당당한 모습으로 서 있었다. 미스의 디자인은 그가 60년 전부터 존경해 온 대가와 굳건한 연결을 만들었다.

. . .

1962년 더크 로한(24세, 뮌헨의 대학을 갓 졸업한)은 시카고의 미스 사무실에 합류하여 미스의 삶의 중심으로 급속히 들어왔다. 진 서머스는 두 가지 면에서 로한과 경쟁할 수 없었다: 로한은 가족이었고, 독일어를 할 줄 알았다. 그가 미스의 유일한 손자는 아니었다; 조지아에겐 두 아들인 프랭크와 마크가 있었다. 그러나 로한은 할아버지와 같이 건축가가 되었고, 말년에 외로워지면서 미스는 그에게는 없는 면을 가진 유럽에서 온 세련된 젊은이의 관심을 환영하지 않을 수 없었다. 미스의 뛰어난 능력과 내향적 순진함은 오랫동안 그의 아래에서 배우면서 그와 함께하길 원하는 사람들에게 매력적으로 다가왔다. 그는 그러한 관계를 받아들였지만, 아다와 릴리 라이히처럼 어떤 선을 넘기 전까지만 이었다. 로한은 그런 실수를 하지 않았다; 따라서 미스는 어린 손자로부터 따뜻함을 느끼면서도 질식할 것 같은 사랑의 위협을 받지 않는다는 것을 알게 되었다.

불가피하게도 로한과 서머스 사이에 경쟁 관계가 형성되었고, 서머스에겐 경력과 미스의 신뢰가 있었지만 개인적인 차원에서 점점 더 불리해졌다. 핏줄이 결국 이겼다. 신 국립 미술관 작업이 진행됨에 따라, 미스의 가장 가까운 동료였던 서머스의 역할을 로한이 서서히 이어받았다. 서머스는 쿨하게 그 상황을 받아들였다. "사무실은 괜찮은 상황이었습니다."고 회고했다. "다양한 프로젝트가 진행 중에 있었습니다. 그래서 나는 어느 날 미스에게 떠나고 싶다고 말했습니다."

"몇 년 더 머물렀으면 좋겠네." 미스가 대답했다.

"그렇다면 저는 그보다는 더 오래 머물러야 할 것 같습니다."

"글쎄." 미스는 말했습니다. 그의 생각은 1912년 피터 베렌스와의 마지막 시간으로 돌아갔다.

"알겠네. 나도 비슷한 결정을 내려야 했다네. 언제 떠나고 싶은가?"

"2주 안에 떠나겠습니다."[24]

· · ·

1966년 5월, 서머스는 미스의 사무실에서 한 블록 떨어진 곳에 사무실을 차리고, IIT에서 공부한 헬무트 얀Helmut Jahn이라는 젊은 독일인을 첫 번째 직원으로 뽑았다. 두 사람은 1967년 1월 시카고 시장 리차드 J. 데일리Richard J. Daley가 화재로 전소된 기존의 컨벤션 홀을 대체할 새로운 컨벤션 홀을 위해 선택한 C.F. 머피 어쏘시에이츠C. F. Murphy Associates가 서머스를 고용하기 전까지 1년 정도 함께 일했다. 1960년에 개장한 기존의 맥코믹 플레이스McCormick Place는 미스가 제안했던 미완성의 컨벤션 홀보다 훨씬 수준이 떨어졌기 때문이 아니라, 시카고의 전통적으로 열려진 호숫가를 차지했기 때문에 열띤 논쟁의 대상이었다. 그리고 시카고 시는 같은 자리에 다른 건물을 세우기로 결정했다. 서머스는 C. F. 머피에게 "맥코믹 플레이스뿐 아니라 모든 프로젝트의 디자인 파트너"가 되고 싶다고 했고 그가 놀랍게도 회사는 동의했다. 그는 또한 미스가 "맥코믹 플레이스의 디자인 담당 협력 파트너"가 되어야 한다고 요구했고 회사도 동의했다. 그는 미스에게 이 제안을 전달했다. "나는 나의 상황에 대해 설명했고, 나의 합류 조건 중 하나는 그가 맥코믹 플레이스를 디자인한다는 것이었습니다. 그는 말했습니다. '진,

자네는 그들의 회사에 합류해야 하네. 당신이 직접 맥코믹 플레이스를 디자인해야 하네, 고맙지만 수많은 논쟁으로 점철된 건물을 디자인하지 않겠네; 그것은 파르테논 신전이 될 수도 있지만 어쨌든 비판을 받을 것일세."[25] 미스는 이처럼 복잡다난한 프로젝트를 시작할 처지가 아니라는 것을 잘 알고 있었다.

미스는 서머스가 사무실을 떠난 이후 다시는 만나지 않았다. 그러나 언제나처럼, 중요한 것은 작업이었다. "구조가 올라 가고 있었습니다."라고 서머스는 회상했다. "그리고 그는 아팠습니다. 로라 막스가 대신 전화해서 말했습니다. '미스는 나한테 맥코믹 플레이스로 데려다 달라고 부탁했습니다. 그는 나에게 당신한테 전화해서 자신은 그것이 좋은 건물이라고 생각한다고 말해달라고 했습니다.' 그것은 커다란 양보였습니다. 그는 한 번도 그렇게 하지 않았었고 그것은 그의 캐릭터가 아니었습니다."[26]

· · ·

1966년 로버트 벤츄리Robert Venturi는 '건축의 복잡성과 대립성'에서 미스가 대표하는 모더니스트 관점과 확연히 다른 입장을 선언했다. "나는 '순수한 것'보다는 잡종의 것, '깨끗한 것'보다 타협적인 것, '직설적인 것'보다 왜곡된 것, '확실한 것'보다 모호한 것, 비뚤어진 것뿐만 아니라 비인격적인 것, '흥미로운 것'뿐만 아니라 지루한 것, '디자인된 것'보다 전통적인 것, 배제하는 것보다 수용하는 것, 단순한 것보단 여분의 것, 흔적을 남기는 것과 혁신적인 것, 직접적이고 명확한 것보다 일관성이 없고 확실하지 않은 것을 좋아합니다." 미스가 주요 타겟이었다는 것은 자명했다: "더 많은 것은 적지 않다. More is not less." 그리고 나중에: "적은 것은 지루하다. Less is bore."[27]

벤츄리의 책은 정치, 경제, 사회 및 미적인 관점에서 변화가 일었던 1960년대의 산물이었다. 베트남 전쟁, 인종 간의 갈등, 도시의 불안정, 청소년과 대중 문화의 부상은 단순함과 명료함이라는 모더니즘의 숨막히는 가치에 대한 벤츄리의 반란의 배경이었다. 그 책은 건축계에 막대한 영향을 끼쳤고, 1970년대와 1980년대에 건축 역사의 모든 요소를 자유롭게 차용한다는 포스트모더니즘 운동을 이끌었던 생각의 주요 원천이었다. 리카르도 보필Ricardo Bofill, 마이클 그레이브스Michael Graves, 찰스 무어Charles Moore, 로버트 A.M 스턴Robert A. M. Stern, 벤츄리와 그의 파트너인 데니스 스콧 브라운Denise Scott Brown과 같은 이름들이 비판적인 언론에 자주 등장하기 시작했다. 필립 존슨도 합류했다; 그의 가장 주목할 만한 공헌은 치펜데일Chippendale 가구에서 영감을 얻은 뉴욕에 있는 AT&T 빌딩이었다. 이 디자인과 함께 아주 적절한 말로 존슨은 포스트모던 입장을 대변했다: "역사를 알아야만 합니다." ("You cannot not know history.")[28]

· · ·

1962년 피터 팔룸보는 에디트 판스워스를 만난 적도 없었지만, 미스에 대한 존경심 때문에 이 유명한 집을 구입했다. 팔룸보 가문은 런던에 사무실 건물에 적합한 대지를 오래 전부터 갖고 있었다. 팔룸보:

[미스]에게 보낸 편지에서 그의 작품을 좋아한다고 하면서 그가 런던에서의 작업에 관심있는지 물어봤습니다. 얼마 뒤 전보를 받았습니다. "런던에서의 작업에 관심이 있습니다. 다음 주 월요일 아침 10시 시카고 오피스에서 만나요. 미스 반 더 로에."
　나는 시카고에 가서 약간의 흥분을 느끼면서 미스를 만났지만 그는 전혀 무섭지 않았고 오히려 매우 친절했습니다. 그는 내가 자신의 작업에 대해 잘 알고 있다는 것을 알았고, 이것이 나에게 응답한 이유 중 하나라고 생각합니다.
　나는 처음부터 그가 무엇을 설계하건 간에 그 부지의 임대차 상황으로 인해 1986년까지 지어질 것 같지 않다는 것을 이해해야 한다고 말했습니다. [장기간의 임차 계약이 그날까지 만료되지 않을 것입니다.] 그는 내가 의뢰한 건물이 그의 사후에 지어질 것이라는 것을 이해했습니다. 나는 그가 그런 요구를 처음 받았기 때문에, 그것을 오히려 흥미로워했다라고 생각했습니다. 그리고, 그는 나에게 물었습니다, "음, 당신은 얼마나 디자인을 진행하기를 원합니까?" 나는 "당신이 끝까지 모든 디자인을 다 하기를 원합니다."라고 말했습니다.[29]

영국 태생의 피터 카터Peter Carter를 프로젝트 건축가로 하고 미스는 1964년 후반부터 작업을 시작했다. 그는 런던으로 건너가 파울트리Poultry 및 워크브룩Walbrook과 경계를 이룬 직사각형의 땅을 자세히 살펴봤다. - 퀸 빅토리아 스트리트Queen Victoria Street가 대각선으로 지나가며 유명한 건물들이 근처에 있는 - 조지 댄스 더 앨더 맨션 하우스George Dance the Elder's Mansion House(1739-52), 런던 시장관저; 크리스토퍼 워렌Christopher Wren과 존 반브루John Vanbrugh의 성 스테판 월브룩 교회Church of St. Stephen Walbrook(1672); 에드윈 루더옌Edwin Lutyens의 미드랜드 은행Midland Bank(1936) 등이 있다. 또한 5개의 지하철을 이용할 수 있는 지하광장이 있을 뿐만 아니라 런던에서 가장 많이 이용되는 교차로 중 하나였다. 이러한 조건들은 퀸 빅토리아 스트리트의 경로를 변경하고 그 앞의 건물을 철거한 후에 새로 만들어질 광장에 들어설 건물의 위치를 결정하는데 커다란 영향을 미쳤다. 팔룸보:

[미스]는 지하조사 자료를 보고 악몽이라고 느꼈습니다: 직장인들, 관광객들, 지하철 시스템, 하수도, 배수로, 케이블, 덕트, 터널. 미스는 자료를 한 번 들여다보고는 말했

습니다. "나는 가능한 이것들로부터 멀리 떨어지고 싶습니다. 나는 이런 식으로 기초를 만들고 싶지 않고, 캔틸레버 등을 사용하고 싶지 않습니다. 단순하게 만들어 주세요." 결국 지하가 복잡하지 않은 서쪽 끝에 있는 부지를 선정하게 되었습니다. 그렇게 함으로써 미스는 건물 하부에서 광장의 다른 면을 드러내면서, 이미 그곳에 있는 맨션하우스까지 펼쳐져 있는 영역을 공공에 열었습니다. 홀포드Holford[런던 건축가 윌리엄 홀포드William Holford가 이 결정에 어느 정도 역할을 했습니다.]는 그 계획을 보았을 때 말했습니다: "그것은 천재적인 것입니다."[30]

스펙테이터The Spectator의 건축 비평가, 스테판 가디너Stephen Gardiner도 이에 동의하며: "놀랍게도, 어떤 것이 올바르게 놓여졌습니다. 정글이 말끔히 베어졌습니다: 진정한 도시 계획이 수립되었고 이를 시행할 좋은 기회입니다."[31]

맨션 하우스 스퀘어Mansion House Square 프로젝트는 시그램 빌딩 이후 가장 많은 예산이 투입되었다. 그는 20층의 290피트 높이의 유리박스를 구상했다(사진 13.13 참고). 건물은 청동 외피와 청-회색의 유리로 된 철골 프레임에 코어는 대리석으로 마감되고 로비와 광장은 코니쉬Cornish 화강암으로 포장되었다.

시공도면이 1967년에 준비되었으며, 런던 시의회의 건축가, 도시 건축 계획 부서, 그리고 건물을 임차할 것으로 예상되는 로이드 은행Lloyds Bank에게 제공되었다. 팔룸보가 1968년 계획 허가를 요청하자 프로젝트가 승인되었다. 로얄 익스체인지Royal Exchange에서 그 해 말에 전시가 열렸다. 모형, 투시도, 그리고 오피스 타워와 광장을 위한 재료 샘플로 구성된 이 전시는 30,000명의 사람들을 끌어들였고, 그 중 3,325명이 의견을 나누기 위한 초대에 응했다. 대다수가 이 프로젝트를 지지했지만 나머지 의견은 여러 갈래로 나뉘어졌다. 건물이 세인트 폴 대성당과 너무 가깝지 않습니까? 사람들로 붐비는 지역이 충분히 널찍한 광장으로 만들어지나요? 아니면 정면에서 보이지 않았던 루티엔의 미드랜드 은행Lutyens Midland Bank이 새로운 광장에선 보입니까?

미스의 디자인 발표와 임차계약의 예상 만료 사이의 거의 20년 동안의 기간은 이 프로젝트에 불리했다. 1968년 팔룸보를 지지했던 두 그룹인 런던시와 대 런던 위원회는 1981년에는 반대했다. 전통주의자들은 반모더니스트 감정에 불을 붙였고, 그 중 가장 유명한 것은 영국 왕립 건축가 협회Royal Institute of British Architects의 150주년 기념일인 1984년 햄턴 코트 팔래스Hampton Court Palace에서 찰스 왕세자가 한 연설이었다. 왕세자는 제2차 세계 대전 이후 영국, 특히 런던에 지어진 현대 건축물을 공격하는 말을 주저 없이 했다. 미스의 맨션 하우스 스퀘어라고 특정하지는 않았지만 이 프로젝트도 포함된다는 것엔 의심의 여지가 없었다. 다음 연설이 널리 인용되었다: "당신들은 이것을 독일공군Luftwaffe에게 맡겨야 합니다: 그들이 우리의 건물을 폭격했을 때는 단지 파편

사진 13.13
맨션 하우스 스퀘어 프로젝트 모형. 런던 (1967). 개발업자였던 피터 팔룸보가 디자인을 의뢰했고 미스에게 넉넉한 예산을 제공했다. 착공은 임차권이 끝나는 20년 뒤까지 미뤄져야 했다. 그 기간동안, 미스와 미이시안 모더니즘에 대한 포스트모던 운동의 비판이 점차 거세져 갔고 런던 당국은 1986년에 허가를 취소했다. 사진: 존 도낫.

덩어리 만을 남겼을 뿐입니다." 왕자의 메시지는 모더니즘의 역사적인 장식에 대한 무관심이 그것의 가장 가치 있는 유산 중 하나인 건축을 강탈했다는 믿음에 바탕을 둔 1980년대에 지배적인 건축 사조인 포스트모더니즘과 정확히 일치했다. 영국 환경 장관인 패트릭 젠킨스Patrick Jenkins가 1985년 5월에 남긴 맨션 하우스 스퀘어 프로젝트에 대한 최종 판결에 이 연설이 얼마나 영향을 미쳤는지 측정할 방법은 없다. 젠킨스는 개발의 대담함은 인정하지만, 주변 지역을 압도하는 모습은 받아들일 수 없다고 결론지었다.

• • •

오랜 기간 관절염 질환으로 인한 노쇠함으로, 미스의 죽음은 점점 더 주변 사람들에게 현실로 다가왔다. 미스와 서머스 사이에 사무실의 미래에 대한 논의는 1962년 초부터 있었다. 서머스에 따르면 그 당시 서머스가 사무실을 물려받는 것에 대해 "수년간 이야기되고 있었습니다." 그는 계속 이어나갔다:

미스는 조 후지카와, 브루노 콘테르토와 내가 파트너가 되는 것에 대해 2-3번 정도 이야기를 꺼냈습니다. 나는 그 아이디어에 깜짝 놀랐고, 그는 그것에 대해 그들과는 이야기하지 않았습니다… 나는 말했습니다, "미스, 그렇게 할 수는 없습니다… 이건 말도 안 됩니다. 프랭크 로이드 라이트가 파트너가 있다는 것을 생각할 수도 없고, 당신 또한 그렇습니다… 나는 그것이 당신에게 좋다고 생각하지 않고, 그것이 특별히 우리에게 좋다고 생각하지도 않습니다… 조 또는 브루노나 내가 파트너라면 당신에게 무슨 일이 생기면 어떻게 될 거 같아요? 우리는 모두 디자인에 있어…" 우리는 서로 잘 지냈지만, 다른 한편으로는 서로가 서로를 필요로 하지는 않았습니다. 6개월이나 8개월 후에 그는 그 이야기를 다시 꺼냈고 나는 똑같은 말을 했습니다. 그는 그 후 6개월 또는 8개월 후에 다시 그 이야기를 꺼냈습니다.[32]

미스가 "후지카와와 콘테라토와 회사의 미래에 관해 이야기하지 않았다"는 서머스의 설명은 후지카와 자신의 위치에 대한 불안감에 의해 뒷받침된다:

60년대 초반에, 우리는 더 많은 보수를 요구했습니다. 우리는 "이런, 미스, 우리가 받는 월급만으로는 더 이상 살 수가 없습니다"고 말했다. 그 당시 미스는 비즈니스 매니저가 있었기 때문에, 우리 모두가 미스의 아파트에 갔고 누군가가 문제가 될만한 발언을 했습니다. "글쎄, 내가 파트너가 될 수 있다면…" 미스가 그것을 들었을 때, 그가 한마디 했습니다. 그는 "내가 파트너가 필요하면 나가서 파트너를 얻는다. 나는 너희들에게 파트너가 되어달라고 할 필요가 없을 것이다."라고 말했습니다.[33]

서머스가 사무실을 떠나자 로한은 할아버지에게 사무실의 앞날에 대해 물어봤다. 1969년 미스의 계속된 병환을 직면하며, 로한은 미스, 조셉 후지카와, 브루노 콘테라토 및 그 자신을 포함한 파트너십으로 사무실을 만들기로 최종 합의했다. 같은 해 미스가 사망한 후, 1975년까지 그 회사는 계속되었고, FCL 어쏘시에이츠로 이름을 바꾸었다. 1982년, FCL은 100명의 스태프를 가진 회사로 성장했고, 후지카와와 수석 건축가인 제랄드 존슨Gerald Johnson은 더 작은 조직을 원했기 때문에 후지카와 존슨 어쏘시에이츠로 분리되었고 콘테라토와 더크는 로한 어쏘시에이츠를 설립했다.[34]

적은 것은 적은 것인가?
1959-69

사람들은 누군가가 나를 복제하면 어떻게 느끼는지 묻습니다. 나는 전혀 문제가 되지 않는다고 말합니다. 그것이 우리가 일하는 이유이며 우리는 모두를 위한 것을 발견했다고 생각합니다. 우리는 단지 사람들이 그것을 제대로 사용하기를 바랄 뿐입니다.
미스, 1960년 기록

나는 다른 방향으로 나아갑니다. 나는 객관적인 길을 가려고 노력하고 있습니다.
미스

월요일 아침마다 새로운 건축을 발명할 필요도 없고 가능하지도 않습니다.
미스, 1960년 미국 건축가 협회 연설에서, 샌프란시스코

미스는 규율을 상징하며, 이것이 건축이 잃어버린 덕목입니다.
아다 루이스 헉스터블, 뉴욕 타임즈, 1966년 2월

미스에 대한 비판의 공통점은 그의 마지막 10년간의 대부분의 작업이 공식에 의한 것이고 무디다는 점이다. 미스의 친구이자 찬양자인 고든 분샤프트 Gordon Bunshaft는 다음과 같이 표현했다:

나는 미스가 정말 훌륭한 건축가였다고 생각하고, 그는 3-4개의 대단한 건물을 지었습니다: 투겐타트 하우스, 바르셀로나 파빌리온, 그리고 항상 최고의 건물인 시그램 빌딩이 있습니다… 그것은 수년간 디테일을 계속해서 보완한 결과입니다... 나중에 의뢰가 너무 많이 들어왔고 약간의 반복이 있었습니다.[1]

진 서머스와 조셉 후지카와도 이 문제에 관해 이야기했다. 후지카와는 1996년 인터뷰에서 말했다: '나는 860 이후에, 미스는 그가 고층 아파트 건축의 문제를 해결했다고 느꼈다고 생각했는데, 왜냐하면 이후에 진행되는 일에는 정말 무심하게 별 관심을 갖지 않기 때문입니다.'[2] 서머스는 그의 말년을 다음과 같이 묘사했다:

이 시기에[1950년대 후반 이후, 연방 센터부터] 미스는 모든 건물 디자인에서 세부적인 디테일까지는 거의 참여하지 않았습니다. 나는 내가 중요하다고 생각하는 구체적인 세부 사항에 대해 물었고, 그가 동의하는지 여부를 알고 싶었습니다. 그는 단지 나이가 들었을 뿐이고, 그 기간 동안 그가 무언가 새로운 것을 만들고 있었다는 것은 오해입니다… 그는 힘든 작업을 필요로 하는 창조를 더 이상할 수는 없었지만 적어도 제대로 된 결정은 내릴 수 있었습니다.[3]

미스가 미국으로 왔을 때가 52살이었다; 그리고 그의 명성은 그가 65세가 되었던 1951년 노스 레이크 쇼어 드라이브 860-880이 완공될 때까지는 그다지 대단하지 않았다. 그가 뉴욕의 시그램 빌딩 작업(건물이 완성되기 2년 전인 1956년)을 마치고 돌아온 후, 커다란 명성과 권위를 갖게 되었지만, 대부분의 프로젝트에 적극적으로 참여하지 못했다. 따라서 시그램 이후의 고층 건물과 컨벤션 홀이 진행된 시기에 했던 다른 모든 작업(베를린 신 국립 미술관과 같은 경우는 예외)은 회사의 이름(미스 반 더 로에 아키텍트 Mies van der Rohe - Architect)이 암시하는 마스터의 작품이라기보다는 스태프들의 협동작업이라 생각하는 것이 타당할 듯하다.[4]

미국에서, 미스가 프로젝트에 깊이 관여했을 때(유럽에서 했던 작은 규모의 작업과 마찬가지로) 그 결과는 매력적이었다. IIT 캠퍼스 계획, IIT 프로토타입 건물, 지어지지 않은 도서관과 행정동, 판스워스 하우스, 그리고 860-880부터 크라운 홀과 시그램 빌딩은 각각 그의 건축 언어의 중요한 발전을 구현했다. 각각은 건축 디테일에 있어 가장 높은 수준에 도달했고, 이 장의 끝에 짧은 에세이로 논의할 것이다.

미스는 "자신이 좋아하는 것만을 하는 것의 위험"과 피상적으로 "형태를 가지고 노는 것"[5], 혁신을 위한 혁신에 대한 그의 경멸적인 태도에 대해 솔직하게 말했다. 1960년의 즉흥적인 인터뷰에서, 우리는 그의 진솔한 목소리를 들을 수 있다. (그리고 여전히 완벽한 영어는 아니었다.)

이것 하나만 말하겠습니다. 당신은 책에서 종종 건축과 관련이 없지만 매우 중요한 것을 발견합니다. 물리학자 슈뢰딩거의 이야기입니다. 그는 일반 원칙에 관해 이야기하면서 "일반 원칙의 창조적 활력은 정확히 그 일반성에 의존한다"고 말했습니다. 건축물의 구조에 대해 이야기할 때 그것이 바로 제가 생각하는 것입니다. 그것은 일반적인 생각입니다. 그것은 단 하나의 솔루션이지만 그 의미는 그렇지 않습니다. 나는 나 자신이 흥미롭기를 바라지 않습니다. 나는 훌륭해지기를 바랍니다…

때로 사람들은 누군가가 나를 복제하면 어떻게 느끼는지 묻습니다. 나는 전혀 문제가 되지 않는다고 말합니다. 그것이 우리가 일하는 이유이며 우리는 모두를 위한 것을 발견했다고 생각합니다. 우리는 단지 사람들이 그것을 제대로 사용하기를 바랄 뿐입니다[미켈란젤로와 같은 위대한 예술가에 대해 말하면서]. 나는 그것이 개인주의적인 접근이라고 생각하며, 나는 그 방향으로 가지 않습니다. 나는 다른 방향으로 나아갑니다. 나는 객관적인 길을 가려고 노력하고 있습니다.[6]

이 말에는 역설이 있고 그것은 미스가 스스로를 복제하는 것의 장점에 관한 질문의 핵심이다. 그의 수사에도 불구하고, 미스는 최고의 혁신가였고, 다른 사람들의 영향을 받았지만 본질적으로 자신의 건축 언어를 발전시켰다. 이것이 그의 건축에 감탄하고 연구하는 - 그의 예술성의 뛰어남뿐만 아니라 - 이유이다. 그러나 미스는 프로토타입 솔루션을 만들고 나면 자신의 에너지와 재능을 다음 과제로 옮겨갔다; 새로운 설계 의뢰가 들어오면 그의 스태프는 성공적인 프로토 타입을 다음 작업에 적용했다. 미스의 잘 정립된 언어 내에서 혁신을 위한 여지는 거의 없었기 때문에, 스태프는 특정 프로그램 및 기술적 요구 사항을 충족시키기 위해 프로토타입을 조정하는 역할만을 해야 했다. 미스는 자신의 스태프에게 혁신을 기대하지는 않았지만, 자신의 원칙을 창의적으로 구현하기를 희망했다. 자신의 창조적인 과정에 대한 스스로의 훈련은 결국 사무실의 창의성을 가로막고 말았다. 그 결과는 반복이었고 이는 다른 건축가들이 미스적 언어를 비판하는 계기가 되었다.

이 책에서 우리는 미스의 주요 건물과 프로젝트를 대부분 시간 순으로 다루었다. 그 형식과 일관되게, 우리는 다음에 미스의 말년에 몇 안 되는 주목할 만한 프로젝트를 논의한다. - 프로젝트는 그의 스태프들이 주도했다.

· · ·

Colonnade and Pavilion Apartment Buildings, Newark, New Jersey, 1960

중요한 도시 재생 프로젝트이자 허버트 그린왈드와의 또 다른 협업인 브랜치 브룩 파크Branch Brook Park 재개발 프로젝트(문헌에는 "뉴어크")는 3개의 21층짜리 아파트 건물로 이루어져 있다. 열주 간격은 가장 넓고, 좁은 쪽으로 3개의 구조 베이와 길이방향으로 22개의 구조 베이로 된(미스의 900노스 레이크쇼어 드라이브 건물의 긴 치수의 두 배 이상) 유리박스이다. 서로 수직 방향인 파빌리온 I 및 II(각각 3x10베이)에서 세 블록 떨어진 경사면의 윗부분을 차지한다. 그린왈드는 콜로네이드와 파빌리온 사이의 대지를 공원 및 상업용 건물용으로 확보하기를 원했지만, 결국 그 땅을 사들이지 못했다. 다른 건축가가 설계한 아파트 건물이 들어섰고, 전부 저층 주택으로 바뀌었다.

뉴어크 건물은 라파옛 파크 모델을 따랐다. 그들은 같은 플랫 슬래브 콘크리트 구조, 알루미늄 커튼월, 투명한 유리를 사용하며, 스팬드럴에 일체형 에어컨이 장착되어 있다.[7] 조셉 후지카와에 따르면, 라파옛의 디테일은 "실용적이고 경제적인 해결책으로 밝혀졌으며, 미스는 그들을 바꿀 이유를 찾지 못했습니다."[8] 말하자면, 라파옛 파크는 이미 너무 싸서 뉴어크를 더 싸게 만들 수 없었다. 이러한 제약과 뉴어크의 복잡한 환경에서도, 콜로네이드와 파빌리온은 완성 후 50년 이상 안전하고 바람직한 건물로 유지되었다. 콜로네이드는 특히 동쪽으로 20마일 떨어진 맨해튼의 미드타운 스카이 라인을 바라보는 전망이 있다. 이러한 반복이 좋거나 나쁘거나 또는 그 사이의 어떤 것인지에 대한 질문은 남아있다. 정치적, 경제적 이유로 라파예트와 뉴워크 프로젝트는 이루어지기 어려웠지만 결국 건설되었다. 만약 둘 다 건축적으로 주목할 가치가 없다면, 적어도 둘 다 경제적으로나 사회적으로 성공적이었다. 미스는 옳았다: "매주 월요일 아침마다 새로운 종류의 건축을 발명할 필요는 없습니다."[9] 객관주의자에게 그것 또한 비이성적일 것이다.

Home Federal Savings and Loan Association, Des Moines, Iowa, 1963

실제로 지어진 홈 페더럴 빌딩 The Home Federal building은 캔터 드라이브-인 레스토랑을 모델로 한 드라마틱한 초기 계획안보다 그다지 흥미롭지 않다. 네 면이 캔틸레버로 튀어나온 유리로 된 직사각형의 2층 볼륨을 특징으로 한다. 지붕은 길게 뻗은 외골격 트러스(캔터처럼, "잘못된") 방향으로 걸려 있다. 은행 홀에는 방대한 네 면을 둘러싼 메자닌 층이 있다. 많이 알려진 프레젠테이션 모형 사진은 미스가 상업용 건물에서 처음으로 사용한 흰색으로 칠해진 강철 외관과 거대한 트러스를 보여준다.

진 서머스는 미스가 "오래된 계획을 재사용하는 것을 대단히 사랑했다."고 증언했지만, 1960년대에는 "캔터 계획안"이 여러 번 "서랍에서 꺼내졌다."[10] 그러나 이 경우 캔터 솔루션은 드 모인Des Moines 은행가들에게 너무 과도했다. 은행의 넓은 홀은 임대 공간을 위해 거절되었으며, 평면은 한 변이 3개의 40피트 베이로 된 정사각형으로 만들어졌다.[11] 1층에 열주가 있는 3개층으로 된 건물의 외벽은 860-880과 유사한 방식으로 지어졌다.

계획이 축소된 후에도 은행 임원진은 여전히 비용에 민감했다. 이것은 작은 문제에서도 나타난다. 주차 요원을 위한 대기 키오스크- 12x16피트 길이의 -는 강철 및 내력벽 벽돌로 설계되었고, 이는 미스의 어휘가 최소 규모에서 어떻게 성공적인지를 보여주는 좋은 예이다(사진 14.1). 그러나 키오스크는 결국 나무로 지어졌다.[12]

드 모인 프로젝트가 보여주듯, 미스 사무실은 2류 수준의 건물에서 조차도 훌륭한 디테일을 만들었다. 그의 스태프는 은행 창구, 데스크와 같은 전형적인 은행 인테리어뿐

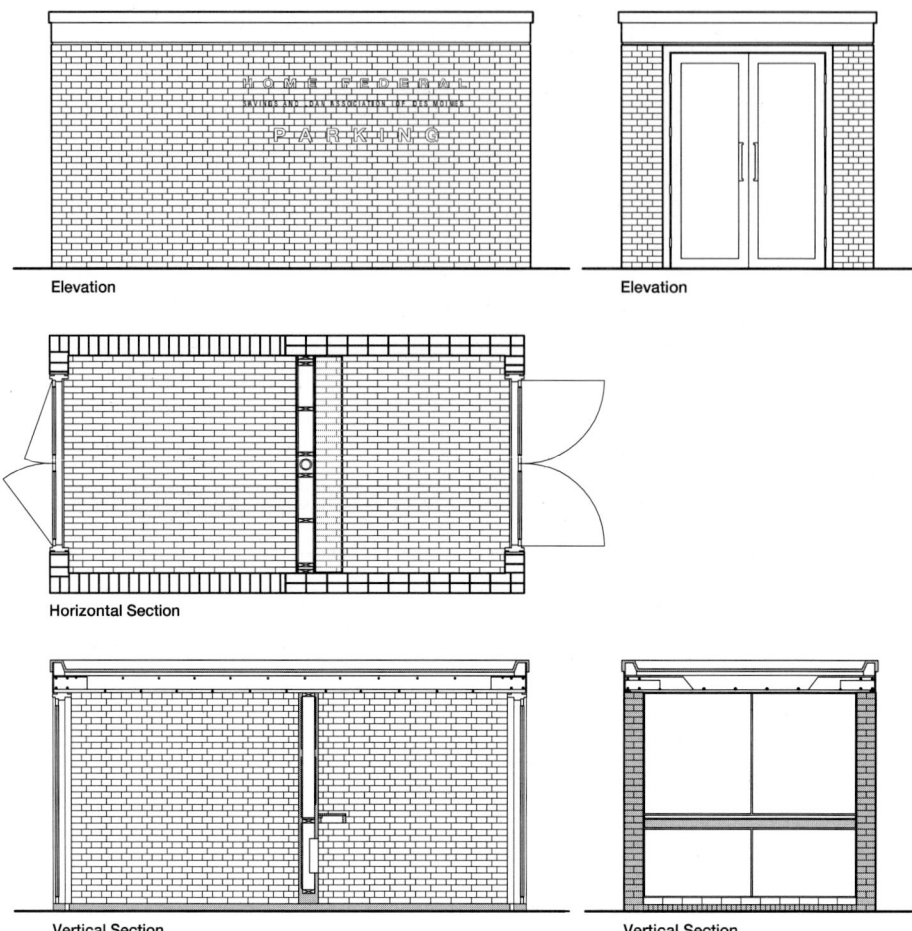

사진 14.1
지어지지 않은 주차관리소 계획안. 홈 페더럴 세이빙스 & 론 어쏘시에이션, 드 모인, 아이오와(1963). 입면, 평면, 단면도. 미스의 건축 언어는 실용적인 건물도 고상하게 만들 수 있었다.

만 아니라, 목공 캐비닛, 독립 칸막이, 커스텀 패널링, 서류 캐비닛, 돌로 된 컨퍼런스 테이블 및 식탁, 화강암 벤치, 내부 및 외부 간판, 심지어 벽시계까지 디자인했다. 미스는 홈 페데랄 프로젝트에 거의 관여하지 않았으며, 진 서머스가 디자인한 걸로 기록되어 있다.

Bacardi Administration Building, Mexico City, 1961

쿠바 산티아고를 위한 본부 건물은 취소됐지만, 1961년 멕시코 시티에 바카르디를 위한 두 번째 프로젝트는 완성되었다. 이것은 미스가 좋아했던 3x5베이 평면(사진 14.2)에서 강철 및 유리 외벽(860을 모델로 다시 똑같은 멀리언으로)이 있는 2층으로 된 철골 프레임 파빌리온이다. 1964년 인터뷰에서 미스는 건물이 2층인 이유를 설명했다: "고속도로[건물 앞과 가까이에 있는]가 사이트보다 높습니다. 그래서 우리가 거기에 1층짜리 건

사진 14.2
바카르디 사옥, 멕시코 시티(1961). 윗쪽, 열린 평면의 사무실 레벨; 아래쪽, 지상층.

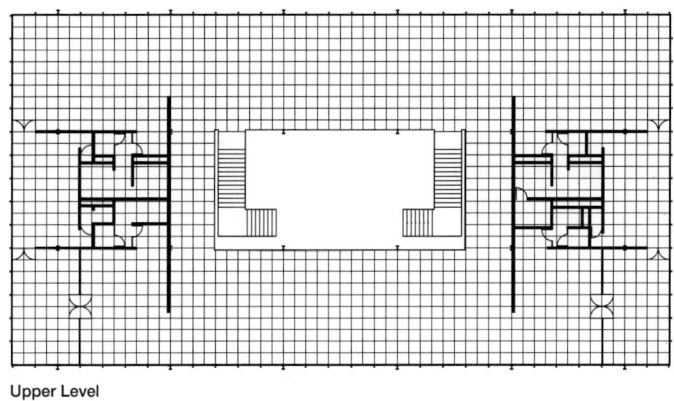

물을 짓게 된다면 지붕만 볼 수 있을 것입니다. 이것이 우리가 2층 건물을 만든 이유입니다."¹³

실내는 한 쌍의 계단을 통해 높은 층고의 두 번째 층으로 이어지는 커다란 빛우물이 특징이다. 계단과 바닥 모두 대리석으로 마감되어 있으며, 특히 계단은 4인치 두께의 고급스러운 마감을 자랑한다. 현관은 안쪽으로 깊게 들어와 있으며 모든 면이 유리이다. 기계 시스템을 위한 두 개의 코어는 2층에서 1층 유리 외벽선 외곽으로 내려간다.¹⁴

어떤 면에서 그 결과는 매력적이다. 열린 빛우물은 3개 층 높이의 거대한 공간을 만들고 빛우물을 둘러싸는 동선에 의해 상층부에서 만난다. 8개의 강력한 와이드 플랜지 기둥이 이 공간을 관통하며, 가운데 4개는 위층을 떠받치지만 위로 올라가면서 개구부 가장자리를 스친다. 대부분 오픈 플랜의 사무실 공간은 기존의 미스 디자인이었지만 그것들은 "이상적인 오피스… 어디에도 벽이 없고, 모든 직원이 서로를 마주보는 곳"만을 요구했던 호세 보쉬를 완전히 만족시켰다.¹⁵

외부에서 보면 높은 두 번째 층은 떠있는 것처럼 보이지 않고 그저 빛나는 것처럼 보이는 결점이 있다. 모듈은 한 베이에 6피트(180센티미터), 5인치이다. 두 개의 모듈이 각각의 긴 끝에서 캔틸레버 되지만 시각적으로 캔틸레버는 너무 짧거나 불필요했다. 캔틸레버가 없는 좁은 입면은 만족스러웠다. 메인 층의 유리는 광대하지만, 태양광 조절문제로 외피가 커튼으로 닫힌 채 있어야 해서 건물의 투명성을 저해한다. 남아있는 입면 스터디 도면은 이 모든 문제들을 생생히 보여준다.

One Charles Center, Baltimore, 1962

1959년 볼티모어에 있는 버려진 찰스 센터Charles Centre 지구를 활성화하려는 계획에 따라 몇 개의 역사적인 건물을 보존하면서 상업용 건물 및 아파트 블록을 건설했다. 신축건물 중 가장 뛰어난 건물은 1962년에 완공된 미스의 25층짜리 원 찰스 센터One Charles Center다. 디벨로퍼는 그린왈드 조직을 이어받은 메트로폴리탄 스트럭쳐Metropolitan Structures였다.[16] 이 건물은 1960년대에 미스의 사무실이 디자인한 고층 상업 건축의 대표적인 예로서, 시그램 빌딩을 따라했지만 예산은 훨씬 적었다. 콘크리트 프레임 타워는 평면이 짧은 T형이며, 청동으로 아노다이즈드 처리된 알루미늄으로, 커튼월 디테일은 시그램과 유사하다. 평면이 T형인 이유가 궁금한데 시그램에선 비슷한 형태가 바닥면적을 늘리고 전단벽을 위해서였지만, 볼티모어에선 둘 다 문제가 되지 않았다. 경사진 대지를 위해 아름다운 2층 외부 계단이 있었지만, 1983년 개조 공사를 하면서 철거되었다. 1990년대의 개축으로 인해 미스 스타일과 동떨어진 외부 가구 및 플라자 기능이 추가되었다. 원 찰스 센터의 커튼월 중 하나의 디테일은 특별한데 미스의 디테일에 대한 열정적인 관심을 보여준다. 메인 슬래브와 돌출부 T 사이의 오목한 모서리에 기둥 단면과 동일한 "네가티브 볼륨" 영역이 도입되었다(사진 14.3). 이 깊은 구멍 덕분에 패널과 멀리언이 코너(오목한) 안쪽에서 마무리될 수 있었다. 그렇지 않았다면 또다른 디테일이 필요했을 것이다.[17] 미스의 많은 디테일들과 마찬가지로, 이것은 예술을 위한 필연성의 예이다. 프로젝트 건축가였던 도날드 시클러Donald Sickler에 따르면, 미스는 이 디테일을 위해 그와 긴밀하게 협력했다.

Highfield House, Baltimore, 1963

하이필드 하우스Highfield House는 14층짜리 아파트 건물이며 또 다른 볼티모어 메트로폴리탄 스트럭쳐의 프로젝트다. 구조는 바깥으로 노출될 때 미스가 그다지 좋아하지 않았던 재료인 철근 콘크리트였다. 비용을 아끼기 위해[18] 커튼월을 쓸 수 없었다. 이

사진 14.3
원 찰스 센터, 볼티모어(1962). 오목한 코너 뷰. 시그램 빌딩의 비슷한 부분보다 훨씬 정제된 디테일이다 (12.15과 비교해 보라)

구조물은 가장자리에 콘크리트 빔을 사용했지만, 그렇지 않은 경우 외부 마감은 프로몬토리의 예를 따랐다. 프로몬토리 이후로 거의 20년간 콘크리트 기술은 꾸준히 발전하여, 하이필드 하우스(23피트 6인치 대 16 피트 6인치)의 훨씬 더 긴 베이가 가능해졌다. 높고 넓은 유리와 짧은 벽돌 스팬드럴(높이 14인치)의 사용과 함께, 입면의 수직성이 강조되면서도 균형이 잘 잡혀 있다. 건물은 아마도 볼티모어의 흔한 붉은 벽돌과 대조를 이루기 위해 흰색으로 칠해진 것으로 보인다. 하이필드 하우스는 고급 주거지로도 유명하지만, 뛰어난 건축물이기도 하다.

2400 North Lakeview Avenue, Chicago, 1964

2400 레이크뷰로 알려진 28층짜리 아파트 건물은 산화 알루미늄 커튼월과 회색 유리가 있는 콘크리트 슬래브 타워다. 디자인은 조셉 후지카와가 주도했다. 타워 밑에 주차할 수 있도록 25피트 10인치 베이 4개가 북쪽에서 남쪽으로 배치되었고 이를 통해 기둥 사이에 차량을 주차할 공간을 만들 수 있었다. 동서 방향에서는 베이가 짧으며, 15피트 6인치 간격의 기둥 6개가 있다. 그 결과 95x105피트 크기의 거의 정사각형인 평면이 생기는데, 이는 최적의 유닛 배치를 하기엔 어려운 크기였다. 좁은 동서 방향의 기둥 간격은 어색한 방을 만들었다. 깊은 바닥판은 입면 가운데 거실이 있고, 높이는 5피트 2인치의 모듈 3개로 되어 있다. 아파트 방들은 너무 좁고 깊으며 주방과 식당은 창문과 멀리 떨어져 있었다. 270피트에서 뭉툭한 타워는 잘려나간듯 보인다. 시각적으로 10층 이상 더 높아야 했다. 후지카와는 엘리베이터 펜트하우스에 대해 미스가 "너무 쭈그리고 앉았다."고 생각했으며 특히 불만족스러워했다고 회상했다. 이 대지는 지상 주차 공간으로 번잡하고 높은 벽돌벽으로 둘러싸여 지상의 공간 흐름을 방해했다. 미스의 고층 건물 주변에는 860, 시그램, 연방 센터, 토론토처럼 널찍한 공간이 필요했다. 이 점에서, 2400은 타워의 너무 많은 부분이 땅을 차지했던 에스플래나드랑 비슷했다.

Meredith Memorial Hall, Drake University, Des Moines, Iowa, 1965년, 와 Richard King Mellon Hall of Science, Duquesne University, Pittsburgh, 1968년

1961년과 1965년 사이에 설계된 이 두 건물은 평면 개념, 구조 시스템 및 많은 디테일들이 비슷했다. 둘 다 - 미스의 IIT 초기 계획의 오디토리움을 연상케 하는 - 지상층에 등을 맞댄 강당이 있지만, 프로그램은 달랐다. 메레디스Meredith는 22피트 철골 그리드를 기반으로 한 교실 건물로서, 2개 층으로 된 전체 면적은 총 44,000평방피트다. 열주는 없으며 이 건물에는 5,200평방피트의 중정이 있다. 멜론Mellon은 훨씬 더 큰 실험실 건물이다. 구조 격자는 상업용 건물의 전형적인 28피트였고 메레디스 전체 면적의 네 배였다. 멜론에는 중정이 없지만, 미스의 모든 대형 건물과 마찬가지로 열주가 있다. 주목할 만한 또 하나의 차이점이 있다: 메레디스는 시공 중에 아무런 문제가 없었지만, 멜론의 4층 철골 프레임이 1966년 5월 주말 공사 중 폭풍에 날아갔다.

두 건물 모두 검은색으로 칠한 외관이 860과 같았지만 열리는 창문이 없었다. 멜론 홀의 상부 세 개 층의 방들은 창문이 거의 필요하지 않은 실험실이었다. 이 요구 사항을 만족시키기 위해, 일반적인 미스 외벽의 유리 부분 중 바닥에서 2/3에 해당하는 부분이 스틸 패널로 채워져 있다. 스틸 패널은 단순히 유리를 대신한 것이 아니라, 2인치 너비와 2

인치 깊이의 리빌reveal로 둘러싸인 단열 패널로 유리 라인 바깥에 설치되었다. 이 창틀은 패널을 나머지 스팬드럴과 기둥 커버와 시각적으로 분리하여 외관의 리듬을 만든다. 긴 쪽 입면은 이 방법으로 처리되지만, 좁은 끝에서 중심 3개의 베이는 완전히 유리이고 바깥쪽 2개에는 철판으로 채워졌다. 메레디스와 멜론의 특수한 상황 때문에, 미스의 사무실은 표준 860타입의 벽을 고려할 필요는 없었지만, 특히 멜론은 90% 불투명해야 한다는 사실에도 불구하고 이를 성공적으로 적용할 수 있었다. 물론 메레디스와 멜론은 단순한 공식의 산물이지만, 각각은 다르고 어려운 문제 - 미스가 말한 것처럼 "좋은 건물"을 만들기 위한 공식의 성공적인 적용이었다. 1966년 미스에 대한 기사에서 아다 루이스 헉스터블Ada Louise Huxtable은 - 이러한 건물들이 완공과 동시에 건축의 "유행"이 변화하려던 시기에 - 이 문제를 다루었다: "미스는 규율을 상징하며, 이것은 건축의 잃어버린 미덕이 되고 있다. 그는 논리를 대표하지만, 이것은 이제 마치 곡예사의 트릭처럼 되어버렸다. 그는 스타일을 대표하지만, 특정한 역사적 시기의 표준과 기술을 가장 잘 표현한다는 점에서만 그러하다."[19] 미스가 메레디스 또는 멜론을 25년 전에 발표했더라면 센세이션을 일으켰을 것이다. 그 건물들은 헉스터블의 의미에서 여전히 "스타일"을 가지고 있지만, 종종 지루하고 반복적이라고 폄하받았다.

School of Social Service Administration Building, University of Chicago, 1965

미스의 작품 중 유일하게 SSA 빌딩은 한 개 층의 입면에 3개의 레벨이 통합된다. 한 쌍의 입구는 현관이 따로 없이 바로 우아한 쌍둥이 계단으로 연결되고 아래로는 교실과 사무실이 위로는 도서관 및 관리 공간으로 이어진다. 120x200피트 평면은 크라운 홀과 거의 같은 면적이다. 모듈도 동일하지만, 3개의 구조 베이에 다섯 개의 기둥이 있고 그리드 간격은 가볍게 보이는 40피트(아래층의 콘크리트는 20피트)다. 4개의 입면이 거의 같았다. 건물은 캠퍼스의 중심에서 비교적 먼 북쪽으로 몇 블록 떨어진 60th 스트리트에 인접해 있다. 그것은 신고딕 양식 건물들로 유명한 캠퍼스에서 눈에 띄지만, 중기와 후기의 모더니즘 스타일의 다른 건물보다는 덜 유명하다.

SSA의 흥미로운 점은 십자형 단면으로 만들어진 철골 기둥이다(사진 14.4). 미스와 진 서머스- 진 서머스가 주로 설계를 담당했다 -는 1950년대 후반과 1960년대 초반에 함께 작업한 몇 개의 클리어 스팬 프로젝트를 위해 십자형 단면의 철골과 콘크리트 기둥을 연구했다. SSA의 경우, 서머스는 4개의 와이드 플랜지를 용접해서 만든 십자형을 설계했다. 십자형의 와이드 플랜지 구성 요소는 외벽의 멀리언과 동일한 단면이다. 웨브는 십자형의 팔을 구성하고, 외부 플랜지는 우아하고 얇은 고딕 기둥과 비슷하게 보인다. 외부에서 십자형의 네 개의 와이드 플랜지 중 하나는 유리선 밖에 있고 멀리언과 정렬되어 있

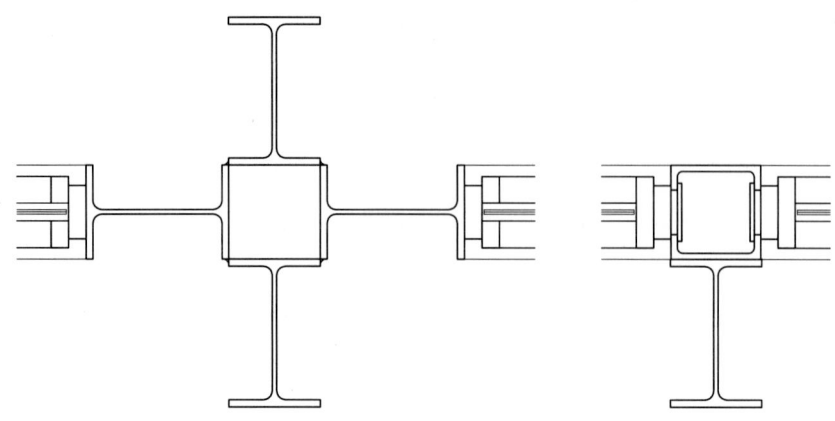

사진 14.4
소셜 서비스 행정동, 시카고 대학교(1965). 외벽 상세 단면. 왼쪽, 4개의 와이드 플렌지 단면이 용접되어 만들어진 십자기둥. 십자기둥의 바깥쪽 와이드 플렌지는 오른쪽의 멀리온 상세와 일치한다.

다. 따라서 외부 기둥과 다른 모든 멀리언은 평평하게 보인다. 이 해법은 구조적인 면에서 합리적이지 않은데, 벽면의 기둥이 모든 방향으로부터 횡압력을 받지는 않기 때문이다. (원칙적으로 내부의 것과 같았다.) 약간 더 큰 와이드 플랜지가 보다 "객관적"이었을 것이다. 특히 내부 인테리어 디자인에는 담황색 벽돌, 맞춤형 목공 및 노출된 내부 철골의 미스적 어휘가 사용되었다. 서머스의 솔루션의 완성도와 정교함은 모든 디테일에서 분명했다.

Martin Luther King Jr. Memorial Library, Washington, D.C., 1968

킹 메모리얼 라이브러리King Memorial Library는 1964년 말에 의뢰가 들어왔다. 서머스는 프로젝트 담당인 존 바우만John (Jack) Bowman과 함께 설계 작업을 수행했다. 미스는 도서관 건물을 디자인한 적이 없었으며, 이 당시 그가 사랑했던, 지어지지 않은 IIT 도서관과 행정동은 20년 전의 것이었기에 그것을 모델로 적용할 수는 없었다. 대신, 서머스는 860의 외장을 채택(적용)했고, 이 외벽은 여러 개의 저층 대형 건물에 성공적으로 사용되었다.

원래 이름은 워싱턴 DC의 뉴 다운타운 중앙 도서관New Downtown Central Library라고 불리는 킹 도서관은 연방 정부 시설이 아니었기에, 수도에 지어지는 연방 정부 프로젝트처럼 예산이 풍족하지 않았다. 미국에서의 작업에서도 미스는 비싸고 좋은 자재를 사용하거나, 또는 물성이 중요치 않은 곳에선, 공간적 또는 구조적으로 흥미롭거나 또는 단순히 아름다운 디테일을 만들었다. 그러나 킹 건물에는 특별한 공간이나 내부 시퀀스가 없고 내부와 외부의 연결도 거의 없었고 퀄리티도 별로였다.

건물은 65,000제곱피트의 부지를 거의 다 채웠다. 구조 베이는 30피트 정사각형이며 창 분할은 세 개만 있다. 지상층 열주의 기둥과 4층 높이의 외벽은 세로도 가로도 아니며 비율도 만족스럽지 않다. 건물은 길 건너편보다 멀리서는 볼 수 없었지만 여전히 박스모양으로 보인다. 지하 주차장은 30피트 스팬이 가장 실용적이었을 것이지만, 좀 더 긴 베이였다면 비율도 더 나아 보였을 것이고 수평성도 만족스러웠을 것이다. 실내가 깊고 내부가 계속 이어져 있기 때문에 내부 중정이 도움이 되었을 수도 있다.

킹 도서관은 후원자들과 비평가들에게 거의 사랑받지 못했고 현재 철거의 위협을 받고 있다. 사용상의 변화에도 불구하고 구조는 여전히 사용가능하며, 구조적으로 튼튼하고 쉽게 적응할 수 있는 이 건물에 새로운 생명을 불어넣는 것을 관계자들은 분명 지지할 것이다.

Cullinan Hall, Museum of Fine Arts, Houston, Texas, 1958 and 1974

휴스턴 미술관Museum of Fine Arts in Houston을 위한 미스의 첫 번째 프로젝트는 1954년에 시작되어 1958년에 완성된 갤러리 증축인 컬리난 홀Cullinan Hall이었다. 크라운 홀에서 미스와 함께 일했던 데이빗 헤이드David Haid가 프로젝트 담당이었다. 그 결과는 크라운 홀과 초기 아이디어들의 혼합이었다. 기존의 미술관은 4각형 평면의 1924년 보자르Beaux-Arts 건물에 한 쌍의 어울리지 않는 날개들이 파이 모양의 부지(북쪽) 끝쪽에 넓게 퍼져 있었다. 미스는 두 개의 날개 사이의 영역을 높은 볼륨으로 채우고, 북쪽 파사드는 완만하게 곡선으로 만들었다. 가운데 유리로 된 벽 양쪽에는 벽돌로 되어 있어 오래된 건물과 연결된 계단을 감추었다. 새로운 공간은 주로 갤러리이며, 4개의 외골격 플레이트 보가 떠받치는 지붕이 있다. 건축용 철골은 신고전주의 건축물에 대한 배려로 흰색으로 칠해졌다.

1965년에서 1968년 사이, 미스의 사무실은 그가 사망한 후인 1974년에 완공된 더 큰 브라운 윙Brown Wing을 설계했다. 컬리난의 벽을 허물고 건물을 더 확장했고, 모든 철골은 검은색으로 칠해졌다. 새로운 지붕은 역시 플레이트 거더에 의해 받쳐졌지만 브라운 윙이 기둥 그리드로 지지되었기 때문에, 박물관 내의 가장 큰 공간은 여전히 컬리난이었다. 박물관의 관장이었던 제임스 존슨 스위니는 천장에서 철사줄에 매달린 판넬에 그림을 걸었다. 미스는 베를린의 신 국제 미술관의 전시를 위해 스위니의 전시 기법을 변형했다.

IBM Office Building, Chicago, 1974

1966년에 시작된 IBM 빌딩은 미스가 디자인한 시카고 건물 중 가장 크다. 브루노 콘테라토가 프로젝트를 주도했다. 미시간 애비뉴에서 서쪽으로 한 블럭 떨어진 시카고 강의 조깅을 즐기기에 아름다운 사이트이기는 하지만, 2009년에 완공된 스키드모어, 오윙스 & 메릴의 92층짜리 트럼프 인터내셔널 호텔Trump International Hotel이 동쪽 입면을 가렸다. IBM 빌딩(현재 AMA 플라자로 불린다)은 구조용 철골 프레임이 알루미늄 커튼월(이 경우 어두운 청동색으로 미스는 철골구조로 된 타워에 반대한 시스템이었다)로 둘러싸인 미스의 상업건물 디자인의 유일한 예이다.

환경 성능에 대한 요구 때문에 열차단 및 단열 유리를 갖춘 미스의 첫 번째 커튼월 건물이 되었다. 1973년 OPEC의 첫 번째 석유 수출 금지 조치와 에너지 비용의 상승으로, IBM의 외관에 대한 투자는 현명했다. IBM 이전에, 미스의 건물은 열효율에 거의 또는 전혀 주의를 기울이지 않고 설계되었다. 유리로 덮인 외벽은 실내로 찬공기를 전달했으며, 1950년대 초부터 단열 유리를 사용할 수 있었지만, 건물주는 주로 비용을 문제삼아 이를 거부했고 미스도 사용하지 않았다. IIT의 캠퍼스의 비교적 두꺼운 벽돌마감도 단열기능은 없었다. IBM을 위해 알루미늄을 사용하기로 한 결정은 또 다른 이유로 현명했다. 그것의 쌍둥이(거의 동일한 크기와 거의 같은 높이)인 페더럴 센터의 클럭진스키Kluczynski 빌딩의 철제 외장재는 값비싼 복원을 거쳐야 했던 반면, 그 외장은 40년 동안 거의 유지관리가 필요하지 않았다.[20]

Nuns' Island Esso Service Station, Montreal, 1969

메트로폴리탄 스트럭쳐는 1960년대 후반 이후 몬트리올에서 넌스 아일랜드Nuns' Island의 아파트 건물을 시작한 이래 수많은 프로젝트를 진행했다. 미스의 사무실이 넌스 아일랜드 작업을 진행했다. 이 작업의 일환으로 설계된 서비스 스테이션은 미스 반 더 로에라는 이름을 빼면 별로 눈에 띄지 않는다. 미스는 이 기간 동안 심각하게 무능력해졌다. 그는 아마 서비스 스테이션에 대해 거의 또는 전혀 알지 못했다. 그럼에도 불구하고, 2000년대 중반 미국과 캐나다에 상영된 미스, 레귤러 또는 수퍼Mies, Regular or Super[21]에서 기묘한 캐릭터로 주목을 끌었다. 영화를 통해서는 이 건물에 대한 미스의 생각을 알기는 어려웠다.

Mies's Detailing

"적은 것이 더 많은 것이다."라는 선언 이외에도, "신은 디테일에 있다."는 말은 미스가 처음으로 한 말은 아니지만, 대중들은 그를 가장 먼저 떠올린다. 도대체 이 디테일들은 무엇이며, 전지전능한 신이 어떻게 그들에 "거주"할 수 있는가? 놀랍게도, 출판된 책에서는 이 주제가 거의 논의되지 않았다. 피터 카터 Peter Carter가 1974년 저서 〈미스 반 더 로에〉에서 약간의 규칙과 예제를 인용하며 미스의 디테일을 간략히 다루었지만 다른 진지한 논평은 거의 없었다.

우리가 보았듯이, 미스의 평생에 걸친 장인정신에 대한 헌신은 그의 가족사업에서, 현장 경험에서, 그리고 그의 초창기에 브루노 파울과의 만남에서 시작되었다.

미스의 초기 작업에서 보이는 - 적절한 예산이 있었던 듯 보이는 - 디테일은 외부의 화려한 장식과 스타일에 따른 것이었고 외부와 조화를 이루는 실내디자인, 그리고 가구와 마감의 조화를 중요시했다. 그는 파울 밑에서 이런 종류의 건축을 알게 되었고 리엘 하우스를 통해 20세의 나이에 거의 모든 것을 마스터했다. 미스가 견습생으로 일할 때, 그는 도면을 상당히 중요하게 생각하게 되었고, 그 중 많은 부분이 디테일 작업이었다. 그의 성취는 당연히 재능 덕분이기도 하지만, 일하는 즐거움에 있기도 했다. 말년에 스터디 모델에 주로 의존했지만(항상 그의 스태프가 준비했다) 미스에게 도면과 디자인은 하나였다.

1920년대, "시대를 대표하는" 건축을 만들기 위한 과감한 도전을 했을 때, 미스의 노력은 대부분 개념적이었고 그래픽적으로 표현된 계획안이었다. 새로운 세계로 발을 내딛었던 1920년대 초의 다섯 프로젝트는 확실히 모호했다; 미스는 디테일이 중요하지 않았다고 말했을 것이다. 울프 하우스, 바이센호프지들룽, 에스터 & 랑게 하우스를 통해, 그는 외부 디테일과 인테리어 디자인의 새로운 언어를 만들었다. 실제로, 그는 외부와 내부를 하나로 합치는 것을 목표로 삼았다. 릴리 라이히와 함께 1920년대 중반에서 후반까지 네 가지 핵심 활동이 서로 얽혀 있었다: 전시 디자인, 가구 디자인, 목공 디자인 및 새로운 석재 디테일.

미스와 라이히는 전시가 그들의 생각을 실현할 수 있는 가장 빠른 길이라고 생각했다. 공작연맹이 주요 스폰서였다. 1920년대 초반에 독일의 산업 디자인은 성숙기에 접어들어 일련의 특수 유리, 하드웨어 및 소비재 제품을 비롯한 새로운 제품이 막 출시되었다. 이 품목들 중 상당수는 그 자체로 최고의 광고였고, 미스와 라이히는 적은 도구로도 효과적인 전시를 할 수 있음을 알았다. 그래픽은 필수적이었지만, 간명함으로 그래픽에 따른 혼란을 훨씬 줄일 수 있었다. 미스와 라이히가 비록 현대적인 전시기법을 발명하지는 않았지만, 매우 중요한 개척자 중 하나라고 할 수 있다.

전시 디자이너로서 그들은 독보적인 장점을 가지고 있었다: 그들은 자신들이 디자인한 현대적 가구로 전시를 완성할 수 있었다. 앞서 언급했듯이, 미스는 바이센호프지들룽을 통해 처음으로 모던한 가구를 제작했고, 이는 마트 스탐의 아이디어로부터 또는 동시에 영감을 얻었다. 미스의 첫 번째 의자인 MR은 명목상 스탐의 복제품이었지만, 스탐의 것과는 달리 단정하고 조형적이었다. 제작방법은 의자의 아이디어에 놀랍도록 적절했는데, 가장 단순하게 보였기 때문이었다: 전체가 캔틸레버로 된 강철 파이프를 감싸는 가죽. 이보다 더 단순해질 수는 없지만, 아무도 그것을 미스 이전에는 우아한 형태로 만들지 못했다. MR의 성취는, 안락 의자, 사이드 테이블, 침대와 벤치 및 라운지 체어를 포함한 튜브를 사용한 가구들을 위한 첫 발걸음이었다. 바르셀로나 파빌리온의 가구는 훨씬 더 커다란 성취를 이뤘다. 납작한 스틸 바와 전통적인 가죽(실내 장식용)과 새로운 가죽(벨트 가죽용)을 사용함과 동시에, 미스는 겹쳐진 모서리를 위한 패스너 대신에 프레임을 용접함으로써 한 단계 도약했다. 머지않아 투겐타트 의자와 플랫 바와 튜브로 된 브루노, 플랫 바 강철을 용접한 X-테이블과 같은 다양한 변형이 나왔다. 이 테이블은 더 이상 개선하기 불가능할 정도였다.

가구 디자인에는 거의 항상 실험이 필요하다. 우리는 미스가 그의 스튜디오에서 성취한 것 이상의 더 많은 연구와 개발을 했는지는 알 수 없지만, 그 일을 할 수 있는 많은 장인들이 있었고, 미스가 이해하고 존중했던 오랜 전통의 상속자들이 있었다. 가구 문제를 "해결"한 미스는 더 이상 가구작업에 노력을 기울이지 않은 것처럼 보였으며, 45세 이후엔 자신의 유럽 작품과 같은 것을 다시는 만들지 못했다. 그러나 그는 인테리어의 필수적인 구성 요소로서 계속적으로 그 디테일을 사용했는데, 그와 라이히가 만들었던 에스터 & 랑게 하우스, 그리고 울프 하우스의 목공 작업은 다양한 디테일이 있었지만, 집이 철거되었기 때문에 그것을 확인할 수 없었다. 미스의 목공작업은 맞춤형 빌트인, 책상과 테이블, 독립 벽과 벽 패널, 문과 프레임, 창문 케이스, 책장과 수납장, 선반과 벤치, 목재 바닥재까지 포함했다. 하드웨어는 도어 손잡이에서 시계에 이르기까지 항상 수작업이었다. 에스터, 랑게 및 투겐타트에서 전반적인 범위를 알 수 있다.

미스의 목공작업은 직사각형의 목재와 베니어 패널로 벽과 빌트인 가구 및 각종 프레임이 조립된다. 가공된 부분은 일반적으로 블로킹 또는 은촉이음 또는 연귀이음- 모두 전통적 방법 -으로 결합되었고, 이는 미스의 잘 알려진 연결부위의 리빌을 이해하는데 핵심이다. 일반적으로 벽이나 빌트인뿐만 아니라 문과 창문 주변의 - 중요한 조인트나 다른 재질이 만나는 곳에서는, 흔히 리빌이라 불리는 간격을 남겨, 실용적으로 끼움을 용이하게 했으며, 심미적인 이유로는 그림자가 지면서 조인트 부분을 강조한다. 리빌은 리듬과 스케일을 만들고, 무엇보다도 미스가 가장 중요하게 생각했던 질서를 만드는 구성요소들을 확실하게 보여준다(사진 14.5). 목재 리빌은 그의 특징이 되었고, 미스는 그것을 거의 모든 곳에 사용했다. 자연 그대로의 섬세한 벽돌이 휴먼스케일의 질감을 만들어 내듯이(즉, 손으로 지어져야 하기 때문에, "손 크기의" 벽돌), 리빌은 미스가 사용한 많은 재료를 변조하고 인간화하는데, 이는 단지 효과로서가 아니라 건물을 위한 수단이 되었다. 미스와 그의 추종자들에게 리빌은 조인트 부분을 몰딩이나 "덮개" 스트립으로 숨겼던 전통적인 해결책을 대체했다. 미스의 리빌이 항상 만들기 쉽지만은 않았지만 개념적 단순성은 상당히 매력적이었다.

사진 14.5
엔지니어링 연구동. IIT, 시카고(1944). 현장타설 콘크리트 기둥과 잉글리쉬 본드 벽돌벽이 만나는 입면 뷰. 서로 다른 재료가 만나는 선을 강조하는 리빌을 주목하라. 벽돌 패턴이 끝나는 곳의 벽돌은 기둥쪽으로 3/4인치 길이가 더 길다.

직사각형의 나무 단면은 - 모따기나 둥글게 가공하지 않은 - 기본이었다. 표면은 깔끔했고 가장자리의 그림자가 선명하고 사용성이 좋았다. 미스에게 석재도 똑같았다. 그가 석재를 다루는 방식은 아무리 비싼 것이라도, 벽돌처럼 쌓는 것이 아니라, 패널이나 때로는 블록으로(일반적으로 벤치용) 마치 목재처럼 다루었다. (나무처럼 연마되거나 광택 처리되었다.) 돌이 값비싼 자재이기 때문에 겉면에만 사용해야 했던 것이 한 가지 이유였다.[22] 현대에서 돌로 된 구조는 시대착오적인 것이었다. 미스에게 있어서 석재는 표면적이며, 풍부하고 풍요롭고 고귀한 자재였다. 미스는 석재를 전통적인 방식에서 벗어나 얇은 벽을 감싸는 평범한 조인트나 리빌이 있는 북매치 패턴 또는 끊임없이 매끄럽고 호화로운 바닥마감처럼 현대적인 방식으로 사용할 수 있었고, 마감재로서 각기 다른 석재가 같은 방식으로 만들어지는 것을 정당화할 수 있었다. 바르셀로나에는 5가지 재질의 돌이 있었고, 종종 치수가 큰 판석이 모듈식 설계의 단위가 되었다.

미스가 유럽시기에 디자인한 대규모 프로젝트는 지어지지 않았으며[23], 그의 외장 어휘는 주거용으로 사용된 벽돌 또는 치장벽이 전부였다. 그는 1930년대의 현상설계 안에서 유리로 된 외관을 제안했지만, 그 중 어떤 것도 실현되지 않았다. 그는 데사우에 있는 바우하우스 빌딩의 커다란 유리벽을 보았고, 그 기술이 아직 그 정도에 이르지 않았다는 것을 알게 된 것이 틀림없다. 그가 미국에 도착하여 IIT를 위해 건물을 디자인할 때, 그는 경제적이면서 현대적인 외관을 디자인하고 디테일을 만드는 문제에 직면했다. 그는 그가 알던 벽돌과 목공 디테일의 어휘에 어떤식으로든 의존했으며, 후반에는 강철로 된 -

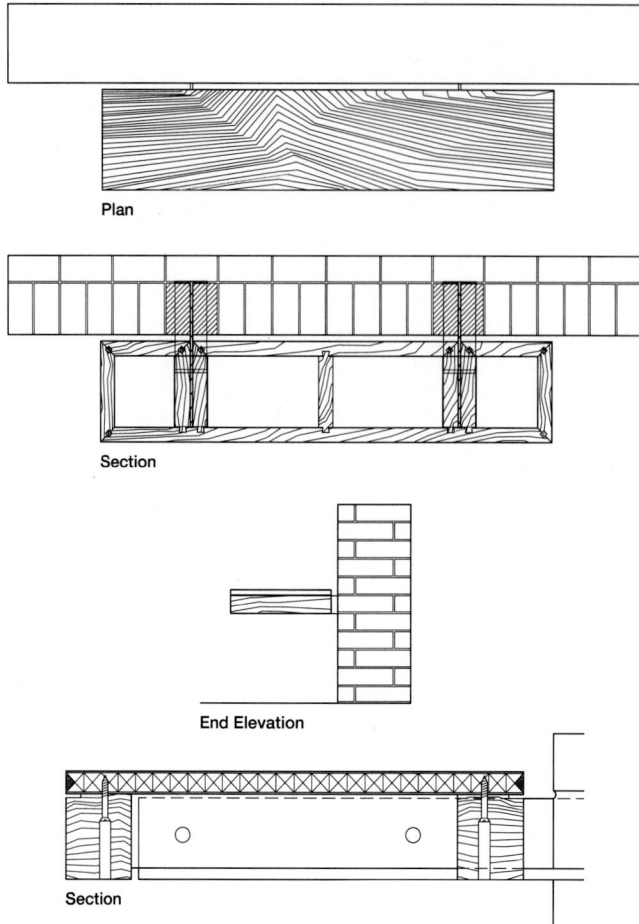

사진 14.6
로버트 F. 카 메모리얼 채플의 벽에서 캔틸레버된 좌석의 평면과 단면 , IIT, 시카고 (1952). 미스의 건물에선 "사소한" 디테일 조차도 아름답게 해결되었다.

바, 앵글, 채널, 그의 아이콘이 된 와이드 플랜지 등 새로운 나라에서 풍부하게 사용할 수 있는 것들로 대체했다. 이러한 노력은 1944년 도서관 및 행정동에서 처음으로 시작되었는데, 처음에는 거대한 유리와 벽돌로 된 전체 높이의 벽으로 실험을 했다. 그는 강철이 꼭 구조를 위해 사용될 필요가 없다는 것을 발견했다. 그것은 벽의 패브릭, 기둥과 보의 표현, 창의 프레임, 유리의 마무리, 처마 장식, 모서리, 각 면이 모서리에서 용접된 강철판을 사용한 단순한 클래딩과 통합될 수 있었다. 이 모든 어휘는 유럽식 인테리어의 모듈화된 구성 요소에서 파생되었다.

미스는 현대 건축에 적합한 몇 가지 기본적인 재료들이 있다는 생각을 갖고 있었다. - 미국에서 그는 반복적으로 "건축은 건설에서 나온다."고 말했다. 그는 목재, 콘크리트 및 강철과 같은 재료를 교과 과정에 적극적으로 반영했다. 그러나 벽돌, 유리 및 새로운 재료인 알루미늄과 같이 중요하지만 기본적이지 않은 재료들도 있었다. 결국 분류는 임의

적이었다. 판스워스 하우스와 도서관과 행정동- 그의 진정한 돌파구 -의 철재는 목재의 대용품이었다. 판스워스의 구조는 혁신적인 용접 기술로 조립된 철제 기성품의 집합이다. 그럼에도 불구하고 그것은 목재로 된 작업과 유사하며 공장과 현장에서 조립되었다. 실제 작업은 목재와 마찬가지로 수공예적이었다. 강철을 가지고 위대한 건축을 만든 사람은 미스였지 강철에 내재된 무언가가 건설의 "기본" 구성 요소인 것은 아니었다.

판스워스 하우스를 완공하고 860으로 스케일이 커진 후, 미스는 본질적으로 새로운 창조를 더 이상 하지 않았다. 그는 자신의 유럽시절 어휘를 미국에서 사용가능한 새로운 재료 및 제조 방법에 성공적으로 적용시켰다. 대형 건물의 경우, 재료 및 방법은 대부분 시장에 의해 선택이 이루어졌다. 그의 미국시절 인테리어 작업은 여전히 그와 라이히가 한세대 전에 개발했던 실내 디자인 템플릿과 가구를 사용했다. 둘 다 모두 업데이트 되었는데, 특히 미스처럼 디테일링(도면 및 가구에 대한)에 열정적인 에드워드 더켓과 진 서머스 및 기타 헌신적인 스태프들의 도움이 컸다. 모든 미국 건물은 아무리 작은 규모라도, 크고 작은 부분에서 마스터의 어휘를 사용했다(사진14.6). 각각은 디테일의 "문제"에 대한 힘겹게 성취한 해법의 아름다운 결과물이었다.

황혼기: 1962-69   15

존슨이 그가 디자인한 건물 중 하나를 내가 디자인했다고 주장하는 것이 나를 더 성가시게 할걸세.
미스, 필립 존슨이 시그램 빌딩의 디자인에 대한 크레딧을 주장하고 다닌다는 소식을 듣고

나는 무언가를 위한 시간이 얼마 없다. 나는 절대적으로 어떤 것을 반대할 시간조차 없다.
미스

나는 음악이 서서히 꺼질 때까지 기다려야 한다.
미스, 밤늦게 혼자서 머무르는 것에

    1960년대 미스의 일상은 마치 수도사처럼 조용하고 단순했다(사진 15.1). 금전적으로 풍족했지만 그는 몇 가지 즐거움을 빼곤 거의 돈을 쓰지 않았다. 그는 친구들과 로라 막스 덕분에 항상 누군가와 함께 있었다. 시력이 약해지기 전에는[1] 로라와 가끔 극장에 가거나 훨씬 더 드물게 콘서트나 리사이틀에 갔지만 연극은 보지 않았다. 그가 가장 좋아했던 가수는 마리안 앤더슨이었다. 미스와 로라는 IIT 밖의 친구들을 사귀었다. 그들은 알프레드와 루 샤오와 자주 만났다. 미스는 건축가인 알프레드의 작업은 별로 좋아하지 않았지만 함께 지내는 시간을 좋아했고 루 샤오는 시카고 예술 클럽의 회장이었다.
    그들은 또한 푸에블로 스타일의 애리조나 호텔을 좋아해서 여러 차례 투손으로 휴가를 갔다.[2] 비즈니스상 꼭 필요한 출장을 제외하고, 미스는 관절염 때문에 주로 아파트에 머물러야 했다. 그는 다른 사람들과 함께라도 미동 없이 침묵과 생각에 빠져 몇 시간 동안 앉아있을 수 있었다. 1950년대 후반과 1960년대 초, 진 서머스는 정기적인 저녁식사 손님이었으며, 사무실 활동에 대해 보고하고 미스의 승인 및 사무실 내 다양한 결정에 대한 통로 역할을 수행했다. 미스는 또한 필리스 램버트와도 자주 만났다. 그는 1960년대 초 IIT의 대학원생으로 입학하여 미스의 집에서 2블록 떨어진 노스 레이크 쇼어 드라이브 860에서 살았다. 더크 로한도 1960년대 후반에 자주 찾아왔으며, 그의 어머니인 마리안은 그보다는 조금 덜 왔다(사진 15.2).

사진 15.1 (오른쪽) 1956년 그의 아파트에서 파울 클리의 그림과 파블로 피카소 조각과 함께한 미스. 천장의 코브는 미스가 말하던 "불필요한 장식"이었지만 굳이 바꾸려고 하지 않았다.

사진 15.2
미스의 딸 마리안느의 아들인 건축가 더크 로한, 2005. 로한은 처음엔 미스의 사무실에서 젊은 건축가로서 그리고 나중에 사무실을 물려받은 후 대표로서 많은 중요한 경력을 쌓았다. 더크 로한의 허락으로 사진을 사용함.

그러나 이 방문객들은 저녁이 끝날 때쯤이면 미스를 홀로 남겨 두었다. 그는 언제나처럼 철학에 대한 공부를 계속했지만 물리학과 우주에 대한 관심도 커져갔다.[3] 그 어느때보다, 자신의 길을 찾고자 했다. 로라는 그를 "공언된 무신론자"로 묘사했으며[4] 정신분석학을 그다지 좋아하지는 않았지만 로라의 권유에 따라 지그문트 프로이트가 쓴, 종교에 대한 공격을 한 '환상의 미래'라는 책을 읽었다. 그는 과학의 이론 안에서 더 높은 시스템을 찾고 있었을지도 모른다. 줄리안 헉슬리Julian Huxley, 칼 본 와이즈커Karl von Weizscker 및 아더 에딩턴 경Sir Arthur Eddington을 깊이 읽었다. 그러나 그는 로마 카톨릭의 친구인 로마노 과디니가 쓴 책도 자신의 독서 리스트에 덧붙여 신학에도 관심을 유지했다.

· · · ·

미스는 미국 시절에 상당한 규모의 책을 보유했으며 현재는 시카고 일리노이 대학 도서관의 장서 보관실에 보존되어 있다.[5] 진 서머스가 시그램 기간 동안 뉴욕의 건축학과 학생들과 이야기하면서, "미스는 독서를 통해 많은 것을 배웠다고 했습니다… 그가 말하길 '알다시피, 나는 베를린에서 3,000권의 책을 가지고 있었다네. 내가 미국에 왔을 때 나는 모든 책을 가져올 수 없었지. 나는 그것을 300권의 책으로 줄여야 했다네. 300권 중 30권이 아마 가지고 있을 만한 가치가 있었을 걸세.' 그런 다음 누군가가 '음, 30권은 무엇입니까?'라고 말했습니다. [미스]가 말했습니다. "당신은 게으르군요. 중요한 30권

이 무엇인지 알려면 3천 권을 읽어야 합니다."⁶

수년간 IIT에서 미스 수석 비서이자 서지학자였던 레지날드 말콤슨이 미스의 독서에 대해 말했다.

> 젊은 시절[미스]는 니체와 쇼펜하우어를 읽었습니다. 늦게, 그는 슈레딩거, 화이트헤드 및 과디니를 읽었습니다....
>
> 작품의 목적을 설명할 때 아우구스티누스와 아퀴나스를 많이 언급했지만 내 의견으로는 그의 작품에 보다 심오하고 근본적인 영향을 끼친 두 철학자에 대해서는 아무도 주의를 기울이지 않았습니다. 바로 플라톤과 괴테입니다… 플라톤에서 그는 자신의 일에 대한 확신과 명증함을 발견했습니다. 창조적인 예술가들로부터도 그랬지만, 그는 괴테의 삶에 대한 태도를 존경할 뿐만 아니라 인용하기도 좋아했습니다. 플라톤에서 그는 분석 도구로서의 이성의 작동과 조화로운 목표를 보았다면, 괴테에게서 창조적 과정과 유기적 일치에 중점을 두었습니다.⁷

역사가들과 비평가들은 때때로 예술작품의 기원에 대해 폭넓은 주장을 하기도 한다. 미스의 경우 학자들에 따르면 그는 건축으로 자신의 철학을 드러낼 의도로 건물을 설계했으며, 그의 건물은 그의 생각의 건축적인 번역이었다. 특히 미스의 경우 평생에 걸쳐 철학을 읽고 인용했기에 그가 읽은 것과 그가 디자인한 것 사이의 인과관계가 그럴듯하게 들린다. 그러나 과디니 또는 루돌프 슈왈츠Rudolf Schwarz의 철학이나 다른 누구도 미스 디자인의 출발점이라는 증거는 없다. 그가 자신의 작업을 항상 묘사했듯이, 쉰켈이나 파울 또는 베렌스 또는 라이트와 같은 미스가 인정한 다른 건축가의 영향을 빼고는 "건축 문제를 해결하기 위한" 자신의 의도 이외에 다른 어떤 것도 그의 설계에 영향을 미쳤다고 믿을 만한 이유들은 없었다. 이것은 또한 미스 건축에 영향을 미친 것으로 여겨지는 두 명의 철학자인 성 토마스 아퀴나스와 성 어거스틴도 마찬가지였다.

그를 건축적으로나 개인적으로 잘 알았던 조셉 후지카와는 철학에 대한 미스의 관심에 대해 자신의 견해를 말했다:

> "그는 철학자들의 말을 인용했습니다… 저는 확신합니다. 비록 그가 개인적으로 그렇게 말하지는 않았지만, 그는 자신이 할 수 있는 한 많이 읽기 위해 진정으로 노력했습니다. 제가 받았던 인상은 그는 자신이 가진 아이디어를 확인하려 한다는 것이었습니다. 나는 그가 믿었던 것들과 같은 말을 한 역사적 인물들을 찾았습니다. 나는 그것이 자신의 신념을 강화시켰다고 생각합니다… 그는 주로 그 때문에 철학을 읽었습니다."⁸

제2차 세계대전 중 미스의 베를린 아틀리에의 중요한 자료들은 릴리 라이히와 미스의 바우하우스 시절 학생이자 조수였던 에드워드 루드위히에 의해 포장되어 나중에 동독으로 편입된 튀링겐의 루드위히 부모의 뮬하우젠Mühlhausen 집으로 보내졌다. 자료보관에 있어 라이히는 철저했고 루드위히 또한 헌신적이었다. 전쟁이 끝나고 라이히는 대부분 답장을 받지 못했지만 미스에게 수많은 편지를 보냈다. 편지에는 파괴된 베를린을 방문한 사진을 포함한 보고서가 포함되었다; 바우하우스에서의 회상; 미스 가족 및 이전 동료에 대한 상세한 보고; 그리고 미스를 독일로 다시 돌아오도록 설득하기 위한 노력들. 그 기간 동안 루드위히는 베를린에서 자신의 작업을 계속했다.

1951년 초부터 루드위히는 뮬하우젠 자료의 반환 가능성에 대해 언급했다. 예술 역사학자 한스 마리아 윙글러Hans Maria Wingler는 바우하우스의 연구원이었으며, 1960년에는 바우하우스 아카이브 창립 이사(당시 다름슈타트, 현재 베를린)였던 그녀는 중세 조각상 연구를 핑계로 뮬하우젠 방문 허가를 동독으로부터 받았다. 윙글러는 루드위히의 집으로 가서 다섯 개의 상자를 열고 조사했다. 그림, 사진, 편지, 프로젝트 파일, 현상설계 자료, 정기 간행물, 바우하우스 문서 등 그가 발견한 것들을 미스에게 알렸다.

자료의 가치는 분명했다. 서독과 동독 간의 협상은 4년 동안 계속되었다. 그러는 동안, 1960년 12월, 루드위히는 베를린 아우토반에서 자동차 사고로 사망했다. 시카고에서 더크 로한은 미스의 자료 반환을 계속 압박했다. 1963년 후반, 서베를린 예술 아카데미 사무 총장인 프레이어 본 버틀라Freiherr von Buttlar와 베를린 예술 학교의 감독인 오토 나이젤Otto Nagel이 서베를린으로 이 상자들을 옮겼다. 동독인들은 데사우 바우하우스와 관련된 자료를 제외시키면서 "국가 재산"이라고 주장했다. 마침내 12월에 상자들이 시카고에 도착했다. 미스는 그 상자들을 수주간 미개봉 상태로 놔뒀다. 그리고 증언에 따르면, "릴리 라이히"라고 써 있는 상자는 미스가 끝내 열어보지 않았다.[9]

상자 안의 내용은 미스와 MoMA가 1947년 전시에 사용되었던 도면의 기증에 대해 논의하기 시작한 이후 본격적으로 조사되었다. 이 논의에서 그의 작업이 편집되는 것을 원하지 않았던 미스는 뮬하우젠 자료와 그의 미국시절 작업 파일을 포함하여 그의 자료 대부분을 미술관에 기증하기로 했다. 그 결과 미스 반 더 로에 아카이브가 설립되었으며, 건축 및 디자인 부서의 일부가 되었다. 여기에는 20,000개가 넘는 항목이 포함되어 있다. 특히 도면 및 프로젝트 관련 편지들이 가장 중요했다. 미스는 그의 유언장에서 22,000개의 다른 문서를 기증했으며, 특정 건물과 관련이 없는 서신들을 의회 도서관에 남겼다.

· · ·

미스는 제1차 세계대전이 끝난 직후부터 50년 동안 소규모로 미술품을 수집했다. 우리는 앞에서 1908년의 이탈리아 여행에서 그림에 대한 그의 무관심과 1919년 칸딘스키의 작품을 사기 위한 그의 결정을 대비시켰다. 우리는 칸딘스키가 1920년대로 접어들면서 아방가르드로 미스가 전환했다는 최초의 증거 중 하나라고 제안했다.

유럽에서 그는 진지한 수집가는 아니었다. 그가 베를린에서 시카고로 이사했을 때 유일한 소유물은 칸딘스키와 1934년 막스 베크만의 누드그림이었다. 베크만 그림은 친구들로부터 받은 50세 생일선물(1936년 3월 27일)이었다. 릴리 라이히가 비서인 허버트 허시Herbert Hirche를 베크만의 스튜디오에 보내서 선택하도록 했다. 베크만은 자신이 직접 그림을 선택했을 뿐만 아니라 가격을 낮추었고 생일 파티에 직접 참석하는 등의 우정어린 모습을 보여줬다. 유명한 예술품 수집가였던 헬렌 크롤러-뮬러, 에리히 울프, 에드워드 푸쿠스 및 허만 랑게의 집을 설계한 건축가이지만 미국으로 이주하기 전까지는 그들을 따라할 생각도 못했고 그럴 능력도 없었다.

미국에 와서 그는 뉴욕에서 사업을 다시 시작한 칼 니어렌도프Karl Nierendorf와 커트 발렌틴Curt Valentin과 같은 많은 베를린 출신 갤러리스트들의 조언에 따라 작품을 구매하기 시작했다. (미스는 독일에서부터 그들을 알고 있었다.) 리소 하우스 프로젝트를 진행했던 1937-38년 뉴욕에서 그는 니어렌도프, 발렌틴 및 J. B. 노이어만(1923년 이래로 미국에 거주하던 베를린 출신 딜러)과 친목을 쌓았다. 미스는 칸딘스키, 리오넬 페닝거Lyonel Feininger 및 더 많은 클리의 작업이 전시된 니어렌도프가 주최한 전시인 바우하우스의 세 명의 마스터를 방문했다. 그 전시에서 그는 다섯 점의 클리 그림을 샀고,[10] 1940년 말까지 그는 클리의 유화 다섯 점과 수채화 열 점을 소장했다. 나중에 더 많은 그림이 추가되었는데, 그의 컬렉션에 있는 어떤 예술가보다도 많이 갖고 있었다.

클리는 미스가 가장 좋아했던 화가였지만(적어도 한 가지 예외는 있었지만) 그가 그의 작업을 높이 평가했기 때문만은 아니었다. IIT 대학원생인 파울 피핀Paul Pippin은 미스의 아파트 방문을 다음과 같이 회상했다. "클리 그림이 있는 방에서 미스는 '누구든지 그것을 그림이라고 부를 만한 용기가 있는 사람은 그 그림을 가질 만한 자격이 있다고 생각했기에 구입했단다.'라고 말했습니다."[11]

1950년대 중반까지 커트 슈비터스Kurt Schwitters의 콜라주가 그의 컬렉션에 등장하기 시작했다(사진 15.3). 클리와 슈비터스는 미스가 추구했던 질서와 이성과는 반대되는 자유분방한 판타지라는 공통점이 있었다.

그러나 두 사람을 좋아했던 미스의 동기는 확실하게 그러한 차이를 뛰어 넘었다. 1930년대 후반 조지 댄포스에게 그는 브라크와 피카소와 함께 "현시대 가장 뛰어난 세

명의 화가 중 한 명"이자 "몽상가"라고 칭찬하면서 클리에 대해 특별한 존경심을 가지고 말했다. 우정은 미스가 예술작품을 모았던 또 다른 요소였다. 클리는 미스가 학교의 디렉터였을 때 바우하우스의 교수였다. 그 당시 전성기의 클리는 꾸준히 창작활동을 이어갔다. 그는 1933년에 베른으로 이사했지만 그때도 미스와 계속 연락을 유지했다:

[그들은] 바우하우스가 폐쇄된 후 스위스에 있던 클리를 방문했고, 클리는 그다지 잘 풀리지 않고 있었습니다. 미스가 집에 들어선 후 자리에 앉자 클리가 키우던 커다란 고양이가 와서 그의 무릎으로 점프했습니다. 클리는 깜짝 놀랐습니다. 그리고 미스는 클리가 이렇게 말했다고 했습니다. "하느님, 이 고양이는 절대로 누군가의 근처에 가지 않는다네." 클리는 미스가 특별한 친구라는 징조라고 생각했다. [미스]는 그 이야기를 좋아했습니다.[12]

사진 15.3 (왼쪽) 1957년 3월호 라이프 매거진을 위해 촬영된 사진에서 미스가 직원인 데이빗 하이드와 그의 아트 컬렉션에 관해 이야기를 나누고 있다. 프랭크 셔셀 / 타임 & 라이프 픽쳐스 / 게티 이미지.

미스는 슈비터의 콜라쥬 14점을 소장하고 있었는데, 각각은 슈비터가 집이나 거리에서 발견한 티켓, 영수증, 봉투, 달력, 여러 가지 잡동사니들이 구성주의자 스타일로 세심하게 조직되어 있다. 미스는 그가 클리의 작품을 마지막으로 구입한 한참 뒤에 슈비터의 작품을 구입했다. 이 시기에 건축가 폴 슈바이커Paul Schweikher와의 대화에서 그는 개인적인 질문에 답했다. "미스… 당신은 무엇을 가장 좋아하나요?" "오, 쉬워요. 내 슈비터, 내 마티니, 내 시가."[13] 그럼에도 불구하고, 거의 모든 증거는 미스가 가장 존경했던 아티스트는 클리였음을 가리킨다.[14]

시카고에서 미스는 예술계와의 접촉을 열심히 했다. 1938-39 시즌에 시카고 아트 인스티튜트는 미술관장인 다니엘 캐튼 리치Daniel Catton Rich의 주관으로 그의 전시를 개최했다. 미스는 시카고에서 현대 미술을 전시하는 몇 안 되는 곳 중 하나인 캐터린 쿠의 미시간 애비뉴 갤러리를 자주 방문했다. 그곳에서 그는 칸딘스키의 가을 풍경Herbstlandschaft(Autumn Landscape)과 함께 클리의 뒤바뀐 여인의 반전Rückfall einer Bekehrten(Reverse of Converted Woman)을 사서 나중에 로라 막스에게 주었다. 1952년 그는 시카고 아트 클럽에서 뉴욕의 딜러 시드니 재니스Sidney Janis가 개최한 슈비터 전시를 도와주었다. 이 만남을 통해 그는 슈비터의 작품을 처음으로 구입하게 되었다.

시그램 기간 동안 미스는 뉴욕 예술계와의 접촉을 새롭게 했다. 진 서머스는 맨하탄 갤러리를 돌아보았던 것을 기억했다. 미스는 그에게 시카고의 투자 카운슬러를 대신하여 예술품을 구입하도록 했으며 사이든버그 갤러리에서 서머스는 피카소, 페르난도 레거, 후안 그리스의 작품을 많이 발견했다. 서머스의 제안에 따라 미스는 갤러리를 방문하여 피카소의 Buste de Femme(여성의 가슴)을 직접 구매했다. 작품을 구입하고 나서, 피카소가 그림의 완성 날짜를 캔버스 뒤쪽에 휘갈겨 쓴 것을 보고 기뻐했다. - "27 III 1956," 그것은 미스의 70번째 생일이었다.[15]

미스는 예술을 투자로 여기지 않았지만 1956년에 J. B. 노이만으로부터 에드바드 뭉크Edvard Munch의 작품 90점을 구입했을 때는 달랐다. 1963년 시카고 딜러인 알란 프롬킨Allan Frumkin은 클라렌스 버킹검 콜렉션Clarence Buckingham Collection에 등록된 이 작품들을 시카고 아트 인스티튜트에 판매했다.

미스는 젊은 세대의 시카고 화가, 조각가 및 그래픽 디자이너들로부터 높이 평가받았다. 1950년 미술관의 연례 전시에서 학생들 작품을 제외하기로 한 아트 인스티튜트의 결정에 항의하기 위해 시카고의 예술을 전공한 학생들이 조직한 전시 '모멘텀'의 심사위원으로 클레멘트 그린버그, 레스터 롱맨, 에른스트 문트와 함께 미스도 초청되었다. 이 경험으로 시카고의 전후 예술가 그룹을 알게 되었는데 그들 중 특히 재능 있는 조각가인 H. C 웨스터만H. C. Westermann의 정교하게 만들어진 목공예 작품인 나비를 1957년에 구입하였다. 현재 이 작품을 소유하고 있는 더크 로한은 클리의 기법을 생각나게 했기 때문에 미스가 그 작품에 매료되었다고 기억했다. 웨스터만은 미스의 컬렉션에서 유일한 미국인이자 조각가였다. 몇 년 후 스위스 출신의 휴고 웨버Hugo Weber가 그린 미스의 초상화를 마지막으로 컬렉션을 그만두었다. 그의 죽음 후에, 미스의 컬렉션은 그의 딸들에게 상속되었다.[16] 마리안은 아들 더크 로한에게 남겼고, 딸 울리케 슈라이버Ulrike Schreiber와 조지아는 미술관에 빌려주었다.[17]

• • •

루드비히 미스 반 더 로에는 이 책이 나오기 40년 전에 사망했으며 개인적으로 그를 기억하는 사람들도 점차 사라져 갔다. 그러나 시카고 아트 인스티튜트의 건축부분 구술 역사 프로그램 덕분에 미스에 관한 많은 개인적인 기억들을 수집할 수 있었고, 그 기억들은 이 책 전체에 걸쳐 사용되었다. 그 프로그램은 1983년에 시작되어 시카고 지역의 건축가들과의 인터뷰를 전문적으로 편집한 모음이다. 많은 사람들이 미스와 관계가 있었거나 그의 영향을 받았고, 어떤 사람들은 그에 반대하는 인터뷰를 하기도 했다.[18] 전반적인 이야기들은 이 자료와 다른 개인들 및 출판된 메모들, 그리고 우리가 직접 한 인터뷰와 미스의 시카고 인맥과의 다양한 접촉으로부터 나온 것이다.

그를 아는 사람들이 보편적으로 말한 것은 미스의 기질이었다. 조셉 후지카와, 에드워드 더켓, 도널드 시클러Donald Sickler는 미스와 수십 년 동안 일하면서 미스가 화가나서 목소리를 높이거나 무례한 행동을 하는 것을 거의 보지 못했다고 했다.[19] 조숙했던 열두 살짜리 아이도 같은 인상을 받았다.

시카고 문화 센터의 역사가였던 팀 사무엘슨Tim Samuelson은 1962년 오하이오 스트리트에서 미스에게 전화를 했다. 건축을 사랑하는 어린 소년이었던 사무엘슨은 미스의 연방 센터 프로젝트 현장에 있던 헨리 아이브 코브Henry Ives Cobb의 1905년 연방 빌딩의 철거를 막기 위해 미스와의 만남을 원했다. 그 소년은 마침내 미스를 만나게 되었다. 거기서 그는 미스에게 다음과 같이 말했다. "오래된 건물은 너무나 멋집니다… 그런 아름다운 건물을 손상시키지 않기 위해 당신의 건물을 다른 곳으로 옮길 수 없을까요?"[20]

미스는 어린 아이의 말을 신중하게 경청했다. "언젠가는 새로운 건물을 보고 오래된 건물만큼이나 좋아해 주기를 바랍니다." 사뮤엘슨은 자신이 할 수 있는 일이 거기까지임을 깨닫고, 자동차 모형과 사람처럼 보이는 작은 조각이 붙어있는 고층 건물 모형에 관심을 기울였다. "그 건물은 어떻게 지어지죠?" 그는 물었다. 미스는 종이 한 장을 가져다가 참을성 있게 건설 과정을 설명했다. 그것으로 방문이 끝났다. 사무엘슨은 오늘날 "새로운 건물을 오래된 건물만큼이나 존경한다."고 인정했다.[21]

미스에 대한 아래의 묘사는 여전히 건강이 좋았을 당시였다. 1952년 11월호 아키텍츄럴 포럼 Architectural Forum:

그는 … 단단했지만 오만하지는 않았다. 그는 거대한 어깨를 가진 엄청나게 수줍음을 많이 타는 66세의 남자였다. 대담한 턱이 이제는 잘 어울리며 주름살이 처진 그의 표정은 르 코르뷔지에의 민첩함이나 라이트의 고귀함과는 완전히 달랐다. 복잡하게 주름지고 두터운 피부 아래 보이는 그의 눈은 멀리 쳐다보는 듯하다. 미스와의 만남은 그가 시가 연기 뒤에 물러앉아 아이디어와 이미지를 마음속으로 되새기는 동안, 기나긴 정적이 있었다.[22]

미스는 자신이 30년 동안 사용해온 언어인 영어를 적절하게 사용했지만 독일어를 더 편하게 생각했다. 몇몇 동료들은 같은 생각을 했다. 브루스 그래함Bruce Graham은 그가 영어로 말할 때는 속도가 느리다는 것을 발견했다.[23] 로한은 두 언어 모두 유창했는데, 미스의 과묵함에 대한 명성은 영어에 대한 끊임없는 불안감의 산물이라고 생각했다. 로한이 기억하길 그가 독일어로 말할 때 "활기차고 더 명료하게" 말했으며 결코 말이 끊어지지 않았다.[24] 후지카와는 미스가 외국어 이름을 발음하는데 어려움을 겪었던 것을 기억했다. "그는 나를 다른 사람에게 소개할 때, '이 사람은 미스터 푸지카고!' 시카고랑 헷갈렸다… 수년간 그는 나를 푸지카코라고 불렀습니다."[25]

레지날드 말콤슨은 마스터의 유명한 과묵함에 대해 다른 이론을 가지고 있었다.

[미스]는 사람들이 자신의 생각을 말하도록 놔두는 습관이 있었습니다… 당신은… 오랜 시간에 걸쳐 상식에 맞거나 몰상식한 말이 서로 경쟁하는 것을 들을 것입니다… 그는 그것에 개의치 않고 앉아있을 수 있는 능력이 있었습니다… 그는 그것에 전혀 영향을 받지 않는 것 같았습니다. 당신은 사람들이 할 이야기를 다 했을 때 그제서야 미스가 말하기 시작했다는 것을 알 수 있습니다. 그래서 그는 이미 이야기된 것을 요약하거나 아무도 말하지 않은 것을 언급함으로써 어떤 영향을 줄 수 있었습니다… 그리고 그는 여러 번 그렇게 했기 때문에 나는 그것이 의도적이었다고 생각합니다… 그것은 적당한 순간까지 자신을 지키면서 사람들에게 영향을 줄 수 있는 방법이었습니다.[26]

1930년대 말에 아머 인스티튜트에서 미스와 함께 공부한 베너 부시Werner Buch는 "그는 아주 훌륭한 독일어를 했고 매우 침착했지만 영어로 말할 때는 그의 아헨 사투리가 너무 분명하게 드러나서 마치 낮은 독일어 억양으로 영어를 말하는 듯이 들렸습니다."

사진 15.4
1960년대 중반에 크라운 홀을 다시 방문한 미스가 학생들과 동료 교수들에게 둘러싸여 시가를 피우고 있다. 미스 뒤에 목재 벽을 배경으로 휴고 웨버의 1961년 작 건축가의 흉상이 있다. 사진제공: 더크 로한.

부시는 또한 미스는 언어적으로 정제되기보다는 개성을 드러내 설득력 있는 방식으로 영어를 사용했다고 했다:

> 그는 조용히 서서 한 문장씩 말했습니다. 물론 그것은 평범한 말이었습니다. 그러나 그가 말했을 때, 이 평범한 단어들은 그 자체로는 사소한 것이었지만, 작품에 대한 우리의 기억과 빠르게 연결되었습니다. 그는 "상업 건물에서는 교회와는 다른 것을 배워야 할 것입니다."와 같은 말을 했을 수도 있습니다… 모두가 이해했다는 듯이 고개를 끄덕였다. 놀라운 점은 미스가 그렇게 말했을 때 우리는 모두 마법에 걸렸습니다.[27]

오랫동안 IIT 교수였던 피터 로쉬Peter Roesch는 그와는 다른 기억을 가지고 있었다. 독일에서 갓 이민 온 학생으로 영어로 어려움을 겪었던 그는 미스 강연에 참석했지만 거의 모든 것을 이해하지 못했다. 결국, 그는 옆에 있던 미국인 학생에게 도움을 요청했다. 그는 "너보다 내가 그의 영어를 더 잘 이해한 것 같지는 않은데"라고 대답했다.[28]

그럼에도 불구하고 미스는 의사 소통의 또 다른 방법이 있었다: 육체적, 언어적으로 표현되는 권위가 그것이었다. 미스 학생이었던 시카고 건축가 제임스 해몬드James Hammond는 이렇게 말했다. "[미스]는 기념비적이었지만 동시에 가까이 다가가기 쉬웠습니다. 사람들은 그의 말에 매달리며 심지어 거의 기억 속에 새기다시피 했습니다."[29](사진 15.4). 진 서머스에게 이것은 카리스마 이상이었다.

마치 신이 저 편에 있는 것처럼 보였습니다. 좀 바보 같이 들리지만… 그러나 그런 느낌이 있었습니다. 그는 존재감이 남달랐습니다… 그는 말로 당신을 감동시키지 않았습니다. 그는 진정한 질문이 아니면 굳이 답하지 않았습니다. 그는 항상 푸른색 또는 갈색 양복을 입고 있었는데, 주로 파란색이었고 줄이 달린 금시계와 시가가 함께 있었습니다… 당신은 그곳에 누군가 대단한 사람이 있다는 것을 알게 되고 그가 말하는 모든 게 전부 말이 되었습니다.[30]

이전에 서머스는 기념비적인 미스의 다른 면을 경험했다. "비록 6명밖에 안되었고, 내가 2년 동안 일했지만 그는 내 이름조차 몰랐다."[31] 미스는 야비한 측면도 있었다. 에드워드 더켓과 후지카와는 수년 동안 그를 위해 일했지만, "우리는 결코 한 가지만은 그를 용서할 수 없었습니다. 누군가가 실수를 한 경우, 그를 더 이상 믿을 수 없다고 판단하면 그 사람의 일생 동안 미스는 결코 용서하지 않았습니다. 용서란 그의 머리속에 없었습니다. 그는 단지 그것을 견딜 수 없었습니다. 그렇다고 그가 누군가를 학대한 것은 아니지만 그와 함께 할 기회 또는 미래가 끝난 것입니다."[32]

말콤슨은 미스를 "불가사의한 성격, 오스카 와일드Oscar Wilde가 한 격언의 실제 사례: '단순함은 복잡한 마음의 마지막 피난처이다.' 그리고 그는 뛰어난 직감뿐만이 아니라 복잡한 마음도 가지고 있었다."[33] 말콤슨은 루드비히 힐버자이머에게 똑같이 매료되어 미스와 힐버스를 선생으로서 다음과 같이 말했다.

미스와 힐버스가 어느 정도 서로에게 모범이 되었다는 것에는 의문의 여지가 없습니다… 미스는 내가 구식 독일인의 미덕이라고 부르는 것을 많이 가지고 있었습니다. 그는 항상 시간 약속을 지키는 사람이었습니다. 힐버스 역시 그랬습니다. 심지어 더 했습니다. 힐버스나 미스가 남루한 옷을 입은 것을 단 한 번도 본 적이 없습니다. 그들은 항상 주변을 매우 의식했습니다… 그들은 심각한 관심사에 열중하는 사람들의 모범이었습니다. 그들은 젊은 사람들과 심각한 주제에 관해 매우 효과적으로 토론하는 방법을 알고 있었습니다.[34]

그럼에도 불구하고 앞서 언급했듯이 미스는 행정을 열심히 하지도, 뛰어난 선생도 아니었음을 보여주는 충분한 증거가 있다. 유럽과 미국에서 그는 자신의 학교에 대한 일상적인 업무를 부하 직원에게 맡기고 관심 있는 프로젝트와 자신의 작업에 집중하는 것을 선호했다. 후지카와:

나는 미스가 리더라고 생각하지 않습니다… 그는 자신의 창조적인 재능에 경외심을 느끼게 함으로써 그를 존경하게 만들었습니다... 나는 그가 훌륭한 장군이 되었을 것이라 생각하지 않습니다... [힐버자이머]는 미스보다 타고난 선생님이었습니다. 미스는 많은 재능을 가지고 있었지만, 무엇보다 뛰어난 건축가였습니다. 그리고 그는 건축에 대해 많은 생각을 했기 때문에 좋은 선생님이 될 수 있었다고 생각합니다. 그러나 힐버스는 가르치는 데 재능을 타고 났습니다. 마치 음악이나 언어에 대한 재능을 타고나듯이 말입니다.[35]

미스는 유머 감각이 뛰어났고, 가끔 정곡을 찌르기도 했지만, 언제나 그가 취하는 중립적인 태도에 가려지는 경향이 있었다. 그린왈드와 함께 860-880 노스 레이크 쇼어 드라이브 개발 파트너였던 로버트 맥코믹은 미스와 그로피우스를 미스가 설계한 일리노이 주 앰허스트Elmhurst에 있는 그의 집으로 초대했다. 긴 저녁시간 동안 그로피우스는 건축계의 새로운 경향을 높이 평가하며 박수를 보냈다: 이제는 여러 다른 장소에 프로젝트를 설계할 수 있으며 현지의 건축가가 디테일을 처리하도록 할 수 있습니다. "그러나 그로피우스," 맥코믹은 미스의 답변을 떠올렸다. "당신이 아이를 갖고 싶다면, 이웃사람을 불러 들일건가요?"[36] 그리고 판스워스 재판 동안 보조 변호사였던 윌리엄 머피는 미스와 몇몇 클럽 회원들과 함께한 오로라 카운티 클럽Aurora Country Club에서의 점심을 기억했다. 최근 완성된 클럽 하우스 건물 비용에 대한 논의는 "약 백만"의 합의를 이끌어 냈다. 미스는 그들을 쳐다보며 교활한 미소를 지으며 말했다: "나는 그것을 이백만으로 할 수도 있었다네."[37] 로쉬는 필립 존슨이 시그램 빌딩의 디자인에 대한 크레딧을 주장하고 다닌다는 이야기를 미스가 들었던 것을 회상했다. "그게 당신을 성가시게 하나요, 미스?" "그다지. 존슨이 그가 디자인한 건물 중 하나를 내가 디자인했다고 주장하는 것이 나를 더 성가시게 할걸세."[38]라고 대답했다. 미스는 일반적으로 평온한 상태를 유지했지만 항상 그의 기분이 일정하지는 않았다. 경우에 따라 그는 갑자기 화를 내기도 했다. 로라 막스는 미스가 "무언가를 계속해서 생각하다가 갑자기 폭발했습니다. 누구든 앞에 있는 사람이 그 화를 받아야 했습니다. 그는 소리를 지르고 손을 흔들었습니다. 그리고 그는 그 이유에 대해 솔직하지 않았습니다. 나는 나중에야 알 수 있었습니다."[39] 이미 알려진 바와 같이, 그가 가진 반감의 가장 잘 알려진 대상은 바우하우스 시절부터 라즐로 모호이너지였고, 나중에 모홀리가 1937년 시카고에서 "신 바우하우스"를 열었을 때 그 반감이 더 커졌다. 그리고 미스는 시카고 스쿨- 모호이너지가 디렉터를 맡았던 인스티튜트 오브 디자인의 후신 -의 감독인 서지 체마예프Serge Chermayeff에게도 비슷한 반감을 표했다.

그러한 적의가 전혀 쓸모 없는 것이라는 것에 대한 미스의 인식은 아마 졸업생인 암브로스 리차드슨Ambrose Richardson의 기억에 남아있다. 리차드슨이 기억하길. "미스가 한 말처럼, '나는 무언가를 위한 시간이 얼마 없다. 나는 절대적으로 어떤 것을 반대할 시간조차 없다.'"⁴⁰ 이러한 원칙은 건축활동 뿐만이 아니라 정치활동에 대한 그의 혐오가 독일과 시카고에서 똑같이 적용되었다." 또한 말콤슨에 따르면, 그는 논쟁의 여지가 있는 상황에 대한 두려움에 대해서도 말했다. "그는 사람들의 반대를 무릅쓰고 자기주장을 하는 것을 매우 어려워한 사람이었다."⁴¹

이 책에서 여러 번 언급했듯이, 미스는 동료와 학생들과 함께하는 모임을 좋아했다. 그는 원래 술을 잘 마셨고 그가 가장 좋아했던 걸로 기억되는 마티니와 함께 미국에서 점점 더 술을 즐겼다.⁴² 로라 막스는 다음과 같이 회상했다. "저녁시간엔 마티니 네 잔이 표준이었습니다. 그런 다음 그는 멈췄습니다. '기억해.' 그는 '마티니를 다섯 잔 마신 후에는 절대로 저녁을 먹지 못한다'고 말했습니다."⁴³ 그는 아헨에서 마셨던 독일술인 스타인해거Steinhäger를 두 번째로 좋아했다.⁴⁴ 동료들에 둘러싸여 있을 때, 미스는 집에 돌아가는 손님들을 말리면서 끝까지 머물렀다. 그는 술을 많이 마시면 마실수록 더 유창한 영어를 했다. 피터 로쉬의 하이랜드 파크 파티에서 밤새도록 미스가 한 행동이 그 증거이다. 그는 벽난로 옆 의자에 앉아 로쉬의 두 자녀를 무릎 위에 앉히고 가볍게 두들기며 영어로 수다에 가까울 정도로 말을 많이 했다. 그리고 새벽이 다가오자, 미스는 관절염에도 불구하고 미시간 호숫가에 있는 가파른 경사면을 걸어 내려가서 일출을 봤다.

그는 주로 점심 시간이 지나서야 사무실에 나왔다. 그는 천천히 집중력을 갖고 진행 중인 일을 들여다보고, 비슷한 방식으로 스탭들과 토론했다. 그 후 오후 늦게 그의 아파트로 돌아갔다. "미스는 도면을 사랑했습니다." 말콤슨의 말을 다시 인용하면 "그는 훌륭한 도면을 존경했습니다. 그러한 기술은 그에게 있어서 필수적이었고, 어느날 그의 스탭들과 격렬한 토론 끝에… 그는 소리쳤습니다. 제발 도면을 그리게나. 우리는 변호사가 아니라 건축가라네!"⁴⁵

· · ·

로라는 그를 무조건적으로 사랑했다. 그녀는 그에게 거의 질문을 하지 않았는데, 그것이 그와 가까이하는 가장 좋은 방법이었다. 독립과 고독에 대한 필요성을 이해했던 그녀는 그와 함께 살지 않았으며, 항상 각자의 영역을 유지했다. 그는 그녀에게만은 부드러울 수 있었으며, 사랑을 속삭였다. 그녀는 그의 관심을 소중히 간직하고 일상적인 말들을 기록했는데 특히 그가 한 말의 느낌을 잘 살려 영어로 기록했다.⁴⁶

로라: "비가 내리나요?"
미스: "아니, 그냥 살짝 내리는 소리야."

여행을 기대하며: "내일 밤 이 시간에는 퀼라Kweela를 마시며 멕시코에 있겠군."
시카고의 전형적인 7월 주말: "엄청나게 끈적끈적한 날씨군."
새 배터리를 차에 설치 후: "덕분에 속도가 빨라졌나요?"
밝은 빨간색 스포츠카: "저기 알람카가 가는군"

로라는 또한 그의 사랑을 글로 적었다. 한 번은, 그녀가 구두를 신으려고 몸을 구부리는데, 그는 아마도 건축가만이 할듯한 말로 다음과 같이 말했다. "당신은 위에서도 멋져 보인다. 하나님은 당신을 보며 기뻐하실 거요." 식사자리에서의 짧은 대화도 마찬가지로 기록되어 있다.

남미 요리에 대해 "두 번이나 속이 쓰렸다."
미시간 호의 "격렬한 폭풍"을 보면서: "바람! 그들이 얼마나 날카로운지!"
남들에게 이용당했을 때: "내가 미리 알았더라면 야채 수프의 당근이 되지는 않았을 텐데."
미스 통화 내용을 건너 들으며: "그가 매우 흥분했어. 마치 타자기의 자판이 찍히는 소리처럼 그의 머릿속을 읽을 수 있을 정도지."
거리에서 에디트 판스워스를 보았을때. "그녀는 새를 쫓는 들판의 허수아비(손뼉을 치면서)처럼 보인다."
1964년 대선 이후 아침: "그 [골드워터]는 젖은 고양이처럼 보였다."
라디오에서의 "끔찍한 음악에 반응하며: '저런 음악을 들을 때면 내 신발이 벗겨지곤 하지'"
친구랑 점심식사 자리에서. "작은 꽃받침 위에 있는 일본 매화나무 분재를 보고. 미스: 여기 있는 모든 것은 장식받침 위에 있군."
그리고 마지막으로, 그녀는 회고에 잠겼던 미스를 기록했다.
"미스에게 집을 빌려준 소녀(나치 시대에 30세 여자)를 묘사하며… 소프라 볼차노Sopra Bolzano의 티롤Tyrol에서: "그녀는 미친것처럼 산과 연결되어 있었습니다. 산이 없었다면 그녀에게 아무 것도 없었을 것입니다."
"명성과 관련해서: '그것은 나와 사회와의 관계입니다. 나는 사람들에게 아무런 반감은 없지만 그것을 원하지는 않습니다. 나는 인정받기를 좋아하지만 그 후에 뒤따르는 상황이 마음에 들지 않습니다. 나는 그 상황을 싫어합니다…"
힐버자이머의 말기 병환에 관하여: "우리가 삶의 빛을 스스로 끌 수 없다는 것이 유감스럽네."
"혼자서 늦게까지 깨어 있는 것에 대해: '음악이 멈출 때까지 기다려야 한다.'"

. . .

1963년에 발생한 급성 관절염으로부터 미스는 회복하지 못했다. 움직임은 불편했고 고통은 점점 더 심해져서 1965년 그는 아무것에도 집중할 수 없었기에 로라에게 의지해야 했다. "고통의 가장 안 좋은 점은" 그는 그녀에게 말했다, "이것이 너무나 지루하다는 것이다."[47] 그의 불편함은 허리 주위의 근육 조직의 긴장으로 악화되었기 때문에 의사는 근육의 일부를 잘라내서 긴장을 완화시키는 수술을 했다. 그는 수년만에 처음으로 고통으로부터 해방되었지만 다시는 혼자 걸어다닐 수 없었다. 그는 다시 일상적인 스케쥴을 수행할 수 있었다.

르 코르뷔지에는 1965년에 지중해에서 수영 중 심장발작으로 사망하였다. 라이트는 1959년에 사망했다. 오직 그로피우스와 미스만이 살아남은 1880년대에 태어난 위대한 세대의 모더니스트였다. 죽음이 점점 더 가까워지고 있었다. 1960년대에 미스는 눈이 점점 나빠져서 책을 오랫동안 집중해서 읽을 수 없었다. 그는 로라에게 의지하고 그녀가 책을 읽어주었다. 로라는 그가 마치 직접 읽는 듯이 열심히 그에게 책을 읽어줬다. 그와 그녀와의 친밀감이 깊어졌다.

그리고 어느 날 저녁 그녀는 그녀의 책을 옆으로 치우고 부드럽게 물었다.

"왜 나랑 결혼하지 않았지요?"

미스는 크게 한숨을 쉬었다.

"내가 바보였다고 생각해요. 나는 내 자유를 잃을까봐 두려웠어요. 그러지 않았었을 텐데. 그것은 쓸데없는 걱정이었어요."

그는 멈췄다. 그런 다음 그는 이렇게 물었습니다. "우리 지금 결혼할까요?"

"아니요," 그녀가 대답했다. 그가 스스로에 대해 알고 있는 것보다 그를 더 잘 알고 있기에. "너무 늦었어요. 그것은 우리 관계를 더 망칠거예요. 나는 그냥 알고 싶었어요."[48] 로라는 가능한 미스가 편안하게 죽음에 다가갈 수 있도록 돕는 것에 만족했다.

식도암의 첫 증상은 그의 80세 생일날 축하 메시지가 쏟아진 직후인 1966년에 나타났다. 수술을 해야 했지만 그의 건강 상태와 나이 때문에 수술은 불가능했다. 방사선 치료를 통해 암세포의 크기를 줄였고 그를 편안하게 만들었다. 1968년, 로라와 미스는 산타바바라에 몇 주간 "멋진 마지막 여행"을 했다. 그 곳에서 미스는 적당히 피부를 태우고 좋아져서 돌아왔다.[49] 1968년과 1969년 약 1년 동안 그의 주치의인 조지 알렌 박사는 그의 식도를 정기적으로 확장하는 치료로 기능을 유지시켰다. 미스는 힘들었지만 극기심으로 버텼다.[50]

미스는 그로피우스가 죽은지 6주 후인 1969년 8월 17일에 사망했다. 2주 전 어느 날 저녁 식사 때, 로라는 약간의 감기에 시달린 미스가 창백해 보였다고 말했다. 그녀는 그의 아파트에서 함께 밤을 보내기로 결심했다. 다음날 아침, 그녀는 침대에서 떨면서 숨을 헐떡이는 그를 발견했다. 그는 주먹을 턱 아래 단단히 꽉 쥐고 있었다. 그는 구급차로 웨슬리 메모리얼 병원으로 이송되었다. 심장마비라고 생각되었던 것은 폐렴으로 판명되었다. 2주 동안 그는 의식이 깨었다 잃었다를 반복했다. 조지아는 뉴욕에서 날아왔고 마리안은 이미 시카고에 있었다. 두 딸이 지켜보는 가운데, 호흡이 멈췄을 때, 미스는 잿빛이었고 움직이지 않았다. 곧이어 로라와 더크가 도착했다. 가족은 로라에게 장례식 준비를 맡겼다. 장례 준비는 그레이스랜드 공동묘지의 예배당에서 간단한 예식으로 준비되었다. 더크가 짧은 인삿말을 했고 바흐의 음악이 오르간으로 연주되었다. 미스의 시신은 화장되었고, 그의 재는 다니엘 번햄과 루이스 설리반의 무덤 가까이에 묻혔다.[51]

· · · ·

두 달 후, 미스를 추모하는 기념식이 성대하게 열렸다. 1969년 10월 25일, 친구, 동료, 학생, 추종자들이 IIT의 크라운 홀에 모여서 이번에는 제노 스타커Janos Starker의 첼로 연주로 바흐를 들었고, 휴스턴 미술관의 전 디렉터이자 1930년대 베를린에서부터 친구였던 제임스 존슨 스위니가 추모사를 읽었다.

공간, 확장과 부분들 사이의 편안한 관계 - 통합, 질서, 형태 - 이것들은 그에게는 기본이었습니다. 어떤 부분에서 건 질서가 없다면 그는 참을 수 없었습니다… 이것은 미스가 우리 모두에게, 특히 시카고에 남긴 유산입니다. 그의 활력 넘치고 영감을 주는 질서는 최근 몇 년 동안 정신적인 면을 무시하는 자들로부터 너무나도 고통받았습니다. 오늘 이 자리에서 미스의 공헌의 가치나 예술가로서의 위상을 강조할 필요는 없습니다. 그는 생전에 전 세계의 인정을 받을 만큼 행운아였습니다… 그는 위대한 건축가이자 겸손하고 자존심이 강한 사람이었습니다. 그를 아는 사람들에겐 그는 언제나처럼 온화한 친구이자 한 명의 진정한 인간으로 남을 것입니다.[52]

· · · ·

스위니의 말처럼 폭풍이 몰아치고 있었다. 건축에서의 모더니즘은 쇠퇴하고 있었다. 비평가들에 따르면, 1950년대와 1960년대에 모더니즘은 상업적 이익만을 추구하는 기업들과 공범이 되었다. 도시 재생의 실패, 미국 도시에서의 중산층의 폭증, 도심과 교외가 평범한 네모 상자들로 가득 찼다: 이 모든 것이 관료조직과 부동산업자들이 모더니스트 디자인과 공모했음을 보여준다. 이론적인 면에서, 마찰이 점차 커져갔다. 많은 건축가

CHAPTER FIFTEEN

와 비평가는 "객관적 건축"- 미스를 모방한 작업들 -이 표현의 순수함이 아니라 황폐화를 초래했다는 결론을 내렸다.

이러한 비난 중 그 어느 것도 미스에게 직접적인 책임이 있다고 할 수는 없을 것이다. 그는 그렇게 생각하지 않았다. "건축에 대한 나의 접근방식에 대한 반대가 점점 커지고 있습니다. 나는 이것이 단지 반동일 뿐 새로운 방식이라고 생각하지 않습니다… 반동은 일종의 유행입니다."[53] 그러나 그의 영향력은 그를 포스트모더니즘 건축의 주요 공격 목표로 만들었다. 자신이 좋아하는 대로 무언가를 하고 싶다는 가끔 일어나는 충동조차도 물리쳤던 그는 시대의 가장 비개인적인 합리주의자였고 권위주의자이자 객관주의자였다. 급격한 변화에 의해 시간이 압축되고 공간이란 의미가 달라스의 널찍한 교외나 시카고의 그리드를 의미할 만큼 복잡한 세계에서, 미스의 "객관적인" 방법은 불가능한 것처럼 보였다.

· · ·

1970년대 초의 오일 쇼크로 건축은 새로운 도전에 직면했다. 예를 들어, 1970년대 중반의 미국의 심각한 경기 후퇴는 시어스 타워와 스탠다드 오일 빌딩이 완공된 1974년부터 시카고의 주요 건설을 모두 중단시켰고 이는 1980년대까지 이어졌다. 건설경기가 되살아나자, 다시 미이시안 모드의 새로운 건물들이 들어섰다; 실제로, 모더니즘은 한 번도 완전히 후퇴하지 않았다. 그러나 지적인 토대가 바뀌었다. 미스는 역사책에서나 볼 수 있는 인물인 것처럼 보였다. 그러나 포스트모던 운동 또한 1980년대 후반 건설경기 침체 이후 1990년대에 다시 새로운 유행에 자리를 비켜줬다.

21세기가 다가오기 전에 새로운 종류의 모더니즘이 - 역사와 결별하고 새로운 재능과 발전된 테크놀로지로 무장한 - 다시금 도래했다. 이러한 때, 미스에 대한 재평가가 이루어졌고 더 이상 복제되지는 않았지만 다시금 존경받게 되었다. 그의 주요한 작품들이 보호되야 할 랜드마크로 지정되거나 지정될 예정이고 여러 개는 이미 세심한 복원이 이루어졌다. 건축역사에서 미스의 위치는 그의 사고의 무결점에서 비롯된 것이 아니라 그의 예술의 미묘함과 정제됨에 기인한다. - 역설적이게도 한 사람의 객관성으로부터 비롯된 대단히 개인적인 예술로서. 미스가 새로운 시대를 열지는 못했더라도 그는 가장 비개인적인 예술가로서 개인적인 발자취를 남겼다.

미스는 구원자이자 마스터로서 수련기간 동안 겸손함과 반드시 성공할 것이라는 확신을 가지고 건축에 접근했다. "건축 예술이란" 그는 말했다. "언제나 정신적인 결정의 공간적 수행이다."[54] "건축은 진정으로 정신의 투쟁의 장이다." 그가 1950년에 썼다. "건축은 시대의 역사를 쓰고 그 시대의 이름을 남긴다."[55]

감사인사
Acknowledgments

지난 50년간, 세 군데의 미국의 문화기관이 공동으로 루드위히 미스 반 더 로에의 삶과 커리어를 기록하는 데 중요한 역할을 했다. MoMA에 자신의 건축작업 파일들과 수천 점의 도면을 기증함으로써 그 자신이 미술관의 미스 반 더 로에 아카이브 설립에 가장 큰 역할을 했다. 그보다 3년 전인 1965년, 그는 미국 의회 도서관에 중요한 개인적인 자료들을 기증했다. 1983년도가 시작되자 아트 인스티튜트의 건축 부분의 후원으로 시작된 시카고 건축가 구술 역사 프로젝트를 통해 미스와 관련된 100여 명에 가까운 건축가들의 육성이 기록되었다.

미스의 손자이자 그와 특별히 가까웠던 더크 로한과의 대화들에 대단히 감사하다. 아트 인스티튜트의 구술 역사 프로그램을 통해 인터뷰했던 사람 중 베티 블룸 Betty Blum이 특별히 기억에 남는다. 고 자크 브론손, 고 브루노 콘테라토, 고 에드워드 더켓, 고 조셉 후지카와, 고 마이론 골드스미스, 고 필립 존슨, 고 에드워드 올렌키, 피터 로쉬, 조지 시포릿 George Shipporeit, 데이빗 샤퍼 David Sharpe, 도날드 리 시클러, 고 진 서머스를 포함한 미스의 학생들과 오랜 친구들이 인터뷰를 위해 기꺼이 시간을 내주었다. 우리는 또한 미스에 대해 상당히 포괄적인 지식을 갖고 있던 고 조지 댄포스를 통해 많은 것을 알 수 있었다. 필리스 램버트는 우리에게 상당히 긴 시간을 내주었다; 몬트리올의 캐나다 건축센터에 있는 귀중한 자료들을 제공해준 그녀에게 또한 감사를 전한다.

미국과 유럽에서 미스를 잘 알거나 그를 잘 아는 사람을 알던 사람들의 증언에 많은 부분을 기대었다: 큐레이터 존 주코우스키와 고 캐더린 쿠; 개발업자 피터 팔룸보; 재단 디렉터이자 건축가인 카터 H. 매니 Carter H. Manny; 역사학자 틸만 부덴시그 Tilman Buddensieg, 디트리히 본 불위츠 Dietrich von Beulwitz, 볼프 테겟호프 Wolf Tegethoff, 그리고 데이빗 반 잔텐 David van Zanten; 극장 디렉터 마깃 클레버 Margit Kleber; 그리고 로빈 골드스미스 Robin Goldsmith.

IIT의 대학 기록연구사 캐서린 브룩 Catherin Bruck에게 감사한다. 레이크 포레스트 칼리지 Lake Forest의 낸시 봄 Nancy Bohm, 수잔 클라우드 Susan Cloud, 리차드 피셔 Richard Fisher 그리고 아서 H. 밀러 Arthur H. Miller에게 그리고 판스워스 하우스의 디렉터 위트니 프렌치 Whitney French에게 감사를 보낸다. 편집위원회의 고 H. 데이빗 맷슨에게 H. David Matson 경의를 표한다.

미스와 1940년에 만난 후 그가 1969년에 죽을때 까지 그의 오랜 동반자였던 고 로라 막스에게 특별한 감사를 전한다. 1980년대 초반 여러번에 걸친 슐츠와의 대화에서 그녀는 상당히 중요한 미스의 개인적인 면모와 그와의 관계를 다시금 끄집어내었다.

마크 복서만과 건축가 진 서머스(다시 한번), 더크 로한(다시 한번), 도날드 리 시클러(다시 한번), 그리고 특별히 알기스 노비카스 Algis Novickas에게 세심하게 원고를 읽어준 점에 감사를 드린다. 끝으로 인덱스를 준비한 준 소이어와 시카고 대학교 출판부의 에디터들에게 감사한다: 수잔 비엘스타인 Susan Bielstein, 안토니 버튼 Anthony Burton, 그리고 산드라 헤이젤 Sandra Hazel.

(이 책의 모든 도면은, 다른 표시가 없다면, 미스 반 더 로에 아카이브에 보존된 자료를 바탕으로 우리가 직접 그린 것들이다.[Windhorst])

부록 A: 후계자들

또 어떤 것이 가능하죠? 당신이 무슨 생각을 하던지 간에, 그것을 종이에 그리세요.
미스, 문제해결에 관해.

내가 그 건물을 설계 했었더라면.
미스, 자크 브론슨 Jacques Brownson의 시빅 센터에 대한 미스의 의견

1950년대에 이르러, 특히 시그램 빌딩이 완공된 후에, 미스는 미국에서 가장 영향력 있는 건축가로 널리 인식되었다. 우리가 주목한 바와 같이, 미스에 영향을 받은 건축가들과 건축 스타일은 제2의 시카고 스쿨 The Second Chicago School이라 불리었다. 1938년부터 미스와 IIT 교수진들은 적어도 한 세대의 건축가들을 길러내었고, 그들 가운데 뛰어난 몇몇은 시카고의 대형 건축회사에서 높은 자리를 차지하기 시작했다. 그리고 1950년대 중반부터, 미이시안 스타일의 유명한 건물들이 시카고에 들어섰고 뉴욕을 비롯한 다른 미국의 도시에도 지어졌다. 미스의 궁극적인 영향력은 초기의 개별 건물들보다 훨씬 더 광범위해 졌고 여전히 현재진행형이다. 이 챕터에서 우리는 미스의 시카고 후계자들 Chicago protégés 의 작품중 5개를 선정하고 미스와의 관계를 바탕으로 논의한다.

・・・

앞서 우리가 언급했듯이, 마이론 골드스미스는 미스의 가장 중요한 학생이었다. 1962년에 완성된 그의 걸작은 애리조나 주 투싼 근처의 킷 피크 국립 천문대 Kitt Peak National Observatory에 있는 맥매쓰-피어스 태양 망원경 McMath-Pierce Solar Telescope이다(사진 A.1). 1946년에서 1953년 사이 미스의 사무실에서 일했던 골드스미스 - 미스와 그의 스탭들이 "골디 Goldy"라 부르던 - 는 이 책에 자주 등장한다. 그는 20대 후반의 어린 나이로 미스와 일하기 시작했지만, 건축가 뿐만 아니라 엔지니어로서도 그리고 지적으로도 누구보다 뛰어났다. 그는 이탈리아 건축가 피에르 루이기 네르비 Pier Luigi Nervi와 공부하기 위해 미스를 떠났다. 골드스미스 자신은 그가 미스를 위해 일하는 동안, 정말로 가까운 사이는 아니었다고 했지만, 골드스미스가 떠난 후 미스의 작업이 타격을 입었다는 것에는 의심의 여지가 없다.[1]

사진 A.1 (왼쪽) 맥매쓰-피어스 태양 관측소. 1962년 미국 애리조나 주 킷 피크에 위치한 태양 관측소. SOM의 마이론 골드스미스가 설계했다. 3개의 안테나 기둥이 있는 낮은 박스 모양의 건물은 나중에 추가되었다.(다른 사람에 의해서)

1955년 골드스미스는 SOM 샌프란시스코 지사로 옮겨서 수석 구조엔지니어를 맡았고, 1957년에는 SOM 시카고 지사의 건축 디자이너로 일했다. 그는 그 다음 10년 동안 브루스 그래함 Bruce Graham 밑에서 일했고, 1967년에 파트너가 되었다. 1961년부터 1996년 사망할 때까지 그는 IIT 건축대학의 교수로 재직했으며, 그곳에서 알프래드 콜드웰(그리고 미스와 힐버자이머)을 제외하고 가장 유명한 인물이었다.

골드스미스는 미스의 영향력을 키트 피크 프로젝트와 연관지어 떠올렸다.

미스의 작품을 보면. 그는 오랜 시간동안 고민했던 것 같았습니다. 어떤 문제에 대한 해결책을 여러방면으로 연구하는 것이 바로 미이시안 적인 것입니다. 그는 주저하지 않고 수십개의 모형을 만들거나 수천장의 스케치를 그렸습니다. 다양한 가능성을 연구하기 위해… 망원경 프로젝트에서는 열 개에서 열다섯 개에 이르는 각기 다른 계획안의 모형이 있었으며, 그 중 어떤것은 다른 것보다 시각적으로 더 훌륭했습니다. 계속해서 계획안이 만들어 졌고 결국 단 하나의 계획안에 도달했습니다. 다행스럽게도, 우리가 연구했던 모든 계획안 중에서 가장 합리적인 비용이었고 결국 모든 것이 하나로 수렴되었습니다. 평면과 계획의 한계, 구조의 한계를 넘어서는 진정한 건축을 이뤄내는 것이 바로 미이시안적인 건축입니다.[2]

이 관측소 프로젝트는 애리조나 주 중남부에 있는 7천 피트 높이의 봉우리에 위치해 있다. 1994년 인터뷰에서 골드스미스는 이 프로젝트에 대해 다음과 같이 설명했다.

어느날 갑자기 미시간 대학에서 전화가 왔습니다. "직접 만나서 관측소 건물에 대해 상의하고 싶습니다." 그들은 엄밀히 따지면 SOM의 명성 때문에 전화를 걸었습니다. 과학관련 프로젝트들은 종종 끔찍한 어려움에 부딪혔습니다. 천문학자들과 자주 부딪혔고 복잡한 상황이었습니다. 대기에 의한 왜곡을 피하기 위해 외피를 균일하게 냉각시켜야 했습니다. 그리고 주어진 기간이 짧았습니다.

그 관측소는 태양 표면을 연구하기 위해 만들어졌습니다. 대기에 의한 왜곡을 줄이기 위해 외부에 노출되는 망원경의 면적을 최소화해야 했습니다. 하지만 거울은 100피트 이상의 높이에 있어야 했고, 몇 천 분의 1인치 이상 움직일 수 없었습니다. 우리는 300피트 정도의 초점거리를 유지해야 했습니다. 빛의 경로를 접으면 초점거리를 얻을 수 있지만, 반사할 때마다 품질이 떨어졌습니다. 지하터널을 따라 이어지는 거대한 직선 갱도 덕분에 반사를 최소화 할 수 있었습니다. 빛의 방향을 단순하게 만들기 위해 지하터널의 축을 태양 축과 평행하고 위도에 따른 정확한 각도로 만들었습니다. 그리고 튜브를 45도 각도로 돌리면 바람에 순응하는 유선형 모양을 만들 수 있다는 생각을 했습니다. 우리는 모형을 만들어 선풍기와 연기로 여러차례 실험을 했고, 이런 과정을 통해 우리는 최종의 형태에 도달했습니다. 우리가 이 아름다운 조각같은 형태에 도달한 것은 어느 정도는 뜻밖의 행운이었지만 덕분에 우리는 이 멋진 산 위의 고독한 대지와 거대한 규모를 느껴보는 소중한 경험을 얻었습니다.[3]

골드스미스의 '조각같이 아름다운 구조물'은 500피트 길이의 트러스 구조로 된 철제 튜브로서 삼각형 경사면의 3분의 2가 산에 묻혀 있는 모습이다. 지상에 노출된 구조의 끝부분은 정사각형 단면으로 된 기둥에 의해 지지된다. 콘크리트 타워에는 헬리오스타트와 직경 60인치의 거울이 있고 이 기구를 통해 관측된 태양의 이미지가 아래쪽 관측실로 전송된다. 외부는 이중 구리 외피로 덮여 바람을 막고, 냉각수가 내벽과 외벽 사이를 순환한다. 외부온도를 낮추기 위해 바깥 면 전체는 흰색으로 칠해졌다. 산 중턱에 홀로 위치한 숨이 멈출 듯 거대한 스케일의 맥매쓰-피어스 태양 망원경은 미니멀리즘이 주류로 자리잡던 시기에 건축 미니멀리즘의 엄청난 성취로 널리 칭송받았다.[4] 그러나 건축 평론가 알란 템코 Allan Temko는 다음과 같이 말했다: "[골드스미스의 작품]은 자신이 널리 영향을 끼친 미니멀리즘 조각보다 훨씬 더 대단했다. 인디언들이 태양을 신성시하는 예식을 올리던 장소이기도 했던 애리조나 산의 정상에서 킷 피크 태양 관측소는 우주의 비밀을 풀면서 그 너머로 더 많은 미스터리를 드러낸다. 물리적으로는 롱샹 Ronchamp 언덕 꼭대기에 위치한 성당과 완전히 다른 구조이나 역설적으로 그에 비견할 만한 수준의 철학

사진 A.2
시카고에 위치한 SOM의 존 핸콕 센터(1968년). 건축가 브루스 그래햄과 구조 엔지니어 파즐러 칸이 설계한 핸콕 센터는 세계 최초의 대규모 복합 건물이다. 외벽은 대각선에도 불구하고 완벽한 미이시안이다.

적인 질문을 던진다."[5]

• • •

시카고의 100층짜리 존 핸콕 센터(1968년)는 골드스미스의 작품도 아니고, 엄밀히 따지면 미스 제자의 것도 아니지만, 미스와 골드스미스의 영향을 받아 만들어진 건축이며, 골드스미스는 직접 관련이 있었다(사진 A.2). 핸콕은 SOM의 브루스 그래햄 Bruce Graham과 구조 엔지니어인 파즐러 칸 Fazlur Khan에 의해 설계되었다. 핸콕은 그래햄이 40년 동안 설계한 수십 개의 건물 중에서 가장 중요한 건물이었고, 파즐러 칸이 세계적으로 알려지게 된 계기가 되었다.

그래햄은 펜실베이니아 대학교에서 학위를 받았지만, 그의 디자인은 1950년대 후반과 1960년대 초반에 시카고와 SOM에서의 영향력이 최고조에 달했던 미스를 연구하면서 발전했다. 1961년 뉴욕에서 시카고로 옮기면서 그래햄 밑에서 일했던 디자이너 나탈리 드 블루아 Natalie De Blois의 반응을 보면 더욱 명확하다. "시카고에 도착했을 때 저는 깜짝 놀랐습니다. 나는 모든 사람들이 미스 반 더 로에 이외에는 그 어떤 것에 대해서도 말하지 않는다는 것을 알았습니다. 모든 것이 미스 였습니다. 미스 사무실에서 디테일 작업을 했던 사람들이 있었습니다[SOM 사무실에]. 거기에는 IIT에서 미스 밑에서 공부한 사람들도 있었습니다. 나는 미스를 잘 알지 못했습니다…나는 미스를 이해하지도 못했습니다. 앉아서 그냥 일만 했던 것 같아요."[6]

방글라데시 출신인 파즐러 칸은 다카 대학과 일리노이 대학에서 교육을 받았다. 골드스미스는 그래햄과 파즐러 칸 두 사람 모두와 가까웠고, 1961년 그는 IIT의 대학원 과정을 함께 가르치기 위해 파즐러 칸을 고용했다. 이 둘은 1960년대와 1970년대에 걸쳐 역사적으로 중요한 연구를 했다.

1953년, 미스 밑에서 골드스미스는 "고층 건물: 규모의 효과 The Tall Building: The Effects of Scale."라는 제목의 석사논문을 썼다. 그는 일정정도 규모의 건물에 알맞은 구조 시스템이 있고, 건물의 규모가 주어진 범위를 넘어서면 구조 시스템 역시 바뀌어야 한다고 했다. 그는 이 원리를 초고층 빌딩에 대한 자신의 개념에 적용했다. 그는 80층짜리 콘크리트 수퍼-프레임 마천루를 제안했고, 건물들은 그 당시의 일반적인 높이를 훨씬 넘어섬으로 새로운 구조 시스템이 필요할 것이라고 주장했다. 그는 또한 모든 강철 X자 보강재 튜브를 포함하여 초고층 건물의 측면 보강재를 위한 다양한 튜브 시스템을 설명하고 해석했다.

1962년 IIT 대학원생 미코 사사키 Mikio Sasaki와 함께 일하던 골드스미스와 칸은 지진이 잦은 도쿄의 초고층 빌딩을 위한 논문 프로젝트에서 X자 보강재 튜브를 테스트 했다. 그들 둘 모두 잘 알고 있었듯이 고층 건물의 경우 지진은 바람과 비슷하게 주로 측면에서 작용한다. 이론적이며 물리적인 모델을 사용하여, 파즐러 칸은 골드스미스가 이론화한 논거를 확인하였: 외골격 트러스 튜브는 횡 하중에 저항하는데 매우 효율적이었다. 당시까지 뉴욕의 엠파이어 스테이트 빌딩과 같은 초고층 건물들은 훨씬 더 거대하고 강도가 높은 강철 프레임으로 지어졌다. 제2차 세계 대전 이전의 30층짜리 강구조 건물의 구조는 평방 피트당 25파운드의 중량인 반면 엠파이어 스테이트 빌딩의 경우 그 수치는 60파운드 이상이었다. 그러한 시스템은 무한히 커질 수 만은 없었다. 골드스미스는 이를 "규모의 문제"라고 불렀다.[7]

SOM은 1962년에 핸콕 프로젝트 의뢰를 받았다. 그래햄은 골드스미스에게 함께 일하자고 요청했지만 골드스미스는 다른 작업 때문에 그 제안을 거절했다. 그는 그것이 "지금까지 저지른 최악의 실수"라고 했다.[8] 핸콕은 드레이크 호텔 the Drake Hotel에서 남쪽으

사진 A.3
시카고에 위치한 SOM의 인랜드 강철 빌딩 Inland Steel Building(1957년). 제2차 세계 대전 이후 시카고 중심부에 건설된 최초의 고층 건물로 인랜드는 그 회사가 개발한 새로운 철강 기술의 시험대였다.

로 두 블록 떨어진 북 미시간 애비뉴 North Michigan Avenue를 마주보고 있는 블록의 대부분을 차지할 예정이었다. 프로그램은 오피스 및 아파트로 된 두 개의 커다란 타워를 예상했다. 오피스 타워는 40층 정도로 예정이었고, 아파트는 60층 정도로 예정되었지만, 오피스 부분은 층고가 더 높기 때문에 높이가 거의 비슷할 것이었다. 미스의 사무실에서 처럼 배치, 형태, 높이를 스터디하기 위한 모형들이 준비되었다. 거대한 건물 두개는 대지와는 잘 맞지 않았고, 또한 가깝게 붙어있는 타워 사이와 주변의 시야를 확보하는 것도 문제가 되었다.

그래햄에 따르면, 건축주가 두 개의 모형을 쌓아 올리는 것을 제안했고, 100층짜리 구조로 하나의 타워가 만들어질 수 있는지 물었다.[9] 파즐러 칸은 IIT에서 스터디했던 X자 보강재 튜브로 이에 응답했다. 아파트에 맞는 작은 바닥 면적과 사무실에 필요한 대규모 임대 면적을 맞추기 위해서 그래함은 위로 올라갈수록 줄어드는 튜브형태를 만들었다.[10] 그는 청동색 유리와 검정색 알루미늄 패널로 강철 구조를 표현했다.

멀리언 간격은 860-880 북 레이크쇼어 드라이브 모델을 따랐으며, 폭이 5피트인 기둥 간격이 전반적으로 유지되었다. 평방피트 당 29파운드의 무게 밖에는 나가지 않았던 그 타워의 거대한 높이는 구조계산의 승리였다.

. . .

그래함의 초기 작품들 역시 미이시안의 모델을 따랐다. 가장 잘 알려진 것으로 일리노이주의 그레잇 레이크 해군 훈련센터 Great Lakes Naval Training Center(1954)에 있는 군너의 메이트 학교 Gunner's Mate School와 그 직후 위스콘신 주 니드햄 Needham에 있는 킴벌리-클라크 Kimberly-Clark의 사옥(1956)을 들 수 있다.

행콕 이후 그의 또 다른 위대한 미이시안 건물은 비록 연대순으로 이전이지만, 1957년 인랜드 강철 Inland Steel로서, 대공황과 제2차 세계대전 이후 시카고 루프 Chicago's Loop에 건설된 최초의 상업용 타워이다.(사진 A.3) 그것은 1950년대 SOM의 대표 프로젝트였던 콜로라도 스프링스에 위치한 미국 공군사관학교 프로젝트의 수석 디자이너였던 월터 내쉬 Walter Netsch가 함께 디자인 했다.

인랜드 강철은 혁신적인 평면계획과 새로운 철강 기술의 시험대였다. 현대적인 사무실 건물의 경우, 서비스 코어는 일반적으로 한가운데 있었지만, 인랜드의 경우 본관과 복도로 연결된 독립된 타워로 계획되었다. 외벽 바깥쪽에 위치한 기둥과 3피트 깊이의 빔으로 된 인랜드는 전례 없이 60피트 너비의 기둥이 없는 공간을 만들었다. 건축가는 미스의 페인트 칠한 강철에서 벗어나 스테인리스 시트로 건물을 마감했고,[11] 가느다란 사각형 단면의 스테인리스 멀리언이 녹색의 단열유리를 지지했다. 창문 없는 25층짜리 서비스 타워 또한 스테인리스 스틸 패널로 마감되었으며, 각 패널은 일반적인 스팬드럴 높이였다. 넓은 스팬, 캔틸레버된 양쪽 끝, 그리고 빛나는 외벽이 결합되어 건축 모더니즘의 낙관주의와 전후 미국의 문화적 포용성을 떠올리는 날렵한 건물을 만들어 냈다.

. . .

그래함은 또한 1966년 C.F.머피 어쏘시에이츠의 주도 하에 SOM 및 로에블, 슐로쓰만, 베넷 & 다트 Loebl, Schlossman, Bennett & Dart (사진 A.4)이 함께 완성한 시카고 시빅센

사진 A.4.(왼쪽면) 시카고 시빅센터(지금은 리차드 데일리 센터) (1966년), 미스의 제자이자 동료 교수였던 자크 브론슨이 설계했다. 미스가 브론슨에게 말했다. "내가 그 건물을 설계했었더라면". 많은 찬사가 쏟아진 이 빌딩은 공식적인 랜드마크로 인정받기 14년 전인 2002년에 이미 시카고의 랜드마크로 지정되었다. 미스와 오랫동안 함께했던 조셉 후지카와는 시빅 센터가 시카고에서 가장 훌륭한 건축이라고 생각했다.

터(현 리차드 J. 데일리 센터 the Richard J. Daley Center)의 건축에 중요한 역할을 했다. 머피의 수석 디자이너는 자크 브론슨이었다. 시빅 센터의 경우 브론슨은 이 프로젝트를 위해 세 회사가 공동으로 설립한 협력사무소를 이끌었으며, 거의 모든 세부 사항이 그의 책임하에 이루어졌다. 그러나 초기에 그래햄과 미스의 학생이었던 아서 태구치 Arthur Taekuchi를 포함한 다른 SOM 건축가들이 프로그램과 컨셉 디자인에 상당부분 관여했고, 특히 복잡한 프로그램들을(정부 관리들이 제안했던) 두 개의 건물이 아닌 하나의 건물로 통합하는 결정에 크게 기여했다.[12]

브론슨은 IIT에서 학위를 받았다. 1954년 미스와 구조 엔지니어 프랭크 코네커의 지도 아래 일리노이 주 제네바 Geneva에 있는 그의 집을 주제로 석사논문을 썼다. 브론슨은 구조용 강재의 용접이나 조립에 대한 경험이 전무한 상태에서 강철, 유리 그리고 벽돌로 이루어진 집을 손수 지었다. 비록 판스워스 하우스와 동시대에 지어졌지만, 브론슨의 주택은 결코 모방이 아니었다.[13] 4개의 철골 프레임으로 이루어져 판스워스 하우스보다는 크라운 홀과 더 많은 공통점을 가지고 있으며, 오늘날에는 거의 잊혀졌지만, 미스의 학생들이 지은 많은 주택들 중 가장 눈에 띈다.[14]

브론슨은 1948년부터 1959년까지 IIT에서 강의를 하였다. 그 후 그는 C.F. 머피에 합류했으며, 그곳에 6년 동안 근무했다. 그는 1962년에 시카고 루프에 있는 이스트 잭슨 블루버드 55 East Jackson Boulevard 55에 있는 23층짜리 우아한 장 스팬 타워인 컨티넨탈 센터 Continental Center와 데일리 센터 Daley Center를 설계했다.(두 건물 모두 현재 시카고의 공식 랜드마크이다.) 1966년 브론슨은 미시간 대학교 건축학과의 학과장이 되었지만 1968년 시카고 공공건축위원회의 총괄건축가로 돌아왔고 1970년대에는 콜로라도주의 도시계획 담당으로 일을 했다.

데일리 센터는 로스앤젤레스 카운티 다음으로 인구가 많은 카운티를 관할하는 법원의 건물이다. 이 프로그램은 7개 다른 형태의 법정과 그에 따른 재판관과 배심원을 위한 회의실을 필요로 했다.[15] 창문이 배치되지 않은 법정은 평면의 안쪽 부분에 위치하며, 북쪽과 남쪽에 공공 통로가 위치해 있다. 법관실은 동쪽과 서쪽으로 외부에 개방되며, 복도를 가로질러 법정으로 연결된다. 복잡한 공간 요구사항과 미래의 유연성에 대한 필요를 고려하여, 기둥이 없는 내부를 만들기 위해 매우 긴 간격의 스팬을 도입하기로 결정했다. 그래햄, 골드스미스, 브론슨 역시 장 스팬을 주장했는데, 장 스팬 덕분으로 줄어든 기초부재의 갯수는 기존의 기둥 시스템에 비해 시공에 있어 상당한 이점이 되었다. 동서로 뻗은 87피트의 구간은 바닥보를 위해 5피트 4인치 깊이의 워렌 트러스 Warren trusses가 필요했고, 45피트에 이르는 남북 구간에도 일반적인 보를 사용할 수 없었다. 두꺼운 바닥판과 높은 층고의 실내공간 덕분에 고작 33층 밖에는 안되었지만 650피트 높이에 달했는데 이

사진 A.5 (오른쪽면) 맥코믹 플레이스, 시카고(1971). C.F. 머피 어쏘시에이츠의 진 서머스가 설계했다. 서머스는 그 사무실에서 일을 시작하기 전까지 16년 동안 미스를 위해 일했고 잠시 동안 자신의 사무실을 운영하기도 했다. 캔틸레버 지붕 하부의 전경

는 시카고에서 잠시 동안 가장 높은 건물이었다. 구조와 외부마감은 완전히 용접되어 연결부위 없이 매끄러운 피막으로 둘러 쌓인 것처럼 보인다. 코르텐 Cor-Ten이라는 상표명으로 알려진 내후성 강판은 기둥과 벽 마감에 사용되었다.[16] 바닥 구조는 거대한 판 대들보가 보이도록 외부에 표현되어 있지만, 실제로는 모듈에 정렬된 코르텐 강판과 보강재로 둘러 쌓여 있었다. 12개의 주변 기둥(평면 안쪽에는 4개가 더 있음)은 두꺼운 철골과 코르텐 외피 안쪽에 콘크리트로 채워진 거대한 십자가 모양의 단면이다. 기둥들은 프로몬토리에서 미스의 방식을 본받아 위로 올라가면서 세 번 후퇴하였다. 창문은 청동색 판유리로 되어있다.

그 건물은 엄청나게 거대했고, 견고하게 수평을 이루는 외관은 풍부한 질감을 드러내며, 거대한 규모와 세부적인 디테일 모두 갖추고 있다. 이런 점에서, 그것은 미스의 그 무엇과도 다르다. 특히 860 이후의 미스가 디자인한 대형 프로젝트들의 외벽은 평평한 경향이 있었고 항상 수직으로 읽혔다. 이와는 대조적으로 데일리 센터는 거대한 구조 요소들 때문에 외벽의 깊이가 더 깊어졌다. 엄밀히 말하면 불필요할 수도 있었지만 표현은 합리적이었고 브론슨은 적절한 비율과 그림자를 성취했다. 십자형 기둥은 표준 정사각형 단면보다 더 효율적이지는 않았지만 확실히 비용이 더 많이 들었다. 거대한 건물을 힘들이지 않고 떠받치고 있는 붉은 코르텐을 가까이서 볼 수 있고 만질 수 있는 지상의 콜로네이드가 특히 인상적이다. 각 기둥의 밑 부분을 감싸고 있는 우아한 배수구 - 코르텐의 녹이 화강암 광장에 얼룩지지 않도록 하기 위해 필요한 –는 브론슨이 보여주는 뛰어난 디테일의 전형이다. 설비층의 코르텐 루버는 추가적인 질감과 흥미로움을 제공한다.

데일리 센터의 귀족적인 규모와 블록의 반을 차지하는 광장은 전례가 없는 것이었다. 그것은 시카고가 가장 활기차고 세계 건축에 가장 높은 영향력을 발휘하던 순간에 시카고의 디자인, 건축 그리고 시민들의 지지를 보여준다.[17] 미스는 살아 생전에 그 건물의 완공을 지켜봤다. 브론슨에 따르면 미스는 그에게 "내가 그 건물을 설계했었더라면."이라고 말했다.[18]

브론슨은 다음과 같이 설명했다.

그는 어느 날 전화를 걸어 시빅 센터에 함께 갈 수 있냐고 물었습니다…나는 그가 그 건물의 규모와 건축에 대한 접근 방식을 정말로 존중했다고 생각합니다. 그는 그 건물의 디자인에 그의 제자들이 많이 참여하고 있었다는 것을 알아챌 수 있었고, 그들 거의 모두가 [중요한 역할]을 맡고 있었습니다. 그는 건물이 올라가는 것을 보고 기다란 스팬과…스팬드럴 빔의 디테일을 보면서 이것이 바로 건축이라고 말했습니다.

미스가 이런 말을 했을 때 기분이 어떠냐고 묻자 브론슨은 "나는 당황해서 말을 많이

할 수 없었습니다. 그는 자신이 디자인한 건물을 제외하고는 다른 건물에 대해 별다른 말을 했던 적이 없었습니다."[19]

. . .

1967년 화재로 소실된 "첫 번째" 맥코믹 플레이스를 대신해서 1971년 세워진 80만 평방피트 규모의 컨벤션 센터였던 맥코믹 플레이스(사진 A.5)와 함께 데일리 센터는 곧 진 서머스의 주요 시카고 작품 중 하나가 되었다. 서머스의 건물 이후, 맥코믹 플레이스는 3배정도 커진 약 250만 평방피트까지 확장되었지만, 여전히 그의 건물이 건축적으로 가장 뛰어나다. 이것은 서머스의 디자인 능력 덕분이기도 하지만 미스 반 더 로에의 풍부한 건축어휘 덕분이기도 하다.

서머스는 1949년 텍사스 A&M 대학에서 학위를 받았다. 그는 수학여행 도중 IIT 캠퍼스를 둘러본 후 이곳에서 대학원 공부를 계속하기로 결정했다. 미스와의 만남이 결정적이었다. 서머스는 "이제껏 경험하지 못했던 진지함과 존재감을 그로부터 느꼈습니다."라고 회상했는데 이는 미스와의 첫 만남에 대한 많은 다른 사람들이 느낀 인상과 비슷했다.[20] IIT에서 서머스는 미스의 사무실에서 일을 하며 강의를 했던 에드워드 더켓 Edward Ducett의 관심을 끌었고, 그를 사무실에 추천했지만 미스는 서머스가 대학원 학위를 마친 후에 풀타임으로 일을 시작해야 한다고 했다.

그는 석사논문을 1951년에 마쳤고, 사무실에서 중요한 임무를 도맡았다: 처음에는 IIT에 있는 로버트 F. 카 메모리얼 채플의 시공 감리였다. 그리고 나서 25세의 나이에 커먼스의 프로젝트 아키텍트를 맡았다.(둘 다 1953년) 한국에서 군복무를 마친 후, 1956년에 시카고로 돌아왔다. 미스는 그를 뉴욕으로 데려가서 시그램 빌딩 프로젝트를 함께 작업했다. 서머스가 나중에 미스를 위해 일한 프로젝트 중에는, 이 책의 어딘가에 묘사된 바카르디 산티아고(1960), 게오르그 셰퍼 뮤지엄 프로젝트(1962), 시카고 연방 센터(1964-75), 토론토 도미니언 센터(1968), 베를린 신 미술관(1968) 등이 있다.

1966년 서머스는 자신의 사무실을 시작하기 위해 미스를 떠났지만, 그는 곧 C.F. 머피 어쏘시에이츠에 합류했다(당시 시카고에서 SOM 다음으로 프로젝트가 많았던 사무실).[21] 1974년 그는 필리스 램버트와 파트너를 이루어서 캘리포니아에 부동산 개발 회사를 설립했고, 이 회사를 통해 실리콘 밸리 개발을 개척했고 1978년 로스앤젤레스의 역사적인 빌트모어 호텔 Biltmore Hotel을 복원하고 확장했다. 1984년 서머스는 조각과 가구 디자인에 집중하기 위해 프랑스로 이주했지만 1989년 시카고로 돌아와 IIT 건축대학 학장이 되었다. 3년 후, 그는 캘리포니아에서 개인 사무실을 다시 열었다.

미스의 미국시절 측근들 중에서, 서머스는 가장 돋보였던 사람이었다; 그는 건축가로서의 오랜 경력동안 변함없이 활기차고 창의적이었다. 베너 블레이저 Werner Blaser가 편집한 진 서머스의 예술/건축 Gene Summers Art/Architecture은 건축과 미스에 대한 서머스의 헌신을 잘 보여준다. 1975년 이전 10년전에 주로 진행되었던 그의 대규모 프로젝트에서 서머스의 혁신에 대한 개인적 도전은 특히 디테일에서 그가 외벽과 평행하게 방향을 돌린 와이드 플랜지 멀리언의 사용에서 명백하게 드러난다. 그것은 당시 이미 상투적이었던 미스의 와이드 플랜지 벽과는 상당히 다른 질감을 만들어냈다. 그것의 좋은 예로 서머스의 시카고 재활센터 Rehabilitation Institute of Chicago(1973)를 들 수 있다.

새로운 맥코믹 플레이스를 위해, 서머스는 완성된 세번째 계획안 말고도 두 개의 완전한 계획안을 마무리 했었다. 최종 계획안은 여러개의 프로그램 요소들(주로 홀 본관과 4,350석 규모의 아리 크라운 극장 Arie Crown Theater)을 타워 사이를 연결하는 현수 케이블 아래 매달려 있는 1,200피트 길이의 거대한 지붕 아래 결합시켰다.

1971년에 기존의 건물위치에 완성된 계획안은 어떤 계획안보다도 우수하다. 하나의 지붕 아래 유리로 된 두 개의 볼륨 안에 주요 프로그램들을 담고있다. 지붕은 36개의 기둥이 150피트 간격으로 떠받치고 있고, 메인홀은 30만 평방피트로 된 하나의 공간으로서 내부에 기둥이 8개에 불과하다. 단순성(단순히 표현된 것 이상의), 구조적 명확성, 그리고 프로그램의 융통성에 있어서 그것은 아마도 궁극적인 미이시안의 유니버설 공간일 것이다. 가로 1,350피트, 세로 750피트 크기에 스페이스 프레임으로 이루어진 지붕은 네 방향으로 75피트나 바깥쪽으로 캔틸레버 된다. 외부 기둥은 유리와 같은 위치에 있지 않고 25피트 바깥쪽에 있다. - 이는 미이시안 모티브로서 바르셀로나까지 거슬러 올라간다. 건물의 회색빛 유리와 무광 검정색 강철은 금속빛깔의 회색 벽돌로 마감된 포디움과 조화를 이룬다.

미이시안 전례는 구조 디테일 어디에나 찾을 수 있지만, 기둥과 스페이스 프레임이 만나는 지붕 연결부분에서 가장 잘 보인다. 여기서 지붕 구조 - 양방향 워렌 트러스 -는 사선들로 이루어진 와이드 플랜지 구조에 자리를 양보하고 이 구조는 십자가 기둥과 핀으로 연결되어 있다. 이 계획은 서머스가 콘크리트 바카르디 쿠바 프로젝트를 위해 설계한 기둥, 지붕 연결부와 밀접한 관련이 있다(사진 13.7 참조). 맥코믹 플레이스를 디자인하는 3년 동안, 서머스는 젊은 헬무트 얀과 함께 일했다.

맥코믹 플레이스는 비판을 받기도 했다. 대부분은 미시간 호숫가에 불필요하고 불편한 위치에 있는 건물의 부지에 초점을 맞추었다. 첫 번째 건물이 불탔을 때 다른 장소로 옮길 기회가 있었지만, 경제적인 이유로 기존의 기초 위에 재건하는 것을 선택했다.[22]

메인 홀과 아리 크라운 극장 사이에 180피트 넓이의 개구부에도 불구하고 이 건물은 항상 호수쪽의 전경을 가로막는 장벽이었다. 이제 이 개구부는 레이크 쇼어 드라이브 서쪽의 새로운 부분과 연결하는 보행로에 의해 가로막혀서 호수까지의 시야 확보는 훨씬 더 어렵다. 그러나 그 건물은 여전히 엄청난 규모를 뽐내면서 그것의 무결성과 위엄을 유지하고 있다.

· · ·

미스의 추종자들이 디자인한 건물 중 이 책에서 마지막으로 소개하는 시카고 레이크 포인트 타워 Chicago's Lake Point Tower(1969년)는 어떤 면에서 가장 특이한 건물이다(사진 A.6). 그것은 세계에서 가장 높은 콘크리트 건물이었고, 30년간 가장 높은 주거용 건물이었다. 그것은 최초로 파도치는 형태의 커튼월로 만들어졌고, 시카고 최초로 옥상에 조경을 하였다. 그 건물은 미스의 학생이었던 두 명의 건축가 조지 시포레이트 George

사진 A.6 (왼쪽면) 레이크 포인트 타워. 시카고(1969) 시포레이트-하인리히 Inc. 당시 30대 초반이었던 레이크 포인트 타워의 디자이너들은 이것이 그들의 첫 번째 독립 프로젝트였다. 전경에는 알프레드 콜드웰이 디자인한 조경인 아카시아 나무가 보인다.

Schipporeit와 존 하인리히 John Heinrich에 의해 설계되었다. 그리고 그들 각각은 30대였는데, 당시 그들 모두는 스스로 건물을 설계한 경험이 전무했다.

시포레이트는 1955년에 IIT에서 1년 반 동안 공부하면서 알프레드 콜드웰로부터 깊은 영향을 받았다. 그는 돈이 바닥났고 어쩔 수 없이 자퇴를 해야했지만 제도실력이 상당히 뛰어났기 때문에 콜드웰은 그를 미스에게 추천했다. 미스의 사무실에서 그는 디트로이트의 라파옛 파크와 뉴워크의 파빌리온과 콜로네이드 아파트의 커튼월 디자인에 집중했다. 시포레이트는 1960년에 뉴워크 커튼월 회사에서 일하기 위해 사무실을 떠났고 2년 후 뉴욕의 부동산 개발업자였던 윌리엄 F. 하트넷 주니어 William F. Hartnett Jr.에 의해 고용되었다. 하트넷은 미스의 뉴워크 프로젝트를 통해 시포레이트를 알게되었다.

1962년 시카고 강변 북쪽 둑 호숫가의 부동산을 관리하던 회사인 시카고 도크 앤드 커널 트러스트 Chicago Dock and Canal Trust가 하트넷에게 연락을 했다. 이 지역은 한때 공업용지였지만 점차 상업 중심가의 일부가 되었고, 시카고 도크는 나중에 레이크 포인트 타워 부지가 될 부지를 임대하고 싶어 했다. 시카고의 건축회사인 퍼킨스 & 윌 Perkins & Will은 이 부지를 마케팅하기 위해 15층 내지 20층 타워들로 된 단계적 개발을 위한 디자인을 준비했다. 하트넷은 이처럼 대단한 장소에는 그와 어울리는 건물이 들어서야 한다고 생각했고, 직접 1,200개의 유닛으로 이루어진 십자가 모양의 타워를 제안했다. 시포레이트는 곧 디자인을 인계받았고, IIT 졸업생이자 라파옛 파크에서 건설 감리자로 일하고 있던 존 하인리히를 영입했다. 미이시안 스타일의 청동 아노이드 알루미늄 커튼월로 된 70층짜리 콘크리트 타워의 설계도를 만드는데 1년이 꼬박 걸렸다. 타워는 700대의 자동차를 주차할 수 있는 벽돌로 뒤덮인 포디움 위에 지어졌다.

하트넷과 그의 파트너인 찰스 쇼우 Charles Shaw는 그때까지 건설된 아파트 중 가장 큰 규모의 단일 건물에 대한 자금을 확보할 수 없었다. 이 프로젝트는 십자가 모양 날개 중 하나를 없애서 유닛 수를 줄인 후에야 간신히 살아남을 수 있었다. 그리하여 오늘날 880개의 유닛으로 된 세 개의 날개로 이루어진 타워 건물이 탄생하게 되었다.

미스 사무실에서의 경험을 바탕으로, 시포레이트는 라파옛 파크와 뉴워크에서 쓰인 커튼월을 더욱 발전시켰다. 그는 바닥 슬래브를 감춘 한층 높이의 루버 스팬드럴로 환기구를 외부로 표현했다. 벽 안쪽에는 전기 난방 및 냉방 장치 또는 외부 환기구를 포함하는 연속된 캐비닛이 있었다. 이 덕분에 수동으로 열리는 창문은 불필요했고, 역시 환기구에 의해 방해받지 않았던 시그램의 외벽과 같은 귀족적인 우아함을 유지할 수 있었다.

문헌들은 지속적으로 레이크 포인트 타워가 미스의 프리드리히 스트라쎄와 유리 마천루에 영향을 받았다고 지적했다.[23] 물론 시포레이트와 하인리히는 그 프로젝트들을 잘 알고 있었다. 그러나 레이크 포인트 타워는 원래 십자가 형태였고, 그 당시에는 다소 둔한 것으로 생각되었다. 그것은 단지 프로그램 조정 과정을 통해 역동적인 3개의 날개 형태로

변했을 뿐이었다.[24]

　　미스의 프로젝트와 닮은 것은 사실이지만 우연에 의한 것이었다. 그럼에도 불구하고, 당시 초보 디자이너였던 시포레이트와 하인리히는 미스의 건축 언어가 없었다면 결코 레이크 포인트 타워만큼 뛰어난 작품을 만들 수 없었을 것이다. 스탠다드 멀리언 벽은 물결치는 평면에 쉽게 적용되었고, 모서리가 없었기 때문에 훨씬 더 단순해졌다. 하지만 3개의 날개는 문제를 일으켰고 시포레이트는 어느날 원래 정사각형과 직사각형 이었던 기둥이 둥글어야 한다는 것을 깨달았다. 여러 부분에서 미스는 자유롭게 인용되었다: 코어벽은 트래버틴으로 덮여 있고; 타워는 심지어 기단부 위에 있었지만 열주가 있었다. 건물의 색깔은 녹색의 커다란 벽돌을 제외하곤 시그램과 같았으며, 프레리 공원으로서 자연을 시적으로 표현한 옥상 조경은 시포레이트의 멘토인 알프래드 콜드웰의 작품이다.

　　레이크 포인트 타워는 한가지 중요한 면에서 미스의 프로젝트와는 다르다: 그것은 "포인트 타워"이며, 한 지점을 중심으로 대칭으로 된 고층 건물이다. 미스의 고층 건물들은 모두 직사각형 프리즘으로 종종 훌륭하게 주변의 거리와 건물들과 잘 어울렸다. 그러나 시포레이트와 하인리히는 레이크 포인트 타워에서 르 코르뷔지에 이래로 진부한 도시 디자인이 된 공원 안의 타워가 아닌 수마일 사방에서 보이는 도시적 "레이크 포인트"에 건물을 배치할 기회를 얻었다. 그것이 참신하고 독특하며 완벽히 해결되었다는 것은 큰 행운이었다.

부록 B:
출판과 전시에서의 미스의 경력

미스의 건물들, 프로젝트들, 그리고 그의 경력은 많은 논평과 비판을 불러왔다. 이 장에서는 앞에서 논의하지 않은 주제에 대한 중요한 학술적인 내용을 검토하고 평가한다.

건물 자체를 제외하고 건축가에 대한 가장 중요한 자료는 1968년 미스와 당시 건축&디자인 부문의 디렉터였던 아더 드렉슬러 Arthur Drexler와의 협의에 따라 설립된 MoMA의 미스 반 더 로에 아카이브이다. 다음은 그러한 대화 중 드렉슬러가 회상한 한 구절이다.

> 1947년 필립 존슨이 기획한 미스 전시회가 끝난 후, 나는 창고에 처박힌 도면들을 발견했습니다. 나는 알프레드 바에게 미스에게 편지를 써서 MoMA에 도면을 기증해 줄 것을 요청해 달라고 부탁했습니다. (나는 존슨에게 요청할 수 없었습니다. 존슨은 이미 미스와는 틀어진 상태였고, 미스는 그에게 신경이 날카로워진 상태였기 때문이었습니다.) 이것은 1963년이었습니다. 미스는 동의했고 MoMA에 더 많은 것을 기증할 수도 있다고 제안했습니다.
>
> 나는 그가 기증하기로 한 도면들을 살펴보기 위해 시카고로 갔습니다. 나는 프로젝트들의 주요 도면을 찾아보았습니다. 미스는 내 방식이 마음에 들지 않았습니다. 나는 프로몬토리를 위한 50장의 멀리온 도면을 살펴보아야 했습니다.[1] 그는 내가 너무 적은 양만 골라내서 불쾌해했습니다. "당신도 알다시피," 그가 말했습니다. "세상은 우리가 멀리언을 발명했다는 것을 모릅니다." 제가 말했습니다. "미스, 세상은 당신이 멀리언을 발명했다는 것을 알고 있어요."
>
> 결코 내가 그의 모든 도면을 원하지는 않았지만, 그 또한 우리에게 모두 가져가라고 제안하지도 않았습니다. 그는 내가 그의 도면을 마음대로 선택하는 것을 싫어했기 때문에 도면을 고르는 일은 까다로웠습니다. 그에게는 모든 것이 중요한 것처럼 보였습니다. 어느 순간 루드위히 글레이저 Ludwig Glaeser[1963년 말에 건축 큐레이터로 임명됨]가 미스 아카이브의 설립을 제안했습니다....미스는 의회 도서관에 기증한 개인적인 서신을 제외하고 유언장에 모든 것을 MoMA에게 기증할 것을 명시하였습니다.[2]

현재 MoMA 컬렉션에 있는 미스와 그의 사무실의 도면 카탈로그 목록은 미스 반 더 로에 아카이브라는 타이틀로 갈란드 Garland에 의해 출판되었다. 7,000개의 유럽시절 드로잉으로 구성된 부분은 1986년에 드렉슬러에 의해 편집된 4권의 책에 실렸으며 그와 우리 중 한 명(슐츠)이 해설을 썼고, 슐츠 혼자서 편집한 두 권의 책이 1990년에 추가로 출판되었다. 1992년에는 슐츠가 편집한 13권에 달하는 13,000개의 미국에서의 드로잉이 다시 출판되었고, 그와 조지 E. 댄포스가 해설을 썼다. 세트 가격은 5,000달러였고 도서관들이 주로 구입하였다. 그것은 곧 절판되었다.

우리는 이미 미스의 작품이 가장 처음 출판된 자료에 대해서 언급을 했다. 그것은 Innen-Dekoration의 1910년 7월호에 실린 안톤 자우만 Anton Jaumann의 "Vom künstlerischen Nachwuchs"라는 리엘 하우스에 대한 비평이다. 같은 해에 또 다른 기사인 "Architekt Ludwig Mies: Villa des Herrn Geheime Regierungsrat Prof. Dr. Riehl in Neu-Babelsberg,"에는 필자명이 없는 채로 전체 사진 세트가 실렸다. 이 글은 슈투트가르트의 Moderne Bauformen의 9번째 해의 첫 번째 볼륨에 게재되었다.

이 기사들이 나왔을 때, 미스는 스물네 살이었고 무명이었다. 따라서, 1년 후인 1911년, 그가 미국의 저널에 언급되었다는 사실은 주목할만하다. Arts and Decoration 4월호에는 필자명 없이 "A Prototype of the New German Architecture"라는 삽화가 실려 있었다. 주제는 리엘 하우스였다. 저자는 독일어를 번역한 자우만의 글을 근거로 "역설적으로 그것의 유일한 결점은 결점이 없다는 점이라고 말할 수 있을 것이다. 건축적으로 말해서, 그것은 너무 정확해서, 조금 차가운듯 보인다".[3] 건축가의 이름 철자가 틀린 상태로 Ludwig Meis로 인쇄되었다.

그 후로 미국에서의 미스에 대한 소개는 그가 건축 아방가르드에 합류할 때까지 없었다. 1920년대 초 두개의 초고층 마천루 프로젝트는 1923년 9월 미국건축학회지에 비판적인 평을 이끌어냈다. 독일 평론가 발터 커트 베렌트 Walter Curt Behrendt는 "Skyscrapers in Germany"라는 제목으로 이 두 작품을 환영했으나 두 미국인은 이에 동의하지 않았다. 조지 C. 니몬스 George C. Nimmons는 유리 마천루를 "환상적이고 비현실적"이라고 했고 윌리엄 스탠리 파커 William Stanley Parker는 "누드 빌딩의 추락"이라 썼다.

미스를 본격적으로 다룬 최초의 글은 1927년 Das Kunstblatt에 파울 웨스트하임 Paul Westheim이 미스의 작품과 칼 프리드리히 쉰켈의 작품 사이의 관계에 대해 쓴 "Mies van der Rohe: Entwicklung eines Architekten"이었다.

> 미스는 처음에는 다른 사람들처럼 쉰켈을 특정한 형태적 언어로서 이해했지만, 그는 곧 고전주의자 쉰켈의 뒤에 숨어있던 또다른 쉰켈을 발견했고 그 의미와 기술, 그리고 장인정신에 있어서 쉰켈을 시대의 가장 뛰어난 실용적인 건축가라 생각했다. 그는 건축을 계획함에 있어 고전주의의 이상이 아닌 합당한 목적에서 시작해야 한다는 것을 정확히 이해했다.[4]

미스는 MoMA에서 바, 헨리-러셀 히치콕, 필립 존슨이 큐레이팅한 1932년 모던 아키텍쳐 인터내셔널 전시 Modern Architecture International Exhibition of 1932를 통해 처음으로 미국에서 제도권의 관심을 받았다. 같은 해 존슨과 히치콕은 국제 양식 이라는 이름의 책을 출판했다. 미스와 라이히가 디자인한 존슨의 뉴욕 아파트 사진이 Vogue 10월호(78권, 7호)에 실렸다. The Arts 1929년 10월호에 헬렌 애플턴 리드 Helen Appleton Read 가 쓴 'Germany at the Barcelona World's Fair'; Architecture Forum 1929년 11월호에 윌리엄 프랭클린 파리 William Francklyn Paris가 쓴 'Barcelona Exposition: a Splendid but Costly Effort of the Catalan People'; 1930년 셀던 체니 Sheldon Cheney가 그의 책 The New World Architecture에서 소개했다. 유럽의 건축비평가들 역시 파빌리온을 다루었다: 1929년 8월 15일 디 포럼 Die Forum에서 저스터 비어 Justin Bier; 1929년 10월 25일 Die Baugilde에서 발터 겐즈머 Balter Genzmer; 1929년 12월 Der Baumeister에서 귀도 하버스 Guido Harbers; 1929년 12월 Cahiers d'Art에서 니콜라스 루비오 투두리 Nicolas Rubio Tuduri. Hound and Horn(1933년 10월~12월)에서 출판된 존슨의 글 "Architecture in the Third Reich"은 미스가 나치가 추구하는 통합의 힘과 모더니즘을 하나로 융합시킬 수 있는 가장 뛰어난 독일 건축가라고 주장했다.

1938년 12월, 미국에서의 미스의 첫 번째 단독 전시가 시카고 예술 협회 the Art Institute of Chicago에서 열렸다. 미스가 디자인한 전시는 사진, 도면, 모델이 곁들여졌다. 1939년 뉴욕 버팔로에 있는 알브라이트 아트 갤러리 Albright Art Gallery에서 순회전시를 하면서 존 바니 로저스의 에세이가 출판되었다. 1938년 10월 18일 시카고 팔머 하우스 Palmer House의 레드 래커룸에서 열린 만찬은 프랭크 로이드 라이트가 미스를 소개한 자리로, 도로시 G. 웬트 Dorothy G. Wendt에 의해 1938년 12월 - 1939년 1월 일리노이 건축학회지(nos. 6-7)를 통해 소개되었다.

필립 존슨이 쓴 미스에 대한 최초의 모노그래프는 1947년 MoMA에서 그가 기획한 회고전과 동시에 출판되었다. 존슨이 쓴 책의 확장판은 1957년과 1978년에 출판되었는데, 여기서 그는 미스의 미국에서의 중요 작품들을 다루었다. 또한 1947년 시카고 대학의 르네상스 소사이어티는 미스의 작품에 대한 소규모 전시를 개최했고 전시도록에는 그 대학의 예술역사 학과장인 율리히 미들도프 Ulrich Middeldorf 가 쓴 서문이 포함되었다.

몇몇 중요한 모노그래프들이 미스 경력의 말기와 그가 세상을 떠난 직후에 출판되었다. 가장 중요한 책들로는 루드위히 힐버자이머가 쓴 Mies van der Rohe(1956)와 루드위히 글레이저의 Ludwig Mies van der Rohe: Furniture and Furniture Drawings(1977)이 있다. 미스의 디자인 방법론과 교수법을 설명한 피터 카터 Peter Carter의 Mies van der Rohe at Work(1974)는 건축비용을 포함한 미스의 건물에 대한 유용한 데이터들을 담고 있다. 미스에 대한 다른 초기 연구들은 1960년 피터 블레이크 Peter Blake(Mies van der Rohe: Architecture and Structure), 1960년 아서 드렉슬러(Ludwig Mies van der Rohe), 1965년 베너 블레이저 Werner Blaser (Mies van der Rohe: The Art of Structure)5, 그리고 1970년 마틴 파울리 Martin Pawley (Mies van der Rohe)가 있다. 1976년 울프강 프리그 Wolfgang Frieg는 본의 라인란드 프리드리히 빌헬름스 대학교 Rheinischen Friedrich Wilhelms-Universität에서 "Ludwig Mies van der Rohe: Das europäische Werk(1907-1937)"라는 박사논문을 완성했다. 그것은 최초로 미스의 유럽에서의 작업을 본격적으로 다룬 연구였다.

그래햄 재단이 협력하고 시카고 예술학회가 주관한 모형, 도면, 사진, 그리고 가구가 포함된 두번째 미스의 회고전이 1968년에 열렸다. 큐레이터는 제임스 스페이어 였다. 카탈로그 목록은 프레드릭 코퍼 Frederick Koeper가 썼다. 그 전시는 베를린의 아카데미 더 쿤스트, 미네아폴리스의 워커 아트센터, 오타와의 캐나다 국제 갤러리, 텍사스 포트워스의 아몬 카터 뮤지엄에서 순회전시 되었다.

미스가 사망한 1969년에 이르러 그는 세계에서 가장 영향력 있는 건축가로 여겨졌다. 그러한 명성은 루드위히 글레이저가 MoMA컬렉션에서 발췌한 31장의 도면과 그가 쓴 글을 곁들인 도면집을 출판한 덕분이었다.

미스의 학생이자 당시 켄터키 대학의 건축과 교수였던 공동저자 데이비드 스패츠 David Spaeth가 쓴 Ludwig Mies van der Rohe: An Annotated Bibliography and Chronology가 1979년도에 출판되었다.

Mies van der Rohe Archive의 컬렉션을 바탕으로한 중요한 연구가 1981년에 완료되었다. 1985년 독일 건축 역사가인 울프 테겟호프 Wolf Tegethoff는 아카이브의 풍부한 자료를 바탕으로 Mies van der Rohe: Die Villen und Landhausprojekte, 영어로는 Mies van der Rohe: The Villas and Country House를 썼다. 그것은 학문적으로 타의 추종을 불허하는 엄청난 노력의 결과였으며, 그 이후에 이루어진 사실상 모든 미스의 연구에 중요한 역할을 했다. 프란츠 슐츠 Franz Schulze는 아카이브의 자료를 바탕으로 1985년에 미스의 생애를 처음으로 총망라한 Mies van der Rohe: A Critical Biography를 출판하였다. 한편, 새로운 자료들이 발견됨에 따라 내용의 수정과 확장이 필요해졌고 시카고 건축가 에드워드 빈트호르스트 Edward Windhorst와 공동저술한 현재의 책이 나오게 되었다. 1985년 데이비드 스패츠가 쓴 도면과 사진을 위주로 한 또 다른 모노그래프도 출판되었다.

1986년 미스의 100주년은 다양한 전시를 통해 기념되었고, 그중 가장 중요한 전시는 아서 드렉슬러가 큐레이션한 MoMA에서 열린 미스의 회고전이었다. 드렉슬러가 전시를 기획하는 동안 병을 앓았기 때문에 카탈로그를 완성하지 못했다. 1987년 사망하기 전까지 그는 Mies van der Rohe Archive의 출판을 감독하였다. 드렉슬러의 죽음 이후, 미술관은 미스의 유럽뿐만 아니라 미국시절 작품의 모든 도면을 출판하기로 결정했고, 앞서 언급한 카탈로그 목록 catalogue raisonné을 만들었다.

시카고 예술협회와 IIT에서도 각각 100주년을 기념하는 전시가 열렸다. 시카고 예술협회에서는 Mies Reconsidered: His Career, Legacy, and Disciple라는 타이틀로 전시가 열렸는데, 이 전시는 마드리드에서도 순회전시 되었고, 에디터인 존 주코우스키 John Zukowsky가 쓴 "A Note on the Exhibition"이 동시에 출판되었고 나중에 스페인어로 번역되기도 했다. IIT 전시의 카탈로그인 Mies van der Rohe: Architect as Educator는 롤프 아킬레스 Rolf Achilles, 케빈 헤링턴 Kevin Harrington, 샤를로트 마이럼 Charlotte Myhrum이 편집했다.

100주년은 유럽에서도 기념되었다. 가장 중요한 모노그래프인 프리츠 뉴마이어 Fritz Neumeyer가 쓴 Mies van der Rohe: Das kunstlose Wort는 피터 베렌스, 헨드릭 베를라헤 같은 건축가들 그리고 뉴마이어의 주장에 따르면 헤겔 과 니체 같은 미스에게 영향을 준 철학자들과 연계하여 미스가 쓴 글을 들여다 봤다. 1991년 마크 자르좀벡 Mark Jarzombek의 영어 번역본(The Artless Word)이 나왔다. 미스의 100주년 기념해에 이그나시 드 솔라-모랄레스 Ignasi de Solà-Morales, 이그나시 드 솔라-모랄레스 루비오 Ignasi de Solà-Morales Rubio, 페르난도 라모스 Fernando Ramos, 크리스티안 시리로 Cristian Cirici에 의해 바르셀로나 파빌리온이 재건되었으며, 그 과정이 Mies van der Rohe: El Pabellon de Barcelona에 기록되었다. 그들의 노력은 1990년에 제작된 17분짜리 영화 미스 반 더 로에의 바르셀로나 파빌리온 Mies van der Rohe's Barcelona Pavilion에서도 볼 수 있다.

1986년 회고전이 있은 후, MoMA는 1989년 슐츠가 편집하고 몇몇 주요 미스 학자들이 참여한 Mies van der Rohe: Critical Essays의 출판을 후원하였다. 테겟호프 Tegethoff, 리차드 포머 Richard Pommer, 그리고 뉴마이어의 에세이와 미스의 학생이자 1970년대 중반 IIT 건축 프로그램을 이끌었던 제임스 잉고 프리드 James Ingo Freed와의 인터뷰가 포함되었다.

1989년의 또 다른 중요한 출판물인 일레인 S. 호흐만 Elaine S. Hochman의 Architects of Fortune: Mies van der Rohe and the Third Reich는 치밀한 연구를 바탕으로 미스의 정치적 성향을 다루었던 포머의 에세이와 비교해 볼때 훨씬 더 정치적으로 편향적이었다. 호흐만은 미스가 나치 정권하의 독일에서 보낸 4년 동안의 경력을 추적했다. 그녀는 미스가 위대한 건축가라는 것에 대해서는 의심의 여지가 없지만, 그가 나치로부터 자유롭지 못하다는 편협한 주장을 굽히지 않았다.

최근의 작업 중에는 건축가의 전생애를 망라한 Mies van der Rohe라는 제목의 몇 개의 모노그래프가 있다. 아놀드 쉬닉 Arnold Schink에 의해 쓰인 Beiträge zur ästhetischen Entwicklung der Wohnarchitektur라는 부제가 붙은 The earliest(1990)는 주로 미스의 주택을 중점적으로 다루었다. 장-루이스 코헨 Jean-Louis Cohen의 compact study of 1994(영

어 번역본 1996)는 2007년에 증보판이 나왔다. 클레어 짐머만 Claire Zimmerman이 충실한 도면과 함께 2006년에 출판한 The Structure of Space라는 부제의 책은 그녀를 미스의 권위자로 만들었다. 루이즈 트리게로스 Luiz Trigueiros와 파울로 마틴 바라타 Paulo Martins Barata는 2000년 리스본에서 출판된 짐머만의 것과 같은 제목으로된 미스에 관한 또 다른 책을 편집했고, 예후다 E. 사프란 Yehuda E. Safran의 (포르투갈어 및 영문) 텍스트가 포함되어있다. 사프란(2001)과 오로라 퀴토 Aurora Cuito(2002)는 각각 Mies van der Rohe 라는 제목으로 된 서로 다른 두 연구의 저자이다.

최근에 나온 두 권의 책은 비록 미스가 메인 주제는 않았지만 언급할 만 하다. 독일학자 카린 크리쉬 Karin Kirsch의 Weissenhofsiedlung은 1989년에, 미국 역사학자 리차드 포머 Richard Pommer와 크리스티안 F. 오토 Christian F. Otto의 Weissenhoff 1927 and the Modern Movement in Architecture는 1991년에 출판되었다. 두 책 모두 미스와 그의 조력자, 그리고 반대자들에 대해 상세하게 다루고 있다.

다른 연구로는 1994년 데트레프 메틴 Detlef Mertins이 편집한 The Presence of Mies가 있으며, 메틴, 필리스 램버트, 뉴마이어, K. 마이클 헤이스와 다른 이들의 글도 함께 수록되어있다. 영어로 번역되지 않았지만 풍부한 도면과 스케치가 들어있는 Mies van der Rohe: Möbel und Bauten in Stuttgart, Barcelona, Brno(1990년대, 정확한 출판 연도는 모름); 롤프 D. 바이스 Rolf D. Weisse의 Mies van der Rohe: Vision und Realität (2001); 아돌프 스틸러 Adolph Stiller와 브루노 라이린 Bruno Reichlin, 아서 루에그 Arthur Rüegg, 그리고 얀 사팩 Jan Sapák, Das Haus Tugendhat: Ludwig Miesvander Rohe (Brünn, 1930;Salzburg, 1999); 크리스티안 울스도프 Christian Wolsdorff의 Mehr als der blosse Zweck: Mies van der Rohe am Bauhaus 1930-33 (2001); 막스 스템손 Max Stemshorn의 Mies und Schinkel: Das Vorbild Schinkel im Werk Mies van der Rohes (2002); 요하네스 크레이머 Johannes Cramer와 도로시 색 Dorothee Sack, Mies van der Rohe: Frühe Bauten (2004); 울리히 뮬러 Ulrich Müller, Raum, Bewegung und Zeit im Werk von Walter Gropius und Ludwig Miesvander Rohe (2004); 그리고 크리스티안 랑게 Christiane Lange의 Mies vander Rohe: Architektur für die Seidenindustrie (2011)가 있다. 최근에 출판된 영어로된 작업으로는 메실드 호이저 Mechthild Heuser의 Steel and Stone: Constructive Concepts by Peter Behrens and Mies van der Rohe (2002); 크리스티안 랑게의 Ludwig Mies van der Rohe and Lilly Reich: Furniture and Interiors (2007); 그리고 헬무트 로이터 Helmut Reuter 와 브리짓 슐트 Birgit Schulte가 편집한, Mies and Modern Living: Interiors, Furniture, Photography (2008)가 있다.

개별 작품에 대한 출판물로는 프란츠 슐츠의 Farnsworth House (1997)가 있다. 슐츠의 연구 중 일부는 출판된 이후의 발견들 때문에 시대에 뒤떨어진 것으로 여겨졌다. 마찬가지로 이러한 발견들에 영향을 받았지만 우아하고 통찰력 있게 쓰여진 마리츠 반더버그 Maritz Vandenberg의 Farnsworth House (2003)도 있다. 다니엘라 해-투겐타트 Daniela Hammer-Tugendhat와 울프 데겟호프가 편집한 Ludwig Mies van der Rohe: The Tugendhat House (2000); 그리고 조셉 쿠엣글래스 Josep Quetglas의 Fear of Glass (2001년)는 바르셀로나 파빌리온을 새로운 관점에서 논의한다. 켄트 클라인만 Kent Kleinman과 레슬리 반 두저의 Leslie Van Duzer, Mies van der Rohe: The Krefeld Villas (2005)도 주목할 만하고 또한 크레펠트 빌라의 나중 이야기를 다룬 줄리안 헤이난 Julian Heynan의 Ein Ort für Kunst(1995)도 있다.

마커스 야거 Markus Jager는 Zeitschrift für Kunstgeschichte 65호 (2002) 123-36쪽에 실린 에세이 "Das Haus Warnholtz von Ludwig Mies van der Rohe (1914/15)"를 썼다. 미스의 작업을 위한 전시공간인 Mies van der Rohe Haus는 2006년에 아헨의 Mies van der Rohe Strasse 1에 설립되었다.

미스에 관한 영화들은 조지아 반 더 로에(1980, 1979)와 마이클 블랙우드 Michael Blackwood (1986)에 의해 제작되었고, 두 영화 모두 Mies van der Rohe라고 이름 붙여졌다.; 조셉 힐렐 Joseph Hillel와 패트릭 데머 Patrick Demers가 Regular or Super를 2004년에 제작하였으며; 미술 평론가 로버트 휴 Robert Hughes가 제작한 Mies van der Rohe: Less Is More가 BBC 4에서 2008년 초에 방영되었다; 2008년 디트리히 뉴만 Dietrich Neumann의 "Mies Media"는 Journal of Architectural Historians 66, No.1 (2007년 3월): 131-35에 게재되었다. Mies in Berlin은 호스트 에플러 Horst Eifler와 울리히 콘라드 Ulrich Conrads가 진행한 미스와의 인터뷰 음성기록으로 1966년 미국의 라디오 방송국 RIAS Berlin이 제작하였다.

1988년에 발견된 소행성에 24666 Mies van rohe (1988 RZ3)라는 이름이 붙여졌다.

마이스의 업적과 명성에 대해 반대의견을 가진 저명한 학자들도 있다. 그 중 한 명은 루이스 멈포드 Lewis Mumford인데, 그는 오랫동안 뉴요커의 건축 평론가였으며 초창기 현대 건축의 옹호자였다. 1932년 MoMA 전시에 대한 리뷰에서, 그는 투겐타트 하우스를 "전시에서 가장 멋진 물건"이라고 묘사했다. 후에 그는 자신의 견해를 바꿔 기계미학에 대해 비판적이 되어, 존슨과 히치콕이 옹호한 인터내셔널 스타일을 공격했다. "이것으로부터" 멈포드는 이렇게 썼다.

미스 반 더 로에의 안내를 받는 건축가라면 손쉽게 기계에서 건축까지 도달할 것이다. 미스 반 더 로에는 철과 유리로 무를 위한 우아한 모뉴멘트를 만들었지만 그들은 내용 없는 기계의 모습을 한 건조한 스타일일 뿐이다. 그의 절제함 덕분에 이 텅 빈 유리박스가 크리스탈 같은 형태의 순수함으로 거듭났다; 그러나 그것은 그만의 머리 속의 플라토닉한 세계에 홀로 존재했고 장소, 기후, 단열, 기능, 내부 활동과는 아무런 상관이 없었다; 실제로 그것들은 그의 거실에 반듯이 정돈된 의자들이 사람 사이의 대화에 필요한 친밀함과 캐주얼 함을 완전히 무시한 것에서 알 수 있듯이 이러한 현실들에 완전히 등을 돌렸다. 이것은 강박적이고 형식적인 정신의 절정이었다. 그 공허함과 텅 비어있음은 반 더 로에의 숭배자(원문 그대로)들의 생각하는 것보다 더 크게 느껴졌다.[6]

영국의 건축사학자 데이비드 왓킨 David Watkin은 1920년대 초반의 미스에 초점을 맞추었지만 똑같이 부정적이었다. G에 실린 미스의 글에서 왓킨은 "비개인화, 세속화, 기계주의적인 미래에 대한 위협적인 비전"[7]을 발견했다. (여기서 이미 언급된 미스의 1920년대 후반 정신적인 지향으로의 전환을 왓킨은 고려하지 않았다.)

포스트모더니즘의 구세주 중 하나였던 찰스 젠크스 Charles Jencks는 Modern Movements in Architecture에서 르 코르뷔지에, 그로피우스 그리고 프랑크 로이드 라이트 (젠크스는 알바 알토를 찬양했다)와 같은 20세기 초 인물들을 겨냥했다. 미스에 대한 견해는 "The Problem of Mies"라는 제 2장의 제목에서 알 수 있고, 이 글은 다음과 같이 시작된다.

미스 반 더 로에를 바라보는 건축 비평가와 거주자 모두에게 문제점은 그의 건축을 즐기기 위해서는 플라토닉 세계관에 절대적인 복종을 요구한다는 것이다. 이러한 복종이 없다면, 그가 저지른 기술적, 기능적 실수가 너무 커서 플라토닉한 형태를 더 이상 "완벽하다"거나 "그럴듯하다"고 받아들일 수 없게 된다.[8]

21세기에 들어 가장 야심찬 두 개의 미스의 전시는 한 쌍으로 이루어진 풀 스케일의 회고전으로서 그의 작품을 총망라한 카탈로그의 출판이 함께했다.

Mies in Berlin은 MoMA의 테렌스 라일리 Terence Riley와 콜럼비아 대학교의 배리 버그돌이 주관해 2001년 뉴욕 MoMA에서 열린 후에 베를린 국립 박물관 Staatliche Museen zu Berlin과 바르셀로나의 카이사 파운데이션 Fundacion La Caixa으로 순회전시되었다. 같은 이름으로 출판된 책은 미스에 관한 중요한 출판 중 하나가 되었다. Emsworth Design, Inc.의 안토니 드로빈스키 Antony Drobinski와 지나 로씨드 Gina Rosside의 책 디자인뿐만 아니라 데이빗 프랑켈 David Frankel의 편집은 높은 평가를 받았으며, 에세이와 글을 쓴 모든 작가들은 그들의 명성에 부응했다. 특히 배리 버그돌과 로즈마리 해그 블래터 Rosemarie Haag Bletter의 글은 확실히 읽을만 하다.

필리스 램버트가 큐레이션한 두 번째 전시회인 Mies in America는 2001년 뉴욕 휘트니 뮤지엄 Whitney Museum of American Art에서 개막해 몬트리올의 캐나다 건축센터 Canadian Centre for Architecture와 시카고 현대미술관 Museum of Contemporary Art에

서 순회전시되었다. 전시 카탈로그는 램버트가 편집했는데, 램버트는 미스 연구에 있어 풍부하고 수준높은 작업을 제공한다. Mies in Berlin와 Mies in America 에 대한 찬사들 와중에 New York Review of Books에서 미술과 건축에 관한 글로 잘 알려진 마틴 휠러 Martin Filler는 다른 견해를 제기했다.

이 두 전시와 그에 따른 출판물이 감탄스럽기는 하지만, 미스에 대한 너무나도 큰 누락이 명백하게 보인다. 미스가 1938년 베를린에서 미국으로 떠나면서 인생의 전환점을 맞이하는 것을 기점으로 나뉜 2부작 프로젝트[즉, 두 전시]에서 그가 독일을 떠나기로 결심한 이유와 히틀러 정권이 들어선 이후에도 오랫동안 독일에 머물렀던 이유에 대해 전혀 언급되지 않았다.[9]

휠러는 그의 평가를 다음과 같이 결론짓는다:

그는 자신의 고난의 시대를 뛰어넘어 영원함을 추구하려고 하였으나, 미스는 자신이 태어난 시간과 장소에 충실했던 산물이었다. 그의 자유로운 작품활동에 자극을 준 활기찬 바이마르 베를린에서부터, 나치의 환심을 사기 위해 세심하게 접근했던 모더니즘, 그의 순응적인 시기에 미국의 기업들을 위해 쏟아낸 지루하고 반복적인 작업에 이르기까지, 그는 진정으로 우리시대의 건축가였다.[10]

그러나 나중에 쓴 책에서 휠러는 그의 입장을 바꿨다: "미스의 전 생애에 걸친 경력은 영웅적인 것으로 보여질 것이 틀림없고, 대부분 성공적이었다. 비록 가장 쉽게 모방된 특징들이 수십 년에 걸쳐 수준낮게 변형되어왔지만, 그의 각인이 너무 강하기 때문에 그러한 성취가 완전히 지워지거나 희미해 질 것 같지는 않다."[11]

주석

제1장

우리들 공저자에 의한 독일어의 영어 번역 부분은 번역자를 따로 표기하지 않았다.

1. Mies, Dirk Lohan과의 인터뷰(독일어 타자 인쇄물, 시카고, 1968년 여름); Mies van der Rohe Archive, Museum of Modern Art, New York.
2. 같은 책에서.
3. 같은 책에서.
4. 같은 책에서.
5. 1961년, 미스는 다음 내용을 언급했다: "어린 소년이었던 나는 고향의 성당 학교에 다녔어요. 라틴어 학교였는데, 성적이 아주 우수하지는 못했어요. 아버지는 내가 조금은 실용적인 직업을 배우도록 결정하셨고, 그런 연유로 나를 직업학교에 입학시켰어요." 이 구절은 Four Great Makers of Modern Architecture: Gropius, Le Corbusier, Mies van der Rohe, Frank L. Wright; The Verbatim Record of a Symposium Held at the School of Architecture, Columbia University, March-May, 1961(New York: Columbia University, 1963; reprint, New York: Da Capo Press, 1970)에 실린 Peter Blake: A Conversation with Mies van der Rohe의 내용 일부로, 인쇄 출판된 인터뷰 내용을 편집을 거쳐 옮겨 놓은 부분이다.
6. Mies, Dirk Lohan과의 인터뷰, 1968년, 이번 단락과 그 다음 단락.
7. 묘석은 Lane 23, Number 213-215, West Cemetery, Aachen에 있다.
8. Georgia van der Rohe이 감독하고, Mainz, Knoll International, Zweites Deutsches Fernsehen의 후원으로, Wiesbaden에 있는 IFAGE Film Productio이 제작을 맡은 다큐멘터리 영화 Mies van der Rohe에서; 영어 대사, 1979년, 독일어 대사, 1980
9. Ludwig Mies van der Rohe und Ewald(Aachen: Museum Burg Frankenberg, 1986)의 홍보 책자에 실려 있는, 1936년 벨기에 Raeren에 지어진 "Haus Homburg"의 설계안, 이는 Ewald Mies의 공로이다. Raren은 Aachen 중심부에서 5마일 남쪽에 있다.
10. John Peter 저, The Oral History of Modern Architecture: Interviews with the Greatest Architects of the Twentieth Century (New York: H. N. Abrams, 1994), p158.

제2장

1. Kiehl이 설계한 건축물들은 American Architect지의 96호, no. 1753(July 28, 1909): P.34에 실릴만큼 그 디자인이 뛰어났다.
2. 미스 반 더 로에, Dirk Lohan과의 인터뷰(독일어로 된 인쇄물, 시카고, 1968년의 여름); Mies van der Rohe Archive, Museum of Modern Art, New York.
3. 같은 책에서.

4. Popp가 Bruno Paul의 건축 작품집을 발행함(Munich: F. Bruckmann, 1916).

5. 대부분이 주거 구역인 Neubabelsberg는 1938년 Nowawes 마을과 통합되고 마을 이름은 Babelsberg로 개칭되었는데, 그로부터 1년 후에 Babelsberg는 결국 Potsdam에 부속되었다.

6. Mies, Dirk Lohan과의 인터뷰, 1968년, 이 단락과 바로 다음 단락.

7. Paul Mebes 저, Um 1800: Architektur und Handwerk in letzten Jahrhundert ihrer traditionellen Entwicklung(Munich: F. Bruckmann, 1908).

8. 아마도 Haus Springer를 말하고 있는 듯. Haus Springer는 미스가 이탈리아 여행을 떠나기 전까지는 그 지역에 지어져 있던 유일한 Messel House.

9. Mies, Dirk Lohan과의 인터뷰.

10. Mies, Peter Carter 저, Mies van der Rohe at Work(New York: Praeger출판사, 1974), p.174에 인용된 내용.

11. Riehl의 방명록에 관하여는, Frankfurter Allgemeine Zeitung, March 11, 2002에 게재된 "Weltoffenes Klösterli", 내용을 참고.

12. Terence Riley와 Barry Bergdoll이 편집을 맡은 Mies in Berlin에 실린 Barry Bergdoll 저, "The Nature of Mies's Space", 전시 카탈로그(New York: Museum of Modern Art, 2001), p.67.

13. 같은 출판물(카탈로그) p.67-68. Klösterli 방명록에서, 미학자 Max Dessoir는 "in admiration of house and garden"이탤릭체)이라는 헌사와 함께 서명했다.

14. 제2차 세계 대전 이후, 이 주택은 독일 정부에 의해 몰수되었고, 포츠담 영화 및 텔레비전 협회의 본부로 사용되었다. Halle(현관, 공동현관)은 분할되었고, 베란다는 폐쇄되었다.

15. Franz Schulze가 편집을 맡은 Mies van der Rohe: Critical Essays에 실린 Fritz Neumeyer 저, "Space for Reflection", (Cambridge, MA: MIT Press, 1989), p.156.

16. 건축가 Behrens에 대해서는, Stanford Anderson 저, Peter Behrens and a New Architecture for the Twentieth Century(Cambridge, MA: MIT Press, 2000); Fritz Hoeber 저, Peter Behrens(Munich: Müller & Rentsch, 1913); 그리고 Alan Windsor 저, Peter Behrens, Architect and Designer(New York: Whitney Library of Design, 1981)의 내용을 참고.

17. AEG 터빈 공장 건물에 대해서는, 역시 Anderson 저, Peter Behrens and a New Architecture; Tilmann Buddensieg with Henning Rogge, Industriekultur: Peter Behrens and the AEG, 1907-1914(Cambridge, MA: MIT Press, 1984); Hoeber 저, Peter Behrens; 그리고 Windsor 저, Peter Behrens, Architect and Designer의 내용을 참고.

18. Alois Riegl 저, Spätrömische Kunstindustrie nach den Funden in Osterreich(Vienna: Verlag Osterreichischen Staatsdruckerei, 1901년 발행).

19. 그의 생애 후반에 이르러, 미스는 이 같은 역설에 관해서도 잘 알고 있었다: "뭐, 잘 아시다시피, 우리 건축가들은 이렇듯 특별한 위치에 있는 것이지요. 우리 건축가들은 건축물에 그 시대를 담아 표현해야 합니다." Four Great Makers of Modern Architecture: Gropius, Le Corbusier, Mies van der Rohe, Wright; the School of Architecture 주제로 개최된 심포지엄의 축약 기록에 실린 Peter Blake 저: A Conversation with Mies van der Rohe의 내용. Columbia University(March-May, 1961)(New York: Columbia University, 1963; reprint, New York: Da Capo Press, 1970), p.97.

20. 미스, Adalbert Colsmann에게 보내는 편지, Langenberg, West Germany; Ludwig Mies van der Rohe의 논문, 미국 의회 도서관 원고자료 부서. 미스 "1910년 런던에서 열린 Deutsche Gartenstadt 전시를 방문했을 때, Karl Ernst Osthaus와 Heinrich Vogeler와 동반했었다고 당신에게 보낸 편지에 썼었는지 기억이 잘 나지 않습니다."

21. Ludwig Glaeser, Schulze와의 인터뷰, 1980.

22. Anton Jaumann의 기고문, "Vom künstlerischen Nachwuchs", Innendekoration지 21호(1910 7월): 266.
23. 이를 깊이 다루고 있는 책 Anderson 저, Peter Behrens and a New Architecture, chap.7. p.300, n. 25.와 Tilmann Buddensieg를 비롯한 건축가 Behrens를 연구하는 또 다른 학자는 AEG Turbinen halle 건물의 "남쪽 입면 설계"를 미스가 디자인한 것으로 믿고 있었다. Schulze와의 직접 통화에서 Buddensieg가 언급한 내용, Berlin, 2003.
24. Dirk Lohan, 이 책의 공저자인 Schulze와의 인터뷰, 2011년 03월 03일.
25. Anderson 저, Peter Behrens and a New Architecture.
26. Dirk Lohan, 이 책의 공저자인 Schulze와의 인터뷰.
27. Salomon van Deventer이 Helene Kröller-Müller에게 보낸 편지, August 29,1911; August 10, 1975에 van Deventer의 미망인 Mary가 Ludwig Glaeser에게 보낸 편지에 인용된 내용. Mies van der Rohe Archive, Museum of Modern Art, New York.
28. Winfried Nerdinge 저, Richard Riemerschmid: Vom Jugendstil zum Werkbund, Werke und Dokumente (Munich: Prestel, 1982)에서 인용됨 p.413.
29. Horst Eifler, Ulrich Conrads 두 사람과 미스와의 대담 내용, the American radio station RIAS(Radio in the American Sector), Berlin, 1964년 10월의 녹화 및 음반 제작, Mies in Berlin, Bauwelt Archiv 1(Berlin, 1966).
30. Kai Krauskopf 저, Bismarck denkmäler: Einbizarrer Aufbruch in die Moderne(Hamburg: Dölling und Galitz, 2002), p.165-168.
31. Riley와 Bergdoll이 편집을 맡은, Mies in Berlin p.158.
32. Dietrich von Beulwitz 저, "The Perls House by Ludwig Mies van der Rohe"에 인용되었고 이 내용이 Architectural Design지 53, p.11-12 (1983)에 게재됨: 67. 그때까지만 해도 미스는 "Mies van der Rohe."란 이름을 갖지 않았다.
33. 같은 책에서. 1977년에 Perls House의 리노베이션 공사를 감독한 Von Bulwitz에 따르면, "해당 부동산과 부지는 한때 의료 기기 및 이와 관련한 기술 장비를 생산하는 민간 기업이 사용했으며, 전쟁 기간 동안에는 제트기와 V계열 미사일에 대한 측정 장비 설계나 그와 유사한 작업들이 진행된 곳이었지요."(p.63) Von Beulwitz는 1982년 6월 Schulze와의 직접 통화에서 제2차 세계 대전 후에 이 주택에는 내부 배치의 변화가 있었으며, 이 같은 리노베이션 작업에는 90도 각도의 사용을 거부하는 인지학회에 의해서 이루어진 시공도 포함되어 있다고 덧붙였다. 대각선 "받침 부재"는 지상 층과 위층 여러 방 공간의 코너 부분에 다수 배치되었다.
34. 같은 책에서. p.67.
35. 독일 대사관 건물에 관해서는 독일의 예술 역사학자인 Martin Warnke이 편집을 맡은 Politische Architektur in Europa vom Mittelalter bis heute:Reprasentation und Gemeinschaft,에 실린 Tilmann Buddensieg 저, "Die kaiserliche deutsche Botschaft in Petersburg von Peter Behrens"(Cologne: DuMont, 1984)의 내용을 참고, p.374–97. 같은 책에 실린 미스의 현관(로비) 공간 스케치가 이 책의 p.393에 실려 있다.
36. Helene Kröller-Müller이 H. P. Bremmer에게 보낸 편지, June 28, 1910; Salomon venter 저, Aus Liebe zur Kunst(Cologne: Verlag M. Dumont Schauberg, 1958)에 인용됨. p.51.
37. Kröllers에 대한 Behrens의 프로젝트는 Hoeber 저, Peter Behrens를 참고.
38. Helene Kröller-Müller, Salomon van Deventer에게 보낸 편지, 1911년 3월 8일; van Deventer 저, Aus Liebe zur Kunst에 인용된 내용. p.55.
39. Salomon van Deventer, Helene Kröller-Müller에게 보낸 편지, 1911년 3월 8일; 같은 책에 인용된 내용. p.1.

40. Tilmann Buddensieg, Schulze와의 통화에서, 1983.
41. 미스, Horst Eifler, Ulrich Conrads와의 대담, RIAS, Berlin, 1964년 10월의 녹화 및 음반 제작, Mies in Berlin, 독일 건축 잡지 Bauwelt지의 Archiv 1(Berlin, 1966).
42. 같은 잡지(Bauwelt)에서의 내용. 미스가 과장해서 말하지는 않았다. Kröller의 미술품 컬렉션은 11,500점에 달했고, 대부분의 작품 선택에는 Bremmer의 조언이 작용했다. 작품 컬렉션 중에는 반 고흐의 93점의 회화 작품과 183점의 소묘가 포함되어 있다.
43. 이 도면은 Museum of Modern Art, New York에 소장되어 있다.
44. Museum of Modern Art에 소장되어 있는 Meier-Graefe의 편지, Mies van der Rohe Archive
45. Hugo Weber 저, "Mies van der Rohe in Chicago", Bauen und Wohnen(December 1950):1의 글에 따른 각주 조항이 뜻하는 바로는 미스는 파리에서 비평가 Wilhelm von Uhde의 자택을 방문했으며, 그곳에서 그의 생애 처음으로 입체파 그림을 접했던 것으로 알려졌다.
46. Van Deventer 저, Aus Liebe zur Kunst, p.70.
47. Helene Kröller-Müller, A.G. Kröller에게 보낸 편지, 1913년 01월; 같은 책 P.71에서 인용됨.
48. 미스, 1913년 4월 02일 Helene Kröller-Müller에게 보낸 편지; Archives of the Kröller-Müller Museum, Otterlo. Kröller-Müller 부인과 미스 사이에 로맨틱한 사심은 없었을까? 이에 대한 의혹은 좀처럼 해소되기 힘든 부분이기도 하지만, 1911년 8월 29일 Kröller Müller 부인에게 보낸 van Deventer의 편지는 이에 대한 의구심을 불러일으킨다. 미스와의 가진 첫 대면에서 큰 감명을 받은 van Deventer는 Behrens의 조수인 Jean Krämer와의 계속되는 갈등에서 미스를 신뢰하도록 Kröller-Müller 부인을 설득하려고 했다. 그러나 van Deventer는 미스를 옹호하기 전에, 다음과 같은 내용의 편지를 보냈다.: "저는 미스가 내비치는 당신에 대한 큰 헌신과 폭넓은 지각력을 그의 언사를 통해 느낄 수 있습니다. 저와 미스 우리 두 사람이 가깝게 되는 데는 그리 긴 시간이 필요치 않았습니다, 그럼에도 마치 오래된 친구 사이처럼 느껴졌고요, 그가 언급한 모든 것들은 당신을 떠올리게 하는 반면, 저는 왠지 그를 당신으로부터 일정한 거리를 유지하도록 해야겠다는 생각이 들었습니다. 이것은 저에게는 사소한 일이고요, 사실 작은 사안이기도 합니다만, 때문에 저는 이를 어찌할지에 대해 하늘의 대답을 구했습니다.(건축가로서의 미스에 대한 객관적인 판단을 위해), 그래서 이제 저는 다음 내용의 글을 당신에게 피력하고 싶습니다." 뒤이어 계속되는 편지 내용은 건축이라는 전문 분야에서의 미스를 대리하는 입장에서 van Deventer가 펼치는 주장이었다. 이 구절은 1975년 8월 19일 Mary van Deventer가 Museum of Modern Art의 Mies van der Rohe Archive 큐레이터인 Ludwig Glaeser에게 보낸 편지 내용에서 인용되었다.
49. 1940년 Museum of Modern Art에서 개최된 Frank Lloyd Wright 전시회의 미발표 카탈로그를 위해 미스가 기고한 헌사의 내용 "Frank Lloyd Wright"(참고 Philip Johnson, Mies van der Rohe [New York: Museum of Modern Art, 1947, p.105).
50. Georgia van der Rohe 저, La donna è mobile: Mein bedingungsloses Leben(Berlin: Aufbau-Verlag, 2001), p.11.
51. Mary Wigman, 1972년 9월 13일 베를린에서의 Ludwig Glaeser와 인터뷰(Wigman은 제1차 세계 대전 이후에 베를린으로 이주하면서 Wiegmann에서 Wigman으로 개명했다), Mies van der Rohe Archive, Museum of Modern Art, New York. 미스가 Ada와 갈라선 뒤에도 Wigman은 그와 가깝게 지냈다. Wolf Tegethoff 저, Mies van der Rohe: The Villas and Country Houses [New York: Museum of Modern Art, 1985], p.99에 따르면, 1920년대와 1930년대에 그녀는 "베를린에 머물 때면 종종 [Mies's] 스튜디오에서 지냈다."
52. Ludwig Mies, Ada Bruhn에게 보낸 편지, 1911년 9월; Tegethoff 저, Mies van der Rohe: The Villas and Country Houses, p.12 내용을 인용됨
53. Renate Werner, Ithe Building Centre Trust의 ille Sipman에게 보낸 편지, London, 1979년 봄. Franz

Schulze의 개인 컬렉션에서 복사한 내용.

54. 미스의 딸 Marianne Lohan은 1981년 11월 10일 Schulze와의 대담에서 그녀의 부모가 "1916-17년에 Werder의 땅을 팔았다"고 언급했지만, 제1차 세계 대전 종전 이후 시기에도 미스가 Werder에 머물고 있었다는 상반된 증언이 있다.

55. 1972년 9월 15일 베를린에서의 Mary Wigman와 Ludwig Glaeser의 인터뷰; Mies van der Rohe Archive, Museum of Modern Art, New York.

56. 같은 책에서.

57. 가족들은 그 이름이 Goethe의 'Hermann과 Dorothea'에서 따온 것으로 여겨진다. 이 작품은 대단히 감상적인 서사시이기 때문에, 독일의 젊은 세대들로부터는 외면받을 만한 작품이기에 조금 이상한 출처이다.

58. Ada의 일기는 1914년에서 1919년 사이에 작성된 것이다. 일기장은 미스의 손녀 Ulrike Schreiber의 소유이다.

59. Markus Jager의 기고문 "Das Haus Warnholtz von Ludwig Mies van Der Rohe", Zeitschrift für Kunstgeschichte 65, 1호(2002), p.123-136; 특별호

60. Renate Petras의 기고문 "Drei Arbeiten von Mies van Der Rohe in Potsdam-Babelsberg", Deutsche Architektur(Berlin, 1974년 2월): 68.

61. Am Karlsbad 건물과 미스의 아파트에 관한 자세한 내용은 Helmut Reuter와 Birgit Schulte가 편집을 맡은 Mies and Modern Living(Ostfildern, Germany: Hatje Cantz, 2008)에 실린 Andreas Marx와 Paul Webber의 공저 "From Ludwig Mies to Mies van der Rohe: The Apartment and Studio Am Karlsbad 24 (1915-39)"의 내용을 참고, p.25-39.

62. Georgia van der Rohe 저, La donna è mobile, p.15

63. Ada Mies의 일기장, 1915년 8월 25일 작성한 내용 항목. 이 부분과 다음 단락에 인용된 메모장 내용은 출판되어진 적이 없다.

64. 같은 책에서, 1915 12월 기입된 내용.

65. Manfred Lehmbruck와 Schulze의 직접 통화, 1983년 01월 12일.

66. Reinhold Heller 저, The Art of Wilhelm Lehmbruck (Washington, DC National Gallery of Art, 1972),에 인용된 Wilhelm Lehmbruck 저 "Who Is Still Here?"; p.198.

67. Ada Mies의 일기장에 기재된 내용.

68. Julius Posener가 1982년 12월 1일, Schulze에게 보낸 편지, 그는 이 같은 내용을 1920년대에 미스를 알고 지냈고 Weissenhofsiedlung에서 소소한 역할을 수행했던 슈투트가르트 건축가 Bodo Rasch의 덕분으로 돌렸다. 2001년 여배우가 되어 Georgia van der Rohe라는 예명을 가진 미스의 딸 Dorothea는 루마니아에서의 미스의 체류에 대해서 그녀만의 사견임을 전제로 얘기했다: "아버지가 돌아가신 후에야 나는 그가 신뢰하는 Knüpferlein [Elsa Knupfer]을 통해 그 당시의 일들을 알게 되었지요...말하자면,...아버지는 독일어를 사용하는 Transylvanian 여인과 관계를 가졌지요. 그리고 그녀와의 사이에서 아들을 얻게 되었는데 그때는 바로 그의 셋째 딸이 태어났을 무렵이기도 했습니다. 그는 나중에 Transylvanian 여인 사이에서 얻은 아들을 알아보지 못했습니다."(Ladonna mobile, p.15). 미스의 손자 Dirk Lhan은 Georgia의 주장에는 신빙성이 없다고 피력한다. 그는 Elsa Knupfer를 잘 알고 있던 어머니 Marianne가 그런 낌새를 일체 전해 듣지 못했다고 주장한다. 그는 또한 Georgia의 두 아들 중 한 명인 Frank Herterich는 그에게 "그의 어머니 [Georgia's] 책은 완전히 지어낸 것이며, 그 내용 대부분은 사실로 받아들여질 수 없다"고 말했음을 밝혔다(Dirk Lhan, 2011년 5월 03일, 저자와의 인터뷰). 미스가 루마니아에서 아들을 얻었다는 유일한 증거로는 Georgia만의 단독적이고 간접적인 기록이 전부인바, 그녀의 주장은 뒷받침될 수 없는 것이다.

69. Ada의 일기장에서 인용됨, 1917년 7월에 기재한 내용.
70. 같은 책에서, 1919년 봄에 기재한 내용.
71. Lora Marx와 Schulze와의 대담, 1980년 9월 16일.

제 3 장

1. 미스, 1920년 2월 25일, Ada Mies에게 보낸 편지 내용, Georgia van der Rohe 저, La donna è mobile: Mein bedingungsloses Leben(Berlin: Aufbau-Verlag, 2001), p.18에 인용됨.
2. Ada Mies, 미스에게 보낸 편지: 같은 책, p.19에 인용됨.
3. Lora Marx는 미스는 Ada에 관해서는 그것이 칭찬이든 험담이던 간에 결코 한마디의 말도 없었다고 말했다. 그는 아이를 갖고 싶어 하지 않았다. 그는 결코 그녀와 이혼하지도 않았다. 하지만 Ada는 그가 원한다면 이혼을 허락했을 것이다. 1980년 9월 16일, Lora Marx와 Schulze의 인터뷰에서. 로마 가톨릭 교회에서는 이혼을 받아들이지 않았기 때문에 미스가 이혼을 고려하지 않았을 것이라는 가정 또한 일리 있는 해석이다.
4. Paul Scheerbart 저, Glass Architecture, Dennis Sharpe의 편집 그리고 James Palmes의 번역(런던: 1972년 November Books발행), p.41
5. Walter Gropius 저, Program of the Staatliche Bauhaus in Weimar, the Staatliche Bauhaus Weimar 출판, 1919년 4월; Lyonel Feininger가 표지를 Cathedral란 제목으로 목판 장식한 4쪽 짜리 전단지.
6. George Grosz, Werner Haftmann의 공저, Painting in the Twentieth Century(New York: Praeger, 1965)에서 인용된 내용, p.222.
7. David Spaet이 편집을 맡은 Inside the Bauhaus, (New York: Rizzoli, 1986)에서 저자 Howard Dearstyne는 Richter가 van Doesburg를 미스에게 소개했다고 주장한다(p.64).
8. Novembergruppe에 관한 더 자세한 내용은 Helga Kliemann 저, Die Novembergruppe(Berlin: Gebrüder Mann Verlag,1969년)와 Terence Riley와 Barry Bergdoll이 공동 편집을 맡은 Mies in Berlin에 실린 Detlef Mertins 저, "Architectures of Becoming: Mies van der Roheand the Avant-Garde"의 내용을 참고. 전시 카탈로그(New York: Museum of Modern Art, 2001), p.110ff.
9. 1964년 2월 16일 Raoul Hausmann에게 보낸 Hans Richter의 편지 내용은 Hausmann가 편집자에게 보낸 편지에 인용됨. "More on Group G" Art Journal지 24 (1965년 여름): p.350-352.
10. Theo van Doesburg의 기고문, "Der Wille zum Stil, Neugestaltung von Leben, Kunst und Technik." De Stijl지 5(February 1922): p.23-32와 (1922 3월): p.33-41.
11. 1921년에 작곡된 Alexander Rodchenko의 "Slogans"; Karginov에서 독일어로 인용됨, 책 제목은 Rodchenko(London: Thames and Hudson,1979년), p.90-91
12. 미스, Peter Blake(타자 기록물)와의 인터뷰, Columbia University Oral History Project 1960년, p.94-95.
13. Mertins 저, "Architectures of Becoming"에서 인용한 Gene Summers에 대한 내용. p.376, n.14.
14. Walter Gropius, 같은 책에서 인용됨, p.107.
15. Bruno Möring 저 "Über die Vorzüge der Turmhäuser und die Voraussetzung, unter denen sie in Berlin gebaut werden können"에서 발췌한 내용으로 1920년 12월 22일, Preussische Akademiedes Bauwesens에서의 강의 내용(Berlin: Ernst Wasmuth출판사, 1921년), p.6.
16. Adolf Behne 저, "Der Wettbewerb der Turmhaus-Gesellschaft", Wasmuths Monatsheftfe für Baukunst 7 (1922-23): p.58-67. "특별한 감정을 불러일으키지는 않는다."라는 Behne의 미사 어구는 그가 어느 정도로 극단적인 입장이 될 수 있는지를 가감 없이 보여준다.

17. Max Berg의 기고문, "Hochhäuser im Stadtbild", Wasmuths Monatshefte für Baukunst지 6(1921-22년): p.101-120.
18. Terence Riley와 Barry Bergdoll이 편집을 맡은 Mies in Berlin에 실린 Vittorio Magnago Lampugnani 저, "Berlin Modernism and the Architecture of the Metropolis"의 내용, 전시 카탈로그(New York: Museum of Modern Art, 2001년), p.42.
19. Berg의 기고문, "Hochhøuser im Stadbild", p.101-120.
20. 같은 책에서.
21. 미스의 기고문, "Hochhaus Projekt für Bahnhof Friedrichstrasse in Berlin", Frühlicht지 1(1922년 여름): p.122-124. 한 페이지 분량의 미스의 기고문 내용은 p.124에 실려 있다.
22. 미스, 1951년 2월 21일 Don J. Burg의 텍사스주 휴스턴 사무실로 보낸 통신문; Ludwig Mies van der Rohe 논문 21칸, 의회 도서관 원고 부서.
23. Wolf Tegethoff 저, Mies van der Rohe: The Villas and Country Houses (New York: Museum of Modern Art, 1985년), p.32-33, p.39-41
24. 미스의 기고문, "Building", G지, no. 2(1923년 9월): 1.
25. 미스가 자신의 이름을 변경(개명)하게 된 연유와 관련한 보다 폭넓고 다소 추측이 곁들여진 토론에 관해서는, Mies and Modern Living, Helmut Reuter and Birgit Schulte의 편집(Ostfildern, Germany: Hatje Cantz, 2008)에 실려 있는 Andreas Marx와 Paul Weber 공저, "From Ludwig Mies to Mies van der Rohe: The Apartment and Studio Am Karlsbad 24(1915-39년)"의 내용을 참고. p.36-37.
26. 미스는 1952년 6월 02일 Farnsworth 재판 중 선서를 하면서 자신의 개명에 관한 사유를 다음과 같이 말했다(본서의 제10장 내용을 참고).

Q: Van der Rohe로 개명한 시점은 언제인지요?
A: (미스의 답변): 20년대고요 그러니까 20년대 초반이었을 것입니다.
Q: "Van der Rohe"를 이름에 넣은 어떤 이유가 있었나요?
A: 그것에는 특별한 까닭은 없었습니다.
Q: 혹여 왕조와의 어떤 연관성을 적시하려는 의도는 아니었는지요? 프로이센 정신을 의미하는?
A: 그런 것은 아닙니다. "Van der Rohe"는 네덜란드에서 이름으로 쓰이고요 그리고 그곳에서는 극히 흔한 이름입니다. 푸줏간 주인도 이런 이름을 가지고 있습니다.
Q: 그럼 어떤 연유로 그런 이름을 택하셨습니까?
A: 마음에 들어서…. 우리 집안은 그 지방 출신이고, 그래서 저는 Van der Rohe를 제 이름에 붙였습니다.

Van der Rohe v. Farnsworth, no.9352(111.Cir.Ct.,KendallCounty), 재판 녹취록 p.713-715.
27. Georgia van der Rohe 저, La donna è mobile, p.16.
28. Ilya Ehrenburg와 ElLissitzky에 관한 내용, 1922년 4월; John Willett 저, Art and Politics in the Weimar Period: The New Sobriety,1917-1933년(New York: Pantheon, 1978년),에 인용됨 p.76.
29. "Building" G지에서, Werner Graeff의 기고문, "Concerning the So-Called G Group", Art Journal지 23(1964 여름): p.28-82와 Raoul Hausmann이 편집자에게 보낸 편지 내용, "More on Group G", Art Journal 24(1965 여름): p.350-352 참고.
30. Hans Richter가 1964년 2월 16일에 Raoul Hausmann에게 보낸 편지 내용; "More on Group G"에서 Hausmann이 그 내용을 인용함 .p.102
31. "Building" G지의 각 6개 발행호에 대한 영문 전문, G: An Avant-Garde Journal, Detlef Mertius와

Michael W. Jennings이 편집을 맡음(Los Angeles: Getty Research Institute, 2010년) 참고.

32. 같은 책 p.101에서.

33. 같은 책 p.103에서.

34. 같은 책 p.105에서.

35. Philip Johnson이 처음으로 그렇게 지칭했던 것으로 보이는데, 그는 자신의 논문 Mies van der Rohe(New York: Museum of Modern Art, 1947년)에서 Mies의 "five most daring projects" (p.22)에 관해 언급한다.

36. 모형 역시 실재로 거기에 있었다. 이 같은 사실은 Theo van Doesburg가 큐레이터를 맡은 전시를 위해 미스가 모형을 제공했기 때문에 알려지게 되었다.

37. Mertius와 Jennings, "Building" G지, p.103.

38. Werner Graeff 저, "Concerning the So-Called G Group", p.280-282.

39. 미스, 1923년 8월 27일 Theo van Dosburg에게 보낸 편지 내용; Ludwig Mies van der Rohe의 논문, 의회 도서관 원고 부서.

40. "Von der neuen Aesthetik zur materiellen Verwirklichung", de Stijl지 6(1923년 3월).

41. 미스, 1924년 3월 22일 Friedrich Kiesler에게 보낸 편지 내용; Mies van der Rohe Archive, Museum of Modern Art, New York.

42. 1924년 6월 19일 Deutscher Werkbund의 후원으로 열린 공개 강의에서 Paul Henning; Mies van der Rohe Archive

43. 미스의 기고문, "Baukunst und Zeitwille", Der Querschmitt지 4, no.1(1924년): p.31-32.

44. Dietrich Neumann 저, "Haus Ryder in Wiesbaden und die Zusammenarbeit von Gerhard Severain und Ludwig Mies van der Rohe", Architectura 2(2006년):199-219와 2006년 3월 31일 Gottfried Knapp in the Süddeutsche Zeitung을 참고. 집 주소는 Zur schönen Aussicht 20.

45. Walter Dexel, Tegethoff의 공저, Mies van der Rohe: The Villas and Country Houses .p.52-54 참고.

46. 같은 책 p.52에서.

47. 같은 책 p.59에서.

48. Gesellschaft der Freunde des neuen Russlands, 1926년 1월 12일 미스에게 보낸 편지 내용; Ludwig Mies van der Rohe의 논문, 의회 도서관 원고 부서.

49. 미스, 1951년 2월 5일 Donald D. Egbert에게 보낸 편지. George Danforth는 이 편지의 복사본을 제공해 주었다. 미스가 인용한 이 내용과 그 다음 내용 또한 Dietrich von Beulwitz의 기고문, "The Perls House by Ludwig Mies van der Rohe", Architectural Design지 53, Nos. p.11-12 (1983년)에서 재차 게재되었다: 68

50. 같은 책에서. Liebknecht(Karl Paul August Friedrich Liebknecht)와 Luxemburg(Rosa Luxemburg)는 "벽 앞에서 총살당하지 않았고", 그들 두 사람은 스파르타주의(마르크스 혁명 사상) 혁명을 주동한 죄목으로 체포된 후, 감옥으로 끌려가는 도중에 살해되었다.

51. Hugo Perls, 회고록; "The Perls House by Ludwig Mies van der Rohe"에서 저자 von Beulwitz의 인용 내용 p.68.

52. 2002년, Liebknecht-Luxemburg 기념비 재건을 위한 제안이 있었지만 반대에 직면했다. 베를린의 평론가 Anders Lepik은 Frankfurter Allgemeine Zeitung지(2002년 3월 12일)에 게재된 기고문에서 "기념비를 다시 만들기에는 여러모로 남겨진 자료가 부족했다. 1968년 베를린 New National Gallery 개관과 연계하여 미스에게 기념비 재건 구상을 제안했는데, 미스 측은 이를 단호히 거부했다." 이와 관련하여 Arthur Drexler에 따르면, "미스는 장소가 바뀐 채 기념비가 세워진다면 그게 무슨 의미가 있겠는가 라며 거부 의사를 밝혔다". The Mies van der Rohe vol. 1(New York: Garland, 1986년), p.342.

53. Hans Prinzhorn, 1925년 6월 15일, 미스에게 보낸 편지 내용; Ludwig Mies van der Rohe의 논문, 의회 도서관 원고 부서.
54. Mathilde Meng, Schulze와의 인터뷰 내용, Heidelberg, 1982년.
55. 노년으로 접어들수록 미스의 글쓰기 분량 역시 점점 더 줄어들었다. 1953년부터 1963년까지 미스의 사무소에서 일했던 Donald Sickler는 미스가 일상적인 편지들마저 문장 재배치를 반복해서 수정하곤 했던 기억을 더듬어 회고했다(Windhorstd와의 대담에서, 2007년). 그것들은 "날이 갈수록 점점 더 짧아졌고, 종종 짧아진 문장들마저 사라지기 전에 얼른 살려내야 했지요." 이와 관련해서는 Joseph Fujikawa도 비슷한 견해를 폈다: "미스가 어떤 인물입니까. 당연히 그는 탐색하고 고심했을 겁니다.… 그는 자신이 피력하는 주제에 대해 매우 조심스러웠고 가능하다면 명확하게 표현하는 것을 바랐어요. 그의 연설은 마치 그가 설계한 건축물과 다름이 없었는데요, 그는 그것들의 본질적인 깊이까지 파고들었지요." (Edward A. Duckett과 Joseph Y. Fujikawa, Impressions of Mies: An Interview on Mies van der Rohe; His Early Chicago Years 1938-1958년[출판 간행물명은 표기되지 않음, 1988년], p.8).
56. Walter Gropius, 1925년 12월 11일, 미스에게 보낸 편지; Ludwig Mies van der Rohe의 논문, 의회 도서관 원고 부서.
57. 미스, 1925년 12월 14일 Walter Gropius에게 보낸 편지; Ludwig Mies van der Rohe의 논문, 의회 도서관 원고 부서.
58. 미스, 1925년 12월 7일, G. W. Farenholtz에게 보낸 편지; Ludwig Mies van der Rohe의 논문, 의회 도서관 원고 부서.

제 4 장

1. Peter Bruckmann, 1925년 3월 30일 Deutscher Werkbund의 이사진에게 발표한 내용; Redslob Archive, German Federal Archive, Koblenz.
2. 미스, "Industrielles Bauen", G지 3호(1924년 6월 10일)
3. Gustav Stotz, 1925년 9월 24일, 미스에게 보낸 편지; Mies van der Rohe Archive, Museum of Modern Art, New York.
4. 미스, 1925년 9월 26일 Stotz에게 보낸 편지; Mies van der Rohe Archive.
5. Mies, 1925년 9월 11일 Stotz에게 보낸 편지, 우리들 공저자가 이탤릭체로 표기한 부분; Mies van der Rohe Archive.
6. 두 개의 글 모두 1926년 5월 5일에 출판됨:, Bonatz의 기고문은 the Schwäbische Chronik지에 게재됨, Stuttgart, Schmitthenner의 기고문은 the Süddeutsche Zeitung지에 게재됨, Munich.
7. 1928년 5월, Der Ring에 반대하여 Der Block이라는 이름하에 그룹이 결성되었다. Der Block에는 전통주의자로 분류되었던 Paul Bonatz, Paul Schmitthenner, Paul Schultze-Naumburg, German Bestelmeyer, Erich Blunck, Heinz Stoffregen, Franz Seeck, 그리고 Albert Gessner 등의 인물들이 포함되었다. 그로부터 몇 년 후인 1932-33년 사이에 Bonatz과 Schmitthenner는 Der Block 조직과 Weissenhofsiedlung 원리들에 반하는 건축에 기반을 둔 주택단지의 설계를 주도했다. 그들은 이 프로젝트를 Am Kochenhof라고 불렀다. Weissenhof에서 몇 블록 떨어진 곳에 건설된 Am Kochenhof는 독일 주택, 특히 박공지붕에서 볼 수 있는 전통적인 특징들을 보여주었다.
8. Richard Döcker, 1926년 5월 18일 미스에게 보낸 편지; Mies van der Rohe Archive.
9. 미스, 1926년 5월 27일 Döcker에게 보낸 편지; Mies van der Rohe Archive.
10. Mia Seger, 1982년 7월 5일 슈투트가르트에서 Schulze와의 대담.
11. Max Taut, 1927년 2월 9일 Richard Döcker에게 보낸 편지; Mies van der Rohe Archive.

12. Georgia van der Rohe 저, La donna è mobile: Mein bedingungsloses Leben(Berlin: Aufbau-Verlag, 2001년), p.33

13. Richard Pommer와 Christian F. Otto의 공저. Weissenhof 1927 and the Modern Movement in Architecture(Chicago: University of Chicago Press, 1991년), p.61에서 인용.

14. Die Form지 2, no. 2에 실린 Mies(1927년): p.59.

15. 그들의 프로그램은 Fritz Neumeyer가 쓴 The Artless Word: Mies van der Rohe on the Building Art, trans. Mark Jarzombek(German edition, 1986; Cambridge, MA: MIT Press, 1991년)에서 깊이 있게 다뤄진다.

16. Grace Branham의 번역으로 Sacred Signs지에 실린, Romano Guardini 저, "Steps",(St. Louis: Pio Decimo Press, 1956년), p.34-35.

17. Romano Guardini 저, Letters from Lake Como: Explorations in Technology and the Human Race, Geoffrey W.Bromley의 번역(Grand Rapids, MI: W. B. Eerdmans, 1994년), p.95ff. 미스는 때때로 그의 책에 있는 구절들에 표시를 하기도 했는데, 특별한 의미가 없는 경우도 많았고, 부분적인 인용을 통해 광범위한 가설을 설명하기도 했다.

18. Rudolf Schwarz 저, Wegweisung der Technik und andere Schriften zum Neuen Bauen, 1926-1961, Maria Schwarz and Ulrich Conrads의 편집(Braunschweig and Wiesbaden: Friedrich Vieweg & Sohn, 1979), p.24.

19. Rudolf Schwarz 저, The Church Incarnate: The Sacred Function of Church Architecture(독일어로, Vom Bauder Kirche), Cynthia Harris의 영어 번역(Chicago: Henry Regnery, 1958). 미스 반 더 로에가 서문을 썼다. 미스는 이것 말고는 딱 한 번 다른 책을 위해 서문을 쓴바 있는데, 그 책은 Ludwig Hilberseimer가 지은 The New City: Principles of Planning (Chicago: Paul Theobald, 1944)이다. 미스는 때때로 같은 가톨릭 신자이자 그의 직원으로 일하던 건축가 Donald Sickler에게 종교에 관한 책들을 건네 주었다. 그가 서문을 쓴 The Church Incarnate에 대해서 Sickler는 "미스는 그가 서문을 쓰기 전에 미리 검토를 마친 책의 원고를 내게 넘겨 주었지요. 나는 미스에게 도무지 그 책 내용을 이해하지 못하겠다고 말했어요. 그러자 그는 웃으면서, 자신도 이해하기 어렵다고 말했어요.". 2011년 6월 1일, Windhorst와의 대담에서.

20. 미스, "Baukunst und Zeitwille", Der Querschnitt지 4, no. 1 (1924년): p.1-32.

21. Ritchie Robertson 저, The Seduction of Culture in German History에 대한 Wolf Lepenies의 독서 후기 기고문, Times지 Literary Supplement, 2006년 4월 07일.

22. 제2차 세계 대전 중 Weissenhofsiedlung의 피해 및 복구에 관해서는 Pommer와 Otto의 공저, Weissenhof 1927 and the Modern Movement in Architecture, p.156-157에서 다루고 있다.

23. Reich에 관해서는, Matilda McQuaid가 편집을 맡고. Magdalena Droste의 수필 내용이 함께 실린 책 Lilly Reich, Designer and Architect(New York: Museum of Modern Art, 1996)을 참고. Reich 경력에 대한 우리들 공저자의 요약 부분은 주로 이 책의 내용(출처)을 따른다.

24. 미스가 Reich를 만나게 된 배경에 관해서는 알려진 내용이 없다. MoMA의 Mies van der Rohe Archive의 큐레이터인 Pierre Adler에 따르면, 그들 두 사람의 만남은 1924년으로 거슬러 올라간다(그가 서술한 Reich의 "연대기"는 McQuaid가 편집을 맡은 책, Lilly Reich의 p.60-61에 있다.) Werkbund Archiv에 의하며 Reich는 1924년에 전시 기획 디자이너로 Frankfurt Messeamt(Trade Fair Office)에서 일하고 있을 적에 미스를 만났다고 말한다(Werkbund Archiv 홈페이지, 독일어).

25. Lily von Schnitzler, 1974년 9월 6일, Ludwig Glaeser와의 인터뷰; Canadian Centre for Architecture, Montreal.

26. Marianne Lohan은 1981년 11월 10일 Schulze와의 대담에서 이렇게 말했다. "나는 그녀를 좋아하려

고 애쓰지 않았어요. 그녀는 우리가 기댈 수 있는 그런 숙녀가 아니었어요. 나는 그녀가 매우 똑똑하고 예술적인 인물이었다고 생각하지만, 우리를 교육시키려고 노력하는 태도에 우리는 못마땅했지요. 그녀는 여성스럽지는 않았어요. 나는 그녀와 미스가 연인 관계였다고 생각하지만, 미모를 따지자면 Ada는 그녀에 비해 훨씬 예쁜 여성이었지요."

27. 미스의 가구에 관한 최상의 연구 결과는 Ludwig Glaeser 저, Ludwig Mies van der Rohe: Furniture and Furniture Drawings from the Design Collection and the Mies van der Rohe Archive, the Museum of Modern Art(New York: Museum of Modern Art, 1977년)이다.

28. 미스와 Reich의 1931년 가구 카탈로그 및 가격 목록은 Helmut Reuter, Birgit Schulte, 등이 편집을 맡은 Mies and Modern Living(Ostfildern, Germany: Hatje Cantz, 2008), p.160.

29. Wolf Tegethoff 저, Mies van der Rohe: The Villas and Country Houses(New York: Museum of Modern Art, 1985), p.68.

30. 같은 책 p.61에서.

31. 미스, The Mies van der Rohe Archive, vol. 2(New York: Garland, 1989년), p.2에서 인용됨.

32. Perls의 회고록("The Perls House of Ludwig Mies van der Rohe", p.70)에서 관련 내용을 인용함. Dietrich von Beulwitz에 따르면, Perls는 그가 소유한 미스의 주택을 미술품 수집가인 Fuchs에게 다음과 같은 조건으로 매매하게 되었다. Honoré Daumier의 작품 수집에 힘을 쏟고 있던 Fuchs는 화가 Max Liebermann에게 Liebermann 유화 작품 가운데서 그의 작품 한 점과 Daumier 판화 12점을 서로 맞교환하자고 제안했다. 화가 Liebermann은 이 같은 거래조건을 수락했다. Liebermann은 Fuchs가 수백 점의 Daumiers 판화를 Liebermann 회화 작품 15점과 서로 맞교환할 때까지 여러 차례에 걸쳐 거래에 응했다. 그 후, Fuchs는 1912년 미스의 주택을 Perls로부터 가져오는 대신 5점의 Liebermanns의 회화 작품을 Perls에게 제공했다. Perls는 이 거래 역시 수락했다. Dirk Lohan은 미스 자신이 기억하고 있던 내용이라며 덧붙였다. Fuchs는 1928년에 완공된 자신의 주택에 대한 증축 설계를 미스에게 의뢰했다. 그때 Fuchs는 미스에게 자신의 주택 지하실에 비밀 출구를 마련해 줄 것을 부탁했다. 독일 우익세력에 자신이 포위될 경우를 대비하여, Fuchs는 짐을 꾸린 여행 가방을 그곳에 보관해 두었다. 나치의 포위망이 좁혀져 오던 시점인 1936년에 실제로 그는 독일에서 잽싸게 탈출했다. Perls는 당시의 우익세력을 "나치"라고 피력했다. von Beulwitz가 인용한 내용과 같이, "나치가 Fuchs의 집을 급습했을 때는 그의 주택은 텅 비어 있었다. 나치는 2만여 점의 구리 조각 작품, 1만여 권의 서적, 수백 점의 그림 작품과 조각품들을 그의 집에서 찾아낸 다음 강탈해 갔다. 그것들을 운반하는 데에만 트럭 여러 대가 소요될 정도였다."

33. 미스, Adrian Sudhalter 저, "S. Adam Department Store Project, Berlin-Mitte, 1928-29", 내용은 Terence Riley and Barry Bergdoll가 편집을 맡은 Mies in Berlin, 전시 카탈로그(New York: Museum of Modern Art, 2001년),에 인용됨. 같은 책 p.230.

34. Georg Adam, 같은 책에서 인용됨.

35. Curt Gravenkamp의 기고문, "Mies van der Rohe: Glashaus in Berlin(Projekt Adam, 1928)", Das Kunstblatt(April 1930년), p.111-112.

36. Ludwig Hilberseimer의 기고문, "Das Formproblem eines Weltstadtplatzes", Das neue Berlin지(1929년 2월): P.39-40에 게재됨, Martin Wagner에게 답신한 내용.

37. Wolf Tegethof는 왕비 Victoria Eugenia의 참석 여부에 대해서는 명확한 사실로 "밝혀지지 않았다"고 주장하고 있는데, 그것은 기념식의 사진에서 왕비가 보이지 않는다는 이유 때문이었다. 그는 기념식과 관련된 다른 "신화들에 대해서도 의문을 가졌다."; 예를 들어, 미스의 테이블 위에는 왕과 왕비가 서명하기로 되어 있는 "황금색을 입힌 책"이 놓여있었고, 바르셀로나 의자는 "왕이 앉는 좌석"으로서 의도되었다는 점 등이다. Tegethoff 저, "The Pavilion Chair", in Reuter and Schulte, Mies and Modern Living, p.147-48 참고.

38. "Der Querschnitt지 9(1929년 8월)"에 게재된 Lilly von Schnitzlerdp의 기고문 "Die Weltausstellung Barcelona 1929",에서 인용된 정치위원장 Georg von Schnitzler와 관련된 내용(08월, 1929) : p.583.

39. 미스, 1959년 5월 27일, Cadbury-Brown(BBC)과의 인터뷰. 나중에 미스는 IIT 캠퍼스 계획은 그가 직면했던 가장 어려운 도전이었다는 사실을 밝혔다.

40. 미스, Katharine Kuh과의 인터뷰, "Modern Classicist", Saturday Review지 48, no. 4(1965년 1월), p.22-23, p.61.

41. Die Baugilde지 11(1929년 10월 25일)에 실린 Walther Genzmer의 기고문, "Der deutsche Reichspavillon an der internationalen Ausstellung Barcelona", : p.1654-1657.

42. 파빌리온 내부에 표지판을 부착하지 않기 위한 미스의 노력에 대해서는, Dietrich Neumann의 기고문, "Haus Ryder in Wiesbaden und die Zusammenarbeit von Gerhard Severain und Ludwig Mies van der Rohe",이 실린 Architectura지 2/2006, p.215를 참고. 나중에 미스는 재료의 풍부함에 관해 언급했다: "왜 어떤 것들은 최대한 좋아질 수 없는가? 나는 사람들이 어떤 것은 너무 귀족적이고, 민주적이지 않다고 말하는 그들만의 사고방식을 이해할 수 없다. 내가 주장해 온 것처럼, 그것은 나에게는 가치의 문제이고, 나는 가능한 범위에서 최고의 건축물을 만들어 내고 있다." 1966년 축음기 녹음 기록 Mies in Berlin, Bauwelt Archiv지에 게재된 RIAS 베를린 인터뷰의 내용에서, 1966.

43. 그래픽 이미지는 Severain에 의해 다시 작업되었다.

44. 독일에서는, 미스는 "pavilion chair"(Pavillon Sessel)라는 용어를 사용했다. 전후 미국 및 다른 곳에서 Knoll Corporation에 의해 생산된 제품은 Barcelona chair라고 불린다.

45. 바르셀로나 의자, Tegethoff 저, "The Pavilion Chair", p.145-173을 참고.

46. Mies, L.D. Higgins에게 보낸 편지, 1964년 1월 2일; Ludwig Mies van der Rohe의 논문 28칸, 의회 도서관 원고 부서. Tegethof는 자신이 쓴 책, "The Pavilion Chair", p.172, n.3에서 special 단어는 spatial의 오타에 의한(미스 비서의 타자 실수) 인쇄 오류일 뿐으로, special은 "spatial...구축된 공간"으로 정정하여 읽어야 한다고 제안한다.

47. Knoll에서 제조한 바와 같이, 의자는 가로 열이 아닌 직교 구조로, 구조적 웰트welts 짜임을 특징으로 한다. 파빌리온에 비치된 의자 등받이에 사용된 끈은 가죽이 아닌 고무재료이었을 수도 있고, 세로가 아닌 가로로 배열되어 있다. Tegethoff 저, "The Pavilion Chair." 참고.

48. 같은 책 p.171에서.

49. 미스의 모형 제작자인 Edward Duckett은 스테인리스강으로 의자를 개조했다. 원본 제품들은 크롬 도금으로 마감되었다. Duckett와 Griffith는 함께 일했다. 그들은 새로운 자재의 용접 용이성을 활용하여 시트 앞 귀퉁이와 뒷면 상단의 프레임에서 본래의 랩 조인트와 고정 장치를 제거했다. 그러나 그들은 합금이 적절한 "탄력도"를 제공하는지 확인하는 과정에 큰 어려움을 겪었다. Duckett(1993년 Windhorst와의 대담에서)은 미스와 체형 및 몸무게가 거의 비슷했던 그의 동료 Bruno Conterato가 목-업 테스트를 위한 실험대상이 되었다고 했다. 그러나 미스가 지켜보고 있던 와중에 샘플 제품 하나가 Conterato의 체중을 견디지 못하고 서서히 내려앉고 말았다. 이를 본 미스는 "그것 참 우스꽝스러운 일이네"라고 말했다고 Duckett는 증언했다. Gerald Griffith에 대한 자세한 내용은 Interiors지 124(November 1964): p.74-75, p.144, p.146 참고.

50. Ignasi de Solà-Morales, Ignasi de Solà-Morales Rubio, Cristian Cirici, and Fernando Ramos의 공저, Mies van der Rohe: El Pabellon de Barcelona; The Barcelona Pavilion(Barcelona: Gustavo Gili출판사, 1993년).

51. Ludwig Mies van der Rohe: The Tugendhat House(Daniela Hammer-Tugendhat, Wolf Tegethoff의 공동 편집)에 실린 Grete Tugendhat 저 "On the Construction of the Tugendhat House",의 부분 내용(Vienna: Springer Verlag, 2000), p.5.

52. 같은 책 p.6에서.

53. 같은 책에서.

54. 같은 책에서.

55. "Hammer Tugendhat와 Tegethoff"의 공저, Ludwig Mies van der Rohe: The Tugendhat House에 포함된 Wolf Tegethoff의 The Tugendhat Villa: a Modern Residence in Turbulent Times의 내용 일부. p.61.

56. Grete Tugendhat 저, "On the Construction of the Tugendhat House", p.6.

57. 미스, Hammer-Tugendhat와 Tegethoff의 공저 Ludwig Mies van der Rohe: The Tugendhat House에서 공저자인 Tegethoff에 의해 인용된 내용 p.68

58. Tugendhat House의 메인 레벨의 창문은 미스 디자인 중에서 가장 큰 규모의 창문들 가운데 하나였다. 이보다 훨씬 더 큰 것으로는 Essen에 있는 미술품 수집가 Ernst Henke가 소유한 주택의 증축 공간을 위한 싱글 프레임 채광창이었다(1930년에 건축됨, 제2차 세계 대전 중 파괴됨). 그 창문은 높이 9피트(약 2.75m)에 길이는 22피트(약 6.71m)였다. 그것은 각각의 폭이 1미터인 유리문 하나와 쌍으로 맞붙어 있었고, 이를 통해 긴 쪽이 9미터에 달하는 유리 벽체 하나가 만들어졌다.

59. 이 조명들은 맞춤 설계된 단일 패널에 의해 조절되었다. 각 창에는 auf(위로), halt(중지) 및 ab(아래로)가 표시된 3개의 버튼이 있다. 아마도, 두 창문은 동시에 같은 모양의 한 쌍의 버튼을 누르면 동시에 작동할 수 있을 것이다. 도면은 The Mies van der Rohe Archive, 2:p.487 참고.

60. Hammer-Tugendhat와 Tegethoff 공저, Ludwig Mies van der Rohe: The Tugendhat House에는 선명한 이미지의 사진들을 비롯하여 당시의 전시(戰時) 상황 하에서 가구들의 운영에 관한 자세한 내용을 담고 있다.

61. Mies van der Rohe Archive, 2: p.473-475

62. 같은 책 p.422에서.

63. 평면도에서의 선반 부분은 Mies van der Rohe Archive, 2권(New York: Garland, 1986), p.382를 참고. 상세 단면은 p.384를 참고. 상세 단면에는 "vert antique"라는 사양이 표시되어 있다. 다른 자료들에서는 그 돌을 verd Tinos라고 묘사한다. Adolph Stiller가 편집을 맡은 Das Haus Tugendhat(Salzburg: Verlag Anton Pustet, 1999년)에 포함된 Jan Sapák 저 "Atmosphäre durch wertvolle Materialien: Eine Beschreibung", 내용 부분을 참고.

64. 종종 Barcelona table로 잘못 일컫기도 하는 이 테이블은 1930년 그가 Dessau Bauhaus 교장 시절 머물렀던 Dessau 미스의 아파트 사진에 포함되어 있었기 때문에 Dessau table이라고 불리기도 한다. 이 사진은 Tugendhat House의 입주 날짜보다 약간 앞선 시점에 촬영된 것이다. 이제는 X table를 Tugendhat Table이라고 흔히들 그리고 정확하게 지칭한다. Tegethoff 저, "The Pavilion Chair", p.164 참고.

65. Mies, Cadbury-Brown와의 인터뷰.

66. [Justus Bier], "Kann man im Haus Tugendhat wohnen?", Die Form: Zeitschrift für gestaltende Arbeit지 10(1931년 10월 15일): p.392-393.

67. Grete Tugendhat의 기고문, "Die Bewohner des Hauses Tugendhat äussern sich", Die Form지 11(1931년 11월 15일): p.437-438. Hammer-Tugendhat와 Tegethoff 공저, Ludwig Mies van der Rohe 영어 번역본, p.35-36.

68. Fritz Tugendhat, 같은 책 p.36-37. Mies와 Tugendhats의 초창기 관계는 그의 고객들이 기억하는 것만큼 화목하지는 않았다. 미스는 Herr Tugendhat가 Perls House를 좋아하고 있었다는 점은 인정했다: "그는 그것과 비슷한 주택을 기대했지요. 그는 나를 찾아 와서 주택에 대한 이야기를 나누었어요. 나는 부지를 방문해서 그곳이 어떤 상태인지를 직접 확인하고 주택 설계에 들어갔지요. 그가 그 주택의 디자인을 처음으로 접한 때가 크리스마스 이브였던 것으로 기억합니다. 그는 거의 깜짝 놀라는 모습을 보였지요! 그에 반해서 그의 아내는 미술 작품에만 관심이 꽂혀 있었지요.; 그녀는 반 고흐의 회화 작품들을

가지고 있었습니다. 그녀는 나에게 '곰곰이 생각해 보도록 합시다.'라고 말했어요. Tugendhat 본인은 그런 그녀의 생각 쯤은 배제할 수도 있었을 겁니다. 하여튼 섣달 그믐날 밤에 그는 나에게 찾아 와서, 본인 자신은 곰곰이 생각해 보았다고 했어요. 그러니 나는 그 주택의 설계를 계속 진행할 수밖에 없었지요. 우리는 그 당시에 주택과 연관된 사소한 문제들에 봉착하기도 했지만, 우리 두 사람은 그 정도는 당연하게 받아들일 수 있었지요. 그는 우리가 제안한 탁 트인 공간이 마음에 들지 않는다고 말했어요. 외부 상황이 주택 공간을 너무 많이 간섭할 거라고 피력했지요.; 자신의 서재에서 아주 멋진 구상에 흠뻑 잠겨 있을 때, 주택 바깥 주변으로 사람들이 서성거리는 모습을 보게 될 것이라는 거예요. 그는 진정한 사업가 기질을 타고난 인물이었지요. 내가 그에게 대답했지요. '아, 이해했어요. 저희가 탁 트인 공간에 대해 시험을 해 보고, 그래도 원치 않으시면 방이 가려질 수 있도록 하겠어요. 우리는 목재 판재 조각을 세로로 세울 수도 있고요.' 그는 서재에서 마냥 듣기만 했고 우리의 대담은 지극히 정상적인 상태였지요. 내심 그는 그것에 대해서는 아무것도 받아들이지 않으려는 태도였어요." Architectural Association Journal지 75(1959년 7월): p.26-46

69. [Justus Bier], "Kann man im Haus Tugendhat wohnen?"
70. Grete Tugendhat 저 "Die Bewohner des Hauses Tugendhat äussern sich."
71. Emil Nolde, Wolf Tegethoff의 공저, Mies van der Rohe: The Villas and Country Houses(New York: Museum of Modern Art, 1985년)에 인용됨, p.99.
72. Käthe Kollwitz의 작품 Pietà 조각상과 더불어, Tessenow의 설계안은 시공되었다.

제 5 장

1. Gustav Platz 저, Die Baukunst der neuesten Zeit(Berlin: Propyläen Verlag, 1927). 1930년의 재판에서는 증보판으로 출판되었다.
2. Henry-Russell Hitchcock 저, Modern Architecture: Romanticism and Reintegration (New York: Payson and Clarke, 1929).
3. 도면들은 The Mies van der Rohe Archive, 3: p.121-137에 다시 제작되었다. 미스는 아마 그 아파트를 본 적은 없을 것이다. 기존 상황을 기록한 독일어 주석과 치수가 표기된 두 점의 스케치가 있다.
4. Knoll은 1953년부터 Barcelona couch라고 불리는 제품을 제작해 오고 있었다. 소파의 쿠션은 Barcelona chair에 사용된 것과 유사하지만, 소파는 바르셀로나 박람회와는 아무런 관련이 없다.
5. 소파는 또한 베를린의 Crous apartment에서도 사용되었는데, 이것은 Johnson 프로젝트와는 정확히 동시대의 제품이었다. Helmut Reuter와 Birgit Schulte의 편집으로 출판된 Mies and Modern Living(Ostfildern, Germany: Hatje Cantz, 2008), p.198 참고.
6. Christiane Lange 저, "Ludwig Mies van der Rohe and Lilly Reich: Furniture and Interiors"에 실려 있는 "The Collaboration between Lilly Reichand Ludwig Miesvander Rohe"의 내용(Ostfildern, Germany: Hatje Cantz, 2006), p.194-207 참고. Lange는 Reich의 기여에 관해서 설득력 넘치는 주장을 펴고 있다.
7. Philip Johnson, 1977년 12월 Johnson, Arthur Drexler, 그리고 Ludwig Glaeser의 대담에서 언급된 내용; 편집되지 않은 대본은 Johnson이 집필한 Mies van der Rohe, 3쇄본(New York: Museum of Modern Art, 1978년), p.206에 게재됨. "6개의 마천루 빌딩"에 대한 이야기는 Johnson 특유의 과장된 표현이었다.; 예를 들어, 남아 있는 도면은 정교하지 않은 시공도면 몇 장분이다.
8. Hans Wingler 저, The Bauhaus: Weimar, Dessau, Berlin, Chicago, 영문판은 Wolfgang Jabs와 Basil Gilbert이 번역(Cambridge, MA: MIT Press, 1969), p.168.
9. Johnson의 대담, Johnson 저, Mies van der Rohe, p.206에서 인용됨.

10. Franz Schulze 저, Philip Johnson: Life and Work(New York: Alfred A. Knopf, 1994), p.68.

11. Philip Johnson, 1931년 3월 27일 Mrs. John D. Rockefeller Jr.에게 보낸 편지. Mies van der Rohe Archive, Museum of Modern Art, New York.

12. Johnson, 1931년 7월 11일 Alfred Barr에게 보낸 편지, Mies van der Rohe Archive.

13. Johnson, 1931년 7월, Barr에게 보낸 편지; Mies van der Rohe Archive.

14. 같은 책에서.

15. Johnson, 1931년 8월 7일 Barr에게 보낸 편지, Mies van der Rohe Archive.

16. Johnson, 1931년 연말에 Barr에게 보낸 제안서; Mies van der Rohe Archive.

17. 이 전시회에 대한 최상의 이차적인 자료는 Terence Riley 저, The International Style: Exhibition 15와 The Museum of ModernArt(New York: Rizzoli,1992년)이다. Riley는 (p.9에서) "그 카탈로그는 전시를 위한 자료로는 부족했고 단순한 보완재 기능만을 했었다고 지적한다."

18. Edward Durell Stone, Russell Lynes의 공저, Good Old Modern: An Intimate Portrait of the Museum of Modern Art(New York: Atheneum, 1973), p.189 인용됨.

19. Henry-Russell Hitchcock와 Philip C. Johnson의 공저, The International Style: Architecture since 1922(New York: W.W. Norton, 1932).

20. Christian Wolsdorff of the Berlin Bauhaus Archive, 2000년 그의 Schulze와의 대담.

21. Elaine Hochman 저, Architects of Fortune: Mies van der Rohe and the Third Reich (New York: Weidenfeld and Nicolson, 1989년), p.328, n. 64.

22. 같은 책 p.83에서.

23. Georgia van der Rohe 저, La donna è mobile: Mein bedingungsloses Leben (Berlin: Aufbau Verlag, 2001), p.53

24. 같은 책 p.54에서.

25. 같은 책에서.

26. Gropius, Reginald Isaacs 저, Walter Gropius: An Illustrated Biography of the Creator of the Bauhaus (Boston: Bulfinch Press, Little, Brown, 1984년)에서 인용됨. p.165.

27. 1985년 6월 17일자. 우리들 공저자 중 한 명(Schulze)앞으로 보낸 친서에서, Georgia van der Rohe는 그녀의 아버지 미스 대해 "그 분은 결코 뚱뚱하거나 비만하지 않았어요. 그는 어깨가 매우 넓어서 체격이 큰 것처럼 느껴졌지요. 그의 외모를 독일어로 'gut durchwachsen'"이라고 부르곤 했는데, 이를 단어 뜻 그대로 영어로 옮기면 '잘 자랐다'와 같은 의미이다.

28. Mies, Dirk Lohan과의 인터뷰(독일어 타자 원고, Chicago, summer1968); Mies van der Rohe Archive, Museum of Modern Art, New York.

29. 그녀가 지닌 여타 전문 분야의 기량들은 차치하고라도, Reich는 그와 더불어 "매우 훌륭한 영어를 구사"했으며, 따라서 그녀의 그런 능력은 당시 Bauhaus에 있던 소수의 미국 학생들에게는 학문적 의사소통에 있어서 도움이 되는 중요한 요소였다. Oral History of William Priestley, p.8; Architecture Department, Art Institute of Chicago.

30. Howard Dearstyne의 기고문, "Mies at the Bauhaus in Dessau: Student Revolt and Nazi Coercion", Inland Architect지(1969년 8월-9월): p.16.

31. Hochman 저, Architects of Fortune, p.93, Claude Schnaidt 저, Hannes Meyer: Buildings, Projects and Writings(Stuttgart: Verlag Gerd Hatje, 1965년), p.105 인용됨.

32. Helmut Erfurth와 Elisabeth Tharandt의 기고문, Mies van der Rohe, Die Trinkhalle, sein einziger Bau in Dessau die Zusammenarbeit mit dem Bauhausstudenten Eduard Ludwig(Dessau: Anhaltische Verlagsgesellschaft, 1995년)을 참고.

33. David Spaeth이 편집을 맡은 Trinkhalle in Inside the Bauhaus(New York: Rizzoli, 1986년)에서 Howard Dearstyne은 다음과 같은 말로 언급했다.: "우리 학생들은 이것을 마스터가 이루어 낸 또 다른 건축적 승리라고 환호했다. 하지만, 그곳을 지나가는 사람들 중에서 갈증을 느끼는 사람들이 [너무나도 적었기] 때문에 결국은 그것은 실패로 판명되었지요." p.236.
34. Horst Eifler와 미스의 대담. 미국 라디오 방송국 RIAS(Radio in the American Sector)가 1964년 10월 베를린에서 녹음하고 축음기 레코드로 Mies in Berlin, Bauwelt Archiv I(Berlin, 1966년)의 타이틀을 넣어 제작함.
35. The Haus der deutschen Kunst의 개관 시점은 1935년이 아니라 1937년이었다.
36. Mies van der Rohe의 기고문, "The End of the Bauhaus", 학생 잡지인 North Carolina State University School of Design3, no.3(1953년 봄호): p.16-18. 당대의 유명한 현대 건축가를 미국의 남부 쪽으로 끌어오려는 '저명한 인사 초빙 프로그램'을 고안한 Henry Kamphoefner 학장에 의해 미스는 North Carolina 주에 초빙되었다.
37. Gestapo의 편지, 1933년 7월 23일, 발신자 Dr. Peche로부터 미스에게 보내진 편지. Wingler, The Bauhaus, p.189 인용됨.
38. "A Call by Cultural Leaders/Countrymen, Friends!", Völkischer Beobachter, 1934년 8월 18일.
39. Terence Riley와 Barry Bergdoll이 공동으로 편집을 맡은 Mies in Berlin, 전시 카탈로그(New York: Museum of Modern Art, 2001), p.101.
40. Wolf Tegethoff 저, Mies van der Rohe: The Villas and Country Houses (New York: Museum of Modern Art, 1985), p.114-119에 건축 공모전 내용은 자세히 설명되어 있다. Tegethoff는 3월은 공모전을 시작하기에 적합하다고 생각했다. 그는 또한 Gericke는 "처음부터... 분명히 그 일에 건성으로만 합류하고 있었다."고 언급하고 있다. (p.114)
41. 같은 책 p.119에서. Gericke가 보낸 편지와 그 이후 이어지는 편지에 관하여.
42. Lilly von Schnitzler, Ludwig Glaeser와의 독일어 인터뷰, Canadian Centre for Architecture files"Glaeser Papers", p.9; CCA, Montreal.
43. 같은 책 p.11에서.
44. Karl과 Martha Lemke의 삶은 Wita Noack 저, Konzentrat der Moderne: Das Landhaus Lemke von Ludwig Mies van der Rohe (Munich: Deutscher Kunstverlag, 2008년), p.50-70를 참고. Noack에 의해 포괄적으로 묘사된 논문은 그 주택과 그것에 얽힌 내력을 다루고 있는 결정적인 자료이다.
45. Oswald Grube, 2009년 1월 23일 Schulze와의 대담. Grube는 그 주택의 이전 GDR 감독관으로부터 사진 촬영에 대한 제한 조항들을 안내받았다.
46. 그 소문은 실제 내용과는 동떨어진 풍문이며, 그 후에 Amendt가 주택을 구매한 사실 자체는 그로 하여금 Frau Heusgen의 속성을 믿고 싶도록 부추겼었을는지도 모른다.
47. Amendt의 복원 프로젝트는 2002년 Krefeld시의 건축상을 수상했다.
48. Jan Maruhn과 Werner Mellen의 공저, Haus Heusgen: Ein Wohnhaus Ludwig Miesvander Rohes-in Krefeld (Haldensleben: Mies van der Rohe-Haus Aachen e. V. 2006년). 15페이지에 달하는 독일어 팜프렛에는 원안 도면과 목재 모형 사진이 포함되어 있다.
49. 같은 책 p.8에서, 이 내용과 단락 끝 부분을 인용한 내용.
50. Christiane Lange 저, Mies van der Rohe: Architektur für die Seidenindustrie(Berlin: Nicolai Verlag, 2011년)를 참고.
51. 그녀는 Hans Dieter Peschken 저, "Villa Heusgen ist nicht von Mies", RP Online(reprint-online.de), 2011년 11월 10일에서 언급되었다.
52. Dearstyne 저, Inside the Bauhaus, p.250.

53. Dearstyne은 1957년부터 그의 말년에 이른 1970년까지 IIT에서 학생들을 가르쳤다.
54. John Barney Rodgers, 1978년 3월 16일 Ludwig Glaeser에게 보낸 편지; Glaeser files, Canadian Centre for Architecture, Montreal.
55. John Barney Rodgers, Princeton에서의 강의, Glaeser files, "Lecture 1", p.3, Canadian Centre for Architecture.
56. 같은 책 p.9에서.
57. 같은 책 p.9-10에서.
58. Philip Johnson의 기고문, "Architecture in the Third Reich", Hound and Horn지 7, 1933년 10-12월, p.138
59. 미스가 어느 시점에 Reichskulturkammer에 가입했는지는 알려진 바 없지만, 그 단체의 시작을 기념하기 위한 1933년 11월 15일 베를린 필하모닉 콘서트 초대장이 의회 도서관의 Ludwig Mies van der Rohe 자료에 보관되어 있다. 1938년 11월 8일, 미스가 이미 미국으로 이민을 가고 없을 그때 쯤, 베를린에 있는 Reichskammer der bildenden Künste(Reichskulturkammer의 한 부서)의 회장은 미스에게 미스 스스로 자신의 인종적 순수성에 대한 증거를 추가할 것이라고 기대한다는 - 그 이전에 미스의 부인에게도 이와 유사한 증거를 요구하는 편지가 보내졌다 – 내용의 서신(서명인 Eckermann)을 미스의 베를린 사무실에 보냈다. 1939년 1월 20일 날짜로 Hauswald 주가 서명한 타자 인쇄물의 공고문: "1939년 1월 19일, 나는 Reichskammer Blumeshof을 방문하여 미스가 독일에 1년 반 동안 없었던 것을 확인해 주었는데, 그는 자신이 부재중인 기간 동안은 단체 회비를 납부할 필요는 없었다."
60. Joseph Goebbels 저, Architecture and Politics in Germany, 1918 -1945(Cambridge, MA: Harvard University Press, 1968년), Barbara MillerLane에서 인용됨, p.176 인용됨
61. Hochman 저, Architects of Fortune, p.223. 그 당시 나치당의 수석 건축가이자 히틀러의 총애를 받던 Albert Speer가 밝힌 내용을 인용.
62. Riley와 Bergdoll의, Mies in Berlin, p.284. Claire Zimmerman은 미스의 작품에 대해 논하면서 Ruegenberg의 주장은 "확인될 수 없는 내용이다"라고 밝혔다.
63. Dirk Lohan, 저자들과의 인터뷰, 2011년 5월 3일.
64. Mathies, 1935년 Brussels World's Fair의 독일 총책임자. Mathies는 1934년 6월 11일 의뢰에 대한 초안에 자신이 미스에게 보냈던 편지를 동봉함, Mies van der Rohe Archive, Museum of Modern Art, New York.
65. Mies의 기고문, ""Concerning the Preliminary Draft of an Exposition Building for the 1935 Brussels World's Fair" 1934년 7월 3일; Mies van der Rohe Archive.
66. 같은 책에서.
67. Hochman 저, Architects of Fortune, p.203.
68. 미스, Tegethoff 저, Mies van der Rohe: The Villas and Country Houses, p.121 인용됨.
69. 같은 책 p.123 인용됨.
70. 같은 책 p.121 인용됨.
71. Karen Fiss, 2009년 Schulze와의 대담에서. 그녀가 집필한 Grand Illusion: The Third Reich, the Paris Exposition, and the Cultural Seduction of France(Chicago: University of Chicago Press, 2009)을 참고
72. Lilly Reich가 쓴, Designer and Architect, with an essay by Magdalena Droste(Matilda McQuaid의 편집) (New York Museum of Modern Art, 1996년), p.35 인용됨.

제 6 장

1. Neumeyer도 1937년 여름에 비슷한 제안을 가지고 Walter Gropius에게 타진했다. 그 때 Gropius는 하버드에서 가르치고 있었는데-그는 Neumeyer의 제안을 정중히 사절했다.
2. John Holabird, 1936년 3월 20일, 미스에게 보낸 편지; Mies van der Rohe Archive, Museum of Modern Art, New York.
3. 미스, 1936년 4월 20일 Holabird에게 보낸 전보; Mies van der Rohe Archive.
4. 미스, 1936년 5월 4일 Holabird에게 보낸 편지; Mies van der Rohe Archive.
5. Holabird, 1936년 5월 11일 미스에게 보낸 편지; Mies van der Rohe Archive.
6. 미스, 1936년 5월 20일 Holabird에게 보낸 편지; Mies van der Rohe Archive.
7. Willard Hotchkiss, 1936년 5월 12일 미스에게 보낸 편지; Mies van der Rohe Archive.
8. 미스, Hotchkiss에게 보낸 편지(날짜 미상); Mies van der Rohe Archive.
9. Hotchkiss, 1936년 7월 2일, 미스에게 보낸 편지; Mies van der Rohe Archive.
10. 미스, 1936년 7월 14일 Alfred Barr에게 보낸 편지; Mies van der Rohe Archive.
11. Barr, 1936년 7월 19일 미스에게 보낸 편지; Mies van der Rohe Archive.
12. Joseph Hudnut, 1936년 7월 21일 미스에게 보낸 편지; Mies van der Rohe Archive.
13. George Nelson, Phyllis Lambert, Werner Oechslin이 공동 편집을 맡은 Mies in America에 실린 Cammie McAtee의 글, "Alien#5044325: Mies's First Trip toAmerica"에서 인용됨. 전시 카탈로그(New York: H. N. Abrams, 2001), p.148 인용됨.
14. Hudnut, 1936년 9월 3일, 미스에게 보낸 편지; Mies van der Rohe Archive, Museum of Modern Art, New York.
15. 미스, 1936년 9월 15일 Hudnut에게 보낸 편지; Mies van der Rohe Archive.
16. Alfred Swenson, Pao-Chi Chang의 공저, Architectural Education at I.I.T.: 1938-1978(Chicago: IIT, 1980), p.10.
17. Helen Resor, 1937년 7월 Alfred Barr에게 보낸 편지 Resor Papers에서, MoMA Archive. McAtee가 쓴, "Alien #5044325"에서 인용됨 p.157.
18. 그의 자서전 Architekt in der Zeitenwende: Clemens Holzmeister, Selbstbiographie, Werkverzeichnis (Salzburg: Bergland-Buch, 1976년), P.101에서 작가인 Holzmeister는 다음과 같이 언급했다. "Anschluss(1938년 독일에 의한 오스트리아 합병) 이전의 아카데미에서 마지막으로 부여된 임무 중 하나로, 나는 Peter Behrens의 후임자를 찾아야만 했다. 나는 당시 베를린 뿐만아니라 이미 세계적으로 이름을 떨치고 있던 미스 반 더 로에로 결정했다. 미스는 1937년 3월 10일에 장문의 서신을 보내오면서 제안에 동의한다고 답했다. 하지만 제3제국의 후폭풍이 뒤따랐고, 그로 인해 우리의 역량은 위축되었다. Dirk Lohan은 미스 자신이 범게르만주의 환경에 잔류하려는 생각이 강하고 미국으로의 이민에는 관심이 없다는 것을 기록으로 남기기 위해 정성을 들여 비엔나에 서신을 보낸 것은 아닌지 의심했다."라고 밝혔다. Prof. Johannes Spalt, Schulze와의 대담, Vienna,1982년 11월 25일.
19. William Priestley, 1937년 9월 1일 John Barney Rodgers에게 보낸 편지, 1976년 2월 11일 Rodgers가 Nina Bremer에게 보낸 편지에서 인용됨; Mies van der Rohe Archive
20. 말년에 이르러, 미스는 Van Beuren의 시카고에 대한 관점에 동의했다: "미스는 우리에게 시카고는 '여러분들에게 기회를 제공했음'을 느껴야 할 거라고 수차례 언급했다." Oral History of Reginald Malcolmson, p.107; Architecture Department, Art Institute of Chicago.
21. Michael van Beureen이 1936년 10월 21일과 11월 6일 미스에게 보낸 2통의 편지 내용에서 인용됨; Mies van der Rohe Archive, Museum of Modern Art, New York.

22. William Priestley, 1982년 1월 25일 Schulze와의 인터뷰.
23. 미스, 1937년 9월 8일 Frank Lloyd Wright에게 전보. McAtee의 기고문, "Alien # 5044325", p.190, n. 96에 인용됨.
24. Edgar Tafel 저, Apprentice to Genius: Years with Frank Lloyd Wright(New York: McGraw-Hill, 1979), p.66
25. 같은 책에서.
26. William Wesley Peters, 1982년 10월 12일 Schulze와의 인터뷰.
27. Frank Lloyd Wright, Tafel의 저서, Apprentice to Genius, p.69에서 인용되고 있음.
28. McAtee 저, "Alien #5044325", p.160.
29. 같은 책 p.162에서.
30. Wolf Tegethoff 저, Mies van der Rohe: The Villas and Country Houses(New York: Museum of Modern Art, 1985)에 인용됨, p.127.
31. Rodgers는 "Mr. Resor는 당시의 전쟁 상황 및 J. Walter Thompson사의 유럽 고객들을 우려한 나머지 설계의뢰를 철회했을 수도 있을 것이다."라는 주장을 폈다. John Barney Rodgers, 1976년 2월 11일 Nina Bremer에게 보낸 편지, Mies van der Rohe Archive, Museum of Modern Art, New York.
32. 미스, McAtee 저, "Alien #5044325"에 인용됨 p.183.
33. Lora Marx는 1980년 Schulze와의 인터뷰에서 미스는 Department of Architecture at Armour의 학과장으로서 연간 1만 달러 정도의 급여를 희망했었다는 것을 그녀에게 털어놓은 사실이 있다고 밝혔다. 그녀는 미스가 은퇴 직전에야 비로소 그 같은 수준의 급여에 도달했다고 설명했다.
34. Sybil Moholy-Nagy, Howard Dearstyne의 편지에 대한 답장, Journal of the Society of Arduitectural Historians 24, no. 3(1965년): p.255에서 인용됨.
35. Karl Otto, 1973년 3월 3일 베를린에서 Hans Schwippert와의 인터뷰; Mies van der Rohe Archive.
36. Herbert Hirche, 1982년 7월 3일 Schulze와의 대담.
37. 미스는 "입국 증명 신청서…"에 자신의 입국 여정에 관한 세부적인 내용들을 열거했다.; Ludwig Mies van der Rohe의 논문 p.62, 의회 도서관 원고 부서.

제 7 장

1. Gerhard Masur 저, Imperial Berlin(New York: Basic Books, 1970), p.74.
2. 그 명칭은 1938년에는 단순하게 "the Chicago school"이었다. "Second" 학교라는 명칭은 미스와 그의 추종자들을 지칭하는 말로 쓰였다.
3. Frank Lloyd Wright 저, An Autobiography(New York: Duell, Sloan and Pearce, 1943년), p.460.
4. Four Great Makers of Modern Architecture: Gropius, Le Corbusier, Mies van der Rohe, Wright: The Verbatim Record of a Symposium Held at the School of Architecture에서의 다루어진 Henry T. Heald 저, "Mies van der Rohe at I.I.T"의 내용. Columbia University, March-May, 1961년(New York: Columbia University, 1963; reprint, New York: Da Capo Press, 1970년), p.106.
5. 같은 책에서.
6. 미스, Armour Institute에서의 1938년 11월 20일의 취임 연설; 61번째 보관함. 독일어 인쇄물, 의회 도서관 원고 부서, Ludwig Mies van der Rohe의 관련 서류, 의회 도서관 원고 부서. Philip Johnson은 1947년 자신이 집필한 Mies van der Rohe의 건축 작품집(New York: Museum of Modern Art)을 통해, 번역이 완벽하지는 못했지만, 이 연설문을 대중에게 처음으로 알렸다.
7. Fritz Neumeyer 저, The Artless Word: Mies van der Rohe on the Building Art, Mark Jarzombek의

번역 (독일어판, 1986년, Cambridge, MA : MIT Press, 1991년), p.220와 p.220-228 여러 페이지에서.

8. 미스, 1938년 1월 31일 Carl O. Schniewind에게 보낸 편지, Mies van der Rohe Archive. Schniewind는 당시에 Brooklyn Museum의 출판 및 회화 부서의 사서 겸 큐레이터로 일했다.

9. Mies, Armour Institute, 1938년 11월 20일의 취임 연설.

10. Four Great Makers of Modern Architecture: Gropius, Le Corbusier, Mies van der Rohe, Wright; The Verbatim Record of a Symposium Held at the School of Architecture, Columbia University, March-May, 1961(New York : Columbia University, 1963년 ; reprint, New York : Da Capo Press, 1970년) p.103에서 실린 "Peter Blake : A Conversation with Mies van de Rohe"에 인용된 미스에 관한 내용. 1950년대 초창기의 일리노이 공과대학의 건축 프로그램 과목을 검토하는 인증 팀의 일원으로 일했던 건축가 Ralph Rapson은 교육자로서의 미스에 대하여 대조적이고 그리고 자신이 직접 체험한 관점을 다음과 같이 밝혔다. "미스 반 더 로에는 우리들 인증 팀의 방문을 일종의 모욕으로 여겼지요. 어찌하여 외부 강사를 초빙하지 않았느냐는 우리 인증 팀의 질문에, 그는 딱 한마디로 대답했어요 : '우리는 학생들에게 무엇을 가르치고 싶은지 이미 알고 있어요. 우리는 그것을 우리에게 알려줄 다른 사람은 필요치 않습니다.' 그는 건축과 전용 도서관이 없다는 비슷한 지적에 대하여, 학생들이 무엇들을 참조해야 할지는 해당 학과 교수진의 결정에 달려있음을 피력했었지요. 그는 수평으로 서로 연결되는 몇 점의 수직선 구도의 스케치와 자신의 시가를 내려놓고는, 집게손가락으로 그림을 쿡쿡 가리키면서 기계, 전기, 구조 과목 강좌의 필요성을 일축했어요. 여기가 천장입니다. 이것이 여러분이 알아야 할 구조이고요. 기계 장치가 여기에 놓이고, 저기로는 전기가 연결됩니다." Rapson은 1997년에 이 같은 인터뷰를 진행했으며, 그 내용은 Jane King Hession이 쓴, Ralph Rapson : Sixty Years of Modern Design(Afton, MN : Afton Historical Society Press, 1999년), p.51-52에 설명되어 있다. 결국 Rapson과 그의 인증 팀은 미스의 건축 교육 프로그램을 승인하였다.

11. 미스, Armour Institute, 1938년 11월 20일 취임 연설.

12. "[in the United States]에서의 미스가 제시한 독일어 표기 주소, 일자 및 해당 사안은 미상"; Neumeyer 저, The Artless Word, p.325-326에 재-인쇄된 부분에서 인용됨. 만약 주소가 독일어 표기로 쓰였다면, 날짜는 대략 1938년 직후로 멀리 있지 않은 시점일 것이다.

13. 미스, Peter Blake와의 인터뷰(타자로 기록된 인쇄물), Columbia University Oral History Project,1960년, p.94-95.

14. 미스, Architectural Design지 31(1961년 3월) : p.97에 실린 Peter Carterin의 기고문 "Mies van Der Rohe : An Appreciation, This Month, of His 75th Birthday."에서 인용. 우리들 공저자는 이를 이탤릭체로 표기함. 또한 우리들 공저자는 Struktur의 독일어 의미에 대한 토론과 관련하여 Dirk Lohan에게 감사드린다.

15. Myron Goldsmith 저, Myron Goldsmith : Buildings and Concepts, 편집자는 Werner Blaser(Basel : Birkhäuser Verlag, 1986), p.24.

16. Oral History of Gene Summers, p.15-16, 이탤릭체; Architecture Department, Art Institute of Chicago.

17. Paul Theobald and Co.에서 출판됨, Chicago.

18. 미스는 제출된 그의 "귀화 서류"에 포함된 진술서에서, 자신의 IIT에서의 급여 외에, 1945년 건축 설계를 통해 자신이 벌어들인 수입 금액을 4,986달러로 기재하였다. Ludwig Mies van der Rohe의 논문 62칸, 의회 도서관 원고부서.

19. 미스, 1959년 5월 27일, Cadbury-Brown(BBC)과의 인터뷰.

20. Oral History of Myron Goldsmith, p.49; Architecture Department, Art Institute of Chicago.

21. Alschuler는 1940년 11월 09일에 세상을 떴다.

22. Henry Heald, 1941년 1월 9일, 미스에게 보낸 편지; Ludwig Mies van der Rohe의 서류("I.I.T.") 5번째 상자, 의회 도서관 원고부서, (Phyllis Lambert, Werner Oechslin 등이 공동 편집을 맡은 Mies in America에서 Phyllis Lambert에 의해 인용. 전시 카탈로그[New York: H. N. Abrams, 2001년], p.267, n. 66)

23. "First Annual Report of the President to the [IIT] Board of Trustees", 1940, Henry T. Heald, 1941년 10월 13일, p.18; University Archives, Paul V. Galvin Library, Illinois Institute of Technology, Chicago. Holabird & Root는 1942년부터 1950년대까지 캠퍼스 건축 프로젝트에서 미스 밑에서 차석-건축가로 활동했다.

24. "Peter Blake: A Conversation with Mies", p.96.

25. 미스, Cadbury-Brown과의 인터뷰.

26. Institute of Gas Technology-North Building(3410 S. State)과 3424 S. State Building은 단지 미스가 캠퍼스 건축가로서 완전히 손을 떼고 난 이후에 연결되었다. 1958년에 Metals and Minerals Building의 북쪽 입면에 증축되었다.

27. Lambert, Oechslin 등이 편집을 맡은 Mies in America, p.223-330에 포함되어 있는 Phyllis Lambert 저, "Learning a Language"의 내용. 캠퍼스 계획은 Mies in America, p.223-275에서 거론된다.

28 같은 책 p.243에서.

29. 같은 책 p.235에서.

30. Lambert, Oechslin 등이 편집을 맡은 Mies in America, p.254.에 인용된 George Danforth의 기록에 따르면.

31. 그것은 1920년대에 Le Corbusier에 의해 실행되었다. 미스는 그것을 잘 알고 있었다. 그는 Krefeld Golf Club과 같은 건축되지 못한 프로젝트에서 Le Corbusier의 아이디어를 탐구했다.

32. Architectural Forum지 76, no. 2(1942년 2월): p.14, 새로운 캠퍼스 계획을 설명하는 글에서, 그 비전은 "미스와 통합을 하나로 만드는 것"으로 설명된다. 삽화 내용들은 Lambert, Oechslin 등이 편집을 맡은 Mies in America, p.268에서 인용됨.

33. "Peter Blake: A Conversation with Mies van der Rohe",p.96.

34. Brick Country House의 계획은 또한 미스가 활동했던 동시대의 Weimar 사람들에 의해 "몬드리안 풍"으로 불렸다. Barcelona Pavilion 내부의 유연한 공간 흐름은 일반적으로 몬드리안의 몇몇 그림과 흡사하다. 하지만 미스는 유럽과 미국에서의 그의 건축 업적에 대해서는 그 같은 영향에 대해서는 줄곧 부인했다.

35. 미스, "Mies van der Rohe's New Buildings", Architectural Forum지 97, no. 5(1951년 11월): p.104.

36. Four Great Makers of Modern Architecture: Gropius, Le Corbusier, Mies van der Rohe, Wright: The Verbatim Record of a Symposium Held at the School of Architecture, Columbia University, March-May, 1961년(New York: Columbia University, New York: Rizzoli, 1986), p.251.에서의 다루고 있는 Henry T. Heald 저, "Mies van der Rohe at I.I.T"의 내용. 1963년에 재판-인쇄 발행, New York: Da Capo Press, 1970년), p108.

37. Howard Dearstyne 저, Inside the Bauhaus, 편집자는 David Spaeth(New York: Rizzoli, 1986) p.251. Dearstyne는 뉴욕에서 이들 커플을 만났고, 그곳에서 이들 두 사람을 World's Fair로 이끌었다.

38. George Danforth, 1981년 10월 6일, Schulze와 대담.

39. Federal Bureau of Investigation, Chicago Report, 1939년 9월 15일; FBI file no. 65-4656. 그 자료는 정보 공개법에 의해 입수되었다. 자세한 내용은 Franz Schulze의 편집, Mies van der Rohe: Critical Essays (Cambridge, MA: MIT Press, 1989), in an addendum to an essay by Richard Pommer, p.146에 실려 있다. "신원 미상의 여성 사업가"로 지칭되고 그리고 미스의 "비서"로서 Reich를 정형화시키고

있는 기록을 주목하라.

40. 요원들이 보고한 바에 따르면, 그녀가 탑승하려고 했던 대서양 횡단 여객선은 New Amsterdam호가 아니라 Bremen호였다.

41. Federal Bureau of Investigation, Chicago Report, 1939년 10월 26일.

42. 같은 책에서, 1939년 11월 24일.

43. 미국 상무부 차관The Deputy to the Secretary of Commerce, Washington, DC, 1961년 12월 28일, 1962년 1월 4일, 그리고 1966년 5월 23일의 보고 문서. FBI file no. 65-4656에서.

44. FBI 보고서에는 다수의 잘못된 철자 표기의 미스 이름들이 "Nies van der Rohe", "Mies varber Hohe", 그리고 "Mies varder Rohe"로 나타난다. 다른 맥락에서, 철자 오류로는 "Miss van der Rohe", "Miles van der Rohe", 및 "Mr. Vander roh." 등이 있다. 미국 언론과 심지어 학술 출판물(Carl Condit의 많은 서적들을 참조)에서도 미스는 "Mr. Van der Rohe"로 널리 언급되었다. Farnsworth 재판 소송 (1950년대 초반에 작성된 재판 기록-제10장을 참고)이 진행되는 동안에도, 특별 재판관, 변호사, 심지어 미스 사무소의 직원들조차도 그를 "Mr. Van der Rohe"로 호칭하기도 했다.

45. Ludwig Glaeser 저, Ludwig Mies van der Rohe: Furniture and Furniture Drawings from the Design Collection and the Mies van der Rohe Archive(New York: Museum of Modern Art, 1977년), p.14-15는 소송의 개요를 제공한다.

46. Lilly Reich, 1940년 6월 12일 미스에게 보낸 편지; Ludwig Mies van der Rohe의 논문, 의회 도서관 원고 부서.

47. Lora Marx, 1980년 Schulze와의 인터뷰.

48. IIT의 캠퍼스 이전에 관한 탐색 논의는 1960년대 말에 본 캠퍼스가 상당 부분 완공될 무렵에도 멈추지 않았다. 1995년 말에는 결국 캠퍼스 이전을 포기하는 방안을 적극적으로 고려했다.

49. "표현될 수 없는 원칙은 존재하지 않는다고 하는 Bauhaus 특유의 믿음"에 관해서는 Bauhaus 1919-1933년 책에 언급된 Leah Dickerman 저, "Bauhaus Fundamentals": Workshops for Modernity(New York: The Museum of Modern Art, 2009)의 (p.25).

50. 이 책을 공동 집필한 우리 두 사람은 미스가 "God is in the details"라고 말했다는 증거를 찾지 못했다. In Meaning in the Visual Arts: Papers in and on Art History(Garden City, NY: Doubleday, 1955), Erwin Panofsky는 Flaubert가 언급한: "Le bon Dieuest dans le détail"(p.5)을 인용하고 있다. 미스가 Panofsky나 Flaubert(프랑스어는 아니지만)-의 글을 접했는지에 관해서는 여전히 의문이지만, 그것에 대한 증거 또한 없다.

51. 뉴욕 건축 연맹 연설, Architectural League of New York, 1960년 연설이 끝난 다음의 질의응답 시간; Ludwig Mies van der Rohe의 논문 "연설" 62칸, 의회 도서관, 원고 부서.

52. 1960년 New York City에서 알루미늄 산업을 위한 미스의 인터뷰 p.20에서 부터, Peter Associates 기록, Ludwig Mies van der Rohe, 62칸, 의회 도서관 원고 부서.

53. Oral History of Gene Summers, p.19

54. Oral History of A. James Speyer, p.61-62; Architecture Department, Art Institute of Chicago.

55. Oral History of Thomas Beeby, p.40-41; Architecture Department, ArtInstitute of Chicago.

56. Oral History of Reginald Malcolmson, p.135; Architecture Department, Art Institute of Chicago.

57. Bruno Conterato, 미스 사무소에서 15년 동안 일하고 미스 사무소에서 파트너 지위까지 올랐던 그는, 다음과 같은 내용을 기억했다. "나는 그에게 대놓고 물었습니다. '미스, 나에게 얼마의 임금을 책정할 건가요?' 미스는 내가 최근까지도 Skidmore [Owings & Merrill] 건축사무소에서 일했었다는 것을 이미 알고 있었고, 그래서인지 미스는 "Skidmore는 당신에게 얼마나 주었는가?"라고 되물었다. "그들은 나에게 1시간에 4달러를 제안했어요."라고 미스에게 말했습니다. 미스는 '우리는 이 사무소의 누구라도 1시

간에 1달러 임금을 지불하네.'라고 답했습니다. 그리고는 잠시 생각에 잠기더니 그는 입을 열었습니다. "하지만 돈이 더 필요하다면, 더 많은 시간을 일해야 하지 않겠는가?". 1993년 Windhorst와의 인터뷰 녹취록. 시급 규정은 신성시되지 않았다; George Schipporeit는 1956년에 1시간에 90센트 입금으로 근무하기 시작했다.

58. "I.I.T.에서 미스의 지도를 받으며 완성했던 자신의 졸업 작품을 언급하는 Paul Pippin의 원고 주석 내용". 1946-47, 페이지 매김이 안 된 타자와 손 글씨가 섞인 원고; Mies van der Rohe Archive. About Mies's "delivery", Pippin은 첨언했다. "[그건] 매우 사적인 사안이었지요. 그는 담배를 주-욱 길게 그리고 뻐끔뻐끔 들이 킨 뒤에 뜸을 두면서 말을 잇고는 간단명료하고 직설적인 견해를 밝힌 뒤에는 가벼운 미소를 보이곤 했지요. 그는 건축 작품 비평 시간 도중에도 늘 그런 투로 언급했고요, 그것은 효과를 기대하는 어떤 책략은 아닐지라도 매우 효과적이기는 했습니다."

59. 그렇다고 해서 미스가 스스로의 탐색을 게을리 했다고 말하려는 뜻은 아니다. Bruno Conterato는 사무소의 초창기를 모습을 떠올렸다. "나는 그가 어떻게 무언가를 시도하고, 우리가 느낀 것들을 그려달라고 부탁하는 방식에 놀랐지요. 그가 왜 이런 일을 하고자 할까? 이건 미친 짓이다, 전혀 좋아 보이지 않다. 우리는 이렇게들 받아들였지요. 그러나 미스는 '만약 우리가 실수를 하게 된다면 건물에서가 아니라 제도판에서 먼저 저지르는 게 낫지 않겠는가.'라고 말하곤 했습니다. 그의 건축 방법은 오직 최상의 건축에 집중하면서, 좋지 않은 가능성들을 하나하나 배제시키는 것이었지요." 1993년 Windhorst와의 인터뷰 녹취록.

60. Hilberseimer의 책을 발행한 미국 출판사는 시카고의 Paul Theobald & Co.였다. 그의 미국 책들은 The New City: Principles of Planning (1944); The New Regional Pattern: Industries and Gardens; Workshops and Farms (1949); The Nature of Cities (1955); Mies van der Rohe (1956); and Contemporary Architecture, Its Rootsand Trends (1964). D.Spaethand R. A. Fosse, Ludwig Karl Hilberseimer: An Annotated Bibliography and Chronology (New York: Garland, 1981).

61. Neumeyer 저, The Artless Word에서 언급된 미스에 관한 내용, p.335 인용됨.

62. Ludwig Hilberseimer 저: Architect, Educator and Urban Planner(Chicago: Art Institute of Chicago, 1988)에 실린 Richard Pommer가 쓴, "More a Necropolis than a Metropolis"의 내용 p.17.

63. Vittorio Magnago Lampugnani 저, "Berlin Modernism and the Architecture of the Metropolis"의 내용은 Terence Riley and Barry Bergdoll이 할당 편집을 맡은 Mies in Berlin의 내용 부분에서 다루어지고 있다. 전시 카탈로그(New York: Museum of Modern Art, 2001), p.50.

64. Dearstyne 저, Inside the Bauhaus, p.212.

65. Pommer 저, "More a Necropolis than a Metropolis", p.17.

66. "나는 미스가 'Hilbs에 관해서라면 말이지, 그 사람은 자나 깨나 생각을 엄청 한다는 거지.'라고 언급했던 것을 기억하지요. 그건 딱 맞는 말 이었지요". Oral History of Ambrose Richardson, p.43; Architecture Department, Art Institute of Chicago.

67. Ludwig Hilberseimer 저, The New City: Principles of Planning (Chicago: Paul Theobald, 1944년) p.xv.에 미스가 쓴 서문은 또한 Richard Pommer, David Spaeth, and Kevin Harrington 세 사람이 공동 집필한, In the Shadow of Mies: Ludwig Hilberseimer, Architect, Educator, and Urban Planner(Chicago: The Art Institute of Chicago, in association with Rizzoli International Publications, Inc., 1988년), p.67에서 그대로 재 인쇄되었다.

68. Ludwig Hilberseimer 저, Mies van der Rohe(Chicago: Paul Theobald, 1956년). 이로부터 1년 전, 스위스 출신의 화가이자 건축가인 Max Bill은 밀라노에서 발행되는 Architetti del movimento moderno 시리즈의 12번째 책으로 "Mies van der Rohe"라는 제목의 이탈리아어 소책자를 출간하였다.

69. 같은 책 p.49에서.

70. 같은 책 p.12에서.

71. 같은 책 p.60에서.

72. 같은 책 p.49에서. Gordon Bunshaft, 미스의 친구이고 그리고 수십 년 동안 뉴욕에 있는 Skidmore, Owings & Merrill 건축사무소의 수석 건축가였던 그는, 미스가 이루어 낸 엄청난 성공에 대해 완전히 다른 측면의 견해를 가지고 있었다: "그가 미국에 오지 않았다면 그의 삶은 뛰어난 업적 없이 마무리되었을는지도 모릅니다. 미스가 미국에 건너 왔을 당시의 미국은 특히 철강재 빌딩 시공이 우위를 점하고 있던 나라였기 때문에 미국은 그의 건축에 딱 맞춤이었습니다. 그 같은 건축이 그가 정말로 준비했던 것이었습니다. 그때의 독일은 철강재를 가지고 건물을 짓는 나라가 아니었습니다. 독일의 Krupp 가문이 일군 Krupp works 사를 떠올릴 수도 있지만, 우린 거기서 건축을 했기 때문에 잘 알고 있습니다. 당시의 독일 건축가들은 대규모 강철 재료를 어떻게 건축에 사용할지를 몰랐습니다." Oral History of Gordon Bunshaft, p.136-137; Architecture Department, Art Institute of Chicago.

73. 같은 책 p.49에서.

74. Lora Marx 1980년 9월 23일 Schulze와의 인터뷰

75. Pommer, Spaeth, and Harrington 세 사람의 공저, In the Shadow of Mies에서 George Danforth 저, "Hilberseimer Remembered"의 내용을 언급. p.15.

76. George Danforth, 같은 책 p.10에서의 미스.

77. 같은 책 p.11에서. 저자 Danforth는 해당 학생의 신분을 밝히지 않았다.

78. 같은 책에서.

79. Dennis Domer이 편집을 맡은 책 Alfred Caldwell: The Life and Work of a Prairie School Landscape Architect (Baltimore: Johns Hopkins University Press, 1997년). Caldwell이 작업한 조경 드로잉 작품은 Werner Blaser 저, Architecture and Nature: The Work of Alfred Caldwell(Basel: Birkhäuser Verlag, 1984년)에서 표본으로 실려 있다.

80. Oral History of Alfred Caldwell, p.78; Architecture Department, Art Institute of Chicago.

제 8 장

1. "New Buildings for 194X", Architectural Forum지 78, no.5(1943년 5월): p.69-152, p.189. 23명의 건축가들이 참여했으며, 그들 중에는 이름이 널리 알려진 Louis Kahn, Charles Eames, Pietro Belluschi, William Lescaze, Serge Chermayeff, Hugh Stubbins, 등이 포함되어 있었다.

2. 같은 책 p.84에서.

3. 같은 책에서

4. "The Zollverein Colliery in Essen: Schupp and Kremmer, Architects", Architectural Forum지 53, no. 2 (1933년 2월): p.148.

5. Four Great Makers of Modern Architecture: Gropius, Le Corbusier, Mies van der Rohe, Wright; The Verbatim Record of a Symposium Held at the School of Architecture, Columbia University, March-May, 1961 (New York: Columbia University, 1963년; 재판 인쇄, New York: Da Capo Press, 1970년)에 실린 "Peter Blake: A Conversation with Mies"의 미스에 관한 내용 p.100-101 인용됨. 1957-58년의 추가적인 시공에 의해 북쪽 말단 벽은 Metals Research Building으로 알려진 광물 및 금속동에 덧붙여지게 되었다(영구히 감춰지게 된다). "Mondrian wall"은 1942년에 지어진 건물의 남쪽 입면에서 여전히 볼 수 있다.

6. Chapel and Alumni Memorial Hall 참고, 24피트(7.32m)가 넘는 치장 벽돌 벽체.

7. Dirk Lohan, 2011년 5월 3일 우리들 공저자와의 인터뷰. Detroit Graphite Company는 1930년에 Velspar Corporation라는 회사로 인수되었지만, 미스는 원래 회사의 제품명을 계속해서 사용했다.

8. Phyllis Lambert, Werner Oechslin외 다수가 편집에 참여한 Mies in America, 전시 catalog(New York: H. N. Abrams, 2001), p.291ff.및 p.329, n. 109 참고

9. The Mies van der Rohe Archive, vol. 9에 수록된 870점의 도면들(New York: Garland, 1992년) 참고. 이 도면들은 모두 도서관과 행정동 프로젝트를 위한 도면들이다.

10. Olencki는 George Danforth에 뒤 이은 미스의 두 번째 직원으로 일했다. 그는 Danforth와 마찬가지로 교육자로 입신했다. 1948년 University of Michigan에서 가르치기 위해 Olencki는 미스의 사무소를 떠났다. 그는 끝까지 헌신적인 Miesian으로 남아 있었다.

11. 미스는 "건축의 대표성" 문제를 매우 진지하게 받아들였다. 1945년에 작성하여 I.I.T 행정처에 보낸 서신을 통해, 그는 Library and Administration Building에 대한 자신의 설계를 두고 제기된 여러 기술적 반대에 대한 답변을 내놓았다. 그러나 마지막 단락에서 그는 "내가 중요하게 생각하는 것은 다음과 같습니다. Illinois Institute of Technology는 새로운 캠퍼스를 건축하려고 계획 중입니다. 이런 프로젝트는 보기 드문 기회이고 좀처럼 발생하지도 않는 일입니다. 캠퍼스는 단순한 건물들을 모아놓은 것일 수도 있고, 반대로 I.I.T의 이상을 표현하는 유닛이 될 수도 있습니다. 그것은 내가 어떻게 계획하느냐에 달려 있습니다. 학교 건물들은 그들 교육 기관의 진정성을 대변하는 여러 오브제를 통해 드러나야 할 것입니다. 반면에, 행정처와 학생회 건물은 교육 기관의 품격을 상징해야 될 것입니다. 미스, 1945년 6월 12일 Linton E. Grinter 박사에게 보낸 편지; Mies van der Rohe Archive, Museum of Modern Art, New York.

12. Lambert, Oechslin 등 다수가 편집에 참여한 Mies in America, p.329, n. 111 인용됨 . 1945년 6월 12일 I.I.T 행정처에 보낸 서신에서, 미스는 "나는 이 어려운 과제에 대한 훌륭한 해결책을 찾아냈다고 생각합니다." 그리고는 그는 그의 착안에 대한 건축 전문가 동료들의 승인을 인용했다. "나의 신념은 미국 최고의 건축가들의 지지를 얻은 것입니다... 그들은 우리가 한 일에 대하여 찬탄을 표하고 있습니다." L.E. Grinter 박사에게 보낸 편지; Mies van der Rohe Archive, Museum of Modern Art, New York.

13. 당시에 대학원 신입생 신분이었던 Reginald Malcolmson은 Navy Building에서 진행된 미스의 건축 토론 수업 중에 이렇게 질문했다. "저는 교수님이 그토록 정밀성을 지닌 영국식 벽돌 쌓기를 구현하는 것에 감명을 받습니다. 만약 그것이 도배로 마감될 벽이라 할지라도 교수님은 그와 똑같이 하시겠습니까[벽돌 벽 표면을 도배 마감한다는 의미]?." 그 질문에 미스는 "설령 벽을 쌓아야 한다면, 나는 사방이 도배 마감될 벽이라 해도 영국식 벽돌 쌓기로 벽을 만들 것이네."라고 답변했다. Malcolmson은 혼잣말로 중얼거렸다. "지금 나는 제대로 된 교수에게서 건축을 배우고 있구나." Oral History of Reginald Malcolmson, p.40, p.41; Architecture Department, Art Institute of Chicago.

14. Cantor는 현대 유럽 회화 작품을 다루는 저명한 수집가로 떠올랐다. 미스는 또한 Cantor의 주택과 사무소 빌딩을 설계했는데, 둘 다 모두 지어지지는 못했다. Cantor house는 Resor House 프로젝트의 요소들을 공유하고,– Resor House는 완만한 구릉지를 이루고 있는 건조한 부지를 위한 프로젝트였긴 하지만- 그 계획들은 중요한 결과를 시사한다. 제2차 세계대전 후 2년 동안 설계 일들이 일시적으로 산더미처럼 쏟아지던 당시의 빡빡한 여건임에도 불구하고, Cantor는 미스에게는 가장 돋보이는 민간부분 건축 고객이었다. 그와 미스는 그리 친하지는 않았던 것 같다. Joseph Fujikawa는 "미스는 세계 최고의 건축가임에도 불구하고 다른 건축가들에 비해 더 많은 설계비를 나에게 청구하지 않는다."라며 Cantor 스스로가 미스를 찾아 왔다고 회고했다. Joseph Fujikawa 저 "Mies's Office: 1945-1970년", A+U [Architecture and Urbanism] (1981년): p.175.

15. Goldsmith, 날짜 미상, Kevin Harrington과의 인터뷰, Lambert, Oechslin 등 다수가 편집에 참여한 Mies in America, p.430, n. 170.

제 9 장

1. 미스가 건축학과의 학과장에 올랐을 무렵, Dornbusch는 Armour의 건축학과 교수진에 들어있었다. 그는 미스 군단의 3명 "원로 교수진" 가운데 한 사람이었다.

2. Katharine Kuh, 1979년 7월 Schulze와의 대담. Kuh는 1936년에 아방가르드 미술 화랑을 열었다. 이는 시카고에서는 최초의 일이었다. 그녀는 그 이후에 시카고 Art Institute of Chicago에서 저명한 큐레이터로 근무했다.

3. Lora Marx, 1980년 Schulze와의 인터뷰.

4. Lora Marx는 1900년에 태어나 1989년에 사망한다.

5. Lora Marx, 1980년 Schulze와의 인터뷰.

6. 이 이벤트에 대한 추가적인 세부 내용은 아래를 참고.

7. 이 건축 작품에 대한 미스의 스케치는 The Mies van der Rohe Archive, vol. 13(New York: Garland, 1992), p.67 참고.

8. Jacques Brownson은, 그의 젊은 시절 IIT의 학생으로, 미스의 아파트에서 미스를 처음 마주했을 때의 경험을 이야기했다. "그들은 나에게 미스의 아파트로 전달할 무언가를 주었어요. 난 미스가 누군지도 몰랐습니다...나는 벨을 누르고 그의 아파트로 올라갔지요. -오!, 세상에, 이건 엄청난 순간이라는 생각이 들었어요-. 미스가 나를 맞이하러 문 앞으로 나왔던 겁니다. 글쎄... 그는 정말 품위가 넘치는 인물이었어요. 그는 '들어오지 그러니'라고 말했고, 나는 가져간 심부름 소포를 그에게 전달했습니다. 그는 아무 말이 없었습니다. 나는 주위를 한번 둘러보고는, '언제 이사 올 예정이신가요?'라고 물었지. 그는 묵묵부답으로 나를 그냥 쳐다보고 있을 뿐이었는데,.....엄청 엄격한 분위기가 느껴졌지요." Oral History of Jacques Brownson, p.65-66; Architecture Department, Art Institute of Chicago.

9. Lora Marx, 1980년 9월 23일 Schulze와의 인터뷰.

10. 같은 책에서.

11. 미스 사진들에서 시가와 떨어져 있는 그의 모습은 거의 찾아낼 수 없다. 강의 시간이면, 언제나 그는 시가 몇 개를 지닌 채 나타나곤 했다.

12. Donald Sickler, 1992년 Windhorst와의 대담.

13. Arts Club of Chicago는 아주 작은 크기의 피카소의 동판 조각품을 소유하고 있다. 이 동판 제품은 Danforth가 "점심 식대" 금액 정도인 50달러를 주고 구입했던 작품으로, 그에게는 생애 첫 번째의 미술 수집품이었다.

14. 미국에서는, 미스는 6인치(15.24cm) x 8-1/2인치(22cm) 크기의 Apex Figure Pad no. 68 "Performated and Permanent Bound"에 스케치하는 것을 즐겼다.

15. 미스 사무실에서 비서로 근무했던 Helen McConoughey는 미스가 사무소를 나갈 때 면 이를 "IIT에 알리는 일"을 담당했다. 그러한 그녀의 틀림없는 업무 수행 능력은 대단히 탐나는 것이었다. George Schipporeit, 2008년 Windhorst와 대담에서.

16. 미스의 미국 직원들 역시 연필 가루로부터 그들의 옷을 보호하기 위해 흰색 가운을 착용했다.

17. Katharine Kuh 저, My Love Affair with Modern Art: Behind the Scenes with a Legendary Curator, (편집자는 Avis Berman)(New York: Arcade, 2006년).

18. 같은 책 p.69-70에서.

19. Oral History of George Danforth, p.114; Architecture Department, Art Institute of Chicago.

20. Museum of Modern Art의 전시 no.356. 전시는 1947년 9월 16일부터 1948년 1월 25일까지의 일정으로 계속되었다. Lilly Reich는 전시가 진행 중이던 1947년 12월 11일에 베를린에서 세상을 떴다.

21. Philip Johnson 저, Mies van der Rohe(New York: Museum of Modern Art, 1947년).

22. Philip Johnson, 1946년 12월 20일 미스에게 보낸 편지; Mies van der Rohe Archive, Museum Modern Art, New York.

23. Robert A.M. Stern이 편집을 맡은 The Philip Johnson Tapes: Interviews by Robert A.M. Stern(New York: Monacelli Press, in association with the Temple Hoyne Buell Center for the Study of American Architecture, 2008년), p.112.

24. Johnson 저, Mies van der Rohe, p.10.

25. 같은 책 p.96에서.

26. Terence Riley 저, "From Bauhaus to Court-Housesms", Terence Riley와 Barry Bergdoll이 맡은 Mies in Berlin 전시 카탈로그(New York: Museum of Modern Art, 2001),)에서 언급됨. p.335.

27. Philip Johnson,1946년 4월 J.J.P. Oud에게 보낸 편지, Franz Schulze 저, Philip Johnson: Life and Work (New York: Alfred A. Knopf, 1994년), p.177.

28. Edwin Alden Jewel의 기고문, "A Van Der Rohe Survey", New York Times지, 1947년 9월 28일.

29. Arts and Architecture지 64, no. 27에 소개된 Charles Eames(1947년 12월): p.27.

30. Frank Lloyd Wright, 1947년 10월 27일, 미스에게 보낸 편지; Mies van der Rohe Archive, Museum Modern Art, New York.

31. 미스, 1947년 11월 25일 Wright에게 보낸 편지; Mies van der Rohe Archive.

32. 그럼에도 불구하고, 그것은 미술 작품과 교환될 만큼 가치를 인정받았다. 1940년대 어느 해일쯤인데, Arthur Drexler에 따르면, 미스는 여성 조각가 Callery에게 그가 작업한 콘서트홀 프로젝트에 관한 콜라주 작품을 건네주었다(1985년 3월 18일 Schulze와의 대담에서). 날짜는 확인할 수 없으나, 그녀는 그것에 대한 보답으로 그에게 Picasso의 1930년대 작품인 여성의 청동 조각 좌상을 빌려주었고, 미스는 그 조각상을 그의 아파트에 전시해 놓았다. 이 같은 Picasso loan에 대한 내용은 Phyllis Lambert, Werner Oechslin 등이 공동 편집을 맡은 Mies in America, 전시 카탈로그(New York: H.n. Abrams, 2001), p.124에서 인용되고 있다. Callery(1903-1977)와 Johnson 사이의 친밀한 관계에 대한 자세한 내용은 Frank D. Welch 저, Philip Johnson and Texas(Austin: University of Texas Press, 2000년). 참고.

33. Georgia van der Rohe 저, La donna è mobile: Mein bedingungsloses Leben(Berlin: Aufbau Verlag, 2001년), p.106-107. 1981년 11월 10일 Schulze와의 대담에서 Marianne Lohan은 "나치 시대에 있어 (그녀의 어머니는) 용감했고 유대인을 숨겨주려 했었다"고 말했다.

34. Marianne Lohan, 1981년 11월 10일 Schulze와의 대담. Reich가 제2차 세계대전 직후에 미스에게 보낸 편지는 1981년 당시까지도 그 행방이 묘연할 뿐이다. Oral History of Myron Goldsmith, p.35 참고: "전쟁 후… Lilly Reich(패션에도 조예가 깊었다)는 사업을 다시 시작하려고 노력하고 있었지요. 당시의 독일은 바늘과 실조차도 귀한 때였습니다. 미스는… 이런 것들을 구해 그녀에게 보내기 위해 많은 시간을 할애했습니다." Architecture Department, Art Institute of Chicago.

35. Lora Marx, 1980년 9월 23일 Schulze와 인터뷰

36. Dirk Lohan, 2011년 5월 3일 이 책의 우리들 공저자와의 인터뷰.

37. Joseph Fujikawa는 1947년에 Skidmore, Owings & Merrill Chicago로 "파견 나가 일하게 되었으나", 미스의 건축 작업이 활기를 되찾게 되면서 미스의 사무소로 복귀했다. Fujikawa는 "그 당시 미스의 사무소는 재정적으로 너무 어려운 여건이어서 우리를 계속 고용할 수 없는 처지였어요."라고 말했다. 말하자면, Fujikawa 그리고 함께 근무했던 동료 직원 John Weese, 이들 두 사람은 이를 보다 못해 자진해서 미스의 사무소를 떠났다. "Mies's Office: 1945-1970", A+U [Architecture and Urbanism] (1981년 1월): p.175

제 10 장

1. Van der Rohe v. Farnsworth, no. 9352(Ill. Cir. Ct., Kendall County), 재판 기록 p.62 부지 매입 대금; 부지 구입 날짜, p.35.

2. Plano는 McCormick 공장 타운이었다. Farnsworth의 9에이커(36,421.70평방미터)의 토지는 Chicago Tribune이 소유하고 있던 실험 농장지의 일부였다.

3. Van der Rohe, 재판 기록 p.81, 기록된 두개의 성(姓)씨. Ruth는 Mrs. Edward Lee였다.

4. Edith Farnsworth Papers, Department of Special Collections, Newberry Library. Farnsworth 출판되지 않았음. 페이지를 넣지 않음, 손으로 쓴 회고록은 1칸, 2칸에 보관되어 있다. 그녀의 회고록에 대한 후속 언급은 이 출처에 포함되어 있다.

5. Van der Rohe v. Farnsworth, 재판 기록 p.312-313.

6. 같은 책 p.313에서.

7. Corti(1882년-1957년)는 바이올린 연주가이자 교사, 바이올린 음악에 대한 편집자였다.

8. Edith Farnsworth, 미발표 회고록; Edith Farnsworth Papers, Department of Special Collections, Newberry Library, Chicago.

9. 같은 책에서.

10. 같은 책에서.

11. 같은 책에서.

12. 반 더 로에, 재판 기록 p.320.

13. 같은 책 p.316에서.

14. 같은 책 p.320에서. Edward Duckett은 미스의 증언을 뒷받침했다. "그는 Farnsworth House에 관해서는 수묵화 방식으로 작업했는데요... 나는 종이 화폭을 고정하고 그가 드로잉 작업을 시작할 수 있도록 준비했지요. Edith Farnsworth가 그의 옆에서 선채로 지켜보는 가운데, 그는 주택에 대한 서로 다른 스케치 두 점을 그려 나갔지요. 한 점의 스케치는 부지에서의 것이었고, 다른 한 점의 스케치는 결국 그것이 세워지는 방식에 대한 내용이었습니다." Edward A. Duckett와 Joseph Y. Fujikawa 공저, Impressions of Mies: An Interview on Mies van der Rohe; His Early Chicago Years 1938-1958(n.p., 1988년), p.18.

15. Van der Rohe, 재판 기록 p.322.

16. 같은 책 p.323에서.

17. Division of Waterways State of Illinois, 1945년 6월 8일 미스 반 더 로에에게 보낸 편지; Mies vander Rohe Archive, Museum of Modern Art, New York.

18. 그 주택의 마루는 5피트10인치(1.78m) 높이이다.

19. Van der Rohe, 재판 기록 p.327.

20. Phyllis Lambert, Werner Oechslin 등이 공동 편집을 맡은 Mies in America, 전시 카탈로그(New York: H. N. Abrams, 2001년)의 p.508, n.16에서 다양하게 인용.

21. Oral History of Myron Goldsmith, p.66; Architecture Department, Art Institute of Chicago. 그것에 비해, 같은 시기에 진행되고 프로젝트 규모도 훨씬 컸던 North Lake Shore Drive apartment buildings 860-880의 경우, 미스의 직원들은 고작 2,500시간만을 할애했을 뿐이었다(사무소의 중간급 설계자의 작업도면과 함께)

22. Van der Rohe, 재판 기록 p.1487.

23. Farnsworth project를 담당한 Goldsmith의 조수였던 Gene Summers는 Plano로 길을 나섰던 출장을 떠올렸다. 그는 Farnsworth House에 쓰일 멀리온의 실물 모형 제작 임무를 맡고 있었다. "사무실에

있는 톱을 가지고 저기 보이는 멀리온을 만들었지요. 그것들은 높이가 9피트 4인치(2.8m)크기였고, 2개의 멀리온이었습니다. 나는 그 둘을 어깨에 메고, 철도역으로 가져갔고, 기차 편으로 Plano에 도착한 다음 거기 기차역에서 Farnsworth House 부지까지 걸어가서 멀리온을 설치했어요. 그 다음 주말에 미스가 그것들을 볼 수 있도록 말입니다." Oral History of Gene Summers, p.22; Architecture Department, Art Institute of Chicago.

24. 미스의 메모: "Farnsworth House의 중요한 사실들." Farnsworth trial papers of Sonnenschein Berkson Lautmann Levinson & Morse; Sonnenschein Nath & Rosenthal LLP, Chicago. 이 주제들에 대해서는 내용은 거의 같지만, 더 장시간 동안 진행된 재판 증언이 있다: 녹취록 p.330-350의 여러 부분 내용을 참고.

25. Myron Goldsmith의 업무 비망록; Farnsworth file, Mies van der Rohe Archive, Museum of Modern Art, New York.

26. Edith Farnsworth가 기록한, 출판되지 않은 회고록; Edith Farnsworth Papers, Department of Special Collections, Newberry Library, Chicago.

27. Van der Rohe, 재판 기록 p.348.

28. Oral History of Myron Goldsmith, p.67.

29. 같은 책 p.68에서.

30. Lora Marx, 1980년 2월 14일 Schulze와의 인터뷰.

31. 이 녹취록의 복사본은 미스 측 변호를 맡았던 법률회사 Sonnenschein Berkson Lautmann Levinson & Morse를 승계한 회사법인 Sonnenschein Nath & Rosenthal LLP of Chicago로 부터 이 책을 집필한 우리들 공저자에게 제공되었다. 그 내용들은 Dirk Lohan의 허락을 받은 다음에 우리에게 공개되었다. Kendall County Courthouse에는 수십 페이지 분량의 재판 기록만 보존되어 있다. 수년 동안, 연구원들은 그곳에서 전체 기록물을 탐색했거나, 기록물이 포함되지 않은 Museum of Modern Art, New York의 Mies van der Rohe Archive에서 제한적인 자료들만을 얻었을 뿐이었다. 이 사건에 참여했으며 아직 생존해 있는 마지막 인물이기도 한 변호사 William C. Murphy는 우리에게 Sonnenschein firm이 그 녹취록을 아직 가지고 있을지도 모른다는 얘기를 전해주었다. 그는 2005년 10월 13일, 우리에게 본인이 직접 그것을 본 적은 없다고 말했다. 기억이 불완전하긴 했지만 Murphy는 옳았다. 예를 들어, 그는 Farnsworth의 사건이 "빠른 결론에 이르렀다"고 믿는 한 가지 이유(아래 참고)는 "재판에서의 다툼거리가 될 만한 사안들이 거의 없었다는 점"이라고 밝혔고 Farnsworth 측의 변호사였던 RandolphBohrer는 그가 알지 못했던 사실들로 인해 "깜짝 놀랐다(미스에게는 유리한 내용들)"고 말했다. 그러나 Sonnenschein의 기록에는 미스, Farnsworth, 그리고 Goldsmith의 장시간에 걸친 증언의 녹취 내용이 포함되어 있었다. Sonnenschein의 기록에는 이 사건과 관련한 많은 변론, Levinson(담당 파트너)과 John Faissler(재판 변호사)의 내부 비망록, 로컬 변호사였던 Sonnenschein과 Murphy 사이에 오갔던 회사 내부 비망록, 그리고 Sonnenschein의 요청으로 미스와 Goldsmith가 작성한 서류 등이 포함되어 있었다. 6주간의 재판 동안 19명의 증인이 증언대에 섰으며, 500여 점의 품목이 증거로 제출되었다.

32. Karl Freund는 기초 공사를 위한 시공업자였고, 나중에 목공작업을 했다.

33. Van der Rohe, 재판 기록 p.1237.

34. 같은 책 p.1178-1181에서.

35. "W8 x 48"는 1피트(30.48cm) 당 48파운드의 중량을 지닌 공칭 8인치(20cm) 너비의 광폭 플랜지 부재를 의미한다.

36. Farnsworth trial papers of Sonnenschein Berkson Lautmann Levinson & Morse; Sonnenschein Nath & Rosenthal LLP, Chicago의 복사본.

37. William C.Murphy, 2005년 10월 13일 우리들 공저자와의 인터뷰, 그의 Aurora, Illinois 사무실에서.

Myron Goldsmith 역시 이 같은 내용을 믿었다.

38. Edith Farnsworth가 쓴, 출판되지 않은 회고록; Edith Farnsworth Papers, Department of Special Collections, Newberry Library, Chicago.

39. Van der Rohe, 재판 기록 p.829-830.

40. Johnson은 지금까지도 비치되어 있는 Farnsworth(미스가 선택한 가구들이 아닌)가 고른 가구를 언급하고 있는 것이다.

41. Philip Johnson, 1951년 6월 4일 미스에게 보낸 편지. Mies van der Rohe Archive, Museum of Modern Art, New York.

42. Oral History of Myron Goldsmith, p.67.

43. Robert Nelson, 2005년 11월 11일 우리들 공저자와의 인터뷰, Aurora, Illinois.

44. 그의 아들 및 William Murphy에 따르면.

45. Robert Nelson 인터뷰.

46. 회사의 수수료를 챙기는 것에 관한 내부 비망록에서, Levinson은 미스를 "다루기 어려운 사람"이라고 언급했다. 미스에게 큰 호의를 갖게 된 Faissler는 미스에 관한 Levinson의 견해에 공감하지 않았다.

47. William Murphy, 우리들 공저자와의 인터뷰.

48. 기록의 일부에 대한 검토와 해석을 맡아 우리에게 도움을 준 Washington, DC의 법무법인 Arnold & Porter LLP의 파트너 변호사 James L.Cooper에게 감사드린다.

49. 미스는 그의 형을 석재 전문가로서 높이 평가했다. 그는 베를린에 있는 New National Gallery에 쓰일 돌을 고르는 데 조언을 구하기 위해 1960년대 후반에 Ewald를 찾아갔다. Gene Summers는 베를린에 적합한 화강암에 대해 미스가 Ewald에게 조언을 구했던 일을 회고했다. "Ewald는 나를 묘지로 데려갔다. 형의 설명을 통해, 다양한 돌의 종류를 접할 수 있었을 뿐만 아니라 돌의 수령이 어떻게 되는지도 알게 되었노라."고 나에게 털어놓았다. (Summers, 2009년 10월, Windhorst와의 대담에서). 훗날에, Dirk Lohan은 같은 베를린 프로젝트에서 Ewald를 통해 미스와 비슷한 경험을 얻었다. 최종적으로, 실레지아 화강암(당시 전후 폴란드에서 채석된 돌)이 선택되었다.

50. 그 사진들은 Edward Duckett이 크리스마스에 선물 받은 Brownie camera로 그 이듬해에 촬영한 것들이다.

51. Oral History of Myron Goldsmith, p.70.

52. 미스의 사무소는 개별 건축 프로젝트를 위한 도면들을 제작했는데, 그것들은 매우 상세하게 그려졌고, 필요에 따라 맞춤 제작되었다. 전체 시공 도서가 마련되었지만, 공사가 진행되면서 수정은 계속될 수밖에 없었다.

53. Goldsmith는 조리실 주방의 폭을 줄이고, 코어 공간부분을 원하는 것보다 상대적으로 크게 만들었다. 1947년 MOMA 전시에서 전시된 모형은 더 크고 초기의 설계를 따르는 모형으로, 최종 디자인에 포함되지는 않은 것이며, 아마도 방문객 침실로 추정되는 두 번째 침실 공간을 보여줄 만큼이나 충분히 넓은 크기로 제작되었다.

54. Van der Rohe 재판의 판사 보좌관의 기록물, p.25, 단면 10, 11.

55. 같은 책 p.26에서.

56. Van der Rohe, 재판 기록 p.1611.

57. 증언과는 다르게, 구두 변론은 변론의 모든 내용이 기록되지는 않았다.

58. Murphy는 미스 측의 변호사들이 "Nelson의 조사 결과에 대한 만장일치에 놀랐다"고 밝혔고, 이례적인 "완전한 승리"에 감격했다고 말했다. Murphy, 우리들 공저자와의 인터뷰에서.

59. Van der Rohe 재판을 진행한 판사의 보좌관에 의한 기록물. p.26.

60. John Faissler, David Levinson에게 전한 메모; Farnsworth trial papers of Sonnenschein Berkson

Lautmann Levinson & Morse; Sonnenschein Nath & Rosenthal LLP, Chicago

61. Nelson의 "판결 내용"과 미스의 "승소"를 기록한 판사 보좌관의 기록에 관한 신문 기사에 대하여 그녀가 어떤 반응을 보였는지는 알려지지 않았다. Nelson의 조사 결과는 비록 재판 진행의 예비단계였음에도 불구하고, 언론에서는 이를 최종적인 판결로 다루고 있었다.

62. Elizabeth Gordon의 기고문, "The Threats to the Next America", House Beautiful지 95, no. 4, 1953년 4월, p.129.

63. Frank Lloyd Wright, Peter Blake가 집필한 The Master Builders(New York: W.W. Norton, 1976)에서 다루어 진 내용, p.248-249.

64. David Levinson의 기록, 파일에 딸린 주석 내용. Farnsworth 재판의 공판 서류들, 독일과 미국에서, 미스는 그의 활동에 관하여 이야기할 때, 1인칭을 사용한 적이 거의 없었다. 여기에서도, 그는 일관되게 Farnsworth에 대해 '우리를 비방하는 것'이라고 언급한다.

65. John Faissler 변호사는 Bohrer가 "건강상의 이유"로 남서부로 3개월간 휴가를 떠났다고 전했다.

66. "Fox River Bridge Issue to Be Settled by Court." Chicago Tribune지, 1968년 5월 2일, 단면 3A, p.2

67. Murphy는 교량 문제와 관련하여 자신이 Farnsworth 주택으로 그녀를 방문했을 때 그녀가 그를 위해 바이올린을 연주했던 것을 고맙게 여기며 기억하고 있었다. 2005년 10월 13일 우리들 공저자와의 인터뷰.

68. "Fox River Bridge Issue to Be Settled by Court."

69. William C. Murphy가 제공한 편지 복사본, 2005년

70. Farnsworth House 맞은편 Fox River 남쪽에 위치한 Silver Springs State Fish와 Wildlife Area. Silver Springs는 원래 1,250에이커의 땅으로 1969년에 구입이 완료되었다. Farnsworth 부지에 더해 추가로 합쳐진 공원은 강의 양쪽 모든 곳을 아우른다.

71. Dirk Lohan, 2011년 5월 3일 우리들 공저자와의 인터뷰.

72. 주택과 토지에 대한 요구 가격은 25만 달러였다. Palumbo는 공식 문서에 기재된 금액 이상의 매입 대금을 Fransworth에게 더 지불을 했을 수도 있다.

73. 미스의 초기 수채화는 전통적 기법에 의한 작품들을 보여준다. Goldsmith는 다음과 같이 피력했다: "작품이 잘 그려질 때면... [미스]는 그 수채화들이 아마도 [그 집-Farnsworth House]에 쓰일 가구 디자인이라고 말했습니다. 그 가구들은 현재 Barcelona chairs처럼 [그 주택에서 Peter Palumbo가 사용하고 있는 가구들만큼 우아하지는 않았겠지만. 미스는 '무두질하지 않아 털로 덮인 가죽과 손질된 가죽을 섞어서 사용하겠다.'라고 말했어요. 나는 수채화 속에서 그 집 바닥의 여기저기에 베개가 흩어져 있는 것 같은 인상을 받았지요." Oral History of Myron Goldsmith, p.67.

74. David Bahlman의 "Farnsworth House Chronicle" 제목의 손 글씨 원고의 복사본은 경매 기간 동안 준비되었고 그 시점은 2003년 12월 14일이었다. 해당 복사본은 Schulze의 소유이다.

제 11 장

1. Oral History of Y. C. Wong, p.20; Architecture Department, Art Institute of Chicago.

2. 이 용어는 기술 사학자 Carl Condit가 만들어 낸 신조어라는 것이 정설이지만, Robert Bruegmann의 말을 빌자면 이 용어는 1960년대에 초반에 건축 분야를 다루는 학술 잡지에서도 대두되었다는 것이다. Chicago Architecture, Histories지에 실린 Bruegmann의 기고문 "Myth of the Chicago School", 차후에 Charles Waldheim and Katerina Ruedi Ray에 의해 수정 보완(Chicago: University of Chicago Press, 2005년)을 참고. 비록 초반기 건축 작품들에서는 "구조적 명확성"에 중점을 두긴 했지만, 미스는 자신을 "첫 번째" 시카고 학파에 속한다고 인식했다; 이에 대한 예시로는, "[미스의] 작품이 구조 건축 측

면에서 시카고 건축 학파를 얼마나 충실하게 발전시키고 있는지를 보고 있노라면 참으로 놀라움을 느끼게 된다. 그 둘은 같은 뿌리에서 자라났다."고 논하고 있는 Ludwig Hilberseimer의 1956년 작품집을 참고: Mies van der Rohe (Chicago: Paul Theobald, 1956년), p.21.

3. Summers는 자신의 의견을 제시했다. 이건 아마도 농담일 것으로 보이는데- 그가 사무소의 주축 인물로 떠오른 이유에 대해서 말이다: "아마도 나는 사무소에서 미스와는 어느 누구보다도 밀접한 관계에 있었을 거예요. 모르긴 해도, 내가 텍사스 출신이어서 다른 사람들 보다 말이 좀 느리고, 그래서 그는 내가 무슨 얘기를 하고 있는지 쉽게 알아듣지 않았을까요." Oral History of Gene Summers, p.66; Architecture Department, Art Institute of Chicago.

4. 미스는 Greenwald가 찾아 오기 이전에도 초기 IIT 건물들 덕분에 건축가들 사이에서 이미 적잖은 명성을 누리고 있었다. 하지만, Greenwald와의 작업은 미스가 IIT에서 결코 실현해 보지 못했던 것으로, 중요한 땅에 고층건물을 디자인하는 기회를 미스에게 제공했다.

5. Lillian Greenwald, 2000년 Schulze와의 대담.

6. 하지만 Joseph Fujikawa의 기억은 달랐다: "관련된 여러 출판물들을 읽어보면, [Greenwald]는 세상에서 가장 위대한 건축가 세 명으로는 Frank Lloyd Wright, Le Corbusier 그리고 Mies van der Rohe라고 천명했어요. 그리고는 그는 일단 [Wright]를 배제했는데, 그것은 Wright와 함께 일하는 것은 매우 어렵다는 말을 자신의 동료들로부터 들었기 때문이며 , 그 다음 그는 유럽이라는 거리감을 이유로 Le Corbusier를 배제했어요. 그러니 결국 미스가 남게 된 거지요." Joseph Fujikawa, Mies's Office: 1945-1970, A+U [Architecture and Urbanism] (1981년 1월): p.176.

7. Bennet Greenwald, 2007년 Schulze와의 대담.

8. Bennet Greenwald, Kevin Harrington과의 인터뷰, Greenwald에 따르면 IIT만을 위해 계획되었던 아카이브는 실현되지 못했다.

9. Joseph Fujikawa, 1993년 6월 30일 Windhorst와의 인터뷰 녹음. Bruno Conterato, 1993년 7월 26일 Windhorst와의 인터뷰 녹음.

10. Architectural Record지는 1947년 9월호에 강철 멀리온으로 구성된 Promontory를 묘사한 Goldsmith의 도면을 다루고 있다. 모든 도면에는 미스의 서명이 있다. 이 잡지의 초판 p.241에는 Goldsmith 도면들이 인쇄되어 있고, "강철 외관으로 계획된 Promontory Apartments의 투시도"라는 사진 설명이 첨부되어 있다.

11. The Mies van der Rohe Archive, vol. 13(New York: Garland, 1992년), p.439-441에서 복사.

12. 시카고 건축 법규에 규정된 여러 까다로운 부분들은 무시할 수 없었다. 다른 건축가들이 시도했을 때처럼, 번갈아 적층되는 층에 복도가 없는 건축 계획은 아마도 허용되지 않았을 것이다.

13. 이 프로젝트가 FHA 자금 지원 대상이 아니었다면, 민간 사업자가 개인적으로 자금을 조달해야 했다.

14. Mies van der Rohe Archive, vol. 14(New York: Garland, 1992), p.8-124. 이러한 차이점이 명확히 구분되지 않은 부분도 있고, 두 프로젝트의 도면이 함께 섞인 채로 때로는 같은 페이지에 나타나기도 한다. 남동쪽 모퉁이에 있는 일곱 번째의 건물은 지어진 건축물 형태로 보아 알곤퀸Algonquin의 일부는 아니었다.

15. 1920년대 초기의 미스의 고층 건물 시안들은, 건물들 역시 4면이 "노출"되는 형태의 구상이었다. Promontory는 "부지를 꽉 채워 건물을 배치하는 형식"의 건축물이었다.

16. 프로젝트와 모형에서, 그는 30년 동안 이 과제를 연구해 왔다.

17. Joseph Fujikawa, 1993년 6월 30일 Windhorst와의 인터뷰.

18. Oral History of Charles Genther, p.26; Architecture Department, Art Institute of Chicago.

19. 1964년의 인터뷰에서, 미스는 건축 재료로서 강철이 지닌 장점에 대해 논했다: "강철이란 재료는 매우 강하지요. 그것은 매우 우아한 소재입니다. 당신은 그것으로 많은 것들을 할 수 있어요. 건축물이 드

러내는 전체적인 성격은 매우 가볍지요. 그래서 나는 철골 구조 건물을 좋아합니다... 철골로 지으면 내부 구성에 많은 자유가 주어지지요... 내부 공간은 정말 당신이 원하는 대로 디자인할 수 있습니다. 하지만 건물 바깥 면에서는 그리 자유롭지 못합니다." 미스와의 인터뷰, John Peter's The Oral History of Modern Architecture: Interviews with the Greatest Architects of the Twentieth Century(New York: H. n. Abrams, 1994년), p.167-168.

20. 미스, Architectural Forum지 97, no. 5(1952년 11월): 94.\

21. 일본 건축에 영향을 받았느냐는 질문에 대해 미스는 "일본 건축은 본 적이 없어요. 나는 일본에 가본 적이 없습니다. 우리는 그 건물이 세워져야 하는 이유를 생각하며 건축을 합니다. 아마 일본 사람들도 그렇게 할 테지요." 미스, 1959년 5월 27일 Cadbury-Brown (BBC)과의 인터뷰.

22. 분명하게, 다른 건축가들 역시 고려되었을 것임이 분명하다. Greenwald 또한 전체 개발을 위한 자금 조달 관련된 부분을 떠맡게 되었다. 미스는 다시금 공식적인 "디자인 컨설턴트"의 책임을 맡게 되었고, 따라서 디자인 팀은 전적으로 Promontory 팀에서 차출되었다.

23. 조명은 뉴욕에서 활동하던 디자이너 Richard Kelly가 맡았다, 미스는 Philip Johnson의 소개로 그를 만났다. Kelly는 또한 Seagram Building을 위한 조명 계획에 참여했는데, Seagram Building의 조명은 한 층 더 유명세를 탔다.

24. 고층 구조의 "moment frame"은 기둥과 보 사이의 견고한 접합을 통해 수평 브레이싱을 제공한다. 860의 경우, 이 연결부는 L자 모양의 철재 브래킷이다. 860보다 높은 건물에는 일반적으로 전단벽, 경사 지주 또는 전체-콘크리트-구조 코어의 횡 방향 시스템이 필요하다.

25. 그 빌딩들은 이와 비슷한 규모의 전통 방식에 따라 건축된 건물에 비해 건축비가 10% 정도 줄어든다고 한다. 하지만 이 수치는 Greenwald의 마케팅 자료에서 따온 것일 뿐이다. 그 빌딩이 건축된 시대에는 그에 가능할 수 있는 "전통적 방식에 의한" 빌딩은 더 이상 건축될 수 없었기 때문에, 이 주장을 뒷받침하기란 불가능해 보인다.

26. "W14" 부품은 공칭으로 플랜지의 외부 치수가 14인치(35.56cm)라는 뜻이다. 플랜지와 웨브의 두께에 따라 동일하게 명명되는 강재라 할지라도 부재 단면의 치수 차이는 다양하다(더 약하거나 높은 강성을 지닌). 예를 들어, 860의 멀리언은 W8 부재이며, 피트당 무게는 21파운드이므로 "W8x21"로 명명된다.

27. Bruno Conterato, 1993년 Windhorst와의 인터뷰.

28. Joseph Fujikawa, Phyllis Lambert, Werner Oechslin가 편집을 맡은 Mies in America에 인용됨, 전시 카탈로그 (New York: H. N. Abrams, 2001년), p.362.

29. 미스, Architectural Forum지 97, no.5(1952년 11월)에 인용됨: p.99. 미스의 문헌에서, 이 같은 인용문은 쉼 없이 인용에 인용이 거듭되었다.

30. 기둥 옆에 있는 창문은 중앙의 2개 창문보다 9인치(22.86cm) 더 좁다.

31. Fujikawa는 이러한 견해를 강력하게 지지하는 편이었다.

32. 그는 또한 천장에서 바닥까지의 샌드위치 구조 안에 커다란 풍력 버팀 지지대를 숨겨 놓았다.

33. 타워 빌딩의 짧은 끝단을 감싸면서, 미스는 건물 각 면의 기둥과 기둥사이의 한 구역(베이,bay) 입면을 불투명 유리로 마감했다. 그리고나서 긴쪽 입면의 가운데 부분 3개의 베이를 천장부터 바닥까지 투명 유리로 마감하였다(짧은 쪽 입면과 같은 길이였다). 특별한 방식으로 건물의 양 끝단을 감싸는 것에 대한 미스의 관심은 적어도 1939년의 첫 번째 IIT 캠퍼스 건축 계획 시점으로 거슬러 올라간다.

34. Robert McCormick Jr., 1992년 Windhorst와의 인터뷰 녹음에서. "오픈 플랜open-plan이 건축 자금을 조달을 맡은 측으로 부터 거부되었다"라는 내용은 Lambert가 틀리게 설명한 부분이었다. Lambert, Oechslin 등이 공동 편집을 맡은 Mies in America, p.367.

35. 대안으로 마련된 860 건물의 내부 배치는 "Building no. 2"로 언급된다. Mies van der Rohe Archive, 14: p.173-188.

36. 조경 건축가 Caldwell은 1992년에 준비된 조경 계획에서 12점의 사탕단풍 수목과 다양한 산사나무들을 추가했다.

37. The Mies van der Rohe Archive. 14 : p.222. 그 아파트는 p.220에 잘못 기재되어 있다. 그것은 26층이 아니었다. 미스의 스케치는 Lambert, Oechslin, 등이 공동 편집을 맡은 Mies in America, p.369.에 수록되어 있다.

38. 입주민 스스로 자신들의 창문을 청소할 수 있도록 구상했기 때문에, 위쪽의 커다란 창문은 실내 쪽으로 열리는 구조였다. 하지만 아주 약한 바람에도 창문은 흔들렸다. 이를 감안하여, 1970년대 중반에 창문의 상단부분은 영구히 닫힌 구조로 개조되었다.

39. 2002년 3월 09일 Chicago's Museum of Contemporary Art에서 열린 순회 전시 Mies in America와 관련하여 패널 토론에 참여한 Joseph Fujikawa의 발언(Windhorst가 기록한 내용과 같이).

40. Myron Goldsmith, 1993년 1월 6일 Windhorst와의 인터뷰 녹음.

41. Robert McCormick Jr., 1991년 Windhorst와 대담.

42. Robert McCormick Jr.는 860 이후에 다시는 Greenwald와 함께 일하지 않았다. 그는 훗날 Art Institute of Chicago 건너편에 들어선 Borg-Warner Building을 개발하였다.

43. Bruno Conteratore는 다음과 같이 회고했다. "미스가 언급했었거나 해보고자 했던 것은 무엇이든, 우리는 결코 '미스, 우리는 이것을 할 수 있는 많은 시간이 있고요, 우리는 결론에 도달했어요.'라고 말하는 것은 가히 언감생심이었지요. 미스는 이렇다 하고 결정을 내리지 않는 것으로 유명했지요, 그는 결정을 미룰 수 있는 다양한 방법들에 아주 익숙해져 있습니다. Conterato, 1993년 Windhorst와의 인터뷰. Gene Summers는 다음과 같이 말했다. "[미스]는 건축 사무소의 효율성에 대해 아예 관심이 없거나 심지어 일을 마무리 하는데 있어서도 관심을 두지 않았어요. 추측컨대, 그런 생각을 하지도 못했을 것이고요." Oral History of Gene Summers, p.24.

44. 거실은 모퉁이 공간에 배치할 수 없었다.

45. Joseph Fujikawa, 1992년 Windhorst와 대담.

46. 미스, Lambert, Oechslin 등이 공동 편집을 맡은 Mies in America, p.512, n. 88.

47. 이것의 모형을 보여주는 사진은 Mies van der Rohe Archive, vol. 15(New York : Garland, 1992), p.527 참고.

48. "Greenwald, 비행기 추락사고로 숨지다." Architectural Forum지 110(March1959) : p.65-66. Civil Aeronautics Board "Aircraft Accident Report", 1960년 1월 10일, SA-339, File no. 1-0038 참고.

49. 해고될 직원 명단을 작성한 Donald Sickler에 따르면, 19명에 대한 감원이 있었다. (2011년 4월 Windhorst와의 대담에서) 미스의 사무소는 시작 초반부터 운영 자금 문제로 어려움을 겪었을 뿐만 아니라 1960년대 초반까지 개선되었다가 악화되곤 하는 상태를 계속했다. 초기 몇 년 동안, 미스는 자신이 직접 운영자금을 마련하면서 그의 사무소를 꾸려나갔다. Fujikawa는 몇 년이 지난 후에도, 미스는 "회사의 돈이 자신의 쌈지 돈이 아니라는 것을 결코 깨닫지 못했다"고 회상했다.; 매해 초에 그는 사무소가 보유한 예금 통장을 그 자신을 위해 다 써버리곤 했는데, 이는 사무소의 연간 자금 운용 위기를 초래했었고, Fujikawa로서는 대책이 없었다. 주 6일 근무제 기준인 1950년대 후반 시기의, 주당 40달러(약 4만원)였던 직원 급여 그리고 공식 휴무가 크리스마스로만 한정된 조건에서도, 사무소 운영은 녹록치 않았다. Fujikawa, 1993년 Windhorst와의 인터뷰 녹음.

50. Charles Waldheim가 편집을 맡은 Lafayette Park Detroit(Munich : Prestel Verlag, 2004년) 참고.

51. Hilberseimer와 Caldwell은 제2차 세계 대전의 원자탄 폭격의 소식에 큰 영향을 받았다. 도시 지역의 권역 분산에 중점을 둔 그들의 계획은 이러한 공포 상황을 고려한 나머지, 대단한 추진력을 얻게 되었다. Dennis Domer 저, Alfred Caldwell: The Life and Work of a Prairie School Landscape Architect(Baltimore : Johns Hopkins University Press, 1997), p.43-44 참고. Domer는 "미스와 Hilberseimer

의 격려로" Caldwell이 Journal of the American Institute of Architects 1945년 12월호에 도시의 권역 분산 계획을 서둘러 발표했다고 피력한다. "Cities and Defense"라는 제목의 1945년 Hilberseimer의 논거는 특징적으로 매우 직설적인 내용이다: "비행기의 출현 및 핵무기 개발과 관련하여, 밀집된 도시는 쓸모없게 된다. 오늘날의 안보는 도시와 산업의 지역 분산 배치 안에서만 찾아볼 수 있다." (Richard Pommer, David Spaeth, and Kevin Harrington 저, In the Shadow of Mies: Ludwig Hilberseimer, Architect, Educator, and Urban Planner[Chicago: The Art Institute of Chicago, in association with Rizzoli International Publications, Inc., 1988년), p.93 재판 인쇄)

52. McCormick House mullion은 W8 x 24인치(60.96cm)이며, 860-880은 그것보다는 살짝 경량인 W8x21인치(53.34cm)이다(The Mies van der Rohe Archive, 14: p.476). 이 주택의 멀리온은 하중을 지지하는 구조재로서 두 건물에 적용된 멀리온의 차이를 설명해준다. Kornacker는 구조 엔지니어였다.

53. Robert McCormick Jr., 1992년 Windhorst와의 인터뷰.

54. Mies van der Rohe Archive, 14: p.422 및 492 참고.

55. Oral History of Myron Goldsmith, p.74; Architecture Department, Art Institute of Chicago.

56. Myron Goldsmith, The Mies van der Rohe Archive, 15: p.54에서 인용됨.

57. Oral History of Myron Goldsmith, p.73-74.

제 12 장

1. Peter Carter 저, Mies van der Rohe at Work(New York: Praeger, 1974), p.110에 따르면, 당시 Crown Hall의 건축 비용은 746,850 달러였다.

2. "The Mecca's End", Chicago Sun-Times지, 1951년 12월 30일. Wallace Kirkland의 포토 에세이, "The Mecca, Chicago's Showiest Apartment Has Given Up All but the Ghost", Life지, 1951년 11월 19일 역시 참고.

3. Mecca에 대한 자세한 내용은 Daniel Bluestone의 기고문, "Chicago's Mecca Flat Blues", Journal of the Society of Architectural Historians지 57, no. 4(1998년 12월) 참고

4. Oral History of Reginald Malcolmson, p.41; Architecture Department, Art Institute of Chicago.

5. Phyllis Lambert, Werner Oechslin, 등이 공동 편집을 맡은 Mies in America, 전시 catalog(New York: H. N. Abrams, 2001년) p.518, n.20에 실려 있는 Phyllis Lambert 저, "Space and Structure"의 내용을 참고

6. Oral History of Reginald Malcolmson, p.92-93.

7. Minutes of the IIT Buildings and Grounds Committee, 1952년 11월 25일; University Archives, Paul V. Galvin Library, IIT; Lambert 저, "Space and Structure", p.447에 인용됨.

8. Oral History of Gene Summers, p.58; Architecture Department, Art Institute of Chicago.

9. 미스, 1959년 5월 27일, Cadbury-Brown(BBC)과의 인터뷰.

10. Kevin Harrington의 Joseph Fujikawa와의 인터뷰, Lambert 저, "Space and Structure", p.518, n. 207을 참고. Dirk Lohan은 2011년 5월 3일 우리들 공저자와의 토론에서 2피트(60.96cm) 줄어든 것이 유리창 때문이라는 Fujikawa의 주장에 대해 반론을 폈다; 그는 이것이 전체적으로 건축비를 줄이기 위한 것이며, 더 얇은 창유리는 "높이가 줄어든 데 따른 부수적 효과"에 불과하다고 주장했다.

11. 미스, Donald Hoffmann의 기고문, Kansas City Times지, 1963년 7월 17일.

12. Oral History of Jacques Brownson, p.131; Architecture Department, Art Institute of Chicago.

13. Ludwig Hilberseimer 저, Mies van der Rohe(Chicago: Paul Theobald, 1956년), p.51.

14. 우리들 공저자의 요청을 거절하지 않고 Crown Hall을 현대적 방법을 적용하여 분석한 구조 엔지니

어 Koz Sowlat의 기여에 감사드린다.

15. "Paul Pippin이 미스가 가르치던 I.I.T.에서의 자신의 대학원 과정을 기술한 원고 노트" 1946/47 편지 및 페이지 표기가 없는 손 글씨 원고; Mies van der Rohe Archive, Museum of Modern Art, New York.

16. Oral History of Myron Goldsmith, p.47; Architecture Department, Art Institute of Chicago.

17. Edward A. Duckett와 Joseph Y. Fujikawa의 공저, Impressions of Mies: An Interview on Mies van der Rohe; His Early Chicago Years 1938-1958[n.p.,1988], p.14. "이곳에선 그렇게 하지 않아!"라는 표현은-정말이지 특유의- 미스의 표준 관용어로 등장한다. 입사 1년차로, 1947년 MoMA 전시에 필요한 모형 작업을 했던 James Ferris이 목격자로서 기록한 내용을 보면, "Ed Duckett이 얘기하기를… 미스가 자동차 모형들을 그에게 주면서 '나는 이것들 중 3개는 검은색, 3개는 흰색, 3개는 회색으로 칠을 하면 좋겠네.'라고 말했지요. 그는 '여기 페인트가 있으니깐. 그냥 자연 건조되도록 놔뒀다가 칠을 끝내고 가져갈 준비가 되면 그때 나에게 알려주면 좋겠네. 그러면 우리가 가지러 오겠네.' 나는 그가 원하는 식으로 각각 색을 칠을 했어요. 차량 모형이 한 대 남아있는데, '오래되고 따분한 뮤지엄에 세가지 색으로 된 모형 자동차만 놓여 있다면 뭐 그리 좋을 것도 없겠지'라며, 약간은 우스운 생각이 들었지요. 마침 페인트가 조금 남아 있어서 마지막 남은 모형 자동차 한 대에는 2가지 색을 곁들여 칠하고 있었는데, 때마침 미스가 다가왔어요…그리고 그가 나에게 말했지요, 'Vee 점찍지 말지 그래.' 나는 '아, 죄송해요, 저는 그냥…' 하고 말했어요. 그는 연이어 '아, Vee 점찍지 말아요.'라고 말했어요, '나는 한 개 남은 자동차 모형을 채색하는 작업이 나에게 남겨진 마지막 일거리일 뿐이어서 그저 빈둥거리고만 있었네요.'라고 그에게 말할 수 없었지요." Oral History of James Ferris, p.16-17; Architecture Department, Art Institute of Chicago.

18. Edward Duckett, 1992년 Windhorst와의 인터뷰

19. 프로젝트 연대표는 Lambert 저, "Space and Structure", p.439에 실려 있다. 이 공모전에 관한 가장 자세한 설명은 Thilo Hilpert의 책 Mies van der Rohe im Nachkriegsdeutschland - Das Theaterprojekt Mannheim 1953(Leipzig: E.A. Seeman, 2002년)이다. Crown Hall은 아래를 참고.

20. 경쟁자들은 여러 건축 부지에서 하나를 선택할 수 있었지만, 이것이 가장 유망한 건축 부지였고, 훗날 그 부지에는 건물이 들어섰다.

21. 미스는 공모전 제안서에 별 특징은 없지만 자세한 디자인 설명서를 제출했는데, 거기에는 도면, 모형의 사진, 그리고 Mannheim으로 보내져 계속 그곳에 남겨진 아주 볼만한 모형도 포함되어 있었다. 미스의 발언은 "A Proposed National Theater for the City of Mannheim", Architectural Design지 70(1953 10월): p.17-19와 스위스에서 발행되는 건축 저널지 Werk 10(1953년): p.314에도 독일어로 동시에 다루고 있다.

22. 계산: 총면적 25,600제곱미터에 대한 516제곱미터 x 2개 층의 면적 비율 = 4%

23. Edward Duckett, 1993년의 Windhorst와 대담.

24. Oral History of Myron Goldsmith, p.50. Goldsmith는 Hirche의 역할이나 마지막 단계에서의 Weber의 참여에 대한 세부적인 내용은 모를 가능성도 있다.

25. Lambert 저, "Space and Structure", p.519, n.233을 참고. Lambert 역시 IIT의 회장인 Henry Heald를 "chairman of the Council of the South Side Planning Board, 1946-52" (p.326, n.9)로 인지한다.

26. "첫 번째" McCormick Place는 Shaw, Metz and Associates의 설계에 따라 1959년에 완성되었다. 철근 콘크리트 구조였기에 내화성이 있을 것으로 생각되었으나, 1967년에 발생한 화재로 전소되었다.

27. Yujiro Miwa, Henry Kanazawa, Pao-Chi Chang의 공저, "A Convention Hall, A Co-operative Project" (master's thesis, IIT,1954년 6월). 미스와 Frank Kornacker 두 사람은 자문 역할을 맡았다(Lambert, Oechslin 등이 공동 편집을 맡은 Mies in America, p.519, n.238 인용됨).

28. C. F. Murphy and Associates에서 근무했던 Gene Summers는 1971년에 시카고의 McCormick

Place를 위한 홀을 디자인하고 실현했다. 기둥 사이의 150피트 경간 적용은 구조에 있어 합리적이었고 프로그램 면에서도 옳은 것이었으며, 총 200만 평방피트에 달하는 전시 공간을 위해 - 실제로 McCormick Place에 3개의 150피트 기둥 경간이 이와 비슷하게 적용되었다.

29. 미스, Peter Carter의 기고문, "Mies van der Rohe", Architectural Design지 31(1961년 3월): p.116 에서 인용됨. 미스가 전제한 내용은 사실이 아니었다. 왜냐하면 적어도 기술적인 부분을 차치하고라도 "그들은 어떤 시대에는 아무 것도 할 수 없었기" 때문이다.

30. 미스, 1951년 미국 건축 연맹(Architectural League of New York)의 학생들과 인터뷰; Mies van der Rohe Archive, Museum of Modern Art, New York.

31. 그 자신의 사무소 디자인을 제외하고는.

32. 조건부 예외들이 있다. Elmhurst, Illinois에 위치한 Robert H. McCormick Jr. House는 1994년에 해체되어 몇 블록 옮겨졌고, 개조를 거쳐 Elmhurst Art Museum의 날개 건물 역할을 했다. 철재와 내부 상당 부분은 구해냈지만, 그 건물의 벽돌 자재들은 폐기되었고, 박물관 부지에 새로 지어졌다. 2010년 IIT의 보일러 공장의 주변 벽 코너 부지에 세워진 작은 건물인 이른바 Test Cell로 불리던 건물은 새로운 환승역을 위한 도로 개설에 밀려 철거되었다.

33. 도면들은 Mies van der Rohe Archive, vol. 14(New York: Garland,1992), p.241-242 및 p.273-301에 다시 제작되었다. 가장 많이 발전시킨 평면은 4812.309, p.280(날짜 미상). 대체 계획안은 109 East Ontario space을 위한 도면 묶음에 섞여있다. 모두 시공 도면은 아니었다.

34. Richard Christiansen의 기고로 1989년 12월 31일, Chicago Tribune지, 1989년 12월 31일, p.1에 실린 내용과 같이.

35. Buck은 원본을 구하기 위해 5만 달러를 기부했다고 주장했다. 2005년 Schulze와의 대담.

36. Skidmore, Owings & Merrill의 Gordon Bunshaft은 좀 더 비판적이었다. "건축적으로 Illinois Tech는 불모지나 다름없는 썰렁한 프로젝트였어요. 나의 견해로는 당시에 이에 대한 건축 예산이 거의 바닥이었기 때문에 부분적으로 황량하다는 생각이었지요. [미스]로서는 그렇게 밖에 다른 도리가 없었을 겁니다. 온통 유리창으로만 된 몇몇 건물은 건물로서 작동하지 않아요. [Crown Hall]은 이것도 저것도 아닌 것 같아요. 그냥 커다란 방이에요." Oral History of Gordon Bunshaft, p.137-138; Architecture Department, Art Institute of Chicago.

37. Mies van der Rohe Archive, vol.12(New York: Garland, 1992), p.153, 드로잉 작품 4903.25. 복제

38. Oral History of Gene Summers, p.34: "미스는 실제로 조명에는 관심이 없었다. 그는 자신이 좋아하는 것과 싫어하는 것을 알고 있었지만, 그의 사무소에 일하던 그 누구도 조명 설계에 대해서는 문외한이었다."

39. IIT의 두 번째 총장을 맡은 Retaliata는 1952년부터 1973년까지 재임했다. 그는 Johns Hopkins University에서 유체역학으로 박사학위를 받았다.

40. 당시 미스의 수석 조교였던 Reginald Malcolmson은 Rettaliata에 대해 다음과 같은 견해를 가지고 있었다. "건축 학교의 많은 사람들은 Rettaliata가 자신들을 이해하거나 관심을 기울이고 있다는 것을 체감할 수 없었어요. 심지어 이해하려는 의지조차도 없는 인물로 치부할 정도였어요." Oral History of Reginald Malcolmson, p.83; Architecture Department, Art Institute of Chicago.

41. Donald Sickler는 자신을 "중간급 정도의 건축가"라고 지칭했다. Sickler, 2008년 7월 29일 Baltimore에서 Windhorst와 대담에서.

42. 타자로 작성된 원본; 33칸, File: "General Office File, I.I.T., General 1949-59, No.1", Ludwig Mies van der Rohe의 논문, 의회 도서관 원고 부서.

43. Lora Marx, 1980년 Schulze와의 인터뷰.

44. Oral History of William Hartmann, p.129-130; Architecture Department, Art Institute of Chicago.

45. 미스, 1958년 9월 2일 Gordon Bunshaft에게 보낸 편지, Ludwig Mies van der Rohe의 논문 21칸, 의회 도서관 원고 부서.

46. Oral History of Alfred Caldwell, p.87; Architecture Department, Art Institute of Chicago.

47. 미스가 은퇴하기 훨씬 이전부터, 건축사무소 SOM은 IIT에서 작업하고 있었다. 1949년 완공된 Gunsaulus Hall은 SOM이 설계했다. 그 건물은 널리 알려지게 되었고, 1950년대 초반에 미스의 사무소는 Gunsaulus Hall 가까이에 3개동으로 구성된 기숙사 건물을 Promontory방식으로 설계했다.

48. Oral History of William Hartmann, p.132.

49. Phillis Bronfman Lambert, 1991년 11월 11일 Schulze와의 인터뷰, Franz Schulze 저, Philip Johnson: Life and Work(New York: Alfred A. Knopf, 1994년), p.243.

50. Lambert, 2005년 1월 Montreal에서 우리들 저자와의 인터뷰 녹음.

51. Reginald Malcolmson은 1947년 미스를 처음 만난 자리에서 미스의 "관절염 문제"를 발견했다. 그 후 10년 동안 그의 지병은 악화되었다. "[50년대 중반이었던 미스]는 관절염에 시달렸고 그리고 매우 많은 양의 코르티손을 복용하면서 심각한 건강 위기를 겪고 있었지요. 한번은 그를 보러 갔던 것이 기억납니다. 나는 그와 악수를 하러 다가 갔는데 그는 나에게 말했어요". "미안해요, 나는 악수를 할 수 없겠네요. 제 손등은 검게 변했어요." Oral History of Reginald Malcolmson, p.40 및 p.76.

52. Phyllis Bronfman Lambert, 1954년 12월 1일 Eve Borsook에게 보낸 편지; "How a Building Gets Built", Vassar Aluminae지, 1959년 2월, p.17 참고

53. Grand Central Terminal과 Ninety-Sixth Street 사이의 Park Avenue 도로 아래쪽 터널로는 증기기관 열차가 운행되었다. Grand Central이 건설된 1903년에서 1913년 사이 당시에, 59번가 남쪽에 전기 공급으로 가동되는 지하철 운행이 시작되었다. 증기 기관차의 은퇴는 Park Avenue의 이 구간을 새롭게 떠오르는 요지로 변모시켰다. 이 선로는 Seagram 대지 너머의 동쪽 지역에 위치한 부동산들의 하락을 불러온 원인이 되었다.

54. Summers는 청동 마감 외관에 대한 미스의 자부심을 이야기했다. "미스와 나는 건물로 다가가고 있었어요. 그 빌딩은 8층밖에 되지 않았어요. 그는 내 팔을 만지며 말했죠. '자, 보세요. 좋은 옛날 동전 같지 않나요!'" Summers, 2009년 10월, Windhorst와의 대담

55. 이처럼 온전한 경간으로 구성된 넓은 홀 공간들 중 하나는 1989년부터 유명세를 타기 시작한 Four Seasons Restaurant이 되었으며, 1989년부터는 뉴욕시의 공식적인 "인테리어 랜드마크"로 자리 잡았다. Johnson에 의해 설계되었으며, 미스의 가구들이 배치되어 있다. 이곳은 타워 이용자들의 숫자를 초월한 엄청난 규모의 유동 인구로 북적인다.

56. Gene Summers 1981년 3월 2일 Schulze와의 대담.

57. Philip Johnson, 1981년 4월 23일, Schulze와 대담.

58. 대리석이 아니라 "serpentine"이라고 불리는 석재로 채워졌는데, 대리석보다 밀도는 높고 재료 파손 가능성은 낮았다. Summers, 2009년 9월 Windhorst와 대담.

59. 하지만 Summers는 Seagram 프로젝트의 시작 단계부터 참여한 것은 아니었다. "[한국에서의 군복무 후] 귀국했을 때 나는 이미 진행이 되고 있던 건물의 전반적인 계획과는 아무런 관계가 없었지요. 내 작업은 결국 빌딩 모형에서 그 개념을 가져와 발전시키는 것이었어요. 내가 미스에게 갔을 때는 David Haid와 Ed Duckett이 벌써 일하고 있었기 때문에 나의 위치가 좀 애매했지요. 미스는 결국 그들 두 사람을 내보냈고, 그들을 대신해서 내가 일하도록 했어요. 시카고 사무소에서 Henry Kanazawa와 한 사람을 더 데리고 왔고, 나머지 사람들은 모두 뉴욕 사람들이었어요. 그들 중 일부는 Philip Johnson의 사무소에서 옮겨온 사람들도 있었어요. 얼마 후, 나는 결국 Seagram 프로젝트 일을 맡게 되었지요." Oral History of Gene Summers, p.38.

60. Phyllis Bronfman Lambert, 2005년 1월 Montreal에서 우리들 저자와의 인터뷰.

61. Gene Summers, 1981년 3월 2일 Schulze와의 대담.
62. Gordon Bunshaft는 은행의 제안을 거절하기 위해 Bronfman 회장에게 로비했다. 이 은행은 빌딩이 건축되는 도중에 Bronfman에게 접근했고, Summers에 따르면, "그것은 큰 논란거리가 되었다"고 한다. 2009년 10월, Gene Summers와의 대담.
63. Philip Johnson, 1993년 9월 23일 Schulze와의 대담. Johnson, Robert Stern이 편집을 맡은 The Philip Johnson Tapes: Interviews by Robert A.M. Stern(New York: Monacelli Press, in association with the Temple Hoyne Buell Center for the Study of American Architecture, 2008년), p.149-150 인용됨.
64. Philip Johnson, Stern이 편집을 담당한 The Philip Johnson Tapes, p.150 인용됨.
65. 2005년 Montreal에서 진행된 Lambert와의 인터뷰에서 그녀는 미스와의 후일담을 떠올렸다: "나는 다음날인가 아니면 며칠 후인가에 그에게 물었지요. '미스, 왜 그렇게 화를 냈어요?' 그러자 그는- 놀랍게도- 이렇게 말했지요. 'Philip이 당신 앞에서 Berlage를 비난한 것은 옳지 못하지요'. 그들 모두는 나의 교육에 대해 관심을 쏟고 있었습니다."
66. 미스, Dirk Lohan과의 인터뷰(독일어 타자 원고, Chicago, 1968년 여름) Mies van der Rohe Archive, Museum of Modern Art, New York.

제 13 장

1. Lora Marx, 1980년 9월 16일 Schulze와의 인터뷰.
2. 1960년대에 그에게는 7개의 명예박사 학위가 수여되었다. 학회의 회원 추대뿐만 아니라 American Institute of Architects, Architectural League of New York, National Institute of Arts and Letters, Institute of German Architects에서는 그에게 금메달을 수여했다. 그가 받은 수많은 훈장 중에서도, 독일과 미국에서 최고 권위의 Knight Commander's Cross of the German Order of Merit와 Presidential Medal of Freedom of the United States가 가장 큰 영예였다. 미국 대통령 훈장 수상 축하 편지는 John F. Kennedy 대통령이 보냈는데, 이는 그가 암살되기 4개월 전의 일이었다. 결국, 이 훈장은 1964년 Lyndon Johnson 대통령에 의해 수여되었다. 그 후, 미스는 Kennedy Library의 설계를 위한 건축가들 중 한 명으로 지명되었다. 그것은 그가 진정으로 원했던 일이었만 성사되지는 못했다. Kennedy Library의 설계는 건축가 I. M. Pei에게 돌아갔다. Pei는 Kennedy 부인에게 "그 일은 아마도 우리 경쟁자들 중 가장 뛰어난 미스에게 돌아가야 할 것"이라고 말했었다. 그러나 케네디 부인은 78세의 미스로부터 그다지 감명을 받지는 못했다: 그녀는 미스를 보면 "이집트 권력자"가 떠오른다고 말했다. "그가 이 작업을 간절하게 원한다는 느낌을 받지 못했어요."라고 그녀는 말했다. Kennedy 부인과 I. M Pei의 대담 내용은 Carter Wiseman가 쓴 I. M. Pei(New York: Abram, 1990), p.98-99에서 인용됨.
3. 미스의 Pearson Street apartment와 면해 있는 North Seneca Street를 미스 100주년 기념해인 1986년에 Mies van der Rohe Way로 개칭함으로써, 시카고 시에서도 건축가의 명성에 버금가는 영예로 미스에게 화답했다.
4. 1959년 6월 6일 "Aus der Wüste in der Städte", Deutsche Zeitung지
5. 1959년 미스에게 충격을 안긴 또 다른 죽음은 구조 엔지니어인 Frank Kornacker의 사망이었다.
6. Conterato는 관리자로서 미스의 대역을 성실히 수행했다. 그는 "미스는 고객을 어떻게 대할 것인지 나에게 상기시켰어요." 고객들은 '나는 이것이 마음에 들지 않아요. 조금 염려되네요, 우리는 이것을 바꿔야 겠어요.'라고 말하곤 했다. 미스는 결코 그들과 논쟁하지 않았다. 그는 '네, 우리가 살펴보겠습니다.'라고 말하곤 했다. 그리고는 그는 다음번 미팅에서 그 주제에 대해서는 결코 언급하지 않았다. 그는 상대방이 그것을 잊거나 포기할 때까지 감정적으로 끝까지 싸우는 일은 거의 드물었다. 미스는 이것을 언제 해야 할지 꿰뚫고 있었다. 만약 그가 진다면, 그는 "우리는 그 전투에서 졌다. 그럼에도 우리가 할 수 있

는 최선을 다해야 한다."라고 말했을 것이다. Bruno Conterato, 1993년 Windhorst와의 인터뷰.

7. Oral History of Gene Summers, p.72; Architecture Department, Art Institute of Chicago.

8. 같은 책에서.

9. 거의 50년 후, Gene Summers는 정치적 견해와 3가지 계획안들이 어떻게 얽혀있는가에 대한 자신만의 의견을 제시했다. "GSA[General Services Administration of the federal government]가 이 프로젝트를 담당했지요. 그 프로젝트 책임자는 나이가 지긋한 남자였는데, 그 역시 매우 고집이 센 사람이었습니다. 그는 건물이 대지를 꽉 채워야 하기 때문에 광장에 대한 배려는 할 수 없다고 주장했어요. 계획 A(서쪽을 탁 트이게 하는)의 진짜 이유는 계획 B를 좀 더 그럴듯하게 보이게 하기 위해서였습니다. 아무도 [상원 의원 Everett McKinley] Dirksen이 실제로 계획 A를 그토록 강하게 지지할 걸로는 예상하지 못했지요. 그 당시에 우리는 이 건물이 그의 이름을 따서 지어질 줄은 전혀 알지 못했거든요. 여하튼, 일이 잘 풀리면서, 계획 B가 선택되었어요. GSA의 프로젝트 담당자는 화가 치밀었지만 Dirksen을 뒤엎을 수는 없었습니다." Summers, 2009년 10월 Windhorst와의 대담.

10. 그렇다면 왜 청동이 Seagram Building의 구조용 철재를 덮는 데 사용되었는가?

11. 미스는 그 단지를 위해 계획된 예술 작품에 대해 전혀 몰랐다. "Carter Manny의 아이디어였어요... 미스가 세상을 뜬 이후에... 모든 건물들이 완공되었고, Carter는 이런 생각을 가지고 있었지요. 그들은 나에게 '어떻게 생각해?'라고 물었고, 나는 'Calder가 미스의 좋은 친구였기 때문에 그가 적합할 것이라고 생각했지요. 미스는 Calder의 작품을 좋아했고, 크기도 거대했어요... 내 생각엔 주홍색과 검은색 건물, 정말 멋진 것 같았어요. 나는 미스가 그것을 매우 좋아했을 것으로 확신하고 있지요." Oral History of Gene Summers, p.74.

12. Life지에 게재한 글(p.60-69)에서, 미스의 몇 가지 인용문은 표준적인 표현이다: "우리의 건축 작업에서 우리는 멋진 아이디어, 꿈을 가지고 있지 않습니다. 그리고 우리는 그것을 하나로 묶어내려는 노력 또한 하지 않습니다... 우리는 단지 과제를 해결할 뿐이지요." "로맨티스트는 나의 건물을 좋아하지 않지요. 그들은 그것들이 차갑고 엄격하다고 말합니다. 하지만 우리는 재미로 건물을 짓지 않습니다. 우리는 목적을 위해 짓는 것입니다." "우리는 사람들을 기쁘게 하려는 것이 아닙니다. 우리는 사물의 본질을 위해 짓고 있습니다."

13. Oral History of Gene Summers, p.50.

14. Gene Summers, "A Letter to Son" A+U [Architecture and Urbanism] (1981년 1월): p.182-183

15. Oral History of Gene Summers, p.52.

16. Oral History of Gene Summers, p.59. 미스는 확실히 그 디자인을 좋아했다. Summers는(아마도 농담조로) 다음의 내용을 보고했다. "미스, Bacardi에 대해 언급하길: 'Skidmore[Owings & Merrill]가 우리를 모방하기 전에 건물을 빨리 짓는게 좋겠지.', Summers: '그들이 우리를 따라하는 것을 멈추면 우리는 오히려 걱정해야 합니다.'". Summers, 2009년 10월 Windhorst와의 대담.

17. 보다 낮고 불투명한 벽이 건물 내부 가장자리에 미술 작품과 조형물을 배치할 수 있도록 시공되었다.

18. Oral History of Gene Summers, p.61.

19. Schaefer의 박물관은 1997년 Volker Staab Architects of Berlin에 의해 마침내 실현되었다.

20. 미스, Georgia van der Rohe가 감독을 맡은 다큐멘터리 영화 Mies van der Rohe, Knoll International and Zweites Deutsches Fernsehen, Mainz의 후원, FAGE Film produktion, Wiesbaden이 제작; 영어판, 1979년, 독일어판, 1980년 인용됨.

21. 미스 사무실에서의 모형 제작에 대한 이 설명은 2011년 5월 3일 우리들 저자와 Dirk Lohan과의 인터뷰, the Oral History of Gene Summers, 그리고 Phyllis Lambert, Werner Oechslin 등이 공동 편집을 맡은 Mies in America, 전시 카탈로그(New York: H. N. Abrams, 2001), pp493-494의 뛰어난 기술적 요약 부분에 인용되었다.

22. 미스, 다큐멘터리 영화 Mies van der Rohe.

23. Julius Posener, 1982년 6월 24일 Schulze와의 대담.

24. Gene Summers, 1981년 3월 2일 Schulze와의 대담, 그리고 Summers(대담에서)가 "McCormick Place"라고 제목을 넣은 자필 노트들, 1985년 6월, p.31.

25. 같은 책에서.

26. 같은 책에서. the Oral History of Gene Summers, p.20 참고. Summers는 16년 동안 미스의 사무소에서 일했고, 그는 미스로부터 칭찬을 받기도 했는데, 아마도 고작 세 번 정도였을 거라고 말한다.

27. Robert Venturi 저, Complexity and Contradiction in Architecture, Museum of Modern Art Papers on Architecture, no. 1(New York: Museum of Modern Art, 1966년), p.16. "Mies Media", Journal of Architectural Historians 66, no. 1(March 2007)라는 제목의 글에서, Dietrich Neumann은 미스에 관한 영화에 대해 평한다. Michael Blackwood가 감독한 영화에 관해 토의하던 중, Neumann은(p.16 –17): "현대 비평가들에 따르면, 포스트모던 운동은 1986년에도 여전히 매우 활발하고... Robert Venturi는 미스의 건축 모토인 'less is more'을 'less is a bore'로 조롱한 것에 대해 유감을 표했다. 더불어 그는 '[모든] 건축가는 미스 반 더 로에의 발등에 입 맞춰야 할 것'이라고 잘라 말했다.

28. Philip Johnson, Franz Schulze의 공저, Philip Johnson: Life and Work (New York: Alfred A. Knopf, 1994), p.333 인용됨.

29. Peter Palumbo 저, Mies van der Rohe Mansion House Square: "The Client", UIA International Architect지, no. 3(1984년): p.23.

30. 같은 책 p.24에서.

31. Stephen Gardiner의 기고문, "Mies in the London Jungle", Spectator지, November 1, 1968. Gardiner의 글은 Peter Carter 저, Mies van der Rohe at Work (New York: Praeger, 1974년), p.182-183에 인용됨. 위의 인용 내용은 p.183에 실려 있다.

32. Oral History of Gene Summers, p.75.

33. Oral History of Joseph Fujikawa, p.21; Architecture Department, Art Institute of Chicago.

34. Conterato는 1991년 Lohan Associate의 회장직에서 은퇴했다. 이후 Lohan의 파트너들은 여러 번 바뀌었고; 이 글을 쓰고 있는 시점에 그는 Lohan Anderson사의 대표직을 맡고 있다.

제 14 장

1. Oral History of Gordon Bunshaft, p.136; Architecture Department, Art Institute of Chicago.

2. Phyllis Lambert, Werner Oechslin 등이 공동 편집을 맡은 Mies in America, 전시 catalog(New York: H. N. Abrams, 2001년), p.571.

3. Oral History of Gene Summers, p.69; Architecture Department, Art Institute of Chicago.

4. 미스는 미국에서 "Mies van der Rohe-Architect"라는 상호로 건축사무소를 운영했다. 독일에서의 그의 건축사무소 상호는 "Mies van der Rohe-Architekt"였다. 1969년에 회사 상호는 Office of Mies van der Rohe로 바뀌었다. 회사 상호 및 파트너 관계의 변경에 관한 자세한 내용은 위의 내용을 참고.

5. 알루미늄 산업을 위한 미스의 인터뷰, 1960, New York City, Peter Associates 녹음, p.63; 62칸, Ludwig Mies van der Rohe의 논문, 의회 도서관 원고 부서.

6. 같은 책 p.21에서.

7. George Schipporeit, 그는 미스의 건축 사무소에서 Newark buildings에 관련된 작업을 했다. 그는 훗날 Newark buildings의 아이디어를 개선시켜 자신이 설계한 Lake Point Tower 프로젝트에 적용했다. 부록 A를 참고.

8. Joseph Fujikawa, The Mies van der Rohe Archive, vol. 17(New York : Garland, 1992), p.324 인용됨. George Danforth와의 대화. Museum of Modern Art, New York에 소장되어 있는 Mies van der Rohe Archive에는 Newark project와 Lafayette Park 프로젝트를 위한 도면이 포함되어 있다. 두 프로젝트의 커튼월에 대한 상세 도면을 비교해 볼 수 있다. Newark에 추가된 디테일을 제외하면 두 도면집은 마치 쌍둥이처럼 동일하다. Lafayette Park의 경우, Archive 16 : p.656, 도면 6002.71 그리고 Newark의 경우, 17 : p.412, 도면 5801.40을 참고.

9. 미스의 어록 중에서도 가장 많이 인용된 다음의 내용들은 1960년 4월, 그의 American Institute of Architects Gold Medal Speech, April 1960, San Francisco;에서 발췌됨. box 61, Ludwig Mies van der Rohe 논문, 의회도서관 원고 부서.

나는 학생, 건축가 심지어 건축에 흥미를 지닌 건축 문외한들로부터 수차 질문을 받아 왔습니다.:
"우리가 나아가야 할 건축에 대해 말씀해 주시지요?"
이건 확실한 것입니다. 매주 월요일 아침마다 새로운 유형의 건축을 발명하는 일은 필요하지도[않을 뿐더러] 가능하지도 않습니다.
우리 시대 건축은 여기가 끝이 아닙니다. 우리는 획기적인 시대의 출발점에 있는 것입니다;
그 시대는 새로운 정신에 의해 인도되고
그 시대는 새로운 세력, 기술적, 사회적, 경제적 분야의 새로운 권력에 의해 추진될 것이고.
그리고 그 시대는 새로운 도구와 새로운 재료가 구비될 것입니다.
이런 이유로, 우리는 새로운 건축을 얻게 될 것입니다.

10. Gene Summers, 2009년 9월, Windhorst와의 대담.

11. 트러스 구조로 된 계획안의 상단 층은 가로 128피트(39.02m), 세로 192피트(58.52m), 즉 24,500평방피트(2,276.14m²)였고 기다란 방향은 대지를 채웠다. 완공된 건물은 14,400평방피트(1,137.80m²)의 면적에 널따란 광장을 포함하고 있다.

12. 목재로 된 계획안의 도면 역시 세밀하게 작성되었다. The Mies van der Rohe Archive, vol. 18(New York : Garland, 1992년), p.167-168에서 도면 참고.

13. 미스와의 인터뷰, John Peter 저, The Oral History of Modern Architecture : Interviews with the Greatest Architects of the Twentieth Century(New York : H. N. Abrams, 1994년), p.172 참고.

14. 그 당시의 미국 건축 법규는 일반적으로 지상 2층부터는 화재에 대비한 대피용 비상계단을 요구했으며, 이러한 핵심 요소들은 그러한 건축 요건을 반영했을 것이다. 하지만 멕시코시티에서는 미국에서처럼 제한을 받지는 않았고, 전적으로 내부에 있는 두개의 계단을 통해 비상구 문제를 해결했다.

15. The Mies van der Rohe Archive, vol. 17(New York : Garland, 1992), p.12.

16. Metropolitan Structures는 Herbert Greenwald의 변호사이자 파트너인 Bernard Weissbourd가 대표를 맡았다.

17. 재진입 코너 디테일은 시공 도면 A-23시트에 나와 있다. The Mies van der Rohe Archive, 18 : p.270에 다시 제작됨.

18. 대부분 낮은 주택 중심의 주거지역이었기 때문에 이 아파트(옛 저택이 있던 곳) 건축에 대한 반발이 뒤따랐으므로, 시 당국에서 커튼월 건물을 승인하지 않을 것으로 판단되었다. 근처에 위치한 또다른 고층 건물의 남쪽 입면에 있는 벽돌로 된 스팬드럴은 다른 3개의 입면보다 높이가 높았는데, 이는 표면적으로는 화재 안전을 이유로 시당국이 내린 지침에 따라 건축된 부분이었다. Donald Sickler 2008년 Windhorst와 대담.

19. Ada Louise Huxtable의 기고문, "Mies : Lessons from the Master", New York Times지, February 6,

1966년, p.24-25.
20. Federal Center 전체에 대한 전면적인 외부 개조는 2012년에 마무리되었다.
21. Regular or Super: A Film by Joseph Hillel and Patrick Demers(Icarus Films, 2004).
22. 바르셀로나와 브루노의 the onyx walls에는 원석이 사용되었다. 미스의 여타 석재 벽체에는 단판 석재가 쓰였다.
23. 미스가 유럽 시절 디자인 했던 가장 큰 건물인 Verseidag Factory는 예외이지만, 공장 건물의 표준화된 유형을 감안할 때, 설계자로서의 역할은 제한적이었다.

제 15 장

1. Lora Marx에 따르면, 미스는 백내장 질환에 시달렸다고 한다. 그는 시력을 완전히 잃지는 않았지만, 그의 가시 능력은 매우 제한적인 상태가 되었다. "나는 그의 검정색 소파 한쪽 끝에 앉고, 그는 다른 쪽 끝에 앉곤 했지요. '날 알아보겠어요?' 그는 '아니요.'라고 답했어요." Lora Marx, 1980년 6월 17일 Schulze와의 인터뷰.
2. Lora는 그들 두 사람이 Tucson에 있는 숙소에 머무는 동안 미스는 선글라스 디자인에 관심을 보였다고 회고했다. "그는 단지 비교할 요량으로 운전기사를 이리저리 보내 여러 종류의 선글라스를 찾아보라고 했어요. 그는 '완벽한 한 쌍'을 만들고 싶어 했지요." 같은 책에서.
3. Summers는 "그는 천문학과 [빅뱅]으로 어떻게 세상이 시작되었는가에 대한 아이디어에 지대한 관심을 가졌어요"라고 밝혔다. 같은 책 p.16에서. Marx는 다음과 같이 동의했다: "누군가가 그에게 무엇을 선물해야 할지 모를 때마다, 그들은 그에게 책, 특히 우주에 관한 책을 선물하곤 했지요." Lora Marx, 1980년 6월 17일 Schulze와의 인터뷰
4. Lora Marx, 1980년 6월 17일 Schulze와의 인터뷰
5. UIC collection은 약 600권의 책이 포함되어 있다. 그러나 그것은 미스의 미국 장서들 중 일부일 뿐이다. Dirk Lohan은 약 100권의 책을 소장하고 있는데, 그 중 상당수는 질 좋은 판본이거나 희귀한 판본이며, 그 중 일부는 미스가 누구로부터 선물 받은 것들이었다.
6. Oral History of Gene Summers, p.16.
7. Reginald Malcolmson의 기고문, "A Paradox of Humility and Superstar", Inland Architect지(1977년 5월): p.16.
8. Joseph Fujikawa, Edward A. Duckett and Joseph Y. Fujikawa의 공저, Impressions of Mies: An Interview on Mies van der Rohe; His Early Chicago Years 1938-1958에서 언급됨[n.p., 1988년], p.6.
9. Helmut Reuter와 Birgit Schulte 두 사람이 공동 편집을 맡은 Mies and Modern Living(Ostfildern, Germany: Hatje Cantz, 2008년)에 인용됨, p.206 및 p.207, n. 51. Reich 자료는 Museum of Modern Art, New York의 Mies van der Rohe Archive에 보관되어 있다.
10. Phyllis Lambert, Werner Oechslin, 등이 공동 편집을 맡은 Mies in America에 실린 Vivian Endicott Barnett의 글 "The Architect as Collector", 전시 카탈로그(New York: H. N. Abrams, 2001년), p.93.
11. "Notes from a manuscript by Paul Pippin describing his graduate studies at I.I.T.underMies", 1946/47, 페이지 표기 없는 타자 원고 및 손 글씨, Mies van der Rohe Archive, Museum of Modern Art, New York.
12. Oral History of Gene Summers, p.67
13. Oral History of Paul Schweickher, p.116; Architecture Department, Art Institute of Chicago.
14. 나머지 수집품들은 약간의 추가 설명이 필요하다. 1941년, 미스가 Kandinsky의 작품 Winter II of 1911을 Nierendorf's NewYork gallery에서 열린 전시에 빌려준 이후에, 미술품 딜러는 Kandinsky가 같

은 날인 1911년 1월 31일에 완성한 또다른 유화인 Herbstlandschaft(Autumn Landscape)와 교환했다. 1948년에 미스는 Valentina로부터 Georges Braque의 작품 papiercollé cubist still life와 Bouteilleet Verre(Bottle and Glass)를 사들였다.

15. Barnett 저, "The Architect as Collector", p.116.

16. 미스의 미술 수집품들은 그의 사후에 곧장 감정 평가되었다. 1969년 12월 19일의 "Mies van der Rohe의 재산에 관한 감정 내용"은 the Circuit Court, Probate Division의 회계원 Matthew J. Danaher에 의해 작성되어 일리노이주 쿡 카운티 서킷 코트Circuit Court of Cook County, Illinois에 보관되어 있다.

> Irving S. Tarran이 평가하고(그리고 서명한) 내용에 따르면, (그림과 콜라주) 회화 작품들: [평가 총액:] $151,600로.
>
> 캔버스에 유화: Pablo Picasso의 "Bust of a Woman in Colors"("Buste de Femme II."로도 알려져 있음), 1956년 3월 27일: $45,000로 책정됨.
>
> 캔버스에 유화: Paul Klee의 "Bewegliche zu Starrem" ("From the Movable to the Static"), 1932년: $22,000로 책정됨.
>
> 캔버스에 유화: Paul Klee의 "Umfangen" ("The Embrace"), 1932경: $25,000로 책정됨.
>
> 거친 삼베 화폭 위에 작업된 유화: Paul Klee의 "Die Frucht"("The Fruit"), 1932년: $35,000로 책정됨.
>
> 캔버스에 유화: Max Beckmann의 "Reclining Nude, with Mask", 1934년: $20,000로 책정됨.
>
> 콜라주: Kurt Schwitters의 "Black Colage"(1928): $1,500
>
> 콜라주: Kurt Schwitters의 "The Book"(1942): $1,000
>
> 콜라주: Kurt Schwitters의 "Cottage"(1946년): $900
>
> 콜라주: Kurt Schwitters의 "Alma Gassert"(1921년): $1,200

위에 나열된 작품들을 대략 오늘날의 가치로 따져볼 필요도 없이 - 수백만 달러에 이르는 것은 확실하지만 - Tarrant의 평가 중 가장 미심쩍은 것은 Beckmann의 대표작인 누드화에 대한 평가일 것이다. 더불어, Tarrant는 시카고의 이름난 예술가 Misch Kohn의 석판화 작품 Little Herald를 "butler's pantry and kitchen"에 포함시켰는데, 그것은 확실히 35달러 이상의 가치를 지닌 작품이다.

17. 미술품 수집가로서의 미스를 더욱 깊이 이해하기 위해서는, 그의 수집품들 대부분을 포함하고 있는 Barnett 저, "The Architect as Art Collector."를 참고. 위의 단락들에 언급된 내용은, Barnett의 연구 중 일부분이다.

18. 2012년 현재, Art Institute of Chicago는 28년 동안 89명의 건축가의 구술 역사 자료를 완료했다. 89명의 건축가 중 78명이 그들의 녹음된 구술에서 미스를 거론하고 있다는 사실은 미스의 영향력을 방증하고도 남는다.

19. 하지만 Joseph Fujikawa에게는 "드물게"란 말은 '결코 아니다'를 뜻하는 것은 아니었다.: "글쎄요, 그에게는... 할 때가 있었지요. 뚜껑이 열릴 수도 있었고요. 우리가 작업한 작품들이 자신의 마음에 흡족하지 못하면... 미스는 폭발했겠지요. 결국에는 그 또한 인간임을 초월하기는 어려운 일 아니겠어요." Oral History of Joseph Fujikawa, p.22; Architecture Department, Art Institute of Chicago.

20. Tim Samuelson의 편집, This American Life, Ira Glass video, 2006년.

21. Tim Samuelson, 2007년 Schulze와의 대담.

22. "Mies van der Rohe's New Buildings", Architectural Forum지(1952년 11월): p.94.

23. Oral History of Bruce Graham, p.18; Architecture Department, Art Institute of Chicago. Graham: "담소를 나누고 있는 그를 본 적이 있지요... 그것도 독일어로, 그 때는 수다스러웠어요."

24. Dirk Lohan, 2011년 5월 3일 우리들 공저자와의 인터뷰. 미스는 어떤 언어일지라도 명확한 표현은 어렵다는 것을 알고 있었다. 그는 건축가 Paul Schweikher에게 다음과 같은 농담을 건넸다: "어이쿠" 그는 이렇게 말했다. "나는 Rudolph Schwarz에게 영어를 배우지 않는 이유가 무엇인지를 물어본 적이 있지. Schwarz는 말했지 '나는 독일 태생이지만, 독일어를 말하는 데도 이미 충분한 어려움을 겪고 있다네.'라고." Oral History of Paul Schweikher, p.182-183.

25. Joseph Fujikawa, Duckett and Fujikawa의 공저, Inpressions of Mies, p.20-21에서 인용됨.

26. Oral History of Reginald Malcolmson, p.49-50; Architecture Department, Art Institute of Chicago.

27. Oral History of Werner Buch, p.5; Architecture Department, Art Institute of Chicago.

28. Peter Roesch, 2008년 10월, Schulze와의 대담.

29. Oral History of James Hammond, p.15; Architecture Department, Art Institute of Chicago

30. Oral History of Gene Summers, p.12-13.

31. 2000년 9월 20일, Gunny Harboe의 Gene Summers와의 인터뷰, S. R. Crown Hall: Historic Structure[s] Report, the McClier Corporation for Illinois Institute of Technology 제작, 2000년 10월 24일(그림과 도면이 들어 있는 출판되지 않은 타자 원고). Galvin Resource Center, College of Architecture, IIT에서 복제.

32. Duckett와 Fujikawa의 공저, Impressions of Mies에서, p.33.

33. Oral History of Reginald Malcolmson, p.49.

34. 같은 책 p.94에서.

35. Fujikawa, Duckett and Fujikawa의 공저, Impressions of Mies, p.12.

36. Robert McCormick Jr., 1992년 Windhorst와의 인터뷰 녹음.

37. William C. Murphy, 2005년 10월 13일 우리들 공저자와의 인터뷰.

38. Peter Roesch, 2008년 10월, Schulze와 대담.

39. Lora Marx, 1980년 9월 23일 Schulze와의 인터뷰.

40. Oral History of Ambrose Richardson, 1990년, p.58; Architecture Department, Art Institute of Chicago.

41. Oral History of Reginald Malcolmson, p.81.

42. 그가 말년에 가장 좋아했던 진 알코올은 Seagram사의 제품이었고, 거기에는 분명한 이유가 있었다. 그의 표준 마티니는 절인 양파가 고명으로 나오는 "Gibson"이었다.

43. Lora Marx, 1980년 9월 23일 Schulze와의 인터뷰.

44. "그가 좋아하는 또 다른 종류로는 Steinhägers이 있었는데, Bremen 술이었지. 그건 아주 독하면서도 맛은 담백한 술이지요. 그는 나에게 말해 주었어요. 체이서 맥주와 함께 마셔보게." Oral History of Gordon Bunshaft, p.135; Architecture Department, Art Institute of Chicago.

45. Malcolmson, "A Paradox of Humility and Superstar", p.16-19.

46. 날짜가 표기된 손 글씨 글이다. 이 책에서는 단지 선별된 내용만을 인쇄하여 싣고 있다. 1980-81년에 진행된 일련의 인터뷰 동안에 원본은 Schulze에게 제공되었다.

47. Lora Marx, 1980년 9월 16일 Schulze와의 인터뷰.

48. Lora Marx, 1980년 6월 17일 Schulze와의 인터뷰.

49. 같은 책에서.

50. George Allen박사, 1984년 12월 Schulze와의 대담.

51. 미스의 묘에서 불과 수백 피트 떨어진 지점에 서 있는 묘비에는 "Edith Brooks Farnsworth, Nov.17 1903-Dec.5 1977"이라는 글귀가 새겨져 있다. 그곳은 Brooks의 가족묘지(103 E와 F)의 일부이고, Edith

의 묘는 그녀의 오빠, 어머니, 아버지 묘의 바로 옆에 있었다. 우리들 공저자는 Farnsworth가계의 묘지 위치를 안내해 준 Algis Novickas께 감사드린다.

52. James Johnson Sweeney, 1969년 10월 25일, Crown Hall, IIT, 미스 추도식에서의 추도 연설; Mies van der Rohe Archive, Museum of Modern Art, New York. Sweeney 추도 연설문은 Peter Carter가 쓴 Mies van der Rohe at Work(New York: Praeger, 1974), p.183-184에 언급되었다.

53. 미스와의 인터뷰(1955년), John Peter가 집필한 The Oral History of Modern Architecture: Interviews with the Greatest Architects of the Twentieth Century(New York: H. N. Abrams, 1994), p.173 에서 인용됨.

54. Fritz Neumeyer 저, The Artless Word: Mies van der Rohe on the Building Art, Mark Jarzombek 이 독일어의 영문 번역(German edition은 1986발행; Cambridge, MA: MIT Press, 1991, 영문 번역판 발행), p.299.

55. 같은 책 p.324에서.

부록 A

1. 미스는 Goldsmith가 사무실로 돌아오기를 원했고, 그의 방식으로 그에게 돌아오라고 설득했다. 미스는 Joseph Fujikawa를 통해 1956년 8월 22일자 편지에서 "우리가 당신을 기다리고 있다는 것을 알아 주기를 바란다"고 말했다 (Ludwig Mies van der Rohe의 논문 29칸, 의회 도서관 원고 부서). Fujikawa는 Goldsmith에게 미스가 "아직도 새로운 것을 탐구하고 싶어했다"며 그는 Goldsmith가 필요하다고 말했다. Gene Summers의 Oral History (p.20; Architecture Department, Art Institute of Chicago)에서, Gene Summers는 미스의 Goldsmith에 대한 입장을 묘사했다: "확실히 Goldsmith는 그가 인정했던 사람이었다, 의심할 여지가 없다."

2. Oral History of Myron Goldsmith, p.87; Architecture Department, Art Institute of Chicago. Fujikawa는 미스의 방법론에 대해서도 비슷한 견해를 보였다. "미스는 문제 해결에서 항상 즉시 해결책이나 대답으로 돌진하지 않았다. 그가 나중에 '내가 뭘 잊어버렸지?'라고 말하게 된다면, 그것은 그를 몹시 괴롭힐 것이다. 그의 접근 방식은, '또 어떤 것이 가능한가? 그것이 얼마나 나쁘다고 생각하든 간에, 그것을 종이에 그려라.' 그는 '우리는 다 꺼내 놓을 것이에요. 여섯 가지 가능성이 있다면 내놓으세요. 10개가 있으면 내 놓으세요. 여러분이 가능하다고 생각하는 것이 무엇이든 시도하세요.' 만약 당신이 아이디어가 있다면, 그는 단지 '해 보세요'라고 말할 것이다. 그는 당신에게 자유를 줬다. 그런 다음 배제의 과정을 거치면서, 우리는 그것들을 일렬로 세워 이렇게 말하곤 했습니다. "이것이 저것보다 더 낫다. 왜냐하면... 저것 하나가 탈락될 것이다. 아마 곧 한두 가지 좋은 가능성을 갖게 될 것이다. 그리고 나서 그는 한 걸음 더 나아가서 이것과 이것 중 어느 것이 더 나은지 알아보자.'라고 말했다. 바로 '건축에서 디자인 문제를 해결하는 전체 프로세스'라고 말했다. Oral History of Joseph Fujikawa, p.13; Architecture Department, Art Institute of Chicago.

3. Myron Goldsmith, 1994년 1월 15일 Windhorst와의 인터뷰 녹음.

4. Lora Marx와 미스는 Goldsmith의 망원경을 보기 위해 Kitt Peak을 방문했다. 이 방문의 날짜는 밝혀지지 않았다. Lora Marx, 1980년 Schulze와의 인터뷰.

5. Allan Temko's introduction to Myron Goldsmith: Buildings and Concepts, 편집자. Werner Blaser (Basel: Birkhäuser Verlag, 1986년), p.7. "Ronchamp"은 Le Corbusier가 설계한 France, Ronchamp의 Notre Dame du Haut, Ronchamp 예배당이다.

6. Oral History of Natalie De Blois, p.85; Architecture Department, Art Institute of Chicago.

7. 타워의 모양과 가로 세로 비율도 중요한 변수였다.

8. Myron Goldsmith, 1993년 Windhorst와의 인터뷰.

9. Oral History of Bruce Graham, p.152; Architecture Department, Art Institute of Chicago

10. 건축 후퇴선이 전통적인 해결책이었을 것이다. Graham은 1974년에 완성된 시카고의 훨씬 더 높은 Sears Tower에 그것들을 적용했다.

11. 금속판의 주름을 방지하기 위한 노력은 실패로 돌아갔다. SOM은 기둥 피복재가 조립되는 공정에 중요한 자기 스테인리스강(표준 스테인리스는 비자기)을 명시했다. 피복재는 몇 인치 두께의 콘크리트를 지탱하기 위해 설계되었다. 스테인리스는 콘크리트를 붓고 경화하는 동안 피복재를 평평하게 유지하기 위한 목적으로, 완전히 평평한 자기판에 처음 배치되었다. 그러나 외피 모서리의 파손은 콘크리트 타설판에 큰 내부 응력을 유발시켰고, 콘크리트는 이를 견딜 수 없었다.

12. SOM과 C.F. Murphy사이에 Civic Center 디자인 크레딧에 대한 의견 충돌이 있었다. 가장 신뢰할 수 있는 보고는 Oral History of Carter Manny, p.250-53(Architecture Department, Art Institute of Chicago)에서 찾을 수 있다. 여기서 그는 SOM의 초기의 투입에도 불구하고 이 건물이 Brownson의 설계라고 결론(우리가 권위적으로 믿는)을 내린다.

13. Brownson의 미발표 건축학 석사 논문은 "A Steel and Glass House", 1954년 6월의 것이다. 사본은 Graham Resource Center of IIT's College of Architecture에 있다. 미스나 Hilberseimer의 밑에서 공부한 이가 본 다른 논문들과 마찬가지로, 텍스트는 수사학적으로 순수한 미스이다. Brownson은 다음과 같이 12페이지 분량의 프로젝트 설명을 마친다: "이 건물의 개념적인 가능성은 무한하다. 그 어느 시대의 건축에서도 필수적인 개선과 발전은 그 시대를 형성하는 문제들과 힘에 대한 명확한 이해에서 비롯될 것이다."

14. 미스의 미국 제자들은 미스에게 영감을 받아 수없이 많은 건물을 디자인했다. 그들은 Daniel Brenner, Alfred Caldwell, Bruno Conterato, Joseph Fujikawa, David Haid, James Hammond, Gerald Horn, David Hovey, Carter Manny, Edward Olencki, H.P. Rockwell, George Schipporeit, Paul Thomas, Y.C. Wong, 그리고 Paul Zorr이다.

15. Oswald W. Grube, Peter C. Pran, 및 Franz Schulze, 100 Years of Architecture in Chicago: Continuity of Structure and Forme Exhibited at the Museum of Contemporary Art, Chicago, 전시 카탈로그 (Chicago: Follett, 1977년), p.58.

16. 코르틴은, 유명한데, 불과 2년 전에 Illinois의 Moline에 있는 Eero Saarinen의 John Deere본사에서 사용되었다. Daley Center는 그때까지 코르틴이 적용된 가장 큰 건물이었다.

17. 1950년대와 60년대 SOM의 리더십 중 William Hartmannen은 Pablo Picasso를 설득해 1967년 Civic Center 앞 광장에서 공개된 기념비적인 조형물의 기본이 되는 모형을 만들도록 하는 개인적인 승리를 누렸다.

18. Oral History of Jacques Brownson, p.191; Architecture Department, Art Institute of Chicago..Joseph Fujikawa는, 그의 Oral History. p.21에서 미스의 반응이 사실임을 보여준다. Brownson이... 디자인했지만, 미스는 '내가 했더라도 이보다 더 잘할 수 없다. 이것은 Jack에 대한 진실된 칭찬이다."라고 말했다.

19. Oral History of Jacques Brownson, p.191.

20. Gene Summers and Werner Blaser, Gene Summers Art/Architecture (Basel: Birkhøuser Verlag, 2003년), p.16.

21. 이러한 전환에 대한 자세한 설명은 Oral History of Gene Summers, p.76 참조.

22. Summers의 건물은 원래 건물보다 3분의 1 정도 더 넓고, 지붕 아래 공간은 두 배 더 넓다.

23. Architectural Record의 1969년 10월호 표지 기사로의 시작.

24. George Schipporeit,, Windhorst와의 인터뷰, 2007.

부록 B

1. Drexler의 잘못이다, Promontory에는 미스가 디자인한 멀리온이 없다.
2. Arthur Dreder, 1981년 Schulze와의 개인적인 대화.
3. "A Prototype of the New German Architecture", Arts and Decoration (1911년 4월): 272.
4. Fritz Neumeyer, The Artless Word: Mies van der Rohe on the Building Art, trans. Mark Jarzombek (독일어 판, 1986년; Cambridge, MA: MIT Press, 1991년), p.76에서 인용. Westheim의 기사는 "Mies van der Rohe: Entwicklung eines Architekten", Das Kunstblatt 11, no. 2 (1927): p.55-62이며, 인용문은 독일어 원판 p.56에서 인용한 것이다.
5. Blaser는 그의 모노그래프를 쓰면서 미스와 그의 스태프들과 함께 작업했는데 그들의 도움으로 미스의 유럽시절 작업의 도면을 다시 그릴 수 있었다. Wolf Tegethoff는 이 새로운 도면들 중 일부에서 부정확함을 지적했다.(Tegethoff's discussion of Blaser's 1964 drawings of the Brick Country House in Mies van der Rohe: The Villas and Country Houses[NewYork:Museumof Modern Art, 1985]. p.42-44 참조). Blaser는 미스를 탁월한 구조적 표현주의자로 표현했지만, 미스 예술의 다른 주요한 면은 무시했다.
6. Lewis Mumford, The Highway and the City: Essays (New York: Harcourt, Brace and World, 1963), p.167.
7. David Watkin, Morality and Architecture (Oxford: Clarendon Press, 1977), p.37.
8. Charles Jencks, Modern Movements in Architecture (London: Penguin, 1985), p.95.
9. Martin Filler, "Mies and the Mastodon", New Republic, 2001년 8월 6일. 온라인 상 www.tnr.com/print/articles/mies-and-the-mastodon, p.4.
10. 같은 책 p.7에서.
11. Martin Filler, Makers of Modern Architecture: From Frank Lloyd Wright to Frank Gehry (New York: New York Review of Books, 2007년) p.68.

추후의 참고 문헌

(미스가 확실히 지지했을 법한 방법) 미스를 연구하는 가장 중요한 방법은 그의 건물을 조사하는 것이다. 초창기 작업 중 일부를 제외하고 거의 모든 작업이 현존한다. 그러나, 그것들을 이해하기 위해서는 맥락이 필수적이다; 우리는 여기에 관한 문헌의 짧은 목록을 제공한다.

지금까지 우리가 가장 중요하게 여기는 미스는 다음과 같이 출판되었다:

Philip C. Johnson. *Mies van der Rohe*. Museum of Modern Art, New York, 1947. Second edition 1953, third edition 1975. 미스의 경력에 대한 첫 번째 진지한 연구이다.

Ludwig Hilberseimer. *Mies van der Rohe*. Paul Theobald, Chicago, 1956. 미스 디테일의 표현 목적을 상세히 탐구한 첫 번째 책은 독일과 시카고에서 미스와 가까운 동료이자 사적으로 친밀한 친구에 의해 쓰여졌다.

Ludwig Glaeser. *Ludwig Mies van der Rohe: Furniture and Furniture Drawings from the Design Collection and the Mies van der Rohe Archive*. The Museum of Modern Art, New York, 1977. 미스의 가구에 대한 가장 권위 있는 조사.

Wolf Tegethoff. *Mies van der Rohe: Die Villen und Landhausprojekte*. R. Bacht, Essen, Germany, 1981. 영문판: Mies van der Rohe: The Villas and Country Houses. Museum of Modern Art, New York, 1985. 1923년부터 1950년까지를 다룬 Tegethoff의 저서는 Miesian 학문의 가장 훌륭한 단일 저서이다.

Fritz Neumeyer. *Mies van der Rohe: Das kunstlose Wort; Gedanken zur Baukunst*. Siedler Verlag, Berlin, 1986. 영문판: The Artless Word: Mies van der Rohe on the Building Art. MIT Press, Cambridge, Massachusetts, 1991. Neumeyer는 건축가 사상의 철학적 배경에 대한 전면적인 해석을 제공하고, 손으로 쓴 노트부터 출판된 성명에 이르기까지 미스의 거의 모든 글과 그에 대한 논평들을 제공한다.

Terence Riley 및 Barry Bergdoll, 편집자. *Mies in Berlin*, 전시 카탈로그와 Lampugnani, Mertins, Tegethoff, Neumeyer, Maruhn, Lepik, Miller, Bletter, 및 Cohen의 에세이. Museum of Modern Art, New York, 2001. 이것은 지금까지 독일에서의 미스의 경력에 대한 가장 포괄적인(그리고 풍부한) 연구이다. 에세이는 질적으로 다양할 뿐만 아니라, 각각은 유익하고 신뢰할 수 있으며, 어떤 것은 매우 대단하다.

Phyllis Lambert, 편집자. *Mies in America*. Oechslin, Barnett, McAtee, Lambert, Mertins, Whiting, Hays, Eisenman, 및 Koolhaas의 에세이를 포함한 크고 화려한 전시 카탈로그. Harry N. Abrams, New York, 2001.

INDEX

색인

Page numbers in italics indicate captions.

Aachen (Germany), 3–4, 6–7, 10, 26, 29, 31, 73, 82, 188, 340, 342; family monument in, 12; hot sulfur springs of, 5
ABC group, 114
abstraction, 62
Adler, David, 176–77
Adler, Pierre, 435n24
Advisory Committee for the New York World's Fair, 203
A. Epstein and Sons, Inc. *See* Epstein and Sons, Inc.
African American population, 195
Akademie der Künste, 421
Albers, Josef, 143, 147, 152, 155
Albert Kahn Associates, 217
Albright Art Gallery, 420
Alfi mit Maske (Alfi with Mask) (Beckmann), 387
Alfonso XIII, 115, *116*, 118
Algonquin Apartment Building project No. 1, 283, *284*, 285
Algonquin Apartment Building project No. 2, 285
Allen, George, 397
Allgemeine Elektricitäts-Gesellschaft (AEG) Turbine Factory, 24–26, *29–30*
Alpine Architektur: Eine Utopie (Taut), 60
Alsace-Lorraine, 57
Alschuler, Alfred, 196–97, 444n21
Altes Museum, 26, 357
Alumni Memorial Hall, 225, 246, 306, 325, 448n6. *See also* Naval Science Building
Amendt, Karl, 163, 440n46, 440n47
Amon Carter Museum of Western Art, 421
Anderson, Marian, 382
Anderson, Stanford, 29
Ando, Tadao, 272
Anker, Alfons, 114
antiromantic movements, 61–62
Aquinas, St. Thomas, 205, 384–85
Arab Village, *96*

Arbeitsrat für Kunst (Workers' Council for Art), 63, 77, 211
Architectural Forum (journal), 217, 219, 290, 391
Architecture de Fêtes (exhibition catalog), 175
Architecture: Structure and Expression (Mies), as unfinished, 194
"Architecture in the Third Reich" (Johnson), 168
Arie and Ida Crown Foundation, 307
Armory Show, 54
Armour Institute of Technology, 166, 176–78, 180–82, 184, 189–90, 202, 210, 305–6, 449n1; and "black belt," 195; campus, redevelopment of, 195, 197–201; curriculum of, 204; expansion of, 196; faculty at, 186; "Hilbs Day" at, 214; and 1919 race riot, 195; and superblock scheme, 197–200. *See also* Illinois Institute of Technology; Lewis Institute
Armstrong, Louis, 196
Arp, Hans, 62
Art Institute of Chicago, 177, 181–82, 190, 246, 306, 321, 389, 420, 421, 465n18; Department of Architecture at, 390
Arts and Architecture (magazine), 241
Arts Club of Chicago, 318–21, 389, 449n13
Arts and Crafts movement, 16
Arts and Decoration (magazine), 419
Ashcraft, E. M., 201
Association of the German Fashion Industry, 102
Association of German Plate Glass Manufacturers of Cologne, *106*, 107
AT&T Building, 360
Auditorium Building, 190
Augustine, 212, 384–85
Aurora Country Club, 394
Austria, 98, 181
Autobahn, 157

Bacardi Company, 276, 367–68
Bacardi Cuba project, 348, *350–51*, 353, *354*, 355–56, 413–14, 462n16; antecedents of, 349, 352
Bacardi Mexico, 348, 367–69
Bacon, Charles Sumner, 21
Badovici, Jean, 175
Bahlman, David, 272
Baltimore (Maryland), 369
Barcelona chair, 123–24, 132, 141, 233, 436n44, 436–37n46, 437n47, 437n49, 438n4
Barcelona International Exposition, 1; exhibition halls of, 123; furniture at, 378; German Pavilion at, 69, 85–86, 93, 112, 116–19, 125, 127–28, 130, 137, 143–46, 158, 164, *171*, 172, 175, 177, 183, 242, 261, 271, 320, 352, 364, 420, 422, 436n42, 445n34; influences on, 122–23; materials used in, 121; reconstruction of, 125
Barclay Hotel, 336
Barlach, Ernst, 156, 187
Barr, Alfred H., Jr., 140, 142, 144–45, 178, 180, 239, 329, 418–19
Bartning, Otto, 95
Bartsch, Helmut, 232
Die Baugilde (journal), 79
Bauhaus, 73–74, 77, 79, 91, 104, 114, 140–42, 157, 163, 306, 388; animosity within, 238; attacks on, 108, 268; and Communist Party, 153; curriculum of, 146–49, 152, 155–56; faculty of, 147, 149, 152, 155–56; manifesto for, 61; Mies, as director of, 145, 147–48, 151; Nazi reaction to, 152–53, 155–56; origins of, 146; reopening of, in Berlin, 152, 154; shutting down of, 152, 157, 168; *Vorkurs* in, 146. *See also* Staatliches Bauhaus
Bauhausbücher (monographs), 91
Bauhaus Building, 380
Baukunst der neuesten Zeit (Platz), 140
Die Bauwelt (journal), 13, 72
Bavaria, 56
Beckmann, Max, 187, 238, 387, 465n16
Beeby, Thomas, 206
Behne, Adolf, 61, 64
Behrendt, Walter Curt, 419
Behrens, Peter, 24–25, 28, 33, 35–36, 43, 46–47, 51, 57, 62, 91, 95, 98, 113–14, 147, 167, 181, 205, 240, 338, 340, 358, 385, 422, 442n18; and Mies, 26–27, 29, 31, 33, 38; Mies, break with, 37–40; Schinkel, influence on, 26
Belgium, 5–6, 73, 98
Belluschi, Pietro, 447n1
Benjamin, Walter, 62
Berg, Max, 64–65, 72
Bergdoll, Barry, 22, 425
Bergson, Henri, 191
Berlage, Hendrik Petrus, *40*, 42, 62–63, 95, 193, 338, 422
Berlin (Germany), 13, 16, 26, 28–29, 34, 36, 51, 53, 64, 83, 92–93, 103, 112, 117, 167–68, 171, 353; Chicago, kinship with, 189; Nazi takeover of, 153
Berlin Bauhaus, 153–54; and Fasching (Carnival) Balls, 152
Berlin Building Exposition, 143, *144*, 157, 163–64
Berlin City Council, 114
Berlin Fair Grounds, 143
Berlin Kunstgewerbemuseum (Museum of Applied Art), 16
Berlin Traffic Authority, 114
Berlin Wall, 22, 53
Berliner Morgenpost (newspaper), 63
Bernau (Germany), 147
Bestelmeyer, German, 34, 434n7
Biedermeier, 17
Bier, Justus, 135–36
Bildnerei der Geisteskranken (The art of psychotics) (Prinzhorn), 45
Biltmore Hotel, 414
Birmingham (England), 27
Bismarck, Otto von, 31, 33–34; monument and, *32*
Black, Gilmer, 181, 183
Blackstone Hotel, 182, 190, 202, 232
Blackwood, Michael, 462n27
Blaser, Werner, 414, 469n5
Blees, Johann Josef, 14
Bletter, Rosemarie Haag, 425
Der Block, 434n7
Bluestone, Earl, 246
Blunck, Erich, 434n7
Bofill, Ricardo, 360
Bohrer, Mason, 263, 269
Bohrer, Randolph, 256, 261–66, 268–69, 452n31, 453n65
bolshevism, 108

Bonatz, Paul, 93, 95–97, 107, 113, 167, 434n7
Bonnet, Felix, 246
Borg-Warner Building, 456n42
Bosch, José M., 348, 352–53
Bossler and Knorr, 13
Boston (Massachusetts), 181–82
Bourgeois, Victor, 98
Bourneville (England), 27
Bouteille et Verre (Bottle and Glass) (Braque), 465n14
Bowman, John, 374
Branch Brook Park Redevelopment Project, 366
Brancusi, Constantin, 321
Braque, Georges, 388, 465n14
Bremen (ocean liner), 445n40
Bremmer, Hendricus Petrus, 38, 40, 42, 429n42
Brenner, Daniel, 246, 313, 468n14
Breuer, Marcel, 104, 143, 176, 330
Brick Country House, 69, 71, 72, 79, 83–84, 97, 107, 109, 118, 122, 144, 445n34
Brno (Czechoslovakia), 134
Brno chair, 133, *135*
Bronfman, Samuel, 329, 338, 460n62
Brown, Tim, *6*
Brownson, Jacques, 206, 246, 274, 311, 403, 409, 411–12, 449n8, 468n12, 468n13, 468n18
Die Brücke movement, 36
Bruckmann, Peter, 80, 94
Bruegmann, Robert, 454n2
Bruhn, Ada, 15, 34, 44–46. *See also* Ada Mies
Bruhn, Friedrich Wilhelm Gustav, 44
Brussels World Fair, 169
Bryan, John, 271–72
Buch, Werner, 391
Buck, John, 321, 459n35
Buddensieg, Tilmann, 428n23
Bund Deutscher Architekten (BDA), 79
Bund deutscher Kultur, 153
Bunshaft, Gordon, 328, 364, 447n72, 459n36, 460n62
Burleigh, Thomas, 246
Burnham, Daniel, 190, 397
Burnham, Franklin Pierce, 304
Buste de Femme (Bust of a Woman) (Picasso), 389
Butterfly (Westermann sculpture), 390

Café Samt und Seide (Velvet and Silk Café) (Mies and Reich), 107
Calder, Alexander, 346, 462n11
Caldwell, Alfred, 206, 214–16, 246, 274, 292, 298–300, 328, 404, 415, 417, 456n36, 457n51, 468n14
Callahan, Harry, 238
Callery, Mary, 243, 255, 450n32
Campagna, Paul, 217
Canada, 347, 376
Canadian Centre for Architecture, 425
cantilever chair, 104
Cantor Drive-In Restaurant, *229*, *230*, 240, 308, 367
Cantor house, 448n14
Cantor office building, 448n14
Cantor, Joseph, 227, 448n14
Caro, Anthony, 271
Carter, Peter, 193, 360, 377
Castro, Fidel, 352
Celle (Germany), 93
Century of Progress Exposition, 190
C. F. Murphy Associates. *See* Murphy Associates
Chang, Pao-Chi, 315
Charlemagne, 3, *5*, 6, 26, 342
Charles, Prince of Wales, 340, 362
Chermayeff, Serge, 238, 394, 447n1
Chicago (Illinois), 74, 103, 177, 180–81, 186, 197, 199, 222, 278, 315, 342, 347, 349, 359, 399, 461n3; African Americans in, population growth of, 195, 305; Art Deco architecture in, 190; Berlin, kinship with, 189; "black belt" of, 195; jazz scene of, 196; 1919 race riot in, 195; the Stroll in, 196
Chicago Building Code, 280, 310, 454n12
Chicago City Council, 321
Chicago Civic Center. *See* Civic Center
Chicago Club, 328
Chicago Convention Hall, 308, 315, 316–17
Chicago Daily News (newspaper), 197
Chicago Dock and Canal Trust, 415
Chicago Park District, 215
Chilehaus, 59
The Church Incarnate (Schwarz), 101
Church of San Vitale, 3–4
Church of St. Stephen Walbrook, 360
Churchill, Winston, *52*, 53
Cirici, Cristian, 125

Civic Center, 409, *411*, 468n12, 468n17. See also Richard J. Daley Center
Cobb, Henry Ives, 343, 390
Colonnade Apartments, 366, 415
Commission on Chicago Landmarks, 321
Commons Building, 324–25, 352, 413
Commonwealth Promenade Building, 296–97, 346
Complexity and Contradiction in Architecture (Venturi), 359
Concert Hall, 217, *218*
Concrete Country House, 69–71, 78–79, 83–84, 97
Concrete Office Building, 72, 75, *76*, 78–79, 167; as dystopian, 76
Condit, Carl, 445n44, 454n2
Confessions of a Nazi Spy (film), 202
constructivism, 61–62
Conterato, Bruno, 278, 290, 343, 363, 437n49, 446n57, 446n59, 456n43, 461n6, 463n34, 468n14
Continental Center, 409
Convention Hall, 308, 315–17, 349, 359, 365
Coonley House, 183
Cooper, James L., 452n48
Cor-Ten, 411–12, 468n16
Corti, Mario, 249, 451n7
Coué, Emile, 90
Cranbrook Academy, 276
Crandall, Lou, 330–31
Crimea, 33
Crown, Sol R., 307
Crown Hall, 2, 229, 238, 304, 306–7, 309–14, 327–28, 346–49, 352, 365, 398, 409; clear-span structure of, 308; criticism of, 459n36. *See also* Mecca
crystal, 59–60; expressionist architecture, as metaphor of, 61
Cuba, 352
Cullinan Hall, 375
Cunningham, James D., 182, 191
Czechoslovakia, 126, 134

Dada, 61–62
Daley, Richard J., 274, 358–59
Daley Center. *See* Richard J. Daley Center
Dance, George (the Elder), 360
Danforth, George, 201, 213, 218, 238, 246, 328, 388, 419, 448n10, 449n13, 463n8

Daniels, Harry C., 268
Darmstadt artists' colony, 24
Daumier, Honoré, 435–36n32
Dawes, Charles Gates, 57
Dawes Plan, 57, 78
Dawn (Kolbe), 122
Dearstyne, Howard, 164, 166, 211, 440n33, 441n53, 445n37
De Blois, Natalie, 406
de Golyer, Robert S., *234*
Delbrück, Hans, 21
Dessau (Germany), 93, 145, 147, 149, 154, 157
Dessau Social Democrats, 152
Dessoir, Max, 34, 428n13
Detroit (Michigan), 278, 297, 299
Detroit Graphite Company, 222, 448n7
Deutscher Werkbund, 16, 24, 79–80, 93, 102, 146, 211
Deutsches Volk–Deutsche Arbeit, 171
Dexel, Walter, 82–83
Dienst, Hans, 356
Dirksen, Everett McKinley, 461n9
Dix, Otto, 61
Doblin, Jay, 238
Döcker, Richard, 95, 97–98
Domer, Dennis, 214
Dominion Centre, 347–48, 413
Donoghue, George, 214
Dornbusch, Charles, 186, 232, 449n1
Dornbusch, Margrette, 232
Dresden (Germany), 16
Dresden Hochschule, 108
Drexler, Arthur, *67*, 418, 421, 450n32, 468n1
Drobinski, Antony, 425
Duckett, Edward, 228, *229*, 246, *252*, 273, 302, 313, 381, 390, 393, 412, 437n49, 451n14, 453n50, 458n17, 460n59
Duisburg (Germany), 109
Dülow, Wilhelm Martens, 3, 13
Duncan, Isadora, 58
Dunlap, William, 246, 273, 328
Düsseldorf (Germany), 24, 79
The Dwelling in Our Time (exhibit), 143
"Dynamic Design" (lecture), 166

Eagle Point Park, 215
Eames, Charles, 166, 241, 447n1
Edbrooke, Willoughby J., 304
Eddington, Sir Arthur, 384

L'Effort Moderne gallery, 78–79
Eggeling, Viking, 62
Ehrenburg, Ilya, 73
Eichstaedt House, 81
860–880 North Lake Shore Drive, 213, 273, 286, 288–92, 364–65, 367, 381, 408, 451n21; flaws of, 293; as masterly work, 293. *See also* Lake Shore Drive Apartments
Eisner, Kurt, 56
Eliat, Ernst, 83
Eliat House, 83
Ellington, Duke, 196
Elmhurst Art Museum, 459n32
Elmslie, George Grant, 306
"Emergence of a Master Architect" (article), 348, *388*
Emmerich, Paul, 114
Empire State Building, 407
Engemann, Friedrich, 152
Engineering Research Building, *379*
England, 19, 27. *See also* United Kingdom
English Arts and Crafts movement, 146
Das englische Haus (Muthesius), 17
Enke, Eberhard, *37*
Entartete Kunst (Degenerate Art) exhibition, 187
Epstein and Sons, Inc., 342
Esplanade Apartments, 285, 294–95, 297, 346; shortcomings of, 296. *See also* 900–910 North Lake Shore Drive building
L'Esprit Nouveau (journal), 62, 73, 79
Esters, Josef, 108
Esters House, 86, 109, 111–12, 162–64, 175, 377–78
Eustice, Alfred L., 305
Exhibition Momentum, 389
Exhibition of Unknown Architects, 63
Existenzminimum, 83
expressionism, 59; adversaries of, 61; crystal, as metaphor of, 61; utopia, zeal for and, 61
Eychaner, Fred, 272

Faguswerk factory, 28
Fahrenholtz, G. W., 92
Fahrenkamp, Karl, 90
Faissler, John, 264–65, 267–69, 452n31, 452n46, 453n65
Farnsworth, Edith, 246, 249, *252*, 265–66, 268–69, 271, 360, 396, 450n2, 453n67, 453n72; death of, 270; gravesite of, 467n51; Mies and, 247–50, 254–57, 259, 261–62. *See also* Farnsworth House; Farnsworth House trial
Farnsworth, George J., 249
Farnsworth House, 1, 86, 240, 247–50, *261*, 262, 286, 302, 309, 365, 381, 409, 451n14, 451n23; attacks on, 268; auction of, 272; costs of, 251–55; design of, 257–61; flooding of, 271; and Fox River bridge, 269–70; grounds, redesigning of, 271; location of, in floodplain, 251; selling of, 269–72, 453n72. *See also* Edith Farnsworth; Farnsworth House trial
Farnsworth House trial, 286, 452n31; Edith Farnsworth, testimony of, 266; fraud, claim of, 266; Master's Report on, 267–68; Mies, testimony of, 265–67; proceedings, 263–67, 269. *See also* Edith Farnsworth; Farnsworth House
"Faust," 34
FCL Associates, 363. *See also* Office of Mies van der Rohe
Federal Building, 390
Federal Bureau of Investigation (FBI), Mies, investigation of by, 201–2
Federal Center, 2, 342–43, 346, 364, 413; Scheme A, 343, 345; Scheme B, 343, 345; Scheme C, 343; siting of, 347
Feininger, Lyonel, 387
Feldmann, Cuno, 81
Feldmann House, 29, 81–82
Female Torso, Turning (Lehmbruck), 107
Ferris, James, 458n17
Fifty by Fifty House, 273, 301–3, 308, 349
Filler, Martin, 425
first Chicago school of architecture, 190, 454n2
Fischer, Max, 11–12, 15
Fischer, Theodor, 34
Flamingo (Calder), 346
Flaubert, Gustave, 446n50
Florence (Italy), 21, 26, 38
Foerster, Karl, 52, 89, 160
Die Form (journal), 79, 100, 135–36; New Architecture, as organ of, 94
Form ohne Ornament (Form without Ornament) (exhibition), 94
Four Seasons Restaurant, 460n55

France, 57, 79, 98
Frank, Josef, 95, 98
Frankel, David, 425
Frankfurt (Germany), 93, 168
Frank J. Kornacker and Associates, 289
Frank Lloyd Wright Foundation, 182
Frau Butte's Private School, 81
Die Frau in Haus und Beruf (Woman at Home and at Work) (exhibition), 102
Freed, James Ingo, 422
Freud, Sigmund, 384
Freund, Karl, 256–57
Friedrichsfelde Central Cemetery, 87
Friedrichstrasse Office Building ("Honeycomb"), 72, 112; design of, 65; as landmark, 67
Frobenius, Leo, 21
Frühlicht (magazine), 65
Frumkin, Allan, 389
Fuchs, Eduard, 86–87, 112, 125–26, 160, 387, 435–36n32
Fuchs House, 125–26, 435–36n32
Fuchs-Perls House, 86
Fujikawa, Joseph, 246, 273, 278, 285, 290, 292–95, 301, 306, 313, 325, 327, 342, *343*, 363–64, 366, 371–72, 385, 390, 393, *411*, 434n55, 448n14, 450n37, 454n6, 456n49, 457n10, 465–66n19, 467n1, 467n2, 468n14
Fujikawa Johnson Associates, Inc., 363
Fuller, R. Buckminster, 238
Fuller Company, 330
functionalism, 99, 102
Fundacion La Caiva, 425
Furtwängler, Wilhelm, 156
The Future of an Illusion (Freud), 384

G (journal), 74–78, 91, 95–96
Gabo, Naum, 62, 238
Galerie der Sturm, 63
Gardiner, Stephen, 361
Gaul, August, 34
Gellhorn, Alfred, 95
Gene Summers Art/Architecture (Blaser), 414
Genther, Charles, 278, 285, 293, 307
Genzmer, Walther, 119
Georg Schaefer Museum, 348, 352, *353*, *354*, 413, 462n19
Gera (Germany), 79

Gericke, Herbert, 157–58, 440n40
Gericke House, 157–59, 164
German Army High Command, 108
German Communist Party, 86
German Democratic Republic (GDR), 53, 428n14
German Embassy, 33. See also Imperial German Embassy
German Garden City exhibition, 27
German Garden City movement, 45
German Garden City Society, 27
German Linoleum Works, 106
German National Theater, 313–15
German Shipbuilding Exhibition, 25–26
Germany, 6, 9, 14, 61, 79, 98, 117–18, 125, 141, 143, 151, 167–69, 187, 203, 268, 447n72; and Dawes Plan, 78; during late 1940s, 244; national identity of, 5; New Architecture in, 78–80; refreshment stands, as common in, 150; skyscraper competitions in, 64; skyscrapers, impressed with, 64; Socialists in, 56; *Stammhalter* (preserver of the line) in, 7; street fighting in, 151; United States, impressed with, 64. See also Weimar Republic
Gesellschaft der Freunde des neuen Russlands (Society of Friends of the New Russia), 86
Gessner, Albert, 434n7
Gestapo, 153–55, 188
Gewerbehalle Stadtgarten, 104, 106
Glaeser, Ludwig, 159, 166, 418
Glasarchitektur (Scheerbart), 60
glass architecture, 65, 67; celebration of, 59–60
Glass House, 266
Glass Pavilion, 94
Glass Skyscraper, *69*, 78–79, 419; as landmark, 67
Goebbels, Ferdinand, 35, 47, 51
Goebbels, Joseph, 140, 154, 156, 159, 168–69, 171
Goethe, Johann Wolfgang von, 193, 385
Goldberg, Bertrand, 181, 183
Golden Bird (Brancusi sculpture), 321
Goldsmith, Myron, 194–95, 207, 228–29, 246, 251–52, 254–57, 263, 266, 273–74, 278, 290, 293, 302–3, 306, 313, 315, 403–6, 411,

452n31, 453n53, 453–54n73, 454n10, 467n1; tall buildings, and X-braced tube, scale problem of, 407
Goldsworthy, Andy, 271
Goldwater, Barry, 396
Goodman, William, 266, 274
Goodwin, Philip, 180, *185*, 186
Gordon, Elizabeth, 268
Göring, Hermann, 154–55, 157, 180
Graceland Cemetery, 397
Graeff, Werner, 74–75, 77, 97
Graham, Bruce, 328, 391, 403, 405–9, 411, 466n23, 468n10
Graham Foundation for Advanced Studies in the Fine Arts, 421
Grand Central Terminal, 460n53
Grand-Ducal Academy of Fine Art, 146
Gravenkamp, Curt, 113
Graves, Michael, 360
Gray, Richard, 272
Great Berlin Art Exhibition, 75
Great Lakes Naval Training Center, Gunner's Mate School at, 408
Greece, 33, 340
Greenberg, Clement, 389
Greenwald, Bennet, 276, 278
Greenwald, Herbert, 246, 276, 279, 283, 285–86, 293–94, 301, 342, 366, 370, 454n4, 454n6, 455n22, 456n42; death of, 297, 415
Griffith, Gerald, 125, 292, 437n49
Gris, Juan, 389
Gropius, Ise, 145
Gropius, Walter, 27–28, 63, 73, 77, 80, 91, 93–95, 98, 114, 143–45, 147–50, 152, 157, 167, 176–77, 182–83, 231, 268, 276, 330, 339, 349, 394, 396, 424, 442n1; Bauhaus, manifesto for, 61, 146; Bismarck competition entry of, 33; death of, 397; and Harvard University, 178, 179–81
Großstadtarchitektur (Architecture of the Metropolis) (Hilberseimer), 115
Grosses Schauspielhaus, 59
Grosz, George, 61
Grover M. Hermann Hall, 324. *See also* Hermann Hall
Grube, Oswald, 440n45
Guardini, Romano, 101, 191, 250, 384–85
Guben (Germany), 83

Guernica (Picasso), 218
Gunsaulus Hall, 459n47
Gut Garkau, 77

Haesler, Otto, 93, 143
Hahn, Hermann, 34
Haid, David, 306, 313, *388*, 460n59, 468n14
Hammond, James, 392, 468n14
Hampstead (England), 27
Harden, Maximilian, 13
Häring, Hugo, 77, 78, 93–95, 143
Harper, Sterling, 186
Hartmann, William, 327, 328–29, 468n17
Hartnett, William F., Jr., 415, 417
Harvard University, 178–82
Haus der deutschen Kunst (House of German Art), 154
Haus Heusgen: Ein Wohnhaus Ludwig Mies van der Rohes in Krefeld (The Heusgen House: A Residence by Ludwig Mies van der Rohe in Krefeld) (Maruhn and Mellen), 163
Hausmann, Raoul, 62
Heald, Henry T., 182, 186, 191, 195–97, 199–200, 325
Heckel, Erich, 156
Hegel, Georg Wilhelm Friedrich, 422
Heinrich, John, 415, 417
Hellerau (Germany), 45
Henke, Ernst, 437n58
Henning, Paul Rudolf, 80
Herbert Construction Company, 276
Herbstlandschaft (Autumn Landscape) (Kandinsky), 389, 465n14
Hermann und Dorothea (Goethe), 430n57
Hermann Hall, 328. *See also* Grover M. Hermann Hall
Hermann Lange House, 144
Herre, Richard, 95
Herterich, Frank, 243, 431n68
Herterich, Fritz, 243
Hesse, Fritz, 145, 147, 152
Heusgen, Karl, 162, 163
Heusgen, Manfred, 162
Heusgen, Milly (née Geissen), 162–63, 440n46
Heusgen House, 162–64
Highfield House, 370

Hilberseimer, Ludwig, 62, 94–95, 98, 114–15, 143, 147, 149, 152–53, 155, 186, 194, 207–8, 210–11, 215, 274, 276, 291, 298, 304, 311, 328, 393, 396, 404, 457n51; as eccentric, 213; as teacher, 212–14
Hirche, Herbert, 187, 313, 387
Hitchcock, Henry-Russell, 140, 144–45, 419–20, 424
Hitler, Adolf, 108, 154, 156–57, 159, 167; Mies, reaction to, 169–70, 172
Hochman, Elaine, 145, 171
Hochschule, 10, 96
Hoeber, Fritz, 39
Hoeger, Fritz, 59
Hoffmann, Erna, 45. *See also* Erna Hoffmann Prinzhorn
Hoffmann, Josef, 102
Hoffmann, Ludwig, 79
Högg, Emil, 108
Holabird, John, 176–77, 181–82, 196
Holabird & Roche, 190
Holabird & Root, 196–97, 220, 444n23
Holford, William, 361
Holland, 5–6, 62, 73, 98
Holocaust, 134
Holsman, John, 276, 285
Holzmeister, Clemens, 442n18
Home Federal building, 367
Hood, Raymond, 144
Horn, Gerald, 468n14
Hotchkiss, Willard, 178
House Beautiful (magazine), 268
House Committee on Un-American Activities, 203
House on the Heerstrasse, 50–51
housing projects, 93
Houston Museum of Art, 243, 352
Hovey, David, 468n14
Howe and Lescaze, 144
Hubbe House, *172*, 176, 241
Hubbe, Margaret, 172–74
Hudnut, Joseph, 176, 178–80, 182
Huxley, Julian, 384
Huxtable, Ada Louise, 364, 373

IBM Building, 346, 375–76
Illinois Department of Conservation, 270
Illinois Institute of Technology (IIT), 1, 216, 231, 289, 305, 309, 365, 380, 404, 407, 409, 421, 436n39, 448n11, 454n4, 459n47; air conditioning and, 225; and Carr Memorial Chapel, 321–24; College of Architecture, 304, 308; Commons Building, 324–25, 352, 413; curriculum of, 192; Engineering Research Building, *379*; graduate architecture program of, 207; Institute of Design, 306, 308; Library and Administration Building, 193, 240, 324; master plan for, 219–20; and Metals and Minerals Building, 193; Mies, dismissal of as campus architect, 325–28, 342; Mies, retirement from teaching, 325–26; Naval Science Building, 225–26; relocations of, 204, 246, 445n48; Student Union Building, 324, 326; thesis topics at, and "representational" buildings, 207; as ugly, 459n36; undergraduate program at, 205–6. *See also* Armour Institute of Technology; Institute of Design (ID); Lewis Institute
Imperial German Embassy, 37. *See also* German Embassy
Independent Citizens Committee of the Arts, Sciences, and Professions, 203
Inland Steel, 408–9
Inside the Bauhaus (Dearstyne), 166
Institute of Design (ID), 238, 306, 308, 394. *See also* Illinois Institute of Technology; New Bauhaus
Institute of Gas Technology—North Building, *304*, 444n26
International Exposition (Brussels), 171; swastika, use of in, 170
International Exposition of Arts and Techniques Applied to Modern Life, 175
International Frankfurt Fair, 102
The International Style (Johnson and Hitchcock), 145, 219, 420
International Style: attacks on, 268, 424; hallmarks of, 145; modernism, and strip windows, 71
Italy, 79, 89, 340
Itten, Johannes, 74

Jaeger, Werner, 21
Jager, Markus, 50
Jahn, Helmut, 271, 358, 414
Janis, Sidney, 389
Jaques-Dalcroze, Émile, 45
Jaques-Dalcroze Institute, 45

Jaumann, Anton, 28, 419
Jeanneret, Charles, 29, 72. *See also* Le Corbusier
Jeanneret, Pierre, 98
Jena (Germany), 79
Jena Kunstverein, 82
Jencks, Charles, 424
Jenkins, Patrick, 362
Jensen, Jens, 214–15
Jewell, Edwin Alden, 241
John Crerar Library, 328. *See also* Paul V. Galvin Library
John Deere headquarters, 468n16
John Hancock Center, 405–6
Johnson, Gerald, 363
Johnson, Lyndon B., 461n2
Johnson, Philip, 124, 135, 145–46, 166, 168, 205, 212, 243, 252–53, 262–63, 266, 304, 329–30, 360, 382, 394, 419–20, 424, 433n35, 439n7, 460n55, 460n59; MoMA exhibition, 140, 142, 145, 239–41, 418; and Mies's apartment for, 140–41, 144; Mies, break with, 338–39; and Seagram Building, 331, 336–39
Johnson Wax Company, 183
Joseph E. Seagram and Sons Corporation, 329, 332
Journal of the American Institute of Architects (journal), 419
Jugendstil, 16–17, 24, 61
J. Walter Thompson Company, 180

Kahn, Louis, 330, 447n1
Kahn & Jacobs, 330, 336
Kaiser, Willi, 164
Kampfbund für deutsche Kultur, 168
Kamphoefner, Henry, 440n36
Kanazawa, Henry, 315, 460n59
Kandinsky, Wassily, 63, 104, 143, 147, 149, 152, 154–55, 387, 389, 465n14
Kapp Putsch, 56
Katzen, Samuel, 276, 294
Keck, George Fred, 248
Kelly, Richard, 274, 455n23
Kempner, Franziska, 81
Kempner House, 81–82
Kendall County, 269–70
Kennedy, Jacqueline, on Mies, 461n2
Kennedy, John F., 461n2
Kennedy Library, 461n2
Keuerleber, Hugo, 95
Khan, Fazlur, 406–7
Kiehl, Reinhold, 15
Kiesler, Frederick, 62
Kimberly-Clark headquarters, 408
Kirchner, Ernst Ludwig, 187
Kitt Peak National Observatory, McMath-Pierce Solar Telescope at, 403–5
Klee, Paul, 147, 149, 187, 210, 387–89, 390, 465n16
Klösterli, 45
Kluczynski Building, 346
Knoll Corporation, 112, 124, 134, 436n44, 437n47; and Barcelona couch, 438n4
Knoll International, 141
Knupfer, Elsa, 45, 89, 431n68
Am Kochenhof, 434n7
Koeper, Frederick, 421
Köhler, Mathilde, 90
Kohn, Misch, 465n16
Kolbe, Georg, 122, 144
Kollwitz, Käthe, 438n72
Königsgrube works, 219
Koolhaas, Rem, 325
Korn, Arthur, 95
Kornacker, Frank J., 274, 311, 409, 461n5
Kramer, Ferdinand, 95
Krämer, Jean, 39, 429–30n48
Krefeld (Germany), 108, 138, 162
Krefeld Furniture, 112
Krefeld Golf Club, 158, 445n31
Krefeld Museum, 109
Krehbiel, Albert, 186
Kreis, Wilhelm, 34, 167
Kröller, Anton G., 31, 38, 43; art collection of, 429n42
Kröller, Helene (née Helene E. L. J. Müller), 38–40, 42–43, 387; art collection of, 429n42; Mies, romantic attachment and, 429–30n48
Kröller-Müller House, 37–38, *40*, *42*, 43, 240
Kröller-Müller Museum and Sculpture Garden, 38, 63
Krueck, Ronald, 271
Krupp Steelworks, 87, 89
Kuh, Katharine, 232, 235, 389, 449n2
Das Kunstblatt (journal), 49
Kunstgewerbemuseum, 162

Kunstgewerbeschule (School of Arts and Crafts) Weimar, 61, 146. *See also* Staatliches Bauhaus
Kunsthandwerk in der Mode (Fashion Craft), 102

Lafayette Park, 212–13, 297–98, 300–301, 366, 415, 417, 463n8
Lake Forest (Illinois), 43
Lake Point Tower, 415; inspiration for, 417, 463n7
Lake Shore Drive Apartments, 1, 278, 283, 285–86. *See also* 860–880 North Lake Shore Drive
Lambert, Jean, 329
Lambert, Phyllis (Bronfman), 198–99, 222–23, 329–30, 332, 338, 348, 382, 414, 425
Lampugnani, Vittorio Magnago, 211
Landhaus und Garten (Muthesius), 22
Landmarks Preservation Council of Illinois, 272
Lange, Christiane, 164
Lange, Hermann, 108–9, 174, 178, 387
Lange, Ulrich, 111, 174
Lange House, 86, 109, 111–12, 162–64, 175–76, 377–78
Laplace, Pierre-Simon, 13
Large Machine Assembly Hall, 29
Larson, George, 271
Le Corbusier, 29, 62, 72–73, 95, 97–98, 115, 123, 140, 144, 182–83, 211, 268, 330, 391, 417, 424, 445n31, 454n6, 467n5; death of, 396; on functionalism, 99; and Mies, 99. *See also* Charles Jeanneret
Ledoux, Claude-Nicolas, 241
Lee, Ruth, 247
Leger, Fernand, 389
Lehmbruck, Manfred, 54
Lehmbruck, Wilhelm, 54, 107, 130
Lemke, Karl, 160, 162
Lemke, Martha, 160, 162
Lemke House, 143, 160–62, 164
Leo III, 5
Lepenie, Wolf, 101
Lepik, Anders, 433n52
Lescaze, William, 447n1
Lessing House, 82
Letchworth (England), 27
Letters from Lake Como (Guardini), 101

Leuring House, 43
Lever House, 329, 331–32
Levinson, David, 263–64, 268–69, 452n31, 452n46
Lewin, Kurt, 21
Lewis Institute, 192, 199. *See also* Armour Institute of Technology; Illinois Institute of Technology
Library and Administration Building, 222, *223*, 224–25; 286, 306, 311, 327, 365, 380–81, 448n11
Library of Congress, 387
Liebermann, Max, 435–36n32
Liebknecht, Karl, 56, 86–87, 95, 433n50, 433n52
Liebknecht-Luxemburg Monument, 112
Lingafelt, Georgia, 247
Lippold, Richard, 339
Lissitzky, Lazar Markovich (also known as El Lissitzky), 62, 73–74
Little Herald (Kohn), 465n16
Liverpool (England), 27
Loebl, Jerrold, 176, 180
Loebl, Schlossman, Bennett & Dart, 409
Lohan, Dirk, 9, 11–14, 17, 24, 29, *30*, 148, 169, 187, 234, 243–46, 270–71, 338–39, 352, 363, 382, *384*, 386, 390–91, 397, 431n68, 435–36n32, 442n18, 444n14, 452n31, 452–53n49, 457n10, 463n34, 464n5; Mies office, joining of, 358; Summers, rivalry between, 358
Lohan, Karin, 187, 243
Lohan, Marianne, 450n33; on Lilly Reich, 435n26
Lohan, Ulrike, 187, 243, 390
Lohan, Wolfgang, 187, 244
Lohan Anderson, 463n34
Lohan Associates, 363
London (England), 27, 360, 362
Longman, Lester, 389
Loos, Adolf, 95
Luckhardt, Hans, 114, 143
Luckhardt, Wassily, 95, 114, 143
Ludwig, Eduard, 150, 239, 385–86
Lutyens, Edwin, 360–61
Luxemburg, Rosa, 56, 86–87, 95, 433n50, 433n52

MA (journal), 73
Macke, August, 47

Mackintosh, Charles Rennie, 104
Madigan, Lisa, 272
Magdeburg (Germany), 91–92
Malcolmson, Reginald, 206, 246, 306, 384, 391, 393–95, 448n13, 459n40, 460n51
Mannheim (Germany), 79, 313, 315
Mannheim Theater, 308, *314*
Mann, Thomas, 231
Manny, Carter H., 346, 462n11, 468n12, 468n14
Man Ray, 62
Mansion House Square project, 360–61; rejection of, 362
March, Werner, 157, 440n40
Marcks, Gerhard, 187
Margold, Josef Emanuel, 177
Maria Assunta (Italy), 89
Martin Bomber Plant, 217, 219, 316
Martin Luther King Jr. Memorial Library, 374–75
Maruhn, Jan, 163
Marx, Lora, 55, 90, 189, 204, 245, 255, 327, 340, 342, 359, 382, 384, 389, 394–97, 431n3, 443n33; Mies, relationship with, 232, 234
Marx, Samuel, 232
Masur, Gerhard, 189
May, Ernst, 80, 93
McConoughey, Helen, 449n15
McCormick, Robert, Sr., 286, 291–92
McCormick, (Colonel) Robert R., 247
McCormick, Robert R., Jr., 286, 293–94, 301, 393–94, 456n42
McCormick House, 43, 302
McCormick Place, 359, 412, 458n26, 458n28; and Arie Crown Theater, 414–15; critics of, 414–15
McCormick Tribune Center, 325
McKim, Mead, and White, 334
Mebes, Paul, 19, 51, 114
Mecca, 304–6. *See also* Crown Hall
Mechanical Engineering Building, 309
Medici, 38
Meier-Graefe, Julius, 41–43, 54
Mein Kampf (Hitler), 108
Mellen, Werner, 163
Mellon Hall of Science, 372–73
Mendelsohn, Erich, 80, 91, 95, 114, 176, 219
Meng, Heinrich, 90

Meredith Memorial Hall, 372–73
Merrill, Theodor, 219
Merz (journal), 79
Messel, Alfred, 21, 51
Metals and Minerals Building, 286, 444n26
Metallurgy and Chemical Engineering Building, 222. *See also* Perlstein Hall
Metropolitan Structures, 370, 376, 464n16
Mexico City (Mexico), 367, 464n14
Meyer, Adolf, 28, 74
Meyer, Hannes, 114, 145, 147–49, 151
Middeldorf, Ulrich, 420
Midland Bank, 360–61
Mies, Ada, 49, 53–55, 57–58, 98, 104, 137, 187, 203, 243, 358, 431n3, 435n26, 453–54n73; as courageous, 450n33; death of, 244–45; psychoanalysis of, 89–90. *See also* Ada Bruhn
Mies, Amalie, 13–14. *See also* Amalie Rohe
Mies, American architectural staff of: John (Jack) Bowman (1930–), 374; Daniel Brenner (1917–1977), 246, 313, 468n14; Jacques Brownson (1923–2012), 206, 246, 274, 311, 403, 409, 411–12, 449n8, 468n12, 468n13, 468n18; Alfred Caldwell (1903–1998), 206, 214–16, 246, 274, 292, 298–300, 328, 404, 415, 417, 456n36, 457n51, 468n14; Peter Carter (1927–), 193, 360, 377; George Danforth (1916–2007), 201, 213, 218, 238, 246, 328, 388, 419, 448n10, 449n13, 463n8; Edward Duckett (1920–2008), 228, *229*, 246, *252*, 273, 302, 313, 381, 390, 393, 412, 437n49, 451n14, 453n50, 458n17, 460n59; William Dunlap (1922–1973), 246, 273, 328; Joseph Fujikawa (1922–2003), 246, 273, 278, 285, 290, 292–95, 301, 306, 313, 325, 327, 342, *343*, 363–64, 366, 371–72, 385, 390, 393, *411*, 434n55, 448n14, 450n37, 454n6, 456n49, 457n10, 465–66n19, 467n1, 467n2, 468n14; Myron Goldsmith (1918–1996), 194–95, 207, 228–29, 246, 251–52, 254–57, 263, 266, 273–74, 278, 290, 293, 302–3, 306, 313, 315, 403–7, 411, 452n31, 453n53, 453–54n73, 454n10, 467n1; David Haid (1928–1995), 306, 313, *388*, 460n59, 468n14; Gerald L. Johnson (1936–), 363; Henry Kanazawa (1922–), 315, 460n59; Phyllis Lambert (1927–), 198–99, 222–23, 329–30, 332, 338,

Mies, American architectural staff of (*cont.*) 348, 382, 414, 425; Dirk Lohan (1938-), 9, 11-14, 17, 24, 29, *30*, 148, 169, 187, 234, 243-46, 270-71, 338-39, 352, 358, 363, 382, *384*, 386, 390-91, 397, 431n68, 435-36n32, 442n18, 444n14, 452n31, 452-53n49, 457n10, 463n34, 464n5; Edward Olencki (1922-2002), 223, 246, 448n10, 468n14; William Priestley (1907-1995), 181-84, 197, 201; H. P. Rockwell (1926-), 468n14; John Barney Rodgers (1905-1987), 166-67, 175, 181, 184, 186, 191, 197, 201, 420, 443n31; George Schipporeit (1935-), 415, 417, 446n57, 463n7, 468n14; Donald Lee Sickler (1929-), 234, 306, 370, 390, 435n19, 456n49; Gene R. Summers (1928-2011), 63, 194, 205-6, 235, 273-74, 276, 309, 336-37, 342-43, 345-47, 349, 352-53, 358-59, 363-64, 367, 373-74, 381-82, 384, 389, 392-93, 412-15, 451n23, 452-53n49, 454n3, 456n43, 458n28, 460n54, 460n59, 461n9, 462n16, 468n22; John Weese (1919-1985), 246, 450n37; Y. C. Wong (1921-2000), 273, 468n14

Mies, Anna Maria Elisabeth. *See* Elise Mies

Mies, Carl Michael, 7-8

Mies, Dorothea ("Muck"), 49, 53-54, 89, 431n68. *See also* Georgia van der Rohe

Mies, Elise, 7, 14, 342

Mies, Ewald Philipp, 7-9, *12*, 14, 32, 188, 203, 340, 342, 427n9, 452-53n49

Mies, German architectural staff of: Henry Hirche (1910-2002), 187, 313, 387; Willi Kaiser, 164; Eduard Ludwig (1906-1960), 150, 239, 385-86; Lilly Reich (1885-1947), 85, 93, 102-5, 106-9, 111-12, 118, 123, 132, 140-41, 143-44, 149, 152-53, 155, 160, 164, 174-75, 187, 189-90, 201-4, 232, 239, 244, 358, 377-78, 385-87, 420, 435n24, 435n26, 440n29, 445n39, 449n20, 450n34; Sergius Ruegenberg (1903-1996), 118, 169

Mies, Jacob, 7

Mies, John, 340

Mies, Maria Johanna Sophie, 7, 14, 342

Mies, Marianne (Lohan), 53, 55, 187, 203, 243-45, 382, 390, 397, 430n54

Mies, Michael, 6-9, 13-14

Mies in America (Lambert), 198, 425

Mies in Berlin (exhibition catalog), 22, 425

Mies van der Rohe (Hilberseimer), 212, 420

Mies van der Rohe (Johnson), 420

Miës van der Rohe (Bill), 447n68

Mies van der Rohe Archive, 159, 418, 463n8

Mies van der Rohe, Ludwig, 24, 28, *30*, 35, 74, 208, 210, 215-16, 233, 243-44, 270, 318, 429n45, 431n68, 438n68, 438n3, 442n18, 446n59, 447n72, 449n14, 452n31, 454n6, 455n22, 459n38, 460n54, 462n11, 464n14, 468n13, 468n18; Aachen, returns to, 29, 31; Alexanderplatz project, 112, 114-15; Algonquin Apartment Building project No. 1, 283, 285; Algonquin Apartment Building project No. 2, 285; aloofness of, 148; as ambitious, 12; American architecture, as force in, 1; American library of, 464n5; American students of, 468n14; aphorisms, tendency toward usage of, 204-5; appendectomy of, 53; as apprentice, 11; architects, working for, 12; architectural language, development of by, 1; architecture of, criticism of, as "cold," 268; architecture of, as personal, 2; architecture, spirit of, importance of in, 101-2, 136-37; architecture and landscape, as abiding theme of, 83; at Armour Institute of Technology, 176-78, 181-82, 186-87, 189-92, 195-201, 306, 443n33; art collection of, 387-90, 465n14, 465n16; arthritis of, 273, 330, 354, 382, 396, 460n51; Arts Club of Chicago and, 318-21; astronomy, interest in, 464n3; as atheist, 382; awards of, 340, 461n2; Bacardi Company, 367-68; Bacardi Cuba, 348, *350-51*, 353, *354*, 355-56, 413-14, 462n16; Bacardi Cuba, antecedents of, 349, 352; Bacardi Mexico, 348, 367-69; bachelor life of, 89; Bank and Office Building competition, 112-13; Barcelona chair, 123-24, 132, 436n44; Barcelona International Exposition, German Pavilion at, 1, 69, 85-86, 93, 112, 116-19, 121-23, 125, 127-28, 130, 137, 145-46, 158, 164, 172, 177, 183, 364, 378, 422, 436n42; Bauhaus, as director of, 145-55, 306; Behrens, break with, 37, 38-40; Behrens, work under, 26-27, 29, 31, 33, 38; Berlin, move to, 13-14; Berlin apartment of, *60*; Berlin Building Exposition, 143-44, 157, 163-64; birth of, 5, 7;

Bismarck monument competition, 31–33; "as blabbermouth," 466n23; Brick Country House, 69, 71, 79, 83–84, 97, 107, 109, 118, 122, 144, 445n34; Brno chair, 124, 133; Ada Bruhn, courtship of, 15, 44–46; Bund Deutscher Architekten (BDA), 79; cancer of, 397; Cantor Drive-In Restaurant, 308; Cantor house, 448n14; Cantor office building, 448n14; Carr Memorial Chapel, 321–24; centenary celebrations, in honor of, 421–22; choleric behavior of, 394, 465–66n19; as cigar smoker, 148; clear-span structure of 2, 151, 194, 280, 289, 317, 346; Chicago apartment of, 449n8, 450n32; on Chicago, 442n20; clients, handling of, 461n6; Commons Building, 324–25; Commonwealth Promenade Building, 296–97, 346; competition entries of, 112–15, 137–39, 157, 167, 169, 170–71, 458n21; Concrete Country House, 69–71, 78–79, 83–84, 97; Concrete Office Building, 75–76, 78–79, 167; conservative work of, 81–83; Convention Hall, 308, 315–17, 359; criticism of, 96–97, 364, 424; Crown Hall, 229, 304, 308–12, 327, 346; cruciform columns of, 164, 170–71; cult of, 235; daughters, relationships with, 245; death of, 397; Dessau X-table, 124; detailing of, 377–81; Deutsches Volk-Deutsche Arbeit exhibition, 171–72; as "difficult person," 452n46; discharge of, from Germany army, 16; Dominion Centre, 347–48; as draftsman, 10–11, 14; drawing, reverence for, 377, 395; as drinker, 394–95; education of, 3, 9–11, 427n5; Eichstaedt House, 81; 860–880 North Lake Shore Drive, 213, 273, 288, 290–93, 364–65, 381; and elementarist construction, 80; Eliat House, 83; England, study tour of, 27; as enigmatic, 393; and "the epoch," 1; Esplanade Apartments, 285, 294–96, 346; Esters House, 86, 109, 111–12, 162–63, 175, 377–78; even temperament of, 390; as exhibition designer, pioneer of, 377; exhibitions on, 420, 425; eye problems of, 397, 464n1; family background of, 6–8; Edith Farnsworth and, 247–50; Farnsworth House, 86, 158, 250–55, 381, 451n14; Farnsworth trial, testimony by, 265–67; Federal Bureau of Investigation (FBI), investigation of by, 201–3; Federal Center, 342–43, 346, 364; Feldmann House, 81–82; Fifty by Fifty House, 273, 301–3, 308; films about, 423–24, 462n27; financial misfortunes of, 157, 159–60; first Chicago school of architecture and, 190, 454n2; formal education, dismissive of, 205; on form-giving process, 100; Frau Butte's Private School, 81; Friedrichstrasse Office Building ("Honeycomb"), 112; Friedrichstrasse Office Building entry, first notable modernist project of, 64–65, 67, 69; Fuchs House, 125–26, 435–36n32; Fuchs-Perls House, 86; and functionalism, 99; furniture design of, 93, 104–5, 112, 377–78, 460n55; and G (journal), 75–77; Gericke House, 157–58, 164; German of, 391; German architectural world, as force in, 91–92; in German army, 15, 53–55; German National Theater, 313–15; German Pavilion project, at International Exposition (Brussels), 169–71; Germany, as powerful figure in, 80; Germany, six-week tour through, 20; glass, use of, commentary on, 65, 67; Glass Skyscraper, 67, 69, 78–79; "God is in the details" remark, 376–77, 446n50; as Grand Seigneur, image of, 147–48; Greece and, 340; Greenwald and, 276; Gropius, relationship with, 91; Harvard University and, 178–80; Heusgen House, 162–64; Hilberseimer, influence on, 114–15; honorary street name, in honor of, 461n3; hospitality of, 234, 238; House on the Heerstrasse, 50–51; Houston Museum of Art and, 352; Hubbe House, 172–75; as husband, 49; IBM Building, 346, 375–76; Illinois Institute of Technology campus, 246, 289, 304, 309, 321–27, 342, 380, 436n39, 448n11, 454n4; Illinois Institute of Technology, master plan for, 219–20; Imperial German Embassy, 37; inaugural address of, 189, 191–93; income of, 444n18; independence, need for, 49, 58, 104, 189, 395; influence of, 465n18; as innovator, 365; International Exposition of Arts and Techniques Applied to Modern Life, 175; International Exposition, Brussels, German Pavilion project at, 170–71; on Japanese

Mies van der Rohe, Ludwig (*cont.*) architecture, 455n21; Johnson, displeasure with, 338–39; Johnson's apartment and, 140–42, 420; Kempner House, 81–82; Kluczynski Building, 346; Krefeld Golf Club, 445n31; Helene Kröller-Müller, romantic attachment and, 429–30n48; Kröller-Müller House, 37–38, 40–43, 63; Lafayette Park, 212–13, 298, 300–301; Lake Shore Drive Apartments, 283, 285–86, 289; Lange House, 86, 109, 111–12, 162–64, 175–76, 377–78; later years of, work of, 364–66; Le Corbusier and, 99; legacy of, 2; Lemke House, 157, 160, 162, 164; Lessing House, 82; "less is more," phrase of, 205; Library and Administration Building and, 219, 222–25, 324, 327, 380–81, 448n11; lifestyle of, 145–46, 233, 382; living quarters of, in Chicago, 190; Mannheim Theater, 308; Mansion House Square project, 360–62; marital breakup of, 56, 58–59; marriage of, 46; Martin Luther King Jr. Memorial Library, 374–75; Lora Marx and, relationship with, 232, 234; McCormick House, 301; McCormick Place, 359; Mellon Hall of Science, 372–73; Meredith Memorial Hall, 372–73; Metallurgy and Chemical Engineering Building, 222; methodology of, 467n2; Minerals and Metals Research Building, 220–24; modernism of, 63, 65, 69, 72, 98, 231; Mondrian, denial of influence on, 217; Mosler House, 81–83; Mountain House, 165–66; MR Chair, 105–6, 132–33, 378; Mühlhausen materials, 385–86; Museum of Fine Arts, 375; Museum of Modern Art exhibition, 140–42, 151, 185, 239–41, 424; Museum for a Small City, 217–19; name of, 46, 72–73; name of, and misspellings, 445n44; name change of, 432n26; Naval Science Building, 225–27, 448n13; Nazis and, 156, 168–70; Neue Wache (New Guard House), 137–38, 171; "new architectural language" of, 213; New National Gallery, 2, 276, 346, 348, 354–58, 452–53n49; at North Carolina State, 153, 155, 440n36; Nuns' Island service station, 376; Office of Mies van der Rohe, 363, 463n4; One Charles Center, 370; patent litigation of, 106; Bruno Paul and, 16–18; Perls House, 35–36, 51; personality of, 20, 34, 47, 249–50; Petermann House, 82; philosophy, interest in, 384–85; philosophy of, 75–76, 166–67, 192–94; physical frame of, 439n27; Plate-Glass Hall, 93, 106; politicking of, in Germany, 80; politics, aversion to, 140, 394; practice of, 297, 347, 456n49; preciseness of, 434n55; as presence, 330, 392–93; procrastination of, 97, 239, 456n43; Promontory Apartments, 278–83, 418, 454n10, 468n1; protégés of, 403–25; prototype solution of, 365–66; psychotherapy, as antagonistic toward, 90; Quickform, involvement with, 100–101; reading habits of, 384–85; Lilly Reich and, 102–4, 107–9, 111–12, 118, 123, 132, 140, 435n24; Reichsbank project, 167–69, 175; Reichskulturkammer and, 441n59; remembrances of, 397–98; representation, and problem of, 448n11; reputation, growth of, 107; Resor House, 184–86; reticence and, 80, 391; retirement of, from Illinois Institute of Technology, 325–26; reveals of, 378–79; as revered, 399; Riehl House, 18–23, 83, 377, 419; Ryder House, 82; S. Adam Department Store, 113; School of Social Service Administration Building, 373–74; sculpture of, *392*; Seagram Building, 294–95, 329–30, 332, 334–37, 364–65, 413; Second Friedrichstrasse Office Building, 112; second school of Chicago architecture and, 443n2; sense of humor of, 393–94, 466n24; speaking style of, 446n58; spiritual crisis of, 55, 57; staff of, 246, 273–74, 342, 358, 366, 450n37, 451n21, 467n1, 469n5; steel, on advantages of, 455n19; structural expression, as champion of, 219; on structure, 193–94; students, classroom contact with, as minimal, 207; Student Union Building, 324, 326, 448n11; sunglasses, attempt to design, 464n2; tall buildings, and new technology, use of by, 69; as teacher, 149, 207–8, 443–44n10; 3410 South State Building, 305–6; travels of, 340, 382; Trinkhalle ("refreshment stand"), 149–51; 2400 North Lakeview, 370–72; Tugendhat chair, 124, 132–33, 378; Tugendhat House, 126–31, 133–37, 145–46, 157–59, 162–63, 172, 183, 185, 364, 424,

437n58; unfinished projects of, 82–83, 137, 174–75, 184–85, 227–28, 348, 379, 445n31, 448n14; United States, immigration to, 188; United States, invitation to, 180–81; United States Post Office, 346; universal space and, 113; Urbig House, 51–53, 81–82, 89; utterances of, 241, 458n17, 463n9; van Doesburg, influence of on, 62–63; Verseidag factory building, 175; vocational school, attendance of, 12; Warnholtz House, 50–51; Weissenhof Settlement, 78, 93, 95, 97–99, 103, 105, 377; Werkbund, as exhibition director, 95–96; Werner House, 46, 51, 53; Werner House, furniture of, 47; Westmount Square, 348; Wishnick Hall, *228*; Wohnreform movement, 22; Wolf House, 82–84, 86, 99, 109, 159, 377–78; Wolf House, furniture in, 85; women, attitude toward, 232, 235, 238; Frank Lloyd Wright and, 182–83, 190–91, 241–42, 420; writings about, 419–25; writings of, 194, 418, 434n55, 435n19. *See also* Mies, American architectural staff of; Mies, German architectural staff of

Mies van der Rohe at Work (Carter), 377
Mies van der Rohe, Waltraut, 54–55, 187, 203, 243–45, 340, 342
Milan (Italy), 164
Milan Cathedral, 164
Mills College, 176
Minerals and Metals Research Building, 221, 223–24, 448n5; as modernist architecture, 222; and Mondrian Wall, *220*
Miwa, Yujiro, 315
Model Factory, 94
Die Mode der Dame (exhibition), 107
Modern Architecture (Hitchcock), 140
Modern Architecture—International Exhibition (exhibition), 429; reviews of, as mixed, 144–45
modernism, 63, 65, 72, 79, 102, 167, 190, 399; as conceptually flawed, 327; Nazi opposition to, 108; open plan of, 69, 71; resistance toward, 79, 327, 359–60, 362, 398; revitalization of, 229–31
Modern Movements in Architecture (Jencks), 424
Moholy-Nagy, László, 73–74, 238, 394
Moholy-Nagy, Sibyl, 187

Mondrian, Piet, 200, 217, 221, 231, 445n34
Montale, Eugenio, 270
Montana Apartments, 332
Montreal (Quebec), 348, 376
Montreal Development Company, 348
Moore, Charles, 360
Moore, Henry, 271
Morris, William, 16
Mosler House, 81–83
Mosler Publishing Building, 219
Mountain House, 165–66
MR Chair, *105*, 106, 132–33
Müller-Erkelenz, Heinrich, 114
Mumford, Lewis, 424
Munch, Edvard, 389
Mundt, Ernst, 389
Munich (Germany), 16, 20
Munich Putsch, 108
Murphy, William C., 263, 265, 269–70, 347, 394, 452n31, 453n58, 453n67
Murphy Associates, 274, 342, 358–59, 409, 413, 458n28, 468n12
Museum of Contemporary Art, 425
Museum of Fine Arts, 375
Museum of Modern Art (MoMA), 135, 159, 178, 180; and Mies at, 140–42, 144–45, 151, 165, 185, 239, 240–41, 276, 420–21, 424–25; Mies van der Rohe Archive at, 386, 418
Museum for a Small City, 217–19
Muthesius, Hermann, 17, 19, 24, 34; and architectonic garden, 22; van de Velde, controversy between, 94
My Love Affair with Modern Art (Kuh), 235

Nagel, Otto, 386
National Gallery of Canada, 421
National Historic Landmark, 304
National Palace, 118
National Register of Historic Places, 304
National Socialism, 1, 156. *See also* Nazi Party
National Trust for Historic Preservation, 272
Naval Science Building, 223, 225–27, 286, 448n13. *See also* Alumni Memorial Hall
Navy Building. *See* Naval Science Building
Nazi Party, *89*, *96*, 108, 134, 168, 174, 180–81; Bauhaus, reaction to, 152–55; Brussels World Fair and, 169; cultural policy of, 154–57; and Entartete Kunst (Degenerate Art) exhibition, 187; modernism, opposition to,

Nazi Party (*cont.*)
108; modernity, identification with, 157; *undeutsch* urbanism, and international Jew, as symbol of toward, 157; *völkisch* sentiment of, 156. *See also* National Socialism
Nedlitz (Germany), 83
Nelson, George, 179
Nelson, Jerome, 264, 266–68, 453n58, 453n61
Nelson, Robert, 264
Nervi, Pier Luigi, 403
Netherlands. *See* Holland
Netsch, Walter, 409
Neubabelsberg (Germany), 69
neue Sachlichkeit (new objectivity), 61
Neue Wache (New Guard House), 27, 137–38, 171
Neue Wache War Memorial, *139*
Neumann, Dietrich, 436n42, 462n27
Neumann, J. B., 387, 389
Neumeyer, Alfred, 176, 442n1
Neumeyer, Fritz, 23
Neutra, Richard, 144, 177, 238
New Architecture, 78–80, 94, 140, 143, 145; opposition to, 96–97, 108, 268; as un-German, 108
New Bauhaus, 238, 394. *See also* Institute of Design (ID)
Newark (New Jersey) Museum, 102
The New City: Principles of Planning (Hilberseimer), 194, 212, 435n19
New National Gallery, 2, 276, 346, 354–58, 365, 375, 413, 433n52, 452–53n49
New Pavilion, *28*
New York City, 64, 140, 180–81, 186, 334, 360; ziggurat form in, 331–32
Nichols, Marie, 339
Nierendorf, Karl, 387, 465n14
Nietzsche, Friedrich, 20, 384, 422
Night (Maillol), 218
Nimmons, George C., 419
900–910 North Lake Shore Drive building, 366. *See also* Esplanade Apartments
Nolde, Emil, 45, 137, 156, 172, 187
Nonn, Konrad, 108
North Carolina State College, 153, 155, 440n36
Northwestern University, 286, 288
Novembergruppe, 62, 91, 211
November Revolution, monument to, *89*
Novickas, Algis, 467n51

Oak Park (Illinois), 181
O'Donnell, Kenneth, 203
Odo of Metz, 3, *5*
Office of Mies van der Rohe, 363, 463n4. *See also* FCL Associates
O'Hare International Airport, 301
Oldenburg, Claes, 271
Olencki, Edward, 223, 246, 448n10, 468n14
Oliver, King, 196
Olympic Stadium, 157
One Charles Center, 370
Oppenheim House, 51
Oppenhoffallee (boulevard), *5*
Oppler-Legband, Else, 102
Orchestra Hall, 190
Orlik, Emil, 17
Osthaus, Karl Ernst, 27, 428n20
Otto, Karl, 188
Oud, J. J. P., 95, 98, 140, 144, 174, 178–79, 241
Owings, Nathaniel, 180

Pace Associates, 278, 283, 307
Palatine Chapel, *5*
Palmer House, 190, 420
Palumbo, Peter, 270–72, 360–61, 453n72, 453–54n73
Panofsky, Erwin, 446n50
Parade (Picasso), 339
Paris (France), 62, 73, 78–79, 175
Paris World's Fair (Arts et Techniques), 103
Parker, William Stanley, 419
Paul, Bruno, 16–19, 24, 62, 157, 377, 385
Paul V. Galvin Library, 328
Pavilion Apartments, 415
Pechstein, Max, 36
Pei, I. M., 330, 461n2
Pencil Points (journal), 179
Pereira & Luckman, 329
Perkins & Will, 415
Perls, Hugo, 34, *35*, *36*, 46, 80, 87, 112, 435–36n32
Perls, Laura, 80
Perls-Fuchs House, 142
Perls House, 36, 46, 51, 86, 429n33, 438n68
Perlstein Hall, 222–27, 325. *See also* Metallurgy and Chemical Engineering Building

Persius house, 142
Peterhans, Walter, 147, 152, 155, 186, 201, 209, 215, 238, 291; Visual Training course of, 208, 210
Petermann House, 82
Pevsner, Antoine, 62, 238
Pfitzner, Hans, 156
Philharmonic Hall, 354
Picasso, Pablo, 61, 388–89, 449n13, 450n32, 465n16, 468n17
Pieck, Wilhelm, 86, 89
Pierro, Albino, 270
Pippin, Paul, 207, 313, 387, 446n58
Plano (Illinois), 247–49, 256, 450n2, 451n23
Plate-Glass Hall, 93, *106*
Plato, 385
Platz, Gustav, 140
Poelzig, Hans, 59, 95, 98, 113
Poland, 79, 83, 203
Pommer, Richard, 211
Popp, Joseph, 17, 20, 340
Port Sunlight (England), 27
postmodernism, 360, 362, 398–99
Potsdam Conference, *52*, 53
Priestley, William, 181–84, 197, 201
Prinzhorn, Erna Hoffmann, 89. *See also* Erna Hoffman
Prinzhorn, Hans, 45, 89, 91
Project for a High-Rise City (Hochhausstadt), 211
Promontory Apartments, 246, *278*, 280, *281*, *282*, 283, 285, 291, 370, 411, 418, 454n10, 468n1; and "cooperative" method, 279; as pathbreaking, 279
Promontory Point, 215
Prussian Academy of Fine Arts, 187–88
Puetzer, Friedrich, 7
Puig y Cadafalch, Josep, 118

Qualität (journal), 79
Quasimodo, Salvatore, 270
Querschnitt (journal), 79
Quickform movement, 100–101

Racquet and Tennis Club, 334
Rading, Adolf, 94, 98
Railway Exchange Building, 190
Ramos, Fernando, 125
Rapson, Ralph, 443–44n10

Rasch, Bodo, 54, 431n68
Rathenau, Emil, 24–25
Rathenau, Walther, 21, 24–25, 34, 64, 189
Red Army, 162
Reed, Earl, 176, 180
Reed, Jack, 272
Regular or Super (film), 376
Rehabilitation Institute of Chicago, 414
Reich, Lilly, 85, 93, 106, 143–44, 149, 152–53, 155, *165*, 174–75, 187, 189–90, 232, 239, 244, 358, 385–87, 420, 435n26, 440n29, 445n39, 450n34; background of, 102; daybed design and, 141; death of, 449n20; as exhibition designer, as pioneer of, 377; furniture design of, 140, 160, 377–78; and Haus der Frau (House of Woman), at Werkbund exhibition, 102; Mies and, 102–4, 107–9, 111–12, 118, 123, 132, 164, 201–4, 378, 381, 435n24; at Weissenhof, 104–5
Reichsbank, 167–68, 175, 198
Reichskulturkammer, 168–69, 441n59
Reinhardt and Süssenguth, 13
Renaissance, 3
Renaissance Society of the University of Chicago, 235, 420
Resor, Helen Lansdowne, 180–81, 184
Resor, Stanley, 180, 184–85, 443n31
Resor House, 166, 184–86, 448n14
Rettaliata, John, 325, 327–28, 459n39, 459n40
Rhythm of a Russian Dance (van Doesburg), 72
Rich, Daniel Catton, 389
Richard J. Daley Center, 409, 468n16; and Cor-Ten, use of, 411–12. *See also* Civic Center
Richardson, Ambrose, 394
Richardson, Henry Hobson, 181
Richter, Hans, 62, 74–75, 114, 232
Riehl, Alois, 17–21, 25, 34, 43–44, 46, 57
Riehl, Sophie, 17–18, 20–21, 34, 43–44, 46, 57
Riehl House, 18, *19–21*, *23*, 26, 28, 52, 83, 377, 419; Mies's drawings of, 22–23
Rietveld, Gerrit, 104
Riley, Terence, 241, 321, 425
The Ring, 78; attacks on, 108; Berlin building commissioner's office, reforms for in, 79. *See also* Zehnerring (Circle of Ten)
Rixdorf (Germany), 13–15
Robert F. Carr Memorial Chapel, 321, *322*, 413
Robert H. McCormick Jr. House, 459n32

Robertson, Richie, 101
Robie House, 183
Robinson, Edward G., 202
Rockefeller, Abby Aldrich, 142
Rockwell, H. P., 468n14
Rodchenko, Alexander, 62
Rodgers, John Barney, 167, 175, 184, 186, 191, 197, 201, 420, 443n31; as Mies's interpreter, 181; as Mies's spokesman, 166
Rodin, Auguste, 87
Roesch, Peter, 233, 392, 394–95
Rohe, Amalie, 7. See also Amalie Mies
Romania, 54, 431n68
Roper, Lanning, 271
Rosenberg, Alfred, 140, 153, 156, 168
Rosenberg, Leonce, 78
Rossi, Gina, 425
Rothe Erde steelworks, 5
Rückfall einer Bekehrten (Relapse of a Converted Woman) (Klee), 389
Rudelt, Alcar, 152
Rudolph, Paul, 330
Ruegenberg, Sergius, 118, 169
Ruff, Ludwig, 170
Ryan, George, 272
Ryder, Ada, 82
Ryder House, 82

Saarinen, Eero, 330, 468n16
Saarinen, Eliel, 276
S. Adam Department Store, 112–13
Sachlichkeit, 17, 61, 64, 74, 96, 102, 115
Sacred Signs (Guardini), 101
Sáenz, Luis, 352
Sáenz-Cancio-Martin, 352
Sagebiel, Ernst, 180
Saidenberg Gallery, 389
Samuelson, Tim, 390–91
Santiago (Cuba), 348–49
Sarre, Friedrich, 21
Sasaki, Mikio, 407
Schaefer, Georg, 352–53
Schaefer, Heidemarie, 352
Scharoun, Hans, 95, 98, 354
Schaudt, Johann Emil, 114
Schauspielhaus, 26
Scheerbart, Paul, 56, 59–60
Scheler, Max, 191
Scheper, Hinnerk, 152

Schinkel, Karl Friedrich, 26, 31–33, 35–36, 46–47, 50–52, 124, 137–38, 142, 240, 340, 357, 385, 419
Schipporeit, George, 415, 417, 446n57, 463n7, 468n14
Schlemmer, Oskar, 147
Schloss Orianda project, 33
Schmidt, Garden & Erikson, 342
Schmitthenner, Paul, 96, 168, 434n7
Schmitz, Bruno, 34
Schneck, Adolf, 95
Schneider, Albert, 12–13
Schniewind, Carl O., 192, 312
Scholer, Friedrich Eugen, 113
Schönberg, Arnold, 231
School of Arts and Crafts, 24
Schopenhauer, Arthur, 384
Schreiber, Ulrike, 390
Schrödinger, Erwin, 250, 365, 384
Schroeder House, 29
Schultze-Naumburg, Paul, 108, 152, 168, 268, 434n7
Schulze, Franz, 418–19
Schupp, Fritz, 219
Schwarz, Rudolf, 101, 313, 315, 385
Schweikher, Paul, 389, 466n24
Schweinfurt (Germany), 352–53
Schwitters, Kurt, 387–89, 465n16
Scott Brown, Denise, 360
scroll pictures, 62
Seagram Building, 2, 294–95, 329–30, *333*, 337, 361, 364–65, 370, 394, 403, 413, 417, 455n23, 460n59; detailing of, 336; siting and massing of, 332, 334–35
Sears Tower, 399; setbacks, used in, 468n10
second Chicago school of architecture, 274, 403, 443n2
The Seduction of Culture in German History (Lepenie), 101
Seeck, Franz, 434n7
Seeger, Mia, 97, 103
Semper, Gottfried, 146
Serra, Richard, 271
Severain, Gerhard, 82, 121, 240
Sharpe, David C., 207
Shaw, Alfred, 232, 382
Shaw, Charles, 417
Shaw, Rue, 232, 318, 382
Shaw, Metz and Associates, 458n26

Sickler, Donald Lee, 234, 306, 370, 390, 435n19, 456n49
Silicon Valley, 414
Silver Springs State Fish and Wildlife Area, 453n70
Simmel, Georg, 191
Simplicissimus (journal), 16
Siskind, Aaron, 238
Sittengeschichte (History of Morals) (Fuchs), 86
Skidmore, Louis, 180
Skidmore, Owings & Merrill (SOM), 273, 297, 304, 313, 324–29, 403, 407, 409, 413, 446n57, 459n47, 462n16, 468n12, 468n17
skyscraper, unlimited possibility, as symbol of, 64
Small Motors Factory, 29
Smith, Bessie, 196
socialized architecture, and mass housing, 61
Solà-Morales, Ignasi de, 125
Sonnenschein Berkson Lautmann Levinson & Morse, 452n31
Sonnenschein Nath & Rosenthal, 452n31
Soupault, Philippe, 62
South Side Planning Board, 315
South Tyrol (Italy), 89, 165
Soviet Union, 62, 79
Sowlat, Koz, 457n14
Spaeth, Raymond J., 315, 325–26
Spanish Village, 118, 122
Spartacist revolt, *89*
Spartacus League, 86
Speer, Albert, *60*, 169
Speyer, A. James, 205, 340, 421
Spranger, Eduard, 21
S. R. Crown Hall. *See* Crown Hall
SS *Europa*, 188
Staatliche Museen zu Berlin, 425
Staatliches Bauhaus, 61. *See also* Bauhaus; Kunstgewerbeschule (School of Arts and Crafts) Weimar
Stam, Mart, 95, 98, 104, *105*, 147, 378
Standard Oil Building, 399
Starker, Janos, 398
State Security Service (the Stasi), 162
Steel, Nell, 225
Stern, Robert A. M., 360
Stevens Hotel, 190, 204
de Stijl movement, 61–62, *72*

De Stijl (journal), 78
Stoffregen, Heinz, 434n7
Stone, Edward Durell, 145
Stotz, Gustav, 94–96
St. Paul's Cathedral, 361
St. Petersburg (Russia), 33
Straumer, Heinrich, 113
Strauss, Richard, 156
Stravinsky, Igor, 61
Stresemann, Gustav, 108
Stubbins, Hugh, 447n1
Student Union Building, 324, 326, 448n11
Der Sturm gallery, 211
Stuttgart (Germany), 78, 93, 95, 103–4, 112–13
Stuttgart school of architecture, 96
Sullivan, Louis, 181, 397
Summers, Gene R., 63, 194, 205–6, 235, 273–74, 276, 309, 336–37, 342–43, 345–47, 349, 352–53, 359, 364, 367, 373–74, 381–82, 384, 389, 392–93, 413, 451n23, 452–53n49, 454n3, 456n43, 458n28, 460n54, 460n59, 462n16, 468n22; Lohan, rivalry between, 358; and McCormick Place, 412, 414–15; Mies, parting with, 358–59, 363; practice of, opening of, 358; practice of offering a client three concept schemes, 461n9. *See also Gene Summers Art/Architecture*
Sweeney, James Johnson, 242–43, 375, 398
Switzerland, 89, 134, 164–65

Takeuchi, Arthur, 409
Taliesin, 183, 215, 242
Tarrant, Irving S., 465n16
Taut, Bruno, 60, 65, 74, 80, 91, 93–95, 98
Taut, Max, 97–98
Tavern Club, 182
Technical Institute (Rheinisch-Westfälische Technische Hochschule), 5
Tegethoff, Wolf, 69, 85–86, 123–24, 436n37, 440n40, 469n5
Temko, Allan, 405
Tessenow, Heinrich, 45, 51, 95, 138, 438n72
Thälmann, Ernst, 89
Thiersch, Paul, 24, 26
Third German Industrial and Applied Arts Exhibition, 16
3410 South State Building, 305–6
3424 South State Building, 444n26
Thomas, Paul, 468n14

Three Masters of the Bauhaus (exhibition), 387
Tietz Company, 12–13
Tokyo (Japan), 407
Toronto (Ontario), 347–48
Treaty of Versailles, 56
Tribune Tower competition, 74
Triennale exposition, 164
Trinkhalle ("refreshment stand"), 149–51, 440n33
Troost, Paul, 159, 168
Tugendhat, Fritz, 125–27, 132–34, 136, 438n68
Tugendhat, Grete (née Löw-Beer), 93, 125–27, 132–34, 136–37, 438n68
Tugendhat chair, 132–33, *134*, 141
Tugendhat House, 1, 69, 107, 109, 112, 123, 126–30, *131*, *132*, 134, 137, 141–42, 144–146, 157–59, 162–63, 172, 183, 185, 364, 424, 437n58; controversy over, 135–36; furniture and fixtures in, 132–33; Gesamtkunstwerk (total artwork), as architectural equivalent of, 133; and X-table, 136
Turbinenhalle, 29
Turmhaus-Aktiengesellschaft, 64
200 East Pearson Street, 190, 233
2400 North Lakeview, 370–72
Tzara, Tristan, 62

Um 1800 (Mebes), 19, 51
Union Stock Yards, 195
United Kingdom, 362
United States, 151, 230–31, 268, 273, 299, 376, 380, 381, 411; as steel construction country, 447n72
United States Air Force Academy, 409
United States Plywood Company, 302
United States Post Office, 346
Unity Temple, 183
University of Chicago, School of Social Service Administration Building, 373–74
urban renewal, failure of, 299
Urbig, Franz, 51
Urbig House, 51, *52*, 53, 81–82, 89
U.S. Post Office and Courthouse, 343
utopia, 61

Valentin, Curt, 233, 387, 465n14
van Beuren, Michael, 181, 442n20
Vanbrugh, John, 360

van de Velde, Henry, 43, 95, 102; Muthesius, controversy between, 94
van der Rohe, Georgia, 13, 73, 98, 145–46, 187, 203, 243–44, 390, 397, 439n27. *See also* Dorothea ("Muck") Mies
van Deventer, Salomon, 31, 39, 42, 429–30n48
van Doesburg, Nelli, 235, 238
van Doesburg, Theo, 63, 77–78, 91, 95, 122, 235; Bauhaus lectures of, 73–74; constructionism, affinity with, 62
van Gogh, Vincent, 38, 40
Van der Rohe v. Farnsworth, 248, 256, 264
Velspar Corporation, 448n7
Venturi, Robert, 340, 359–60, 462n27
Verseidag factory building, 175, 198
Verseidag organization, 108, 111
Vers une Architecture (journal), 73, 99
Veshch (journal), 73
Victoria Eugenia, 115, *116*, 118, 436n37
Vienna Academy, 181
Vinci, John, 321
Vogeler, Heinrich, 27, 428n20
Volker Staab Architects, 462n19
Völkischer Beobachter (newspaper), 156
von Beulwitz, Dietrich, 429n33, 435–36n32
von Buttlar, Freiherr, 386
Von der Faser zum Gewebe (From Fiber to Textile) (exhibition), 103
von Lüttwitz, Walther, 56
von Schillings, Max, 187
von Schnitzler, Georg, 117, 159
von Schnitzler, Lilly, 140, 159, 169
von Uhde, Wilhelm, 429n45
von Walthausen, Werner, 51
von Weizsäcker, Karl, 384

Wachsmann, Konrad, 238
Wagner, Martin, 79, 93
Walden, Herwath, 63
Walker Art Center, 421
Walter, Bruno, 45
Warnholtz, Johann, 50
Warnholtz House, 50–52
Wassily chair, 104
Watkin, David, 424
Weber, Gerhard, 315
Weber, Hugo, 238, 390, *392*
Weese, Harry, 255
Weese, John, 246, 450n37

Wehrmacht, 134
Weidemann, Hans, 171
Weimar (Germany), 79, 146
Weimar Republic, 78, 116–17, 125. See also Germany
Weiss, Hans, 126
Weissbourd, Bernard, 464n16
Weissenhof Settlement, 78, 93, *94*, 95, 97, 99, 103–5, 377, 434n7; criticism of, 108; historic impact of, 98; modernism, as image of, 102
We Need You (pamphlet), 202
Werder (Germany), 47, 49–50
Werder Church, 26
Werkbund, 34, 95, 118, 172, 377
Werkbund House, 102
Werkbund Theater, 94
Werner, Ernst, 46
Werner, Renate, 46–47
Werner House, 46, *47*, *50*, 51, 53
Westermann, H. C., 390
Westheim, Paul, 49, 419
Westmount Square, 348
Wettstein, Rudolf, 162, 164
What Is Life? (Schrödinger), 250
Whitehead, Alfred North, 384
Whitney Museum of American Art, 425
Wiegand, Theodor, 36
Wiegand House, 47
Wiegmann, Marie, 45. See also Mary Wigman
Wiesbaden (Germany), 79
Wigman, Mary, 15, 49, 90, 430n51. See also Marie Wiegmann
Wiley, Robert, 263, 338

Wilhelm I, 6
Wilhelm II, 51
"The Will to Style" (lecture), 62
Wingler, Hans Maria, 386
Winter II (Kandinsky), 63, 465n14
Wishnick Hall, *228*
Wohnreform movement, 22
Wolf, Erich, 83–84, 86, 387
Wolf House, 82–83, *84*, *85*, 86–87, 99, 109, 126, 159, 377–78
Wölfflin, Heinrich, 21, 45
Wolsdorff, Christian, 163
Wong, Y. C., 273, 468n14
Wood, Grant, 184
Wren, Christopher, 360
Wright, Frank Lloyd, 43, 69, 104, 122, 144, 181, 189, 215, 232, 269, 276, 330, 363, 385, 391, 424, 454n6; death of, 396; and Mies, 182–83, 190–91, 241–42, 420
Wrigley Building, 318

Yamasaki, Minoru, 330
Yancey, Jimmie, 196
Young Girl Reclining (Maillol), 218

Zehnerring (Circle of Ten), 78–79. See also The Ring
Zeilenbau system, 95
Zeitgeist, 25–26
Zentralblatt der Bauverwaltung (journal), *108*
Zollverein Colliery, 219
Zorr, Paul, 468n14
Die Zukunft (The Future) (journal), 13
Zurich (Switzerland), 62